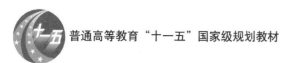
普通高等教育"十一五"国家级规划教材

陈少峰 著

中国伦理学史新编

ZHONGGUO LUNLIXUESHI XINBIAN

北京大学出版社
PEKING UNIVERSITY PRESS

图书在版编目(CIP)数据

中国伦理学史新编/陈少峰著.—北京:北京大学出版社,2013.10
(博雅大学堂·哲学)
ISBN 978-7-301-23321-4

Ⅰ.①中… Ⅱ.①陈… Ⅲ.①伦理学史-中国-高等学校-教材
Ⅳ.①B82-092

中国版本图书馆 CIP 数据核字(2013)第 239905 号

书　　　名:中国伦理学史新编
著作责任者:陈少峰　著
责 任 编 辑:刘祥和
标 准 书 号:ISBN 978-7-301-23321-4/B·1159
出 版 发 行:北京大学出版社
地　　　址:北京市海淀区成府路 205 号　100871
网　　　址:http://www.pup.cn　新浪官方微博:@北京大学出版社
电 子 信 箱:pkuphilo@163.com
电　　　话:邮购部 62752015　发行部 62750672　出版部 62754962
　　　　　　编辑部 62755217
印　　刷　者:北京大学印刷厂
经　　销　者:新华书店
　　　　　　650mm×980mm　16 开本　32 印张　562 千字
　　　　　　2013 年 10 月第 1 版　2013 年 10 月第 1 次印刷
定　　　价:52.00 元

未经许可,不得以任何方式复制或抄袭本书之部分或全部内容。
版权所有,侵权必究
举报电话:010-62752024　电子信箱:fd@pup.pku.edu.cn

前　言

　　撰写《中国伦理学史新编》是一件工程浩大、繁复且耗神费力的学术工作，但也是一个欲罢不能、必须持续推进的事业。尤其是在教学研究实践中，我意识到在前面出版的《中国伦理学史》①中，还存在着不少需要改进的内容以及表述方式之后，更难以对它束之高阁、割舍不理。蓦然回首，从我1987年进入北京大学哲学系攻读博士学位，在朱伯崑先生的指导下开始写作《中国伦理学史》初稿并以书稿作为讲义给伦理学专业的硕士研究生讲授该课程至今，已经过了整整25个年头。

　　在25年前就开始撰写的《中国伦理学史》一书中，我是以"概括性叙述"为重点，尝试在北京大学先贤的中国伦理学史研究成果的基础上，对中国伦理学史上的主要学派、思潮、主要哲人的特点等作出更加系统的研究。基于伦理学以及伦理文化的跨界特点，我在书中并没有局限在思想史和哲学史层面的论述，其中也关注了人生观、文学思潮中的价值观以及各个思潮中对伦理冲突问题的处理方式。从专业研究的角度来说，我在书中还提出了一些属于归纳总结性的观点，比如中国伦理内涵和标准具有"身份性伦理"的特点和"思潮互动"的特点，对儒家伦理思想逐步走向道德至上主义的趋势也予以了特别的分析论述。这些观点和结论已经得到学界的认可或者引起了诸多批评性的回应。

　　随着后来我对中国哲学史和中国伦理学史的一些相关领域研究的推进，逐步发现了许多新的问题，也深化了问题意识，拓宽了研究视野，并提升了自己对一些专门问题的系统性把握能力。在《中国伦理学史》正式出版之后，我又先后研究和讲授了一些专题课程，特别是在"中国博士后基金"和"霍英东教育基金"的资助下对"儒、道互补与中国伦理学发展"等问题的拓展性研究之后，发现了一些需要补充、进行深入讨论的问题，并相继出版了《德育志》《宋明理学与道家哲学》《伦理学的意蕴》和《正义的公平》等专

---

① 参见拙著《中国伦理学史》（上、下册），北京大学出版社1994年、1997年版。

著。同时,对于中国哲学、中国伦理学史上的一些交叉领域我也做了创新性的研究,如王弼以《庄子》思想诠释《老子》和《周易》、传统儒家和法家的忠诚观的差异、阳儒阴法的表现以及当代价值多元化发展的影响等等。其中,有些方面的研究成果加深了我对哲学和伦理学方法应用的思考,如孔子提出君子修养论的目的和依据,传统对伦理原则问题的思考特别是孟子与告子争论"仁内义外"问题的本质和重要性,荀子化性起伪的观念结构,程朱的伦理哲学基础的由来,乃至儒、道两家论"诚"的本质和交融,当代"公平与效率"之争中的传统惯性问题,等等。可以说,这些思考帮助我从原来的"叙述"逐步转向"对话"。

经过《中国伦理学史》出版之后多年的研究、教学与思考以及在教学相长过程中与同学讨论的收益,尤其是在重新研究"权变""学而优则仕""无极而太极""新文化运动""道德人权"等重点问题和对于道德哲学的各个学派之间的学术融合特点的具体研究之后,我逐步意识到,原来在《中国伦理学史》中对某些问题的把握和一些专门伦理问题的讨论还不够充分和严谨,需要借再版修订的时机加以充实、完善和改进。有鉴于此,我在五年前就思考重新撰写《中国伦理学史》(即目前呈现在读者面前的《中国伦理学史新编》),并且该写作计划也在若干年前提出申请并被列入"国家'十一五'重点规划教材"出版项目。本书直至今天才正式出版,主要是因为我在这个期间同时写作其他著作时分散了不少心力。

这次重新改写定名的《中国伦理学史新编》,除了缩小篇幅以便更加适合作为教材的要求之外,也通过"对话"突出了其中的一些专业性讨论的内容。就是说,今次写作时,我改变了以叙述和概括总结为主的做法,对一些重点问题做了较多的讨论,以便读者能够对这些问题有更完整、更具思辨性的理解。在本书中,我将更多地运用伦理学的原理和视角,来探讨中国伦理学史上一些具有较高理论价值的观点和对后世具有较大影响力的专业性问题。此外,对于当代中国伦理学学科建设、问题意识、发展趋势等也做了新的分析和总结。

从总体来看,本书一部分内容来自原著的部分章节,另外一部分内容则属于新的研究成果和心得,我重新撰写了大约一半左右篇幅的新内容。新撰写的一些部分内容是在我的讲课录音稿的基础上,由苗敬刚博士协助做了整理和完善,他还协助我做了文字整理、原文引用和内容充实等方面的工作;张立波博士、李兴旺同学在成稿后也做了一些校对和补正工作。在此谨作说明并致谢。

目录

前　言/1
导　论/1

第一章　孔子及其集大成/21
第一节　孔子之前的道德观念/21
第二节　孔子的学说/31
第三节　孔子的影响/55

第二章　百家争鸣(上)/58
第一节　百家争鸣时期的哲学伦理学/58
第二节　孟子论性善与伦理原则/60
第三节　荀子的礼论/71
第四节　《中庸》和《易传》/77
第五节　《大学》和《孝经》/81

第三章　百家争鸣(中)/85
第一节　墨家的兼爱/85
第二节　兵家的原则/88
第三节　老子的无为观/91
第四节　庄子的齐物论/95

第四章　百家争鸣(下)/105
第一节　法家概述/105
第二节　法家伦理/109
第三节　韩非子的伦理学与政治哲学/113

第五章　汉唐时期的伦理价值观/119
第一节　社会教化的演进与士人价值观的转换/119
第二节　董仲舒的天人感应伦理学/126
第三节　《淮南子》与扬雄/134
第四节　谶纬伦理学/138
第五节　王充的伦理观/141
第六节　魏晋生活方式与玄学伦理学/144
第七节　名教观念与《颜氏家训》/154
第八节　三教的伦理交融/159
第九节　佛教的影响与儒士的伦理观/167

目录

第六章　宋儒的理学与伦理学/181
第一节　理学的兴起及其伦理价值观/181
第二节　周敦颐与张载/187
第三节　程颢与程颐/197
第四节　朱熹的学说/209
第五节　陆九渊及朱陆之争/219

第七章　明清诸子的新学说/230
第一节　王阳明的心学/230
第二节　黄宗羲的民本说/241
第三节　顾炎武论经世致用/250
第四节　王夫之的思想/258
第五节　颜元的学说/269
第六节　戴震对理学的批评/274
第七节　文学领域中的道德观与衰世儒林/282

第八章　近现代的价值观与思想运动/289
第一节　近代思想与价值观的演进/289
第二节　改良派的新思想/297
第三节　革命的主张与三民主义/339
第四节　新文化运动的理念/358
第五节　启蒙思想家/371

第九章　现代伦理学与现代新儒学/398
第一节　王国维的学术译介/398
第二节　蔡元培的伦理学/404
第三节　伦理学观念与方法的变革/413
第四节　张东荪与张君劢/421
第五节　梁漱溟与熊十力/431
第六节　冯友兰的新理学/444
第七节　贺麟的学术/454
第八节　牟宗三的道德哲学/464

第十章　当代伦理学的发展/475
第一节　共产主义道德源流/475
第二节　当代人文思潮/496
第三节　伦理学学科的重建/500
第四节　展望与期待/503

导　论

在进入主题的叙述与分析之前,我将先讨论具有"导读"性质的几个主要问题:介绍中国伦理学史发展的阶段划分及其重点问题;讨论中国伦理学和伦理问题意识的一般特点;分析主要学理派别的理念和方法;探讨本书的基本写作目标和研究重点;简单说明我的研究方法及其对伦理学一般理论应用上的界限或者处理方式。

一、中国伦理学史的阶段划分及其重点问题

今天,我们使用的"伦理学"概念很容易被等同于西方的"伦理学"(Ethics),而这个概念来自日本人对西方的伦理学概念的翻译。当然,日本人的概念翻译也包含了对中国古代有关人伦与天理的意识。而在本书中,我们在使用"伦理学"这个概念时,主要侧重于指向"价值观"的内涵。

中国历史上涉及价值观问题的讨论,主要是针对一般性的修养问题和专门性的概念或者范畴如"仁"、"法"、"礼"、"诚"、"天理人欲"关系等问题,以及对这些问题的不同理解和分析。不过,在侧重点上,每个时代的关注点又有很大的区别,比如先秦时期更加重视伦理德性、汉唐时期侧重伦理秩序、宋明时期关注道德形上学等等。根据对这些特点的理解和把握,把中国伦理学的发展分为以下六个大的时期或阶段。这些阶段的划分和一般的历史进程的阶段性并不一致,虽然它们之间也有许多一致性。

第一个阶段,可以称之为"孔子之前的道德观念系统"及"孔子学说的确立"时期。

在孔子之前,有一些伦理道德的观念是原生性的,如"德"的观念更多侧重于"尽人力"的美德的意思。而孔子在使用这个概念时,更加偏向于伦理义务和德性的总体体现。总体上说,在孔子所使用的与伦理相关的概念当中,有的概念的含义与此前的人们所理解的一样,有的则不一样。比如关

于"圣"的概念,在孔子之前是表示聪明有智慧的意思,有时又表示有较高道德修养的意思。而在孔子那里,则既表示聪明,也表示有道德,还有博施济众的含义;也就是说,在孔子那里,"圣"是一个表示理论与实践结合的完美德性和道德实践能力的概念。

在孔子的学说确立之前,了解道德观念乃至概念的演变非常重要,因为它提供了一个概念的观念基础和社会文化基础,有些还提供了一些思想脉络。比如传说中的周公"制礼作乐",对孔子的思想就产生了比较大的影响。其他如"天"、"德"、"鬼神"、"礼"等观念也对孔子的思想具有较大的影响力。

当然,孔子的伦理思想框架的确立是这个阶段应关注的重点。理解孔子的学说,必须基于对他的思想理论的整体性把握,包括对孔子使用概念的独特性、他对修养全面性的理解与把握以及他的多方面的思考的系统化理解,都是不可分割的,不能做片段化或者断章取义的理解。例如,孔子提出的优秀人才治国的理念,有很多方面的表述作为支撑,它类似于西方"哲学王"适合做统治者的观念;只不过前者重视伦理素质的优先性,而后者更加重视理性思考的地位。又如,孔子提出了系列的伦理标准作为行为的指引,他也考虑到表里如一必须以自律作为基础,因此有关于"君子"和"文质彬彬"的很多论述。不过,孔子并没有确立遭遇伦理冲突时的基本解决方法,这个问题在孟子那里得到比较充分的讨论。

第二个阶段,即先秦诸子时期,可以把它看成是哲学与伦理思想的原创性体系化及其争鸣的时期。

这个阶段哲学与伦理思想的一个很重要的特点,就是出现了原创性、体系化以及个性分明的诸子(百家)学说。百家争鸣最主要的一个特点就是诸子百家各自都形成了自己原创的思想,而他们相互之间又展开了辩论和交流。在争鸣的过程中,形成了一种非常重要的思想激荡与融合的格局。《礼记》中的《大学》、《中庸》、《礼运》等,以及周易中的《易传》、《庄子》书中的杂篇、《吕氏春秋》等等,都典型地体现了这种融合。例如,《大学》里说到"大学之道,在明明德",而"明"最初就是有智慧的意思,所以中国古代用来表达看问题透彻的有智慧的意思的词语就叫"通明"。"明"字后来才演变成聪明的意思。《大学》里还有一个很重要的概念叫"静",以表达修养状态的要求。而"明"和"静",都是道家的概念。所以说,在《大学》里,儒家和道家的东西整合到一起了。此外,荀子对韩非子的教导,通行本《老子》中的兵家思想等许多内容,也都体现了诸子之间很深的交融。

对这个阶段的各种价值观和哲学方法的研究是中国伦理学史的重中之重，不仅需要突出具有影响力的诸子各家伦理思想的特色和特点，还要深入考察各自的哲学基础和观念的支持论据。此外，还需要突出对各家微言大义的辨析。例如，学术界过去经常将老子和庄子并称为"老庄"，可是，实际上老子和庄子是两种非常不同的思想体系的各自代表。老子的思想是讲给君王听的，主要是教人怎样做好统治者，怎样培养领导力的问题。韩非子就是讲帝王之学的，所以老子的思想对韩非子影响很大。老子的思想中包含了所谓的"愚民"的内容，实质上是因为老子认为统治者不应该鼓励小聪明或者权利争夺，不应该好大喜功，也不应该过多地干预百姓的自主生活。其中还有诸如"不敢为天下先"的领导者的领导艺术和人生策略的成分。当然，他也采用了一些反向思维的方法，这一点为庄子所继承。但是，庄子与老子在价值观上的差别很大，甚至是完全不同的学理系统。显然，《庄子》一书主要是给知识分子看的，特别是给那些善于反思自己、注重精神修养的人看的。庄子告诉人们，要改变同流合污的生活方式，首先得先改变自己的心理与精神状态。把握自主的生活和实现精神对于有限的、外在的存在的超越，才是人生的价值所在。所以，从他们在历史上的不同影响结果来看，也是不一样的；凡是想当皇帝，或者是给皇帝当参谋的人，都要学《老子》，而所有文学家和艺术家都要学《庄子》。这也说明他们其实完全是不同价值观和理论类型的创始人。

同时，我也发现，尽管诸子百家的各个学派内部和学派之间都存在某些传承与借鉴关系，但是，先秦的诸子百家之间，包括孔子和孟子之间，他们的思想观点都是相差很大的，也都各自成了一家之言（论）。以孔孟之间的传承与自主表述的学说关系为例，孔子更注重维护伦理秩序，并希望维护既有的周王的权威（虽然他也存在矛盾的意识）；而孟子则侧重于个体如何完整地履行道德义务，以及寄希望于诸侯王当中的某一个人能够实行王道，从而实现天下归一的目标。可以说，虽然孔孟之间存在很多一致性的东西，但他们也各自拥有独特的哲学思想和价值观念。

第三个阶段，从汉代开始，一直到宋代前期，这个时期可叫做"传统知识的综合和伦理价值观深化实践"的时期。

知识的综合促进了价值观的融合。古代的知识与价值观的综合有三个主要的阶段，其中两个阶段都来自汉代的演变。

第一个阶段是在汉代。以董仲舒为例，他的思想与孔子有很大的不同。董仲舒讲阴阳学说和君权绝对化。他在解释君主怎样支配臣下，臣下怎样服从君主时,基本上都是采用阴阳五行学说和法家的君臣关系学说。他通过综合找到了一套新的知识系统和伦理关系架构,这个系统和架构也是从战国中后期开始逐渐融合而产生、并不断向前滚动发展的。董仲舒既讲儒家的伦理和法家的君臣关系,也讲阴阳五行,在他身上已经形成一种传统主流价值观的融合。此外,汉代的知识分成两个类别。一类是知识分子所讲的历史、文学、道德修养方面的知识,另一类是民间的知识。汉末的道教就是将民间知识和宗教相融合的结果。但是汉代以后,民间和知识分子各自的兴趣越来越不相同,到了宋明理学那里则达到了极致,即知识分子只讲高高在上的严肃东西,而民间则讲很实用的东西。这就出现了新的知识和价值观的分离。

  第二个阶段是从汉代到宋初,尤其是从三国时期到宋初。这个阶段的知识与价值观的综合,可以用道德和法律之间的关系变化来概括。从汉代开始至宋代初期,道德和法律慢慢形成一种互相之间难以区分的关系。中国古代的法律,是有条文的法律,其中主要是刑法和行政政策。从汉代到唐代,有一个道德法律化的进程,而且有一个二者融合的进程。例如,南北朝时期出现的"孝"的故事,里面的许多内容都很极端。而违反了道德上极端化的孝的要求,就会受到极端的法律惩罚。重要的道德准则变成了重要的法律准则,违反了它们就是犯罪。所以隋唐时期就出现了"十恶不赦"的规定,即有十种罪行不能赦免。古代皇帝登基的时候,要大赦天下,但违反了"十恶不赦"之罪的人不属于可赦免之列。这些罪行有八成是关于不听皇帝或者犯上作乱的伦理问题,而"不孝"则属于十恶不赦之罪的重要类型。道德和法律融合形成的新的知识与价值观的综合,并成为古代社会主流的意识形态。

  从上述的分析可见,第二个阶段的综合当中也是以行政力量推动伦理道德实践的时期。伦理道德的法律化也提供了一个伦理价值观的深化实践的例子。从实践的角度来说,这个阶段又存在着伦理评价社会化和政治化的做法。例如,汉代有一种选择官员的做法,叫"举孝廉"。我把它理解为伦理政治化的一个典型。此外,从实践的角度来看,人们的价值观也处在融合之中,如复仇的兴盛宣示着一种新的复杂的价值观的实践形态。

  这个阶段的知识与价值观的融合,加上以实践为主的深化融合,不仅促进了儒法的融合,还促进了民间的儒家与道教的融合,也形成了儒释道大融合的现象。虽然汉代一开始的时候儒家居于独尊的地位,但经过很长时间的宗教熏陶以后,儒释道三家就逐渐出现合流的趋势。例如在唐朝时期,政治上不分儒释道,民间一样,知识分子如李白、王维、白居易等人也都受到了多方面的哲学与价值观的影响,并成了三教合一的代表人物。

第四个阶段,是宋明理学成为显学并成为主导社会主流价值的时期。

这个时期的价值观与伦理思想,也可以叫做封建社会政治与伦理高度专制并且合流的时期。这个发展阶段的思想主要有两个特点:第一个特点,就是把汉代、唐代以来的伦理法律化、政治化并推到一种极致。例如,明朝对伦理的实践就更为明显。朱元璋去世的时候,许多宫女被杀死殉葬,这就是典型的极端封建化的伦理实践,也是一种专制政治极端化的实践。以此为基础,在理学家的鼓吹和教导下,社会上的伦理实践也走向极端。我们从《儒林外史》中的故事里就可以看出这种特点。第二个特点,是学者的伦理思想的极端化趋势,在思想上由汉唐的多元文化逐渐走向独尊儒家和儒法结合的新儒家系统,这个系统的价值观是极端化的。

真正的新儒家独尊,是从元朝甚至说明朝开始的。明朝是独尊朱熹学说和三纲伦理的典型。可以说,汉代董仲舒虽然提倡罢黜百家、独尊儒术,但那时其实并没有能够实现价值观的独尊。而到了元、明时期,朱熹的著作真正成了科举考试的指定教材,这就形成了思想上的专制,与理学当中的极端化思想相一致。明清时期的统治者和理学家有一个共同的特点,就是走极端,用最高的标准来要求别人,用理学来统一思想。总之,这个阶段的价值观和伦理思想的一个明显特征就是多数知名的知识分子都主张道德至上主义。其他的价值,包括生命的价值,在道德价值面前都显得有些微不足道。所以说,在宋、元、明、清时代,自从理学越来越占据支配地位以后,在价值观的体现上就是绝对化观念的整合。理学家从佛教和道教里面吸收了绝对化的因素,包括对道德修养的绝对化要求,加上他们提出了绝对服从等级伦理秩序的要求,就形成了新的修养主张,即道德修养的绝对化就是要"理"不要"情",就是把"情"都摒弃在人性的价值范围之外。

因此,我们发现宋明时期的时代风气和价值观已经较唐代出现了巨大的改变。假如说孔子那里还有丰富的喜怒哀乐之情的话,那么,在朱熹等人的著作里,除了道德之外就几乎什么情感的价值都没有了。或者说,他们的"性其情"的观念,就是要求将人的感情和悲喜感受只能和道德修养相联系,即为道德而喜,为道德而悲,人变成了实现道德的工具性存在。他们不再尊奉孔子所谓道德是实现人的价值的观念。

第五个阶段,是近现代价值观变革与伦理学学科建设发端的时期。

这个阶段的价值观,基本上就是以人道主义和共产主义等西学来颠覆理学价值观,就是探索和寻求幸福人生和幸福社会的价值观。这种努力一直延续到今天。就此而言,这个阶段也是中国历史上最重要的价值观转折的时期。在以价值观变革为基础的各种思潮背景下,伦理学的学科建设也悄然兴起。

众所周知,当中国进入19世纪以后,遭遇的社会问题和制度变革问题越来越多,许多观念的问题也越来越难以驾驭。体现在文化上就是越来越专制、越来越沉闷,也越来越激发起批判性的思考。因为文化是积淀而来的,凡是积淀下来的东西,都有惰性。中国有几千年的文化积淀,其惰性也就很深。近代时期的价值观,为什么最终会发生一种很大的变化?我认为有两个重要的原因:第一个原因就是传统价值观的惰性已经很强了,已经造成了物极必反的结果。第二个原因则是人们扩展了视野,就是说,在中外接触中通过各种语言、文化、思想的交流与碰撞以后,有识之士发现,国外有很多好东西值得中国人借鉴和追求。而且,做学问的方式也在发生变化,人们思考问题的时候受到了西方学术很大的影响,包括来自日本转译的影响。民国时期,许多人希望把中西结合起来,塑造出一个新的价值观,包括伦理学和其他的价值观。这种尝试最具代表性的便是蔡元培,蔡先生研究伦理学和美学等领域,实际上奠定了现代伦理学的一个基本框架。虽然他受到了西方伦理学的一些影响,但是他也用中国传统的一些思想来解释西方的东西,并且他在伦理学的问题意识方面作出了许多贡献。比较惋惜的是,他并没有形成真正系统性地对价值观的论证和分析。

民国时期及其以后的近代新儒家,也尝试着让儒家从传统走出来,进入现代思想的领域,但是,他们还没有完成这项任务,中国就进入了一个新的时期。而那些到海外的新儒家,基本上不是真正的新儒家,他们变成新儒学了。什么叫新儒学?传统儒家讲求知行合一,而新儒学是只讲学问。他们还要用儒家来对抗西方,把儒家说得比西方好,说康德讲得太肤浅了。总之,近代以来的学者们一方面在反思传统,另一方面也重视建设新的价值观。价值观的建设又分为两个方面,一个方面是从学问的角度来建设,一个是从价值观转型的角度来建设,而新儒学是其中的一个路向。

从新文化运动起,价值观的一个流派就是共产主义道德。中国的共产主义者一开始接受了日本传过来的马克思主义,后来慢慢地形成中国特色的马克思主义。由于在建国后过于重视意识形态的某些特征并将其极端化,也带来激烈的反道德思潮的后果。政治问题伦理化、法律化,与伦理问题法律化、政治化其实是一个道理,就是对道德标准要求很高,或者说以臆想去判断他人的道德品格。所以,在阶级斗争一统意识形态的时候,道德标准也一定很高,甚至比生命原则还要高。其后,计划经济和平均主义分配方式的结合,使人们把制度的优越性看成高于一切,而忽视了改革发展和解决民生问题。这种价值观基本上改变了正义的本质,以惩罚所谓政治上的邪恶来代替人权、公共福利、法治和民生问题等价值。因此,在20世纪80年代,就出现了新一轮的价值观的变革运动。

第六个阶段,是改革探索和进入伦理学专业化研究的时期。

这个阶段我把它叫做当代伦理学的重建与专业化发展的时期。当代的伦理学发展和学科建设具有三个特点:第一个特点,就是逐渐摆脱了伦理问题法律化、政治化的传统格局。"文革"时期的人们普遍认为伦理太重要了,总是喜欢把伦理跟政治结合在一起。我们现代的学者则独立地看待伦理问题,伦理学就是伦理学,政治就是政治,现在这种观点已经成为学界的常识了。第二个特点,就是逐渐靠近西方伦理学的学术轨道。西方学者所关注的伦理学问题,我们学界一般也把它作为最重要的伦理问题来研究。这两个特点是我们30年来最重要的变化,说明我们今天的伦理学研究已经进入到一个新的发展阶段。第三个特点,就是摆脱了跟风西学的时期,一些伦理学的学者基于自主的问题意识和研究,在伦理学专题领域和应用伦理学领域提出了一些独立的学术主张和研究方法。在研究范围和研究领域方面也做了很大的拓展,超越了一般性的伦理学的学术史和伦理学人物的思想史研究。

二、中国伦理学的特点

如果以西方"伦理学"学科的概念和方法来衡量的话,那么,中国伦理学研究的实践和伦理思想中的独特性是显而易见的。例如,我在此前的《中国伦理学史》中提出了其中所具有的"身份性伦理"的特点,伦理义务和权利不对应的特点,伦理意识更加具有道德主义色彩的特点等等。或者说,中国古代的伦理学家具有思潮学派、知行合一的特点,而不是学理分析学派的特点。

虽然对中西伦理思想进行比较其实难以得出确切的结论和严谨的论断,但是这样的分析角度有助于加深我们理解中国古代伦理学说的某些特征。因此,接下来我将从中西伦理思想异同和道德实践的角度来讨论中国的伦理传统和中国伦理学具有什么样的特点。

**第一个特点,中国的哲学传统与西方的哲学传统有着较大的差别,它更

加偏向抽象性、直觉性和思辨性结合的相关问题的思考,并反映在伦理问题的把握上。

过去很多学人都在争论中国究竟有没有"哲学"。毫无疑问,中国有自己的哲学。《周易》中所谓的"形而上者谓之道"的观点就是哲学观念。也可以说,不管从什么角度来谈,中国都有哲学。比如说逻辑学,中国先秦的名家就讨论得非常深入。像老子的哲学,影响到黑格尔,影响到当代西方的现象学。中国古代人讲道,不管是讲无极,还是太极,抑或"理一分殊",都是很典型的哲学问题。总体上说,中国古代哲人确实在多数情况下,都会讲到价值观的问题,但是也并非完全如此。比如说,像庄子讲的道,或者是老子、玄学家所谓的"无",就不完全是价值观的问题。因为,不管是逻辑学,知识论也好,还是价值观,中国都有它自己的哲学。不过,有一点很清楚,就是中国没有西方传统以来的那种系统化的哲学。同样,中国也没有西方那种伦理学。例如,西方智者讲美德伦理和中国思想家讲的不一样,他们讲的美德伦理是以人格稳定性为参照的西方式的逻辑学、政治学等的研究,我们讲的美德伦理是讲一种精神修养或者修养的功夫,这个功夫跟美德伦理学的主体内容还是两码事。中国古代没有像西方古代(中世纪)那样发展起系统的理性思维方法和应用型分析工具,比如说形式逻辑这样一种工具。虽然我们从很早的时候起就有一些相近的分析工具,但是后来没有得到充分的发展。所以中国有论辩的方法,有各种各样的思维方法,但是就没有发展出一种非常接近科学的那种逻辑、数学之类的很严谨的系统方法。比如说,我们有一些逻辑的、数学的知识,但是没有形成一种系统的知识方法论传统。像元伦理学,只有可能在西方产生,不会在中国发生。当许多中国学者运用西方某些原理的时候,他们都不知道西方哲学内部有一种特定的逻辑结构。中国伦理学当中也有很多独特的方法,比如老子的逆向思维或者庄子的启迪式思维。中国的道家和禅宗,都有很丰富的独特的思维。

那么,我们的哲学中有没有包含或者体现出比较严谨的逻辑思维,或者说古代哲人在探讨伦理学的时候有没有严谨的逻辑思维呢?有。而且这种逻辑思维很深刻。在孟子的学说中,与告子对"仁内义外"的论辩就是一个很好的例子。当然,我们同时可以发现,中国古代哲人思考伦理问题的思维方法跟西方不一样,其中最重要的方法就是中国古代的很多学者,都喜欢用直觉的方法。也就是说,我们中国古代讲了很多道理,都不是论证观点,都是只在直接叙述自己的感悟和认知。为什么不要论证?因为他觉得这就是一个自明的道理。比如孝敬父母,他们认为这是自明的道理,关键问题是怎么做到孝敬父母,而不是为什么要孝敬父母。所以从孟子到王阳明,几乎都不讲为什么要孝,只讲怎样做才是做到孝的要求。

当然,我们的传统中还有其他的一些逻辑分析的特点,比如类比的思考。它也区别于西方人的逻辑分析方法。例如,西方人思考人性的时候,不会去考虑别的存在物与人的本质区别的东西,而是更侧重于抽象方法的应用,比如他们会考虑人的共性,考虑大人、小孩、富人、穷人、男人、女人,总之考虑在各种各样不同的肤色的人之间有什么共同点。他们是用逻辑的方法去推导出一个普遍的人性。我们中国古代的学者在讨论人性的时候,是一种比较的方法或者类比的角度来进行的。所以,西方得出的一般结论,就是人有喜怒哀乐,人要趋利避害。我们中国研究的结果是讲人区别于动物的两个特点,第一个是有理性,第二个就是道德感,而第一个特点是为第二个特点做铺垫的,没有这两个特点的就不是人类。动物的道德感和理性不能两全,所以它们不是人,人则能够用理性来约束道德感。虽然法家的思考方法与霍布斯等人有类似之处,总结出人性恶作为基本结论。但是,中国古代以来的许多有关人性的表达还是主要以儒家为主导,其基调是道德上的天人合一。

第二个特点,中国伦理所使用的相关概念有着显著的社会生活化的特点,因此与西方的问题意识也不一样,而且相同或者相近的概念及其所指称的特定的内涵也不一致。

比如说"伦理"的概念或者观念,在中国和西方的用法是很不一样的。在中国古代,道德这两个字跟伦理很不一样,跟今天讲的道德也差别很大。那时候,"道德"讲的是某种道,在中国古代讲伦理的时候,都是讲人伦,或者是讲具体的道德,如诚、忠、信、孝、三纲五常等等。所以,中国古代的伦理学与西方的伦理学之间出现了一个非常大的概念或者观念差异,尤其是中国的哲人强调人际关系当中存在着一种人们应尽的义务,这种应尽的义务,不是要通过什么东西去论证的,只要有这种人际关系,它就有自明的义务。这样就出现了一个很重要的特点,那就是中国古代的"伦理"这两个字,比较侧重于讲人际关系中的特定义务,是需要根据人们不同的身份来界定的。我把这叫做"身份性的伦理"要求。也就是说,中国传统的伦理学所重视的不是一种普世的与人性有关的伦理义务,而是一种基于身份差别的伦理义务。你有什么样的身份,就有什么样的伦理道德的义务。我把中国古代的社会政治伦理关系看成一个"立橄榄"型的系统,上面是君王,下面是女子,君王几乎只有权利没有义务,(儿童时期的)女子则是几乎只有义务而没有权利。身份性的伦理一定是等级制的,等级在上者权利多,义务少。当然,这种等级还可能会变化,身份不一样了,义务也就不一样。一个女子如果像贾老太太那样的话,她的身份虽然是女的,但是她年龄高,在家里辈分高,她上面已经没有婆婆了,那她就变成最高的家长了,就有"被孝"的权利。中国伦理讲究三纲五常,五常原来叫五伦,这两个概念其实是不一样的。五伦原来与三纲的对应关系,"父子"关系更重要,"君臣"关系是排在第二位的。后来经过汉代以后的改造,五伦变为五常,五常和三纲才转变成一个对应的系统。

中国伦理的这种内涵和意蕴的特点,与家族文化有密切的关系,也受到儒家文化独特性表述的深刻影响。或者说,中国古代的伦理学说与各家各派对社会秩序和生活体验的思考有关,与在思想碰撞中儒家独尊的地位有关。总之,在中国传统文化中,伦理是讲特定场合、身份中的特定的义务。有时候则讲特定的礼仪或者由风俗习惯带来的特定人际关系所要求的义务等等。而对于西方的伦理学来说,平等的、普世的道德美德才是最核心的道德义务。

第三个特点,中国古代的道德跟宗教有一定的关系,但是不像西方的宗教跟道德的关系那么密切。毋宁说,中国的伦理学说一直与政治制度之间的关联性更强。

中国古代的伦理道德和政治制度及其实践的关系很密切。为什么?因为我们的伦理是身份性的伦理。身份性的伦理,既可能强调道德义务,又可以强调政治义务,在社会上的任何等级都很重要。中国古代强调礼乐,礼乐既指修身养性的礼乐,又指政治制度上的礼乐。这就涵盖了政治制度与伦理实践的要求。比如说,什么是礼?礼有政治上的礼,那就是君臣关系,礼还指社会上的秩序、尊卑等级、文明之礼等,也包括礼仪和穿着。所以在孔子那个时候,就是穿得越整齐越有礼、越文明,穿得越少越不文明。同时,对人还要有礼貌,礼貌的礼跟伦理的礼就结合在一起,对于君主要跪拜。再就是习俗礼,比如说过节见到老人要鞠躬,再比如说结婚的时候,要父母之命、媒妁之言。舜娶老婆没有告诉他父母,就违背了礼,孟子还为他辩护。一些习俗最后也纳入了伦理,并成为政治和社会秩序的组成部分。这种伦理无处不在的传统,到了韩愈那里,就变成了"文以载道"。就是说所有的东西都在道德化。

由此,中国古代的伦理学说基本上把人群分为君子和小人,并强调君子具有自律的特点,具有敬畏天命或者上帝的特点;而小人则需要靠权威和秩序的约束。这种自我把握的理论，与西方宗教的平等性和作为上帝子民的自律、自我约束的结论有很大的差别。

第四个特点，道德价值观的学理构造较弱，观念的继承性较强，创新性的突破意识明显不足。

一般而言，在道德哲学发展的历程中，以规则和方法为核心组合的伦理学的原理体系都需要持续化的积累和创新性突破。从孔子、孟子和荀子的伦理学的综合中，可以构建一个具有儒家特色的伦理学原理体系。但是，这种努力一直没有出现，后来的新儒家学者也没有反思各种圣人之言间的不一致的缘由和冲突的根源，从而去进一步思考和总结"性善论"与日常伦理规范体系之间的基本关系。显然，一方面，继承圣人的思想妨碍了创新；另一方面，在缺乏一种体系化的学理作为讨论问题的基础的情况下，很多创新性的思考就会沿着某个偏好走向极端，如理学家对性与情的讨论（存天理灭人欲），从而失去创新性体系的可持续展开能力。

另外，基于伦理与政治制度之间过于密切的依存关系，中国从古至今的许多学者喜欢将伦理问题和政治意识形态等同，在思想控制的制度中，伦理观念的表达也因此受到控制。所以，尽管今天许多学人都怀念以前诸子百家那个时代有思想的原创性发挥，有诸子百家之争，觉得后来特别是中华人民共和国成立以后再也没有出现原创性的大师。但是，他们并没有意识到，原创与系统化的创新是有区别的。更何况在历史上的许多时期，思想被统一在意识形态的僵化框架内，怎么能出大师呢！凡是思想专制化的时候，就不可能有原创性的体系化思想，因为没有任何空间让人们去交流、去突破。

第五个特点，近代以来的伦理观念受到西方思想不断强化的影响，包括许多伦理问题的研究都已经忽视了中国的文化传统。

从近代开始，中国的学者在伦理思想和政治哲学方面受到西方学术和观念较大的影响。因此，不能仅仅把中国古代的特点作为全面讨论的结论。显然，如果我们把中国伦理学史分为两个阶段，前一个阶段就是独立的，按照自己的文化传统在琢磨与演绎的伦理学；而后一个阶段则受到了外来思想的巨大影响。从民国时候开始的伦理思想，不管研究什么主题，都受到西方的影响或者刺激，当然有些学者也试图把它与传统的价值观综合起来。我们今天研究的伦理学在很大程度上打上了西方学术思想的烙印，而且这个特点也将是我们未来伦理学的一个特征：一方面要重新回到传统脉络上，另一方面也要借鉴西方的方法。

从比较的角度看，我们今天的伦理学研究存在过于西方化的特点。伦理学的教科书都是西方化的教科书,我们现在没有中国人自己的伦理学教科书。我们谈道德问题,谈什么是自律,什么是自由意志,什么是美德伦理学,都是在讲西方的概念与知识系统。所以,我们现在的伦理学研究确实需要把中国传统伦理学的概念如"仁"、"中庸"、"仁政"或者"慎独",以及一些传统的思想方法等等,跟西方的知识结构做一个对应的同步的研究,以便在伦理学的教育中融入中国传统伦理思想的精华要素。

三、学派和道德观念的融合

本部分关注两个问题,一个是学派及其相互之间的关系,一个是精英和大众的道德观念及其异同。一方面,我们知道,中国古代在哲学与伦理思想发展的过程当中,有很多学派在不断进行着交流与融合,有些则涉及传承与创新。后来受到西方思想学术的影响,情形就显得更为复杂。另一方面,在研究中国古代伦理思想的时候,也需要了解社会生活的背景以及精英知识分子与大众在伦理观念上的差异。

从学派之间的融合和学派内部的差异来分析,我们不能简单地用某个概念或者某个学派这样的做法来进行抽象的概括。例如,今天很多人都认为儒家在中国伦理学中具有举足轻重的地位。我觉得需要从几个角度才能深入分析这个问题。首先,儒家在历史上有过不同的思想学派,期间也包含着不断演变的过程。我们知道,孔子去世之后,儒分为八。也就是说,他们虽然都是在共同的儒家的基本理念的框架下展开的,但是他们之间的某些价值观和道德观可能还是很不一样的。特别是在历史上不同时期的儒家,是非常不一样的。比如理学,与孔子的思想就非常不一样;二者的价值观相差很大,大到可能比不同派别之间的差异还大。比如说,孔子很重视人的生命,而理学基本上就认为道德比生命重要。孟子也说,对自己而言,道德比生命更重要。所以,虽然有"孔孟"的提法,但是孔子和孟子的观点差别非常大,不能把孟子的思想等同于孔子的思想。就后来的儒家学者如颜元、戴震以及朱子学者等而言,有一部分人赞同理学的观点,但是有一部分人却不赞同。这是一种价值观上的重要差别。其次,以新儒家(新儒学)为例,他们都打着儒家的旗号,但是多数人以为他们和传统的儒家区别很大,所以才会有人认为"梁漱溟是最后一个儒家学者"。再次,以儒家和法家的关系而言,三纲对中国古代的影响很大,但是从汉代起,儒家的三纲和法家的三纲的融合,使得这种思想的脉络变得很复杂。再者,中国古代的治国方法有一个很著名的说法,叫做"外儒内法"或者"阳儒阴法",表面上用儒家,实际上用法家。

其实,在伦理和政治一体化的进程当中,儒法两家趋于融合,但它们的结合也会出现严重的冲突。法家重视君臣关系优先,儒家重视父子关系优先或者说家族关系优先。所以在中国历史上就出现了"双重标准"的现象。就是说,当孝敬父亲和忠君冲突的时候怎么办?当一个人对别人采用法家的标准,对自己则采用儒家的标准,这就是所谓的"双重标准"。比如血亲复仇。中国历史上经常有私下复仇,肯定是违背法律的。但官员对此往往是睁一只眼,闭一只眼。大多数血亲复仇中的暴力行为,都不会受到严格的惩罚,因为人们认为你在道德上必须这么做。不复仇,交给法律去审判,法律却未必能公正地惩罚仇人。就此而言,儒家确实具有主流的地位,但是它也不见得是一件很好的事情。

至于在宋明理学中出现了儒家与道家、儒家与佛教等之间的融合,更进一步说明,宋代理学之后的儒家与孔子的儒家不是一回事。特别是在知识分子的思想和价值观当中,儒家的传统价值都受到了改造,这样的儒家其实已经不是一般意义上的儒家了。至于知识分子对庄子的兴趣和佛教哲学的兴趣,进一步说明他们的价值观和思想方法并不是一致的或者等同的。因此,也可以说,在伦理学史的层面上看,儒家和其他各家都具有举足轻重的地位。

从另外一个角度来看,不同观念结合的儒家可能影响大众更多一些。中国古代文化,大体可以分精英文化与大众文化。早期的精英是以道家老子、法家和儒家为主的,最后走向了一种关心天下的精英哲学。这种哲学内部也有不同的宗旨。不过,总体上说,知识分子比较关注哲学的思考和思想的力量。特别是后来的精英们,瞧不起做具体事情的人,这从"道""器"之分可以看出来。在古人看来,行医、写小说、研究自然科学等事务,都是与"器"打交道。得志的知识分子,是要追寻"道"统的,只有落第秀才,才去接近"器"物。事实上,我们过去的很多科学成果,都是落第之后的文人作出的贡献。有人说,中国科学之所以没有那么发达,是因为我们的思维方法有问题。实际上根本不是这样的。中国人早就有很多科学发明了,但总是持续不了多久,更不可能持续地积累和提高,是因为没有知识分子来总结。科学技术在生产者之间代代相传,结果只能是越来越落后,很多东西就逐渐失传了。就是落魄文人,大多数也是不愿意参与科技发明。因为搞科技发明大都是体力活,一个文人去烧陶瓷,在当时是被人瞧不起的。于是就产生了知识的分化。老百姓的知识有了独立的实用的系统,而精英的知识标准越来越高。那么,既然知识分子的标准要求非常高,而普通的老百姓又非常重实际,这种矛盾怎么统一呢?明清小说里就有着这样的统一。明清时期的不少小说,要表达色情的内容,但是又要表现出知识分子教化的立场,所以就在书中写个道德说教式的前言。那么高的标准实际上是达不到的。达不到怎么办?只好伪装,这样就产生了很多伪君子。因此,精英文化总的来讲和大众文化有很严重的脱离,但是大众文化反过来对精英文化又有一定的影响。近代伦理学中就出现了反对传统精英主义的世俗化思想倾向。近代以后,几乎所有的知识分子都标榜自己是站在民众的立场上,虽然他们未必真正如此。

从研究伦理学一般原理和方法的角度来说,我们今天的许多学者们都意识到,研究伦理学是应该为大众提高辨别是非能力服务的,应该提出大家都能达到的一般标准,而不要再走传统的精英主义路线。

四、中国伦理学史的研究重点

在研究中国伦理学史时,我重视这样几个基本的要素:第一,要以是否具有原创性为重点;第二,要梳理出伦理思想演变的脉络;第三,要研究具有转折意义的思想形态;第四,要把握几个主要的思潮和观念;第五,要研究每个重要的价值观的内涵和哲学基础。

首先,凡是原创的思想都是值得重视的,不管它是不是合理。原创大体分为两类:一类是完全由自己独立自主的思考和创新出来的,如孔子提出仁政和优秀人才治国相结合的思想;另外一类是从别人的思想中挖掘出某个部分,作出自己独到的理解和推动。比如说,我认为王弼的思想对道家哲学的发展来讲,就是带有原创的思想。因为王弼借鉴《庄子》和《周易》的思想来研究《老子》,在这个过程中表达自己的某种观点,这就有原创性。以上这两种原创之间有一个很大的区别:自主原创的东西一般来讲包容性都会比较大;对前人的东西进行发挥的原创,一般都会越来越走向极端。历史上任何一种学术都是这样的,原创的思想比较符合中道,而后面的人把原创思想当中的某一个方面讲得特别重要之后就有可能走向极端。比如说儒家,孔子重视孝,但他的具体主张还是比较温和的,而"二十四孝"图里的孝就相当极端了。孔子也讲杀身成仁,那是在道德与生命发生严重冲突的时候作出的选择。但在理学家那里,只要道德和生命发生冲突,哪怕是微不足道的冲突,都要求人们放弃自己的生命来维护道德。当然,理学家是把孟子本来已经有极端倾向的思想,进一步解释和发挥得更为极端,而且在实践当中也更为极端。孟子虽然谈得极端，但是他经常拿另一些极端的东西来进行辩护，于是在实践中，还是不至于走向很极端的。近代学者在融合西方思想的时候具有一些创新的思考，其中也带有创新和探索相结合的意味，如孙中山和冯友兰的探索就具有代表性。

其次，要研究思想和思想之间的相互关联。我们要研究历史上有哪些思想形态，并努力发现它们之间的相互联系。比如说我们要研究孔子、孟子各有什么思想原创，同时也要研究孟子与孔子之间的传承性关联。在研究思想之间的关联的时候，要辨析那些细微的东西。有些东西看起来很像，如果不去仔细辨别的话，就会把它们等同起来。比如，孔子跟孟子的君臣观就看起来很像。但是孟子没有孔子那么多保守的思想。又如，孔子讲礼，跟荀子讲的根本就不是同一种礼。荀子讲的礼非常像法家讲的礼，即制度化政策化的礼，而孔子讲的礼都是一种具体的规则。至于庄子与老子之间的关系，更要看得清楚和仔细，才不会误解为庄子就是直接继承老子的。

再次，要弄清楚具有转折意义的思想形态和各种学派思想在不同时期的重大转折。比如，董仲舒非常典型地代表了汉代的儒家思想转折。表面上看，董仲舒通过天人感应来表达对帝王随心所欲的伦理约束的愿望，但是，因为他要建立一种专制制度，所以，他的价值观与专制制度之间其实是冲突的。尊君和专制这个转折一旦完成了以后，伦理、法律、政治就融为一体了，而帝王的实际权威也优先于伦理义务。所以，中国古代思想的转折与西方的学术转折不一样。西方是新旧学说的转折，我们是政治生活决定伦理生活的时代思潮的转折，伦理学说受到了时代、包括政治制度太大的影响。当代道德阶级性问题的讨论和定性于道德阶级性的结果，实际上并没有摆脱政治制度、意识形态与道德一体化的结局。当然，在古代后期最具有转折意义的思想是程朱理学，它的思想形态明显区别于孔子的人本主义。当然，从学术的角度来说，程朱理学是更系统化、更具有严谨性的哲学和伦理学。

此外，还要研究一些具体的有突出特点的思潮。我们在研究思潮的时候，一定要非常深入地去辨析区别。举例来说，魏晋时期，虽然大家把老子的地位推崇得很高，但是实际上更多地还是受到庄子的影响。当时流行名士风度，名士们那种洒脱不羁，显然不是来自严肃古奥的老子，而是来自潇洒如仙的庄子。王弼注释《老子》和《周易》的时候，也经常借用《庄子》的思想。从魏晋南北朝开始道家所发生的影响，从思潮的角度上来说，庄子和道教的影响比较大，而老子只影响到少数人。从魏晋到唐宋的文学里，都可以明显地看到庄子的影响。虽然玄学中老庄并提，实际上是庄子的影响远远多于老子。再比如说"自然"的观念。自然在老庄里面,往往只表达一种方法,要顺其自然。但是在玄学里,它和先秦的老庄的自然就不一样。魏晋的"自然"是表示人们天然有一种道德的本性,叫做"诚"。这种天然的道德本性是纯朴的、无须雕琢的,也不能把它转化为"名教"。自然的道德来自天理,所以魏晋的时候讲天理。"名教"是来自人为的,是后天的,是驾驭人的工具,而不是出于人的本性。因此自然就比名教有价值,即是说,自然是根本的,名教是附属的。所谓的"任自然",就是顺着自己纯朴的道德本性去做就行了。相比于玄学家的天理观而言,宋儒特别是程朱的天理其实就是名教的同义语,只是出处更哲学化而已。也就是说,在玄学的思潮当中,实际上有非常多的问题需要我们去研究。

再者,要研究价值观的本质特点。以近代以后的反传统为例,反传统并不是要丢弃传统的所有价值观,有些反传统的人是爱护传统的核心价值的,他们只是希望把其中的坏的东西清除掉,留下美好的东西。例如,孙中山强调博爱,那并不是反传统,只是反儒家的"爱有等差"而已。而我们的传统当中,也有博爱的资源,例如墨家的兼爱思想。对于墨子,孙中山还是非常赞赏的。近代这种反传统的思潮是多变的,其中的价值观也是有差异的。我们要把它们挖掘、描绘出来,并寻求其中不同的层次,包括反传统的那些人之间的冲突。有些人反传统,并不是以西方的东西为武器来反的。比如鲁迅讲礼教吃人,就是典型的反传统,但他用的是《儒林外史》、戴震之类的方法。所以说,在研究反传统的思潮的时候,如果其中的思想或者价值观具有原创性,或者对别人发生了比较大的影响,或者起着转折点的作用,那么,它们就是我们研究的重点对象。当然,这种研究必须达到把握其各自的哲学基础和内涵的深度。

五、中国伦理学史的研究方法

研究方法与研究能力密切相关。为了提高研究能力,我们需要着重关注以下几个方面的问题。

首先,有明晰的问题意识。例如,中国古代的诸多伦理思想的核心概念是什么?经由核心概念的把握,就可以区别出他们所关注的问题的本质要素来。以荀子的思想为例,我们的学者一直将注意力放在"性恶"与"化性起伪"的概念上,而实际上,应该把荀子所说的"化性起伪",从人具有理性能力去意识、改变自己的角度来理解,因而这个概念的核心要素在"伪"(即人为)的基础——即理性能力——的观念上。

其次,对于核心问题和重点问题的把握,必须在前后左右的线索中来理解,或者对问题进行根源性的把握和理解。例如,周敦颐的无极、太极与诚的概念之间具有内在的联系,它既是天道,也是人道。在他的表述中,显然融合了《周易》《中庸》《老子》和佛教等的诸多概念,与此前的"诚"的观念有着显著的差异。又如,有的学者以王阳明的境界为超越善恶的境界,其实那是一种哲学的境界,不能等同于王阳明同时在"四句教"中所表达的伦理修养的境界。换句话说,王阳明在"觉悟"的层面和修行的层面所谈的意境是不一样的,是两个问题而不是一个问题,否则就解释不了作为理学家的王阳明的思考特点。①

再次,要理清能力培养的顺序,即博大而后精深。每一种思想或者思潮,必须结合当时的社会文化、审美和哲学思考的特点,不能孤立地看待伦理问题本身,否则就陷于孤立化的判断。例如,朱熹之所以能够在哲学体系上比之前的儒家学者有很大的突破,在很大程度上源于多位学者包括张载、周敦颐、程颐和佛教、道家道教等等的深化研究成果。又如,近代的新文化运动,表面看起来是对儒家伦理的抨击,其实是对于当时解放思想所采取的一个铺垫。那些改革者并不局限于讨论某种学说或者传统伦理价值观的合理性,而是探讨一个支撑社会发展的价值观如何包容人权、平等和民主政治等因素。

此外,在研究时要深入细节,层层展开。例如,《大学》中的修身、齐家、治国、平天下的主张,实际上是支持某个诸侯王统一天下的伦理政治信念,而不是一般的个人修养的进阶。试想一想,对于普通的君子而言,怎么会与"平天下"结合起来谈论自己的修养结果呢?换句话说,表面上看是一种修养论,实际上是一个特定时期的特定主张,不能普及为一般的理论。

最后,是需要对某些具体问题有着严谨而且具有确定性的把握。例如,天人合一在不同的哲学体系中具有不同的意蕴,必须予以清晰确定的把握,不能粗率地一概而论。道家讲道法自然,进至玄学家则以诚为天理自然之道;而儒家中的不同派别则或者以之为道德的根源来阐述,或者以天意作为道德的监督力来看待,不可等同而视。再以《论语》中的"杀身成仁"和《孟子》中的"舍生取义"为例,前者并不是仅仅指为了道德原则而献身,其中把握为了民众而作出竭诚努力之意;后者则强调必须以始终在关涉自身利益

---

① 后来冯友兰先生以超越善恶的"天地境界"作为人生的最高境界,其实是受到道家影响而提出的哲学境界,而不是指称道德的境界。

的事项与行为中恪守道德标准,不得妥协与通融。通过二者的比较,可以看出,孔子更侧重于为了民生大众的福祉而要求贤人志士尽最大的努力,孟子则体现出更加重视维护道德标准的立场。

关于研究方法或者研究中需要把握的角度,这里着重从五个方面谈一些想法和建议。

第一个方面,就是我们怎么开展研究,用什么方法来研究。大家都知道,我们现在面临着一个非常重要的问题,就是现在的伦理学是西方建构的体系。即使是研究中国传统学术的学者,多数也只是从传统的伦理学当中看看有没有和现代伦理学相对应的知识架构——相对应的就填进来,不对应的就忽视了。这样的结果,很难体现出中国伦理学或者研究对象学说的韵味。以"知行合一"为例。王阳明讲的"知",就是"知"而有意向"行"。这就是说,我们既不能套用西方的伦理学的方法来研究,也不能用传统的中国哲学史的方法来研究。所以,我认为,应该结合两种方法、从三个角度来研究。所谓两种方法,就是用汉学和伦理学的方法。我们可以先用汉学的方法把资料结构化,也就是分门别类、梳理出来,然后再从伦理学的角度进行研究。伦理学的研究,又分两个角度,一个是西方伦理学式的研究,一个是我们中国学人自己的研究。我们要借用西方伦理学比如元伦理学的研究方法,同时又要结合中国伦理学自身的研究方法。例如,现有的中国哲学史研究中讲到功夫论的时候,就讲了很多玄而又玄的东西,但始终没有回答下述的问题:王阳明说的道德是本来就有的,还是后来有的?人们在进行判断的时候,是基于先天的道德知识,还是基于当下的直觉?如果基于当下的直觉,符合不符合我们伦理的标准呢?这些问题,纯粹属于伦理学的领域,单纯从哲学的角度是说不清楚的。

第二个方面,与以上相联系,中国伦理学史的研究要与中国哲学史有所区别。当然不是为了区别而区别,而是因为研究的对象不一样。中国哲学史研究的时候讲了很多人生哲学,但伦理学在讲人生哲学的时候与他们所说的是不一样的。中国伦理学史讲的是价值观究竟在人生哲学中有何种地位,对其人生观有什么样的影响,而不是研究一般的哲学问题如人生境界等等。就是说,当我们研究冯友兰的伦理思想的时候,要问他的天地境界究竟是什么样的境界?在这种境界中,人们作出道德判断和价值判断的时候,究竟是靠直觉,还是靠已有的伦理标准?虽然在冯友兰看来,这些分析都是不用管的。可是,如果他不能够说明这些问题,又怎么能知道自己达到的是什么样的境界,怎么样才能达到这样的境界呢?!这些问题在哲学上而言似乎是自明的，但其实里面有很多伦理学的问题需要深入研究或者加以细化讨论。

第三个方面，要借鉴汉学和分析的方法，并以资料为基础来体现观点的本质。一方面，中国伦理学史的研究要注重资料的完整性。对于近代伦理学的研究，尤其需要丰富的资料，要详尽地考察当时西方有哪些思想文化传进来。例如，可以了解一下民国的时候采用什么样的教材？有哪些学校？这些学校都采用哪些伦理学的教材？这些东西都对我们的研究很有帮助。另一方面，要对整体的概念进行先细分、再综合的工作，以体现资料的说服力。比如说"知行合一"中的"知"是有不同的内涵和表述的。当然，大体上说，王阳明讲知行合一的时候，他是说，真正的"知"是包含"行"的，最起码包含了"行"的意愿。在中国哲学史中，对这个问题也许只是一笔带过，介绍性地说王阳明认为"知"了就要"行"。但在伦理学史当中，却应该进一步讨论："知"是自创的意涵还是有继承的，是格物致知中的"知"还是良知的"知"？在王阳明看来，"知"究竟是先天的还是后天的？这些都是必须加以仔细梳理和辨析的。因为这里面涉及一个道德标准在他的学说中的地位问题。在王阳明看来，我们是不是有共同的知？假如有共同的知，孟子为什么又要讲权变？为什么王阳明吸取了孟子的权变，又抛弃了孟子的权变？他抛弃了孟子的权变，会不会带来很多问题？比如说舜不告而娶，这是错误的知行合一？还是真正的知行合一？这样一一展开，就呈现出很多问题值得我们去讨论。

第四个方面，要从价值观及其冲突的角度来研究中国伦理学史，扩展研究的对象和采用跨学科研究的方法。不能把中国伦理学史等同于道德思想史和人生哲学史。我们发现，文化史、文学史、社会生活史当中的很多价值观呈现、表述和讨论的相关内容，都与中国哲学史不相干，但是属于中国伦理学史的重要组成部分。例如我们可以研究小说，小说里也有丰富的伦理思想。最近很多人文学者说，要有人文素养，就要读很多经典。《红楼梦》是经典，但是它讲人生无常，讲勾心斗角，其中还有乱伦的描述，而里面的爱情，也很多是不健康的。为什么？《红楼梦》是文学经典，却未必是思想经典。我们所希望的有人文，是希望有人文知识，还是希望有人文价值？《红楼梦》中的价值观是一种什么形态或者性质的价值观？另外，法律是中国的一面镜子，我们要不要加以研究？中国的法律主要是刑法，刑法是讲以善恶为基础的行为规范并进行赏罚的，这显然也是我们所要研究的课题。所以，伦理学史的资料来源，可以从宗教史、社会史、文学史等等当中去寻找，这些都需要我们去全盘了解和把握,只有在此视野中,采取跨学科的综合研究,才能做到系统化。从某种意义上可以说,中国伦理学史的资料来源比中国哲学史要丰富得多。当然,有些伦理学史对文学史中的价值观的研究应该比文学的主题研究要深入。

第五个方面,要通过对话来理解思想的深度。我们不但要叙述先哲的思想,更要与先哲对话。把先哲的智慧等同于学说的严谨性,或者后人将它们圆说得滴水不漏,其实并不是明智的做法。如果先哲的学说已经完美无缺,那也就不留有改进和发展的余地了。果真如此,往后的思想家就没有存在的必要了。这显然是不可能的。事实上,与先哲展开对话和讨论,不仅仅是研究中国伦理学史的基本原则,也是一切哲学史和思想史的基本原则。对于社会、政治、军事等等的历史研究,可以主要采取叙述的方法(但用最新的观点加以客观的评价,也是必要的),但哲学史和思想史研究最忌讳的却是仅仅停留在平铺直叙上。不能通过对话揭示先哲思想的特点,进而去评判先哲的成就、严谨性,比较他们论说的是非优劣,或者不能清晰地勾勒先哲们之间相互超越的轨迹,就没有做好哲学史和思想史的研究工作。虽然我们对先哲的对话、讨论和判断未必准确,但这种尝试本身就是有价值的,只有这样才能看清楚哪些问题需要进行更加深入系统的研究。这也是我重写这部中国伦理学史的最大动力。正如在前言所说的,我希望通过对话式的讨论,把旧版中浅尝辄止的问题讨论得更深入更充分一些,也希望从中发现一些新的问题,以便继续研究。

第一章
孔子及其集大成

孔子的伦理学是中国古代伦理思想体系化的开端。当然,孔子之前的价值观和道德观念对他的思想产生了重要的影响,如《诗经》。总体而言,早期的宗教和伦理价值观一方面十分深刻地塑造了中华文明的特征,如将宗教纳为日常实用价值的一部分,以"天"作为道德的评判者,都是典型的事例;①另一方面,它们也是孔子的思想素材和来源。作为中国伦理价值观体系的大集成与构建者,孔子不仅将文明与价值观的成果系统化为一个相对完整的学说体系,而且还将文明的意识形态、伦理观念、制度要素等转化、提升为以人本关怀为核心的价值体系和社会文化样态。

第一节 孔子之前的道德观念

文明的起源伴随着文化体系的初步呈现,其中无疑既包含着社会文化的基本要素的主动构建,也包含着宗教意识与道德价值的激荡和变动的无形塑造。换句话说,其中既包含着早期的无意识的"价值契约"的认知意识,也包含着早期统治者观念先行的意识形态所引领的社会治理智慧。

一、分封制和宗法制对道德观念的影响

殷墟卜辞研究成果表明,宗法制萌生于商代。对殷商礼仪制度的因沿与完善,在宗法制上继承与发展,成为有周(即周朝)一代文化发展的盛事。其中以父子相继、嫡庶相分为基础的宗族制、封建分封、君臣关系、婚丧嫁娶、庙数等等的制度性的文化发展与礼制的逐渐完备,构成礼法制度上的辉煌时代。周人观念上的敬德主张、制度上的改革和完备化、设礼制仪和订规

---

① 玄学家和理学家的"天理"都是这种影响的直接印记。

范纪的礼乐文化制度建设,"其旨则在纳上下于道德,而合天子、诸侯、卿、大夫、庶民,以成一道德之团体",①并成为文明的基础要素和有力支撑。

周朝代殷商而立国平天下,体现出一种大国崛起的文化力量,表现在周朝是以意识形态为指引治国的。《大学》里说:

> 古之欲明明德于天下者,先治其国;欲治其国者,先齐其家;欲齐其家者,先修其身。

这种"修齐治平"之事,在当时只有受到分封的王者才可以做到。周朝本来是一个大家庭,自从实行分封制之后,就渐渐地形成了梁、齐等独立的王国。而这些独立的王国,各自也是一个大家,实质上是以它们的王为核心的一个大宗族,因此,所谓"齐家",也就是管好自己封地这个大的"家"。当时的"国"是指邦,是指一块一块的王国,有些像大的家的概念,而不是指现在意义上的大一统的国家;而"天下"也只是周朝的天下,不是我们现在所理解的整个世界。分封制对后世影响很大,姓名的来源,很多都跟当时的诸侯国有关联,有些是以地名为姓,有些是赐姓。实际上诸侯国本身就是大家族、大宗族的外在形态,对于这一大家族、大宗族的首领而言,修身齐家治国是同步的,而如果所有的诸侯国都能够治理得井井有条并维护周天子,那么,天下也就太平了。

但是,《大学》里的"平天下"已不存在拥护周天子的含义,因为当时各诸侯国处在混战当中,周天子的权威已经几乎名存实亡,再也无力号令天下。所以,《大学》暗含着并不是要诸侯王各扫门前雪,而是追求统一的意思。如果说,春秋时期还有孔子之辈为维护天子的权威而奔走呼吁,而到了战国时期,周天子却难以承担重新统一天下的重任了。实际上,《大学》的主张和孟子的思想是一致的,那就是希望有德行的最强大诸侯能够一统天下。孟子也因此而招致了很多批评。然而孟子的主张是很现实的,因为当时只有某一个诸侯王才有可能重新统一天下。所谓"王天下",为什么用这个"王"字?王跟霸之间其实本来是不分的,到了后来才分得越来越清楚。叫"王天下",就是要以德服人,而霸天下主要是以力服人。所谓"内圣外王",就是要以道德感化和文化来征服天下。后来的儒家则把《大学》变成每个人修养的要求,意思已经不一样了。因为普通的人们最多只能做到修身和齐家,却没有机会治国和平天下。普通人甚至只能修身而不能齐家。

---

① 王国维:《殷周制度论》。

因为如果父亲还在世,那齐家也不是他的责任,而是父辈的任务。所以儒家一般所讲的修身养性是讲约束自己,而并非真正的修齐治平。至于当时强调修齐治平,那是由当时独特的时代条件决定的,是对特定的对象——诸侯讲的,而不是对普通老百姓讲的。

总之,在儒家学者的眼中,周朝的兴衰也是文化的兴盛和衰落的过程。文化不仅体现在制度的魅力上,还反映在统治者的伦理修养上。显然,在制度的层面上,儒家还是认为周朝的制度有其独特性的文化力量,将分封制和宗法制结合起来,以继承祖先的美德作为其中的凝聚力。从政治制度或者行政区域制度上来讲,周朝为后来由宗法制向家族制的转折创造了条件。家族制实际上是小家,但一些地方仍然延续大宗族的制度。中国人之所以重视修族谱,这也是由于宗法制的自然延伸。宗法制的一个特点就是它总是有创始人,即最早的老祖宗。这个老祖宗也是"慎终追远"的对象,就是追思、感恩的对象。所以儒家在《孝经》当中讲的"孝",不仅是指孝敬父母,还包括孝敬老祖宗,不仅要服侍父母,还要感激、怀念、崇敬祖宗,而且特别是要经常去怀想祖宗的美德,要让自己配得上祖宗的美德,对不起列祖列宗,就是不孝子孙。比如,在晋朝,陶渊明作出辞官的选择,实际上不是因为不想当官了,而是认为这样会愧对老祖宗。这种思想后来就逐渐演变成"光宗耀祖"的说法。实际上子孙们并不一定要超过自己的祖宗,但是一定不能让他们丢脸,这是与从制度到伦理的内在化一脉相承的。

二、宗教和道德观念的演变

在上古先民们的生活中,宗教信仰占有极为重要的地位。对德操好坏的判断标准往往与信仰习俗(包括禁忌、箴言、祖先敬奉礼仪、祸福观)的意识有直接的联系。当然,德行观念是与团体生活和注重自身行为的美德相一致的,文明的发展标志着道德感强化的过程。宗教信仰的发展说明了人们行为自主过程的完善与真诚信仰同步。因此,如果说传说时代的宗教信仰与道德基本观念尚未分离的话,那么,半传说时代正是宗教信仰与德行逐渐分离的过渡时期。而在周朝时期,德与神对于精神生活和社会组织生活的意义,已大有不同。文化成熟时期的诸多特征也随之显露明朗。

然而,这并非意味着宗教的道德价值在减弱。确切地说,随着文明的成熟与发展,宗教的内在追求具有越来越深远的德性价值,甚至成为道德生活的组成部分,比如,在孔子那里以"敬天命"为君子修养要素的说法。但是,与此同时,外在神权信仰开始逐渐地与社会生活、传统价值的理解等方面的德性要求相冲突。易言之,对于外在天神鬼力的无限崇仰使殷商的整个社会出现一种听天由命的惰性。殷商时期浓厚的宗教氛围,主要是外在力量的任随主宰,表现在事事问神求卜等方面,与生活中的酗酒纵猎习俗相一致,恰恰反映了这一时期忽视人事进取精神的文化特征。所以,周代替殷商而兴起,其维新的使命就不仅仅体现在周人自称的天命所托上,而且还体现在《诗经》歌谣中反映出来的德性自觉——"文王在上,于昭于天。周虽旧邦,其命维新"。①

总之,周人在最初满怀历史感的自我形象的表述中,始终以小邦新邑自警,敬德自励,以避免重蹈殷商之覆辙。周朝开始出现了将"天命"与人事并列的组合概念,初步出现了"听天命,尽人事"的思想。周公在周朝取得天下以后对商朝的贵族说:

> 我不可不鉴于有夏,亦不可不鉴于有殷。我不敢知曰:有夏服天命,惟有历年。我不敢知曰:不其延。惟不敬厥德,乃早坠厥命。我不敢知曰:有殷受天命,惟有历年。我不敢知曰:不其延。惟不敬厥德,乃早坠厥命。今王嗣受厥命,我亦惟兹二国命,嗣若功。王乃初服。呜呼!若生子,罔不在初厥生,自贻哲命。今天其命哲,命吉凶,命历年;知今我初服,宅新邑。肆惟王其疾敬德。②

周公的话,大概意思是说,我们为什么能够取代你们成为新的统治者,就是因为你们仅仅是听天命。过去你们听天命,上天很高兴,现在上天不满于仅仅听话,而是喜欢那些有德且尽人事的人,所以上天认为你们的运气已经走到头了,因为你们不努力。我们现在很努力,所以我们得到上天的肯定。

因此,在宗教与道德的关系的演变历程中,二者在意识形态中的不同地位也从商朝到周朝,出现了一个非常大的演变——由以宗教为主题的文化转向以德行为主题的文化。比如,《诗经》就经常颂扬周文王和周武王的美德。周朝的文化与商朝的文化相比,增加了很多人文治理的理念,而且还减少了很多纯粹的依赖天命的因袭色彩和无所作为的态度,这种演变,为新时代的意识形态找到了根据。

可以说,从周朝立国一直到孔子那里,再到后来,始终都有人在持续地

---

① 《诗经·大雅·文王》。
② 《尚书·周书·召诰》。

探讨尽人力和听天命的关系问题。虽然一开始的时候,宗教的意识还是很强烈的、主导性的,不过慢慢地一些道德的元素便融入进来。比如,《墨子》里出现了"天志"一词,墨子把天当成有道德意志的主宰者;董仲舒讲天人感应,他所理解的"天"也是一个道德的主宰。所以"天"有双重属性,一方面是宗教的最高神,另外一方面又是道德的守护神,监督着人间的道德。所以,董仲舒和墨子的思路,与周朝的思路是一脉相承的——上天在监督着人们,看他们有没有尽力作为、有没有按道德的要求来行动。宗教跟道德合在一起,通过"天"的权威和监督来对人们发生作用,宗教也就逐渐地实用化和道德化。

对于后世的天人合一来说,中国文明早期所讲的天人合一,实际上有非常多个系列,其中之一便是天人感应层面上的天人合一。从周朝的天人感应式的道德与宗教的合一,发展到春秋战国时期的一种更为突出道德赏罚意味的正义感,即因果报应。例如,《易传》里说:"积善之家,必有余庆;积不善之家,必有余殃",这与亚里士多德所讲的"矫正的正义"有点相似。也就是说,从周朝开始就出现了"扬善罚恶"的正义感的萌芽,即一个人做得好,应该得到表扬,一个恶人则应该受到惩罚,这就是"得其所应得"。后来,当佛教传入的时候,正因为中国有这种思想基础,其因果报应的思想就很容易被中国人接受。但是,惩罚的正义的加强也并不是一件好事。例如,到了法家那里,这个观念有点极端化了,那就是惩恶的时候没有节制,最后走到了几乎毫无情理的地步,只要有什么恶,就要狠狠地予以打击。没有爱的调节,一味地惩恶,就会走向报复性的结局。其实法家本来是按照标准来做的,但是因为没有爱的调节,所以在酷吏那里就变得很偏激很严苛。在这个问题上,墨子的天志观念更符合文明的意蕴。墨子既强调道德惩罚,也强调爱,认为人们必须付出爱,才能够纠正恶,如果以恶制恶的话,就会陷入恶性循环。如果人们兼相爱、交相利,自然就把恶人给抑制住了。可以说,墨子也把来自殷商的宗教传统进行了道德化的处理。

在这个宗教与道德互动的演变的过程当中,宗教还有一个非常重要的特点,就是从殷商开始,它逐渐地融入了人们的生活方式中。人们在生活中把宗教作为指导行动的基本原则。从商朝起,我们中国人的这种宗教性格的塑造就已开始了,那就是所有的神都转变为一种有德并且能够保佑我们生活得更好、逢凶化吉的力量的化身。中国文化具有极大的包容性,这种关于"神"的观念就有一种巨大的包容性:把所有的神都变成为一种单一的神,不管是天、上帝、佛还是关公,都变成了同类,那就是有道德感的、有特殊才能的,能够保佑我们、能够让我们的生活过得更好或者说为我们免除灾祸的力量。中国人的先祖对宗教和道德的信仰,便通过这种实用的观念结合在一起,因为它对我们有用,所以它就是道德的了。当然,对孔子而言,他接受的是宗教与道德混合的形态,而不是实用的形态。《论语》里记载说:

  君子有三畏:畏天命,畏大人,畏圣人之言。小人不知天命而不畏也,狎大人,侮圣人之言。①

  也就是说,"小人"不畏天命,不信因果报应,就会胡作非为了。总之,在中国思想史上,宗教最后演变为两个部分,一部分指神是道德的守护神,一部分指实用的价值。这两个部分都与伦理学联系很密切,尤其是道教的发展和佛教的传入,与传统的宗教和伦理之间非常契合。

  周朝不但提倡"尽人事",还要把社会秩序建立起来,因此还"制礼作乐"。周公"制礼作乐",不是儒家意义上的制礼作乐,而是为了统治而采取一系列的手段,也就是说,"礼"和"乐"是一种政治的工具。周公的"礼乐"与孔子的"礼乐"存在巨大的差异。周公的"礼"主要是强调政治秩序,强调服从统治的一种要求。另外,周公也把贵族和平民区分开来。他比较强调两个方面,一个是政治的礼仪,一个就是等级秩序。此外,他讲的礼还跟宗教相关,对于文明方面的礼仪则讲的比较少。而周公讲的"乐"也有两种含义,一个是指一种政治上的身份,一个是用于教化、用来熏陶人们的感情的"乐",这种乐是庄严肃穆的。周公"制礼作乐"奠定了儒家传统制度与教育文明观念的基础,虽然他当时讲的跟后来的儒家有所不同。

  儒家的礼有两个来源,一个是政治与宗教上的礼,即前面所述周公的礼,另一个是生活和道德中的礼仪、仪式,也包括宗教和政治活动中的仪式,甚至包括社会等级关系当中的礼仪。到了孔子那里,礼就演变成一种综合性的行为规范和文明制度。他强调得最多的还是政治的礼和道德的礼两个方面。儒家的"礼乐"文化是经过孔子的改造并逐渐展开的,在这个体系中,礼和道德关系很密切,而乐主要是作为一种教化的手段。就是说,礼是要把所有的东西区别开来,乐是要沟通人们的感情,把人们凝聚起来。可见,礼是让人们不一致、有差别;而乐是让人们一致,特别是具有共同的伦理和宗教意识。

  儒家差别化的礼,实际上并不是为了让人们获取不同的社会地位或者

---

① 《论语·季氏》。

利益,而是要尝试建立起一种非常和谐的秩序。这有点像柏拉图讲的各就各位、各司其职,就是每个人按照他自己的职位、职责去完成他的使命。这也可以叫做各尽所能,各得其所,秩序井然。服从这种秩序就是有道德的标志,所以孔子认为,君子要做到"克己复礼"。礼的要求就由此变成了一种社会生活的价值准则和行为规范,服从它,就是维护习俗,就是有道德的标志。礼的主要要求是下者对上者的服从,就是要维护尊卑的秩序。

三、一些道德概念的形成及其含义的演变

周朝出现了一个新的道德概念,那便是"德"。一开始的时候,"德"有"尽人力"的意思。到了春秋的时候,就演变成好几个方面的意涵了:第一个是尽人力,或者尽人事;第二个是各种美德;第三个是道家特指的那种德,即与"道"相对应的那种"德"。而道家所讲的那种德,与我们今天所讲的道德是没有什么直接联系的。

周初,德未必是指美德,多数时候就是指尽人力。"德"究竟意指什么?综合周代相关的史料文献,可以从三个方面来理解。

首先,它是一种自我的形象标榜,表示恪尽职守、守正克己和厚民。《周书·多士》记周王训导殷商移民的长篇讲话中清楚明白地体现了这一自我标示的特征:

> 王若曰:尔殷遗多士,弗吊旻天,大降丧于殷,我有周佑命,将天明威,致王罚,敕殷命终于帝。肆尔多士!非我小国敢弋殷命。惟天不畀允罔固乱,弼我,我其敢求位?惟帝不畀,惟我下民秉为,惟天明畏。
>
> 我闻曰:上帝引逸,有夏不适逸;则惟帝降格,向于时夏。弗克庸帝,大淫泆有辞。惟时天罔念闻,厥惟废元命,降致罚;乃命尔先祖成汤革夏,俊民甸四方。
>
> 自成汤至于帝乙,罔不明德恤祀。亦惟天丕建,保乂有殷,殷王亦罔敢失帝,罔不配天其泽。
>
> 在今后嗣王,诞罔显于天,矧曰其有听念于先王勤家?诞淫厥泆,罔顾于天显民祇,惟时上帝不保,降若兹大丧。惟天不畀不明厥德,凡四方小大邦丧,罔非有辞于罚。①

以上只引用了部分内容。这篇话的大意是:天命已经不再垂怜你们,该

---

① 《尚书·周书·多士》。

由我周人立命了。天命要求我们替天行道,来惩戒你们。并不是我小国胆敢妄为,因为你们的国王不德无道,荒淫贪残,而我周王有德于民,受天命之托。由此可知,自称敬德之王者,其所夸示的,除了生活上的德行以外,更强调厚民之任重。这与民众对于统治者的道德期待颇一致。西周中叶以后,民众对于统治者的形象评价通过歌谣而产生影响,与民予善乃是德性之要求。例如,《诗经》中所刻画的公刘之德即尽力厚民。

其次,"德"是在社会生活中摆脱神明膜拜而注重人事、积极有为的要求以及个人行为上严肃克己的规范。西周末期,它已是普遍的宣传口号了,天神开始受到怀疑:

　　浩浩昊天,不骏其德,降丧饥馑,斩伐四国。①
　　悠悠昊天,曰父且母,无罪无辜,乱如此㒱。②

显然,祸福与天神、天地意志的契合关系已颇受怀疑,它与个人行为的关系逐渐受到重视。这在《诗》《书》中已明朗化。周人关于生活严肃态度的认识,以及通过人事来把握认识天命的努力,使其文化内质具备了奋发进取精神。

此外,德还可以作为具体德行的总称。这时出现了一些概念字义如孝、恭、懿、谦、友等等,这些都成为德的具体表现。例如,关于孝,《诗》《书》中有许多举例赞褒,要求人民体达。如《周书·酒诰》中说:"用孝养厥父母。"以及《大雅·既醉》中提出:"威仪孔时,君子有孝子;孝子不匮,永锡尔类。"这些已趋细致的德行种类的划分,正说明了周人关于德的认识已不再是模糊的公诰文之类的记载了,而是关于生活中的价值肯定的具体表示。再者,有些东西虽然没有用"德"来表示,但也表示一种德。比如《管子·牧民》说"仓廪实而知礼节",那么"知礼节"就是有德的一种表示。接着说:"衣食足而知荣辱",那么也就存在一种荣辱之德了。我们也要注意其他概念的演变。比如说"圣",一开始"圣"可能是表示有智慧的意思,后来圣是一种有道德的意思,再后来到了孔子那里,圣又表示一个人能够为老百姓做事的意思。

从西周到春秋的历史进程中,很多概念的意思都发生了变化,我们目前还没有能够完全理清其中的演变脉络。因为,在不同的人那里,很多概念的

---

① 《诗经·小雅·雨无正》,下引该书,只注篇名。
② 《小雅·巧言》。

意思是不一样的。再例如,"德"在法家那里和在孔子那里是大不相同的。此外,我们还要注意文字的演变。战国前期及其以前的词语基本上是单字词,在战国中期以后的文章里,才慢慢地出现了组合词。所以孔子的原话,应该基本上都是用的单字词。而《论语》中却经常有组合词,这大概是后人改造过的。不光《论语》如此,很多其他文献也是一样的。所以,战国中期以前,"道"和"德"都是单用的,后来才出现了"道德"合用的情况。如果文献中在记录战国以前的人的话的时候出现了"道德"合用的情况,那很有可能就不是原话了。

到了战国中期,有些思想就开始一致起来了,比如说对"圣人"的理解,当时的普遍观点是圣人是一种很能干的人,或者是有道德的人,或者是有实力的诸侯王。在这个演变过程中我们可以得出一个结论:孔子给圣人下的各种定义对后世有很大的影响。在孔子看来,所谓的圣人不仅仅是自己道德修养很好的人,而且还要是能够为老百姓做事情、施恩于天下的人。但是,要为老百姓做事,也必须具备一定的身份地位。这层含义在荀子那里更加明显,荀子说:

> 凡所贵尧禹、君子者,能化性起伪。伪起而生礼义,然则圣人之于礼义积伪也,亦陶埏而生。①

也就是说,圣人要用道德教化的手段去改造人性。而要做到这一点,非得具备很高的身份地位才行。一个国王,即便自身的道德修养不是很完满,也具备"化性起伪"的条件。而一个普通老百姓,即使达到了很高的道德境界,也无法用以规范他人的行为。所以在这个过程中,儒家和孔子一开始便提出和回答了一个重要的问题:我们为什么要修养?就是要替老百姓做事情,职位越高,就越该重视修养,只有这样,才能配得上其职位所担负的职责。这样的观点很符合我们今天的管理思想:一个人承担的责任越重,他的道德必须越可靠,否则的话造成的后果就会更严重。圣人和君王相结合的观念,后来被统治者吸收了。所以帝王死了以后,其谥号都要戴上道德的光环,加上"圣"、"孝"、"仁"之类的词语。却很少出现"忠"字,因为"忠"强调的是臣子对君王的义务。

但是,后世很多儒家的学者却忽视了孔子的这一观点。孔子把大禹作为最主要的圣人,墨子持有同样的观点,为什么呢?因为他们一心为老百姓

---

① 《荀子·性恶》。

谋福利，并且泽及天下。而后世的儒家学者却把专注于修身养性、修到极致的人叫"圣人"，这是后来儒家不了解自身思想传统演变的重要例证。

四、民生观念的演变

从周朝开始，统治者比较关注民生问题，比较强调文化的教化，采取和平手段式的统治。从《诗经》和《尚书》当中，我们可以知道，很多民间的歌谣都是发自内心地去感激君王的。这虽然说是经过贵族或者文人整理的，但是它确实表达了对统治者的一种感激。所以，开始于周朝的这种人文关怀的管理传统，或者说带有某种民生关怀的传统，是儒家传承中的一个非常重要的方面。这也是孔子经常梦见周公的原因：他认为周公是全心全意为老百姓着想的，非常值得他去传承和学习。

到了春秋时期，战乱非常频繁。于是，人们便开始去思考竞争的伦理，包括作战军事上的思考，对社会秩序的思考，对人与人之间关系的思考。这是一个非常重要的拓展，但民生问题仍然是大多数学派——例如儒家和墨家——关注的核心。关心民生疾苦，后来也成为儒家思想发展历程中最持久的价值观之一，特别是儒家关于最低限度的民生保障的价值观，持续为今天中国的一个重要的价值传统。当然，儒家的民生传统，和我们今天的价值追求可能还是有着很大的不同。因为那个时候只是讲最低生活保障的问题，而不是持发展的民生观念。《礼记》里说：

> 大道之行也，天下为公，选贤与能，讲信修睦。故人不独亲其亲，不独子其子，使老有所终，壮有所用，幼有所长，鳏寡孤独废疾者皆有所养。男有分，女有归。货恶其弃于地也，不必藏于己；力恶其不出于身也，不必为己。是故谋闭而不兴，盗窃乱贼而不作，故外户而不闭，是谓大同。①

上述"天下为公"的大同思想虽然带有理想化的色彩，但关于老弱病残皆有所养的主张，却是非常切合实际的。做到了这一点，便基本解决了民生的问题，就是一个比较优秀的社会了；做不到这一点，就要发生混乱和牺牲，所以在某种意义上讲，春秋时期还存在一种以民生价值为基础来评价统治好坏的判断标准，这也与其他价值观形成鲜明的对比。而在春秋战国时期，实际上真正支配整个社会价值观的学派主要是兵家和法家，主张强弱竞争、

---

① 《礼记·礼运》。

弱肉强食,整个社会处于一种无序的状态。很多人讲儒家和墨家是当时的显学,那是对于知识分子来说的。而对于统治者来说,主导他们的还是兵家和法家的思想,这从他们任用什么样的人才的举措中便能够获得足够的证据。

儒家希望以思想言论和道德治理天下,但是实际政治实践中,统治者总是重用能让他们在竞争中处于优势的人才,而这些人才当时主要来自兵家和法家。所以,兵家和法家合流促成了相互竞争的价值观。随着竞争价值观的发展,为了保证竞争的胜利,各种辩证思维、反向思维也产生了,阴谋诡计的主张也登场了。中国历史上的斗争没有停止过,所以辩证法有时候就变成了主流的思想方法,对中国思维方法产生了比较大的影响,最能够体现这种影响的便是,人们在解决矛盾和冲突的时候,不是依据原则,而是通过辩证的方式来解决。这便导致了没有坚定立场、稳定原则的伦理空洞化格局。因此,孔子自主地提倡仁政、民本的思想也是对法家、兵家等价值观刺激的回应。

第二节　孔子的学说

孔子(前551—前479),名丘,字仲尼,生活于社会大动荡、文化大变革的春秋末期。在乱世之中阅历人间苦难的孔子,保持着乐观自在的心态和进取的精神,他塑造并实践了中华民族的礼仪文明与道德理想,并因之被视为"仰之弥高、钻之弥坚"的圣人。尽管他的思想并未完全系统化,但他无疑开启了中国古代的人本价值学说,强调伦理秩序的塑造和培养仁爱治国人才教育的实践,提出了德性伦理的系统观念、社会政治伦理学的框架及其二者统一的路径,型构了如何塑造善与美的人格典范的价值理论。

一、孔子的身世

孔子的先世是殷人的后裔,辗转为宋国贵族。传至孔防叔(孔子的曾祖)时,因避祸逃到鲁国,世为鲁人。孔子的父亲叔梁纥可能在邹邑当过大夫。孔子小的时候家境贫寒,三岁丧父。所以他比较早熟,而且很好学。他自己说:

吾少也贱,故多能鄙事。①

所谓"鄙事",也就是社会下层人民所从事的事情,包括生产劳动。自称"鄙事",是一种谦虚的说法。

当时的鲁国,正是古代文化的集合地。有人曾赞叹周礼尽在鲁,更有人对鲁国所保存的西周及各国的乐歌大加赞美。这些都极大地激发了孔子的勉学兴致。孔子经常去观摩人们举办的各种活动中的各式各样的礼的形态,到了20岁的时候,他所懂得的有关礼的知识,可能相当于当时专家的水平了。所以他对自己很有信心,比较早的时候就开始去教导别人,最后成为了中国历史上最著名的教育家之一,培养了当时为数最多的一批弟子,其中"贤者七十有二"。他也是第一个兴办私学的人,主张有教无类,对来自社会各界的学生一视同仁。

公元前517年,孔子35岁,是年鲁国贵族季氏赶走了鲁昭公,昭公避难于齐,大约就在这时,孔子带着弟子游齐,劝说齐景公。孔子以"君君、臣臣、父父、子子"的正名要求回答齐景公的询问,后者很是赞许,以为如果君臣父子名分不正,则虽有粟,王者亦乏食。因此他想封孔子于尼谿,被晏婴劝阻而未能行。不久,孔子就返鲁了。公元前510年,鲁昭公死于外(晋地),定公即位,但孔子仍不见用。以后孔子招收了更多的弟子,并专心讲学。大概在孔子50岁时,鲁国季氏的大夫公山不狃与阳虎联合反对季氏等三桓,废掉了他们的嫡子,立庶子。阳虎失败后,公山不狃继续抵抗,并劝孔子前往。孔子有此意,但被他的弟子子路劝阻住了。不久,他得到了定公的任用,做中都宰,后来又升任司空、大司寇等。定公十年,孔子52岁,以礼相的资格随定公会齐景公于夹谷,并折服齐侯,收回被齐国占去的三块失地。后来,鲁定公有名无权,实权掌握在季氏三桓手中,孔子实际上也受制于他们。齐人又从中离间,贿赂季氏,季氏三日不朝。孔子只好辞官。从此开始他后半生周游列国这一更为艰苦的历程。

离开故国后,孔子先到卫国,卫灵公待之甚善。后有人进谗于灵公,孔子受到监视。在卫地住了十个月左右,孔子离开卫国前往陈国。路过匡地,被当地人误认为是阳虎,受到包围,孔子很是愤慨。解围后不久,又感到前途渺茫,于是回到卫国。卫灵公已不再器重他,甚至有使孔子感到羞辱之处,他只得往曹。过宋往郑,又之陈。但此时陈国已是强国争夺之地,很危

---

① 杨伯峻:《论语译注·子罕》,中华书局,1990年版。下引此书,只注篇名。

险,他只得返卫。后孔子辗转各地,曾困于陈蔡之间。周游多年后,孔子返回鲁国,开始专心整理古籍。他喜欢研读《周易》,熟读而至于"韦编三绝"。鲁哀公十六年,孔子逝世,享年73岁。

二、知识结构与追求

孔子在成长的过程中,一直勤勉好学,不耻下问,从中所获得的知识非常渊博。在中国古代历史上有两个人的知识特别渊博,一个是孔子,一个是朱熹。当然还有其他人的知识也很渊博,但是都不如二者具有代表性。孔子在那个知识比较少的时代,属于博学大师;而朱熹是在知识积累很多的时候让自己变得非常渊博。

与同时代的博学之士相比,孔子不仅自己学识渊博,而且还能够通过实施因材施教的教育方法,把自己的知识有针对性地传授给别人。我们现在都讲因材施教,其实最重要的前提就是老师本身必须要有水平,尤其要博学。孔子有着丰富渊博的知识,所以他可以根据不同学生的天赋从不同的方面引导学生去思考怎么研究政治、文学、外交,教学生怎么说话、怎么辩论,甚至怎么行军打仗。在孔子所强调的六艺中,"射"和"御"都是与军事有关的。我们对孔子的学生颜回的印象一般认为他是个文弱书生,但实际上他很有军事才华,帮助鲁国取得过很大的军事成就,这得归功于孔子的教导。孔子一生好学不息,不断充实自己,同时循循善诱地指导学生,在这个过程中,他自己也能得到提高。《论语》里记载说:

子曰:默而识之,学而不厌,诲人不倦,何有于我哉?[①]

孔子把这些当作教学当中的基本理念,并自认为还没有做到这个要求。事实上,他做得相当完美,而且千百年来一直是后学榜样。

虽然在某种意义上来说,孔子还是要维护周礼所体现的理念和秩序,但他对于礼的价值的想法和周公的做法可能很不一样。周礼是贵族制度,而孔子搞的这种教育本身却是挖贵族制度的墙脚,他实际上是去培养普通的平民百姓,然后让他去辅佐统治者。这些人当了统治者的助手以后要改变整个社会发展的格局,所以孔子在身份和认知上是有平等意识的。虽然孔子对贵族的制度带有一种很保守的态度,不想去冲击它,但是他在教育的实践当中,实际上是在提倡平民百姓可以通过学习,并在培养了优异的德性和

[①] 《述而》。

能力后,也能成为统治者当中的一员。当然,一方面他要维护等级制,另外一方面又要培养新的平民进入这种制度,这显然是矛盾的。所以孔子所提倡的是不完全的等级制,不完全认可天生的贵族制,主张行政地位和社会地位的获得,部分是靠努力和竞争而获取的。贵族如果没有德行和能力修养的话,他们也就不能胜任高级职位。所以,孔子的人才思想很清楚地表明,只有德才兼备的人才能在高位。后来的孟子也有与此相关的思想。

那么,根据孔子的人才观,怎么样才能够成为儒家所推崇的德才兼备型人才呢?主要有两种方式,一种是自己学习和观察训练,另外一种是通过导师的教育。因此,统治者们重视教育、提供良好的教育制度和机会是必要条件。我认为,孔子在历史上最伟大的影响之一便是教育方面,因为直到今天,也还没有超越他的教育思想,比如因材施教的理念和方法。因材施教,不是用一种标准来往里面套,而是用不同的标准去要求不同的人。《论语》里记载道:

> 子路问:"闻斯行诸?"子曰:"有父兄在,如之何其闻斯行之!"冉有问:"闻斯行诸?"子曰:"闻斯行之!"公西华曰:"由也问'闻斯行诸'?子曰,'有父兄在';求也问闻斯行诸,子曰,'闻斯行之'。赤也惑,敢问?"子曰:"求也退,故进之;由也兼人,故退之。"①

冉有生性过于谨慎胆小,所以孔子告诉他听到了什么道理就要马上行动。子路生性鲁莽,所以孔子叫他要在征求父兄的意见以后再行动。这样区别对待,确实是很了不起的见识和做法。当然,庄子的齐物论的价值观跟孔子讲的因材施教有相通之处,庄子的缺陷在于没有从教育的方法来讨论。孔子希望建立一个和谐的秩序,又希望每个人都可以有自己的长处和专业特色,而且能够在各种选择当中进行合理的平衡,"从容中道",行为得体,不走极端。

孔子为什么那么重视教育和培养人才?这和他的远大志向有关系。从小时候开始,孔子就立志为社会做贡献,特别是为建立文明社会作出贡献。而在他的心目当中,最值得效仿和崇拜的是一种古代的圣人,也就是能够替老百姓做事情,泽被天下的人。所以他讲的很多东西就与此相关。孔子提倡"为政以德",也就是要善待百姓。

---

① 《先进》。

为政以德,譬如北辰,居其所而众星共之。①

可见,孔子办教育就是为了培养更多的人进入仕途,为社会做贡献,为百姓服务。他教育学生的首要目标,就是为社会培养政治、行政方面的人才。他这样做,并不是为了让学生提高能力、获得更高的报酬,而是认为越优秀的人就越应该为老百姓服务,所以就越应该去从政。孔子从来没有认为"小人"应该去从政。孔子的教育是为实施政治理念服务的。子夏是孔子的学生,他的下述思想也可以代表孔子的思想:

子夏曰:"仕而优则学,学而优则仕。"②

如果我们把孔子看成一位圣人,那么,孔子是一位什么样的圣人呢?他自己认为达到圣人的境界了吗?概要地说,他很有志向,努力地去追求他的目标,而他认为人的最高价值目标就是成为圣人,成圣便是他一生追求的目标。《论语》有载:

子曰:"若圣与仁,则吾岂敢?抑为之不厌,诲人不倦,则可谓云尔已矣。"公西华曰:"正唯弟子不能学也。"③

孔子自认为自己配不上"圣"与"仁"的评价,但他对"圣"与"仁"的崇敬溢于言表。另一方面,对于孔子而言,成圣不仅仅体现在理论上,而且也要落实到寻找机会与实践中,尤其是占据一定的行政职位之后才能发挥实践的价值。只有这样,才能够更好地为老百姓做好事,通过施政的合理性来帮助老百姓,这才符合他心中理想的圣人形象。孔子和儒家的成圣理想在古代中国历代政治实践中有所反映:很多地方官,如果能够治理好所管辖的区域,老百姓都会立庙来纪念他们。当然,他们可能只是被视为贤人而已。孔子立志当圣人,于是带弟子一起去寻找机会,携弟子一生奔走于各诸侯国间,并沿途施教。不过,尽管他历尽辛苦,周游多年,但还是很少碰到机会,最后并没有实现自己的理想。

如果说孔子没有找到自己的精神家园,便错了。虽然孔子没有找到实现自己才能和抱负的好机会,但是他的精神家园早就安定了,而且他始终为此而尽力。孔子的精神家园是什么呢?就是探索和体验文明之道。他很清楚自己平和的心境和积极努力的目标。对他来说,必须改变礼崩乐坏的现

---

① 《为政》。
② 《子张》。
③ 《述而》。

状,维护礼的权威,让人们重新进入文明状态,让社会重新变得有秩序。这就是他所追求的"道",这就是他的精神家园。这种信念成了他的精神支柱。而且,他还认为,这也是上天降临给他的使命。孔子的这种使命感,让他变得非常勇敢,相关的记载至今读来还非常让人振奋和感动。有一次,孔子被匡人围困,形势相当危急,但孔子并不惊慌失措,而是自信地说道:

> 文王既没,文不在兹乎?天之将丧斯文也,后死者不得与于斯文也;天之未丧斯文也,匡人其如予何?①

孔子所说的"文",不仅仅是指文化,更包括周礼所代表的文明,也就是一种有文化的社会政治秩序。他认为自己继承和掌握了周礼的精髓,上天是不会让这么好的东西消亡的。正因为有了这样的精神支柱,孔子在周游列国的时候,虽然挫折重重,却并不感到特别辛苦。他的追求不是被迫的,而是主动的。至于《论语》里说孔子"惶惶如丧家之犬",那只能说明他的运气不好或者遭遇不好。这只是外部条件的恶劣,与精神家园无关。总之,即便认为孔子把周王朝的文明盛世当成自己心中的家园,而当时的周王朝也已经风雨飘摇、无力回天;但是那也至多说明孔子丧失了实现自己抱负的机会而已,但是他始终没有丧失自己的精神家园。因为,"道"就是孔子的精神家园。无论这"道"能否在社会上推而广之,在普天之下去实现,在孔子的心目中,他是不会改变对"道"的信念和执著的。

诚然,由于路途的艰难,孔子也有过苦闷的时候。当他看到被猎杀的麒麟时,不禁发出"吾道穷矣"的感慨,如:

> 子曰:"道不行,乘桴浮于海。"②

但是,即便是真的离开了自己的故园到了海岛隐居,他的精神家园一定也是安定的,从来都没有真正动摇过、改变过。

三、思想性格

永远慰藉着自己的精神家园的孔子的思想性格如何呢?我觉得,无论从价值观还是从思考问题方式而言,孔子都是一个比较平和的人,这与后代的理学家心中仅仅关心道德问题的形象根本不一样。孔子认为,应该关心普通人的娱乐、生命价值乃至于回答如何摆脱各种困境等等,所以,他非常

---

① 《子罕》。
② 《公冶长》。

欣赏颜回的内心修养：

> 哀公问："弟子孰为好学？"孔子对曰："有颜回者好学，不迁怒，不贰过。不幸短命死矣。今也则亡，未闻好学者也。"
>
> 子曰："一箪食，一瓢饮，在陋巷，人不堪其忧，回也不改其乐。贤哉回也！"①

在孔子看来，颜回具有三类美德值得学习：第一是不贰过，就是聪明而善于反思自己的错误；第二是不迁怒，不会随意抱怨或者迁怒于人，也就是说自己有责任担当；第三是安贫乐道，即不受生活条件的影响，能够约束自己，做到符合道的要求。总之，一方面说明他很有修养，另一方面说明他在贫困的情况下也不会改变他的节操，这就与孟子所说的"贫贱不能移"是一个意思。

孔子不仅欣赏颜回，实际上他也是这样的一个人。《论语》里说：

> 子曰："饭疏食饮水，曲肱而枕之，乐亦在其中矣。不义而富且贵，于我如浮云。"②

在这里，我们可以看到那个安贫乐道的圣人形象。但我们要注意，上述这句话当中的"不义"二字，是指采取不正当手段。就是说，孔子并不是笼统地说"富贵于我如浮云"，而是强调，如果得到富贵是属于"不义"二字范围的行为，他是不愿意去做的。也就是说，他并不是简单地强调淡薄名利，而是强调要富贵的话就要从正当的途径去获得。我们过去有一个错误的想法，说一个人为了道德修养就应该安于贫穷，或者为了做学问就应该安于贫穷，这是不符合孔子思想的。

显然，孔子认为，人们处于安贫的状态是迫不得已的，富贵是人心所向。但是，假如说你现在很贫穷的话，你也不能用不正当的手段去改变它：

> 子曰："富与贵是人之所欲也，不以其道得之，不处也；贫与贱是人之所恶也，不以其道得之，不去也。"③

人们都希望实现富贵，对这种愿望本身实际上没有进行任何指责或者批判的道德依据。其实，孔子不仅不希望人们贫穷，而且认为政治行为的一个使

---

① 《雍也》。
② 《述而》。
③ 《里仁》。

命就是改变人们贫穷的命运:

> 子贡问政。子曰:"足食足兵,民信之矣。"①
> 子适卫,冉有仆。子曰:"庶矣哉!"冉有曰:"既庶矣,又何加焉?"曰:"富之。"曰:"既富矣,又何加焉?"曰:"教之。"②

在这里,孔子强调要为老百姓提供充足的食物,并把让老百姓富裕起来当成治国的一项重要内容。可见,孔子的义利观和后来的理学家是大不相同的。又如他说:

> 子曰:"邦有道,贫且贱焉,耻也;邦无道,富且贵焉,耻也。"③

就字面上的意思说,孔子认为,如果一个人处在乱世而又富裕的话,那就说明他的财富的来源可能是有问题的,所以这种状态是可耻的。而在一个秩序良好的社会里,如果得不到富贵,那就说明你的能力有问题,同样也是应当感到羞耻的。这就明显地肯定了人们追求富贵的愿望的合理性。所以,孔子讲安贫乐道,最主要的不是安贫,关键在于乐道。就是说,君子们在贫穷的时候也要乐道或者能乐道,当然在富贵的时候也同样要乐道。注重内心的道德修养和心理自主性,然后可以用正当的手段去追求富贵,这才是孔子的本意。

当我们把后世统治者或者理论家加在孔子头上的种种光环移开,重新回到他真实的人生观和思想性格上时,就会发现,孔子在生活中也是一个普通人。当然他很伟大,但并非如后来追封的"圣王"一类的地位,事实上却是一生蹇滞,四处碰壁。他有过很多主张和言论,但《论语》里流传下来的主要还是关于道德和人生问题的对话。这说明,编《论语》的人还是侧重于收集孔子在这两个方面的言论。所以说,《论语》中的言论只能代表孔子的一部分思想。而且《论语》还存在版本的问题,我们今天读到的并不是最古老的版本。我们今天读《论语》的时候,会发现它里面有些内容的意思是不连贯的。推其原因,大概是在传抄的过程中有所遗漏,或有所增删。因此,今本《论语》里有很多内容是讲不通的,这也很正常。如果一个人硬是要把《论语》中的道理解释得天衣无缝的话,那么他的这种努力肯定是在某些方面存在错误或者误导,至少讲得并不符合孔子的本意。因为,把讲不通的地

---

① 《颜渊》。
② 《子路》。
③ 《泰伯》。

方也讲通了,肯定是加上了牵强附会的内容。当然,我并不是反对对经典作出自己的解释或者解读,但在这个过程中,一定要有实事求是的态度,不要过于主观武断,在自己不知道的地方还是要存疑的,而不是断定自己所讲的就是最正宗的、符合作者的本意。因为基于文献"不足征"的事实,谁也无法确保这一点。事实上,也不必过于苛求这个"正宗",在这个问题上要采取顺其自然的态度——随着新材料的发现,学者的解释及时跟进就可以了。

四、中道的哲学

作为先秦哲学的重要原创性成果,孔子中庸观念的重要性不言而喻,至今仍然可以借鉴。孔子谈到中庸仅仅是寥寥数语,却可以看出他是非常看重中庸之道的:

子曰:"中庸之为德也,其至矣乎,民鲜久矣。"①

孔子把中庸之道看作最高的准则,他慨叹人们已经违背中道很久了。而他正是以复兴中道为己任,时刻教导弟子要走中庸之道。中庸包含着一种合理性的思想,在后来的《中庸》中也称之为"中和"或者"致中和"。

中道的思想具有时代思潮的特征。春秋战国时期的思想,有的是比较极端的,有的是比较符合中道的,这两种思想经常处于斗争之中。中道或者中和思想是一种影响很广的认识。不但孔子讲中庸,道家和荀子也有中道的思想。法家以法为中,墨子讲兼爱,其实都是一种中道。《周易》里也有中道的思想,例如,"九五之尊"代表最尊贵的位置,只有帝王足以当之。我们知道,八卦重叠成了六十四卦,每卦有六爻。爻分阴阳,分别冠以"六"和"九",并以之表示区别(例如第二爻若是阴爻就叫"六二",第五爻若是阳爻就称"九五")。因为六是偶数,属阴,九是奇数,属阳。传统思想认为阳尊阴卑,所以九尊于六。而否极泰来之"否"卦的九五爻处于高上之位,又不像九六阳爻一样高到极点,所以是最尊贵的位置。这就是一种比较典型的中道思想。

中庸的"庸",就是"常",也就是"道",即标准或原则。所以所谓中庸就是以中为道,或者中为标准,或者以中为常道。在孔子的中庸思想里,他首先强调的是无过无不及:

子贡问:"师与商也孰贤?"子曰:"师也过,商也不及。"曰:"然则师

---

① 《雍也》。

愈与?"子曰:"过犹不及。"①

在孔子看来,"过"与"不及"是同样不好的,它们都是对中道的偏离。但是孔子并不是强调在客观上的无过不及或者折中,而是强调不要走极端。如何才能做到不走极端呢?那就要借助学识、修养和自我克制,小人没有克制,肆无忌惮,那就一定会走向极端。

中庸思想的第二个要求,就是强调行为的恰到好处。他经常强调"君子矜而不争,群而不党"(《卫灵公》),以及"君子惠而不费,劳而不怨,欲而不贪,泰而不骄,威而不猛"(《尧曰》),等等。他在教导弟子去实践这种德行时,是需要根据具体情况而作出选择,目的是让他们从对中道的偏离中转变过来。冉求胆小,孔子就鼓励他勇猛果决;而子路好勇斗狠,孔子就教导他要悠然一些。在某种意义上说,能够理解并按照中庸的要求去做,就是一种道德实践能力。

孔子虽然主张要努力实现中道,但中庸之道并不是每个人都能够做到的。有的人偏于进取,比较激进,这种性格就叫"狂";而有的人比较保守,偏于消极,这种性格就叫"狷"。狂者经常冒进,狷者多有不为。在孔子看来,在无法达到中和境界时,狂狷的状态是一种较好的选择。孔子最痛恨的是"乡愿"之徒,可见,孔子的中庸思想决不是毫无原则的调和。

子曰:"乡愿,德之贼也。"②

子贡问曰:"乡人皆好之,何如?"子曰:"未可也。""乡人皆恶之,何如?"子曰:"未可也。不如乡人之善者好之,其不善者恶之。"③

可见,所谓"乡愿"之徒,就是那种八面玲珑,四处讨好别人的人。这种人无非是沽名钓誉之辈,毫无原则,所以孔子说他们是损害道德的人。

孔子的中庸之道,也是一种认识方法。例如,两个人各执一端、莫衷一是,如何来评判他们的是非呢?答案在于把握双方或者各方的特点:

子曰:"吾所有知乎哉?无知也。有鄙夫问于我,空空如也,我扣其两端而竭焉。"④

这就是孔子的认识方法。中道就是两个极端之间的一种恰当的平衡。由

---

① 《先进》。
② 《阳货》。
③ 《子路》。
④ 《子罕》。

此,孔子总结出很多原则,比如要内外结合:

> 子曰:"质胜文则野,文胜质则史。文质彬彬,然后君子。"①

"文"是外在的,"质"是内在的,只有内外都很完美,才能被称作是君子。在实际的生活中,孔子也强调怎样做到表里如一。他当然注重德行和知识等内在的东西,同时也非常注重自己的仪表,这在《论语》里有大量的记载。正因为如此,他才被人们视为"万代师表"。孔子还非常厌恶夸夸其谈的人:

> 子曰:"巧言令色,鲜矣仁。"②

口蜜腹剑、虚伪奉承,都是内外不一致的表现。孔子不但注重内在的修养,也讲究外在的秩序。所以孔子认为一个孝子,不但要尊敬、爱戴和照顾父母,也要讲究一定的习俗制度,比如在父母去世的时候,要举行恰当的丧葬仪式。总之,在孔子看来,内外合一,以恰当的形式表达内容或者形式与内容一致,互相促进,是中道的重要要求。

最后,中道要求一种美好的状态。这种状态是必须随时去把握和体现的,而不是偶尔符合中道的要求就行了。在孔子看来,"时中"很重要。在与时俱进中时时做到中道的要求,就是君子的处世为人的基本哲学或者基本信念。

孔子关于"和"的思想,也很重要。孔子强调"和而不同",他说:

> 君子和而不同,小人同而不和。③

孔子强调的是大原则上的统一,而在非原则性的问题上,是允许人们有着不同的个性和做法的。在共同的原则下,不同的东西相互交流,相互补充,就形成了和谐的局面。君子营造的,就是这样一种局面。而"小人"则一味地追求同一,于是就变成了混同,抹杀了个性,变得单调死板了。

五、德性论

从个人品格来说,孔子是一个严于律己、宽于待人的人。他对自己的要求很高,对于弟子则只要求能够改过、自新,对于他所要塑造出来为社会为

---

① 《雍也》。
② 《学而》。
③ 《子路》。

百姓做事的人,则要求必须具有较好的修养和能力。就道德品性来说,他侧重于是否以高于普通的标准来要求自己,或者说,他认为具有理想性和榜样能力的人,是能够在道德上和内心情绪上实现自律,或者说具有很强的自我克制能力的人。曾子继承了孔子的思想,提倡经常反省自己:

> 曾子曰:"吾日三省吾身,与人谋而不忠乎?与朋友交而不信乎?传不习乎?"①

只有通过反省才能够看出自己的缺点,而且要以别人为镜子试着来反省自己;为人做事要尽心尽力,与朋友交往要真诚有信;遇到问题了不要去怪别人,而要从自己身上找原因。

从美德和品性修养的角度来说,孔子注重自我的把握。当然,同亚里士多德相似,他提倡各种各样的美德,并努力使自己具备这样的美德。他在培养弟子的过程中,提供了如何培养德性、美德的纲目和标准。孔子讲了各式各样的美德,当时所具有的德目,在《论语》里基本上都有了。孔子认为,只要人们具备这些美德,就能够更好地做到自律。

德性与行为是一体的,做到一体,才是符合中庸的要求。显然,孔子的这种修养的德行论,不仅仅强调内在的自我克制,还强调外在行为的一致性,注意一定的分寸,符合一定的原则规范,那就是"礼":

> 子曰:"克己复礼为仁。一日克己复礼,天下归仁焉。为仁由己,而由人乎哉?"颜渊曰:"请问其目?"子曰:"非礼勿视,非礼勿听,非礼勿言,非礼勿动。"②

孔子对礼或者行为的社会规范的重视,具体表现在人们在生活中的一举一动都能够很好地体现出礼的要求,言、动、视、听等,无一可以违背礼的要求。例如,《论语》里讲到"礼"的时候,很多时候都是关于怎么说话的。在《论语·里仁》中,孔子说:"君子欲讷于言而敏于行。"也就是说,一方面,孔子对说话的态度和方式也是很重视的,因为礼和礼仪应该处处体现出君子的风范;另一方面,孔子认为言要反映行的本质。

孔子在讨论问题的时候,很少出现极端化的话语。也就是说,他自己说话时也重视中道的要求。相比之下,孟子有时候则讲得比较极端一些。孔子的很多思想也许《论语》都没有收进去,但关于"礼"的言论则收集了很

---

① 《学而》。
② 《颜渊》。

多。实际上,在孔子看来,只要有行为的地方就有礼,无论是属于对内部的关系,还是对外部的关系,或者对自己的关系。孔子的"礼",都包含着中道的原则。例如,他说:

> 唯女子与小人为难养也,近之则不孙,远之则怨。①

由于时代的局限性,孔子把女子情绪化表达的倾向看做是与小人相似而与之相提并论。当然,女子也与男子一样,都有君子小人之分。"小人"就是不守中道的人,远离他,他就怨恨、抱怨,过于靠近他,又对你不尊敬了。只有采取适中的态度,才可以保持相对的和谐。中国古代强调夫妻之间要相敬如宾,实际上就是要保持一个尺度,不过于亲昵,也不要过于生疏。

中道是一种具有方法论意味的美德。孔子在生活细节中也很讲究与守礼相对应的中道的要求:

> 割不正,不食。②
> 席不正,不坐。③

孔子在很多情况下都把守礼或者中道作为一种基本的要求,那么,中道和"礼"之间存在什么样的关系呢?我认为,二者是同质的,是在不同层面上来陈述的:一个人按照礼的要求去做,那就是符合中道的;一个人的品德修养有两个标准和依据,一个是自我约束的要求,一个是外在的行为是不是做得恰到好处,做到了就体现了中道的要求。

以上便是孔子的美德论或者德性论的基本观点,在这里,我们仍然需要追问如下问题:是否可以把它叫做品德伦理学或者美德伦理学呢?我觉得,在孔子这里品德伦理或者美德伦理还没有达到可以系统化论述成为一个学科的程度。因为今天使用的品德伦理学或者美德伦理学有一个核心的思想,那就是道德义务可以通过人们的品德完善来实现,品德比义务更加重要或者说更加值得我们去探讨,这是一种专业的学科意识。我认为,这种学科意识在亚里士多德那里比较充分,在孔子这里却没有体现。所以我讨论孔子的时候,把它叫做关于德行或者德性的理论,不把它叫做美德伦理学。

实际上,孔子也并不是以探讨美德和如何体现美德作为目的,而是从一个人如何为社会做贡献的立场出发,去探讨究竟应该具备哪些美德才能够

---

① 《阳货》。
② 《乡党》。
③ 同上。

促使他更好地为社会做贡献:

> 子张问仁于孔子。孔子曰:"能行五者于天下为仁矣。""请问之。"曰:"恭、宽、信、敏、惠。恭则不侮,宽则得众,信则人任焉,敏则有功,惠则足以使人。"①

可见,孔子对于恭、宽、信、敏、惠这五种美德的解释,无一不是从统治者如何树立威信、任用他人的角度来说的,而不是把美德看做目的本身去追求的。可以说,孔子没有系统地探讨美德与道德人格完善之间的关系,而且也没有把它作为真理探求的对象。

六、忠恕之道

孔子提出来并加以实践的最重要的伦理学概念之一是中道,另外一个就是忠恕之道,包括忠于他人委托之事和对他人的态度,即"己所不欲,勿施于人"。忠恕之道包含着高度概括的伦理价值观和指导行为实践的哲理,虽然孔子讨论的很多问题以哲学道理的方式呈现,但是它们却最能代表方法论的意义,在哲学上的地位更高。我们先看看《论语》里的一些记载:

> 子曰:"参乎!吾道一以贯之。"曾子曰:"唯。"子出。门人问曰:"何谓也?"曾子曰:"夫子之道,忠恕而已矣。"②
>
> 子贡问曰:"有一言而可以终身行之者乎?"子曰:"其恕乎!己所不欲,勿施于人。"③
>
> 子曰:"夫仁者,己欲立而立人,己欲达而达人。能近取譬,可谓仁之方也已。"④

上面的引文表明,忠恕之道是孔子的最高准绳。忠恕之道有两个方面的具体体现:从有所不为的方面来说,就是"己所不欲,勿施于人";从有所为的方面来说,就是"己欲立而立人,己欲达而达人"。朱熹在《论语集注》里对"忠恕"的解释是:"尽己之谓忠,推己之谓恕","忠"就是讲自己应该努力做到什么东西,"恕"是关于对别人的态度应该如何的。也就是说,"恕"是自己的一种标准,同时也是面对与人相处时的标准。从某种意义上来讲,它

---

① 《阳货》。
② 《里仁》。
③ 《卫灵公》。
④ 《雍也》。

跟康德的可普遍化原理有某种异曲同工的地方,那就是要找到一种形式的标准,即它必须是任何人在相同的情况下都必须而且能够遵守的,且不会自相矛盾或者内在地相互排斥,"己所不欲,勿施于人"是人与人相处的最基本的要求,即金规则。

对于"己所不欲,勿施于人"的观点,引发了许多其他的讨论。我们在此只讨论一个问题:"不欲"具有什么样的意涵呢? 是对象(东西)还是行为方式? 我的理解是,"己所不欲"并非意味着"不要把我不想要的东西给别人",而是说,如果我不愿意别人用某种方式来对待我,那么我也就不要拿这种我自己加以排斥的方式来对待别人。所以,这一诫律实际上包含了道德义务的形式原则的否定的方面,它并没有表达一个人应该怎么样去对待别人,而是表达他不应该怎样去对待别人。在符合这个要求的基础上,再积极地为别人做点什么,那就是"己欲立而立人,己欲达而达人"。即自己想树立和实现的,也帮别人树立和实现;自己希望发达,也希望或者帮助别人发达。但积极的准则要服从消极的准则,也就是说,积极的准则更像一个信念,因为它是不可普遍化的,每个人的志趣爱好都不一样,趋舍万殊;自己想树立和达到的,未必是别人也想要的。如果别人不想要,也就不要热心过度,否则,勉为其难,就违背了"己所不欲,勿施于人"的准则。因为你也不希望别人把你不想要的东西强加于你。虽然"己所不欲,勿施于人"是否定的诫律,但是它能够解决大多数道德义务的方法判断问题,因为道德义务主要就是禁止性的命令。不履行积极性的内心义务或者自己提倡的信念,最多是无法给别人带来更多的好处;而违背了消极义务,就会给别人带来伤害,在道德上的恶的性质也更为严重。所以,在一般情况下,消极义务是处于优先地位的,这便是为什么"己所不欲,勿施于人"比"己欲立而立人,己欲达而达人"受到更多重视的原因。

七、仁与礼

在孔子那里,仁与礼是一对紧密联系的概念,因此我们放在一起讨论。首先来看仁。《论语》中孔子说:

> 志于道,据于德,依于仁,游于艺。①

这里有两个词很重要:道和仁。"道"是什么? 也许到现在为止,人们也还

---

① 《述而》。

不知道孔子讲的道是什么。在这里,我一直从"文明统治的盛世"这个理念来理解他的"道",同时,它还包括了道德之类的内容。在这里,"道"、"德"、"仁"、"艺"四者是并列的,所以,我认为他讲的"德"和"仁",应该是同一个东西。为什么它们能够并列起来呢?德更侧重于行为规范,仁则为自律的道德感,因此,孔子讲道的时候,虽然很多时候就是指道德的意思,但是这里所讲的道突出了文明与道德的结合。那么,他之后再讲德、仁、艺,就是具体的方面。

不过,孔子讲"依于仁",含有主动性的意味。而"仁"作为一个概念使用,有时与"圣"的道德标准相近,也可以说,孔子讲"仁",是把它视为人们道德修养的最高境界。"仁"区别于"圣"在于,"仁"的主要含义是指能为老百姓做贡献、施恩于天下。《论语》里说:

> 子贡曰:"如有博施于民而能济众,何如?可谓仁乎?"子曰:"何事于仁,必也圣乎,尧舜其犹病诸?夫仁者,已欲立而立人,已欲达而达人,能近取譬,可谓仁之方也已!"①

就是说,尧舜还做不到博施于民而济众,这样的人可以说是仁人了,但和圣还不是一回事。也就是说,"仁"主要是一种道德境界,是心理层面的东西,包括推己及人等品格,与事功和普惠没有必然的联系。后来的儒家学者侧重于"吾欲仁"的方面,表明后世儒家伦理思想比较注重道德动机。在某种意义上说,"仁"指向君子修养要达到的道德境界。当然,孔子的仁也包含着如何处理自我与他人的关系,表现为对其他人的关心,这一理念被孟子吸收成为"仁政"的道德基础。

圣的境界也就是道的实现。陶渊明有一句诗很有意思,他解释说为什么要辞官归耕田园,提到"先师有遗训,忧道不忧贫"②,作为一个君子,他的目标是必须去考虑这个"道",而不要去考虑贫富如何的问题。然后,他又说到"瞻望邈难逮,转欲志长勤",意思是说,孔子讲的这个道,自己想想根本做不到或者没有路径去实现,所以就放弃了,回乡下种田去了。从陶渊明的解释上来说,这个道就是政治文明或者自己可以作出贡献的境界,实现了这个政治理想就是道。只有圣人的境界、处境和位置,才能实现道;反之,能行道者,能"泽被天下"的人才能成为圣人。

---

① 《雍也》。
② 《癸卯岁始春怀古田舍二首·其二》,下同。

有道之世,便是礼被践行的时代。孔子讲礼大概占了《论语》三分之一的篇幅,主要有四个方面的意思。第一个方面,指行为标准,行为所在的地方都有行为标准的要求,所以,所有的地方都有礼的规范。其中,有些是一般的行为标准,有些是伦理的行为标准。一般的行为标准和伦理的行为标准在孔子看来区别很小,为什么呢?因为只要有标准的地方,违背了它便是没有做到,或者没有做好,就属于不好的事情。因此,从孔子的角度来说,他在大多数情况下谈到的礼都带有伦理和道德的意味。所以,在某种意义上来说他的"礼"就变成了一种行为的标准。第二个方面,指要建立一种社会秩序,上下左右各有所属,比如君君臣臣和父父子子的秩序等。这才符合正名的要求,名不正,则言不顺,总之得符合这种秩序。第三个方面,就像我们今天讲的"人情世故"。比如说在别人去世之后,要表示哀悼。或者是说,在需要讲排场的地方就需要认真讲一讲排场。当然,这有点像一个人应该做到符合社会的某些习俗的要求,或者在某些情况下去做某些特定的行为。第四个方面,则是与人们之间的关系或者"当为的义务"的角度对应起来的说的,属于内在的东西叫做"仁",外在的东西叫做"礼";或者内在的东西叫"德",外在的东西叫"礼"。

　　在关于礼的思想中,孔子仍然强调中道的标准,即不是纯粹地搞形式。在任何有礼的要求的地方,就一定要慎重对待,要有内在的感情相匹配,尊重它,要以一种尊敬的态度、实践的途径来满足礼的要求。所以,我想孔子比较重视礼的理论的和实践的统一性,即重视言行、内外的统一性和完整性。关于重视内外的统一,《论语》里有:

　　　　祭如在,祭神如神在。子曰:"吾不与祭,如不祭。"①

也就是说,祭祀的时候,要虔敬,就好像被祭祀的对象真的在那里一样。假如不能全身心地投入,那就好比没有过这种祭祀活动一样。

　　从仁和礼、内在与外在德行的结合的角度上说,孔子的修养理论中涉及的美德伦理和德性伦理具有很精致的理论框架。在后来儒家历史的演进中,许多学者只是抓住了礼的等级规范性而忽视了它的体系化结构和注重内在修养的要素,也就失去了美德伦理的哲学意味了。

---

① 《八佾》。

八、仁政

孔子开创的儒家思想传统的一个重要理论指向,便是建设仁政的社会。仁政不是仅仅取决于君王,还包括德才兼备之士参与努力和作出贡献。所以,孔子和宋明的很多儒家学者不一样,孔子一心一意要引导学生们去从政,而宋明理学家当中的很多人主张君子不应该去从政。前者以服务百姓为宗旨,而后者则认为,儒者的使命就是在理论上和实践上继承道德之道统。理论上的道,当然把儒家的伦理道德弄清楚了就行了,实践上的道则要靠个人自己把修身养性做好。所以,他们认为做官不做官或者是否参与施政无所谓,有时候要应付很多官场的东西,便达不到控制住修养自己的要求。所以,先秦的儒家虽然讲究"学而优则仕",特别是从孔子的时候就开始重视,但是越往后的儒家,则对"学而优则仕"就看得越淡。这样看,后世的许多"学而优则仕"的人不是儒家的,或者不是纯粹儒家的。虽然宋明的儒者是儒家的价值观的继承者,可他们在教导学生的时候并不教导他们去参与治国,也不教导他们怎么去做事情,只教导怎么静坐和修身养性。

实现仁政是一个理论和实践结合的过程。所以,孔子教导学生的时候,大多数就是教导他们怎么样参与治国,行仁政的人需要什么样的才能和修养。他谈的道理不只是注重修身,而是为治国行仁政服务。他讲的"礼"的内涵很多也都是和治国有关的。虽然有时候他讲的礼是属于伦理的范围,但是他希望建立一种文明的秩序,在政治和行政上要以德服人,在社会生活中也要以德服人。他的伦理学本身就是一种建设政治文明的方法,以社会生活的伦理内涵支持文明社会和仁政。他的伦理学实际上由此和政治哲学密切联系在一起。

孔子的这种观点或者哲学理念在某种意义上讲带有一种伦理治国的意味。让圣人成为君主,或者君主具有圣人的内在境界和道德修养。孔子对于从政者的要求是这样的:职位越高,道德修养越好,因为他承担的责任越重,越需要具备道德和才能。进一步而言,只有具有这样的修养,才会真心为百姓做事情。所以,孔子讲做人的成功要符合两个条件,一个是要想办法为国家做贡献,另外一个是为国家做贡献的最好的办法是让自己的道德品格不断完善,达到德才兼备。因而在孔子的政治理念中,他的仁政实际上在如何进行政治运作方面讲得很少,主要都是讲伦理完善的方法和培养自己才能的方法。所以,孔子的圣人观就是孔子的政治哲学当中最重要的一点,指出圣人不仅仅是有道德的,还要为天下老百姓谋取福利,能够行仁政的即为百姓谋取具体福利的人才是圣人;假如没有为百姓谋取福利的话,就算修养很好、很努力,也就只能达到"仁人"的境界。

孟子是孔子的仁政理念的追随者。有一些学者批评孟子,说孟子仅仅希望依靠某一个王侯出来行仁政,并通过行仁政来统一天下。但是,在孔子的言说中,实际上已经蕴含着这个思想了。虽然孔子还是比较保守地表示应该遵守"君君、臣臣"秩序,但是他实际上也在寻找机会,通过自己参政,为诸侯王做具体事务和为老百姓尽力,以图实现仁政的愿望。这样做在逻辑上的结果其实就是帮助一个新崛起的诸侯王来建立一个新的社会框架和秩序。因此,从孔子的思想原点来讲,他的政治哲学也具有时代的特点,与法家具有共同的趋向,只不过后者的方法是用经济和军事的力量来统一天下,而孔子的方法就是依靠伦理和文化来统一天下。就这个方面而言,孟子只是把孔子隐而不显的学理发挥出来而已:

> 孟子曰:"三代之得天下也以仁,其失天下也以不仁。国之所以废兴存亡者亦然。天子不仁,不保四海;诸侯不仁,不保社稷;卿大夫不仁,不保宗庙;士庶人不仁,不保四体。今恶死亡而乐不仁,是犹恶醉而强酒。"①

也就是说,普通人如果不仁,就保不住自己的身体;而天子不仁,就会失去天下。如果害怕死亡却依然不仁,无异于害怕喝醉却过度饮酒。可见,在孔子和孟子那里,人生哲学、政治哲学与道德观念是紧密相联的。

尽管孔子使用的词语意思应该属于"德政",但是,孟子以为仁政更符合这个理念。因为关心百姓才有德政可言,所以,仁爱就是德政的本质。孟子的这种分析,其实是将道德义务本身和实现仁政的道德修养要求区别开来,也更突出了对为政者的伦理义务诉求。

九、表里如一

孔子对于君子的要求并不仅仅局限于道德领域,《论语》中也强调内外兼修的观点。一个生动而具体例子体现在"文质彬彬,然后君子"中所蕴含的对君子的要求。不过,在重新研读并比较《论语》②及其朱熹等宋儒在《四书集注》中对"文"的解释之后,我发现,宋儒的理解无疑赋予了"文"更道德

---

① 朱熹:《孟子集注·离娄章句上》,上海古籍出版社,1987年版。
② 这里引注的文本为《四书集注》本,中华书局,2011年版。

主义的色彩。

如果综合《论语》中的谈"文"论《诗》意蕴的话,我们可以看出,《论语》中对君子有某种超乎内在道德素养的欣赏,其中的"君子"形象与《诗经》中的君子形象有重叠之处。易言之,"君子"既是指修养较高的人,也是指一个对情感审美等有着丰富体验的普通人,所以,尽管《诗》中含有"君子好逑"之诗句,但它仍是孔子赞赏的对象。总体上说,孔子所说的君子是内外兼修、举止得体之人。就其内在修养而言,"乐"是一种修养,"忠信"也是一种修养,审美也是一种修养。就其外在行为而言,符合"礼"是一种要求,体现"文"也是一种要求。《论语》中的"文"有诸多意味应当包括好学的意思,而不能简单地把"文"等同于"礼"。

无论是谈论"文质彬彬"还是讨论《诗经》的特性,孔子都体现了对中道思想与方法的赞赏。"文"可能"过","质"也可能"过","文质彬彬"等同于无过无不及,是中道的内涵和方法的体现。因此,可以说,孔子重视《诗经》中的中道之意。"文"体现得恰到好处,也就是实现和落实中道之意。

但是,在谈"文"论《诗》时,中道只是孔子及其弟子们的一种把握问题的方式。在《论语》中,孔子还重视具体而微的内在性和这种内在性体现出来的行为的一致性。例如,以仁爱去纠正一味的报复或者抱怨。因此,除中道之意味外,应该还有许多细微的内涵值得讨论挖掘。如何理解论《诗》和谈"文"的丰富内涵及表达呢?在我看来,谈"文"和论《诗》既是一种方法论的表达,也体现了对于文化内涵和德性修养的统一要求。

在《论语》中,谈"文"有多处,可以分为两种类型多个层次的意思。首先,从正面的论述上说,《论语》中"文"的意蕴有多个层次。

第一层意思,是指"学"的对象:

> 子曰:"弟子入则孝,出则弟,谨而信,泛爱众而亲仁。行有余力,则以学文。"①

在这里,"文"应该指称"学"之对象。但是"行有余力,则以学文"不能理解为"本末"之"末"的意思。"德"与"文"可以有先后,但是不能分出轻重,否则就不可能做到文质彬彬。

第二层意思,是指具体的德行:

---

① 《学而》。

> 子以四教：文，行，忠，信。①

后世的儒者和今人学者中，很多人把其中的"文"与"行"理解为学文修身，如程子说："教人以学文修行而存忠信也。"②实际上，这里的"文"、"行"与其他美德是并列关系，这里也一定是指具体的美德之义，"文"就是好学之德，而"行"则是相当于"言必信、行必果"之"行"。下述文字可为辅证：

> 子贡问曰："孔文子何以谓之文也？"子曰："敏而好学，不耻下问，是以谓之文也。"③

第三层意思，是指学问，或者也指称修辞和表达能力等：

> 子曰："文，莫吾犹人也。躬行君子，则吾未之有得。"④

> 颜渊喟然叹曰："仰之弥高，钻之弥坚；瞻之在前，忽焉在后。夫子循循然善诱人，博我以文，约我以礼。欲罢不能，既竭吾才，如有所立卓尔。虽欲从之，末由也已。"⑤

> 曾子曰："君子以文会友，以友辅仁。"⑥

这就是说，学问比较容易得到提高，道德修养则需要意志和自律。因此，学问可以交流，但是不能代替道德修养本身。

第四层意思，是指礼仪、形式、外表、文采等外部审美，或者伦理行为的意思，与内在修养相对应而言：

> 子曰："质胜文则野，文胜质则史。文质彬彬，然后君子。"⑦

这里的"质"主要是指道德观念和修养，但是"文"并不仅仅是指内在道德修养的行为表现，它还包括对美好行为多个方面的要求。

第五层意思，是指文教、典章繁盛、文明魅力之意，主要是指治国之道，但是它也混合了文化传承之意：

> 子曰："周监于二代，郁郁乎文哉！吾从周。"⑧

---

① 《述而》。
② 《程氏经说》卷七《论语说·述而》。
③ 《公冶长》。
④ 《述而》。
⑤ 《子罕》。
⑥ 《颜渊》。
⑦ 《雍也》。
⑧ 《八佾》。

> 子畏于匡。曰："文王既没，文不在兹乎？天之将丧斯文也，后死者不得与于斯文也；天之未丧斯文也，匡人其如予何？"①
>
> 卫公孙朝问于子贡曰："仲尼焉学？"子贡曰："文、武之道，未坠于地，在人。贤者识其大者，不贤者识其小者，莫不有文、武之道焉。夫子焉不学？而亦何常师之有？"②

这里的意思偏重于宏观方面的表达。我不同意既有注释的理解，就是说，它不是仅仅指周代的典章与文明，而且也是指制度、教化和治国的文化系统。因为这里的"文"有"道"之意，又有文化可传承可资借鉴之意。所以，才有大者和小者的区分。

第六层意思，是"文"与"章"组合词即"文章"连读，表示"论礼乐法度和行为规范"等，相对于抽象的理论而言的一种具体文化与教化的形态和内容：

> 子贡曰："夫子之文章，可得而闻也；夫子之言性与天道，不可得而闻也。"
>
> 子曰："大哉，尧之为君也！巍巍乎！唯天为大，唯尧则之。荡荡乎！民无能名焉。巍巍乎！其有成功也；焕乎，其有文章！"③

第七层意思，是指"教化"之意，具有方法论的意味：

> 子路问成人。子曰："若臧武仲之知，公绰之不欲，卞庄子之勇，冉求之艺，文之以礼乐，亦可以为成人矣。"④
>
> 孔子曰："……故远人不服，则修文德以来之。"⑤

反面的劝诫也具有相同的指向性。从劝诫意味的角度也可以看出《论语》中对于"文"的要求是不能将它与"礼"或者单一的某个行为规范等同起来：

> 子曰："质胜文则野，文胜质则史。文质彬彬，然后君子。"⑥

---

① 《子罕》。
② 《子张》。
③ 《公冶长》。
④ 《宪问》。
⑤ 《季氏》。
⑥ 《雍也》。

> 子曰:"君子义以为质,礼以行之,孙以出之,信以成之。君子哉!"①
> 子曰:"君子博学以文,约之以礼,亦可以弗畔矣夫!"②
> 子夏曰:"小人之过也必文。"③

可以说,"文"必须符合礼。因为义为"质"则直,直有时则偏于"野",需要礼的规范。由此可见,"文"和"礼"之间有很大的关联性,以礼约"文",就是应该具有修养表现的规范性要求。

以上的阐述还可以引入其他的辅证文字:

> 棘子成曰:"君子质而已矣,何以文为?"子贡曰:"惜乎!夫子之说,君子也。驷不及舌。文犹质也,质犹文也。"④

总之,孔子在《论语》中的关于学文和文质彬彬的主张,是强调由内而外,自然发露,表里如一,主张内外兼修。但是,"文"的价值是独立的,例如,还可以用"文"代表六艺、辞章、文学、礼、合理的行为表现等,而不仅仅是一种相对于德性而处"末节"的地位。

其次,《论语》中涉及《诗》和诗教,也具有多种层次的意思。孔子之后的不少儒者都认为诗教的主旨仅仅是让人能够趋于"温柔敦厚",这种理解是不够的。进一步而言,有关《诗经》的论述和君子的丰富修养存在关联,或者如果以"文"为修养的一种系统,那么,它也和孔子重视《诗》的丰富意蕴和表达内涵的意思相通。易言之,孔子论《诗》有更多德性之外的相关内涵。可以说,由"《诗》三百,一言以蔽之,思无邪"开始,孔子对《诗》的感受,是将它看作一部内涵丰富的经典,也是"君子"应该作为学问与修身的教科书。君子的情感发露,只要符合本性,便是可以由内而外的涵养。所以,孔子以《诗》来调节"义"、体现出他重视《诗》中的内在丰富性的基本思想。

《论语》中的论《诗》,包含很多层面的内涵:

> 子曰:"诵《诗》三百,授之以政,不达;使于四方,不能专对,虽多,亦奚以为。"

---

① 《卫灵公》。
② 《雍也》。
③ 《子张》。
④ 《颜渊》。

子曰:"兴于《诗》,立于礼,成于乐。"①

子曰:"小子!何莫学乎《诗》?《诗》,可以兴,可以观,可以群,可以怨。迩之事父,远之事君。多识于鸟兽草木之名。"②

子所雅言,《诗》、《书》、执礼,皆雅言也。③

子曰:"《关雎》,乐而不淫,哀而不伤。"④

子贡曰:"贫而无谄,富而无骄,何如?"子曰:"可也。未若贫而乐,富而好礼者也。"子贡曰:"《诗》云:如切如磋,如琢如磨。其斯之谓与?"

子夏问曰:"巧笑倩兮,美目盼兮,素以为绚兮。何谓也。"子曰:"绘事后素。"曰:"礼后乎?"子曰:"起予者商也!始可与言《诗》已矣。"⑤

子谓伯鱼曰:"女为《周南》、《召南》矣乎?人而不为《周南》、《召南》,其犹正墙面而立也与?"⑥

除了从第一段和第二段引文中可以看出学《诗》可以帮助培养多种才能之外,在其他的段落和文字中,孔子的论《诗》还有几个层次的意涵,包括抒发感情、增进交流、体现审美等;⑦而其中一个方面就是"绘事后素",这是以德性为基础、实现内外合一之道所必要的自我修养的要求。当然,对应于修养之外,《诗》还包含着引导思考、帮助把握"中道"等内容。

显然,"文"在这里不仅代表了由内而外地展示文采、行为得体的要求等等,还代表了文章、学问、典章制度、文明教化,以及好学的态度和恰当的做法等系统的内涵。结合谈"文"与论《诗》,可以理解《论语》中孔子及其弟子对于君子修养"恰到好处",尤其是在多方面体现恰到好处的"中道"方法的讨论,也就是说,通过谈"文"论《诗》,可以看到孔子及其弟子对"文"与《诗》系统中丰富内涵之内外中道的把握方式,当然包括对文雅、高尚、委婉、合理仪节的欣赏。

从"文"与《诗》两者结合的角度来研读和理解《论语》,可以看到,孔子

---

① 《泰伯》。
② 《阳货》。
③ 《述而》。
④ 《八佾》。
⑤ 同上。
⑥ 《阳货》。
⑦ 作者尚未领会"群"之意味,但是它是其中一种功能则无疑。

对于君子的学问、修养、道德、审美、文章、能力等有着深入的思考,也在诸多价值观方面可以区别于后世许多儒者的思考,不能以后世儒者的立场观点来"定格"孔子与《论语》的丰富意蕴。

第三节　孔子的影响

从伦理思想发展的角度来说,商殷时期敬天信神,到周朝以"德"作为天所佑护的重点,由天而人,这个价值观念演变和社会文化变革的过程,实际上也是文明具体化为社会生活内涵的进程。到了孔子那里,则更加明显地体现出以人为本的价值观。当然,他的以德服人的观念,也是对周公思想的一种继承和发扬。而孔子的核心思想是,一方面,人们必须关注他人的苦乐,尤其应该关注弱者;另一方面,君子们应该将这种关注转化为学习和修养的动力,通过参与治国、普惠民生来发挥自己的才能,来实现自我的价值。正是在重视仁爱、民生和君子修养、以德治国、行仁政等伦理思想体系中,展示了以人为本哲学的基本架构。其中,圣人就是实现人本价值的典范,这也解释了孔子周游列国的动机和动力。历史上儒家文化的核心也是关心民生、关心社会的,这来自于孔子的坚持和教导。

对于同时代的人而言,孔子已经是一个影响力很大的贤人。而孔子对后世的影响则更为深远,包括道德学说、仁爱信念、政治理念、民生关怀、社会习俗、文明意识等等许多方面。在诸种影响中,孔子关于精英之士必须具有强烈的社会责任感方面的理论和实践的影响是最为深远而持久的。这种影响就是通过修养、才德、仕进、奉事百姓等具体做法来体现。看起来是简单的"学而优则仕",实际上却充满着为民而进取不息的精神。包括像陶渊明那样的淡薄明志之士也受到了深刻的影响。

此外,孔子对后世影响的其中一个重要的方面,就是将教育与伦理修养结合。当然,后世儒者心目中的孔子既是个榜样,也是他们学问的道统根源之一,也对孔子的一些思想做了积极的推演。例如,虽然孔子的教育是主张独立的判断,但是对于孺子的教育则缺乏明确的主张。后世的朱熹以习惯成自然和推动社会教育来加以发挥。当然,也有许多后学对孔子作出了实质性的曲解,如将孔子的圣人形象狭隘化为道德圣人。例如,孔子谈"文"与"质"时,容易被转换为道德问题。显然,与后世一些儒者如程朱的理解相比,孔子的思考和学问范围更加广博,也涉及很多生活方式的合理性与情趣体验等内容。例如,在"文"中就包含着孔子道德之外的关切。例如,"子曰:'弟子入则孝,出则弟,谨而信,泛爱众而亲仁。行有余力,则以学文。'"①朱熹引注释者尹氏就以"德行,本也。文艺,末也"来诠释,其实就是以道德中心主义的思想来理解它,显然并不符合孔子的意思。"行有余力,则以学文"不能理解为"文"是"末",只能理解为是德行之外需要做的另外一些事,即其表达的方式来说至多是一种先后关系,而不是本末关系。但实际上,孔子并非仅仅关注道德,否则就不会对《诗》有那么高的评价。子曰:"《关雎》,乐而不淫,哀而不伤。"②颜回之乐以及这段话就是明证。易言之,既不能把《论语》理解为纯粹的道德教科书,也不能简单地把"文"理解为为了道德所做的问学;它也包含着整体修养的考虑和心理、美学的满足。此外,对于孔子周游列国的动力,一般研究并没有把他的行为和孔子对"圣人"的实践追求结合起来,因而把孔子更加实质性地关注民生问题仅仅转换为孔子要求为政者"善待"大众的理念。总之,在后世儒者对孔子的诸多方面的解释中,都更加突出了关注个人的成圣成贤,缺乏对孔子舍生为民的博大胸怀的继承与弘扬。

在思想上,孔子是一个集大成者,这体现在两个方面,一是一般的知识方面的集大成,二是伦理道德、教育思想方面的集大成。孔子探讨了很多美德,并把它们合在一起来讲。孔子还是一个起承转合的人物。孔子未必是儒家的开创者,但是他是儒家最主要的奠基人。他对儒家思想有很多创新性的解释,比如关于中庸或者中和的思想、忠恕之道、礼,还有以德服人等等。从知识和学问的角度来说,孔子也一直被看作是一个大学问家。在一个渴求知识的时代,孔子的思想通过弟子的讲学很快得以传播,并成为百家争鸣的主要理论基础,无论是正面的支持还是对立面的批评,孔子作为大学问家和大思想家的地位也因为争鸣的深入而得以确立。至于孔子对汉代之后千百年的影响,则是有赖于《论语》时常被列入童蒙教材和士人的必修书目之一,其中孔子与弟子们的思想碰撞和智者式的对话发挥了十分重要的作用。

纵观两千多年的历史,孔子可以说是对中国文化影响最大的一个历史人物。他对于儒家学者的影响更为深刻。一个原因是因为他探讨的问题比较广泛而具有重要的实践价值,另一方面则是因为他的继承者多数也都非常优秀,而且层出不穷。孔子的思想主要通过两个大的方面发生了深远的

---

① 《学而》。

② 《八佾》。

影响:即儒家的传承系统和教育活动。当然,有些人标榜自己是孔子的信徒,却未必与孔子的思想一致,他们当中有些人甚至还误解了孔子。所以,我认为在中国历史上,每一个人心目中都有一个自己所理解的孔子,而且不同的人所理解的孔子也大不相同,有些自称信奉孔子的人也可能与孔子的理念完全背道而驰。例如,对于孝的极端化的理解就违背了孔子的伦理精神。又如,明清时期的科举考试,不仅死板统一,完全违背了孔子自主思考的主张,更是时常将朱熹的理学观念植入到孔子的形象之中。

对今天的人们来说,重新阅读《论语》并思考孔子关注的一系列社会问题,是传承孔子教导和实践孔子社会伦理思想的主要途径。

第二章
百家争鸣(上)

春秋后期开启的百家学说及争鸣是中国古代哲学和伦理学的第一个高峰,从伦理学和价值观影响力的角度来看,儒家和法家是最重要的学派。当然,作为当时显学的墨家和对后世有重要影响的道家也是其中的核心思想流派。

第一节 百家争鸣时期的哲学伦理学

百家争鸣是从春秋后期一直到战国时期发生的社会思潮涌动和迸发现象。所谓"百家"是泛指当时的思想流派众多,并非指称确切的学说派别的数量。当时有相当多的独立学派,他们的立场、理论和价值观都不一样,因而时常发生争鸣,或者是说发生冲突和交锋。

百家争鸣时期影响最大的是以下几个学派。第一个是法家。法家为什么影响大?因为法家是注重管理、经济发展和制度建设的实用的学说,推行如何治国、取天下,在当时残酷的时代里体现为如何解决生存问题的策略。所以法家的学说即便不是最受重视的,它的实践和理论至少也是最活跃的,而且它跟政治的关系也最密切。另外一个,与法家相对应的兵家,也非常活跃。和兵家、法家都相关联的则是儒家,也是要解决治国的方法问题。儒家和他们的立场不一致,所以经常发生争鸣。墨家也是和儒家有密切关系的一个学派,它也批评儒家的理念和方法。换句话说,以上诸家的治国理念和方法不一样,所以他们的学说都很不一样,其中法家和儒家形成为两种主要的治国学说,对后世的影响非常大。它们不仅影响到政治事件,也影响到伦理学,因此我们将在以下的论述中把法家和儒家作为重点主题来研究。另外,在争鸣当中极为突出的还有道家、阴阳家、农家、杂家等等。

从理论的特点上看,百家争鸣时期的思想都是以某一种哲学理论为基础的观念或者价值观,而《中庸》和《易传》等则是融合性质的学说。这个时期也是哲学探讨最充分的时期。总之,春秋战国时期不但有丰富的哲学思想,而且都是原创性的哲学。百家争鸣时期的哲学具有三个特点。

第一个特点,就是学说具有"原创性",并且重视人文价值。比如说《易传》,虽然不知道它是哪一个人撰写的,但它是以形而上之"道"作为核心概念的,所以它是一种哲学。孔子讲的"推己及人"以及孔孟关于人性的讨论也是比较高度的哲学总结。百家争鸣最主要的影响就是思想的原创性、丰富性,而且他们的价值观表达得非常清楚。一般意义上而言,能够对后世真正产生重大影响的思想,都蕴含着具体的人文价值理念,而不是只具有工具性的作用。很多学者都觉得法家的思想仅仅是强调工具性的用途,其实不然。法家认为,要解决老百姓的问题,必须富国强兵,因为如果自己的国家不强大,就会被人家消灭,别的也就谈不上了。所以,法家认为,经济是基础,要先强大,才能有所作为,这与兵家的道理是一样的。所以,不要仅仅认为法家是提倡严刑峻法的,它的学说里实际上是带有民本思想的。儒家说一个人犯了罪,应该以轻刑来判罚,而法家认为,这样做的结果就会导致约束不足,会有很多人去干坏事,于是就会有更多的人因为犯罪而被判刑,同时又会有更多的人受害。相反,如果一个人犯法后被判为重刑,就有惩戒的同步作用,所有人都害怕去犯罪,治安的问题也就解决了,这是杀一人救了千百万人的举措。当然,实际的情况可能更加复杂,比如惩罚是否公正的问题是必须关注的,但是,可以确定的是法家哲学不仅仅是肤浅的重刑主义。总之,百家争鸣时期的哲学观念和相互探讨,很大程度上都是关于人文价值和社会秩序的,这是当时哲学伦理学当中的一个非常重要的共同特点。

第二个特点,指诸子理论是在相互辩论中澄清和完善的。比如,墨家原来与儒家有较深的渊源关系。墨子自述说自己先去学儒家的东西,后来发现儒家学说和主张很烦琐,便转而去创造出了简洁而朴实的学说。法家也曾一直批评儒家很多方面的观点,而儒家的孟子也批评墨子和杨朱。他们都是在批评对手的过程当中提出自己的思想,并不断改进内在的体系性。因此,如果我们要深入去探讨他们各自的思想观点的话,在很多情况下就要在他们辩论的环境和氛围当中去探讨。比如说,我们后面即将讨论到的孟子和告子的辩论或者围绕道德来源问题的讨论,就是很典型的例子。必须了解他们具体的辩论所表达的观点,才能理解各自的立场和倾向。此外,在一些大的学派里面也存在互相批评或者后来者批评前人的情况,比如同属于儒家学派的荀子就痛斥孟子的性善论。

第三个特点,就是诸子之间的相互融合。各自从不同的角度部分地吸收或者借鉴了对方的一些东西,尤其是各家后学的发展过程中,越是到了战国后期,这种融合的特点就越是明显。例如,我们在儒家为主的思想中看到了诸子的观点,如《大学》里面有道家的思想,《易传》里面也有很多学派的思想,《中庸》里面既有儒家、道家的思想,也有神秘性的思想。如果说,春秋后期所有的思想都是原创的,都是自己的观点,那么战国时期的思想大多数都是既有原创又有综合的特点,《荀子》《庄子》《孝经》《礼记》等都融会贯通了很多方面的内容。

总之,争鸣的过程促进了创新与融合,这一特点反过来又加速了不同思想的个性化和严谨性表达。

第二节　孟子论性善与伦理原则

孟子(约前372—前289),名轲,战国中期邹(今山东邹县)人。他私淑孔子,继承并发展了孔子的伦理思想,被后人尊称为"亚圣"。孟子在中国伦理学史上拥有重要的地位,其思想主要包括性善论、伦理原则和权变问题,他的性善论对宋明时期的伦理学产生了重要而深远的影响。

一、孟子对孔子的传承与创新

孔子去世后,儒分为八,各自传承了孔子哪一方面的内容,今天很难说得清楚。同样,我们一般也没有深入地探讨:孟子究竟从孔子那里继承了多少?创新的内容又是什么?孟子究竟是把孔子仅仅作为一个外显的标榜对象,还是真的信仰其学说、要把它加以发扬光大?从《孟子》一书中,我们知道他在君子学说、仁政和教化的必要性等方面继承和发展了孔子的基本思想和观念,当然,孟子也提出了自己独特的主张。

孟子宣称是孔子的继承者,希望把孔子的思想发扬光大,并以之对抗异端——他认为不合理乃至荼毒心灵的学说。表面上看,孟子只认可孔子,其他的学说他大都不认可其合理性。他说:

> 圣王不作,诸侯放恣,处士横议,杨朱、墨翟之言盈天下;天下之言,不归杨,则归墨。杨氏为我,是无君也;墨氏兼爱,是无父也。无父无

君,是禽兽也。①

在这一段话中,他并没有直接突出孔子思想的地位和影响力,也没有说明自己对孔子思想的继承,不过,暗暗地贯穿了孔子所谓的"君君臣臣、父父子子"的基本伦理秩序和价值观。

后来的儒家学者讲"孔孟"学派或者"思孟"学派,更尊称为"道统":孔子传子思,子思传孟子。可是这个说法似乎并不可靠,到现在为止,我们还没有办法找到一个确切的证据来证明子思就是《中庸》的作者或者是孟子的导师。因为,一方面,《中庸》里面很多内容都是道家的;另一方面,荆门楚简中发现的似乎属于子思的思想材料里,关于仁义的表述中支持"仁内义外"的观点,这正好是和孟子对立的。

孟子的经历类似于孔子,从小生活比较艰苦,经过自己的努力而拥有渊博的知识,并且也去周游列国。在《公孙丑下》中,他非常自信地说过:"天未欲平治天下也。如欲平治天下,当今之世,舍我其谁哉!"当然,孟子和孔子对贵族和既有秩序的态度不一样。他把孔子的德政思想发挥为"仁政",比孔子更重视君主的伦理义务。此外,孔子讲人格自尊和自我要求,而孟子则讲出了独特的"大丈夫理论":

> 居天下之广居,立天下之正位,行天下之大道;得志,与民由之;不得志,独行其道。富贵不能淫,贫贱不能移,威武不能屈,此之谓大丈夫。②

对于自主性问题和人格独立问题,孟子在理论上看上去比孔子的理论要更为清晰。

而且,孟子在讨论问题的时候,有一些东西讲得比较系统,但有时候又讲得比较极端,这也是孟子区别于孔子的基本特点。比如说,孔子讲君主要以德治国,孟子就讲君主要与民同乐,比如,君主得实实在在地把后花园拿出来与民同乐。孟子见梁惠王时说,你的后院那么大,应该拿出来让平民也参观或者狩猎。梁惠王就不干了,他说寡人好货;孟子又说,你那个后宫的宫女那么多,你用一个就够了,剩下的都送出去吧。梁惠王又说,寡人好色。总之,孟子的意思是梁惠王现在东西有那么多,你拿出来给老百姓用一些,老百姓以后反过来也是会帮你的,这就是孟子讲的与民同乐的意思。

---

① 朱熹:《四书章句集注·滕文公章句下》,中华书局,1983年版。下引此书,只注篇名。
② 《孟子·滕文公下》。

孟子所谓的人格独立的传统，确实成了很多儒家精英知识分子的精神支柱。我们可以说，孟子把知识分子的精神需求塑造成这样一种境界，即包括"大丈夫"、"先天下之忧而忧"的境界。这个境界比孔子讲的知识分子的境界具有更理想的性质。

二、性善论和修养论

孟子关于人"性"善恶的思考与孔子的观点存在非常大的区别。孔子主张性是后天教化和修养的结果，即"性相近，习相远"；孟子则讲性善，并且具有多层次的论述。后来儒家的启蒙读物《三字经》里面有一句话是"人之初，性本善，性相近，习相远"，为什么把孟子的话放在了孔子的观点的前面呢？原因就是，《三字经》是在宋代以后的人编的，那些人已经因为宋儒的影响而直接承续孟子的性善论，而忽视了孔子那种常识化的主张。孔子的思想很务实，因为他是教育家，他知道一个人受了教育和通过自我修养才有真正的道德独立性和自主性。由此，他重视"习"，重视学习、教化和模仿好的行为、品德等等的重要性，然而孟子则试图给道德理论寻找一种哲学依据。

综合起来说，孟子认为，人是因为有了本性上的道德感或者道德完善的可能性，他才是一个真正意义上区别于动物的人。换句话说，道德的先天性是人类的本质特性，维护和实现人的道德本性就是修养和教化的任务。从另外一个角度来看，孟子还想赋予人们道德信念。他认为，如果一个人知道自己已有美好的道德，那么，即使他现在感觉道德失去了，也会或者觉得有义务把它找回来，这就是"求放心"的过程。总之，孟子是在建立一种先验道德哲学，以此作为基础来说服人们重视道德，而且让人们对自己的道德存在有信心，对自己的人性特点有信心。

所以，中国的道德人性论应该是从孟子开始的。孟子在讨论人性善恶的时候用了一种区别人和动物的比较的方法，而孔子讨论人性时仅仅对人在道德上的发展有什么共同的特性进行总结。这两种方法差别很大。或者说，孟子跟孔子都是用一种道德的尺度来看待人性的问题，他们实际上已经用道德的标准来衡量人性的特点，但是，孟子的角度是形而上学的思考，而孔子的角度带有教育家的味道。对于孟子来说，他认为，为了更好地讲清楚人和道德之间的关系，需要对人性进行一种深入的道德分析，赋予人性一种道德的内涵。性善论的表述也就直接地说明了人性中具有先验的道德性质。

那么,孟子的性善论是怎么进行论证的呢?他的第一种论证就是形而上的解释。在他看来,人生而存在区别于动物的善性,是一种自然内在的道德感倾向。用一种比喻来说,性善的特点就像"水之就下"的特点。换句话说,人性本身就是善的,如果没有遭到破坏或者改变,那么它就有一种天然的向善性。而孟子关于性善论的第二种证明是通过道德行为的经验基础而推进的。比如,人们遇到小孩掉到井里面一定会去救他:

  今人乍见孺子将入于井,皆有怵惕恻隐之心。非所以内交于孺子之父母也,非所以要誉于乡党朋友也,非恶其声而然也。①

日常生活经验中所呈现的以非功利之心为动力的救人行为,确实是一种重要的证明。以上的两类证明,尤其是经验证明,很能说明孟子善于观察、比较和总结。第三种是关于事实的论证,如小孩无不爱其亲的事实。孟子的第四个论证是逻辑的论证,是他与告子辩论时提出来的。告子认为,人性就像杞柳一样,善则像椅子和桌子一样,桌子椅子不是直接来自树木,而是改变了树木(杞柳)的状态。孟子说怎么改变了?椅子和桌子难道不是用树木(杞柳)的天然材料做的吗?显然,孟子和告子各自的侧重点是不一样的。孟子的目的在于证明,人们后来而有的道德行为离不开人性先天所具有的那种接受道德的潜在能力、素质或者状态。

  孟子在解释或者论证其观点时,有几个角度都是在与告子的辩论时触及。比如,他利用告子谈论杞柳的比喻借以改变告子观点的论证方向,或者让人们改变了对人性善论证的观感。在进一步澄清相关问题之前,我们先补充一下孟子和告子关于"仁内义外"的辩论。在告子看来,人的本性是自然状态的,没有道德的意味和意识,因为道德是后天的结果,这个道德是"义"。按照告子的看法,孟子所讲的"仁"特别是孩童爱亲的心理,是自然的感情而不是道德意识,所以,告子认为,道德是后天的,以义代表道德感和道德行为要素的话,它是习俗和模仿的结果,不是来自本性的先天意识,所以义是外来的,不是像"仁"那样具有心理的先天性。在以杞柳比喻人性的时候,告子其实就是发挥他对于"仁内义外"的观点。但在孟子看来,人们之所以能够接受道德,是具有内在的基础。而且,他认为,道德也不是外在的,而是本来就有的,他以此驳斥了告子的"仁内义外"的观点。

  当然,孟子实际上并没有解决告子所提出的问题,因为要解决告子的问

---

① 《公孙丑上》。

题,就是要证明人们的道德感和道德意识是先天的或者先验存在的。孟子尝试从"四端"的角度对性善论提供理论基础:

> 恻隐之心,人皆有之。羞恶之心,人皆有之。恭敬之心,人皆有之。是非之心,人皆有之。恻隐之心,仁也。羞恶之心,义也。恭敬之心,礼也。是非之心,智也。仁义礼智,非由外铄我也,我固有之也,弗思耳矣。①

> 由是观之,无恻隐之心,非人也;无羞恶之心,非人也;无辞让之心,非人也;无是非之心,非人也。恻隐之心,仁之端也。羞恶之心,义之端也。辞让之心,礼之端也。是非之心,智之端也。人之有四端也,犹其有四体也。②

但这两个论证实质上都只是假设:第一个角度是对人们后天道德意识的总结,假定人们都有共同的道德感或者道德意识;第二个角度是以他对于人性的假定来倒推人们是应该具有道德感的。无论从哪个角度,都不能说明和论证人们道德感究竟是先天还是后天的。

即使如此,孟子的论证或者说明还是有意义的,特别是对于他的修养理论而言,性善论的前提提供了一种支持修养理论的具有共识的道德价值观基础。概括起来,孟子的所谓性善有两个类型的表现,一类是人们心中自有的道德准则,一类是人们心中有道德是非和实践的能力。例如,孟子讲四端又讲良知,良知必定是有自然的道德认知能力的。后来孟子解释性善时也将它解释为人们内在自然的向善能力。此外,孟子讲性善时,实质上是强调人们本来都是性善的,只要按照四端去做,便可以回归善的本性。他举例来说,牛山本来草木很茂盛,但是如果你整天去放羊,结果就会把它给破坏了。可以说,孟子的修养论的基础和孔子很不一样。孔子认为,德性是通过教化才有,没教化就不存在;而孟子认为德性本来就有,那个教化或者自我修养只是帮他找回来德性而已,至多是加以弘扬罢了。当然,孟子认为唯有"士"才可以做到自律化的修养,普通人由于受到生活条件的制约,无恒产而无恒心。这个观点和孔子一样。所以,性善的回归状态是要靠士人们的自律的,要以志来引导"气"。他说:

> 夫志,气之帅也;气,体之充也。夫志至焉,气次焉。故曰:"持其

---

① 《告子上》。
② 《公孙丑上》。

志,无暴其气。"①

那么,怎么样才能达到自律的要求呢?孟子提出了很多路径。其中一个路径就是,对于那些自律的人而言,道德准则是不能变通的。孟子所谓的大丈夫的道德品格,就是做到"富贵不能淫,威武不能屈,贫贱不能移",这实际上也是自律者的基本要求,并不是什么超越的道德境界。如果你做不到"富贵不能淫,威武不能屈,贫贱不能移",那你就是违背了道德自律的要求。所以,一方面,士人要回归善性,另一方面则要做到自律,不断提高修养。

三、仁政思想

孟子谈仁政,包含着一系列相互关联的思想,包括四端说、性善论、老吾老以及人之老、劳心者治人、恒产、教化、君主的政治伦理义务等内容。除了性善论和四端说之外,其他的部分都和孔子的教导有一些相关性,但是,孟子对仁政的表达更为系统和完善。

显然,孟子讲的仁政很有自己的特色,同时也很理想化。他认为,是否实行仁政,是决定兴亡的关键:

　　三代之得天下也以仁,其失天下也以不仁,国之所以废兴存亡者亦然。②

　　故曰:域民不以封疆之界,固国不以山溪之险,威天下不以兵革之利。得道者多助,失道者寡助。③

国家的兴废存亡,取决于是否实行仁政。保住人民,靠的不是疆界;守卫国家,靠的不是地理位置的险要;要在全天下取得威信,靠的也不是武力。只有实行王道也即仁政,才能达到目的。孟子的"仁政"把孔子的道德理想和政治理想放大,放大到期望君主能够接受他的理论,这与孔子的想法还是存在差异的。孔子的想法是希望统治者聘用德才兼备的人来参与治国,而孟子则是希望改变君主的自私化特点,让他们变成圣人或者愿意与民同乐的人。初步看来,孟子讲的道理很合理,但是现实中的君主却谁也不理他,因为他要求君主像个圣人。孔子强调君子的德才兼备,还是比较容易做到的,

---

① 《公孙丑上》。
② 《离娄上》。
③ 《公孙丑下》。

而对于一个君主那样的小人或者普通修养的人而言,孟子的要求是特别高的。但是,从政治伦理义务的角度来说,孟子的主张若能实现,会更有实效。

孟子对于政治责任有一项很合理的规定,就是要保障所有百姓的温饱:安居乐业。为此,他还提出了井田制的经济制度和分配方式,这种仁政思想的务实性对于范仲淹和其他理学家有很积极的影响,后者还据此创新了一些互助化、家族内部互助化的经济救济或救助形态。

在其他领域,谈到君主的政治责任时,孟子特别强调君主对百姓所承担的义务,尤其是不能残虐百姓。虽然他希望行仁政的目的中包含有诸侯王统一天下的观念,但是他却不愿意采取法家强调的富国强兵的举措。虽然一些儒者因为孟子追求天下统一而尊重君主的立场而不喜欢他的观点。但是,在我看来,这恰好是孟子思想中比较务实的方面。包括他把残虐百姓的诸侯王称为"独夫民贼",以及追求解民于倒悬的主张,都说明了,民本意识和民生意识是他提出仁政政治的道德支撑。

四、道德准则和权变观念

孟子伦理思想中的道德准则和权变观念非常有特色,在他与竞争对手的辩论中,他比较系统地表达了对规范伦理学的一些基本问题的看法。

我们先来讨论孟子和告子的辩论:

> 告子曰:"食色,性也。仁,内也,非外也;义,外也,非内也。"孟子曰:"何以谓仁内义外也?"曰:"彼长而我长之,非有长于我也;犹彼白而我白之,从其白于外也,故谓之外也。"曰:"异于白马之白也,无以异于白人之白也;不识长马之长也,无以异于长人之长与?且谓长者义乎?长之者义乎?"曰:"吾弟则爱之,秦人之弟则不爱也,是以我为悦者也,故谓之内。长楚人之长,亦长吾之长,是以长为悦者也,故谓之外也。"曰:"耆秦人之炙,无以异于耆吾炙,夫物则亦有然者也,然则耆炙亦有外与?"①

在这里,孟子和告子之间有几个不同层次的辩论。告子显然被他搞糊涂了,因为孟子的讨论经常从一个层次变换到另外一个层次,有时候,他稍微换个角度就改变了问题的方向。

孟子和告子讨论道德知识的来源的时候,显然是在讨论,"仁义"究竟

---

① 《告子上》。

是怎么来的。告子认为,"仁"是天生而有的情感,"义"则是后天的,要通过教导才能具有的道德知识。其实,他用"内"和"外"这个词语并不是特别准确,应该叫做先天和后天,或者自然的感情和道德的意识。当然,从来源上看,他说的这个"外"也是有道理的,因为道德意识不是你本来就有的,而是外面的人影响了你、通过社会生活的文化和习俗而使你拥有了道德知识和观念。孟子的意思则是针对道德的结构来说的,一个人能够接受道德的知识和观念,必定有其内在的结构或者能力为基础,所以他认为告子搞错了,"义"为什么是外的?"义"也是内。告子的理由是比较充分的。为什么说"义"是外的,因为"义"的道理是别人教给我们的,比如说我们见到老人要鞠躬,而我们本来并没有这一知识和观念。而孟子则转换到另外一个方向上。他的意思是说,如果这个"义"不是本来就有,就算别人怎么教我,也不会变成内在的东西。所以,"义"也是内在的,本来有了这个"义"的基础在里面,所以才能教导并使人们接受为内在的意识。孟子举例说,见到老人你就给他鞠躬,那么你见到老马的时候为什么不对它鞠躬,显然你自己里面有分别的能力。实际上,孟子要讲的一个道理是,道德知识应该有内在的支持,比如说因为我们有理性能力,所以我们才能够接受道德的知识和观念。

另外,告子还是区别了仁和义的不同内涵。虽然仁是内在的、天生的,但是这种内在的东西不是道德知识或者道德情感,而是某种亲亲的情感,这是一种自然的情感而不是出于道德义务的情感。换句话说,这个"仁"不是道德意义上的仁,是自然情感的仁。他实际上批评了孟子性善论的证明方式,即以自然情感和非道德意识来混淆道德情感和道德意识,仁、义这两个概念是有区别的。但是,告子的表述也遇到一个问题,就是仁到底是不是道德情感。在孔子的用语中,仁恰好是要把普通的亲亲情感上升到道德情感。我们在前面讨论孔子的时候看到,"仁"的第一个意思是"孝",是一种道德品德。孟子的仁也是以孝为主要内涵。假如你要拥有"仁"的品德,就要做到"孝",或者说,孝在仁的概念中占有最重要的位置。

孟子把孔子所谓的"仁"分为三个层次。第一个层次是亲亲之爱,也包含等差之爱,爱自己的父亲比爱他人更优先且更多,这叫孝顺。第二个层次是爱别人,这叫"推己及人"。人们既要爱自己的双亲和家人,也要爱别人。只不过爱别人跟自己的双亲是不能比的,爱自己双亲的孝是一个原则,爱别人只是一个更一般的规则而已。第三个层次是把两种爱结合起来,体现在政治伦理当中,就是仁政。所以,孟子从孔子的角度来谈论仁,那么仁也是道德的情感。或者说亲亲的自然情感和孝亲的道德情感合二为一,不能仅仅谈论自然情感。

显然,孟子具有伦理原则的清晰意识。在道德或者伦理规范中,有些重要的原则是不能变通的,除非有更重要的原则与之发生冲突。在孟子那里,仁优先于义,也优先于礼。当然,义有时也包括礼的要求。在孔子里面,"孝"跟任何一个道德准则发生冲突的时候,以孝为第一原则。孟子也是持这种主张。

但是,在孟子那里,他对于伦理冲突的情境有更多的讨论。《孟子》一书中有个"男女授受不亲"的例子,就是说非夫妻之间的普通男女的肌肤不能接触,那么,如果嫂子掉到水里了怎么办?你要是帮助她的话,就得碰到她的身体,那样的话就是授受"有亲"了。有亲就违背了礼的原则,就是不道德的。这里补充一下,孟子为什么把男女之间的关系看成很重要的道德问题?这里面有两个原因,一个是,就儒家的基本主张来说,或者就礼的要求来说,男女有别,有别之礼就是伦理义务;另外一个是,可能当时孟子也担心男女出现亲密接触的时候会有害伦理秩序,如家族成员当中,男女的肌肤接触会发生乱伦现象等等。总之,他有两个担心,一个是违背了男女有别的标准,二是会在实际当中出现一些不符合伦理的事情。有人就仁和礼之间的冲突提出一个问题来考验他的思辨能力。

> 淳于髡曰:"男女授受不亲,礼与?"孟子曰:"礼也。"曰:"嫂溺则援之以手乎?"曰:"嫂溺不援,是豺狼也。男女授受不亲,礼也;嫂溺援之以手者,权也。"曰:"今天下溺矣,夫子之不援,何也?"曰:"天下溺,援之以道;嫂溺,援之以手。子欲手援天下乎?"①

这段话的意思是,有人问孟子,嫂子溺水了怎么办?孟子认为,为了救这个嫂子,我可以打破或者变通男女授受不亲的规则或者原则。孟子说,因为生命的原则或者救人的原则更重要,它属于仁的原则要求,因此,可以打破这个男女关系的规则或者原则。但是,我们不能由此得到一个结论,只要有生命价值要求尽义务的情形,都可以打破这个男女关系的原则。不仅如此,他还要求"舍生取义。"

仁和义、礼发生冲突的时候,有两种做法,一种是涉及别人,一种是涉及自己。凡是涉及别人的,就要考虑权变;凡是涉及自己的,只要考虑什么更重要就行了。所以,仁和义的关系在涉及别人的时候才是优先的,即生命的

---

① 《离娄上》。

价值更重要。回到刚才的例子。男女授受不亲在什么情况下是可以变通的？在为了实现别人的利益最大化的情况下是可以变通的，是可以依照仁和义的关系来变通的；而为了自己的利益是不能变通的。这个时候，就会出现一个悖论，即我要去救嫂子的时候，嫂子就拼命地说"不，不"，如果她让我救她，那么她就是为了自己的利益而打破男女授受不亲的准则了，这样是违背道德的。所以，在这个例子中，孟子的逻辑结论只能是，只有嫂子晕过去的时候我才能救她，因为她清醒的时候，她必须跟我说不行。

可以就上述案例传达的思想进一步分析，孟子的舍生取义这一道德要求是在何种情境下的道德牺牲呢？对孟子来说，如果是出于对自己的利益的考虑，在任何情况下，一个人都不能打破道德或者伦理规则，只要有道德冲突的地方，你就必须舍弃自己的利益去维护这个道德。所以说，孟子的道德学说中，对每个人自己的道德要求都是非常高的，或者道德自律的要求是很严格的，带有道德至上主义的色彩。他的观点很清晰：

> 孟子曰："鱼，我所欲也；熊掌，亦我所欲也，二者不可得兼，舍鱼而取熊掌者也。生，亦我所欲也；义，亦我所欲也，二者不可得兼，舍生而取义者也。"①

孟子在讨论到人们的道德义务时特别强调非功利性的地位。在大多数利益和义务发生冲突的情况下，作为道德主体的人们都要义无反顾的服从义务。

显然，对孟子而言，伦理准则是行为的依据和基础。那么，既然有伦理准则，就存在不同准则冲突的例子，也就需要思考权变的问题。孟子讲了几个可以灵活应变的例子：

> 桃应问曰："舜为天子，皋陶为士，瞽瞍杀人，则如之何？"孟子曰："执之而已矣。""然则舜不禁与？"
>
> 曰："夫舜恶得而禁之？夫有所受之也。"
>
> "然则舜如之何？"
>
> 曰："舜视弃天下，犹弃敝蹝也。窃负而逃，遵海滨而处，终身䜣然，乐而忘天下。"②

在这里，孟子明显地提出了准则冲突时的解决之道。争辩对手提出的问题是，假如君主的父亲无故杀人，君主该怎么办？孟子说，君子该退掉王位，半

---

① 《告子上》。
② 《尽心上》。

夜带着父亲转移到别的地方去,这种行为选择,一方面,既然我不再担任国王,那我就不负有这个责任去逮捕我父亲;另一方面,我转而去赡养父亲,又会成为孝子。所以,孟子认为他解决了正义(义)和孝顺(仁)的冲突问题。实际上,孟子并没有实质性地解决杀人应该受到惩罚的问题,最后反而成为"为了凶手应该做什么"的问题。孟子在这里强调的解决之道远比孔子提出的亲亲相隐的观点要极端得多。

另外一个权变的例子叫做"舜不告而取"。舜的家庭成员都对他很不好,他的父母很讨厌他,兄弟也很讨厌他,父母不给他找配偶,这在古代是很严重的事情。找配偶需要父母之命、媒妁之言,这就是礼的要求。但是,舜还是自己找了配偶。按道理来讲,舜就违背了父母之命,就是属于不孝的做法。但是,孟子却为此辩护说:

> 不孝有三,无后为大,舜不告而娶,为无后也,君子以为犹告也。①

在孟子看来,舜还是孝亲的,他并不是为了自己去私下找配偶,而是想生孩子并由此传宗接代,这是更大的孝。(此处孟子提出的"不孝有三,无后为大"的原则能不能成为更基础的主张,是需要论证的。)孟子说,舜是为了尽义务,而不是为了自己的利益,不是为了自己想找配偶,他纯粹是为了这个家族能够传延后代去考虑,所以他还是在尽孝的义务,而且是以最大的孝作为考虑,所以才违背了听命于父母的孝。所以,孟子认为舜的做法是符合伦理标准的。

孟子还举了几个例子。在《孟子》里面,他似乎都能够把冲突的事情解释得很通畅,实质上,只是转换了命题的做法而已。孟子非常重视解决道德准则之间的冲突,而且他认为准则的冲突一定是可以解决的。这是因为,性善论保证有一个内在和谐的道德秩序,自然可以有外部的准则与之对应。在孟子看来,只要是道德准则,它们之间的冲突是表面的,这是因为人们对于不同的道德意涵理解不够深入,所以孟子不是主动地去解决道德的冲突和权变的问题,而是通过它们来说明道德的冲突是不存在的。他比较深入地讨论了不同的道德层面的问题,而这些问题也是非常重要的道德哲学问题。

再回到孟子和告子的辩论,二者实际上讨论的问题聚焦于准则是从哪里来的。这个问题和孟子的性善论有关系,但告子却认为它和性善没有关

---

① 《离娄上》。

系,而和人后天的道德知识和道德意识成长的外在来源有关。所以,从某种意义上来说,告子和孟子的这种辩论也就代表当时两种不同的道德起源观。告子的思想可能和孔子的思想比较相似,也和荀子的观点较接近。虽然孟子对于道德准则和权变的讨论不够客观、严谨,但是他开创了一个新的道德哲学的发展方向。遗憾的是,他所讨论的问题在后世没有受到足够的重视。

第三节 荀子的礼论

荀子(约前325—前238),名况。他曾经是李斯和韩非的老师,当过稷下学宫的祭酒。他的思想的主要特点是务实,所有的思想都是关于文化制度建设的。不管是针对制度的建设,还是针对人们的伦理行为和修养,他讲的内容都是比较具体的。他还提出了做事可以从不同的角度展开,但是都需要"善始善终",真正要做好一件事情,是要坚持到最后的。

一、礼与伦理秩序

荀子的思想可以分为两个主要的部分。一部分就是对礼的作用的研究,另一部分是对人性的看法及其对礼的作用的认识。

大体上说,荀子提出了性恶论的主张。他和法家都持有如下的认识:人具有自然的本能,在自然本能的状态下,每个人都为了满足自己的利益要求或者欲望,于是相互之间就会发生严重的冲突,而这种冲突又必然伴随着暴力。在相互的暴力和争夺利益的过程中,有一部分人有先觉意识,意识到这样持续下去对所有人都是不利的,因此建立一种文化制度来处理冲突。这些先觉的人就是圣人,他们制定实施了一套礼的制度和办法来对人的行为进行约束乃至改造。这就是性恶论思想的要点。礼的作用也就出现了:

> 先王恶其乱也,故制礼义以分之,以养人之欲,给人之求。使欲必不穷乎物,物必不屈于欲,两者相持而长,是礼之所起也。①

在荀子看来,人性只有经过圣人用礼来加以改进和陶冶之后,才会遵守秩序,不产生冲突,并建立起人与人之间的道德、仁义与伦理的纲纪。这就是他的道德起源论。

---

① 王先谦:《荀子集解·礼论》,中华书局,1988年版。下引此书,只注篇名。

荀子讲礼,是从性恶论过渡到礼的制度的。荀子之前的儒家伦理的一个非常重要的特点,就是强调人们应该自律。而法家的伦理方法则主要讲他律。荀子实际上是把两者结合了起来,既讲自律,又讲他律。那么,在礼的秩序当中,要怎么做才体现出自律呢？荀子认为,人性中具有理性的潜质,人们具有智慧的能力,可以反思社会行为和自己的行为。当先觉的人认识到人们相互之间的冲突具有很可怕的后果时,便有一部分人站出来,去引导他人共同来接受礼的规范和教化;而其他另外一部分人经过理性的思考也愿意接受教化,而这种理性的能力就潜在于人们的身上。总之,荀子认为,人有才智,或者说具有某种潜在的素质,这种素质使人们要么具有自我反思的能力,要么具有被别人教化的能力。所以,圣人的做法就是通过礼的文化系统来使人们"明分使群",即一方面遵守不同的角色义务,另一方面又要合群,遵守共同的伦理约束。

所以,礼的一个功能就是要使人们区别开来,然后另外一个功能又能够使人们结合成一个文化秩序的群体,一种有伦理秩序的群体。或者,我们把礼叫做等级秩序的具体规范,等级中的较高的地位和报酬就是一种奖励和激励。在荀子这里,"礼"就相当于后来的法家的"法",它不仅仅是指某种行为的标准,它还指一种秩序,也是一种政策。比如说,荀子的思想当中最重要的一点,就是要让贵族和非贵族在各个方面区分开来。需要指出的是,荀子讲的贵族不仅是天生的世袭的贵族,而是更多地强调,通过制度和政策的设计,使那些通过较好修养、作出贡献的人成为(新)贵族。就是说,如果一个人想在社会当中更好地过日子,他就必须非常努力地去追求成为贵族,这是一种物质与地位相结合的激励政策。荀子把礼作为一种身份或者一种等级的标志,所以,荀子很重视礼的整体价值:

> 礼者,治辩之极也,强国之本也,威行之道也,功名之总也。王公由之,所以得天下也;不由,所以陨社稷也。[①]

"礼"的另一方面的意思,就是一种行为的标准,是用来改造人性的。所以,礼在某种情况下也是指仁义道德等内容,是用来改造性恶之人,使他们的行为进入到一种文明的状态。

此外,"礼"也要求自我修养的配合。在"礼"的修养层面上,有两个基本的要素。第一个要素是,一定要有自我的修养,或者说要有对人性的改

---

① 《议兵》。

造。第二个要素是,要依据中道的要求来体现礼的规范价值。"礼"的作用就是要使人们的行为不要过火,包括克制欲望。需要指出的是,荀子和后来的理学家不一样,他认为欲望是一种自然的现象,欲望无所谓好与不好的问题。但是,荀子很明确地说,人的欲望不要过多就好了,"礼"就是要调节欲望,使人们不会太贪,只要不太贪,有欲望也没有关系。实际上,他认为欲望是必要的,因为欲望是一种驱动力,让你去追求富贵成为贵族,但是,欲望要保持在中道状态中,即欲望不要过。所以在礼的这个思想层面上来看,荀子就是把礼作为一种手段,审视人们是不是符合各个层面的礼的要求,以达到一种和谐的状态。

二、性恶论

如上所述,荀子主张性恶论。他认为,每个人不一定要完全指望别人即圣人来开化自己的人性,其实通过学习和模仿、自我修养也可以改造自己。为什么要改造自己呢?荀子认为,如果你不修养,便不能进入上层。人性恶是人们处于自然状态的结果,如果人们利用天赋的能力去接受教育、改造自己,便可以避免混乱的状态。所以,荀子讲的人性恶,不是把人等同于禽兽,而只是表明,人有某种动物性的自然化的一面,但是人又有一种超越动物的才智,所以,人们是能够明白为什么需要文化的陶冶和改造的道理,最后还是服从"化性"的规律。

关于性恶,荀子首先指出,人性中是具有动物属性的内容的:

> 若夫目好色,耳好声,口好味,心好利,骨体肤理好愉佚,是皆生于人之情性者也。①

这些都是人的天然属性,与生俱来,不学而能。但人不应该停留于此,而应该对此有所约束,有所提升,约束和提升的过程就叫"化性起伪"。这个"伪"就是人为的文化熏陶结果的含义。我们知道,荀子讲的文明就是靠先觉的人来改造人,也是自我改造的过程。这并不是要顺着人的本来善性去加以弘扬,而是完全靠后天的努力,要么靠你自己有修养,要么就是用教化。按照荀子的主张来说,孟子所谓的性善论是不符合人性的逻辑道理的。因为如果说人性善的话,那么顺着这个性善的逻辑,人们会自然地成为好人,不用去改造他;但是,在现实生活中,人们大多数不是真正意义上的自然的

---

① 《性恶》。

好人,那些好人都是后天改造或者努力即有道德修养、礼仪教化的好人。所以,荀子认为,从道德起源的角度来说,性恶论才符合逻辑。就是说,要是顺着人们的自然本性的话,人们就会越来越趋向日益激烈的争斗和争夺。人们基于理性的思考,知道不能最后同归于尽,那就要通过契约式的协商或者通过接受先觉者的改造,而改造就是"起伪"的过程。

所以,在荀子那里,具有一定的契约论的色彩。换句话说,他主张文明的过程就是人为的结果,是契约、协商、改造的人为努力的过程。当然,人为多了之后就可能变成伪善,变成虚伪了。这个就是后人讲的虚伪的由来。所以,"伪",原来的意思是"人为"的。《老子》里面大多数的情况下也是把"伪"视为人为。实际上,老子反对儒家讲"人为",他主张顺其自然。而荀子就是非常典型的人为论者,所有的东西都是靠我们的文明建设,靠我们的智慧把它建构出来,包括建构一种教育的体系,建构一种榜样的体系,建构一种修身齐家治国平天下的体系。比较之后,我们可以发现,《礼记》中《大学》的思想跟《荀子》的思想是比较相近的,文化的建设过程就是奠定治国之道的过程。

>今人之性,生而有好利焉。顺是,故争夺生而辞让亡焉。生而有疾恶焉,顺是,故残贼生而忠信亡焉。生而有耳目之欲,有好声色焉,顺是,故淫乱生而礼义文理亡焉。然则从人之性,顺人之情,必出于争夺,合于犯分乱理而归于暴,故必将有师法之化,礼义之道,然后出于辞让,合于文理,而归于治。①

总之,荀子认为,将性恶改造完以后,这个性恶并没有去除,而是被文明礼仪约束住了,就能够和礼的社会秩序相呼应、相协调了。

荀子关于人性的理论当中,有一个类似契约论的逻辑上比较难以澄清的问题,那就是,人们可能具有理性的能力,但是人们同时又有趋乐避苦的倾向,欲望也很多,那么,在这种情况下,如果某人发现自己的能力比别人更强,在争夺中处于有利位置的话,他的理性能不能去约束欲望,最后能否化性起伪呢?这就是荀子留下来一个未解的问题。当然,表面上看,荀子对人性的看法比较消极,但实际上,他的结论是十分乐观的。

从思维方式的角度来看,荀子的学说有一个很重要的特点,即他的社会秩序的思想和对于化性起伪达到中道要求的思想都很符合孔子的观点。从

---

① 《性恶》。

某种意义上来说,孟子自律性的要求有点偏高了,超过了孔子对于道德地位的要求,而荀子关于道德修养的思想则比较符合社会中道的观念。此外,荀子的"礼"的每一个角度都充满实用价值,要么就是用以改变人性,要么通过激励来实现文明和礼治。所以,他除了考虑"礼"以外,还考虑到事情本身应该怎么去做。因此,在荀子的思想当中包含着一种深思熟虑的、经世致用的意识。所以,从荀子思想的务实性及其对于法家学者的影响的角度来说,荀子的思想具有很强的实践性。从道德哲学离不开自律要素的角度来衡量的话,荀子似乎更是一种文化实践哲学。

三、圣人论与修养论

在荀子看来,圣人是发挥人性才智的先觉者,能够"化性起伪"。那么圣人究竟是什么样的人呢?综合起来看,荀子所说的圣人有三种(情况),对应于不同的要求。

第一种情况是通过自己的修养,成为君子然后变成圣人的。在荀子看来,努力按照道德修养要求去做事,最好的便是圣人:

> 遇君则修臣下之义,遇乡则修长幼之义,遇长则修子弟义,遇友则修礼节辞让之义,遇贱而少者则修告导宽容之义。无不爱也,无不敬也,无与人争也,恢然如天地之苞万物。如是则贤者贵之,不肖者亲之……①

圣人就是能够行善积德、对不同的人采取不同的态度,时时刻刻都符合自己的身份、尽到自己的义务的人。这种人也能得到人们的赞赏和亲近:

> 近者歌讴而乐之,远者竭蹶而趋之。四海之内若一家,通达之属,莫不从服,夫是之谓人师。②

这种圣人也是道德上、文化上的榜样。

第二种圣人就是有修养的君主。荀子有时候讲的君主就是圣人,或者君主必须是圣人,目的在于告诉君主应该懂得怎样以礼治国。假如君主不是圣人,便不可能化性起伪,礼治的逻辑也就没有办法展开了。所以,荀子在这里体现出了儒家的基本政治理念。因为儒家伦理或政治哲学的一个逻辑就是,君主要发挥两个作用:第一是要发挥作为领导者的榜样作用,包括

---

① 《非十二子》。

② 《儒效》。

道德的榜样作用;第二是要采用教化的手段来发挥导师的作用。也就是说,一种文明的社会秩序完全取决于君主是否发挥伦理道德、礼治的作用,假如君主不这么做的话,一切就变得没有可能。所以,他在某些时候把君主直接称为"圣人",并不是说,君主这个人就是有道德的圣人,而是说君主这个身份必须具备圣人的条件,他才能发挥礼治的作用。

第三种是指真正有修养的君主,他又是圣人化身的人。就像大禹,既是君主,又是圣人。荀子那里所谓的能够化性起伪的人,就是这种圣人,实施礼治的圣人。所以,我们可以说,在荀子的这第三种圣人观当中,包括两个要素,一个要素是政治哲学的理念,一个要素是个人修养的理念。

荀子所谓的个人修养也是内外兼修的,并且不局限于伦理道德的修养。他所谓的学习和修养都包括了做事应该怎么做,怎么做到善始善终,以及怎么实现积累和提高等等,当然,伦理道德修养在其中占有核心的地位。因为人们都要通过道德修养来逐步克服和约束恶之性,达到行为符合礼仪、符合君子的完美境界。具体而言,就是要开展"为学"和"积累"。荀子所谓的"为学",不仅仅是指学习具体知识而言的,更重要的是要包括内在的修养。他说:

> 积土成山,风雨兴焉。积水成渊,蛟龙生焉。积善成德,而神明自得,圣心备焉。故不积跬步,无以至千里;不积小流,无以成江海。骐骥一跃,不能十步;驽马十驾,功在不舍。锲而舍之,朽木不折;锲而不舍,金石可镂。蚓无爪牙之利,筋骨之强,上食埃土,下饮黄泉,用心一也。蟹六跪而二螯,非蛇蟮之穴无可寄托者,用心躁也。故无冥冥之志者,无昭昭之明;无昏昏之事者,无赫赫之功。①

这段优美的文字,足以说明勤学不辍是提高知识水平尤其是道德修养境界的最重要途径。积累是提高自己修养和做事能力的关键,他把那种半途而废的人比喻成"五技而穷"的鼯鼠而加以讽刺。总之,在荀子看来,你如果没有积累,没有长期的坚持,你做事情是不可能成功的,礼的规范性要求也不可能成为习惯。所以,坚持做事情或者要取得成功,就要讲究方法和效率。这个观点和孔子讲的六艺的传统也比较接近。

总之,从荀子的实践哲学的角度来说,他偏重修养的文化约束和实用的礼治政治,也强调人们做事和修养要保持持续的高度热情的重要性。可惜

---

① 《劝学》。

的是,荀子的学说后来被很多儒家学者忽视或者抛弃了。

第四节 《中庸》和《易传》

作为战国中后期陆续成书的两部著述,《中庸》和《易传》都是先秦哲学思想中某一方面的集成,具有浓烈的哲学意味。从思想结构上看,《中庸》包含有两个基本的伦理思想,其中一个是关于性命与君子修养的思想,和《易传》很相近;另外一个是形而上学的中道思想,则与《易传》重视宇宙观有较大的区别。

一、《中庸》的意蕴

从思想的复杂性来说,《中庸》似乎是一部杂糅了多家观点的哲学著作。就体例来看,《中庸》的思想观点颇似《庄子》的外杂篇,它把很多思想观点结合在一起,而不是一个完整的思想表述形式。据传《中庸》的作者是子思,但是并没有可靠的证据予以支持。

《中庸》的第一个主要的观点是"诚"。这个"诚"不是今人所讲的"诚信"的诚,而是讲本体天道和人道的诚。何为本体的诚?就是说,天地的本质就是诚。所以人们要顺从天地的本性,实现天人合一,就要体现诚:

> 诚者,天之道也;诚之者,人之道也。

诚就是天地之道,也是人类的本性;人类就应该按照"诚"去做,这是一个很重要的天人合一的思想。这个思想后来到了理学的时候才真正受到重视。在理学的早期,他们就专门讲"诚",如周敦颐和张载都把"诚"和道家的虚无、无极等结合在一起,把"诚"看成是无极的内在特性。无极就是无声无息的天地和人性的本源,摸不着、看不见,却体现出某一种带有类似诚的特点的东西。因此,可以得出结论,《中庸》关于诚的哲学在后来就与理学家的天理(也具有无极和诚的特性)密切地结合起来。

《中庸》的思想就由此把天道和人性相结合,《中庸》里讲到:

> 天命之谓性,率性之谓道,修道之谓教。

这里的天命、性和率性等,都表现出君子修养的程序或者方法。在《中庸》的作者看来,人性来自天命。如果说,这里的"性"包含道德形而上学的意味,那么天命之性的概念就是糅合了儒家和道家的观念。虽然《乐记》把天理和人欲的观念提了出来,但是,儒家在大多数的情况下是不讲"天"与

"性"结合的。因为道家讲天,儒家讲人,孔子很少讲天道和性。但是,"性与天道"的概念到了《中庸》这里,不仅讲得清清楚楚,而且开始建构一种从天到人的内在秩序,或者说,真正形而上学的天人合一,就是由《中庸》初步完成的。

如果说,"天命之谓性"表达了一种天人合一的观念,那么,率性和修道就是修养的功夫。可是,这里有可能出现歧义的理解。就是说,人的身上的天命直接变成人的性,那么这个"性"当然是好的,所以率性之谓道,只要能顺着这个性向前走,自然就可以了。不过,这个思想其实是很模糊的,因为"率性之谓道"的思想,可能在很多人看来,和孟子所讲的性善是一致的。其实并不是这样。因为我们不知道《中庸》里讲的这种"率性",究竟是引导我们的性还是顺着我们的性。这个"率"字,一些学者后来都把它解释为,率就是顺,就像我们讲"率性而为"那样。但是,这是后来才有的观念,而在《中庸》那个时候,没有证据表明"率"就是表达顺从性善的意思,因为接下来还有"修道之谓教",如果人们能够率性而善,那么修道有什么用处呢?如果我们最主要的任务就是率性,那个来自外部的努力便没有什么作用。所以,很难说"率性之谓道"就表明《中庸》里面有性善思想。当然,如果用孟子和理学家的思想来诠释《中庸》的这个观念,那就另当别论了。

无论如何,《中庸》把人的性与天的性具有内在关系这一思想展示了出来。它与孟子的概念具有某些共通的地方,因为《孟子》也谈到天爵和人爵,"天爵"就是符合天意,要从善,而"人爵"就是人世间的富贵。在《中庸》这里,它就通过率性和修道两个方面而把人的性和天命衔接起来,符合孟子的天爵观念。如果我们把率性视为是一种修养的努力,那么它和孟子的修养论也有相通之处。但是,《中庸》并没有直接表明性善的观念,虽然和行善有些相通之处,但是不能等同。

不过,《中庸》的这个思想是可以借题发挥的,所以它对理学家解释道德的来源产生了巨大的影响。理学家的天理就相当于天命,可以称为"天命之谓理",而这个"天命"之理就是本然的善性。例如,张载把天命之性和气质之性区分开来,天命之性就是来自于天的性,就是来自天道的性;而气质之性来自于气禀。理学家之所以看中《中庸》,把它列为"四书"之一,就是看中了其中关于天人合一的结构。所以,儒家的后期哲学即理学就强调,从天而来的那种本善的东西,是非常好的东西,是完完全全而且纯粹善的,只要不受到外来的很多东西的污染,就是完美的。这个思想其实是道家的,或者与道家的观念完全一样。道家就是强调人的本性来自于天,人们只要不受到外在的污染和控制就是体现诚的人。就此而言,《中庸》具有道家的要素,而理学家事实上也受道家很深的影响,比如《大学》里道家化的主静观念。

这就是说,《中庸》里有很多儒道融合的思想,再比如在讲"中庸"时提到的"极高明而道中庸",高明是道家的概念,而中庸则是儒家的境界。所以,《中庸》里关于"天道"的思想明显受到了道家的影响,或者说,它本来就是源于儒道中和的一个产物。当然,《中庸》将作为理念和方法的"中道"解释为形而上学的体验,与儒家的孔子传统有着本质的区别,因此,后来的理学家也就不把中道作为一种生活哲学来看待了。

二、《易传》的人文观

今人所谓的《周易》经常包括了《易经》和《易传》两个部分。《易传》是解释《易经》中的卦爻辞并加以借题发挥,阐发易理的相关文字的总称,又名"十翼",包括《彖》、《象》、《文言》、《系辞》各上下篇、《说卦》、《序卦》、《杂卦》等。原来传为孔子所作,今已否定此说。这些文字编纂写作的完成,从时间上跨越战国中期至汉初的几百年。其中以《彖》为最早,似为战国中期之作,《杂卦》似为汉初之成作。"十翼"文字驳杂,非一人所成,糅合儒道的倾向比较明显。其中注重伦理的基本态度倾向,以及道德形而上学的探索,比较集中地体现出儒家伦理发展的可能方向与精神。因此,《易传》是对《周易》的内容不断地进行展开和总结的一部文献,成书于战国时期。

《易经》和《易传》分别有两个不同的主体部分。第一个是从八卦延伸到 64 卦,最后有 364 爻,整个的展开过程看似有一定的逻辑性,目前我们解不开其中的推理依据,包括八卦当中用自然现象作比喻,现在也还很难理解透彻。总之,其中确实有一种宇宙观在里面,有一种天道观在里面,并且以此对应人文观。这种自然的展开及其对应人事的做法,似乎符合某一种秩序,这个我们现在还很难讲清楚。《易传》的作用在于想把这些内容解释出来,所以用很多篇幅来谈。

《易传》里所包含的天人关系,宇宙秩序和辩证法,目的便在于澄清这些问题,到最后他们提出了"形而上者之谓道,形而下者之谓器"的观点,这对儒家知识分子产生了特别大的影响。知识分子不再去碰具体的器物类的东西了,而是去研究形而上的东西。形而上的东西有两类,一类就是天道,一类就是包含修养的人事。本来儒家是只讲人事的,后来到了《中庸》和

《易传》以后,也大讲天道了,人事和天道一起讲,而且让它们一致起来。所以,真正的天人合一有两个系统,一个是道家的系统,到庄子那边完成天人合一;一个是儒家的系统,在《易传》和《中庸》里面完成的天人合一,这两个系统里面有很多交叉的思想。在战国中后期,学者们的观念之间的这种相互渗透、相互影响是非常典型的。

从天人合一的角度来说,《庄子》里就有一种是"内圣外王",其内容意蕴和儒家不一样。如果把天道与人事结合在一起,就有两个系统的"内圣外王",一个是儒家系统的,就是修身、齐家、治国、平天下;另外一个就是道家系统的"内圣外王","内圣"和"外王"实际上就是一回事,就是顺其自然。其实这两个本来是不一样的,后来把它混到一起了。《易传》当中所根据的很多思想,实际上是《周易》中的哲学,而不是其中所陈述的生活方式。

我们知道,《易经》里面的生活方式主要强调听从宗教的指引,做事情要考虑时机,而且要有辩证的思考,即思考一个东西变化的过程或者用变化的眼光去看。它没有一个完整系统的陈述,主要是受宗教熏陶和自然启迪的影响较多。《易传》中却强调,我们应该怎么样过一种合理的生活,而这种合理的生活大多数考虑的是需要与时俱进的变化,在这种变化当中寻找契机,找到一种合理的方式来体现。《易传》的核心思想实际上是可以从《易经》独立出来的一种儒家的哲学。或者可以说,它不一定是儒家的,而是儒、道或者说其他天道观、宇宙观的一种综合和总结。当然,《易传》中也有与《易经》的思想一致的地方,强调变化,强调生生不息,强调人要不断地去提高修养,这就是君子的自强不息。《易传》讲君子修身养性的内容很多:

> 内阳而外阴,内健而外顺,内君子而外小人。①
> 君子进德修业……。君子以成德为行。日可见之行也。②

所以,我们讲《中庸》和《易传》建立了一种君子的形而上哲学,指君子不仅要修身养性,还要关注一种天人关系,考虑一些神秘的、不能直接显示却又是非常终极的东西,讲不出来,但是它又存在。这个东西就是我们后来很多人讲到的终极关怀。儒家的终极关怀是什么呢?第一个是修身,达到一种最高的境界,这改变了孔子的传统。孔子认为一个人要达到最高的境界,不

---

① 《泰卦·彖》。
② 《乾卦·文言》。

光要修身,还要去帮助老百姓,没有去帮助老百姓就说明修身并没有达到最高的境界。这是孔子的想法,但是后来的人改变了这种观念,认为只要修身达到最高境界,就达到永恒了。所以,宋明理学的儒家学者便不去当官,因为,在他们看来,已经达到最高境界了,也就是继承了天道。

第二个是觉悟天道。儒家一直受到其他哲学的影响,包括道家和后来佛教的影响,也包括《易经》和《易传》里面的思想影响,把某种对至高无上的东西的觉悟,叫豁然贯通。"豁然贯通"这句话实际上就是朱熹讲的:"今日格一物,明日格一物",然后等到某一天忽然贯通了,也就是领会了道。这种道可能含有他自己的独特思考,但很多内涵却是来自于道家和佛家的影响。

所以,后代儒学都特别喜欢研究《易传》和《中庸》,主要原因在于寻找这种终极的东西。当然,理学家们也发明了一些其他的东西,把这种终极的天道和人性完全统一起来,用天理和人欲这样的概念来解释,而这个对立的概念又是在《乐记》当中已经表达出来了的。所以,我们可以说,先秦的诸子思想和概念基本上奠定了后面所有儒家学说发展的哲学基础。

第五节 《大学》和《孝经》

《礼记》中的《大学》等篇章体现了儒家的基本政治哲学理念和伦理文化观,它也借鉴了道家的思想,而《孝经》则是对儒家最核心的伦理观即孝道的集中阐释。

一、《大学》的修养理论和儒道互补色彩

《大学》主要是讲儒家以修身为治国平天下基础的哲学理念,后世一些儒者以为它讲的是修身的一般道理。其实,《大学》的核心思想并不是指向一般的士大夫的修身养性,而是对于那些准备统一天下的人而言的。所以,《大学》开篇即明言:

> 大学之道,在明明德,在亲民,在止于至善。

这就是著名的修身三纲领。"亲民"是什么意思呢?一个君子跟亲民有什么关系?君子跟其他人的关系不叫亲民,只有统治者跟民众有密切的关系才叫做亲民。所以,这里面的大学之道都是讲大人之学,就是统治者之学,大人即统治者。它是指统治者要成为君子才有资格平天下,而君子的首要

任务就是要有好的修养,所以,我们说,"大学之道在明明德",就是成为天下道德榜样的意思。①

这里当然存有儒家的思想,但是,"明明德"究竟是儒家的还是道家的呢?我们知道,先秦的儒家不讲"明",道家讲"明",《中庸》里面讲"明",明是什么?明就是道家讲有智慧的意思,所以,后来我们中国古代最聪明的人就叫"通明"。当然,"明"也还指有洞察力的意思。因此大学之道在明明德的意思,这个"明"就是"昭示"和"洞察"的结合,也是儒家和道家结合起来的道理。《大学》同时又讲"静",而这个"静"也是道家的思想。钱穆在《庄老通辨》一书中在考察当时的道家特点的时候,曾经专门考察了《大学》的渊源,他说《大学》受到道家的影响很大,其中就是"明"和"静"的概念最典型。因为儒家是不讲"静"的,儒家讲"动"或者"动静结合",单独讲"静"或者"以静制动"这一类的观念一定是与道家有关的。不过,当钱穆讲到儒学的时候,他就不提道家的影响了。

"三纲"只是修养的目标,那么如何实现这些目标呢?《大学》具体又指出了八个具体的步骤:

> 古之欲明明德于天下者,先治其国。欲治其国者,先齐其家。欲齐其家者,先修其身。欲修其身者,先正其心。欲正其心者,先诚其意。欲诚其意者,先致其知,致知在格物。物格而后知至,知至而后意诚,意诚而后心正,心正而后身修,身修而后家齐,家齐而后国治,国治而后天下平。

这八个步骤或环节被后人称为"八条目",就是修身的方法。《大学》是要教统治者怎么去"王天下"的,要求按照修身、齐家、治国平天下的顺序进行。这个意思和《老子》里面有相似的地方,不知道这段意思是《老子》表述在前还是《大学》总结在前。当然,也有人会说,当时人们也不见得是相互影响的,因为大家都面对着如何平天下的相同问题,谁出来统一天下,得出类似的结论也是可能的、可以理解的。《大学》里面的正心诚意,也是儒家的一种修养论,而格物致知不见于儒家之前的学说。关于格物致知,后学的解释很多,据我个人的推测,当时的格物致知可能还是讲认知的方法。所以,《大学》所表现出来的儒家思想还不仅仅纯粹是修身养性的,也要求是能够做事的,这一点被后代的儒学遗忘了。

---

① 有学者依据《大学》之后学考据,认为"亲民"应作"新民",本书暂仍采"亲民"一说。

二、《孝经》中的孝道伦理思想

《孝经》是一部从汉代起对后来的儒家影响很大的著作,很多人认为它的最后编成是在西汉早期。《孝经》把儒家讲"孝"的很多思想归结为一个美德中心论体系。

对《孝经》的理解可以从两个方面来展开:首先,"孝"是自孔子开始的,是孔子最重要道德准则之一,《孝经》继承了这个思想。其次,《孝经》把"孝"扩大为一种泛孝论,即只要你对某种更高的东西具有一种"敬"的义务,那个义务可谓之"孝"。成为天子之后,除了要孝敬父母,还要孝天,也就是替天行道。后来"孝"的概念变成了一种道统思想,要求对道统追随或者遵从祖先的美德。奉养你的双亲是孝,除了这个以外,继承祖先的美德也是孝。"孝"还有很多具体的要求,比如说:

> 身体发肤,受之父母,不敢毁伤,孝之始也。立身行道,扬名于后世,以显父母,孝之终也。夫孝,始于事亲,中于事君,终于立身。

要做到孝,首先要爱护你自己,否则无法尽孝。这个思想对我们后世产生了很大的影响。可以说,从古代儒家伦理的角度看,肯定是不允许自杀的,自杀绝对是一个不孝的行为。作者具体释明孝之义为:

> 用天之道,分地之利,谨身节用,以养父母。

这个道理很平实,但却是现实生活中必须优先考虑和做到的。《孝经》又说:

> 资于事父以事母而爱同,资于事父以事君而敬同,故母取其爱,而君取其敬,兼之者父也。故以孝事君则忠,以敬事长则顺。忠顺不失,以事其上。

由孝悌而忠顺,其旨在敬长。故能由爱亲敬父而至于忠君,由血缘之体认而至于伦理的服从。这与孔子的弟子有若的观点有异曲同工之处:

> 有子曰:"其为人也孝悌,而好犯上者,鲜矣;不好犯上,而好做乱者,未之有也。君子务本,本立而道生。孝悌也者,其仁之本与!"①

《孝经》也含有儒家的秩序观,是一种追溯历史的秩序观。总体上说,儒家

---

① 《论语·学而》。

有两种秩序观,一种是时间的秩序观,一种是空间的秩序观。这种秩序观对儒家来说非常重要,所以,在历史上,儒家一直坚决维护等级制,同时在历史观上一般是回头看的,因为后人做的肯定不如祖先,只能说后人光宗耀祖,不能说超过祖先,因为超过就不追思了,那样是绝对不允许的。也就是说,在历史上,儒家的结论只有一代不如一代的,没有人说敢超过祖先的,由此,儒家学人喜欢背诵先人的教导。

《孝经》在历史上的影响超过了《大学》。实际上,《大学》在宋儒对它重视之前几乎没有什么太大的影响,《孝经》在汉代的时候就成为童蒙教学的基本读物,因此,从汉代开始,儒家"孝"的思想地位就非常高。但是,儒家最大的一个问题也是源于重视"孝",儒家的"孝"会与正义和公平的道德主张发生严重的冲突。后来发生的一系列的问题都与"孝"有关系,例如复仇,冲击了法律秩序。当然,"孝"是儒家最有特色的一种哲学,或者说一种社会哲学,因此要求把"孝"贯彻到底。如果一个家族里面能够把"孝"贯彻到底的话,就算存在很多其他的问题也都是可以忽略的,因为只要把孝贯彻到底,不管是时间上的还是空间上的秩序都建立起来了。

第三章
百家争鸣(中)

百家争鸣时期的很多学说都是能够在后世流行的显学。其中,墨家是当时与儒家并举的显学,兵家是持续两千多年的显学,道家是从汉代以后开始显示巨大影响力的显学。各家的学说都有独立的理念和方法,都包含着关注社会和生命价值的伦理价值观。

第一节 墨家的兼爱

墨子名翟,一说鲁国人,一说宋国人,出身平民,大约生于公元前5世纪中叶。他曾学于儒者,习孔子之术,由于不满于儒家的繁琐,创立了墨家学派。墨家学派重视实践,一度形成了巨大声势。留有《墨子》一书,其中的"兼爱"、"非攻"等主张在中国伦理学史上具有重大影响。

一、以天志监督统治者

墨家是受传统宗教影响非常深的学派,原因可能是受到墨子所在的宋国当时浓厚的商朝宗教遗俗的影响。墨子的思想当中秉承着一种类似天人感应的思想,不仅讲"天志",还讲"明鬼",其给人的印象好像很迷信。实际情况远非如此,因为墨子讲"天志"和"明鬼",主要目的是和道德意识的促进相结合,特别是和统治者的自律相关联。实际上,后来的董仲舒与墨子的思想相类似。

所谓"天志",墨子的主要意思是指,天在监督着人的行为,而天意和老百姓的意愿是一致的,所以作为统治者的人就要按照老百姓的意志来行为。墨子对儒家提出了很多批评,其自身思想中具有强烈的民生情怀,既包括不同意儒家的一些文化价值观,也包括对于道德意义上的天志的理解。他说:

> 儒以天为不明,以鬼为不神,天鬼不说,此足以丧天下。又厚葬久

丧,重为棺椁,多为衣衾,送死若徙;三年哭泣,扶后起,杖后行,耳无闻,目无见,此足以丧天下。又弦歌鼓舞,习为声乐,此足以丧天下。又以命为有,贫富寿夭,治乱安危有极矣,不可损益也;为上者行之,必不听治矣;为下者行之,必不从事矣,此足以丧天下。①

墨子的主张,主要是围绕着他对于文化和民生问题方面与孔子的不同理解来展开的。他提出的"天志",也并不是出于迷信的观念,而是有其政治和道德的综合考量的。此外,墨子讲到有关"明鬼"的事情,也是与促进道德意识相关的。比如他说,即使这个"鬼神"不存在,那么,只要整个宗族的人聚在一起来祭祀鬼神的时候,大家还是可以互相交流,互相讨论怎么样增进感情和促进怀念祖先美德的意识。

二、民本思想

研究中国哲学的学人之中,不少人认为墨子的"三表法"讲的是认识论,即怎样达到看待某事的经验主义观念。其实,与其说"三表法"是他的认识论,不如说是他关于做事的方法更为妥当。就是说,在做事的时候,统治者应该多听听老百姓的意见。所以,在墨子的心目当中,民本价值的思想意识是很强烈的。

墨子的"天志"和"明鬼"的说法在本质上并不是迷信,虽然他可能也有一些迷信的想法,但是他更有一种民本的思想,这两种思想有时候就结合在一起。我们过去讨论墨子的时候,有人认为墨子是手工业者的代表,我觉得这个标签太简单化了,好像一个人干什么,人们就说他是谁的代表或者那个阶级的代表。墨子的民本思想很有特色,包括他对儒家观点的批评也是体现了这一点。为什么墨子开始学儒家,后来却经常批评儒家呢?原因在于,他一开始欣赏儒家的民本思想,后来他越来越觉得儒家走的路子不对,儒家好像不是老百姓的民本思想而是贵族思想,因为儒家喜欢搞奢侈浪费的文化活动和过度繁琐的礼仪行为,那都是贵族们才能享受的事物,所以他反对音乐、反对厚葬。很明显,在他看来,那么穷的老百姓怎么可能会去实现厚葬久丧呢?他认为老百姓受不了这样有文化的浪费之苦。他说:

凡足以奉给民用则止,诸加费不加于民利者,圣王弗为。②

---

① 孙诒让:《墨子间诂》"公孟",中华书局,1954年版。下引此书,只注篇名。
② 《节用》。

民用的利益才是统治者应该考虑的因素,其主要的出发点是大众的民生福祉,如果是圣人,便不会强调厚葬久丧的。所以,在某种意义上来讲,墨子的思想跟道家的去奢去费的观点有些相近。

墨子带领弟子门人等去替人打仗,也是民本思想的体现。墨家是兼具宗教和行业色彩的宗派组织,它的首领叫"钜子",具有绝对的权威,所以墨子学派的成员在关键时刻"赴汤蹈火,在所不辞",他们都是为了正义而勇于就义的人。可是,墨家是生产兵器的,但是他希望大家都不需要打仗,那不需要打仗他不就失业了吗?这个确实看起来很奇怪,但是这也恰好反映出他们对自身利益的次要关注。据一些记载可以推测,墨子每次听到有人要发动战争的时候,就派出弟子去要求对方停止发动战争,若对方置之不理,他便警告对方,他将去帮助交战中处于弱势的一方,若对方还是不听劝阻,他就真去帮弱势的那一方了。当然,这样一来,战死的人也很多,久而久之墨家学派的人就越来越少了;到战国中期以后慢慢地人就更少了,最后就消亡了。墨家的学派最后有一部分人专门搞逻辑学的"墨辩",我认为那已经不是真正的墨家学派了,而是属于形而上学了。

墨子和墨家学派,是在历史上真正代表民本思想和博爱精神的一个学派。墨子非常强调事功即做事情的实际结果,非常讲效果,但是他们却不同于近代功利主义所宣称的最大化要求。虽然他们有仁爱精神或者关怀天下且实践的道德精神,但是缺乏或者没有对文化价值的深入思考。

三、兼爱思想

墨子以自身的爱人利人为道德原则。在墨子看来,爱人是最重要的乃至唯一的道德原则,利人是爱人的具体规定。他认为,遵循了这一道德原则,就必能遵循其他道德规范:

> 若使天下兼相爱,爱人若爱其身,犹有不孝者乎?视父兄与君若其身,恶施不孝?犹有不慈者乎?视弟子与臣若其身,恶施不慈?故不孝不慈亡有。犹有盗贼乎?故视人之室若其室,谁窃?视人身若其身,谁贼?故盗贼亡有。犹有大夫之相乱家,诸侯之相攻国者乎?视人家若其家,谁乱?视人国若其国,谁攻?故大夫之相乱家、诸侯之相攻国者亡有。[①]

---

① 《兼爱上》。

对于普通人,他的说法有所修正,即仅仅要人们懂得兼爱互利的道理,并且基于这个道理来做人做事。他提出必须兼相爱,才会交相利,这是很自然的。因为他认为,人与人之间如果互相仇恨,那最后就两不相利。他的这个思想和兵家是一样的;兵家认为双方一直打仗,最后会是两败俱伤的恶果。《墨子》一开始就谈到,人不能损人利己。他认为,如果你是"亏人自利"的,那么别人就会亏待你,这样的相互亏待持续下去,最后的结果便是很糟糕的。墨子实际上是希望让人们懂得:如果你是爱别人,别人也会爱你,互相地爱,那么益处肯定大于害处的。所以,在伦理学的角度上来讲,墨子也不是完全提倡利他主义,而是一种合理的利己,或者叫合理的互利主义,因为他提倡的不是独立地利己,而是互利以利己。

事实上,墨子是在回答如下问题:人们当怎么做才能更好地利己。你要利别人,别人才会利你,这叫利他以利己或者利他以自利。所以,你只要想利己,在方法上你就要想办法利别人,而别人也要想办法来利你才会让你去利他,彼此存在这种对应的关系。我们有时说,"人心都不是铁打的",意思是说人们都有可以被感动的一面,以及相互扶持的一面;我关心你,当然你也会关心我。所以,这种理论在某种意义上是建立在人情感受的直观基础之上,是对人的一种常识意义的理解,好的行为就会产生一种积极的互动。但是在现实生活中,如果从行为的实际效果来说,我们实际上也发现有不少忘恩负义或者恩将仇报的做法,而墨子却是往人性积极的一面去思考。

在当时,墨子是唯一提出人们之间可以互动双赢、通过互利互动来增进共同利益、或者是通过兼爱互利来实现个人与社会利益最大化思想的哲人。如果从学说的严谨性来看,墨子所提出的人们之间主动的积极伦理关系是比较幼稚的。虽然如此,他的观点仍然有积极意义:它包含着一种平等的精神,一种叫做理性的利己、自利或者叫互利主义的价值观。当然,墨家学派的人并不是自利主义者,他们本身都是有博爱精神的。

墨子的思想对于近代的人产生了很大的影响。近代学者和改革家谭嗣同、章太炎和孙中山,实际上都受到了墨子兼爱思想的一些影响,认可了其中的一些理念,并且与西方的基督教的博爱思想进行比较。章太炎认为,墨子是对博爱思想有贡献的人,是中国第一博爱大家。

第二节 兵家的原则

兵家思想是乱世的产物。虽然乱世多战争,但是兵家并不主张多打仗;

相反,他们主张慎战或者不战。或者说,兵家的战略思想是不战。可惜,人们热衷于军事辩证法,所以在历史上,兵家的战略思想经常受到曲解。

一、《孙子兵法》的哲学思想

表面看起来,兵家最主要的思想就是工具性的,教人如何在战争中取胜。但是,《孙子兵法》里面的思想,不仅仅是工具性的,而且还包含一种哲学思想和人本思想。我们把它作为一种哲学著作来解读,从如何作战和作战取胜到统治者应该站在民本的思想上去打仗和慎战两个层面的结合来理解。

《孙子兵法》在军事上有两个地位,一是其关于战争的思想基本上涵盖了战争科学的方方面面,是军事战略和军事战术的"圣经"。在历史上凡是正确运用《孙子兵法》的人,基本上都作战取胜;反之,则肯定是失败的。例如,孙子说,在树林里面要防火,别人用火攻,就会取胜。或者说成片扎营的时候要防火,否则就会打败仗。而且《孙子》里面指出过,在什么情况下会被火烧败,如果违背了这点,包括像曹操这样的注释《孙子兵法》的军事大家,在赤壁的时候也被火烧而大败。另一个是孙子的战略思想其实包括了立国和民本的思想。表面上《孙子兵法》是讲如何战争的,其实未必如此。《孙子兵法》最主要的一个宗旨就是,尽可能不要发动战争;万不得已时再开战,但要求伤亡越少越好,不管是对方还是自己。可见,它确实是讲人文价值的,认为战争本身就是不可取的,因为战争会毁灭一切,毫无意义。所以他提出一个观点:

> 主不可以怒而兴师,将不可以愠而致战。合于利而动,不合于利而止。怒可以复喜,愠可以复悦,亡国不可以复存,死者不可以复生。故明君慎之,良将警之。此安国全军之道也。①

国家的统帅不要在生气的时候发动战争,有利就采取行动,不利就不要轻举妄动。愤怒可以重新变成欢喜,灭亡了的国家却不复存在,战争中死去的人们也不能再生。

《孙子兵法》认为,是否打胜仗要从整体的结果来衡量。什么叫做打胜仗?并不是每次打赢了的仗都是打胜仗。为什么呢?比如说十万人的军队,每次都打胜仗,但是每次都损失九千,那么打完十次仗还剩多少人?

---

① 李零:《孙子译注·火攻篇》,中华书局,2007年版。下引此书,只注篇名。

道理很简单。另外,打胜仗的话,把对方征服了又有什么用呢?所以无论是从人文价值还是功利的角度来看,慎战的思想都是很有价值的,其中蕴含的基本智慧就是,战争首先要考虑自身的损失,而损失是越少越好。假如要去征服别人的话,那么最好是要用计谋,然后是用外交。如果迫不得已要用兵,也是要以威慑为主,不要真开战,比如把军队开到对方城下,不要真正进攻,威慑一下就可以了,最后迫不得已的办法才是采取真正的军事打击。这样做的目的,也是为了让损失减到最小。

孙子归纳总结的战术也是非常高明。中国古代的兵法最核心的思想叫做"守正出奇",就是以阵地战为最终决战的主要办法,但是平时在战争中也要打游击战,这就是辩证的要求,再比如,要用十倍的精兵去歼灭敌人。历史上关于战争的很多思想和战术布置,都受到《孙子兵法》和其他兵家的影响。

二、《孙子兵法》的人本思想

孙子认为,一般而言,战争是一种灾难,出兵要慎重,即"慎战",要慎用兵。优秀的军事家都是在深思熟虑之后才进行战争,要考虑士兵的生命,考虑百姓的利益,而且不要扰民、爱护士兵,等等。这就是《孙子兵法》中蕴含的人本军事思想。

我认为,人本军事思想也是《孙子兵法》中的战略指导原则。慎兵的观点很有价值。要如何慎?主要是要慎战。慎战是什么?千万不要去打那种两败俱伤的仗。这导致的一个结论便是,损失越少越好。这一基本的原理叫做"不战而屈人之兵",这是战争的最高境界。孙子说:

> 是故百战百胜,非善之善也;不战而屈人之兵,善之善者也。故上兵伐谋,其次伐交,其次伐兵,其下攻城。①

因此,富国强兵的做法也是军事上的要求,因为只有实力强才能采取《孙子兵法》中的军事战略。

慎战只有与具体的减少损失的军事战略结合,才能够展现出《孙子兵法》中战略意图的强大生命力。在军事史上,还有一种过于强化斗争和战略的霸权主义哲学,和人本主义的军事思想背道而驰。例如,战争次数增多以后,不少士兵一般都会更加情绪化或者容易出于报复而战争。历史上很

---

① 《谋攻篇》。

多时期的士兵在不断作战之后,会出现越来越残暴的情况,而情绪化或者残暴就会越来越危及兵家的民本思想和人本思想,比如秦国后期发生的"坑杀四十万降卒"惨剧。春秋时人本思想是比较浓厚的,至战国时期,战争更多,而作战越多,人们的兽性就越是被激发出来,最后暴露出很残暴的一面。

凡是有哲学高度的人,他都会去思考人的本性,思考与人有关的问题,孙子等大军事家,通过很多途径,如关心人的生命和安全,去遏制战争的冲动,构建安宁的社会。《孙子兵法》里面也论述如何获得民心,怎么样才有纪律严明的等等问题,这些都是和孙子的人文价值的哲学考虑相关联。

第三节 老子的无为观

老子作为道家的始祖,围绕着如何治国的问题构建自己的哲学体系,提出了许多关于领导者的自我认识和领导方法的思想。老子的思想也具有反向思考的特点,对中国传统辩证法思维的发展作出了重大贡献。

一、《老子》的版本

现在通行的《老子》是王弼本的《老子》,这五千言是汉代以后慢慢编辑出来的。1973年出土的马王堆帛书,约三千余字,1995年又出土了竹简,只有两千余字。

王弼本的《老子》当中,《老子》分成"道经"和"德经",帛书和竹简当中均无这种划分,甚至其顺序完全是打乱的。通行本中有"失道而后德,失德而后仁,失仁而后义,失义而后礼",有很多反对仁义的主张。但是,现在最早的版本是属于战国中期的,还到不了春秋后期战国前期,这个版本就没有任何抨击"仁、义、礼"的言辞,没有抨击伦理的言辞,因此,我们至今不清楚哪个版本才真正体现了的老子思想。

在没有看马王堆帛书和竹简时,笔者就发现,通行本《老子》的正文里面有很多注释的文字,被作为正文看待了。刘笑敢先生关于庄子哲学的作品,专门考证出一个非常重要的现象:在春秋后期和战国前期的著述中,很少有双字词,或者说叫合成词,都是一个单字词。看一下《庄子》的内篇和外杂篇的差别,非常典型,内篇全是单字词,外杂篇全是合成词,所以,内篇肯定是比较早的,外杂篇肯定是后来的。这个就是按照语言概念生成的脉络来论证文本的年代的最好的路径之一。因为当时伪造的人没有这个知识,只会伪造一些相同的字词,所以一看就知道是伪造的。除了伪造的以外,还有一种情况就是注释不断地渗透进正文。

举例来说。钱穆先生年轻的时候写了《庄老通辩》,说《庄子》在《老子》的前面,因为《庄子》的内篇看起来是最早的,而《老子》里面很多内容都是战国中后期的,甚至更往后。他认为,庄子的很多思想显然是在通行本的《老子》之前的。在前的思想跟在后的思想还有一个非常重要的区别,凡是讲得很详细的就是在后的思想,在前的思想一定是很简单的。因为在造假的时候,造假者要把简单的事情讲得很详细,而在一开始的时候讲得是很少的。因此,有两种方法可以帮助我们分析先后顺序,一是从语言的演变角度,二是从思想的复杂性演变的角度,即越复杂的便越是晚近的。那么,究竟《庄子》是不是在《老子》的前面呢?估计也不是。我们目前可以说的是,《老子》竹简写作与《庄子》的内篇写作的时间差不多而略早,《老子》还有些文本内容有可能更早一些,只是还有待考古挖掘而已。当然,我们还难以完全确定,写《老子》的人究竟是哪一个老子,是不是孔子求教问礼的那个老聃。

二、道法自然

现在从几个版本结合起来看《老子》的思想。老子的作品主要是给统治者看的,特别是最高统治者。其核心思想就是建议统治者要改变思想方法,用一种不同的角度来思考问题,并且要用不同的做法来解决问题。因此,《老子》里面体现的无论是道的思考,还是辩证法的思想,都和他教导统治者怎么做有关系。

老子最有名的概念是"道"。关于道,老子说:

> 道生一,一生二,二生三,三生万物。①

过去都认为这是老子的宇宙论,其实不见得,他只是在描述一种道的地位,比其他具体的东西显得更重要而已。所谓"道生一",可以理解为道是一,"一生二",到了阴阳结合的时候,就出现"二生三,三生万物"。我们现在只能说老子很重视"道",而道最主要的特点就是自然的,叫"道法自然",这个自然也就是无为而治的根源和方法。

所以,老子的第一个重要思想就是"道法自然",要像自然一样行为。"道"是一种无为,比如说,《老子》里讲的"我无为而民自化,我好静而民自

---

① 《老子·第四十二章》。以下引用,均用章节标明。

正,我无事而民自富,我无欲而民自朴"。总之,就是不要去做很多人为的东西,我们讲的人为的叫"伪",统治者要顺着自然而为,不要去做"伪"的事情。所以,道的第一层意思就是道法自然。

道的第二层意思就是道是某种更根本的无形的存在。这种更根本的存在只能通过一种对比来体现,比如说他讲到:

> 大白若辱,大方无隅,大器晚成,大音希声,大象无形。①

也就是说,道不是一个实在的东西,却可以通过实在的东西来比喻:比实在的东西更高或者更根本的东西体现了道。有时候,就用"无"来指称道的作用,像车轮中间的空隙。道不是实际的东西,但它起的作用却很关键。

在某种意义上说,道是一种辩证的智慧。老子所讲的辩证的智慧有两类。一种叫无为而不作为。无为看起来是不作为,实际上这个无为可能比作为更有效。老子和庄子一个最大的区别,老子是追求有为,庄子是真正的无为。因为老子是要通过一种特殊的为来达到"无不为",所以这里"无为"就是一种辩证法,无为不是不做事,而是要做得更好。第二种辩证法就是事物都有朝其反面发展的趋势,因此我们要学会反向思维。如:

> 故飘风不终朝,骤雨不终日。孰为此者?天地。天地尚不能久,而况于人乎?②

下大雨的时候人们就担心,雨下得那么大那么多,会不会产生严重的后果?实际上,它一会儿就没了。老子告诉人们,看问题不要只看一个方面,而是也要看它相对的方面,可见在这一辩证法当中包含着一种反向的思维。

《老子》经常批评人为的做法。人为,或者与自然相反包含两个方面:一个方面指本身就是人为,但是不如自然的好,或者不如模仿自然的方法好。以儿童为例,不要像成年人那样,是经过改造的,成年人的很多做法,反而让人远离最高的自然,应该像儿童那样地顺其自然、纯朴。另外一个方面是反对耍小聪明,反对"用智"去管理。这种主张在三个版本当中都是作为重要思想而体现出来的。老子站在统治者的立场上,让百姓不要变得有小聪明并且去耍小聪明,最好是让他们纯朴温顺,默默无闻,没有那么多狡诈的东西。换句话说,要么有大智若愚的大智慧,要么纯朴,不要小智。所以,《老子》里面经常讲"民之难治,以其智多"。这里讲的"智多",可能就是指

---

① 《第四十一章》。
② 《第二十三章》。

那种"小聪明",不是指"大智慧"。竹简《老子》里面讲:

> 绝智弃辨,民利百倍;绝巧弃利,盗贼亡有;绝伪弃虑,民复季子。

"绝智弃辨,民利百倍",不要智,也不要辨,甚至也不要学。人为的东西不要太多,老百姓都会像婴儿一样纯朴温顺。总之,在老子看来,教育是有害的。"绝学无忧",老百姓不要学那么多,因为"为学者日益,为道者日损",学的越多就越伪,就越是把握不到道的真意。

三、静的智慧

老子还有一个重要的思想,即"静"的观照,包括修养上的和解决问题的方法。老子讲的静,不是静止,而是一种心理和洞察力的状态,人们可以在心静的状态下看出问题的变化,看出问题的来龙去脉。所以,他比较强调"静",也强调自己处在一种内心平和的状态。"静"的思想,对庄子有很大的影响,也对后来的道家和道教的影响非常大。

从反向的角度来理解万物变化,是老子的思想特色。我们都知道儒家和道家有很大的区别。表面上看,在历史上,儒家讲"阳"为主,道家讲"阴"为主,而且阴和静是一体的。实际并非如此,因为"静"和"阴"的这种关系是到战国后期才形成的。在道家的创始阶段根本没有讲"阴"跟"静"合在一起,讲阴阳的时候,不是讲阴或阳,而是讲静。把阴阳结合在一起讲动静,是在阴阳五行学说出来以后,才和儒家、道家的东西相结合,直到道教的诞生,才真正将"阴"和"静"相结合。而《老子》里的"静"是一种方法和状态:

> 致虚极,守静笃。万物并作,吾以观复。夫物芸芸,各复归其根。归根曰静,是谓复命。复命曰常,知常曰明。不知常,妄作凶。[①]

显然,老子关于"静"的思想正好和儒家人为的努力相冲突,存在巨大的区别。在《周易》里,儒家和道家有一个相同的思想,就是用阴阳来比喻天地。但是,按照儒家的思想,谁是阳位,便要主宰着阴,君主就要主宰着臣,那么君主就要经常命令臣民。而道家特别是老子的思想正好相反,你的位置越高,越不要高高在上,而是更需要告诉下面的人,你比我更重要,否则就会失去平衡。就是说,越是统治者,就越要让人感觉不到其存在和威势。老子和道教的思想很不相同,道教要以静制动,因为我们处在"阴"的位置。而老

---

① 《第十六章》。

子则主张,君本身是处于阳的居高临下的位置,所以在实际上应该处在阴的下面的位置来平衡,否则就会走极端。

老子的辩证法包含着一种修养的方法,指向与"静"相一致的不突出、谦虚包容和不走极端的状态,也是如"大成若缺,大盈若冲"的状态。你要处在一种谦虚的位置,让别人感觉到你不是很强大,不会把别人都盖过去,反而使别人对你的存在有一种安全感,然后你又能够自己变得很强大,因为别人的强大会使你变得更强大。如果君主把这种想法运用到统治国家的层面上,那么,老子的修养论在某种意义上说,事实上是在推动帝王运用一点阴谋诡计:君主不要表现,让底下的人去做事,君主就在那里好像什么都不懂似的,然后产生的成果都是属于他们的,这样底下的人就会很努力地去做。老子讲的是一种统治术或者叫领导方法。这个领导方法,其实后来很多帝王都用了,"韬光养晦"便是很好的证明。从中可以看出,实际上法家和老子有一脉相承的地方。历史上真正的统治者用的方法,不是老子就是法家,因为他们的哲学都是供统治者使用的。

因此,历史上"老庄"并称的做法并不符合事实。《庄子》是给知识分子看的,庄子告诉那些想不开的人怎样才能想得开;《老子》是给那些本来就想得开的人看的,因为他们的方法不对,太急功近利、太人为,所以告诉他们采用一种新的方法。因此,《老子》里面讲到道的时候,和庄子的悟道有区别,老子更重视方法论。道是一种无形无象的东西,一种智慧,包括重视静、重视虚,都是具有方法论的意义。"虚"也是对道的一种形容,这一思想对庄子有影响,也就是说,庄子在对"自然"的这个概念的理解和对道的把握上都受到老子的影响。但是,庄子的价值观则有他自己的很多发明,有一部分受到了老子的影响。比如说,顺其自然,庄子明显地受老子的影响。但是庄子把顺其自然解释得更有人生哲学的意味,和老子的统治术或者领导方法在精神气质方面有很大差别。

第四节　庄子的齐物论

庄子的哲学富于体验性和感受性,具有浪漫主义的艺术气质。他开创了一种——以前一直在"老庄"名义下——而真正意义上而言却仅仅属于他自己的虚无与自然的生命哲学。

一、庄子的行踪

庄子(约前369—前286),名周,宋国蒙(今河南省商丘县东北)人,是继老子之后,道家学派的重要人物。《庄子》一书包括内篇和外杂篇,其中内篇可能是庄子自己写的,外杂篇比较复杂,可能出自庄子后学之手,或其他人的添加。我们讨论庄子的思想主要以内篇为主,也部分地参考外杂篇的内容。

庄子的事迹主要来自《庄子》一书,他的故事很有趣味。他有一位辩友叫惠施,两个人总是辩论甚至抬杠。有一天提到关于鱼的"乐"的事情:

> 庄子曰:"鲦鱼出游从容,是鱼乐也。"惠子曰:"子非鱼,安知鱼之乐?"庄子曰:"子非我,安知我不知鱼之乐?"惠子曰:"我非子,固不知子矣;子固非鱼也,子之不知鱼之乐全矣!"庄子曰:"请循其本。子曰'女安知鱼乐'云者,既已知吾知之而问我。我知之濠上也。"①

大意讲,庄子说,这条鱼好快乐啊。惠施说,你又不是鱼,怎么知道鱼很快乐呢?庄子说,你又不是我,你怎么知道我不知道鱼很快乐呢?在他的对话中,我们发现庄子是从反向的角度来思考问题,从庄子的哲学上来说,他的哲学就是一种基于反向思维的哲学。再比如,《庄子》中还有一个"呆若木鸡"的故事,有人把一只斗鸡培养成呆呆的木鸡,在和斗鸡打斗的时候,采用另外一种斗法。斗鸡就像拳击比赛,对方瞪你一眼,你瞪着他更厉害,气势就更盛,双方便搏击起来。木鸡,镇定自若,偏偏不让对方产生气势。木鸡往那一站,斗鸡进来后一看:这个木鸡怎么一点都不理我,它还以为是来了一只有道的高鸡,心里一开始就怵了,然后它就一直转圈,木鸡连理都不理它。后来斗鸡越来越怵,竟然逃跑了。因此,采用木鸡制胜的原理实质上是一种反向思维的结果。

庄子讲的故事也很有启迪意义。比如,他通过蜗牛的故事来比喻战争的价值。一个人劝庄子,你看两个国家在作战,你赶紧去劝他们不要打了。庄子说,可以给他们讲一个故事:我昨天看到一只蜗牛,蜗牛角上的两个国家正在进行战争,杀得血流成河;有人就问,蜗牛角上那么小,为什么两个国家还杀得血流成河?两个国家是为了争夺他们之间的那一小块土地,两个国家中间那块土地多大?用天地这么大来看,那块土地有多大?也就相当

---

① 《庄子·秋水》。

于蜗牛角上的两个国家中间的那块土地,值不值得去争夺呢?当然不值得。庄子是用设定的故事所蕴含的道理来启发当事者,使之认识到他们的争斗没有意义。《庄子》里面的很多故事都在批评当事者的愚蠢,比如朝三暮四的例子。

看起来,庄子似乎不太关心现实的利益。那么他是不是隐士呢?我觉得很难说。庄子是那种自得其乐的人,不像是一个隐士;如果是隐士的话,就不会跑出来到处发言,还著书。庄子不是隐士,庄子只是不喜欢受拘束,喜欢去领会大自然里面有什么道理。所以,他就讲"无用之用有大用"。给你一个大葫芦,你觉得没用,其实还是有大用的。总之,他都是在想别人想不透的问题。研究庄子的时候可以感受到艺术家或者艺术哲学家的韵味,历史上的大部分文人都受过庄子的影响,因为《庄子》书中那种浪漫的气质非常适合知识分子阅读和品味。与老子不同,庄子对统治者几乎没有太大的影响力。

二、道无所不在

庄子的第一个思想就是道无所不在。庄子这一以道为本的思想很重要,因为它有点现代哲学的味道,就是道无所不在,而道又是不能够用语言来把握的,他说:

> 世之所贵道者,书也,书不过语,语有贵也;语之所贵者,意也,意有所随。意之所随者,不可以言传也。[1]
>
> 筌者所以在鱼,得鱼而忘筌;蹄者所以在兔,得兔而忘蹄;言者所以在意,得意而忘言。[2]

道只可意会,因为"言不尽意"。当然,尽意需要通过言,但是用言以后,要把言忘掉,才能理解透彻其中的意蕴。所以他讲"得鱼忘筌,得兔忘蹄",捕鱼的鱼篓子叫"筌",把它放在水流下来的地方,鱼进去之后就出不来了;"得兔忘蹄"的"蹄"实际上就是捕兔子的夹子,兔子跑过来的时候就把它夹住了。捕鱼之后要忘记鱼篓,兔子被夹住了以后也不要总想着夹子。

道是精华,是内容,不是形式或者外在的东西。庄子还讲了一个故事,说明精华和糟粕的道理。有一个工匠在砍斫车轮,这位工匠技艺高超,能够

---

[1] 王先谦:《庄子集解·天道》,中华书局,1954年版。以下引该书,只注篇名。
[2] 《外物》。

把车轮砍斫得让人坐车的时候觉得非常舒适,舒适到车子拐弯的时候和走直行的时候感觉一样。这样的工匠,也叫做有道的工匠。所以,在《庄子》里面,"道"有另外一个意思,就是一个人的术达到了最高的境界所体验到的内容,每一行、每一术都有道。他问坐在殿堂上面的大王,说:大王在做什么?大王说:我在读书。工匠说:你读什么书?大王说:我读圣人书。工匠笑起来说:大王别读了,那是糟粕。大王很生气。工匠就说:大王想想,我斫车轮怎么样?大王说:斫得很好。工匠就说:为什么我要自己亲自来做这个车轮呢?为什么我不教给我徒弟,让他来帮我斫轮子?因为徒弟没有办法学到我的道。我怎么也教不了道,只能教他怎么量,怎么把轮子做出来;但是,最舒适的、微妙的东西他却做不来。也就是说,道是不可传递的。既然斫车轮都学不来,那么写在书上的内容也同样如此,圣人也不能把道写进去。总之,道的东西讲不出来,也写不进去。既然如此,那么圣人书也不能把道这样的精华写进去,剩下的也就只有糟粕了。

关于道的理解和传递方式,庄子通过两个朋友互相会心一笑来解释,其实这会心一笑的说法就是禅宗"以心传心"的渊源。道既然没有办法用语言表达,那它应该有它自己的传递方式,最好便是自己去感悟,也可以通过眼神心意的传递来表达。可以说,庄子关于道的观念,有两个要点:一是道是无所不在的,或者说道是一种最高的抽象,具有一种基础的地位,这一思想类似于宋儒讲的"理一分殊"。二是道只可意会不可言传。庄子关于道的思想实际上也是对老子的道的具体化和形象化的表达与发展,所以,后来的玄学家王弼在注释《老子》的时候,很多是用了庄子的"道"的思想来注释《老子》的"无"。

三、万物齐一

从具体的角度来理解,庄子的道是一种价值观,即世界上所有的东西都是平等的,都是个性化的,所谓个性化就代表着平等。平等是什么?不是先确立一套或者一种价值观,让大家来接受,严格地遵循标准,而是每个人都有自己的标准,这才平等。庄子反对绝对标准的平等,而以相对标准取代绝对标准的平等,以自己的标准为标准。为什么要以自己为标准?因为只有自己才是内在的。我们过去讲庄子是相对主义哲学,其实庄子不是讲相对主义,庄子是追求绝对主义,但很多东西是相对的,而这种相对便是绝对。所以,除非能够悟出来相对,否则便达不到绝对,因为相对的东西本身不是绝对的。打个比方,女性不要去学西施,才能做回自己;如果整天说西施最美,总想跟她学,结果非但没学像,却丧失了自己。所以同样的道理,每个人都有一个是非观,这个是非观就是自己决定自己的是和自己的非,不要让别人的是非来决定他(或她)的是非。庄子讲:

> 物无非彼,物无非是。自彼则不见,自知则知之。故曰:彼出于是,是亦因彼。彼是方生之说也。虽然,方生方死,方死方生;方可方不可,方不可方可;因是因非,因非因是。是以圣人不由而照之于天,亦因是也。是亦彼也,彼亦是也。彼亦一是非,此亦一是非,果且有彼是乎哉?果且无彼是乎哉?彼是莫得其偶,谓之道枢。枢始得其环中,以应无穷。是亦一无穷,非亦一无穷也。故曰:莫若以明。①

儒者站在自己的价值观立场上否定墨者,墨者要站在自己的价值观立场上否定儒者,还没有结果的话去找第三者,而第三者又有他自己的是非标准。所以三方面谁也搞不清楚谁是标准,既然搞不清楚,那就不要再费劲了。

每个个体都以自己为标准,不仅不去攀比,还能感受独特性。比如一个人长了六个指头,按照庄子的思想,他就会很开心,因为他想我有六个你才五个,这老天多给了我一个!这种心情是庄子让我们所做的一种精神的转换。我们过去想不开,以别人为标准,包括我们走路的样子,像邯郸学步,结果不仅没学成,最后还把怎么走路都忘了,最后只能爬着回去了。这就是庄子非常典型的"齐是非"的观点。总之,不要有固定的外在的标准,就是以自己的特性作为标准,所以没有统一的标准,这叫做是非无定。因为是非是由个体自主决定的,不是由别人来定的,这也就是尊重个性化的价值观。所以,庄子就特别反对用一种标准来强制乃至压迫所有老百姓。庄子实际上是要阐释一种价值观,就是要以自己为自己的标准,决定自己的爱好,不受别人的影响和左右。

庄子认为所有的是非都因为主体的不同而具有相对的特点,所以,他的思想当中没有一个绝对的标准。也可以说,他确实有相对主义的倾向,但是,庄子讲自我相对,却反对双重标准的相对主义。他反问,现实生活当中不就是"窃钩者诛,窃国者为诸侯"吗?如果道德标准是绝对的话,怎么可能出现这种情况呢?之所以出现双重标准,是因为道德标准是跟一个人的势力有关系的,你要是很有势力的话,那别人没有办法,你就可以决定这个道德标准,让它变成双重的。当然,庄子在道德观上面并不是主张双重标

---

① 《齐物论》。

准。他认为没有绝对的标准,这方面当然是错误的,但是他这一错误只是错在他否定了有一种统一的标准,并不是说他赞同道德在某些情况下是可以双重的。庄子否定有统一的标准,这可能源于道德怀疑主义的倾向,但是不可否认,他揭示出了在现实生活中人为压迫他人而出现的道德相对性的双重标准不合理,而只有自我决定自己爱好时的相对的才是合理的。换句话说,道德对每个人的自主性而言没有标准,但是,对于他人也要用同一种选择的标准而不是双重的标准。

四、自主逍遥

齐物体现了庄子重视精神自主性的思想,他重视精神自主逍遥的思想还表现在其他方面。庄子认为,人的价值在于达到绝对自主的状态,否则便是在相对当中徘徊,就没有意义了。所谓的绝对,一定要超越时空的,时空当中的东西不可能是绝对的。一般人活得再长,跟彭祖比起来也是微不足道。他有八百岁,但是有一种树三千年为春,三千年为夏,一个季度就是三千年。彭祖之寿跟它比起来如同夭折。从时间上来讲人就是要夭折的,所以不可能绝对。空间上来说,人也不可能是绝对的。人类那么渺小,不可能绝对。但是,悟道就可以体验绝对,悟到天人一体,就是绝对的。因此,庄子讲的逍遥是要达到绝对的状态。

怎么样才能达到绝对呢?有几个办法。第一个办法是要理解相对和绝对。要认清楚凡是有像的东西,能看得见的东西,都是相对的,不可能是绝对的,绝对只能是那种道理,不可能是实在的东西。要搞清楚相对和绝对的差别,不是说相对到一定阶段就变成绝对了,相对是不可能成为绝对的。第二个办法,就是一种精神观念的转换。这种转换,就是要找到适合自己的一种方式,即保持个性化。我就是我,我不要受任何人的制约,不要让别人的标准来要求我,我也不要有待于任何外面的手段,如金钱等。所以,第二个方面也叫做"无待",人想逍遥,想成为真正的自己,就不要受任何东西的支配:

> 若夫乘天地之正,而御六气之辩,以游无穷者,彼且恶乎待哉!故曰:至人无己,神人无功,圣人无名。[①]

有人是守财奴,因为他的幸福要看金钱的积累,钱要没有积累的话,他就不

---

① 《逍遥游》。

幸福了,这是被钱决定的。如果没钱他也照样幸福,心里照样很快乐,这就叫无待。无待和大小无关,小得恰到好处,大得恰到好处,不管是大还是小,都不是因为大或小才无待,而是因为不依赖于任何外部的条件。只要不依赖于任何外部的条件,能够悠然自得,这就是逍遥。庄子说:

> 一上一下,以和为量,浮游乎万物之祖,物物而不物于物,则胡可得而累邪!此黄帝、神农之法则也。①

其中的"物物而不物于物",第一个"物"是驾驭。驾驭着别的东西,而不是被别的东西驾驭。这个时候等于主动性在个体自己这里,想干什么就干什么。

所以,在某种意义上来讲,自主和逍遥的观念对应着现代人的观念——心灵的自由。庄子里面讲的"无待",主要是讲心灵的自由,不可能讲肉体的自由,更多的是告诉人,如何转变观念。如果一个人想得明白,就会追求无我的境界,逍遥的人可超越生死。成语"视死如归",就来源于庄子的思想。庄子说我们人本来就没有生,所以也不会死。我们是从哪里来的?是从气来的。生与死就是气的聚散而已。既然无生无死,就是绝对的自由。

五、道德哲学

庄子有一种思想,叫做无可无不可。世界上所有人的价值都可能跟你的不一样,他要拿他的价值观做事情的时候,一定不适合你的价值观,有的人要害你,有的人向你求助;就算有人对你好的时候,他也是拿自己的标准来对你好,不见得适合你。那最好的办法就是不理他们。可是不理又不行,所以必须采取一定的策略来解决这个问题,什么策略?无可无不可。所谓无可无不可,就是表面上不要对别人的意见表示不同意见,但内心有自己的主见。这就像太极推手,顺着对方用力的方向推就可以了。但是对你而言,你自己想什么都是很明确的,你就是你,不受别人的干扰,这就是无可无不可。

因此,在某种意义上来讲,庄子有一种价值的自主性意识,强调不要受别人的影响,就是要立场坚定。庄子评价宋荣子说:

> 且举世誉之而不加劝,举世非之而不加沮,定乎内外之分,辨乎荣

---

① 《山木》。

辱之境。斯已矣。①

所谓"举世誉之而不加劝",大家说某某事情做得很好,他一高兴起来就拼命地做,结果可能很坏。所以,大家说你好,你也不要做得更多。相反,大家说你不要这样做,也不要做得更少。就是立场要坚定,绝不受他人的影响。凡是你自己的事情,你想好了就有自己的一定之规了。

当然,庄子是想办法去让自己混世或者是游世,独善其身。所以庄子的游士在某种意义上讲,也是一种叫做独善其身的策略。其实,这是一种想象的、浪漫的生活方式,不是说你一定要完全按照这个样子做。庄子当然还有一个方面,就是对现实的批评,包括对儒家的一些批评。实际上,在庄子讲到"内圣外王"的时候,是区别于儒家所追求的;庄子哲学是追求每个人的内圣和整体的外王,不是一种统治者的哲学,而是个体的修养哲学。

此外,在道德哲学方面,庄子还揭示了某些行为的道德具有区别于常识道德的相对性特征:

> 故盗跖之徒问于跖曰:"盗亦有道乎?"跖曰:"何适而无有道邪?夫妄意室中之藏,圣也;入先,勇也;出后,义也;知可否,知也;分均,仁也。五者不备,而能成大盗者,天下未之有也。"②

他认为,强盗里面也有仁义礼智信,讲要勇敢、要有义、分配要很公平,偷来的东西,一开始的时候要谋划怎么去偷,要有智,然后掩护撤退要有勇,分配要很公平。实际上,庄子在讲儒家这一套伦理,在强盗里面可能也有。这说明,手段性的美德在任何人那里面都有。当然,这些不是真正的内在性的美德,而是手段上的美德。手段上的美德不是一种终极的美德,它有时可能是在某些人身上体现出来的,用它来做不好的事情。他的哲学里面有一种批评的精神,或者批判洞察的精神。这种洞察能够把人们各个方面的缺点、弱点找出来,然后,他会用一种很有启迪性的方式去引导我们去思考它。

前面提到的庄子的相对主义,有两种情况是要分开考虑的。一种情况是道德的相对性,一种情况是价值的相对性。价值的相对性和道德的相对性有一定的区别,而道德的相对性和道德的相对主义又有一定的区别。《庄子》里面有一个很重要的特点——有时候把是非和价值两个不同的概念混在一起,也就是说,庄子认为人们都是从自己的价值观出发来确定道德

---

① 《逍遥游》。
② 《盗跖》。

标准的。这和我们从道德标准出发来确定道德标准是不一样的。所以,他讲儒家和墨家的冲突特点时强调相对性。儒家认为孝是最重要的道德。但是墨家认为所有人都应该受到平等的关照,不能够仅仅为了孝敬父母就忽视他人。我们发现,庄子在看这个问题时,他有时候把是非问题,也就是一般价值上的是非和道德上的是非等同。因为他认为在历史上的人们都是用价值的是非来决定道德的是非,这是庄子的一种很重要的思想。

用价值来决定道德的是非,就会出现两种情况。一种情况是每个人都有他的价值观,所以每个人也可能因此决定自己的道德标准。另外一种情况是,价值观都是没有绝对价值的,都是相对于个人的,所以不能由价值合理性决定道德的正当性。所以,庄子得出"价值是相对的,没有绝对的"的说法是合理的。但是他讲的是非无定在道德上是可能错误的。从伦理学的道理来看,我们认为道德的价值和非道德的价值应该分开,也就是说,在非道德价值上来讲,我们承认所有的价值都是没有标准,都是多元的。这个最典型的就是在审美和饮食的口味上面,每个人吃东西都有自己特别的口味,这个口味就是主体选择的价值。所以,我们讲非道德价值不要有标准,可以是相对的,甚至是相对主义的。当然,我们会说这里面也有绝对的。比如说很涩的东西没有人喜欢去吃,这可能是绝对的,但是这种所谓绝对,只能说在道理上是绝对的,在实践当中并没有绝对的。也就是说,在实践当中,没有一个绝对的东西大家认为它是很好的或者很坏的。所以,价值观可以不需要统一,但这个价值观是不包含道德的内容和标准才这样说的。一个社会都有两种道德:一种道德就是最基本的、适合所有人的道德;一种就是适合于这个社会的独特人群的道德。第二种道德叫做道德的相对性,或者叫特殊性;这个特殊性有两种意思,一种是时间上的特殊性,一种是空间上的。时间上的特殊性,比如说我们中国历史上的某种道德;空间上的特殊性就是指不同的人群。实际上,道德有时候要求有绝对的标准,有时候不要求有绝对的标准。

所以,可以得出一个结论,如果我们不是把庄子看成是一个要建立某种道德体系的哲学家,从价值观和道德问题的角度来看,庄子揭示了一种价值观的相对性特点,包括道德有一定相对性的这一观点。也就是说,我们不要从正面的角度去把庄子的哲学付诸实践,而是跟着庄子的视角来分析价值问题和道德问题到底是怎么一回事。如此,我们便发现,庄子揭示的,不仅有理论上的重要性,而且还有实践当中的案例。可见,我们过去总是把庄子的哲学简单地归纳为相对主义,其实不见得准确。一种理论可能有缺陷,但是这种缺陷当中，它的长处非常值得我们好好再去研究。而我认为，庄子讲价值相对性的时候，就很值得我们去研究。他不仅是传统思想领域中最早揭示这个相对性在什么地方存在的人，而且也拿这一观点来分析自己的其他理论。

庄子的价值相对主义也引出了另外一个问题，就是说，凡是主张价值相对主义的人一般都带有一种道德怀疑论的色彩，但道德怀疑论本身并不一定能证明道德相对主义。如果把庄子对于道德双重标准的批评合在一起讨论的话，那么可以看出，庄子并不认为价值的多元可以决定道德的多元。

第四章
百家争鸣(下)

百家争鸣时期的法家独树一帜,对后世社会政治结构影响深远。法家学说史源远流长,与春秋以来的争霸运动相激相长。从某种意义上而言,它是一种完整的社会政治哲学。但由于它对社会生活以及人们的精神观念、伦理结构产生了深远的影响,因此,单辟一章来论述法家的思想。

第一节 法家概述

法家更多地关注社会的制度层面和政治结构,在中国历史上的重要性可能并不比儒家逊色,而且与儒家形成了一种互补关系,表面上他们之间冲突激烈,在实践当中却慢慢地融合,形成了一种对汉代以后的政治制度和社会价值有很大影响的理论结构。诸如诸葛亮、唐太宗这样的历史人物的言行,都集中体现了儒家和法家的融合。

一、核心价值观:富国强兵

法家最核心的价值观是"富国强兵",法家的出现完全是应对如何治理国家的问题。春秋战国时代,针对当时四分五裂的时代现状,法家与兵家共同为统治者提供了一套治国的方针策略。富国强兵是他们最主要的策略之一。与儒家相比,法家最重要的特点便是"以实力说话";它主张霸道,或者是以力服人,这里霸道在当时是指某国或某人很强大,以至于别人自动地来服从他。换言之,法家所主张的霸道,不是去欺负别人的霸道,而是说统治者凭借强大的力量征服别人,或者慑服别人,所以他用武力也可以,用威吓也可以。因此,在法家的传统和理想图景之中,它特别强调富国强兵,而且富国和强兵这两件事情必须是结合在一起的:要强兵,必须富国;然后,仅仅富国不强兵,仍然是没有竞争力的。

法家与各国的关系都很密切，尤以与秦国的关系最为瞩目，比如春秋五霸采用的治国策略基本上都是法家式的。由于各国不同的国情，法家的代表人物是各种各样的，代表不同的流派，但是他们都主张富国强兵，也主张君主专制。富国强兵，实际上是君主保护自己的职位和统治的最好手段，其中存在为君主着想、维护其地位的因素。

二、务实精神

法家还有务实精神，这种精神包含民生情怀。我们过去都认为，法家就是讲专制，君主用专制手段来统治，然后草菅人命。其实，法家只不过是主张优先考虑君主的利益，但是，在以君主利益为优先考虑的前提之下，它也关涉人性的诸多特点，比如保护百姓、解决温饱问题等。

为什说它有民生思想？法家强调国家竞争的重要性，没有实力不能参与竞争，民众要求解决生存、温饱问题，二者在法家看来，并非不相容。法家的富国强兵，首先是要保家卫国，而保卫国家首先要关注本国的老百姓不要受到别国的侵犯，为此，首先需要解决老百姓的生存、温饱问题、保护好其财产等利益，这些都是民生思想的表现。这种民生思想，当然不如儒家那么鲜明，但是在某些情况下仍然是很突出的，只不过其表现方式有很大的不同。

例如，凡是判刑的时候，儒家一般主张轻判，法家则主张重判，这是他们一个基本的态度。表面上，法家严刑峻法，很残酷，但是法家却有自己的一套观点：我判一个人，让大家对法律充满敬畏以至于不敢去犯罪，因此，我是判了一个人救了无数人，是保护大家的；儒家才是不仁之人、妇人之仁，轻判会给民众造成这样的印象——犯罪无非仅仅是如此轻的惩罚，再犯也无所谓，无须畏惧。法家并不是鼓励法官尽可能把人都杀了，这是一种实实在在的误解，实际上法家敏锐地观察到制度的重要性：鼓励运用一种制度，这种制度可能要求很严，看起来没有一点儿人情味，但是它可能很合理，能够有效地约束民众的行为，避免其犯罪。我们过去一直讲合情合理，但实际上却是，法家以合理为主，儒家以合情为主；儒家在解决问题的时候，一般诉诸情感和人际关系，法家则诉诸合理性。

三、讲究策略

法家特别注重工具和策略。在法家的这种传统当中，在思考的所有问题上都出现了一种制度。一般我们认为，法家有三个核心的概念，叫做法、术、势。一派是重法,一派是重术,一派是重势。法有双重的作用,一是规范社会,二是成为君主统治的标准。整体性的方法就是策略,也叫做术,是君主考核臣下的标准。法家可谓历史上最早进行岗位责任考核和绩效考核的一个群体,或者说一种学派。他们不仅强调一般的考核,他们还要求素质化的考核,它还有一种我们今天讲的反腐倡廉的考核,就是官员的职业道德的考核。

当然,术也有一些阴谋诡计的含义。术有两类,一类是教导君主怎么统治别人,这个带有阴谋诡计的意思;另外一个就是讨论怎么确立官员和民众的激励机制,即如何考核的问题,换言之,如何调动官员和民众认真做事的积极性。对于势的理解,我们可以打一比喻。让一个人去赶公牛,往往事倍功半,但是拿一个牛鼻圈子把公牛的鼻子一套,那么即使儿童都可以拉着牛走这对于牵牛者而言,已经形成了势,有了势做事情就很方便。再比如,我们过去讲山高人为峰,站得高,当然看得清楚,这个都是势。所以我们讲天时、地利、人和,这个天时、地利当中都有一种势,而人和当中的那种策划及方法也是一种势。

法家的法、术、势三派,各有不同,但是随着时间的推移,他们三派逐渐融合,到法家的集大成者韩非子那里得到充分体现。他说:

> 申不害言术,而公孙鞅为法。术者,因任而授官,循名而责实,操杀生之柄,课群臣之能者也,此人主之所执也。法者,宪令著于官府,刑罚必于民心,赏存乎慎法,而罚加乎奸令者也,此臣之所师也。君无术则弊于上,臣无法则乱于下,此不可一无,皆帝王之具也。①

为什么韩非子能集大成?因为他看到它们互相之间是有内在联系的:只有法,没有具体的考核标准不行,没有人去执行也不行;只有人执行,没有法也不行;只有法,而且有人执行,没有考虑环境、条件,也不行。因此,韩非子为法家在推行富国强兵的宗旨方面提供了一个坚实的系统化的理论基础。

四、维护君权

前面提到法家的第一种价值观是富国强兵,第二种价值观则是君主统治、绝对统治,第一种价值观是为第二种价值观服务的。法家强调所有的人都需要为他们效命的主体服务,这个主体就是君主或者国家,为君主效命时

---

① 王先慎:《韩非子集解·定法》,上海商务印书馆,1936年版。下引该书,只注篇名。

所涉及的内容都是对国家有利的事情。法家非常重视职业化,许多法家的践行者都是鞠躬尽瘁、死而后已的。在这里我们先简单说一下法家对君主态度的三个方面。

第一个方面就是法家强调从职业道德的角度来为君主出谋划策。儒家有儒家的忠诚,法家有法家的忠诚。儒家的忠诚一般都是从一而终;而法家的忠诚都是忠诚于它的职责,或者说代表这个职责的主人。在历史上出现过很多关于法家忠诚的案例。

例如,曹操从袁绍那里吸收了一些谋士,他们都是忠诚于曹操的,曹操对他们很信任,也就是说曹操站在法家的角度来考虑,我用人,我对他信任,他要忠诚于我,但是他到别的地方去谋职,就是另外一回事了。而诸葛亮是另外一种方式,诸葛亮在忠诚上面是采用儒家的,在策略上则采用法家的。

第二个方面是,法家认为君主实行统治,需要各种各样的办法,否则统治便不稳定、不牢固,韩非子在这一点上阐述得很多。他认为,臣下随时都想从君主那里谋利,甚至有可能推翻君主,极力地强调法家对人的不信任。权力对君主来说就像老虎的爪,作为老虎,要是没有爪了,老虎有什么用?作为君主,要是没有了权力,君主地位也没有什么用,那谁都可以欺负。所以说,作为君主,臣子那么多,都是虎视眈眈的。在动物世界里,如果一只狮子落难,土狗便会把它给围起来,然后伺机吃掉它。在韩非子那里,他会详细地告诉臣下怎么打算对付君主,而且列出了所有的方法。

以管仲的故事为例,他一开始在齐国王位争夺中,辅佐公子纠与公子小白(后来的齐桓公)争夺王位,而且他还差点用箭射死齐桓公。最后根据鲍叔牙的建议,齐桓公不仅没有杀掉管仲,而且任用他为齐国国相,事实上管仲有很强的治国才能。

管仲当了丞相以后,不管齐桓公高兴与否,上任不久便向齐桓公提了很多要求。他向齐桓公索要豪宅、高薪和贵族身份。什么都有了后,管仲就开始治国,最后很快就让齐桓公成为春秋五霸之首。管仲在把齐桓公推向春秋五霸的过程之中,充分地意识到了势的重要性,而齐桓公也确实按照鲍叔牙的建议满足了管仲的要求,充分利用手中的资源,成就了自己的伟业。

法家对培养后继人才缺乏足够的重视,最大的一个历史问题便是培养不出人才。法家的上层对下层的人要求很严,引导比较少;要求比较多,发现人才的机会比较少;利用现有的人才做事的机会比较多,因此就培养不出新的优秀人才。

第三个方面是君主不仅要提防臣下,还要建立一套标准以管理官员和民众。所以法家实际上是为君主建立了一个统治和管理的标准,否则怎么统治和管理都是很棘手的问题。法家认为,最好的统治和管理办法便是法制,以法律治理国家、管理社会事务。

如果法制是最好的统治策略,标准的权威性,如果得到坚决地维护和遵守,国家便能够治理得很好,因此法家要求君主带头维护这一标准。所以在某种意义上说,中国法律制度当中,都是规定君主可以制定法律,可以凌驾于法律之上,朕即法律,但是从法律实施的要求来讲,君主须要带头实施。这是法家对君主权力约束性的一条重要要求。君主须要按照与大家一样的方法来行为,因此在法家的思想当中,对君主的要求包含着一定的理想性。以上这三个方面便是法家对于君主的思想。

第二节　法家伦理

基于以上价值观,法家伦理可以概括为三个方面,第一是人性恶,第二是经济对伦理有帮助,第三是法家要求最低的道德标准。

一、性恶论

韩非子认为,即便是父母与子女之间的关系,也没有真正的无私,也是受利益支配的:

> 且父母之于子也,产男则相贺,产女则杀之。此俱出父母之怀衽,然男子受贺女子杀之者,虑其后便,计之长利也。故父母之于子也,犹用计算之心以相待也,而况无父子之泽乎?①

父母对于儿女犹且如此,其他人之间就更不用说了。韩非子正是采取经验实证的方式来说明和论证人性恶的伦理主张。

此外,他认为,儒家强调"孝",动摇了君主的权威,每个人都把精力放在关心自己的父母上面,那谁还关心社会和国家?儒家认为孝子一定是忠臣,而法家认为忠臣在很多情况下并不是孝子。为什么法家会持这样的观点呢?在法家看来,当忠臣要赴汤蹈火准备去死时,如果他是个孝子,他绝

---

① 《六反》。

对不可能有这种表现。这是法家很重要的一种价值观,这种价值观实际上又让法家思考了一个问题:纯粹依靠伦理道德是无效的,而是需要一种制度的支持,其所主张的价值观才会被人们普遍接受,这便是法家的基本传统。法家的这个传统可分为三个时期。

第一个时期就是法家的原创性阶段,不同的法家(如申不害、商鞅、慎到等),有不少自己的创见,由于处于原创阶段,也存在诸多缺陷与不足。第二个时期是以秦国的法家实践和韩非子的集大成为标志,韩非子的理论也是法家思想的集大成。第三个时期就是从董仲舒以后儒法互补或者说儒法共存的阶段。

在中国古代的政治传统当中,后进形成一种说法叫做阳儒阴法,或者叫做外儒内法,就是表面上是用儒家,骨子里却用法家。当然这存在必要性,君主在宣传方式上都采用儒家的思想,然后在治理的策略上大都践行法家的准则。例如,汉武帝非常明显地倾向法家,基本上采用法家的思想,而只用儒家实用的方面。董仲舒谈政治时,是彻底地主张法家。法家传统在中国历史上的影响力很大,所以在中国历史上好的政治家在治理国家时呈现出如下的特征——儒家一定的爱心和法家一定的手段的融合。

二、道德与经济

从义利之辨中可以看出,儒家认为利或者经济只是实现道德的基础和一种手段。在这一点上,儒家与法家是一致的,好的经济生活能够对道德提供一定的服务。孟子常讲"有恒产者,斯有恒心",为什么在孟子那里需要有仁政来支持自己的道德理论呢?发生灾荒时,如果没有君主来进行调节,民众肯定要饿死,所以,孟子提出了三个方面的条件:第一个条件是解决温饱问题,温饱问题是全民性质的、面向所有人的;第二个条件就是平时解决温饱问题,遇到灾年的时候没有百姓被饿死;第三个条件是保证六七十岁以上的老人经常有肉吃。当然这些条件在某种意义上也能够反映儒家的价值观,即如果已经解决温饱问题,便不需要经济上的富足。因此,儒家是不主张过多地追求经济上的享受。

那么君主治理国家,该采取什么措施呢?如果措施是足食足兵、取信于民,那么,这种方法便是法家的。法家跟儒家是一样的,法家也要求足食、足兵,也要取信于民。管仲说:

>仓廪实,则知礼节,衣食足,则知荣辱。①
>
>利之所在,虽千仞之山,无所不上;深源之下,无所不入焉。②

取信于民主要指什么？便是赏罚分明。相比较于法家,儒家在实践当中实质上并没有取信于民,然而只要是法家就一定要取信于民,这是法家立足的根本。

因此,从经济基础的角度而言,儒家与法家具有共同的价值观,随着各自理论的推进,法家的一些价值观趋于极端化。法家认为人性的本质在于追求富贵,荀子是最早全面提出这一观点的,后来影响了法家,当然在法家的传统之中原本就存在这样的思想,只不过被荀子系统地发展了而已。荀子认为,社会如果不能够解决所有人的温饱问题,也需要解决一部分人的富贵的问题,以形成经济上的激励机制,有了这一激励机制以后人们才会努力地去作战、去耕田,反过来,君主应该奖励那些积极的、勇敢的、进取的官员和民众。因此,法家有一套自己的美德理论,它的美德主要体现在那些积极主动的、勇敢的、节俭的、遵守法律的官员和民众身上,当然也包括忠诚等其他方面。

法家所讲的"仓廪实,则知礼节,衣食足,则知荣辱",可以从两个层面上来理解和评价。从治国原则而言,这一理念极有前瞻性,直到现在改革开放的时候,仍然要回到这个主题,先解决老百姓的温饱问题。

从伦理学理论来讲,这种观点只在某个角度上有价值,而在实践哲学的讨论上存在严重不足。从社会实践的经验认知而言,确实存在这样的现象,凡是经济比较发达的地方,一般各种各样的犯罪现象会比较少,违背道德的事情也比较少,所以说它有一定的价值。但是,从纯粹的伦理学角度看却是难以实现的。因为"仓廪实"是一个无法保证的事情,人的欲望无穷无尽,没有办法得到满足,所以衣食可能永远不会得到满足。正因为人的欲望是无限的,宋明理学直接主张,灭绝人的所有超过基本需求的欲望,在其看来,人欲就是不道德的;但如果是为了解决温饱的问题,便是属于道德了,超过这一要求就是不道德的。在这里,宋明理学实际上是吸收了道教和佛教的戒欲思想以克制人们的欲望。

法家希望通过解决老百姓的经济问题以使其遵守社会规则,最后的结果表明,这一举措是失败的。即使法家已经建立起一个最强大的国家,这个

---

① 《管子·牧民》。
② 《管子·禁藏》。

国家可能向心力、归属感并不是很强烈。历史上,在秦国人人都能就业,温饱都能解决,物质条件很好,但是民众并没有很强的向心力、归属感,这是什么原因呢?原因在于,经济不能决定伦理、或者说文化。贺麟先生讲,我们有两种道德,一种叫自律的道德,一种叫他律的道德,自律的道德叫真道德,他律的道德不是真道德。那么从自律的角度上来讲,假定一个人真有道德,不管他是穷还是富,都会遵守道德规则的;如果这个人仅仅是因为"仓廪实"才去"知礼节",那么他的道德便不是真道德,对他也没有多大意义,也就是说,"仓廪实"会带来这样的假象:民众在表面上不干不道德的事情,但是不表示他们就具有了道德意识,就像日子过得很好的人不可能还去偷其他人的水喝,却并不表明他不想偷别人的钻石。治国问题和伦理问题如何协调,在中国历史上一直是必须慎重面对的棘手难题,义利之辨就是生动的说明。在儒家看来,这种冲突很严重,但在法家看来二者并非不相容,甚至可以没有任何冲突,如果君主能够让一个国家富强,老百姓的道德问题是可以完全解决的。所以可以这样认为,儒家从对立的角度来看到道德与经济的关系,法家则从一致的角度来看道德与经济的关系。

三、道德底线观念

儒家认为,经常做好事的人才是有德者,甚至有时候极端地认为,只要做过一次坏事,这个人便是不道德的人。法家并不赞同这一道德评价的主张,在其看来,这个人只要不做坏事,就是有德者,过去做过坏事,现在不做坏事现在便可能就是个有德者。

之前的很多学人一直认为儒家很信任人,历史经验告诉我们,事实远不是如此简单,在儒家的眼中,人都是坏的,只有少数的人是好的,而在法家那里,人都是正常的人,没有太坏、也没有太好的,都是普通的人。当然没做坏事也不表明这个人是一个道德高尚的人,但却不是对其采取负面的道德评价的理由。由此看来,法家持有一种"底线道德"的观点,只要一个人不违背基本的法律和基础的道德准则,其很多行为是可以接受的,并不一定需要承受大量的道德评价,而且,事实上,道德要求很高的社会,人们的生活并不一定是幸福的,往往是困苦的。

法家在这一点上确实比儒家认识得更人性化一些,而且给了人改过自新的可能,无论某人做过什么坏事,只要他认识到自己做坏事是错的,他便具有了成为好人的可能,虽然他会因为他的恶行而接受法律的制裁。因此,法家的理论,更加契合人们日常生活的观察和对未来美好生活的期待。

第三节　韩非子的伦理学与政治哲学

韩非子(约前280—前233),出身于韩国公室。年轻时曾求学于荀子,虽然是荀子最杰出的弟子,但他并没有接受儒家思想,而是对儒家思想展开了激烈的批判。韩非子的作品被后人整理为《韩非子》一书,我们主要通过此书来研究其伦理思想。韩非子的绝对君主专制理论、性恶论、三纲思想等对中国伦理学的发展产生了深远的影响。

一、法制精神

韩非子的理论出发点就是维护君主专制,与儒家所提的君主专制的区别在于,首先君主们需要权术。而且在韩非子看来,维护君主专制不是光用权谋术数就行了,必须建立一套标准。

这个标准便是法,或者法的集合。在韩非子看来,仅仅有法是不够的,还要根据法制定的标准具体地考核官员,对官员进行限制,以树立自己的权威,如果君主不能让其他人对他产生畏惧,这个法便不能推行下去,这种限制、权威或者畏惧便是势。底下的人很怕君主,便会认真地考核别人。因此,在韩非子那里,法、术、势是结合在一起的,缺少一个便不能形成好的治理国家的策略,也就不能维护君主专制制度。这三者的结合,是韩非子对法家思想的一大贡献。

韩非子特别重视法的作用,传统上,法家的法由三部分组成:法律、政策、激励措施。所以对于韩非子的法的理解,不能按照我们日常生活中对法的理解那样处理为法律,而是要根据其不同的语境进行不同的解释和理解,否则便不会把握住韩非子思想的独特性和复杂性。

二、韩非子论"法"

韩非子的"法"首先是一种标准。"法"要成为人们行为的标准的话,就必须具备如下特点:第一,法要注重功利性,要利大于敝。第二,法律都是具体的。什么样的法律才是好的法律?一定要有适用性和针对性,适用性就是不需要去讲一大堆抽象的道理,而是它很有效,针对性很强。第三,法要有稳定性和统一性,韩非子说法莫如"一而故","一"就是统一,或者说坚持,一直延续下来,然后"故"就是不要变动,要求稳定性和统一性。第四,法要适合人情,就是让所有的公民都要了解法律的条款。否则就是形同虚设,不但不能维护社会的稳定,反而造成混乱。第五,法要简明扼要,且很周全,法律之间的衔接要紧密流畅,不能互相冲突。第六,法的力度要大,要厚赏重罚。否则法律的激励和警戒作用就无法体现。第七,法要注重实行。不管是法律还是政策,一定要重视执行。韩非子的法的特点,大体如此。

韩非子主张法制化,这一套法制既是法治的标准也是道德的标准,因为在韩非子看来,如果一个人不做坏事,便是遵守了法律,遵守了法律也就是好人。所以韩非子的伦理学有两个部分:一部分是支持法制的,包括服从法制的美德;一部分就是他的人性理论。他认为,我们不应该期待别人去做善事,而管理的主要功能是让人们不敢去做坏事,而不是做好事。他说,"圣人之治国,不恃人之为吾善者",圣人治理国家,不依靠别人给与的好处,"而用其不得为非也",而是树立一种权威标准来威慑,以使得民众不敢做坏事。

从实践层面上看,韩非子发现,伦理的问题是可以转化为其他问题而获得解答之道的,比如经济的路径、法制的方案等。不可否认,这里还存有一些问题需要慎重对待。比如,韩非子认为,君主应该监督臣下,然而在法家的政治结构中,他不可能一层层地监督下去,这就形成了一个问题:君主的监督系统如何完成?在法家历史上,钦差大臣作为君主指定的监督者,往往成为受贿获利最大的臣子,因为这位监督者积攒了大量的权力,各地的臣子都受制于他。这是法家一直没有解决的问题,事实上这一问题是传统理论家都没有办法解决的,只能通过近代的民主制来解决。

在韩非子看来,君主监督臣下,依次推延下去,便可以形成一个监督系统,在这一方面他很理想化。与此同时,他也认为君主须要带头遵守法律制度,在这一点上他仍然很理想化。从我们现在掌握的研究资料看,伦理准则的约束,对于权力越大的人约束越多。假定一个人有很多权力的话,他可能处处都触犯法律,所以韩非子所认为的享有最高权力的人应该带头遵守法律制度,在这种意义上来讲确实带有理想化的特征。事实上可以这样认为,秉承法家思想的君主跟儒家所期待的君主很相似,他们的君主都太理想化,希望他励精图治,做遵守道德和法律的楷模。这也能够说明,为什么法家的三纲与儒家的三纲会在董仲舒那里面形成一体的关系。事实上,不仅仅儒家和法家是一致的,而且道家也是一致的,他们都共同地期待和支持一个圣人般的专制君主。当然道家理想中的专制君主,既是一位专制的君主,又是一位开明的君主,这是老子而不是庄子讲的。如果专制君主昏聩,那么最理想的情形便是臣子是良臣。

在以往的认识中,经常会不自觉地意识到中国人谈政治,其实这是一种假象:中国人不是在真实意义上谈政治,而是在讨论最高的统治者应该如何如何,以使得官员和民众得到有效的管理。韩非子重新塑造了这个传统,让法制作为规范社会、治理国家的主要标准,所以,从依法治国的角度上来讲,法家更有道理,因为法家之法包括法律和政策,也可以是具体的条文,而儒家仅凭借道德;在政策的制定、实施及其冲突的解决方面,法家也要比儒家有优势。

三、对儒家的批评

韩非子对儒家的批评主要有以下四个方面。

第一个批评与荀子对儒家的批评一样。在某种意义上,荀子可以被认为是儒家中的法家,他主张法后王,与时俱进;而较典型的儒家则是以传说的标准作为标准,而实际上那种传说当中的标准是不可靠的。

韩非子通过对尧舜禅让的故事的批判来论证自己的观点。他认为,过去都讲尧认为舜比自己更英明,就把这个地位传给了舜。事实上并不如此,那个时候是一种很原始的、很落后的部落社会,部落的首领要吃苦在前,享受在后,去打猎的时候要冲在前面,分配东西的时候别人先拿走好的,剩下的这一块归首领。聪明的尧一开始以为当部落首领很有权威,结果没想到进去以后是一个陷阱,很后悔。聪明人总是有办法把风险转嫁给别人,所以他就考察谁比较笨。他发现舜这个人很笨。然后决定把这个位置传给舜。但是舜又有点犹豫不定,然后尧说,我把两个女儿都嫁给你还不行吗?舜最后说好,就接过去了。韩非子认为,那个时候做首领纯粹就是一件吃苦的事情,所以要禅让。他说现在连县令这种最低的职位也无人愿禅让。儒家的复古倾向容易导致民众和现存政府作对,所以在历史上的政府其实都是不信任儒者的,而且凡是完全用儒者治国的,结果都不好。

第二个批评指向儒家的性善论。韩非子质问说,按照儒家人性善的观点,父母为什么生了儿子就高兴,生了女孩就溺死呢?至亲之间尚且如此,人间还有什么善?世界上再没有比这个例子更能说明人性恶了,父母跟子女之间的关系,甚至不如动物,有的动物为了护仔,宁愿放弃生命。韩非子同时也批评儒家的仁爱理想:

> 夫施与贫困者,此世之所谓仁义;哀怜百姓,不忍诛罚者,此世之所

谓惠爱也。夫有施与贫困，则无功者得赏；不忍诛罚，则暴乱者不止。国有无功得赏者，则民不外务当敌斩首，内不急力田疾作，皆欲行货财，事富贵，为私善，立名誉，以取尊官厚俸。故奸私之臣愈众，而暴乱之徒愈胜，不亡何待？①

显然，尊仁义与他的致法度是背道而驰的，结果是赏罚不分，是非不定，因而就会带来混乱。

第三个批评是指责儒家没有效率。韩非子认为，儒家要以德服人，当然不错，但是孔子一辈子服了多少人？孔子一辈子有数千学生，服了72个人，如果一个君主要治国的话，一辈子服了72个人，这个国家早就灭亡了，那还治理什么国家？进一步而言，儒家强调要去感化人，这需要很长时间。所以韩非子认为，如果制定一个政策法律的标准，在几天之内便可以传遍全国，几天之内所有人都按照规定的要求做，是不是整个全改变了，所以他认为这种方式是有效率的，而儒家的那种做法是缺乏效率的，这是一种很重要的思想。

第四个批评是韩非子认为，对道德和法律的手段做比较，前者在改掉人性方面比后者更有用。但是他的目的不在于要去改造人性，而是主张让人们做正确的事情，换言之，如果把道德的手段跟法律的手段比一下，便发现法律的手段更有用。他举了一个例子：一个不良少年，父母拿他没有办法，老师也拿他没有办法，乡里面的长辈也拿他没有办法，他就是喜欢捣乱，喜欢干一些小坏事，这个时候有人告诉他，说官府已经派出狱卒决定把他给抓起来，那么，他便会赶快地改，不敢再做坏事了，然后再告诉他，如果下次再犯，马上便会来抓他，再也没有让他改错的机会了，这个不良少年便会因为威慑而改邪归正。

在这样的事例之下，韩非子是想提醒我们：道德榜样是不是一点用处都没有，但至少对这样的少年是没有用的。假定儒者教化他半天，他不听从规劝，儒者便对他无能为力了。或许法家在这一点上是正确的，除非我们在道德上引导那些幼童、未成年人，否则道德真不会存在什么作用；倘若能够引导的人都在价值观层面与儒家思想一致的，实际上等于没有引导。

---

① 《奸劫弑臣》。

四、政治哲学

与他的伦理思想相联系,韩非子的政治哲学有三个方面的重点。

第一个方面,是实行君主统治,君主制定法律,君主维护法律。君主是至高无上的权威,同时也是遵守法律的带头人。从权威来说,他是至高无上的,从遵守法律的角度上来讲,与其他人一样,都是平等的。君主为什么要这样做呢?因为其他人遵守法律的结果对君主来讲是利益最大化,所以君主应该有动力去遵守法律。

第二个方面,主要是防止周边的小人,从法家的眼中,在人性倾向方面,人皆是小人。韩非子总结了小人对付领导的所有方法。

首先,小人在领导喜欢的女人身上下功夫,不管是妻子,还是其他的女人;其次,是在领导周边的人身上下功夫,让大家天天给领导吹风;再次,收买君主的父亲、兄弟,还有他的周边的大臣;复次,君主喜欢什么,便投其所好;最后,就是收买人心。比如,现在有很多的知识分子很会收买人心,批评政府,指责其给百姓的钱不够多、医疗保险不够大,好像钱是他自己的,实际的情形却是,现在很多知识分子似乎为百姓说话,但仍然是拿百姓的钱来给百姓说话。然后还有游说、内外勾结、强迫等诸多手段。总之,我们能想到的东西韩非子全都想到了。如果说丞相总是随时想推翻君主,这样的认识是对的,在历史上确实就是如法家所说的,因为君主的权威是独一无二的,只要有机会,所有人都想取而代之。

秦国后来之所以灭亡,就是违背了韩非子的教导,最后被宦官控制了。从法家的政治哲学来讲,韩非子一直认为君臣之间是处于一种对立的关系之中,正是因为对立的关系,君主要时时地提防丞相,其背后的实质在于,在这种社会框架中,君主和臣子的利益冲突是不可协调的。但是有些冲突是可以解决的,比如说采用一种标准,让人来监督,便可以解决。所以,他认为,君主能不能真正做到很好地解决这种冲突,让大家去发挥作用,都取决于整个制度的建设和执行,包括考核。所以他强调制度标准和监督考核执行。

第三个方面,韩非子认为改革一定要与时俱进。而且,他强调,改革注定要引起某些人的反对,而且不管改革的途径是多么好,生活中总有一部分人看不到改革的益处。但是,君主如果想改革,便应该支持改革,因为他自己是能看到这些益处的,改革是因为他而改的。在这里,法家跟儒家的道正相反,法家的道就是在与时俱进中找到正确的方法,儒家的道就是永远不变,总有某种道是存在的,所以儒家有形而上学的道。法家没有,法家的道就是治国的战略和方法,那么在政治哲学上就是统治的方法,更具体地说就是用法和行政考核来解决政治上的冲突而实现富国强兵这一目标。

第五章
汉唐时期的伦理价值观

士人对于自我价值与社会责任的再认识,以及通过封建社会的行政力量来推动道德社会化和礼教化两个方面,是汉唐时期伦理学的基本主题。在伦理思潮和哲学世界观方面,出现了以董仲舒为代表的儒、法、墨、阴阳学说等的哲学伦理学的综合化,以及宗教哲学的兴起及其与世俗价值观的融合运动。

第一节 社会教化的演进与士人价值观的转换

在法家的富强之术指导下,统一的国家建立起来。尽管这种结果符合许多士大夫的最初理想,许多士人也对这一进程予以了支持。但是,令那些怀着美好理想的士人们失望的是,将四海之内统合为一家的嬴氏王权专政,竟那样毫不犹豫地排除了被视为"空疏"与"不合时宜"的谦谦君子们的参与。李斯在掌丞相之权后,在《行督责书》中发表了他与秦始皇共同的思想专制宣言:"……然后能灭仁义之途,掩驰说之口,困烈士之行,塞聪掩明,内独视听。"因驰说不禁,便断然焚书坑儒。这是百家争鸣后期真正严酷的葬礼。专制制度带来的痛苦立即唤起了士人们强烈怀念儒家的德治信念,专制制度的十足务实作风和对士人的排斥使后者深恶痛绝。无疑,秦始皇不仅忽略了韩非子关于君主应该克制欲望的忠告,而且犯下了漠视"昌孝以兴敬、标榜仁义以结人心"的错误。

事实上,士人们早就对刑政忧虑重重。我们在荀子对于统一天下之前的秦国政治的评价中就可以领会士人的普遍要求。这段荀子与人的对话见于《荀子》的《强国》篇中:

应侯问孙卿子曰:"入秦何见",孙卿子曰:"……观其风俗,其百姓朴,其声乐不流污。其服不挑,甚畏有司而顺,古之民也。及都邑官府,其百吏肃然,莫不恭俭敦敬,忠信而不楛,古之吏也。入其国,观其士大夫,出于其门,入于公门;出于公门,归于其家,无有私事也。不比周,不朋党,偶然莫不明通而公也,古之士大夫也。观其朝廷,其间听决百事不留,恬然如无治者,古之朝也。故四世有胜,非幸也,数也,是所见也。故曰,佚而治,约而详,不烦而功,治之至也。秦类之矣。虽然,则有其谅矣。兼是数具者而尽有之,然而县之以王者殆无儒邪,故曰粹而王及远矣。是何也? 则其殆无儒邪!"①

显然,秦国在刑罚的监临下,又在奖励军功政策的实践上取得了极大的成功,实践了韩非子所倡发的勤勉、务实、节俭的伦理主张。但它缺少点缀,更重要的是把儒生通通弃置不顾,统一后甚至公开坑杀他们,这在士大夫的观念中留下了创伤的烙印。汉以后,尽管政治中实际上是运用了法家的原则,但在表面上宣称法家的主张一定会招来强有力的反对,这在很大程度上应归因于秦政伦理实践的结果。

事实上,经过百家争鸣的思想与价值观的碰撞、酝酿,大多数士人趋于肯定刑、德(无为)互补。当秦国展开大规模的兼并活动时,吕不韦已在召集士人撰写《吕氏春秋》,为即将诞生的帝国确立各种行动规范。在这一杂家的作品中,士人的普遍愿望得到了更明确的反映。

善治以有德为先:

……先王先顺民心,故功名成。夫以德得民心以立大功名者,上世多有之矣;失民心而立功名者,未之曾有也。②

再次始威以刑罚:

……故威不可无有,而不足专恃。譬之若盐之于味。凡盐之用有所托也;不适,则败托而不可食。威亦然。必有所托然后可行。恶乎托? 托于爱利。爱利之心谕,威乃可行。威大甚,则爱利之心息;爱利之心息,而徒疾行威,身必咎矣。此殷夏之所以绝也。③

以此视之,则儒、道等诸子都把专务刑律看作灭绝之途,士人们在舆论上积极诉求道德的力量来加以纠补。

作为百家争鸣的思想、价值观相互渗透而出现的杂家,他们的思想渊源

---

① 《荀子·强国》。
② 《吕氏春秋·仲秋纪》。
③ 《吕氏春秋·离俗览》。

都来自于儒、道、法等诸子学说。杂家,在某种意义上而言,都主张政治行为应该德先刑次。阴阳家在某种意义上是另一种杂家。史传记载:

> 驺衍睹有国者益淫侈,不能尚德,若《大雅》整之于身,施及黎庶矣。乃深观阴阳消息,而作怪迂之变,《终始》、《大圣》之篇,十余万言。其语闳大不经……然要其归,必止乎仁义节俭,君臣上下六亲之施,始也滥耳。①

虽然阴阳家深观阴阳现象,且对于道德之义方面的学说很难作出澄清,但因此而兴起的阴阳解说刑德互补则成为一股思潮,黄老学说便是最佳的代表。

秦汉之际的黄老学无疑已将无为的政治理念和以德御民的观念相融合②。在它的修养论中,保存着道家修养的内容,帛书中反复提道:

> 静而不移,动而不化。而静则平,平则宁,宁则素,素则精,精则神。至神之极,见知不惑。③

由此而达到处于度内而神游于度外的境界。同时,它甚至积极提倡德义伦理,《十六经》篇中说"体正信以仁,慈惠以爱人。"《经法》也强调节用民力。四篇中要求君主要不乱民功,不逆民时,使人民百姓五谷丰登,人口繁盛,并使君臣上下交得其志。它毫不隐晦地表达了对于君主人格与德操的要求。在这里,对于政治的要求是儒家圣人主张中经常见到的:节赋敛,毋夺民时。为了使它的要求有力量,帛书的作者搬来了赏罚君王的天意,且更多的是对于君主的警告。他们声称,如果德操与政治措施不合于民众利益,则必有天殃。

汉初道家的观念实际上是黄老学的,它体现在司马谈的《论六家要指》中:

> 道家,使人精神专一,动合无形,赡足万物。其为术也,因阴阳之大顺,采儒墨之善,撮名法之要,与时迁移,应物变化,立俗施事,无所不宜。指约而易操,事少而功多。④

---

① 《史记·孟子荀卿列传》。
② 其代表作品是帛书《老子》乙本卷前的四篇佚书,即《经法》、《十六经》、《称》、《道原》四篇。1973年长沙马王堆汉墓出土。
③ 《经法》。
④ 《论六家要指》。

显然,汉初黄老之学的兴趣已是兼取各家而突出道、法、儒了。因为不管是在秦末还是在汉初,他们已经深刻认识到不是君王的权力太小,而是对于他们的限制太少。因此,帛书作者以及其他黄老之学的代表对于无为的理解是与民休息,不任用刑毒。在这种趋势中,实际上是把目光投向民众的生命与生存,而对于专制君主的刑威则有所限制。这样,就使黄老之学与儒学之强调道德的社会价值趋同。秦汉之际的无名氏儒家著作以及汉初陆贾与贾谊的思想,就是综合两种理论的结果。

陆贾为此写出《新语》十二篇,每篇都有所讽谏,借鉴具体的历史事例以劝用德之要,称之为《新语》。陆贾是汉朝的开国元勋,他的话对于君主和其他官僚具有较大影响力。陆贾对于刑法的作用体现在惩恶的见解上,并没有违背世俗的理解,道德教化的力量远远超过刑罚的力量。他说,法令刑罚是用来诛伐恶的,并不是用来劝善的。曾子等人的孝,伯夷、叔齐的廉,并不是怕死的结果,而是教化的结果。因此,他在社会政治主张上所贯彻的理想就是教化为本,对于君主劝谏的重点在于文武并用。历史教训等昭示的是:在已得天下的情况下,任德而不是任刑才是国策,才是圣人之道的意义显现。"守国者以仁坚固,佐君者以义不倾"[①],其旨明朗。

贾谊的思想是陆贾思想的发展。他生于刘邦开国后六年,在汉文帝时才成熟起来。贾谊是个热情的天才,他二十几岁就当上太中大夫。只因为人所排挤,一生郁郁。曾吊屈原以悲悯自身,以后便转忧闷,三十多岁就结束了年轻的生命。他著有《新书》和一些文学作品。在辞赋中抒发了自己的志愿抱负或人生不得志之哀伤,感情炽热真挚,如《吊屈原赋》与《鹏鸟赋》等,而他的政论文更具有阐发思想的力量。

民本思想是贾谊理论中的核心力量。他以极大的热情表达了政治与君主人格联结的意义,强调政治伦理的判断是以民心的向背为依据的。他认为,民人百姓是万世之本,不可欺愚,敬士爱民才是明智有德的。他赫赫有据地说,自古至今,凡是与民为仇人路敌者,民人百姓迟早会胜克他们。他举例说,秦朝的没落就在于与民为敌,在于它的专制君主把民人百姓作为欺愚压迫的对象,贾谊的历史观中以及经验知识中的结论大多来自秦代的政治伦理实践以及当时汉初的社会状况。秦朝的做法和结局远远超过了一种教训,是与知识分子的人道主义绝对不能相容的。汉初民不聊生,为了禁止社会的混乱以及人民的迁徙等等,汉家专制制度制定了严酷的法令刑罚,以

---

① 《新语·国基》。

至于使大批人受刑。因此,可以说,统治阶级对百姓的压迫越深,代表或模糊地代表下层、与专制权力相对立的士大夫们对于士人百姓的忧心也越沉重,而所生出的主张与要求也就表现出更美好的理想与热烈追求,这种激烈的人道主义主张与民本情怀是汉代对于君主人格与措施评判的最明确的参照系。

总之,贾谊的思想中贯穿着强烈的批判意识,基本上是站在儒家的立场上,主张道德人格的政治作用的。他认为,君主能够为善,则臣下也一定能够为善;臣下能够为善,则天下百姓也能够为善。他很明智地引用汉高祖刘邦的人格作为典范。他认为,汉高祖起自布衣而能够兼有天下,是因为替天下兴利除害的结果,先王的人格是非常高尚的,同时批评当时的君王等不能续行高祖之美。贾谊这种表达方式中所表现的明智性,是许多士大夫所无法比配的。他不是以历史主义中的复古因素,不是以幻想,而是以一种忌讳式的本朝事迹来提出先王的人格修养之深,以本朝的开国皇帝为追配理想,从而在道德教导方面产生了很大的经验性力量。

作为一位积极干预政治的思想家,他的责任感也特别强。他警告说:

> 安者非一日而安也,危者非一日而危也,皆以积渐然,不可不察也。人主之所积,在其取舍。以礼义治之者,积礼义;以刑罚治之者,积刑罚。刑罚积而民怨背,礼义积而民和亲。①

对刑罚的信赖与倚重,在贾谊看来,是极其危险的,就如寝卧于柴火之上,在柴火未及大燃之前而称安,实在愚蠢可笑。那些歌功颂德的臣子,非愚则谀。贾谊所有热心的课题,就是以民生的安定作为从君主到整个社会奋斗的最高目标,而且通过道德教化来稳固社会秩序,只有这一切都妥备完善了,那才是安顺的标志。

因此可以说,陆贾和贾谊都是汉初重视儒家伦理的重要代表。不过,他们两人之间仍有一些区别。陆贾重视道德教化的作用,企图以此作为缓和社会危机的手段和治国之本,在他身上体现了儒家法先王的传统和无为而治的热情。而贾谊是一个理想主义的儒生,他所站的立场与看问题的角度与前者有所不同,他带着对于社会取代秦政以后的失望和对于民本精神的热烈忠诚。他是一个爱国者,在这方面,他受到屈原人格的重要影响。同时,他是儒家政治伦理的有力倡导者。他在前辈儒家的德治主张中找到了

---

① 《新书·治安策》。

理想主义。贾谊之重视政治伦理,固有其人本精神,同时,也是基于礼治的更深刻的社会功能。他说:

> 夫礼者,禁于将然之前,而法者,禁于已然之后;是故法之所用易见,而礼之所为生难知也。①

正因为如此,礼治与刑律虽不可偏废,但礼却更符合实际的需要,也更具备导民为善的手段意义。

当然,汉初对于王道的复兴,在儒家方面绝不仅仅是陆、贾两人。秦汉之际流行的儒家著作,反映了许多人正着力于此;而编集战国以来的儒家著作并竭力授徒传播,同时也大大丰富了儒家的政治伦理思想内容,对于伦理政治一体化信念的社会影响贡献甚巨。同时,诸子思想相互渗透,并且比较一致地肯定道德的社会政治实践价值,形成了思潮的冲击力。这是汉初伦理精神的大势。另一方面,儒士在历经时代与文化大变局之后的新的人格信念的表达,构成了前期人生观的最重要内容。由贾谊与司马迁为代表的儒士自觉,主要体现在人格的自我肯定、品格一是、使命感和人生的不朽价值追求等方面。

明君与贤士遇合曾经是先秦士人的一种主要取向。《吕氏春秋》已经鲜明地提出了士人的地位问题:

> 有道之士固骄人主,人主之不肖者亦骄有道之士。日以相骄,奚时相得?若儒、墨之议与齐荆之服矣。贤主则不然,士虽骄之,而已愈礼之,士安得不归之?士所归,天下从之帝。②

当然,贤士也以进德济邦为本。陆贾说:

> ……杀身以避难,则非计也;怀道而避世,则不忠也。③

贤士之价值,首先便在于有德,在于人格的高尚而已。

在贾谊身上,忧国忧民而欲助君王平治天下的使命感与道德人格、社会伦理秩序(礼乐文化繁盛的礼治社会的达成)意识激昂亢奋。他在数陈政疏之际,在天人感应的劝言之际,都极明确地提出了民主和乐的重要性,以及德礼代替刑罚的道德自觉,其方策于礼贤下士以成君臣一体之效。在这

---

① 《上文帝治安策》。
② 《慎大览》。
③ 《新语·慎微》。

方面,陆贾与董仲舒的思想亦颇为相似,然贾谊之民本意识的深度,确乎是董仲舒所不及的。但从他们身上,可以体会到那种对于民生的关怀以及道德之自觉等方面的使命感。

坚忍不拔、固守士人应有品格以确立人生不朽价值这一信念,也由司马迁(前135—?)道出了大要。他不仅著成"史家三绝唱,无韵之离骚"的不朽大作《史记》。司马迁一生遭际极为曲折,他虽以贤能品德自况①,却因代李陵辩护而陷蒙酷刑。他于身心受到打击之后,常常有天命无常之感:

> 或曰"天道无亲,常与善人"。若伯夷、叔齐,可谓善人者非耶?积仁洁行如此而饿死!且七十子之徒,仲尼独荐颜渊为好学。然回也屡空,糟糠不厌,而卒蚤夭。天之报施善人,其何如哉!②

然在这种心境遭际中,他却常持奋励之心,体现了培养逆境美德的积极力量。自序《史记》云:

> 太史公遭李陵之祸,幽于缧绁。乃喟然而叹曰:"是余之罪也夫!是余之罪也夫!身毁不用矣!"退而深惟曰:"夫诗书隐约者,欲遂其志之思也。昔西伯拘羑里,演《周易》;孔子厄陈蔡,作《春秋》;屈原放逐,著《离骚》;左丘失明,厥有《国语》;孙子膑脚,而论《兵法》;不违迁蜀,世传《吕览》;韩非囚秦,《说难》、《孤愤》;诗三百篇,大抵圣贤发愤之所为作也。此人皆意有所郁结,不得通其道也。故述往事,思来者。"③

逆境美德成为个己的品操,且在道之传续中述达圣人之意,尽所能于文化功业的建设,正是作者所认定的人生之不朽价值所在。

此外,由士人的人格独立与自由所开创的思想个性观念,甚有时代特色。一方面,他们因用人格节操自重而以贤能自许,因悲不遇而生怨望。此怨望不仅怨忿世俗小人之凌忿,且怨忿君臣不能任贤使能,并名之以国耻。其他方面,则对诸子不予一般化的排斥,即如在推重社会伦理普遍有效性的前提下,看到了诸子学说对于社会政治之运用价值。而他们本人之取儒、道、法互通的精神意蕴,对于诸子操行的叹美,皆显示了相当的宽容精神。如是,则贾谊立德治而张法力,司马迁重儒绪却能扬诸子卓见以显儒士之绌,皆既有感慨于士之相同命运的悲剧性,同时亦求创造士人的新形象。当

---

① 据《史记·屈原贾生列传》,司马迁予屈原贾谊以极高的评价,其心意相通甚明。
② 《史记·伯夷列传》。
③ 《史记·太史公自序》。

然，由于君主专制制度成为士人的命定性背景，士人的自信心已大为减弱，人格自许已让位于民本情怀激动下的善政提倡，以及自觉的以德治政的现实功业追求。董仲舒代表了这一无可奈何中的积极选择的方向。

第二节 董仲舒的天人感应伦理学

董仲舒吸收法家和阴阳家的学说来构建新的伦理秩序，形成较为系统的天人感应的伦理思想，这恰好符合汉武帝的帝国意识形态架设。

一、董仲舒的身世

公元前140年，汉武帝刘彻继位。他相中儒家，以为它可以作为大一统帝国思想礼仪的标识。当然，他并不诚意于推行儒家的仁政，因为他对诛杀九族和严酷地制伏叛逆等等从来没有犹豫和手软过。在他看来，法家所说的那一切，已经成了真正的政治原则，权与法才是皇权的保证。但是也需要文章礼仪作为大帝国的彩饰标贴，同时又求望天下人异口同声、心悦诚服地歌呼万岁。于是，他积极地摆出承继先王、德泽中国的姿态。在他当上皇帝的那年冬天，他诏令天下贤良之士，策问以古治今之道。在百余人中，董仲舒的对策最能符合他的口味。汉皇诱导说，如何才可以风流而行令，轻刑却能使奸恶不生；又德泽洋溢，延及群生。也就是说，既要体现他受天福佑、独尊天下、雄横万世的梦求，又渴求有圣君明皇之誉。董仲舒对以"罢黜百家、独尊儒术"。他慨然陈言：

> 《春秋》大一统者，天地之常经，古今之通谊也。今师异道，人异论，百家殊方，指意不同，是以上亡以持一统；法制数变，下不知所守。臣愚以为诸不在六艺之科、孔子之术者，皆绝其道，勿使并进。邪辟之说灭息，然后统纪可一而法度可明，民知所从矣。①

这段献词所陈的道理确实明了直接，似乎不是像董仲舒那样的儒生所说的。然而也正是其洞察专制于国家秩序大有裨益的深刻性，才特别受到汉武帝的青睐。它要求在典章法纪上的统一，这对于政治上真正统一来说是非常重要的。而罢黜百家、独尊儒术，则很轻易地与传统中重伦理的思潮合拍，而又能与士大夫们对于功名利禄的追求合谋，这就更能稳定儒生的情绪并

---

① 《汉书·董仲舒传》。

在敦促他们学儒经中归服朝廷。更重要的是,对于儒学的尚好,事实上已代表了各种思潮中最大的势力。汉武帝也作出了积极的肯定。他应和臣下的奏请,黜废贤良中的非儒之士,并擢举学《春秋》的公孙弘为丞相。这一举措实际上规定了文人学士在钻研儒经中求得仕进机会的途径,不仅在形式上肯定了儒学的意义,同时也使士人有成就功名事业的可能。这就确立了从政治上到思想上大一统的旗帜,而在价值观上也奠定了统一的标准。

董仲舒于公元前179年生于广川一个富有的地主家庭。他从小就立大志,并勉励自己刻苦奋发。汉景帝时,他当上了儒经博士。此后他就收徒讲学。据说他讲学时,用一帘幕遮掩其身,以至于他的一些弟子三年未能仰睹其尊容。汉武帝继位那年冬天,天子征问治国之策,他对以"天人三策"而受到汉武帝的器重,从此崭露头角,很快就被擢用为江都王刘非的国相。但在公元前135年,由于他对天人感应的迷执,使他差一点成为专制制度的牺牲品。董仲舒丢掉官职,复又开始授徒生涯。直到十年以后,他才被公孙弘荐举为胶西王刘端的国相。据说公孙弘是因为忌恨董仲舒才作此荐举的。江都王和胶西王同样都是汉武帝的哥哥,但胶西王刘瑞以残暴专横闻名,董仲舒就任之前的国相在他手下屡遭厄运。董仲舒在那里小心谨慎,唯恐灾祸会在意想不到的情况下降临。他在那里度过了四个年头之后,于公元前121年借口年老多病,告老还乡,结束了他的仕宦生涯,那一年他约五十八岁。

董仲舒的为官生活,在儒家理念的实践上始终是值得称道的。尽管他的治绩如何我们已不太清楚,但他真正地把主德的思想贯穿于他为官的断案绝狱中。他断判疑狱两百多件,始终以从轻判决为原则,由此挽救了许多人的性命。他的判词被集结成《公羊董仲舒治狱》十六篇,流传久远,甚至在东晋时还有人引用它来为自己辩冤。董仲舒辞官以后,到公元前104年寿终的十几年间,始终埋头著书、不问闲杂之事。董仲舒的著作原来比较多,后多散佚,现在仅有《春秋繁露》以及保存在《汉书》中的有关材料。董仲舒治《春秋》成就最大,《春秋繁露》无疑是他最杰出的作品。今天所见的这本书,有后人添增篡改的痕迹。

二、天人感应的思想

董仲舒受天人感应观念的影响很深。此前的学说中,天命及天志观念决定着伦理秩序和道德标准。董仲舒直接承袭了这种天志命题,把它作为善的力量和标志。在董仲舒的眼中,天与神合一,而且是百神的统帅,这确乎又有某种新意。在此基础上,董仲舒进一步把阴阳五行的运作转化为天志的表达与天命的显现。因此,他非常明确地说,明了阴阳出入虚实之处,就能观天志;分辨五行的本末顺逆方向,大小广狭,就可以观天道。通过阴阳五行的布列运动而展现天意天道,实际上也就是把阴阳五行与社会生活、伦理秩序相贯通。把伦理秩序说成就是最高的善(天志),这确乎使自己的论题增添了无限大的外在说服力。董仲舒通过阴阳范畴的有限形式能够通脱自如地解释一切伦理和行为的、价值的范式,这是一种极大的创造。尤其是对于体现人们自然经验知识与象征意义的阴阳五行的灵活运用,显示了他对于汉民族社会心理和文化社会实践层面的真正领悟,而这同时又符合了那个时代在建构社会秩序、典章制度和伦理准则时对于权威的要求。

在阴阳五行中,对伦理道德问题的解决,他一般都诉诸阴阳这一对范畴。阴阳范畴作为天意显示的内容,正代表两种不同的性格。阳主德,阴主刑。在阴阳关系中,阳常为主,为生命的运动;阴常为辅,为生命的断绝。这正表现天的爱德贱残的人格。德的力量,体现了阳的作用,而阴则只是一种无可奈何的补充,如阳常居大夏而以生养为事,阴常居大冬而处于空虚无用。天的这种任德不任刑的品性,就直接表现在对于政事善恶的审度与制罚作用上。如果君王不德,多任刑罚,那就表明国家有失道之败象,天就必先出灾害来谴告;不知自省改过,又出怪异以警惧;再不用德于民,就有国破人亡的伤败惩罚。董仲舒对于天意在灾变上所表明的喜怒好恶,是非常虔诚的,正因为如此,才有其人生命运的起伏。显然,他对于君王的为善爱民(任德而不任刑)是本着极深浓的人道民本情感的。既然天意能够对人事的一切有所赏罚,那一方面正表明"观天人相与之际,甚可畏也";同时,可畏却不可怖,因为如此正表明天心的仁爱人君而扼制暴乱残毒的意志。

那么,天意要使天子成为德泽百姓的圣人是很显然的,因为天子受命于天。只有受命于天,王者才能王天下;但要王天下又必须通过观天意与体天道,从而明了天的爱好性格。当然,天的意志是非常明朗的,就是如阴阳五行中所表现的。与此要求相适应,君主在道德人格与政治措施上要好仁德远暴刑,如此才能配天。天道就是如此彰明昭著。他举例说,周道衰微于幽王、厉王时候,因为他们不德无义。而到了宣王的时候,思慕先王之德,兴道补弊,周道便絜然复兴,诗人们就讴诗而赞。上天福佑君王,为之佐以贤人;后世称颂,至今不绝。他最后富有深意地说,那是夙夜不懈而行善的结果。

尽管董仲舒非常明确地劝奉王者应该行善主德，但他所提出的理由似乎不那么有说服力。因为，要求君主不要通过刑罚来表现自己的权威，而是通过克制自己运用威权或无穷的情欲来为天下谋利，来成就德圣的声名，这是近于幻想的超现实主义。在这方面，历代儒家所表达的政治伦理思想，都是那么富于理想主义情调。可以说，对于君王德行的规定，董仲舒远没有孟子具有道义上的力量。孟子对于为民父母的君王的责任的直接肯定，也就实际上说明了德行对于王者的责任。而从人的共同性来说，人同此心，人有共同的生活要求，幸福的实现途径，就是撇开了人的尊卑秩序也是一样的。但董仲舒则借天力以劝说而已。同时，他还犯了一个错误，那就是直接神化了君王。既然君王受命于天，那么他的善恶行为的制约者是天，而直接关系者——臣下百姓——却没有评价、影响能力，这是很矛盾的。他之所以陷入这种困境，是因为他不是从如何是善的行为来完善他的伦理学，而是先入为主地带有那么深固的忠君意识。这是不可能得出道德的较完善的民主性内容的。既然臣民与君主之间的关系是绝对服从关系，那就不可能对君主的行为作出直接的评价和影响。而天志的力量通过灾异的显示又如何能制裁暴君呢？

君臣关系的伦理体现了阳尊阴卑不平等的秩序。夫妇、父子之间的关系也如此。董仲舒运用了新的思想材料与比附方法——阴阳体现人事的关系原则，他从似乎带有某种思辨性的事物的两面性来重新证实社会伦理的关系。物的两面性就是上下、左右、前后等等，而这种两面性总咬合为一物。这样，在事物中就体现了阴阳之合。这种合的关系即是一方为主一方为辅，如：

> 阴者阳之合，妻者夫之合，子者父之合，臣者君之合。物莫无合，而合各有阴阳。①

由此可见，董仲舒所急于说明事物的两面性原则，目的并不在于揭示他们之间的对立或矛盾，或者强调他们之间的平等互补性原理，而是要表明事物中存在着一种主次关系。这种主次关系就是只能一方为主为先，这就是天道，或者具体地说是阴阳关系的准则。此即：

> 阳之出也，常县于前而任事；阴之出也，常县于后而守空处。②

---

① 《春秋繁露·基义》下引该书，只注篇名。
② 同上。

社会伦理正是阴阳关系的具体化,如君为阳,臣为阴;夫为阳,妇为阴;父为阳,子为阴。天意贵阳而贱阴,亲阳而疏阴。这样,在伦理关系中应体现出贵贱尊卑秩序,如君臣关系中的"善皆归于君,恶皆归于臣";夫妇关系中明了"丈夫虽贱皆为阳,妇人虽贵皆为阴",父子关系中存在着"诸父所为,其子皆奉承而续行之,不敢不如父之意"。这就是事物两面性原则的真正体现,或人或出,或左或右,都是阳贵阴贱。

不过,董仲舒最着力处还在于他借用了阴阳的一切知识来构筑君臣伦理中臣子的具体的行为准则。他不是继续谈论为君之道当如何,而是尽其所能地指证臣下应该处处以卑位自居,以美名归于君王,将恶名归于自身。这是《春秋繁露》一书的根本主题。董仲舒一再声称:

> 不当阳者,臣子是也;当阳者,君父是也。故人主南面,以阳为位也。阳贵而阴贱,天之制也。①

君贵臣轻,这种观念也并非属于董仲舒所独创。但他却有独创的地方,那就是臣下不可以名美,因为那应归功于君主;君主不可以名恶,因为恶皆归于臣。这样,君臣关系中的伦理原则就不仅在尊卑关系上,而且在德行的声名影响上。易言之,在君臣关系的行为方面,君主的行为永远是善的,不管他事实上是不是真正善的。他再用阴阳来解释:阴道无所独行,其始也不得专起,其终也不得分功。他把这叫做阳兼阴之功。这里,他显然所要说明的是,君主是起决定作用的力量,臣下一开始就处在服从的地位,因此不能单独有行为的自主性。这样,当然有功德美名都应归功于君主,因为后者始终是他的支配者。但是,如果臣下由此有恶行,那是应由臣下自负的。这就是《春秋》之义,当然也就是天地之准了。既然臣下只是为了更好地体现君主的声名德行之美,那么,自然地,"忠臣不显谏,欲其由君出也"②。这似乎隐含着君主自然会行善之意。至于忠臣为何不显谏,那是最清楚不过了,显谏所表明的是君主的不道德。如果是有德的行为与措施,当然君主会享配声名之美;如果有什么错失,恶皆归于臣下。这样,董仲舒立为根本的仁民伦理,在他论述的专制君主权力面前已经成为空谈而已。无意中,从战国末期开始的伦理秩序专制化的方向,在董仲舒这里已达到巅峰状态。

---

① 《天辩在人》。
② 《竹林》。

三、人性论

再来看看董仲舒的人性论。他认为，人身上的一切，包括形体、血气、德行、好恶、哀乐等等，都体现了天的愿望，都是天特别安排的。因此，人受命于天，但人的真正价值和意义在于他们之间存在伦理情感关系。他娓娓叙道：

> 人受命于天，固超然异于群生。入有父子兄弟之亲，出有君臣上下之谊，会聚相遇则有耆老长幼之施，粲然有文以相接；驩然有恩以相爱，此人之所以贵也。①

这是善的，因为伦理体现出人的真正价值。但这种伦理的社会的成就，乃是圣人教化人性的结果。

具体而言，"性"是指未教化前的人的道德状态，它包括仁和贪两种对立的潜在的德行。之所以如此，是因为人是天意的体现，或者说，人性是阴阳的结合。天两有阴阳之显现，人亦两有贪仁之性。也就是说，人身上不仅隐含着仁爱的特质，而且还有情欲的力量。当然，情欲是恶的，因为它的性质是贪鄙。不过，作为人在社会中的善恶体现，那已经超过了性的范畴。

为了更加明确地了解他关于人性和道德教化主张的完整内容，我们不妨多引用点他的原话。他的这方面的思想在《春秋繁露》的《实性》篇中讲的很明白。该篇这样写道：

> 孔子曰："名不正则言不顺。"今谓性已善，不几于无教，而如其自然？又不顺于为政之道矣。且名者性之实，实者性之质也。无教之时，何处能善？善如米，性如禾。禾虽出米，而禾未可谓米也。性虽出善，而性未可谓善也。米与善，人之继天而成于外也，非在天所为之内也。天所为，有所至而止，止之内谓之天，止之外谓之王教。王教在性外，而性不得不遂。故曰：性有善资，而未能为善也。岂敢美辞，其实然也。天之所为，止于茧麻与禾。以麻为布，以茧为丝，以米为饭，以性为善，此皆圣人所继天而进也，非情性质朴之能至也，故不可谓性。正朝夕者视北辰，正嫌疑者视圣人。圣人之所名，天下以为正。今按圣人言中，本无性善名；而有善人，吾不得见之矣。使万民之性皆已能善，善人者何为不见也？观孔子言此之意，以为善难当甚。而孟子以为万民性皆

---

① 《汉书·董仲舒传》。

能当之,过矣。圣人之性不可以名性,斗筲(道德小人)之性又不可以名性。名性者,中民之性。中民之性如茧如卵;卵待复二十日而后能为雏,茧待缲以绾汤而后能为丝,性待渐于教训而后能为善。善,教训之所然也,非质朴之所至能也,故不谓性。①

这段文字涉及的内容很多。董仲舒认为前人尤其孟子对于人性的认识是错误的,而他所说的名正言顺,就是要澄清这个问题。辨性的出发点是从否定孟子的性善论开始的,归结起来,其要旨如下:

性是天所成就的人的质朴之质,其中有善之质,但不能叫做善。在人性中包括有向善的可能,但这种可能并不能自身成为现实,而需要圣人的教化。他把性比喻为禾与茧,禾能出来,但那还需要施肥浇水等辅助功夫。最形象的是茧与丝的比喻,茧能够成丝,但决不是自然就成丝,而是需要缲以涫汤而成。人性也一样,在它处在善恶未形的状态下,有善的质地,但不能自然而然地善,而是需要善良的教化,这是圣人、王者的职责。如此,人才能向善。但一经成为善的,那就属于教化的结果了,而不该叫做性。因此,只有中民,即未经教化的人的原质之质才叫性,它如茧如卵,未成结果。至于圣人之性,已是至善,当然不是未成状态的性;而道德小人的性,是已经不是有善恶之质而待教化的质朴之质了,那是堕落了的恶德,那也不能称为性。因此,善虽自性,但性没有善之名:

性者,天质之朴也;善者,王教之化也。无其质,则王教不能化;无其王教,则质朴不能善。②

善的体现是性的完成,但同时也扬弃了它。

这样,在人性上也完整地体现了天人关系的一般特征。人身是阴阳之性的显现,因此有善恶之质,这就是人性。这种人性实际上包括性与情,因为性是仁的部分,是人向善而近于伦理的潜在力量,情就是情欲,这两者都包含在人性中。从这而后,圣人或者王者受命于天,教化万民,使人向善成德,这就使人性质朴中所包含的仁之质成为实在的善。但这时候已经不再叫性了,应该体现圣人教化的业绩。而这正是王者与圣人受命于天而尽职的标志。

他对性善论提出了批评。他说,圣人的话就是真理,就是标准,但圣人

---

① 《春秋繁露·实性》。
② 同上。

从没有说过人性是善的。圣人甚至认为,善人是难以见到的。如果说人性是善的,那应该到处都可以见到善人。但实际上,为善是很难的。如果像孟子那么认为,岂不背谬。同时,如果万民之性已经是善的,那么王者受命于天的职责是什么?这等于不相信天意和王者的责任。因此可以说,天生民性,有善质而未能为善,天意就体验出来了,让天下百姓有个君主,使民人之性向善发展。这样,人性在天意体现的范围内是善恶不分,尽管有善质,但最终成就那善的特质的是君主的使命勋劳,这就是王者承天意而化民的使命成就。

这里,董仲舒实际上认为人身上体现了两种道德属性的萌芽,而这就是说,顺着这种人性是不能成为善的,或者不必然成为善的。尽管他在人先有天所赋予的原始属性上是一种先验论,而且最主要的是体现他对天意的虔诚。但这仍是比较容易让人接受的主张。不过,董仲舒进一步的先验论和君王观确实与众不同,他认定,人性及其为善的过程,是体现了天意的一切安排的:使人性上有贪有仁,然后立王者来承天意化万民。这是多么精确的意志安排!实在令人吃惊。同时,他认为君主是善的,君主成为君主是承天意的行为,因而是善的;他的本性修养等等也是善的,也只有善人才能化民之性而使人成为善人。显然,董仲舒天人合一论在逻辑导向上认为,君主是人类社会善的最大化身,臣民的道德习性以及善的行为都是道德教化的结果。道德自觉的名词在他这里已全然被抛到一边了。而且,人性论也因之被抛在一边。

那么,怎么样体现圣人的化民之性呢?他认为,由于人身上同时存在质性上仁的因素和贪的因素,这样,贪就时常在人身上体现出情欲的无节度。董仲舒认为有那种欲壑难填的人,不顾礼义制度,而积敛自恣,其势无极。这种情势,不仅使君上、大臣忧心忡忡,而且使人民贫苦无告。这样的局面,必然造成伦理道德的败坏与风气的低下。因为富者越发贪利而不能为义,贫者无可奈何而犯禁。也就是说,大富则骄,大贫则忧;忧则为盗,骄则为暴。这样,王者教化的方向是渐民以仁,摩民以义,节民以礼。更根本的说,就是要节民之欲。当然,董仲舒在这方面的理论是很温和妥帖的,他认为义利对人来说都是必要的。因此,圣人化民也就是节民之欲,使不可过度,而不至桎梏万民之欲。他分析说:

> 圣人之制民,使之有欲,不得过节;使之敦朴,不得无欲;无欲有欲,

各得以足。①

就是通过教化,使人度礼,目视正色,耳听正音,口食正味,身行正道。这不是夺人之情,而是安其情。因为适当而应该得到的满足,可以养民人之体。

董仲舒的伦理学说,特别是由于他在提倡儒学应有独尊的地位,以及从中表现出的高瞻远瞩的犀利目光等方面,使他在中国古代文化史上具有重要的地位。他的天志崇拜、比附方法、思维特征等等,既显示了他的迷信色彩,但由此也反映出他在把握汉民族社会文化活动、精神生活的基本内容以及民俗风尚之时积极的淑世主义特色。

第三节 《淮南子》与扬雄

《淮南子》一书是淮南王刘安及其门下宾客所集撰,其中显然体现了淮南王个人的思想性格和价值观念,但同时也反映了一部分士人的人生态度。

一、道家新言说

据史书传载,淮南王刘安的为人是这样的:好书鼓琴,不喜畋猎狗马驰骋,喜欢布施抚恤百姓。他对皇帝私有天下,何擅一己之专制是恶语相加的:

> 一旦而有天下之富,处人主之势,则竭百姓之力,以奉耳目之欲;志专在于宫室台榭,陂池苑囿,猛兽熊罴,玩好珍怪。是故贫民糟糠不接于口,而虎狼熊罴厌刍豢;百姓短褐不完,而宫室衣锦绣。人主急兹无用之功,百姓黎民憔悴于天下,是故使天下不安其性。②

刘安召集宾客所撰著的书,包括《内书》二十一篇,《中篇》八卷,《外书》不少。二十一篇曾让汉武帝览过,以"鸿烈"为总名,刘向校订时取名《淮南子》,即今天所见到的书名与内容。

可以说,《淮南子》一书是各种观念价值的汇集,这一方面是编集时人员繁杂所难免的,但同时也体现了对思想专制的否定。其核心是道家生活的主张:

> 欲一言而寤,则尊天而保真;欲再言而通,则贱物而贵身;欲参言

---

① 《春秋繁露·保位权》。
② 《淮南子·主术训》。下引该书,只注篇名。

而究,则外物而反情。①

这也是理解该书所展示的生命观及人生哲学的纲领。对于尊天的理解,应把它和道相结合才能领会。作者认为,循天就是与道相称,道是精神的一种力量与境界。如对"俶真"的解释,既说明了对于道的领会,同时也是指明精神的无限能量:

> 俶真者,穷逐始终之化,嬴坪有无之精,离别万物之变,合同死生之形,使人遗物反己。审仁义之间,通同异之理,观至德之统,知变化之纪,说符玄妙之中,通回造化之母也。②

这样,尊天保真名异而实同。尊道首先体现在认定精神是人的价值所在上。

书中还认为,人之生而精神充沛,这是人之真形。但人如果不能知道精神而自持不惑,感物而动,则物至神应,知与物接,就生好恶之心,而有固定的偏见是非,由此不能返回天然之性。这样,也就造就精神日耗而离身,至于久淫不返,精神就会丧失于无形。其极端者则是言行观于外,即表现为乐于自矜而用智,好别是非而揭义,这就在人的纯真至美本性上迷失,从而失去人的价值了。因此,作者辨真说:

> 率性而行谓之道,得其天性谓之德。性失然后贵仁,道失然后贵义。是故仁义立而道德迁矣,礼乐饰则纯朴散矣。③

巧设于仁义就是与求道的境界大悖的,因为圣人之学是要返性于初而游心于虚;达人之学是求为通性于辽廓而觉悟于寂寞。

《淮南子》明确地把无为作为修养高下的标志。所谓无为,并不是寂然无声,漠然不动,引之不来,推之不往。而只是说明不渗入志欲好恶,私志不得入公道,嗜欲不得枉正术;循理而举事,因事而立功;推自然之势,而不以智巧;这样,事成而不居功,功立而无名于己。它是根据尊天保真、贱物贵身的原则来确立生活观念的。内修其本而外饰其末,保其精神。这样,就能达到一种非常难以言尽的深远境界,也就是:

> 动溶无形之域,而翱翔忽区之上,遭回川谷之间,而涛腾大荒之野。有余不足,与天地取与。授万物而无所前后,是故无所私而无所公。靡

---

① 《要略》。
② 同上。
③ 《齐俗训》。

滥振荡,与天地鸿洞。无所左而无所右,蟠委错纷,与万物始终。是谓至德。①

当然,它在无为中所寄望的政治意义上的理想似乎远比这种个人态度更为突出。首先,无为本身就要求政治上的君主不以嗜欲害公道,功成不伐。既不盘削天下以饱和己欲,更不以天下为私有而夸尚功德。这和淮南子对于人主的贪欲的谴责是非常协调的。其次,修行而使善无名,布施却使仁不彰,也就是达到善行是一种自然之举,而使人不会逐名于仁义,求利于善名。因此,圣人掩迹于为善,而息名为仁。最后,只要君主执玄德于心,就如舜耕于历山和钓于河滨,期年而人自善,礼让就会产生于无形。因此,也应该环城平池,散财物,黜甲兵;施民以德,天下自服。这都是在顺自然之性中完成的,从而也是出于无为;但却能够无不为。

二、儒家之子

扬雄(字子云)生于汉宣帝甘露元年(前53),卒于王莽天凤五年(18),中间历经皇位的更替。他曾经仿效《周易》作《太玄》,仿《论语》作《法言》。唯《法言》于时影响颇大,而《太玄》晦奥不行。《法言》可谓为其儒者自况的代表作。

作为儒学的传续,扬雄强调人的价值体现与德行之不可分。他按照情性之本然与修养之阶次,把人分为众人、贤人与圣人。他说:

> 鸟兽触其情者也,众人则异乎!贤人则异众人矣,圣人则异贤人矣。礼义之作,有以矣夫。②

这三个层次的区别在于为善之自觉性不一样:

> 圣人耳不顺乎非,口不肆乎善。贤者耳择口择。众人无择焉。③

如此,其结果亦大异:

> 天下有三门,由于情欲,入自禽门;由于礼义,入自人门;由于独智,入自圣门。④

---

① 《原道训》。
② 《法言·学行》。下引该书,只注篇名。
③ 《修身》。
④ 同上。

他提出以圣人为道德典范。孔子就是他心目中德行完美的标准："或问治己。曰:治己以仲尼。"①在如何以圣人为典范问题上,他举证了具体的方法:

> 或曰:人各是其所是,而非其所非,将谁使正之? 曰:万物纷错,则悬诸天;众言淆乱,则折诸圣。或曰:恶睹乎圣而折诸? 曰:在则人,亡则书,其统一也。②

仲尼是他理想的圣人人格,仲尼之道,乃世人必由之户:

> 山经之蹊,不可胜由矣;向墙之户,不可胜入矣。曰:恶由入? 曰:孔氏;孔氏者,户也。③

因之,扬雄极力推赞孔子。《法言》之拟《论语》,甚有学作圣人的深意。

在如何正己于德的问题上,扬雄提出学师为途径。他说:

> 学者,所以修性也。视听言貌思,性所有也。学则正,否则邪。④

然而,对他来说,学是较宽泛的进步,只有求师才是明显地趋圣人之途。因此,他以为务学不如务求师:

> 务学不如务求师。师者,人之模范也;模不模、范不范,为不少矣。一哄之市,不胜异意焉;一卷之书,不胜异说焉;一哄之市,必立之平;一卷之书,必立之师。习乎习,以习非之胜是,况习是之胜非乎?⑤

他认为,孔子学师周公,颜渊学师孔子,此诚为世典范。他以为荀子非儒家正统,而孟子则是:

> 或曰:子小诸子,孟子非诸子乎? 曰:诸子者,以其知异于孔子者也。孟子异乎? 不异。或曰:孙卿非数家之书,侻也;至于子思孟轲,诡哉。曰:吾于孙卿与? 见同门而异户也。⑥

直接非荀重孟,且划孔孟之传,异于汉时一般见解。扬雄对孟子表示了极高

---

① 《修身》。
② 《吾子》。
③ 同上。
④ 《学行》。
⑤ 同上。
⑥ 《君子》。

的敬意:"古者杨墨塞路,孟子辞而辟之,廓如也。"①且以继命者自觉,"后之塞路者有矣;窃自比于孟子"。在极力钦赞孟子的同时,却没有顺和于性善论,而是提出了"善恶混"的人性论。

有人以为他的性论是折合孟、荀性论而来。其实不然。他的性论,显是承自孔子的"性相近,习相远"的启迪。他还由此导出了习学、求师与教化的可能性与必要性问题。既然性之道德萌芽已然存在,那么,道德教化的意义也就体现出来了:

> 君子为国,张其纲纪,议其教化。导之以仁,则下不相贼;莅之以廉,则下不相盗;临之以正,则下不相诈;修之以礼义,则下多德让。②

独尊孔子道统之外,扬雄于道家则有取舍。如"老子之言道德,吾有取焉耳。及搥提仁义,绝灭礼学,吾无取焉耳"③;以及"或曰:庄周有取乎?曰:少欲"④。于其他诸子则概由道德上斥之,"庄杨荡而不法,墨晏俭而废礼,申韩险而无化,邹衍迂而不信。"⑤扬雄对于儒家的态度与独尊儒术的董仲舒有相近之处。

第四节 谶纬伦理学

天人感应的余波所及转入谶纬迷信。董仲舒讲灾异谴告的天人感应,"以此见天心之仁爱人君而欲止其乱也";"自非大无道之世者,天尽欲扶持而安全之,事在强勉而已矣"。他的目的是道德的合理实现。然而,借助于天的力量来倡导德治,常常会对自己绝对神化了的君主进行或明或暗的"大逆不道"的指责。这又是极为危险的做法,而且也暴露了其理论上的许多矛盾。因此,天人感应与天人之际的神权比附,于德治的实际进程并没有太大的帮助。汉武帝从董仲舒建言中所吸取的,仅在于一统之思想专制,安定士人与君主威权而已。

因此,尽管汉武帝五经博士的设置,以及博士子弟的群集,使儒者阶层人数迅猛庞大,但大儒仍甚乏有。今文经学与天人感应的合流,多趋于烦琐

---

① 《君子》。
② 《先知》。
③ 《问道》。
④ 同上。
⑤ 《五百》。

附会。班固述其状为:"自五帝立五经博士,开弟子员,设科射策,劝以官禄,讫于元始,百有余年。传业者寝盛,支叶藩滋。一经说至百余万言,大师众至千余人。盖禄利之路然也。"此正是后世儒者所歧视的"师儒虽盛,而大义未明"(顾炎武语)。至王莽改政而古文经学兴,儒者多求博义广名,而殊有思想精进者。因此,思想之贫薄显见一般。而且,儒者阶层又少有断事明快通达者(如元帝多任儒生,以至于超纲驰废),儒者之德治便流于空幻虚骛之弊。而儒家伦理之平实的精神、人格觉识的传统则多为神权兴附所掩蔽。

等级伦理、天人感应、谶纬迷信等三位一体化之后,对于已有的伦理关系带来深远的影响。以妇德的提倡为例,它进一步体现并促进了对于身份性伦理规范自觉体认观念的社会化。不仅士人们极力于此,连深察女性社会地位与心理的才女班昭也勉勉于它的倡叙。董仲舒力倡夫为妻纲;刘向作《列女传》,褒赞守一而终和贞操;班昭作《女诫》,主张女性之德为"谦让恭敬,先人后己;有善莫名,有恶莫辞;忍辱含垢,常若畏惧"和"名称之不闻,黜辱之在身"①。她还极力策勉从一而终,引《礼记》中所说的"夫者,天也。天固不可逃,夫固不可离也"。王符也主张贞节是女性特有而必备的操行。妇德的特殊规定的这一趋向,由《礼记》的别男女、三纲天命的妇从夫,再到妇德之价值自觉,把儒家尊卑规范的道德精神予以弘扬,影响于后世极其深远。其中,贬抑女性伦理的极端化进程的推进,也成为古代伦理观念偏弊最明显的一端。

两汉之际道德观念与伦理秩序中的超验比附,经谶纬迷信至于白虎观会议(有《白虎通义》记录,班固述作。原旨为论五经同异,实则把谶纬与儒学合流,从而奠定了伦理的神权地位)的王权论定,而成道德庸俗化的一种浪潮。它是道德观念社会化的一种结果,也是阴阳五行、天人感应、神权复兴观念在伦理思想中的显发。其要旨在于圣人(孔子)的神化、三纲与五常的神命化。在谶纬伦理体系中,却首先偏向于突出孔子身世的神秘性和对于孔子的迷信。在谶纬中,孔子被视为神人降世,乃其母"感黑龙之精以生"。而"圣人不空生,必有所制,以显天心。邱为木铎,制天下法"②。如此,五经及《孝经》、《论语》便具有神授天命之义(《论语》开始列为一经)。

---

① 《卑弱第一》。
② 《春秋纬·演孔图》。

"六经,所以明君父之尊,天地之开辟,皆有教也。"①在此基础上,谶纬的伦理神权比附的重点便进于演绎三纲的命定律法。

《白虎通义》提出:"子顺父、妻顺夫、臣顺君何法,法地顺天也。"又进而说道:

> 地之承天,犹妻之事夫,臣之事君也。其位卑,卑者亲视事,故自同于一行尊于天也。②

其论君臣之则与董仲舒的见解相一致:

> 君舒臣疾,卑者宜劳。天所以反常行何?以为阳不动无以行其教,阴不静无以成其化。③

至于表述夫妇的身份性规范,则已达抑压女性之极至:

> 夫妇者,何谓也?夫者,扶也,以道扶接也。妇者,服也,以礼屈服。④

> 女者,如也,从如人也。在家从父母,既嫁从夫,夫没从子也;夫有恶行,妻不得去者,地无去天之义也。夫虽有恶,不得去也。⑤

父子之关系准则如此规定:

> 父者矩也,以法度教子。子者孳孳无已也。⑥

以及"孝悌之道,通于神明"等等。同时,伦理规范已先验地融于人的本性中。其论五常之性云:"性者阳之施,情者阴之化也。人禀阴阳气而生,故内怀五性、六情"⑦,以及"人情有五性,怀五常,不能自成,是以圣人象天五常之道而明之,以教人成其德也"⑧。如此等等。

总之,伦理关系的迷信比附的重点在于:圣人神性,因之赋有道德教化的天意指命;三纲尊卑伦理原则符合天地阴阳的神人世界秩序;五常的道德属性禀于身,然因六情所扰,尚须进德为学,接受圣人教化,此乃天之意志;

---

① 《春秋纬·说题辞》。
② 《白虎通义·五行》。下引该书,只注篇名。
③ 《天地》。
④ 《三纲六纪》。
⑤ 《嫁娶》。
⑥ 《三纲六纪》。
⑦ 《情性》。
⑧ 《五经》。

而妇德、孝悌,更显现出神权命定的纲本意义。如此,两汉道德观念的展开,终至于在神学命题下得到归结和提升,由此反过来深化伦理秩序与德治(王者圣人禀神性天意为之作礼制乐)意识。

这样,汉代伦理观念的进程在规定后世伦理思想归趋上的定向意义已十分明朗。伦理秩序上的尊卑贵贱原则所体现的儒家伦理的基本精神;伦理秩序上的三纲规范;忠敬对于君上,孝悌对于父兄,从随屈卑对于丈夫的道德观;身禀阴阳之气而有性善情恶的道德人性论;正谊不谋利的社会价值观等等,确立了两汉而后中国古代伦理学的基本命题、道德精神、身份性的社会规范观念、化民的德教政治、道德绝对主义等伦理体系。但以谶纬迷信为依据,使伦理文化精神转而庸俗化。

第五节　王充的伦理观

就学说的特征而言,王充(27—?)的观点是很复杂的。一方面,他批评附会的做法,如他在上疏光武帝时指出:

> 凡人情忽于见事而贵于异闻。观先王之所记述,咸以仁义正道为本,非有奇怪虚诞之事。盖天道性命,圣人所难言也。自子贡以下,不得而闻,况后世浅儒能通之乎?今诸巧慧小才伎数之人,增益图书,矫称谶记,以欺惑贪邪讠夸误人主,焉可不抑远之哉![1]

在他所著的几个篇章中,多方阐发仁德不可以和怪异关联起的观点。如:

> 天之去人,高数万里,使耳附天,听数万里之语,弗能闻也……谓天闻人言,随善恶为吉凶,误矣。[2]

另一方面,他也不能免于迷信的色彩。

在人性论上,王充从宇宙自然的无为化生立论,批驳了时俗征验附会的目的论。他认为,阴阳自和,无心于为而物自化,无意于生而物自成。人亦一物,因此乃禀阴阳之气而成。人性非为万物中最灵异者的天意显示。因为人之性不异于物,人之贵于万物在于人具智慧,而不是性善之属。人禀自然之气有厚薄,因而体现在每个人身上的道德属性也有先天的不同:

---

[1] 《后汉书·桓谭传》。
[2] 《论衡·变虚》。

> 禀气有厚泊,故性有善恶也。残则授不仁之气泊,而怒则禀勇渥也,仁泊,则戾而少愈勇渥,则猛而无义,而又和气不足,喜怒失时,计虑轻愚。妄行之人,罪故为恶。人受五常,含五脏,皆具于身;禀之泊少,故其操行不及善人,犹或厚或泊也。非厚与泊殊其酿也,麴蘖多少使之然也。①

易言之,人禀天地之性,怀五常之气,或仁或贪,因所禀气之厚泊所致。无疑,他的性论同样是先验道德人性论。但这种道德属性,与当时儒者所说的禀气因阳而善、因阴而恶不同,也与性善情恶之道德属性规定不同。阴阳之气不是对立的两种气,而是气的合一属性。性情也不是对立的,而是一体的;性善情亦善,性恶情亦恶。人性有善恶之分,其根源乃来自于禀气时的厚泊程度状态。王充似乎并不以为阴阳之气本身赋有道德属性,但阴阳之气和合化生万物与人时,就同时决定了善恶之性。不仅如此,人还禀赋了高下的才性。他认为,人性有善有恶,犹人才有高下。而人才之高下即天资才气明显地是有先天性区别的,因此,既然不能否定人才气先天的高下之分,那么,善恶之性不同的先天性也就同样不能否定了。

这种人性论,显然是决定论的一种显著形态。他批评董仲舒划离了性情。他说:

> 董仲舒览孙(即荀——引者注。避讳而改)、孟之书,作情性之说曰:"天之大经,一阴一阳;人之大经,一情一性。性生于阳,情生于阴。阴气鄙,阳气仁。曰性善者,是见其阳也;谓恶者,是见其阴者也。"若仲舒之言,谓孟子见其阳,孙卿见其阴也。处二家各有见,可也;不处人情性情,性有善有恶,未也。夫人情性同生于阴阳。其生于阴阳,有渥有泊。玉生于石,有纯有驳;情性于阴阳,安能纯善?仲舒之言,未能得实。②

首先,他反对董仲舒之区分阴阳与性情,以为性情不可分;善人或恶人也并非禀阳气或阴气而成独善或独恶。其次,他认为性情禀阴阳之气的多少,是程度或状态,因使性情的道德属性不同,而不是禀承善恶两种不同的气而然。再次,他所说的人性有善有恶,包括两种情形:一种是因禀气而成性之纯善或纯恶,一种是性中有善恶。前者极少,而后者极多。前者是上智与下

---

① 《论衡·率性》。
② 《本性》。

愚,后者是中人。故他说:

> 夫中人之性,在所习焉。习善而为善,习恶而为恶也。至于极善极恶,非复在习。故孔子曰:"惟上智与下愚不移。"性有善不善,圣化贤教,不能复移易也。①

这样一来,王充主性三品说是很显然的。然而,当王充在强调圣人教化上的价值时,其主张又充满了自相矛盾之处。虽然性之善恶命定于气禀,但在可教化方面,其见解与董仲舒却并无明显区别。他说:

> 论人之性,定有善有恶。其善者,固自善矣;其恶者,故可教告率勉,使之为善。凡人君父审观臣子之性,善则养育劝率,无令近恶;恶则辅保禁防,令渐于善。②

这样,王充之训俗责俗,结果在人性论上乃趋同于俗。

王充主张认"命",包括气禀所定与偶然命定之命。他说:

> 凡人禀命有二品,一曰所当触值之命,二曰强弱寿夭之命。所当触值,谓兵烧压溺也;强弱寿夭,谓禀气渥薄也。③

而才性虽有气禀之不同,然无关于命。

> 故夫临事知愚,操行清浊,性与才也;仕宦贵贱,治产贫富,命与时也。命则不可勉,时则不可力。④

因此,贵贱由命之体现的星位骨相决定:

> 人禀气而生,含气而长,得贵则贵,得贱则贱;贵或秩有高下,富或资有多少,皆星位尊卑小大之所授也。⑤

> 富贵之骨,不遇贫贱之苦;贫贱之相,不遭富贵之乐。⑥

因此,操行与祸福无关,与时遇命定之后果无关。他反复强调了这一点:

> 修身正行,不能来福;战栗戒慎,不能避祸。祸福之至,幸不

---

① 《本性》。
② 《率性》。
③ 《气寿》。
④ 《命禄》。
⑤ 《命义》。
⑥ 《骨相》。

幸也。①

这样,他的观点已至为鲜明。人的行为的善恶性质,无关于人生过程的结果,即德行不必然使自己幸福。因为人生实际的遭际,遇善遭祸的机缘,是偶然性使然,自有命定的结果等待着。这就与人的才智高下不必然决定其社会地位、价值实现程度一样:"处尊居显未必贤,遇也;位卑在下未必愚,不遇也。"②因此,即使德行完满才气高洁亦与行为所遭受的结果无关:"或高才洁行,不遇,退在下流;薄行浊操,遇,在众上。"③这种见解确实让那些自以为有才者可以得到很好的心理安慰。

与贤良文学者一样,王充也反对法家之去德尚力、严刑峻法,主张以德治国,教化兴民,不过,他并不尚同于他们以仁义之道独任的态度,而是明确地把道德教化与社会发展所必备的物质基础联系起来。为善恶之行,不在人质性,在于岁之饥寒。由此言之,礼义之行,在谷足也。在这一论题中,已见他和主张任德去利儒士的显著区别。在他驳斥韩信专尚任力的言论中,这种区别更为突出:

> 治国之道,所养有二:一曰养德,二曰养力。养德者,养名高之人,以示能敬贤;养力者,养气力之士,以明能用兵。此所谓文武张设,德力且足者也。事或可以德怀,或可以力摧。外以德自立,内以力自备。慕德者不战而服,犯德者畏兵而却。徐偃王修行仁义,陆地朝者三十二国,强楚闻之,举兵而灭之。此有德守无力备者也。夫德不可独任以治国,力不可直任以御敌也。韩子之术不养德,偃王之操不任力,二者偏驳,各有不足。偃王有无力之祸,知韩子必有无德之患。④

这种"德不可独任以治国"的深邃见解,无异给时俗之过高估计道德力量告警示危。如果以历史证明之,则宋代在异民族灭汉的危机关头,儒者仍耽于仁义治国,以袖手谈心性而终亡,不幸又言中矣。

第六节　魏晋生活方式与玄学伦理学

清谈本为清议的形式追求,因此,汉末清议大盛的时期,清谈也已大兴。

---

① 《累害》。
② 《逢偶》。
③ 同上。
④ 《非韩》。

至于魏晋,则通过自然生活情趣的追求,并进而演化为玄学的"自然"伦理观与清谈生活方式的统一。

一、清谈的背景

汉末党锢与政治黑暗,促成士人之消极处世。加之三国前后战祸频仍,生命朝不保夕,滋长了士人的生命悲剧意识;保生与瞬时观念弥漫开来。士或优游偃仰,自得其乐;或清谈以标智慧,注重形象放旷与内在智慧之高迈,皆欲离世而又能显世也。自得与放旷的结合,其极则为蔑礼俗。而好清谈,又以玄学的领域界其品级高下无疑。这样,经刘劭《人物志》总结汉魏之际品题(月旦)人物与用人之争而进于才性之辨,发展了名理学,促发了清谈的进一步兴盛。但清谈之趣并不以口出玄远为归。在清谈中,于人物形象多尽其叹美之事,于人物之黑(玄学水平)亦莫不心往,由此正标明形象、才质的审美与智慧之意趣。

总之,汉魏之际的士人文化核心主题已由砥砺品节转向形象的审美和哲思的折回追求。但士人在标榜形象的过程中,却以别俗立异为要。士人既不能以德行见用于世,且祸福在旦夕之间,故士人便求以形象智慧显于世。或退处保身(其下者则标隐者之行以求声名),或诡行异论、放达任情,或愤世嫉俗。这都形成了以崇尚别俗为美的人生趣味。前面已举数例,此处更陈一二。周勰:

> 少尚玄虚。……常隐处窜身,慕老聃清静,杜绝人事,巷生荆棘,十有余岁。①

戴良:

> 少诞节,母熹驴鸣,良常学之以娱乐焉。及母卒,兄伯鸾居庐啜粥,非礼不行。良独食肉饮酒,哀至乃哭,而二人俱有毁容。或问良曰:"子之居丧,礼乎?"良曰:"然。礼所以制情佚也,情苟不佚,何礼之论!夫食旨不甘,故致毁容之实。若味不存口,食之可也。"②

向栩:

> 少为书生,性卓诡不伦,恒读《老子》,状如学道。又似狂生……不

---

① 《后汉书·周勰传》。
② 《后汉书·戴良传》。

好语言而喜长啸,宾客从就,辄伏而不视……及到官,略不视文书,舍中生蒿莱。①

范冉:

> 好违时绝俗,为激诡之行。②

如此等等。另一方面,清谈则体现出智慧的标榜与追求。这一风尚,波荡群士。至魏晋时,其人生处世种种态度,虽其行状或未必尽同,实际上却是延续此源流。

玄学是以正始时期的何晏与王弼为宗主开始确立的新的思辨哲学,这已是一般的常识。何、王接汉末经学绪流,以儒道相通为归趋,在贵无的本体论指引下,以繁密的义理旨意阐发了圣人体达智慧性命与德性自然的境界,区别于两汉儒士把圣人视为天意命定或天人相通典范的庸俗目的论。何晏(?—249)主张,圣人的本质是一种自然其德的至善境界,圣人以自然之德参赞天地。何晏注《论语》,以为"仁者乐如山之安固,自然不动,而万物生焉"③。他分别圣人与凡人,以为圣人无情而有性,凡人任情而不知返性。因言,"凡人任情,喜怒违理。颜渊任道,怒不过分"④。因此,他以为圣人的境界是无名无情的境界。一方面取德之境,一方面取神之境,故儒与道合。

二、玄学的伦理学

王弼(226—249)的学说融会三玄,以庄子学说解释《老子》和《周易》的一些理念。他突出了"无"的地位,主张圣人体无;在"圣人茂于人者神明"、"同于人者五情"的体例下,进一步融合儒道的圣人境界为一体。他重新塑造了圣人在智慧化即无的任自然的仁德境界中的完满形象:

> 是以上德之人,唯道是用,不德其德,无执无用,故能有德而无不为。不求而得,不为而成,故虽有德,而无德名也……故苟得其为功之母,则万物作焉而不辞也,万事存焉而不劳也。用不以形,御不以名,故仁义可显,礼敬可彰也。夫载之以大道,镇之以无名,则物无所尚,志无

---

① 《后汉书·向栩传》。
② 《后汉书·范冉传》。
③ 《"仁者乐山"章注》。
④ 《"不迁怒"章注》。

> 所营,各任其贞,事用其诚,则仁德厚焉,行义正焉,礼敬清焉。①

故此,圣人以其对仁神合美之道的体达,能成顺化天下之功:

> 圣人达自然之至,畅万物之情。故因而不为,顺而不施。除其所以迷,去其所以惑,故心不乱而物性自得之也。②

儒道圣人所体达的境界仍是仁智(尚自然之德贵无名之道)合一,即是一种不能以外在形象模仿追尚的极高境界。如果说,二者的思想倾向略有差别的话,那么俱倡儒道之合的主张却极明显。但在竹林七贤那里,则较明显地标举出重道轻儒的倾向。举嵇康(223—262)和阮籍(210—263)为代表。阮籍行为被世人所知。阮籍不拘礼度,"能为青白眼,见礼俗之士,以白眼对之";且公然蔑弃礼法:"汝君子之礼法,诚天下残贼、乱、危、死亡之术耳。"③嵇康则倡言越名教而任自然,对于儒家礼法攻击甚厉。如"每非汤、武而薄周、孔";又论言:

> 今若以明堂为丙舍,以讽诵为鬼语,以六经为芜秽,以仁义为臭腐……于是兼而弃之,与万物为更始,则吾子虽好学不倦,犹将阙焉。则向之不学,未必为长夜,六经未必为太阳也。④

他主德性当以内在义务为据:

> 君子之行贤也,不察于有度而后行也;仁心无邪,不议于善而后正也;显情无措,不论于是而后为也。是故傲然忘贤,而贤与度会;忽然任心,而心与善遇;傥然无措,而事与是俱也。⑤

尽管阮籍和嵇康都菲薄世俗之礼,甚且直接抨击现实的政治伦理,但却并未忘却至善。阮籍张大素朴之德,强调:

> 圣人明于天人之理,达于自然之分,通于治化之体,审于大慎之训。故君臣垂拱,完太素之朴;百姓熙怡,保性命之和。⑥

嵇康则鄙视俗士无行、事君专暴。他以德性自内为美:

---

① 《道德经》第三十八章注。
② 《道德经》第二十九章注。
③ 《阮步兵集·大人先生传》。
④ 《嵇中散集·难自然好学论》。
⑤ 《嵇中散集·释私论》。
⑥ 《阮步兵集·通老论》。

> 君子既有其质,又睹其鉴;贵夫亮达,布而存之,恶夫矜吝,弃而远之。所措一非,而内愧乎神;贱隐一阙,而外惭其行。言无苟讳,而行无苟隐。不以爱之而苟善,不以恶之而苟非。心无所矜,而情无所系。体清神正,而是非允当。忠感明(于)天子,而信笃乎万民。寄胸怀于八荒,垂坦荡以永日。斯非贤人君子高行之美异者乎!①

如是,人格清标超迈的形象,实际上是专以老庄之智慧而摒弃孔、颜之仁德。以老庄之自然行顺仁义,不以德行为利禄,不以礼法制下民,则儒道可以一致而不二。

再述向秀、郭象之论圣人之道。向、郭二人振兴庄学,以庄子之道揭示儒道境界的一致性。向秀作《庄子注》,谢灵运称"向子期往儒道为壹"②。郭象取向秀注,广而推之,仍不离其原旨。《庄子注》标举"游外以弘内",述其旨为:

> 夫知礼意者,必游外以经内,守母以存子,称情而直往也。③

> 夫理有至极,外内相冥。未有极游外之致,而不冥于内者也……故圣人常游外以弘内,无心以顺有。故虽终日挥形,而神气无变;俯仰万机,而淡然自若。④

> 夫神人,即今所谓圣人也。夫圣人虽在庙堂之上,然其心无异于山林之中,世岂识之哉。⑤

所谓游外以弘内,即寄意玄远,无心于物而物自化;仁义之名乃其迹,其神则无迹,其仁亦无迹。无迹,就是对玄运的体达。向、郭二人推崇庄子,以智慧之极高极不可测境地为目标。然推尊孔、老,明尧、舜之至德,尚庄子之玄义,则其圣人仍是明神的道德圣人:

> 夫仁义自是人之情性,但当任之耳。恐仁义非人情而忧之者,真可谓多忧也。⑥

玄学发展的三个阶段都表现出融合智慧与德性、统一儒家与道家圣人境界

---

① 《嵇中散集·释私论》。
② 《谢灵运集·辩宗论》。
③ 《庄子·大宗师》注。
④ 同上。
⑤ 《庄子·逍遥游》注。
⑥ 《庄子·骈拇》注。

的特色。其中,以嵇康思想的现实批判力量最为强大,以向、郭为现实辩护最为明朗。尽管如此,在强调德性自然方面,玄学体现出统一的方法论上的特色。通过"言"、"意"的名理和概念分析,玄学的思辨哲学将德性的形上学发展为崭新的形态。在这里,无为自然既是一种修养方法,同时也是一种极高明的智慧与至善境界,它体现了魏晋人生哲学的诗意气质。

从伦理学角度上看,一方面,自然与名教关系为玄学的核心主题。玄学强调自然之德,或以为伦理非德性自然的要素,或以为名教乃不得已之"末",从而标榜越名教而任自然。另一方面,玄学家善清谈,至末流追仿而虚浮于世。故前人评议玄学及玄学家,或以为惑世误国,贬责有加。王弼、何晏基本主张名教合于自然,二者为本末关系。纯然德性不能自证,则须守本而存名教。向秀、郭象之《庄子注》的理旨也同样是推崇至德,仅言至德无返而已。至于嵇康、阮籍之越名教而任自然,乃鄙俗士以名教为求所说的"自以为穷食"的所谓大人先生。名教非出于自然,则失其德性本质。庾峻在上晋武帝疏中则称道尚自然利于名教:

> 山林之士被褐怀玉。太上栖于丘园,高节出于众庶。其次轻爵服,远耻辱以全志。最下就列位,惟无功而能知止。彼其清劭足以抑贪污,退让足以息鄙事,故在朝之士闻其风而悦之。将受爵者,皆耻躬之不逮,斯山林之士,避宠之臣,所以为美也。①

因此,可知尚自然仍在于把率真、无名、自然合道限定为名教观念,而并非尚自然而弃名教。且菲薄六经,盖认为,六经仅仅是圣人德性的外在言表,不能由重言象而废得意;须废言而得真意,即自性自然以明本然之善。其旨意固存批判一般士人崇拜经籍,学圣人而失缺对于圣人心意的求索体达,终致流于教条、偶像崇拜和将道德庸俗化的倾向。同时,越名教还揭明了道德与自性共存、不能拘泥历史陈迹的一面真理。如《庄子注》中一再点明:

> 所以迹者,真性也。夫任物之真性者,其迹则六经也……况今之人事,则以自然为履,六经为迹。②
> 夫圣人游于变化之途,放于日新之流。万物万化,亦与之万化;化者无极,亦与之无极。谁得遁之哉。③

---

① 《晋书·列传二十》。
② 《庄子·天运》注。
③ 《庄子·大宗师》注。

>法圣人者,法其迹耳。夫迹者已去之物,非应变之具也,奚足尚而执之哉。①
>
>诗礼者,先王之陈迹也。苟非其人,道不虚行。故夫儒者乃有用之为奸,则迹不足恃也。②

德性在内不在外,至善当以自然为方,以任性为道,不以索迹为本也。

如此,则知玄学伦理学的本质特征,在于把道德视为内在体验,崇尚本质性的绝对本性的至善。此如嵇康言:

>奉法循理,不挂世网。以无罪自尊,以不仕为逸。游心乎道义,偃息乎卑室。恬愉无遌,而神气条达。③

又如《庄子·缮性》篇注中说:"仁义发中,而还任本怀,则志得矣;志得矣,其迹则乐也……信行容体,而顺乎自然之节文者,其迹则礼也。"因此,这种玄学所强调的自然的本质伦理区别于极端的"上以周、孔为关键,毕志一诚;下以嗜欲为鞭策,欲罢不能。驰骤于世教之内,争巧于荣辱之间"④的伪善伦理。尽管行为必有其节文,强调合乎规范,因而体现于外在行为上有传统的名教的制约,但崇尚内在体验的、发乎自然之真的伦理才是玄学伦理学的原则。这种对立的侧重点,不在于是否应该肯定名教的规范意义,而在于如何通过显发人性的本然之善,形成新的节文(名教)。易言之,从本体学引向德性学上学的玄学道德哲学,通过自为、真性、自然等概念,分析了道德与名教的区别。

三、陶渊明

陶渊明(约365—427,字元亮,晚年更名潜),生于晋末,其时清谈已成形式,失其学理发展的内质,且成为门阀士族的身份性标志;但玄学遗风未息,并明显地影响了他的思想。如得意忘言:

>结庐在境,而无车马喧。问君何能尔?心远地自偏。采菊东篱下,悠然见南山。山气日夕佳,飞鸟相与还。此中有真意,欲辨已忘言。⑤

---

① 《庄子·胠箧》注。
② 《庄子·外物》注。
③ 《嵇中散集·答难养生论》。
④ 同上。
⑤ 《陶渊明集·饮酒二十首》。下引该书,只注篇名。

如任自然与放达：

> 道丧向千载，人人惜其情。有酒不肯饮，但顾世间名。所以贵我身，岂不在一生。一生复能几，倏如流电惊。鼎鼎百年内，持此欲何成。①

如自性自为观念：

> 质性自然，非矫厉所得。饥冻虽切，违己交病。②

陶渊明的"自然"化的体验与竹林七贤领袖的嵇康、阮籍等人合契之处极多。比较一下嵇康的《与山巨源绝交书》一文和陶渊明的《归去来辞》及《与子俨等疏》，可以看到两个共通点。其一，嵇康言，自己有慢弛之阙，又不识人情；至性过人，久与事接，疵衅日兴。虽欲无患，恐不可得。而陶渊明则说，"性刚才拙，与物多忤；自量为己，必贻俗患。"其二，嵇康自述己志为：

> 今但愿守陋巷，教养子孙，时与亲旧叙阔，陈说平生。浊酒一杯，弹琴一曲，志愿毕矣。③

而陶渊明归去来之愿为："……携幼入室，有酒盈樽。引壶觞以自酌，眄庭柯以怡颜。倚南窗以寄傲，审容膝之易安……聊乘化以归尽，乐夫天命复奚疑。"观察陶渊明与阮籍的行为或生活方式，也很相近。其一，两人都嗜酒。其二，两人仍与时臣相与往来。此外，嵇康与陶渊明的道德情怀也相似。如陶渊明在《感士不遇赋》中所说的"发忠孝于君亲，生信义于乡闾。推诚心而获显，不矫然而祈誉。嗟呼！雷同毁异，物恶其上，妙算者谓迷，直道者云妄。坦至公而无猜，卒蒙耻以受谤。虽怀琼而握兰，徒芳洁而谁亮"等，那么他们所描述的人格境界追求殊无大的差异。如果再进一步比较他们乌托邦中的至德理念，则这种任自然的至德希冀就更难以区分了：

> 鸿荒之世，大朴未亏，君无文于上，民无竞于下，物全理顺，莫不自得。饱则安寝，饥则求食，怡然鼓腹，不知为至德之世也。④
>
> 昔者天地开辟，万物并生：大者恬其性，细者静其形；阴藏其气，阳发其精；害无所避，利无所争；放之不失，收之不盈；亡不为夭，存不为

---

① 《饮酒二十首》。
② 《归去来辞》。
③ 嵇康：《与山巨源绝交书》。
④ 嵇康：《难自然好学论》。

寿;福无所得,祸无所咎;各从其命,以度相守;明者不以智胜,暗者不以愚败;弱者不以迫畏,强者不以力尽。盖无君而庶物定,无臣而万事理,保身修性,不违其纪……①

土地平旷,屋舍俨然。有良田、美池、桑竹之属。阡陌交通,鸡犬相闻。其中往来种作,男女衣著悉外人。黄发垂髫,并怡然自乐。……自云先世避秦时乱,率妻子邑人,来此绝境,不复出焉,遂与外人间隔。问今是何世,乃不知有汉,无论魏晋。②

这样,可以看出,他们的任自然之意其实正在于现实的批判,在于求自然德行的奔放。

在价值观上,陶渊明是孔子的信徒。他41岁时为江州刺史刘敬宣的建威参军。是年秋至冬,为彭泽令,三月后辞归,终其后半生不复仕。陶渊明自解其为官乃为裹腹计,但这一点却没有太大的说服力。相反,这种出仕的实践以及后来的心意表白,合而观之,则可知他显然是在寻求实现猛志的机会。他辞去彭泽令且不复仕,后人以为是因为不仕二姓之德所致。这在沈约的《宋书·渊明传》中有记载:"自以曾祖晋世宰辅,耻复屈身异代,自高祖王业渐隆,不复肯仕。"然而,陶渊明为官与弃官,皆与恒玄或刘裕篡权无直接关系,这一点是很清楚的。尽管后来陶渊明怀念晋室之情之举有所呈露,如《饮酒二十首》中咏"且当从黄绮",似喻不仕异姓;又如"辛酉日游斜川",似有尊奉晋朝"以酉日祖"典制之义。然陶渊明追忆怀念晋代先祖人事典制,与辞去彭泽令没有必然的联结;加上他后来一再述及"有志不获骋"及"忧道邈难逮",则陶渊明归居田园的根本动因不能由"不仕二姓"得到令人满意的解答。陶渊明弃官归隐的真正促动力,在于功业理想无有竞夙机会,因之退而善其身。也就是说,陶渊明始终在寻找实现以才德竞就社会功业理想的机会,最终没有找到机会,于是下决心归居田园。

陶渊明世家为宦,曾祖陶侃曾为大司马。《命子》诗赞之曰:"功遂辞归,临宠不忒,熟谓斯心,而近可得。"其祖(陶茂)、其父(陶逸)都曾当过太守。他赞父德为,"淡焉虚止,寄迹风云,冥滋愠喜"③。外祖父曾为征西大将军恒温的长史。他赞其德道:"行不苟合,言无夸矜,未尝有喜愠之容。

---

① 嵇康:《大人先生传》。
② 《桃花源记》。
③ 《命子》。

好酣饮,逾多不乱。至于任怀得意,融然远寄,傍若无人。"①后人以为渊明赞先祖,志在怀晋,行显不仕二姓之德。但实际上,陶渊明赞颂先,主要突出其赫赫功业。加上德业风流,二者合一,使他大有自夸自赞之意。值得注意的是,他所注重突出渲染的先祖之德,不在王室之忠诚,而在于功成而弗居,才乃为双重厚德。因此,陶渊明承先继祖之自觉,首先在于能致赫赫功业。然此志经由出仕实践,感知才德不获知遇,事业无大成之望!因此,陶渊明之不仕,乃不能仕。赞祖敬先之言,如《感士不遇赋》中那样自陈自咏,感喟自身有才德而不获遇之凄凉,且以父祖之德自任也。显然,社会功业无由实现,实是陶渊明人生的一大挫折。因此,他在后半生的行程中,时时怀忆而叹,甚而感喟凄恻:

> 少年罕人事,游好在六经。行行向不惑,淹留自无成。②
> 忆我少壮时,无乐自欣豫,猛志逸四海,骞翮思远翥。荏苒岁月颓,此心稍已去;值欢无复娱,每每多忧虑。气力渐衰损,转觉日不如。壑舟无须臾,引我不得住。前涂当几许,未知止泊处。古人惜寸阴,念此使人惧。③
> 日月掷人去,有志不获骋。念此怀悲悽,终晓不能静。④
> 少时壮且厉,抚剑独行游。⑤

如此一般,见其执迷动情。总之:

> 先师有遗训,忧道不忧贫。瞻望邈难逮,转欲志长勤。⑥

结果是远离仕途而为心怀大志向的田园居士。

因此,归居田园躬耕自足决非性中所有,也决非本意所求,而仅仅是在不得不然的现实境况中的一种积极的选择而已:

> 孔耽道德,樊须是鄙;董乐琴书,田园弗履。若能超然,投迹高轨,敢不敛衽,敬赞德美。⑦

---

① 《晋故征西大将军长史孟府君传》。
② 《饮酒二十首》。
③ 《杂诗十二首》。
④ 同上。
⑤ 《拟古九首》。
⑥ 《癸卯岁始春怀古田舍》。
⑦ 《劝农》。

孔子与董仲舒都是陶渊明所钦敬神慕的怀高操之士,以道德为业,自己固然欣羡不已。但如果非躬耕便须屈己从人,则不屑于为;宁守贫而固志也。因此,他的咏贫诗,实际多为咏德之作。如"量力守故辙,岂不寒与饥?知音苟不存,已矣何所悲";"何以慰吾怀,赖古多此贤";"岂忘袭轻裘,苟得非所钦。赐也徒能辩,乃不见吾心";"安贫守贱者,自古有黔娄。好爵吾不荣,厚馈吾不酬,一旦寿命尽,蔽覆乃不周。岂不知其极,非道故无忧。从来将千载,未复见斯俦。朝与仁义生,夕死复何求";"至德冠邦闾,清节映西关"。等等。咏贫诗十几首,几乎每首皆含固节守德于穷苦贫困中之微意。尤其孔子先师无求生以害仁、宁安贫乐道之训,在这里成了他的至重箴言。

第七节　名教观念与《颜氏家训》

魏晋南北朝时期,"名教"一词赫目。名教经由历代儒家、法家序定社会政治伦理秩序而传承。名教之名始见于《管子·山至数》。考其义,已见其综合儒法各名家之理,突出以德行和分位为教。此种思想,在《荀子》、《礼记》和《孝经》中发挥更详。到了魏晋时期,豪门家族门第规定严苛,礼、名分等成为保护家族利益和维护现存秩序的行为标志。尽管如此,名教的含义并不限于如上的两端。如袁宏自述史传之兴,欲以通古今而笃名教。其视名教为内德自足与为义两个方面:

　　……为仁者博施兼爱,崇善济物,得其志而中心倾之。然忘己以为千载一时也。为义者洁轨迹,崇名教,遇其节而明之,虽杀身糜躯犹未悔也。故因其所弘,则谓之风;节其所托,则谓之流。自风而观,则同异之趣可得而见。以流而寻,则好恶之心于是乎区别。①

这正是自然合于名教的理论依据。

总之,到了魏晋时期,传统名教实已扎根人心。清谈家调和名教与自然,屡见不鲜。今引《世说新语》的两则记载,可见一般。《文学》篇记:"阮宣子有令闻。太尉王夷甫见而问曰:'老庄与圣教同异',对曰:'将无同'。"又,《德行》篇记:"王平子、胡毋彦国诸人,皆以任放为达,或有裸体者。乐广笑曰:'名教中自有乐地,何为乃尔也?'"此外,如以名教为资为借者,更

---

① 《后汉纪》卷二十二,桓帝延熹九年,"袁宏曰"。

见一般。曹操之杀孔融,司马集团之杀嵇康,皆以名教之名,可见名教产生的社会力量足以被利用为钳杀的工具。至于从社会秩序和行为之安分、济世为务的角度为名教昭光者,亦大有显世之士。玄学兴后,裴𬱟(267—300)即端名教以攻击不羁礼法之士。史传:

> 𬱟深患时俗放荡,不尊儒术,何晏阮籍素有高名于世,口谈浮虚,不尊礼法,尸禄耽宠,仕不事事。至王衍之徒,声誉太盛,位高势重,不以物务自婴,遂相仿效,风教陵迟,乃著崇有之论,以释其蔽。①

该书又引他的话,以为玄学所至,人人"立言借于虚无,谓之玄妙;处官不亲所司,谓之雅远;奉身散其廉操,谓之旷达。故砥砺之风弥以陵迟,放者因斯,或悖吉凶之礼,而忽容止之表,渎弃长幼之序,混漫贵贱之级;其甚者至于裸裎,言笑忘宜,以不惜为弘,士行又亏矣!"这种攻击,言者真诚,而所揭露时弊亦有所得。但他又很明显地将有所为而贱礼法与尸禄耽宠之背礼法二者混同等列。裴𬱟为圣人建言,可谓有得。设官建职,制其分局,"选贤举善,以守其位"。②

道士葛洪(283—363)也是名教的维护者。《抱朴子》外篇中写道:

> 世道多难,儒教沦丧,文武之轨,将遂凋坠。或沉溺于声色之中,或驱驰于竞逐之路。孤贫而精六艺者,以游、夏之资而抑顿乎九泉之下;因风而附凤翼者,以驽庸之质犹迥遑乎霞霄之表。舍本逐末者,谓之勤修庶几;拥经求己者,谓之陆沉迂阔。于是莫不蒙尘触雨,戴霜履冰,怀黄握白,提清絜肥,以赴邪径之近易,归朝种而暮获矣。若乃下帷高枕,游神九典,精义赜隐,味道居精,确乎建不拔之操,扬青于岁寒之后,不揆世以投迹,不随众以萍漂者,盖亦鲜矣。③

葛洪以卫护名教自居,在具体的观点上却以法家严刑施威、劝善之理来体现儒家。一方面以正统名教说儒道,如《君道》篇言,"考名责实,屡省勤恤,树训典以示民极,审褒贬以彰劝沮,明检齐以杜僭滥,详枉直以违晦吝。……匠之以六艺,轨之以忠信,涖之以慈和,齐之以礼刑"。他一方面又据威刑手段以镇民。如《用刑》篇言,"《易》称'明罚敕法',《书》有'哀矜折狱'。爵人于朝,刑人于市,有自来矣。岂从叔世?多仁则法不立,威寡则下侵

---

① 《晋书·裴𬱟传》。
② 《群书治要》卷二九。
③ 《抱朴子·勖学》。

上。夫法不立,则庶事泪矣;下侵上,则逆节萌矣";"或曰:然则刑罚果所以助教兴善,式遏轨忒也,苦夫古之肉刑,亦可复与?抱朴子曰:曷为而不可哉。昔周用肉刑,积祀七百;汉氏废之,年代不如。……远人不能统至理者,卒闻中国刖人肢体,割人耳鼻,便当望风,谓为酷虐,故且权停,以须四方之并耳。通人扬子云亦以为肉刑宜复也。但废之来久矣,坐而论道者,未以为急耳";"仁之为政,非为不美也。然黎庶巧伪,趋利忘义,若不齐之以威,纠之以刑,远羡羲农之风,则乱不可振,其祸深大。以杀止杀,岂乐之哉!"

颜之推(531—594?),生于梁,卒于隋。曾仕于梁、北齐、北周和隋。他自称三为亡国之人;然国亡身在,且随朝而仕,说明他处世明辨机敏。至于不仕二者的儒家德训,他也试图在自我剖白中加以攀求:

> 向使潜于草茅之下,甘为畎亩之人,无读书而学剑,莫抵掌以膏身,委明珠而乐贱,辞白璧以安贫,尧舜不能荣其素朴,桀纣无以污其清尘,此穷何由而至,兹辱安所自臻!①

然而,既受不住仕途功业的诱惑而仕历朝,又惧怕后人非其德之不贞而自辩,可谓言行相违。不过,颜氏所著家训,极为后代推许。《颜氏家训》是宋代以前唯一成体系的家训。其他单篇之作,大多为示儿戒子之书,而《颜氏家训》则赅备整体家族内部关系,合于宗法精神。该书影响深远,为后世家教典范。

家训首在戒劝进德,《颜氏家训》也不例外。《序致》篇开宗明义为:"夫圣贤之书,教人诚孝,慎言检迹,立身扬名,亦以备矣。"且又言:"魏晋已来,所著诸子,理重事复,递相模学,犹屋下架屋,床上施床耳。"故知其以圣道自任;虽言"非敢轨物范世",而实仍欲以"整齐门内,提撕子孙"为先,以轨物范世为大。书中多方阐明家族伦理的具体内容,剖析颇密,或自觉创发;至其追述圣贤伦理亦颇明朗。易言之,该书本齐家治国之意旨,强调以身行美德为纲;行之于内而推致于外。

书中关于自胎教、幼教至于习尚成自然的见解,同葛洪"修学务早,及其精专,习与性成,不异自然"之说。颜之推举例凯切,言之条顺。如云:

> 父母威严而有慈,则子女畏慎而生孝矣。②

---

① 《观我生赋》。
② 《颜氏家训·教子》。下引该书,只注篇名。

在陈述伦理时注重兄弟关系：

> 兄弟不睦,则子侄不爱;子侄不爱,则群从疏薄;群从疏薄,则僮仆为仇敌矣。①

对于家庭伦理中的兄弟亲爱之则的重视,平实中包含经验的总结。书中还提倡俭德,思路严谨：

> 孔子曰:"奢则不孙,俭则固;与其不孙也,宁固。"又云:"如有周公之才之美,使骄且吝,其余不足观也已!"然则可俭而不可吝也。俭者,省约为礼之谓也;吝者,穷急不卹之谓也。今有施则奢,俭则吝;如能施而不奢,俭而不吝,可矣。②

此外,阐发儒家修德为本时,提出以德为艺,可以济身难的主张。如他指出,乱世之中,

> 虽百世小人,知读《论语》、《孝经》者,尚为人师;虽千载冠冕,不晓书记者,莫不耕田养马。③

弘扬名教价值并主张通经显示,继承前儒以道德取利禄的传统。

《颜氏家训》中提出了以德为学的教育内容。他认为,读书学问,本欲开心明目,利于行耳,所学裨益者,唯在事勤忠君,强毅正直,立言必信,少私寡欲等等,同时强调,不仅能言道德,且必行名教,遥开宋儒专以讲德为业之先声。

《颜氏家训》的重点在于明哲保身。魏晋人物,或放达以明哲保身,或如葛洪晓畅明哲保身之道在于仁明(智)并用之术和保全身家性命,以待"济物"。葛洪曾自叙其处世之道乃"口不及人之非,不说人之私";"未尝论评人物之优劣,不喜诃谴人交之好恶"等等。而颜之推论明哲保身,辞理更为密致,如云：

> 夫明六经之指,涉百家之书,纵不能增益德行,敦厉风俗,犹为一艺,得以自资。父兄不可常依,乡国不可常保,一旦流离,无人庇荫,当自求诸身耳。④

---

① 《兄弟》。
② 《治家》。
③ 《勉学》。
④ 同上。

> 君子当守道崇德,蓄价待时,爵禄不登,信由天命。①
>
> 铭金人云:"无多言,多言多败;无多事,多事多患",至哉斯戒也!……古人云:"多为少善,不如执一;鼯鼠五能,不成伎术。"②
>
> 夫养生者先须虑祸,全身保性,有此生然后养之,勿徒养其无生也。单豹养于内而丧外,张毅养于外而丧内,前贤所戒也。③
>
> 仕宦称泰,不过处在中品,前望五十人,后顾五十人,足以免耻辱,无倾危也。④

以及不可妄为谏诤君上,等等。

颜之推一面反对厚求利禄,一面主张待时而沽,一面讲求大义所归,如云:

> 行诚孝而见贼,履仁义而得罪,丧身以全家,泯躯而济国,君子不咎也。自乱离已来,吾见名臣贤士,临难求生,终为不救,徒取窘辱,令人愤懑。⑤

一面又言:

> 何事非君,伊箕之义也。自春秋已来,家有奔亡,国有吞灭,君臣固无常分矣。⑥

如是,则知其人亦未能为纯儒。他的处世方式,亦与其训诫子弟之高言相背。故他评品人物,极为苛峻,欲以此色已之贤:

> 自古文人,多陷轻薄。屈原露才扬己,显暴君过;宋玉体貌容冶,见遇俳优;东方曼倩滑稽不雅;司马长卿窃赀无操;王褒过章《僮约》;扬雄德败美新;李陵降辱夷虏;刘歆反覆莽世;傅毅党附权门;班固盗窃父史;赵元叔抗竦过度;冯敬通浮华摈压;马季长佞媚获诮;蔡伯喈同恶受诛;吴质诋忤乡里;曹植悖慢犯法;杜笃乞假无厌;路粹隘狭已甚;陈琳实号粗疏;繁钦性无检格;刘桢屈强输作;王粲率躁见嫌;孔融、祢衡诞傲致殒;杨修、丁廙扇动取毙;阮籍无礼败俗;嵇康凌物凶终;傅元忿斗

---

① 《苟事》。
② 同上。
③ 《养生》。
④ 《止足》。
⑤ 《养生》。
⑥ 《文章》。

免官;孙楚矜夸凌上;陆机犯顺履险;潘岳干没取危;颜延年负气摧黜;谢灵运空疏乱纪;王元长凶贼自贻;谢玄晖悔慢见及。凡此诸人,皆其翘秀者,不能悉纪,大较如此。①

凡所论及之人,大抵皆以无行视之,以自标高尚。不能推己及人,其德如其文。

此外,颜之推强调儒佛伦理相通,反映出时代思潮的趋向。他说:

内外两教,本为一体,渐极为异,深浅不同。内典初门,设五种禁;外典仁义礼智信,皆与之符。仁者,不杀之禁也;义者,不盗之禁也;礼者,不邪之禁也;智者,不淫之禁也;信者,不妄之禁也。……归周、孔而背释宗,何其迷也。②

显然,葛洪主儒道互补,而颜之推尚佛儒内外,虽然其比附形式较为粗俗,未尝及于义理意蕴的推致,但皆可反映出三教伦理相通之说已逐渐为部分士人所接受。寡欲以修身,成为理解三教伦理的共同基础。名教的卫士倡寡欲克己。人生进德之基,如葛洪言淡泊知足。颜之推则说:

礼云:"欲不可纵,志不可满。"宇宙可臻其极,情性不知其穷,唯在少欲知足,为立涯限尔。③

寡欲之德,确乎是三教融通之枢纽。

南北朝时期名教思想的发展进而演变为,或者说进而深刻地影响了隋唐时期的立法观念和伦理价值观。

第八节 三教的伦理交融

道教的兴起促进了儒家伦理的社会化。道教原本于求福乐的恒久享受与满足;它除了某些自身信仰伦理的确定之外,关涉现实生活的基本行为规范问题的设定,依然求助于儒家的名教。考察《太平经》中所宣扬的伦理,不外切实可行的儒家忠信、乐施等行为,以及在信徒等级上的秩序地位伦理,仅仅添增了一些神学色彩而已。如云:"夫为善者,乃事合天心,不逆人意,名为善。善者,乃绝洞无上,与道同称;天之所爱,地之所养,帝王所当

---

① 《文章》。
② 《归心》。
③ 《止足》。

急,仕人君所当与同心并力也。"至于其中所宣扬的善有善报、恶有恶报,乃民间善恶因果的通俗说法的陈述而已,并无伦理学史上多大价值存在。

正因为道教伦理的这种性格,道教理论体系的创立者之一的葛洪力彰名教,主张求仙者爱以忠孝和顺仁信为本。此外,如南梁道士陶弘景认为三教其德如一,北魏道士寇谦之自觉兼修儒教,强调辅助泰平真君,继千载之绝统等,也都反映出道教伦理观的依附性格。不过,值得注意的是,儒家伦理在道教这种依附性格以及通俗化的解说倡导之下,大有深入影响下层民众的实际效果,这在六朝时期儒家伦理深入社会的现实化过程中实起着推波助澜的作用。

东晋南北朝时期儒家伦理学的发展在名教观念宗教化、平民化的制约下未能进一步吸收玄学的形上学说获得发展。同时亦缺乏大儒。一方面,儒者治经义而立身扬名的理想受到现实的严酷限制。如《隋书·儒林传》中所说:"古之学者,禄在其中;今之学者,困于贫贱。明达之人,志识之士,安肯滞于所习以求贫贱者哉!此所以儒罕通人,学多鄙俗者也。"再者,由玄学而继转入佛教义理,也是儒学凋零的要因。

但道家的义理经由玄学的重释,其崇尚内在无为之德与崇慕圣人的高远境界,扭转了西汉以来提倡学六经以明礼修德治世的观念,实际上给予儒家伦理学极大的警策。名教的捍卫者从承继先儒经世济俗、排抵虚浮来否定道家义理一派,显示出其理论上的软弱与无力。然而,注重圣人本一、德性自然的玄学之兴盛,恰在否定儒家名教的形式下深契着儒家伦理的理想精神之大义,儒道互补的趋向已然明朗。

佛教于东汉时传入,并渐次扩大其影响,至南北朝声势极盛。汉末以来,为世俗所称重的佛教基本伦理,如慈悲、好生乐施、捐财去嗣、克伐情欲、善恶的因果报应、各种戒律等规范为世所知,并逐渐深入于社会生活。然佛教一开始就受到极大的排斥。究其原因,盖华夏民族本有夏夷之辨的伦理观,以为接受外来义理甚失文明的尊贵性;且汉民族注重名教,以纲常范世为本,而佛教徒出家蔑弃礼法,此最为民众所忌讳,亦为王权政治所难忍受。因此,尽管有佛教徒以佛教的五戒比附儒家的仁义礼智信,如南朝僧人慧皎指出:"入道即以戒律为本,居俗则以礼义为先。《礼记》云:'道德仁义,非礼不成;教训正俗,非礼不备'"[①];而又有名教中人如颜之推等明显地调适二者的合一关系;以及如梁武帝撇开名教大本而尚佛:

---

① 《高僧传》卷十一。

> 老子、周公、孔子等虽是如来弟子,而为化既邪,止是世间之善,不能革凡成圣。公卿百官侯王宗室,宜反伪就真,舍邪入正。①

但以名教名义排击佛教的理论及实际做法更加突出。如庾冰代晋成帝作诏书指责沙门"矫形骸,违常务,易礼典,弃名教"②。魏孝明帝时,李玚上书陈说名教"三千之罪,莫大不孝,不孝之大,无过于绝祀",指责沙门"弃家绝养,既非人理,尤乖礼情,湮灭大伦,且阙王贯"③。北魏太武帝灭佛,极言其败坏礼义之事。至北周武帝排佛,陈言佛教背蔑伦常者等,皆陈礼义忠孝。因此,忠孝的名教实则与佛教伦理出入甚大,并常引起冲突。

至于善恶的因果报应说,虽然秦汉儒家著作《易传》中曾言"积善之家必有余庆,积不善之家必有余殃",而世俗也存在积德能荫及子孙的观念,然此乃俗世之内的果报,与儒家自主成德之教并不相符。且自王充以来已明了才德与福祸之无关。故佛教说因果报应也成为士人排佛之根由。如朱世卿即予以否定。他以为:

> 盖圣人设权巧以成教,借事似以劝威。见强勇之暴寡怯也,惧刑戮之弗禁;乃陈祸淫之威。伤敦善之不劝也,知性命之不可易;序福善以奖之。故听其言也,似若勿爽;征其事也,万不一验……夫富贵自有贪竞,富贵非竞所能得;贫贱自有廉让,贫贱非廉让所欲邀;自有富贵而非贪求,贫贱而不廉让。且子罕言命,道借人宏;故性命之理,先圣之所惮说,善恶报应,天道有常而关哉?④

然而,善恶报应论与儒家积善得善的主张仍有极大的相通之处。尤其在一般民众的生活中,二者以其根植于生死祸福观而产生了极大的影响。如晋末宋初的何承天虽然排击佛教的神不灭的因果报应论,却又说及"惩暴之戒,莫苦乎地狱;诱善之劝,莫美乎天堂"⑤,意即佛教亦重于惩恶扬善。因此,佛教伦理的善恶分明观念的推广,实际上进一步促进了儒家伦理中强调道德生活意义价值观的社会化进程。

此外,许多美德或修养论的主张亦有相通之处。例如,好生乐施曾与汉末道教的主张相一致,也与儒家伦理的世俗美德相通。至于慈悲,则曾影响

---

① 《敕舍道事佛》,《全梁文》收录。
② 《代敬成帝沙门不应尽敬诏》,《弘明集》。
③ 《魏书·李玚传》。
④ 《法性自然论》,《全陈文》收录。
⑤ 《答宗居士书释均善论》,《弘明集》收录。

到汉末道教，也与儒家伦理亦有相通之处，为儒佛相融之要素。而去除情欲观念，虽与儒道的修养观有相通一面，只其更苛针于道家，与唐中叶前的儒家尚有相当的分别。

尽管儒家以其依附于王权政治而具有实质上的观念的优势，但由于佛教义理智慧在士大夫中间产生了深远的影响，因此，佛教伦理亦为许多士大夫所深契。佛教徒中以佛教伦理比附儒家伦理欲以取得其合法地位的做法实际上是很普遍的。至于强调佛家伦理能配合名教而为佛教辩护者，也不乏其人。如慧远在《沙门不敬王者论》中，一面强调沙门之行有助于社会风化："道洽六亲，泽流天下，虽不处王侯之位，固已协契皇极，大庇生民矣"，"内乖天属之重而不违其孝，外阙奉主之恭而不失其敬"；同时，他却在结论性的关键处点明儒家奉外而佛教兼修内外，佛理又在智慧化上超胜道家的优劣关系："每寻畴昔，游心世典，以为当年之华苑也；及见老庄，便悟名教是当变之虚谈耳。以今而观，则知沉冥之趣，岂得不以佛理为先！"因此，佛教对于士大夫的吸引力，实际亦在于理义的智慧化。如宋朝的宗炳著《明佛论》，便揭明了这一时代所重的旨趣："彼佛经也，包五典之德，深加远大之实；含老庄之虚，而重增皆空之尽。"

佛道两家皆主圣人内德自足并体现出智慧化的境界，二者之间在开始时本无太大冲突。但因佛教伤体肤出家，在受儒家影响较深的道家士人看来，似走极端。同时，佛理在脱离比附玄学之后，以其觉悟方法吸引着士人，因而二者之间在争夺社会影响方面始多冲突。有关争夺主次地位的说法，率多比附，无针对实际的理论价值，故不赘引。

概而言之，三教伦理在强调重善恶之辨与名检内德上有极深契之处。在人性论和修养方法上皆主张去除迷执与贪欲（佛教最为激烈，主张无欲；儒教皆主少私寡欲），且同为注重伦理与智慧境界。三者间甚具通融之处。但是，道家在辨伪存真与德性自足的主张上否定名教。佛教则更加背弃名教，以无滞破有执、去除彼我之分，加深了它对人我关系与身份性名教的敌视；同时，它在主张出世之点上违背了儒家欲以伦常教化治天下的价值观。因而实际深存儒家名教与这二派伦理观之间的裂隙。尽管如此，在以儒家为正统而形成的三教伦理交融与互补之点上，六朝时代乃为时潮性共识。尽管一开始儒者曾经据名教以排老庄（即玄学中重内轻外抑或浮薄虚诞等内容）与佛教，然在玄学衰微佛教代兴之后，儒佛之间的矛盾一方面固因出世入世、华夷之辨而激化，另一方面也已因崇佛奉教而释缓，试图调和两家伦理的尝试日见明朗。如北魏文成帝在恢复佛教诏书中曾言：

> 夫为帝王者,必只奉明灵、显彰仁道。其能惠著生民、济益群品者,虽在古昔,犹序其风烈。是以《春秋》嘉崇明之礼,祭典载功施之族。况释伽如来功济大千,惠流尘境,等生死者叹其达观,览文义者贵其妙明,助王政之禁律,益仁智之善性,排斥群邪,开演正觉。故前代已来,莫不崇尚,亦我国家常所尊事也。①

至于玄学中的儒道合流,前已述及。在佛教代兴之后,儒道伦理的融合仍极具势力。此如范缜所论:

> 若陶甄禀于自然,森罗均于独化,忽焉自有,恍尔而无,来也不御,去也不追,乘夫天理,各安其性,小人甘及陇亩,君子保其恬素;耕而食,食不可穷也;蚕而衣,衣不可尽也。下有余以奉其上,上无为以待其下,可以全生,可以养亲,可以为己,可以为人,可以匡国,可以霸君,用此道也。②

此德性主张是以秉持圣教为前提的。故以二家互补之说,仍被尚重。

在三教合流的潮向中,伦理的一般观念仍以儒家为主导,而义理的发明则是道家向佛教退让的过程。此一过程在魏晋时期表现为儒道的融合,在南北朝至于隋唐则表现为儒佛的融合。因此,魏晋时期的士人修善以内德和玄理为其内容,而南北朝至于隋唐则以名教慈悲劝善与佛理的印证为其实质。仅在唐代后期开始才表现出恢复了儒家尊独的历史趋向。尽管六朝与隋唐时期儒家的名教观念盛而不坠,王权政治对于儒学的提倡也多所竭力;然儒家伦理观却必须吸取刑、名、法、道、佛诸家之理来兴振自己,以增促活力。这是与儒者未能发明儒家道德形上学深义的实际面貌相一致的。这一漫长的历史时期,突出地展现出中国古代人生哲学标揭其伦理与智慧境界的形态,也是儒家准宗教化成熟的过程。即一方面,它是以礼为教,奉持忠孝以立身扬名的人生观的普及与人生价值自觉的锤炼时期;他方面是伦理本体论的酝酿与发展时期。

唐代一开始便一反南北朝隋唐以来徘徊于儒释道之间甚或倚重佛教为治的做法,极力奖掖儒学。唐太宗郑重示旨:

> 朕今所好者,惟在尧、舜之道,周、孔之教。以为如鸟有翼,如鱼依

---

① 《魏书·释老志》引录。
② 《神灭论》。

水,失之必死,不可暂无耳。①

他从伦理与政治的角度视道释为虚浮之教。他在御撰《晋书·儒林传》中极言玄学风尚波荡流弊之大:"有晋始自中朝迄于江左,莫不崇饰华竞,祖述虚玄。摈阙里之典经,习正始之余论;指礼法为流俗,目纵诞以清高。遂使宪章弛废,名教颓毁,五胡乘间而竞逐,二京继踵以沦胥。"而佛教又续存此离乱名教与治乱之风。他在手诏斥责萧瑀主张崇佛时说:"朕以无明于元首,期托德于股肱。思欲去伪归真,除浇反朴。至于佛教,非意所遵。虽有国之常经,固弊俗之虚术。何则?求其道者,未验福于将来;修其教者,翻受辜于既往";至于"子孙覆亡而不暇,社稷俄倾而为墟。"②总之,释老无益于化俗与治国。高祖则因佛徒行检之荡虚而厌之:"比年沙门,乃多有愆过,违条犯章,干烦正术。未能益国利化,翻乃左道是修。佛戒虽有严科,违者都无惧犯。以此详之,似非诚谛。"③甚且存灭佛之意。

基于这种认识,唐初傅奕持夷夏之辨与名教大义,极力排佛。他在上疏中奏陈:"佛在西域,言妖路远。汉译胡书,恣其假托。故使不忠不孝,削发而揖君亲;游手游食,易服以逃租赋。演其妖书,述其邪法,伪启三涂,谬张六道,恐吓愚夫,诈欺庸品。凡百黎庶,通识者稀,不察根源,信其矫诈。乃追既往之罪,虚规将来之福。布施一钱,希万倍之报;持斋一日,冀百日之粮。遂使愚迷妄求功德,不惮科禁,轻犯宪章。其有造作恶逆,身坠刑网,方乃狱中礼佛,口诵佛经,书夜忘疲,规免其罪。"傅奕排佛,不遗余力,如在朝庭中议,"而佛踰城出家,逃背其父,以匹夫而抗天子,以继体而悖所亲";又戒子言:

老庄玄一之篇,周、孔《六经》之说,是为名教,汝宜司之。妖胡乱华,举时皆惑……汝等勿学也。④

有唐一代排佛反佛之士人与官僚从未有息。其所议之事,除经济原因与政治原因外,主要仍从名教观念及佛徒之不尚行检或游乎虚德加以抨击。至韩愈著《论佛骨表》排佛,其旨理亦续傅奕所倡。由此可知伦理矛盾的冲突在唐代是极突出的。值得注意的是,来自儒学方面的批判已进一步

---

① 《贞观政要》卷六。
② 《旧唐书》卷六三。
③ 《法琳别传》卷上,引自汤用彤《隋唐佛教史稿》第一章。
④ 《旧唐书·傅奕传》。

深入沙门的行检问题。尽管在持夷夏之辨上尚失浅薄,然于佛教迷信之批驳,于沙门中诸行弊的揭露,实是极有助于风俗之维系,亦有其极深刻的讽刺力。

不过,佛教的善恶观念与祸福观的对应,以及积善行德等说教实极普及于一般民众,因而整个社会中崇佛的风气仍很浓厚。士人中信佛至诚者亦不乏其人,其居儒纳佛者更不在少数。因此,以佛教戒律、高僧德业、佛理奥义来指明二家伦理同宗或互补者也甚有势力。此乃续承自六朝初为佛家伦理辩护的《理惑论》(牟子著)中关于"先王有至德要道,而泰伯短发文身,自从吴越之俗,违于身体发肤之义。然孔子称之'其可谓至德矣'。仲尼不以其短发毁之也。由是而观,苟有大德,不拘于小。沙门捐家财,弃妻子,不听音不观色,可谓让之至也,何违圣语,不合孝乎"的见解。张说亦言:

> 诗云:"哀哀父母,生我劬劳。欲报之德,昊天罔极。"是伤不可止也。恋而怀无所及之感,其有饰圣以资亲,修法以展慕,岂非孝子持明之心哉。①

柳宗元以为儒以礼立仁义,佛以律持定慧,甚可相退。刘禹锡以为其是。

> 革盗心于冥昧之间,泯爱缘于生死之际。阴助教化,总持人天。所谓生成之外,别有陶冶,刑政不及,曲为调柔。②

独白居易以为佛教伦理的基本理则,具存于儒家伦理典范之中:

> 若欲以禅定复人性,则先王有恭默无为之道在。若欲以慈忍厚人德,则先王有忠恕恻隐之训在。若欲以报应禁人僻,则先王有惩恶劝善之刑在。若欲以斋戒抑人淫,则先王有防欲闲邪之礼在。③

这些见解,除白居易以为佛教非有补助儒家伦理之义外,大体本于佛教并不违背儒家名教,因而其教广传有助于道德风化的推致。在此之上,仍承认佛教重内德,合其智慧,而显示出适于士人心理的持平与冲化要求,因之有其特殊的价值在。

因此,尽管佛教徒由华严宗的宗密把佛教教义分层排位,以为儒家教义即伦理所重为五常,因之仅相当于佛教低等的人天教(即惩恶劝善,以五戒

---

① 《卢舍那像赞》。
② 《袁州萍乡县杨岐山故广禅师碑》。
③ 《议释教》。

为本的基本伦理规范)。然裴休评论宗密,乃言,"三乘不兴,四分不振,吾师耻之。忠孝不并化,荷担不胜任,吾师耻之";"故亲师之法者,贫则施,暴则敛,刚则随,戾则顺,昏则开,堕则备,自荣者慊,自坚者化,徇私者公,溺情者义"等等①。这样,可以窥见,佛教徒在伦理层次上的主义,几乎不弃离儒家概念理则;其至在实际上具有伦理观念上面的质性区别时,乃持格义说以训通二家之关系。因此,佛儒相融仍通融于儒。此诚如姚合所议:

> 我师文宣王,立教垂书诗。但全仁义心,自然便慈悲。两教大体同,无处辨是非。②

白居易也认为二家伦理同归:

> 儒门释教,虽名数则有异同,约义立宗,彼此亦无差别,所谓同出而异名,殊途而同归者也。③

概而言之,唐代排佛与容佛甚至崇佛并重。

唐代道教盛行,因之进一步引起三教关系主次地位的冲突。然而,道教伦理基本上采纳了儒家与佛教的基本善恶观念。自南北朝起,道家的义理之学迅速衰微,唯道教宗教势力迅速孳衍繁盛。道教之伦理,除了采摘附和儒家之外,与其经书窃取佛教一样,在伦理观念上也剽割佛教伦理的一些基本要求。如《玉清经》中声称元始天尊训十戒,不得违戾尊上,不孝父母;不可杀生。唐时孟安排编著《道教义枢》,其中多杂取佛理,亦言"成济众生","保国宁民"等等。且作者序言中声称:"汨乎元始天尊升玄入妙,形象既著,文教大行,玄言满于天下,奥义盈乎宝藏。于是系象探其深旨,子史窃其微词,翻译之流,实宗其要。所以儒书道教,事或相通。了义玄章,理归其一。能知其本,则彼我既忘。但识其末,则是非斯起。而世人逐末者众,归本者稀。欲令息纷竞于胸中,故不可也。"如是,则道教在高自标尚的形式下倡主三教合一,与佛教之主张近似。然道教之清静无为,佛教之苦空寂灭,与儒家追求现世中集集的人生价值伦理相去甚远。此外,道教主张静坐,佛教出家坐禅,在修养论上也与儒家别径。

在三教并存及合流的背景下,唐代的道德思潮甚具包容力。在以儒家伦理为基本规范的条件下,各种不同行尚竞呈。从文士的行为方式价值观

---

① 《宋高僧传·宗密传》。
② 《赠卢沙弥小师》,《全唐诗》收录。
③ 《三教论衡》。

中即可见唐代道德思潮这一包容性的动态面貌。举诗人王维、李白、杜甫为例,前者叙"一生几许伤心事,不向空门何处销",中者唱"人生得意须尽欢,莫使金樽空对月",后者咏"致君尧舜上,再使风俗淳"等等。人生之归处去就之间的价值取向相去甚远。因此,唐代道德风尚的性格,一方面表现为伦理价值观之间的矛盾冲突与调和努力(定于儒家之忠、孝),他方面则各取所宗,各行其是。而且,在这种境况下,政治之与伦理相合,以刑定礼的局势已不具存,且名教对于行为的束缚力因不能由观念的统一力量所维系,亦非由儒士们所主持,而出现了较宽和的局面。尤其在以文取士的现实制度下,德才似成具有各自独立的价值,而名检也就不再成为最主要的人物品题内容。因此,才更为世所望重。名教之相对弛缓,柳宗元叙道:

> 代之游民,学文章不能秀发者,则假浮屠之形以为高;其学浮屠不能愿悫者,则又托文章之流以为放。以故为文章浮屠,率皆纵诞乱杂,世亦宽而不诛。①

而圣人观念也非绝对不敢论议之事。如刘知几在《史通·惑经》中言:"昔孔宣父以大圣之德,应运而生,生人已来,未之有也。故使三千弟子,七十门人,赞仰不及,请益无倦。然则尺有所短,寸有所长,其间切磋酬对,颇亦互闻得失。……又世人以夫子固天所纵,将圣多能,便谓所著《春秋》,善无不备。而审形者少,随声者多,相与雷同,莫之指实,推而为论,其虚美者有五焉。……考兹众美,征其本源,良由达者相承,儒教传授,既欲神其事,故谈过其实。"等等。这种平实而客观的议论,唯有唐一代出现。

第九节 佛教的影响与儒士的伦理观

佛教传入中土之后,无论是在哲学上影响士大夫还是在信仰方面影响大众,都是十分重要的文化和伦理现象。当然,其哲学的影响远远波及宋明理学的建构。对于当时的儒家士大夫而言,似乎佛教和道教的宗教哲学也并没有影响到他们的社会责任意识和复兴儒家哲学的努力。

一、佛教的影响

佛教传入中土之初,理义浩繁,多数通过依托玄学概念来表达自身的义

---

① 《送方及师序》。

理。自般若学兴,竺道生倡一阐提人皆有佛性及顿悟说,则佛性义明,修道理全。竺道生言,众生皆有佛性。一阐提人(恶重之人)也是众生,故本有佛性。由本性之自然显发,即证佛性。由是而见性成佛。成佛乃体极之谓。这一本体的设定与方法论的阐释,使圣人境界上升至本体论的高度,而且提供了凡人体极达圣的方法论根据。顿悟而释累,则无德之德即至德;体用一源之理达,智慧之境入,则圣人与凡人,佛在终生中。尽管南北朝至隋朝的佛性论在体极归宗,证成真如法性的重点在于体现智慧之极则。然至禅宗明心见性的成佛理论中,已包含着德性至高境界的体认。《坛经》中言无念行,破妄执,自在解脱等等;禅宗大师慧能之解佛性质名偈(菩提本无树,明镜亦非台,佛性常清净,何处有尘埃),亦主张人性圆满自足,虽非实有其性,然性本清净。所谓以智慧观照,即常照明清净之性而非迷妄,便成现实之佛①。因此,佛性是虚拟之言,见性成佛即修善明心,所谓悟者自净其心,悟与净相与为一,缺一不可。性乃自为之性,非悟与净无由成佛。因此,《坛经》中说:

> 佛是自性作,莫向身求。自性迷,佛即众生;自性悟,众生即是佛。慈悲即是观音,喜舍名为势至,能净是释伽,平直是弥勒。人我是须弥,邪心是大海,烦恼是波浪,毒心是恶龙,尘劳是鱼鳖,虚妄即是神鬼,三毒即是地狱,愚痴即是畜生,十善是天堂。……自心地上觉性如来,放大智惠光明,照耀六门清净,照破六欲诸天下。三毒若除,地狱一时消灭,内外明彻,不异西方。不作此修,如何到彼?②

总之,见道成佛,而"若欲见真道,行正即是道;自若无正心,暗行不见道",即提示了自正自为且在智慧观照中成就自我佛性的理旨。因此,直指人心的禅宗方法论,既简便直截,符合传统体无悟圣之义,又刺激了个性存在要求,故迅速风行起来。

禅宗之佛性论在简单直截的方法论指导下,印证了庄学的合于自然的本体体悟,也印证了儒家的性善论。至于其折中佛教戒律与儒家伦理的趋势,强调所行所是无非妙道,安命体道,并不妨碍名教捍卫者的价值信念自觉。在这方面,律宗的发展也大体沿着同一路数发展的。《宋高僧传·法慎传》传载这位律宗大师"与人子言依于孝,与人臣言依于忠,与人上言依

---

① 敦煌本《坛经》三六言:若欲修行,在家亦得,不由在寺。在寺不修,如西方心恶之人;在家若修,如东方人修善。但愿自家修清净,即是西方。
② 《坛经》三五。

于仁,与人下言依于礼。佛教儒行,合二为一"这一特征,标志着唐代儒家伦理主导地位的确固。

如果说禅宗的自证本体乃承接道盛亦来的顿悟说而视理极为一的话,华严宗则倡理一分殊而对于理一做了更为烦琐精密的指陈。这种思辨性的本体论阐释,影响于儒家,致使宋明理学把符合社会秩序的伦理归满上升至价值本体的高度。正是这种影响,才促使停滞了几百年的儒家伦理学重新获得了智慧化和神圣性的力量。这种力量在摒除了两汉的迷信与粗俗比附中增促了伦理学对于士大夫的普遍吸引力,这是我们研究唐代思想时所不能不引起注意的。

而且,由于本体体验即修善的方法论在佛教中也已全备①,从而为儒家修身积德和智慧直悟成圣提供了依据。顿悟的方法揭明成就圣人境界依于智慧,而渐修又针对凡人入圣时伦理实践不可或缺的希望和依据。顿悟在理学那里直接为心学所采纳,渐修的方法虽然烦琐而义浅,然在理学那里也为程朱所利用。这种方法,在求证人之道德善性时也不仅仅依存于观念与精神自觉,而是需要理性与直觉的双重把握。

二、社会责任

儒士们的社会责任感的体现,是三教并存下的积极的伦理意识。有唐一代,批判现实的诗文比比皆是,如:

尧禹道已昧,昏虐势方行。②

暮投石壕村,有吏夜捉人。老翁逾墙走,老妇出门看。吏呼一何怒,妇啼一何苦……③

山泽多饥人,闾里多坏屋。战争且未息,征敛何时足。④

孰知赋敛之毒,有甚是蛇者乎。⑤

汉皇重色思倾国,御宇多年求不得。⑥

贫儿多租输不足,夫死未葬儿在狱。⑦

---

① 即顿悟与渐修的两门。
② 陈子昂:《感遇诗十五首》。
③ 杜甫:《石壕吏》。
④ 元结:《喻常吾直》。
⑤ 柳宗元:《捕蛇者说》。
⑥ 白居易:《长恨歌》。
⑦ 张籍:《山头鹿》。

削平天下实辛勤,却为道旁穷百姓。①

素来不知书,岂能精吏理。大者或宰邑,小者皆尉史。愚者若混沌,毒者如雄虺。伤哉尧舜民,肉袒受鞭箠。②

二月卖新丝,五月粜新谷。医得眼前疮,剜却心头肉。我愿君王心,化作光明烛。不照绮罗筵,只照逃亡屋。③

仁人爱民心迹,不一而足。至于对争战所带来的生民苦痛的描述,崇佛劳民伤财等等的讽讥揭露中,士人们同情民众之深,对于君上劝谕之重,此思潮真是历代所罕见。

唐代儒士们有着重要的精英自觉意识。陈子昂曾借父说,抒其怀想:

昔尧与舜合,舜与禹合,天下得之四百余年;汤与伊尹合,天下归之五百年;文王与太公合,天下顺之四百年。幽厉板荡,天纪乱也。贤圣不相逢,老聃、仲尼沦溺,涸世不能自昌,故有国者享年不永,弥四百余年,战国如糜,至于赤龙。赤龙之兴四百年,天纪复乱,夷胡奔突,贤圣沦亡,至于今四百年矣。天意其将周复乎!④

陈子昂以贤自况,以圣求君,为儒士之自我觉识。故他在诗文中咏道:

方谒明天子,清宴奉良筹。再取连城璧,三陟平津侯。⑤

而杜甫则剖白心迹道:

许身一何愚,窃比稷与契。⑥

其咏"出师未捷身先死,长使英雄泪满襟"⑦,益增此诚挚。此外,韩愈说:

……故禹过家门不入,孔席不暇暖,而墨突不得黔,彼二圣一贤者,岂不知自安佚之为乐哉?诚畏天命而悲人穷也。夫天授人以贤圣才能,岂使自有余而已,诚欲以补其不足者也。⑧

---

① 杜牧:《过骊山作》。
② 皮日休:《贪官怨》。
③ 聂夷中:《咏田家》。
④ 陈子昂:《我府君有周文林郎陈公墓志文》。
⑤ 陈子昂:《答洛阳主人》。
⑥ 杜甫:《自京赴奉先县咏怀五百字》。
⑦ 杜甫:《蜀相》。
⑧ 韩愈:《争臣论》。

此功业寄意与贤能自觉,典型地体现出儒士们的心思情怀。有唐一代文化繁荣,士人多精艺业,贤能自之者极多,且大多有济世天下之愿。即如以道家精神和生活态度为尚的李白,也咏唱:

> 东山高卧时起来,欲济苍生未应晚。①
> 暂因苍生起,谈笑安黎元。②

而儒士们在同情民生、济接苍生的情怀推促下,则或忠于报国,如:

> 平生抱忠义,不敢私微躯。③

或谏诤政教,如:

> 陛下遂躬借田亲蚕,以劝天下之农桑;养三老五更以教天下之孝悌;明讼恤狱以息天下之淫刑;除害去暴以正天下之仁寿;修文尚德以止天下之干戈;察孝兴廉以除天下之贪吏。④

或为民请命,如:

> 圣主当深仁,庙堂运良筹,仓廪终尔给,田租应罢收。⑤

或抨击酷政,如:

> 古之取天下也以民心,今之取天下也以民命。⑥

或以民忧为忧,如:

> 穷年忧黎元,叹息肠内热。⑦

在此德操境界中,自我价值实现已上升至仁和万民的功业理想追求,故又体现出真纯博爱伦理的诉求。杜甫在《茅屋为秋风所破歌》中所忠言耿耿的"安得广厦千万间,大庇天下寒士俱欢颜,风雨不动安如山。呜呼,何时眼前突兀见此屋,吾庐独破受冻死亦足"可为标识。

对儒家风俗之淳化的伦理赏识,在他们身上极其强烈。柳宗元说:

---

① 李白:《梁园吟》。
② 李白:《书情赠蔡舍人情》。
③ 岑参:《行军三首》。
④ 陈子昂:《谏政理书》。
⑤ 高适:《东平路中遇大水》。
⑥ 皮日休:《读〈司马法〉》。
⑦ 杜甫:《自京赴奉先县咏怀五百字》。

> 宗元早岁,与负罪者亲善,始奇其能,谓可以共立仁义,裨教化。过不自料,勤勤勉励,唯以中正信义为志,以兴尧、舜、孔子之道,利安元元为务,不知愚陋,不可力疆,其素意如此。①

白居易说:

> 故所为之文,多退让者,多激发者,多嗟恨者,多伤闵者,其意必欲劝之忠孝,诱以仁惠,急于公直,守其节分,如此非救时劝俗之所须者欤!②

由此可知其观念之坚定处。

因此,忠孝与博爱的德操自觉,成为儒士之共识。韩愈括归之于道:

> 博爱之谓仁,行而宜之之谓义,由是而知焉之谓道,足乎已无待于外之谓德。③

儒道之自觉,标志着儒士们之观念自觉力量的凝聚。因为此道,非仅韩愈倡之,先于他们的元结等人已极力倡导。如元结说:

> 夫至理之道,先之以仁明,故颂帝尧为仁帝;安之以慈顺,故颂帝舜为慈帝;成之以劳俭,故颂夏禹为劳王;修之以敬慎,故颂殷宗为正王;守之以清一,故颂周成为理王;此理风也。④

与他同时的柳宗元、刘禹锡、白居易、杜牧亦极言道之不可离。如柳宗元说:

> 力足者取乎人,力不足者取乎神。所谓足,足乎道之谓也,尧舜是矣。⑤

尽管柳宗元曾批评韩愈,认为佛教诚有不可排之精奥;然韩愈以儒道排佛,与柳宗元等人之道在仁民厚物仍同归。如柳宗元引先王之克宽克仁,彰信兆民,而述"惟兹德实受命之符,以奠永祀"⑥;刘禹锡力言仁民之法,"尧民之余,难以神诬"⑦,皆深刻体现唐代同情关怀民众之伦理精神。

---

① 柳宗元:《寄许京兆孟容书》。
② 白居易:《文编·序》。
③ 韩愈:《原道》。
④ 元结:《二风诗论》。
⑤ 柳宗元:《神降于莘》。
⑥ 柳宗元:《贞符》。
⑦ 刘禹锡:《天论》。

三、韩愈的新道统说

韩愈曾经多次遭贬官,都与为民请命相关。虽然韩愈直排佛老,带有学派作风,且在伦理上的陈说也并不专精。但继承道统,具弘扬治世正道之自觉:

> 凡吾所谓道德云者,合仁与义言之也,天下之公言也;老子之所谓道德云者,去仁与义言之也,一人之私言也。周道衰,孔子没,火于秦,黄老于汉,佛于晋、魏、梁、隋之间,其言道德仁义者,不入于杨,则入于墨,不入于老,则入于佛。①

且又言老子"以煦煦为仁,孑孑为义,其小之也则宜",而佛教乃夷教,加于儒教之上,则羞辱儒教。

韩愈排佛,冒生命危险力谏阻止王者迎拜佛骨,抨击迷信,排拒时俗之弊,其勇气浩然。

唐代儒士中尚信佛教者虽有其人,然大多仅于理解或取礼仪之智慧化兴好,或强调其伦理有发明儒家善世力量之处。如柳宗元认为浮图往往与《易》、《论语》合,诚乐之;于性情奭然,不与孔子道异。刘禹锡言之更明:

> 曩予习《礼》之《中庸》,至"不勉而中,不思而得",悚然知圣人之德,学以至于无学。然而斯言也,犹示行者以室庐之奥耳,求其径术而布武未易得也。晚读佛书,见大雄念物之普,级宝山而梯之,高揭慧火,巧熔恶见,广疏便门,旁束邪径。其所证入,如舟沿川,未始念于前而日远矣。夫何勉而思之邪?是余知突奥于《中庸》,启键关于内典,会而归之,犹初心也。不知余者,诮予困而后援佛,谓道有二焉。②

尽管如此,儒士们对于佛教迷信以及冲击社会政教秩序,耗糜资财等则始终不予首肯。如白居易在谈到佛教与儒教虽臻其极则同归,或能助于王化之后写道:"然于异名则殊俗,足以贰乎人心,故臣以为不可者以此也。况僧徒月益,佛寺日崇,劳人力于土木之功,耗人利于金宝之饰,移君亲于师资之际,旷夫妇于戒律之间。"③尤其不作而食,此诚凋敝民生者,故不可兴

---

① 韩愈:《原道》。
② 刘禹锡:《赠别君素上人》。
③ 见白居易:《议释教》。

之。且在重民本的唐代，国兴听于民，国衰听于神的讽谏警戒，随处可见。如陈子昂诗咏：

> 圣人不利己，忧济在元元。黄屋非尧意，瑶台安可论。吾闻西方化，清净道弥敦。奈何穷金玉，雕刻以为尊。云构山林尽，瑶图珠翠烦。鬼功尚未可，人力安能存。夸愚适增累，矜智道逾昏。①

而韩愈极力于排抵佛教迷信之妄，于崇佛炽盛时为生民福利计议，体现出唐代文士最具魅力的精神品格。《论佛骨表》是他排佛的代表作。在犯上触怒唐宪宗被贬潮州路上，曾赋诗云：

> 一封朝奏九重天，夕贬潮州路八千。欲为圣朝除弊事，肯将衰朽惜残年。②

又如《赠译经僧》诗中又言："只今中国方多事，不用无端更乱华"，皆能证明其忠孝国民心愿。

尽管《论佛骨表》中虽或过偏于夷夏之辨，然其议论直接触及风俗政教民心。如云皇上迷佛，虽意难晓，或以祈福祥，"然百姓愚冥，易惑难晓，苟见陛下如此，将谓真心事佛。皆云'天子大圣，犹一心敬信；百姓何人，岂合更惜身命'焚顶烧指，百十为群；解衣散钱，自朝至暮。转相仿效，惟恐后时；老少奔波，弃其业次。若不即加禁遏，更历诸寺，必有断臂脔身，以为供养者。伤风败俗，传笑四方，非细事也"。又言其迷信灾妄者："今无故取朽秽之物，亲临观之，巫祝不先，桃茢不用，群臣不言其非，御史不举其失，臣实耻之。……佛如有灵，能作祸祟，凡有殃咎，宜加臣身，上天鉴临，臣不怨悔。"此诚极具力量与勇气。尤其在唐代民众信佛至深之际，韩愈举力与迷妄抗争，影响极为深远。此与宋儒之排佛相去万里。清儒纪晓岚论之曰：

> 抑尝闻五台僧明玉之言曰：辟佛之说，宋儒深而昌黎浅，宋儒精而昌黎粗。然而披缁之徒畏昌黎不畏宋儒，衔昌黎不衔宋儒也。盖昌黎所辟，檀施供养之佛也，为愚夫妇言之也。宋儒所辟，明心见性之佛也，为士大夫言之也。天下士大夫少而愚夫妇多，僧徒之所取给亦资于士大夫者少，资于愚夫妇者多。……故畏昌黎甚，衔昌黎亦甚。使宋儒之说胜，不过尔儒理如是……我佛理如是，佛法如是，我亦不必从尔。各

---

① 陈子昂：《感遇诗十五首》。
② 韩愈：《左迁至蓝关示侄孙湘》。

尊所闻,各行所知,两相枝拄,未有害也。故不畏宋儒,亦不甚衔宋儒。然则唐以前之儒,语语有实用,宋以后之儒,事事皆空谈,讲学家之辟佛,于释氏毫无所加损,徒喧哄耳!①

此点时人已识之。如皮日休在谈及崇佛之风盛,民人"举族生敬,尽财施济,子去其父,夫亡其妻,蛩蛩嚚嚚,慕其风蹈其梱者,若百川荡滉不可止","有言圣人之化者,则比户以为嗤"之后,已赞"独有一昌黎先生,露臂瞋视,诟之于千百人内","苟轩裳之士,世世有昌黎先生,则吾以为孟子矣"②。此评甚宜。苏东坡称他"道济天下之溺",几不过分。韩愈排佛,与唐代否定迷信、同情民生的儒士德操自觉完全一致。

韩愈既倡儒道,又著《原人》与《原性》,论人性之价值及辨性情。高扬人之价值以倡博爱说,有特别之处。如:

> 人者,夷狄禽兽之主也;主而暴之,不得其为主之道矣。是故圣人一视而同仁,笃近而举远。③

又主张严于律己、宽于责人④,甚有见于道德自律。其论性情三品说,承自汉初以来的性情理论,创见不多。所不同于汉儒者,在于他否定了性情之天意显示的迷信说。韩愈论性为与生俱有,且含仁义礼智信,仍不离汉儒之粗浅。不过,他认为情接于物而生,是性之具体化,情品与性品一致。这种观点较好地纠正了性善论者割裂情性关系之二元论。他不言克情制欲,明显区别于严苛自抑的修养论。所谓上性之情,动而处其中,中性之情有所甚有所亡,下性之情亡与甚,直情而行等等,皆强调情发于外以合乎仁义原则为是。因言"上之性,就学而愈明;下之性,畏威而寡罪。是故上者可教,而下者可制"⑤,以为性品虽不移,而性可或学或制而使情进善。这样,实际上将性置于现实的修养基础之上。在承袭上智与下愚不可移易之说时又能略有创发。他的人性论,体现出汉儒之性说向理学之性说的转折过渡。但宋儒受佛教之影响较深,蔽昧于性情之不可分,与韩愈之说有别。

---

① 纪昀:《阅微草堂笔记·姑妄听之(四)》。
② 皮日休:《文薮·十原系述·原化》。
③ 韩愈:《原人》。
④ 见韩愈:《原毁》。
⑤ 韩愈:《原性》。

四、李翱的《复性书》

宋儒谈理学所涉及的性情观念，在李翱那里已具先声。李翱所著的《复性书》，已具备后期儒家思想之本体意识。李翱曾学文于韩愈，于排佛也甚着力，然终于取佛性以入儒家圣人之性而不觉。今略抄其文如次："人之所以为圣人者，性也；人之所以惑及性者，情也。喜、怒、哀、惧、爱、恶、欲七者，皆情之所为也。情既昏，性斯匿矣。非性之过也，七者循环而交来，故性不能充也"；"故圣人者，人之先觉者也，觉则明，否则惑，惑则昏。明与昏谓之不同。明与昏，性本无有，则同与不同二者离矣。夫明者所以对昏，昏既灭，则明亦不立矣。是故诚者，圣人性之也，寂然不动，广大清明，照乎天地，感而遂通天下之故，行止语默，无不处于极也"，"圣人知人之性皆善，可以循之不息而至于圣也，故制礼以节之，作乐以和之。……所以教人忘嗜欲而归性命之道也。道者至诚也，诚而不息则虚，虚而不息则明，明而不息则照天地而无遗。非他也，此尽性命之道也"；"或问曰：'人之昏也久矣，将复其性者，必有渐也。敢问其方？'曰：'弗虑弗思，情则不生；情既不生，乃为正思。正思者，无虑无思也。'……情者，性之邪也。知其为邪，邪本无有；心寂不动，邪思自息。惟性明照，邪何所生？如以情止情，是乃大情也'"；"妄情灭息，本性清明，周流六虚，所以谓之能复其性也"；等等。此人性论，仅为佛性论之翻版而已。由蔑视情动之价值，以伦理与情感情欲为相对立的观念，遥开宋儒去人存天理说之声气。且李翱言性之说，在理论上直取《大学》、《中庸》，在息情复性上主静致虚，其方法则自佛教禅定，宛然为理学之本质的照悟。其性论之别于韩愈，十分明朗。

此外，李翱主张辨位定分，强调等级，也与唐代儒士之道德观念的倾向相去甚远。其文云：

> 善理其家者，亲父子，殊贵贱、别妻妾、男女、高下、内外之位，正其名而已矣。古之善治其国者先齐其家，言自家之刑于国也。欲其家之治，先正其名而辨其位之等级。名位正而家不治者有之矣；名位不正而能知其家者未之有也。是故出令必当，行事必正，非义不言，三者得，则不劝而下从之矣。①

此又开宋儒重家族伦理及其正位倾向之先声。

---

① 李翱：《正位》。

总之,在李翱身上,已反映出复兴儒学的明显倾向。这种复兴,不是求索先儒的观念本质和思想精神,而是结合时代思想成果的建设自觉。其人性论和修养方法上取佛入儒,宛然是宋儒气象。他的眼光,在于选取《中庸》中诚的概念来容纳佛性求证修持的方法和目标。他构造了一条《中庸》的传继系统,

> 子思,仲尼之孙,得其祖之道,述《中庸》四十七篇,以传于孟轲。轲曰:"我四十不动心。"轲之门人达者公孙丑、万章之徒盖传之矣。遭秦灭书,《中庸》之不焚者一篇存焉,于是此道废缺,其教授者唯节行、文章、章句、威仪、击剑之术相师焉,性命之源则吾弗能知其所传矣。道之极于剥也必复,吾岂复之时邪!①

可见他对《中庸》的重视。李翱取孟子性善说而杂补之,又据《中庸》之"戒慎乎其所不睹,恐惧乎其所不闻,莫见乎隐,莫显乎微,君子慎其独"等义为修持方法,与理学之持敬说已无大别。由是而观,则知韩愈尚多存儒家的宽容精神,而李翱已入于道德纯粹化路向。这从李翱重伦理范世和韩愈重足乎己无待于外、强调责己宽人之区别上也能反映出来。

五、唐风余绪及王安石的价值观

唐代儒士忠君忧民的精神境界在宋初儒士们那里传承着,并表现为士人处世不可或离的情感内容与道德自觉。此即范仲淹在《岳阳楼记》中所赋咏的"居庙堂之高则忧其民,处江湖之远则忧其君"以及"先天下之忧而忧,后天下之乐而乐"之德操精神。易言之,这是宋初具有传统儒家价值观特点的儒士们(相比于理学家)和文学家们的共识,也可以视为唐代儒士重视社会责任之风的余绪。

王安石(1021—1086),字介甫,抚州临川人。22岁考取进士,从此之后多次为地方官,三次担任京官。其间察探民情世患极深,感而忧之:"三年佐荒州,市有弃饿婴"②;"贱子昔在野,心哀此黔首,丰年不饱食,水旱尚何有?虽无剽盗起,万一且不久"③。1060年被召回京时,上疏仁宗皇帝,详言举才改制主张。1607年,神宗即位,被召为翰林学士。1069年(熙宁二年)参知政事,推行新法,前后七年。1076年罢相以后,闲居金陵著述至殁。退

---

① 李翱:《复性书》。
② 《临川先生文集·发廪》。下引该书,只注篇名。
③ 《兼并》。

居时身无长物,两袖清风。存世有著作集《王临川先生集》及其他。

王安石在位主政期间,除了政经改革之外,并变科举,改革学校,修撰《诗》、《书》、《周礼》经义。同时制定其在《上仁宗皇帝言事疏》中所陈列的广开路径召举德才兼备、有为于国家之贤士制度。其三经新义曾影响一时。苏东坡曾称其修养地位为"名高一时,学贯千载";称其思想"网罗六艺之遗文,断以己意;糠秕百家之陈迹,作新斯人"。时人及后人皆言王安石多言道德性命之意,杂取佛老。然实际上,他的正统儒家精神取向(不取正统儒家之治术)十分明朗,唯对于其他诸家品断较宽容而已。

王安石论性情一源,有甚精当处。《性说》云:

> 孔子曰:"性相近也,习相远也。"吾是以与孔子也。韩子之言性也,吾不有取焉。然则孔子所谓"中人以上可以语上,中人以下不可以语上,惟上智与下愚不移"。何说也?曰:习于善而已矣,所谓上智者;习于恶而已矣,所谓下愚者;一习于善,一习于恶,所谓中人者。上智也,下愚也,中人也,其卒也命之而已矣。有人于此,未始为不善也,谓之上智可也;其卒也去而为不善,然后谓之中人可也。有人于此,未始为善也,谓之下愚可也;其卒也去而为善,然后谓之中人可也。惟其不移,然后谓之上智,惟其不移,然后谓之下愚,皆于其卒也命之,夫非生而不可移也。①

此处论性,初看之下似甚庸常,而实寓许多创见。首先,它弥足了孔子理论上性相近与上智下愚不移的矛盾。既然习相远,则上智与下愚乃为学之所分,非生而不可移。其次,上智与下愚之不同境界,乃与修养进学息息相关,则非质性所酘酾。这样,学圣崇圣与不能成圣之间的二难困境也得到解决。再次,这里撇开了命定论与道德人性先验论的因素。因此,他继而批评了韩愈言性善论而又言习,则习仅能于恶,非于善,此理固谬也。至如孔子以言取人失之宰予,以貌取人之失之子羽,反不如妇人之习而精断。善与恶皆所习而有。最后,这里强调道德境界高下决定了道德上的上智与下愚,而要求以最后习归为定,不由一时一行决定。善恶之行亦非或善或恶极端分明,圣人亦有不善,恶人亦有善行。王安石强调据于习行而定上智下愚,已超出隔绝圣凡之说,从而解决了以性为命定而否定了道德崇高性境界达成的可能性却陷入追求崇高与不能达致崇高的矛盾。

---

① 《性说》。

他在《性情》中还论性情一体,性由情发,由行为之合乎规范要求来品性。

将他的相关要点概括起来,有几个方面的意思较为突出。其一,性相近,乃情感依附之体,未有境界善恶之分。此乃人别于物兽之质;善恶来源于对由此质性体现的情感指导行为或表现于外的判断结果,不能归之于性。性与善恶判断无关。虽然情本于性,且具于性,然当其未表现为情感意志或发为行为的状况下,无善恶可言。一旦从道德善恶判断来立论,则是指有为有习之情,而不是未经意志情感和行为活动之质。其二,所谓性善性恶,就算从其立义言之,也仅各取一端而已。况且,其所说的仁义之心或怨毒忿戾之心,皆指由习行意志活动是否合于道德规范状态的表现能够加以判断的,而非不经人的社会活动便加以判断。道德判断(善恶判断)乃是对于情感意志行为之活动而作出的,没有活动也就仅存尚未显示出可以作为道德判断的情的原始先天状态(即性),不可名以善恶,故性无善恶判断之意义。其三,由是言之,情乃是后天配置发展的,即它是如所谓埴陶接物,是习学的结果。情存于性,性其质地,未有实在内容和表现,只有与外物接触才有其内容和表现,因而也才有合于判断之依据。因而性善情恶不仅割裂了性情一体关系,而且把没有和活动表现之情感与行为意志相当的性视为道德性,也是认识不当的。至于求性于君子、求情于小人正是这种错误的具体表现。因为,性无道德意味和判断价值,故相近;而习之所为能施以道德判断,故有不同。君子小人之分从道德上说是因情感意志行为活动不同而产生的。其四,上智与下愚不移乃是指才智而言,而无道德境界之意味。才智或不移,而道德因习而致,故非不移。其五,所谓人性,指人有其潜在情感意志而言,并非指道德性。

王安石主张学而为己而后为人:

> 杨子之所执者为己;为己,学者之本也。墨子治所学者为人;为人,学者之末也。是以学者之事必先为己,其为己有余而天下之势可以为人矣。则不可以不为人。故学者之学也,始不在于为人,而卒所以能为人也。今夫始学之时,其道未足以为己,而其志已在于为人也,则亦可谓谬用其心矣,谬用其心者,虽有志于为人,其能乎哉? 由是言之,杨子之道虽不足以为人,固知为己矣。墨子之志虽在于为人,吾知其不能也。①

---

① 《杨墨》。

此处所举其道未足为己而其志已在于为人,乃指世俗无学无才而矜自夸尚之弊。故他直陈,人之大患在不勉与不能。为己必先于为人。不能为己,为人乃不实之言。然圣人立身处世,必也达致功业理想而后止,此为人之归趋也。故其文又有:"夫身安德崇而又能致用于天下,则其事业可谓备也。"①因此,他认为杨墨皆有大失。

王安石的伦理价值观乃依据儒家,兼而统摄诸子、道、佛。如主张才德并至而尚俭,吸摄法家之健者。又如他论庄子,甚有独见:

> 昔先王之泽,至庄子之时竭矣。天下之俗,谲诈大作,质朴并散,虽世之学士大夫,未有知贵己贱物之道者也。于是弃绝乎礼义之绪,夺攘乎利害之际,趋利而不以为辱,殒身而不以为怨,渐渍陷溺,以至乎不可救已。庄子病之,思其说以矫天下之弊而归之于正也。其心过虑,以为仁义礼乐皆不足以正之,故同是非,齐彼我,一利害,则以足乎心为得,此其所以矫天下之弊者也。既以其说矫弊矣,又惧来世之遂实吾说而不见天地之纯,古人之大体也,于是又伤其心于卒篇以自解。故其篇曰:"《诗》以道志,《书》以道事,《礼》以道行,《乐》以道和,《易》以道阴阳,《春秋》以道名分!由此而观之,庄子岂不知圣人者哉?……伯夷之清,柳下惠之和,皆有矫于天下者也,庄子用其心亦二圣人之徒矣。然而庄子之言不得不为邪说比者,盖其矫之过矣。"②

站在儒家立场立论,此论甚精当,能解庄(及庄子后学)。昭明治世之方并非儒家所谓外王与力为两难,又存卓识。至其论佛徒有行者之举,其言诚足为世俗批判之利箭。其言如:"当士之夸漫盗夺,有己而无物者多于世,则超然高蹈,其为有似乎吾之仁义者,岂非所谓贤于彼,而可与言者邪!"③

---

① 《致一论》。
② 《庄周上》。
③ 《涟水军淳化院经藏记》。

第六章
宋儒的理学与伦理学

以人性论和天理人欲为核心概念构建的新儒学体系,是对于儒、道、释哲学的融会贯通,也是以创新性的儒家价值观改造传统儒学的一种尝试,实质上这种新儒学无论是在内容还是形式层面,都是对于传统儒家的反动。其中,对于哲学上的本体论与宇宙论结合的形而上学体系的演绎,突破了传统儒家哲学的简约化路向;而对于价值观上的创新尝试,则明显地体现出对伦理价值的极端化、单一化的强化意识。① 由此,宋代伦理学发展的最大特点是,在理学强大的学术影响力支配下,整个思想界逐渐走向理学独尊的格局,其余如主张事功价值陈亮、叶适等人的学说基本上难以撼动其锋芒。

第一节 理学的兴起及其伦理价值观

理学家的标志性概念是"理",即弘扬天理之意。"理学"一词,最初为元末张九韶所用(见《理学类编》),意指两宋周、张、程、朱一派儒学。后"理学"多与"道学"互用,指称宋明以来以天理心性的理义探讨为特征的儒学,成一常识用语,今从之。但是,天理的概念在玄学家那里的使用颇为普遍,非为宋儒首创。不过,以"天理"代表伦理价值,则是理学家的标志性思想。

理学的兴起,从社会政治与思想环境来探索其条件,以及由其价值观上的变动和表征来认识的话,有几点值得注意。其一,它是一种传统价值观的延伸。儒士们复兴儒学的努力一直是一种强大的力量,可以说,虽然很多士大夫都对佛教和道教的哲学和身心修养的学说发生兴趣,但是总体上仍然

---

① 理学家一般都主张单一价值的价值观(伦理价值),从而区别于孔子所主张的多元合一价值的价值观。

坚持儒家基本的价值取向。其二,道教的修养论、道家的天理观和佛教哲学的引入和中国化,为新儒学的哲学建构提供了广泛而扎实的基础。其三,理学家的兴趣转向,特别是经由佛教哲学所引发的对于形上学问题的兴趣,尤其是对于道德思辨哲学的兴趣,使他们能够深入研讨传统的各种抽象哲学,进而融会贯通,形成一个新的哲学话语系统。其四,理学家更加重视道德问题,特别是重视教化问题和等级秩序问题,这同时也是对于宗教迷信和世俗享乐思潮的一种反动,它得到了宋明时期权势人士、族长、家长和卫道士们的积极响应。其五,官方的支持是理学成为新显学的重要支撑。特别是元明时期官方将朱子学作为意识形态的标志,将理学的地位推向极致。

理学家对于他们直接的思想源头的看法不一,但理学的道统观可推至韩愈,虽然其实质内涵并不同。理学的性情说和修养论与李翱有着重要的相似之处。不过,理学的兴起,首先有赖于宋初三先生和范仲淹、欧阳修等人复兴儒学的努力。宋初三先生胡瑗、孙复、石介都推崇扬雄、董仲舒和韩愈的继圣道之功,然其理义则尚未完备到理学的繁复化、体系化。不过,在某些方面已略具理学修养论之雏形。如石介论致中和方法云:

> 喜怒哀乐未发谓之中。喜怒哀乐之将生,必先几动焉。几者,动之微也,事之未兆也。当其几动之时,喜也、怒也、哀也、乐也,皆可观焉。是喜怒哀乐合于中也,则就之;如喜怒哀乐不合于中也,则去之;有不善,知之于未兆之前而绝之。故发而皆中节也。①

他把"本性之中"与"察几而中"看成是"发于外而中节"的根本。然"未发之中"实为悬拟,察己之修为才是极根本的修身方法,此乃注重心理情感的观照与道德训练,它是后来理学家修养论之基本理路。

理学在思想资料方面偏重《易传》、《孟子》和《礼记》中的《大学》、《中庸》篇,在思想方法上吸取道家的一多关系论、佛教的理一分殊说的结构理论和玄学关于本体与境界经由德性自然、冥会体悟而融合的直觉方法。尽管理学是在借助儒家经典注疏的背景下发挥微言大义的,但它已丧失了先秦儒家尤其是孔孟的审美意趣,即使是他们的诗文,大都也成了道德说教的警世恒言或证悟本体的哲理文字。虽然如此,理学在最大限度注重伦理秩序的同时,仍直接继承了玄学德性论的形上学传统,因而渲染了鲜明的玄儒色彩。这是理学得以支配士人精神观念世界的重要原因,在理经世的背景

---

① 《徂徕石先生全集》卷十七《上颍州蔡侍郎书》。

下,借助玄学和佛教的哲学成果而完成的。其核心固为性命之理的探求,但其意蕴则不外乎智慧境界与道德境界之融合,以及作为人生必然归趋的究极性原理的把握。正是基于这种传统上的士人精神活动方式,士人对于理学的认同经久不衰。

　　理学的兴起,标志着伦理精神的根本转折。一方面表现出舍却推人窃以爱人的不宽容性格。多数理学家所说的爱,极为突出伦理的义务(情是被排斥的对象),成为对于他人关心缺乏内在情感的要素,成为纯然理性的取舍和身份性道德规范辨析之后的客观要求。另一方面是批评人的倾向性。理学家们把个人的道德境界和道德规范等同起来,强调主观的道德自觉与移风易俗的统一,也就必然地把自己主观上的未实现或已实现的理想境界来责求现实社会的道德水准。即如灭人欲存天理而至于纯然天理的境界,此原是自我道德主体的效果,但理学家却以之匡世,这就自然形成准则要求与道德实践能力之间强大的格差,这种格差便成了道学家(包括理学家的真道学家与伪道学家)批评社会的口实,且以批评为乐事,此即其特征。

　　此外,还有理学家所喜欢谈论的中庸,也成了流于口言伦理而实无发现的空谈主义。所谓无过、不及,本无实质性的脱离境况和自律态度的普遍标准。从主观的角度而言,乃为个人所体验的境界,一旦流转为言表式清谈,便失其价值。至如客观标准,则又非与众人评断不可。而乡愿之德,最符合众人评判。故苏东坡谈论乡愿转移到君子中庸之德,难以区辨,不可不慎。而理学家们始终对之迷惑而不能理解。同时,因理学家坚守单质的道德价值一元论而排斥以功利利民的政治争议和纯粹审美等其他价值,从而也成为文化创造力的阻碍因素。

　　从道德哲学发展史的角度来看,理学是古代道德哲学的新形态。然而,理学的体系繁而不密,巧而不精。理学家未仔细区辨本体之理、性与实体之理、性,所以然之理、性与突然之理、性,实然之理、性与应然之理、性;也未能辨明本然之性、情与将然之性、情,本源生成之性、情与体用之性、情;更进而言之,理学明显混淆了形上学概念与常识。换言之,理学自身存在着难于统一形上、形下两端的困惑。尽管理学家设拟了本体与境界的统一,但他们始终未能找到证明的思想方法,因而仅仅处于玄思的、自证的状态。虽然概念的诗歌未尝缺乏魅力,但当它被视为伦理秩序的必然基础和道德实践的客观前提时,思想的结构便缺乏应有的严谨性了。而且,理学的这种主观主义态度及方法还蕴含着绝对完满性的追求,它掩盖了道德实践的条件制约,使理学家漠视了遵守道德律令的能力原理。这样,当理学家把士人的道德理想规定为社会的基本准则时,便产生了如上所说的精神专制。

理学之体系化,始于周敦颐与张载。然与他们两人同时的司马光(1019—1086),已开始理学道德有为论和"惟精惟一"方法论的证求。朱熹早年曾把他列入重要道学家之列,后来才排除在外。但司马光对朱熹十六字心传形成的影响显然是不可否定的。他说:

> 君子从学贵于博,求道贵于要,道之要在治方寸之地而已。《大禹谟》曰:"人心惟危,道心惟微,惟精惟一,允执厥中。"危则难安,微则难明,精之所以明其微也,一之所以安其危也。要在执中而已。《中庸》曰:"喜怒哀乐之未发谓之中,发而皆中节谓之和"。君子之心,于喜怒哀乐之未发,未始不存乎中,故谓之中庸。庸,常也,以中为常也。及其既发,必制之以中,则无不中节。中节则和矣。是中和一物也,养之为中,发之为和。①

他把修已治心以致中和的方法,视为实现合乎伦理规范的基本纲领。而且,司马光的思想也深刻地反映出理学家价值取向的基本特征。试举一例为证:

> 或曰:夫士者,当美国家,利百姓,功施当时,泽其后世,岂独龊龊然谨司其分不敢失陨而已乎! 曰:非谓其然也,智愚勇怯贵贱贫富,天之分也;君明臣忠父慈子孝,人之分也。僭天之分,必有天灾;失人之分,必有人殃。②

这种所谓伦理的当然法则与经世求福的或然性的褒贬倾向,贯穿在理学的社会政治思想与道德至上主义当中。因此,司马光的思想观点,极深契于理学精神。此皆理学思想之源流。至于体系化的理学,有专章论述,此暂不赘。

理学家既以德治振国为学术使命,以忧患意识应接精神榜样,故其思想目的性十分明朗。然而,既然他们已经把社会政治变革的经世功利努力视为不可能甚至不必要的事,尤其不愿意实施社会变革,更是极力反对王安石等人的变革,而他们一同响应于以道德匡世、力图整治人心、整顿身份性的尊卑秩序和确立更加细密的道德规范,从而伦理范世的使命感在他们身上

---

① 《温国文正公文集》卷七十一《中和论》。
② 《温国文正公文集》卷七十四《士则》。

强烈地体达出来。这种伦理范世的使命自觉,从几方面的活动都可以反映出来。

首先,理学家都极注重立身处世的道德刻苦自励。理学家皆主张持敬与乐道式道德自为精神,生活简朴,于修养的自我策励常勤不辍。在理学家弟子们所撰记的各种《行状》中,有关人格修养自觉风貌的刻画,如同摹一人之像。理学家们又多收门徒讲学训诲。宋代书院制度繁盛与讲学风气浓厚,都作为有为的一部分。如此,则理学家们以榜样力量约束门人,以言传身教开导后学,皆极注重化人的道德教育方法与效果。《张横渠先生行状》记张载事迹可谓典型:"终日危坐一室,左右简编,俯而读,仰而思,有得则识之,或中夜起坐,取烛以书。其志道精思,未始须臾息,亦未尝须臾忘也。学者有问,多告以知礼成性变化气质之道,学必如圣人而后已,闻者莫不动心有进。"但它并非单独描述张载一人的事迹,实际上可以看成是所有理学家生活方式的一种普遍性的摹写。

其次,理学家以开书院收门徒讲学为职志,行迹所至,不遗余力以进退之道和治心达性之法而教人。自宋初三先生以来,理学家通过这一有效的方式灌输、传授自己的道德修养功夫与理义奥妙,吸引大批士人,并进而波及整个社会。到朱熹最为明显,使其成为一集大成者。所以可以说,朱熹时的所谓宁宗学禁,其实非如某些理学家所述记的个人恩怨报复,实是在国家危乱之际士人响应道德性命之学的一种忧虑实践而已。虽压迫士人也非常明显,然而也是由于理学聚众疏才所引起的,不久之后,讲道范世之风日益繁盛,使理学成为社会精神的象征。

再次,理学家上疏王者,皆主立纲纪伦理为大本。及至居任地方官吏,更以道德化民为志。史载理学家为治的政绩,皆非兴富求利为目的而实行的以政治变革和发展经济为手段的经世致用,而大多是体恤民情与明尊卑长幼之类的风化、以及救灾济贫等等。如果不能实现教化的理想,理学家一般不会汲汲于仕途登高,多退而聚学化民,此风气十分普遍(故朱熹论陶渊明,以其不求官仕为高)。理学家的伦理范世与功利派的政改及救国运动,构成士人社会活动的两条主线。

再者,理学家们皆注重宗法组织的整顿与维系、宗法精神的传播与弘扬、宗法伦理的导引与提倡。张载在治家上为其典型,而其他的理学家无一不重视宗法与伦理的结合与推扩。此外,理学家又或注重乡风道德整顿与士子教导,通过聚会策励而使乡人之间形成道德相互促进的风气。如朱熹创乡村读约,教主忠孝,旌善纠过。在此之前,与张载同时的吕大钧也创制

第六章　宋儒的理学与伦理学

乡约而主教德业互励,风行甚远,亦易其类。换言之,理学家必述宗谱劝道德,皆强调儒家修身齐家平治天下的道德范世自觉的倾向和实践。

最后,理学家文章所及必然涉及德操伦理,大多藐视诗人之类的抒情导气式才能和倾向。文以载道和以德经世,在其著述上也是十分明显。这样,理学家之境界也消泯了艺术精神和审美追求。

概而述之,理学家之伦理范世的使命感,可以通过胡宏所说的"道学衰微,风教大颓,吾徒当以死自担"①来把握。此种精神意向,直接影响着理学的道德命途以及道德至上主义宗旨。理学家所认可的极高至大的功业思想,如张载所志的"为天地立心,为生民立命,为往圣继绝学,为万世开太平",乃强调伦理传圣与范世的教化功业追求。故在理学家那里,已然摒除了政治功业思想,即是说,通过伦理范世这一功业思想,通过仕途使外王之道进入圣统,以使得在推己及人的教化事业中达致外王的不朽与人生的崇高境界。这样,理学家的高标准人生意义境界,也使得其标榜的圣人之徒的追求更加自然明朗。如周敦颐之以莲出污泥而不染托意,胡宏以追拟孟子的大丈人格如"杰然自立,志气充塞乎天地,临大节而不可夺,有道德足以赞时,有事业足以拨乱,进退自得,风不能靡,波不能流,身虽死矣而凛凛然长有生气如在人间者"自况。由此而立本立体,本未体用一源;致圣自能化成平天下,成其一贯之旨。理学家所崇拜议论的圣人,皆因德之境界而成圣,其尊仰孔子亦由此。他们之所以撇开先儒的君圣臣贤的有为政治思想理想的热烈追求,其原因也在于其理论依据上的道德内圣外王。

总之,理学家所标榜的尊德性而道问学,在其向内意蕴上还是停留在尊德性而已。陆九渊所说的"主于道则欲消而艺亦进,主于艺则欲炽而道亡,艺亦不进"②固是不重文学技艺的极端之言,同样重视格物致知、道问学的朱熹也明言,:"格物之论,伊川意虽谓眼前无非是物,然其格之也,亦须有缓急先后之序,岂遽以为存心于一草木器用之间,而忽然悬悟也哉?且如今为此学而不穷天理、明人伦、讲圣言、通世故,乃兀然存心于一草木一器用之间,此是何学问!如此而望有所得,是炊沙而欲其成饭也"③。因此,理学并不是物理之学,而是追求道德价值至上的伦理之学。理学的价值观就是单向度的复古,即他们欲图回归到举世都来践行三纲五常的等级伦理并且呈

---

① 《宋元学案·五峰学案》。
② 《陆象山先生全集》卷二十二《杂说》。
③ 朱熹:《晦庵先生朱文公文集》卷三十九,《答陈齐仲》。

现出在此之下理想的社会秩序。以此解读"理学",便能确切地明白理学的价值趋向与根本精神所在。

第二节　周敦颐与张载

周敦颐和张载同为理学体系的先驱型创立者。他们都是三教通融的哲学家,分别对于朱熹的学说产生了较大的影响。

一、诚则通

周敦颐(1017—1073),字茂叔,道州营道人。一生多任地方官吏,尤擅刑狱。曾游览山川,赋诗以示襟怀,如"闻有山岩即去寻,亦跻云外入松阴;虽然未是洞中境,且异人间名利心"。从所咏,似受道家生活态度影响较深。又曾设书堂于庐山之麓,堂前有溪,源自莲华峰下,遂取濯缨而乐之意,以书堂为濂溪书堂。并著有《爱莲说》,自认为人格如莲之出瘀泥而不染,亭亭洁洁之貌。他的价值取向仍然是儒家道统式引义,致力于修养功夫的潜思和天道人道合一的证成。著作存有《太极图·易说》及《易通》。

就学术兴趣而言,周敦颐似乎把道教的某些意蕴也融入到宇宙图式的内涵中,特别是他独创的"太极图",受到道教内丹丹决与陈抟华山石壁太极图的影响。对于"无极而太极"的主张及其系统化演绎,后来受到朱熹的赞赏和传承。他在论无极而为太极、太极生阴阳、阴阳生五行的宇宙化生次序后,说道:

> 无极之真,二五之精,妙合而凝,乾道成难,坤道成女。二气交感,化生万物,万物生生而变化无穷焉。惟人也,得其秀而最灵。形既生矣,神发知矣,五性感动而善恶分,万事出矣。圣人定之以中正仁义而主静(自注云,无欲故静),立人极焉。故圣人与天地合其德,日月合其明,四时合其序,鬼神合其吉凶。君子修之吉,小人悖之凶。故曰,立天之道,曰阴与阳;立地之道,曰柔与刚;立人之道,曰仁与义。又曰,原始反终,故知死生之说。①

概而言之,其要点如下。其一,从宇宙论引出道德本体论,把仁义之道上升

---

① 《太极图·易说》。

为天地之道和人之为人的法则,故取《易传》中形容圣人境界的奥妙难测比拟体极合道的境界。其二,善恶的道德感由五性感动而成,成为人的道德来源。而中正仁义为人的价值本体,由主静以体极。其三,主静是修养方法。无欲而后静,静即是道德境界的性质。

假如引用《易通》一书主诚的道德体系以相互引证,则可知诚与静乃是相通的道德境界,二者也是相互涵摄的修养功夫。《易通》是一简要文章,全书字数不多,却分为四十章,大多为解易理明道德的言论。其中论诚的境界为"必惩忿窒欲,迁善改过而后至"。主静,进而言之"惩忿窒欲",是根本的修养功夫。

然而,他的道德论并不仅此而止,还从道德本体论的角度来说明圣人的道德境界与天德的合一性质,以及由此证成修养论的价值。其基本概念是诚。《易通》开宗明义述诚之本体意味:

> 诚者圣人之本。大哉乾元,万物资始,诚之源也。乾道变化,各正性命,诚斯立焉。纯粹至善者也。故曰:一阴一阳之谓道,继之者善也,成之者性也。元亨,诚之通;利贞,诚之复。大哉易也……诚,五常之本,百行之源也。静无而动有,至正而明达也。五常百行,非诚,非也,邪暗塞也。故诚则无事矣。至易而行难。果而确,无难焉。故曰:一日克己复礼,天下归仁焉。①

周敦颐以诚为本体,为道德属性的本体;然而,它也是圣人之境。其论述如下:第一,圣人本于诚,即胜任体现了天道——最高的道德境界和宇宙法则。阳生万物,万物便由诚而化生,这一道德属性是本于天道而流行于万物。第二,诚是天道的本质。诚是纯粹至善的,因而人的自性也就无不善。人继善而成性,故顺乾道化生,各正性命,立性分内之诚。因此,诚是性命之源。第三,所谓圣的境界,也就是纯粹至善的诚的性命自存,乃是内在于己的善性把握。此也是修养的最高境界。第四,既然诚是天地之道,是道德的本质体现,因此,它也是五常之本和百行之源。即是说,如果没有这种本体的道德属性的存在,道德规范的可能性便失去依据,善的追求也就不依于自性,便无法存在和体现。

然而,如果性源自诚,那么又何以会出现善恶的对立呢?为了完善道德形上学的体系设想,周敦颐又提出诚、几、德三个连贯的概念阐释道德行为

---

① 《易通》。

的产生。《易通》第三章又说，

> 诚无为，几善恶；德：爱曰仁，宜曰义，理曰礼，通曰智，守曰信，性焉安焉之谓圣，复焉执焉之谓贤，发微不可见、充周不可穷之谓神。

这里形容诚的状态与体诚的状态为无为。所谓无为，即第四章中所说的寂然不动和第九章中所说的无思。就是主静以体极的状态。因此，其言本体与功夫是一致的。但纯然至善的诚在性中只是一种可能而未成形状态，一进入现实生活，便发感而动。而发感而动的最初状态，也就是动而未形。有无之间的状态，这时虽不表现为外在行为上的善恶问题，却已形成内在情感活动时的善恶意向。故此，作者强调这一道德萌发状态时应慎动。几是意动的状态，动而有善恶之分，故不可不慎，且须由慎思而确定进善之意向，然后性才能使仁义礼智信确立，从而通过德的实践进入本体。因此，体认诚的本体即性的本然状态是无思。一旦进入情感意动，则不可不思，不思便不能无不通。但不思是本（体极），思是用（德性培养），而几是其关键处。故第九章中说，

> 《洪范》曰：思曰睿，睿作圣。无思，本也；思通，用也。几动于彼，诚动于此……。故思者，圣功之本而吉凶之机也。易曰：君子见几而作，不俟终日。又曰：知几其神乎！

本与用、即体极与功夫是不一样的。体极是存和状态，而功夫则见几而作、乾乾不息于诚。几是由功夫至于体合本体，且又是由功夫所致不合于现实规范实践要求的环节。智慧是这种道德形上学的内在要求。故作者命之曰：知几乃神矣。所谓神，是通过智慧和修养使德性完美合本于诚的状态。因此，功夫论是根本。这里的所谓功夫，分为两个环节，即处几而慎动，动而合于善。要达到欲能动而合于善的状态，必须一方面使"圣人之道，入乎耳，存乎心，蕴之为德行，行之为事业"，另一方面须惩忿窒欲，迁善改过，无欲存诚。此皆需通过思，思为圣功之本。然思之关键在于知几而确立善良之意志。因此，第二十章中作者言圣学之要，其文有：

> 圣可学乎？曰：可。有要乎？曰：有。请闻焉。曰：一为要。一者，无欲也。无欲则静虚动直。静虚则明，明则通；动直则公，公则溥。明通公溥，庶矣乎！

这样，所谓静虚是以无欲存诚，终至明通公溥而合于至德。

因此，周敦颐所主张的主静慎动修养功夫，重点在于无欲而守一。所谓

慎动,并非不动,而是在动微的状态下必合于善的要求。圣人的境界的特征是静而无静、动而无动。主静而积极存诚,自能达致神通的境界。至于君子,其修养功夫则有两条路径。一是自为的,即在几而善恶分的情状下,以诚心为念,以克其不善之动:"不善之动,妄也;妄复,则无妄矣;无妄,则诚矣。"同时,慕圣希贤而进德,

> 圣希天,贤希圣,士希贤。伊尹、颜渊,大贤也。伊尹耻其君不为尧舜,一夫不得其所,若挞于市。颜渊不迁怒,不贰过,三月不违仁。志伊尹之所志,学颜子之所学,过则圣,及则贤,不及则亦不失于令名。①

因此,君子志于学,进德修业,孜孜不息;德业未能明显,则恐恐而害怕被人知道。二是由此而欢迎其他人的谏改。"仲由喜闻过,令名无穷焉,今人有过,不喜人规,如护疾而忌医,宁灭其身而无悟也。噫!"

对于普通人而言,则是圣人教化义命的对象。所谓慎动,是对非仁、非义、非礼、非智、非信状态而言;邪动为辱为害,因此,君子不可不慎,然而圣人则是动而正(道)、而用和(德),并由动而能教化民众,所以能够至于神。"至诚则动,动则变,变则化。故曰:拟之而后言,议之而后动,拟议以成其变化。"在他看来,孔子就是动、化而至神通境界的:"道德高厚,教化无穷,实与天地参而四时同,其惟孔子乎!"其在《易说》中所说的圣人立人极,则包含着胜任的极诚境界与功业理想的统一。

此外,周敦颐从阴阳思想中引发出道德性质,详细区分了刚柔的善与恶。所谓刚善,为义,为直,为断,为严毅,为干固;刚恶,为猛,为隘,为强梁。所谓柔善,为慈,为顺,为巽;柔恶,为懦弱,为无断,为邪佞。他强调致中和。致中和并非善恶之间,而是使人自易其恶,由刚柔之善而行其中。这是他关于无过不及观念的具体化表述,然而,虽然具体,却仍然模糊了美德实践之无过不及与中庸的形式原则的区别与界限。

最后,周敦颐追随先贤提出了公的道德标准,并加以准则化。周敦颐说:"公于己者公于人,未有不公于己而能公于人也。"又说:"圣人之道,至公而已矣。或曰:何谓也?曰:天地至公而已矣。"此是本体之德,也是人之至德境界。

周敦颐与张载在价值上趋于修养论,包括创始道德价值至上等方面,思想特征颇为相近。不过,两人在体系方法上还是略有不同。周敦颐不仅受

---

① 《元公周先生濂溪集》卷第九,《通书志学章》。

道家与佛家人生而静与克欲观念的影响,而且杂有法家以法正情的基本道德观念。《易通》中说,

> 天以春生万物,止之以秋。物之生也,既成矣,不止则过焉,故得秋以成。圣人之法天,以政养万民,肃之以刑。民之盛也,欲动情胜,利害相攻,不止则贼灭无论焉,故得刑以治。情伪微暧,其变千状,苟非中正明达果断者不能治也。《讼卦》曰:利见大人。以刚得中也。

在孔孟那里,道德自律是伦理学第一义,强调个人价值定向上的意志自觉,而在周敦颐这里,则情欲与道德之间矛盾的克服为第一义(此为理学家之共同认识),思想的侧重点显然有别。当然张载也受佛教和道家的影响很深。其所谓气质之性,君子有佛性者,以及灭人欲等皆与孔孟的主张存在明显差距。

二、天命之性与气质之性

张载(1020—1077),字子厚,祖上为大梁人,至父辈移居凤翔梅县横渠镇。后人因此称他为"张横渠"。张载从小喜谈兵,弱冠刚过,曾上书范仲淹。范氏认为,其人颇有儒家气质,劝勉他致力于体验名教,并推荐《中庸》一书。张载读之未悟,后又致力于佛老。因嫌厌,又转攻六经。曾与二程讨论道学,增固发明儒道的信念。为县令时,力行敦本善俗的德治观念。后为人推荐,曾授崇文院校书。攻击王安石变法,遭贬,不久辞官。颇有复古之思,亲自践行并倡导儒家古礼。司马光论张载思想,谓"窃惟子厚平生用心,欲率今世之人,复三代之礼者也",这是很有道理的。张载曾立志于"为天地立心,为生民立命,为往圣继绝学,为万世开太平"①,抱负尽致于儒家先哲思想。张载之学也称为关学。张载死后,部分门人归依二程,关学因无承业弘旨者,遂衰。他的著述较多,不少已亡佚。今存其留著及门人记录有《正蒙》《横渠易说》《经学理窟》《张子语录》等,合编为《张载集》②。其中以《正蒙》流传最广。

张载与周敦颐一样,从宇宙本源(设定为本体)引出世界的道德本质。他以太虚为宇宙本体,太虚并非无,存无形之气,通过其运动而展示宇宙过程。然张载宇宙论形上学立言旨趣,在于探求人性渊源。故他又把无形之

---

① 《近思录拾遗》。
② 其中《东铭》及《西铭》并入《西蒙》中的《乾称》篇中。

太虚与气分割为两片,以太虚为天地之性,以太虚合气而言人物之性。

> 由太虚,有天之名;由气化,有道之名;合虚与气,有性之名;合性与知觉,有心之名。①

此已认为太虚之虚与气的结合为一过程。而性则由虚与气的结合,分为清和浊两种不同性质,如:

> 尽虚为清,清则无碍,无碍故神;反清为浊,浊则碍,碍则形。
> 凡气清则通,昏则壅,清极则神。②

这样,本然之性中包含着清与浊的不同性质。由本体之性向本然之性转化,则有天地之性和气质之性的区别。前者由清与虚引出善性,后者由清浊与气相结合而引出善不善之本性,本然之性是由气决定的。从气之清浊表现和推论出性之善恶上,张载似乎受到了王充的启迪。

张载论性,最著名的学说就是区分天命之性与气质之性。就天命之性之体现而言,人与万物实际上同秉天道而性源相同,"性者,万物之一源,非有我之得私也。"然而,性有其本然上的分殊。由虚而成性,由气而成形,即无形之虚与有形之气化生万物中,虚与气结合的不同性质流化而使人性有清浊与善不善之分。他认为,太虚(湛一)是实在的本体,故论性乃主天地之性(天道),是性为善:"性于人无不善;系其善反不善反而已。"③也就是从本然之性返归本体之性。但是气之性质(虚与气结合的性质)不一,那么本然之性在落实处便有善恶之分。

> 湛一,气之本;攻取,气之欲。口腹于饮食,鼻舌于臭味,皆攻取之性也。知德者属厌而已,不以嗜欲累其心,不以小害大、末丧本焉尔。④

但从本体太虚之性质而言,太虚是天道"天理"的状态,在本体上我的良能与天良能相互统一,故他又言天良能本于我的良能,以气质之性为非性。因气质之性常偏,故如能反之本而不偏,则尽性而知天矣。

由是而转出世界观与人生观的论述。《正蒙·乾称》中言:

---

① 《正蒙·太和》,《张载集》。下引该书,只注篇名。
② 同上。
③ 《正蒙·诚明》。
④ 同上。

>　故天地之塞,吾其体;天地之帅,吾其性。民吾同胞,物吾与也。①

这是从性一本体而引出人与物之所同然。因此,尽管张载忽视了本然之性中人与物已有道德性的差别,但他的人生观仍是博爱万物(人与物)的人生观。他以尊卑的规范要求为其本,以济人济物为其志。既然天地之道体现为善性,那么人的本质即是善的完满性,其目的亦在此。因此,人生以求善为根本价值所在,余则不必讨论。故又言:

>　知化则善述其事,穷神则善继其志。不愧屋漏为无忝,存心养性为匪懈。……富贵福泽,将厚吾之生也;贫贱忧戚,庸玉汝于成也。存,吾顺事;没,吾宁也。②

尽其性能尽人物之性(体极、达致本体),故伦理学必重视尽性(由形上抽绎出形下)的修养论。前已言之,其言性,有天地之性与气质之性的区别。所谓"上达反天理,下达徇人欲者与!性其总合两也"③,这是本然之性。故他又提出心统性情说:

>　心,统性情者也。有形则有体,有性则有情。发于性则见于情,发于情则见于色,以类而应也。④

性之有不善,是因为虚与浊气相合,气浊表现为情之有欲,这样,他又常将气质之性、攻取之欲与情等而视之,而专重克复气质之性中的情(实然之情),以达到天地之性为宗旨。其言穷理尽性的性,是专指纯善之性而言。这样,在修养功夫上,张载提出诚身、灭人欲和德性之和几个环节。

首先,诚是天道的本质,因而也是人道的本质:

>　性与天道合一存乎诚。天所以长久不已之道,乃所谓诚,仁人孝子所以事天诚身,不过不已于仁孝而已。故君子诚之为贵。⑤

这里的性是指实然之性,在日常中直接与情表现为体用关系。尽性在克服情之不善,方法基于诚身。诚身有两种不同的方法,"自明诚,由穷理而尽性也;自诚明,由尽性而穷理也"⑥。所谓理,即是天下之道,也即是礼。由

---

①　此即《西铭》之主旨。
②　《正蒙·西铭》。
③　《正蒙·诚明》。
④　《性理拾遗》。
⑤　《正蒙·诚明》。
⑥　同上。

穷理而尽性,即知礼而合于道义也。他说:

> 诚,成也,诚为能成性也,[如]仁人孝子所以成[其]身。柳下惠,不息其和也;伯夷,不息其清也;于清和以成其性,故亦得为圣人也。然清和犹是[性之]一端,不得[完]正,不若知礼以成性,[成性]即道义从此出。①

由尽性而穷理,而不勉而诚庄,而从合于性命之理。

> 不诚不庄,可谓之尽性穷理乎? 性之德也未尝伪且慢,故知不免乎伪慢者,未尝知其性也。②

知其本体之性而在实然之性活动中改变本然之性中的不善之质。从前引文中知张载定心为性与知觉,以及心统性情。如此,诚既是天命流行的要义,也是主体的道德活动,是返本立志与修身的统一。所谓穷理而尽性与尽性而穷理,实是内外统一的修养方法。简易以言,即是所谓诚意与行礼:

> 诚意而不以礼则无征,盖诚非礼无以见也。诚意与行礼无有先后,须兼修之。诚谓诚有是心,有尊敬之者则当有所尊敬之心,有养爱之者则当有所抚字之意,此心苟息,则礼不备,文不当。故成就其身者须在礼,而成就礼则须至诚也。③

张载强调礼,认为礼即是天地之德:"礼所以持性,盖本出于性,持性,反本也。"④

由此,张载认为,诚包含至德,它是人与天道合一的境界。同时,诚作为存心和行礼的义务思勉与道德实践活动,因此,又是达致至德的功夫。故他强调存心与变化气质。其辞云:

> 天本无心,及其生成万物,则须归功于天,曰:此天地之仁也。仁人则须索做,始则须勉勉,终则复自然。人须[常]存此心,及用得熟却恐忘了。若事有汨没,则此心旋失,失而复求之则才得如旧耳。若能常存而不失,则就上日进。立得此心方是学不错,然后要学此心之约到无去处也。立本以此心,多识前言往行以畜其德,是亦从此而辨,非亦从此

---

① 《横渠易说·系辞上》。
② 《正蒙·诚明》。
③ 《经学理窟·气质》。
④ 《经学理窟·礼乐》。

> 而辨矣。以此存心,则无有不善。①

所谓存心,即主体趋向于道德的自觉,培养仁义之心。此亦即大其心,无我的状态。然仁义非性外之物,而是人与天地共具之性的本质体现,因此,诚之始也须努力存仁义于性的善心之中。此亦是求心的功夫。但张载在论求心的功夫时,却将此功夫设定为在平旷之中寻求,而不是刻意紧迫地追求。

> 求心之始有所得,久思则茫然复失,何也? 夫求心不得其要,钻研太甚则惑。心之要只是欲平旷,熟后无心如天,简易不已。②

求心也就是变化气质:

> 变化气质。孟子曰:"居移气,养移体",况居天下之广居者乎! 居仁由义,自然心和而体正。更要约时,但拂去旧日所为,使动作皆中礼,则气质自然全好。③

因此,求心是立本:

> 立本既正,然后修持。修持之道,既须虚心,又须得礼,内外发明,此合内外之道也。④

这样,诚既是主体的道德自觉,也是体认道德价值和安于道德体验之乐的境界。故张载又说:

> 人多言安于贫贱,其实只是计穷力屈,才短不能营画耳,若稍动得,恐未肯安之。须是诚知义理之乐于利欲也乃能。⑤

此话甚有新意。

张载由此而推演出存天理灭人欲之说。由存心而安仁,"中心安仁,无欲而好仁,无畏而恶不仁"⑥。然心统性情,而情又具攻取的特征,因此需要争其情(也就是下学而上达,以及尽性存理),去其不正。故曰:"仁之难成久矣,人人失其所好,盖人人有利欲之心,与学正相背驰。故学者要寡欲,孔

---

① 《经学理窟·气质》。
② 同上。
③ 同上。
④ 同上。
⑤ 同上。
⑥ 《正蒙·中正》。

子曰：'枨也欲,焉得刚'。"①这样,所谓变化气质,除怀勉勉敬心而外,其要点乃在于克己之情并革除利欲之心。克己与放逸之间的关系,是存天理与行人欲之间的关系在行为心意上的体现。

> 今之性灭天理而穷人欲,今复反归其天理。古之学者便立天理,孔孟而后,其心不传,而荀杨皆不能知。②

因此,存心也就是定性,即扩大其仁义之心,而去其成心。成心即私意,"成心忘然后可与进于道"③。此所谓忘成心,便是不存私意,与周敦颐的所谓"公"理意同。

张载重求善而轻求真,故有德性所知之说。所谓德性所知,即克己与存心,即不因物而拒绝修养。要求顺性命之理,得性命之正。强调内在德性自觉,即所谓自诚明、体道。然而道体物我,并非依于见闻。故谓：

> 大其心则能体天下之物,物有未体,则心为有外。世人之心,止于闻见之狭。圣人尽性,不以见闻梏其心,其视天下无一物非我,孟子谓尽心则知性知天以此。天大无外,故有外之心不足以合天心。见闻之知,乃物交而知,非德性所知；德性所知,不萌于见闻。④

此处之"物"盖指伦理,因此,诚明于遍体伦理而不因循外物。

然而,这并非表示张载轻视践履。张载重礼,且主张礼可以滋养德性。虽然修养功夫也是根据践履而推进,但他又强调接触外物而有利欲萌动的可能,因此害怕交于外物：

> 人早起未尝交物,须意[锐]精健平正,故要得整顿一早晨。及接物,日中须汩没,到夜则自求息反静。⑤

此即所谓：

> 火宿之微茫,存之则烘然。少假外物,其生也易；久可以燎原野,弥天地。有本者如是也。⑥

---

① 《经学理窟·学大原上》。
② 《经学理窟·义理》。
③ 《正蒙·大心》。
④ 同上。
⑤ 《经学理窟·学大原上》。
⑥ 同上。

拒斥外物定性之说,已经蕴含着己性有内外之分。程颢批评以分己性有内外,此观点与民胞物与、仁者与万物一体的主旨相悖逆。

概而言之,修养论与道德实践是统一的。所谓诚、存心求心、克己,皆重在尽性。但是,顺序和方法可以有所不同。他说:

> 须知自诚明与明诚者有异。自诚明者,先尽性以至于穷理也,谓先自其性理会来,以至穷理;自明诚者,先穷理以至于尽性也,谓先从学问理会,以推达于天性也。某自是以仲尼为学而知者,某今亦窃希于明诚,所以勉勉安于不退。①

> 儒者则因明致诚,因诚致明,故天人合一,致学而可以成圣。②

因此,其落实点仍在于伦理的实践。"礼所以持性,盖本出于性。持性,反本也。凡未成性,须礼以持之,能守礼,已不畔道矣"③,以及"礼非止著见于外,亦有无体之礼。盖礼之原在心。礼者,圣人之成法也。除了礼,天下更无道矣"④。尽管日常的道德实践之诚与本体之诚并不能等同,但张载与周敦颐一样在使用同一概念时让其"自动"转化,以诚心通诚道,实为一贯之道。

第三节　程颢与程颐

程颢(1032—1086)与程颐(1033—1107)二兄弟,世称"二程"。后人论二者思想,皆视为同质一体而统论之⑤。其实,二程的思想侧重点与思想特质,差异很大,不可一概而论。

一、德性自然

《宋史·道学列传》传载,程颢"字伯淳,世居中山,后从开封徙至河南","自十五六时与弟颐闻汝南周敦颐论学,遂厌科举之习,慨然有求道之志;泛滥于诸家,出入于老、释者几十年,返求诸六经而后得之。秦汉以来,未有臻斯理者。教人自致知止于知止,诚意至于平天下,洒扫应对至于穷理

---

① 《语录下》。
② 《横渠易说·系辞上》。
③ 《经学理窟·礼乐》。
④ 同上。
⑤ 自冯友兰《中国哲学史》始分疏二人思想同异。

尽性,循循有序","颢资性过人,充养有道,和粹之气,盎于面背;门人交友从之数十年,亦未尝见其忿厉之容";"颢之死,士大夫识与不识,莫不哀伤焉。文彦博采众论,题其墓曰:明道先生。"

程颢举进士后,曾多次为县吏。神宗初,任御史。皇帝召见时,以至诚仁爱为本来陈述君道。不曾涉及功利,王安石变法,程颢屡上书反对,后退居洛阳。与司马光等相标榜,"在仕者皆慕化之,从之质疑解惑;闾里士大夫皆高仰之,乐从之游,学士皆宗师之,讲道劝义","于是先生身益退,位益卑,而名益高于天下"①。其文收于《二程集》。

先就他的人性论来进行分析。程颢言性,认为生即是性:

> 生之谓性。性即气,气即性,生之谓也。人生气禀,理有善恶。然不是性中元有此两物相对而生也。有自幼而善,有自幼而恶,是气禀有然也。善固性也,然恶亦不可不谓之性也。盖生之谓性,人生而静以上不容说。才说性时,便已不是性也。②

生之谓性与论性善,是指普遍意义的本体而言。此性,人与物同然。当论述到本然之性,则人与物异。从具体为性之所然的角度而言,已经存在性之不同。然而皆含气禀,故善恶皆含于性。故又言:

> 告子云生之谓性,则可。凡天地所生之物,须是谓之性。皆谓之性则可,于中却须分别牛之性、马之性,是他便只道一般。如释氏说,蠢动含灵,皆有佛性;如此则不可。天命之谓性,率性之谓道者,天降是于下,万物流行,各正性命者,是所谓性也。循其性而不失,是所谓道也。此亦通人物而言。循性者,马则为马之性,又不做牛底性;牛则为牛之性,又不为马底性,此所谓率性也。③

如此,从生之谓性角度而言,人与物皆可认为是有性。然而生而静以下性质各别,已经不能称之为性,只能以各正性命来称谓。人的正性命在于循善。人性上有善恶之质,是因为气形在人身上的流布(此与张载理近)。然此仅言性上之道德潜在能力与特质,固不以性论善恶。因此他又言人生而静以上不容说,而所谓善恶之特质,固非善恶本身,善恶乃率性继善的结果。故程颢又言:

---

① 朱熹:《伊洛渊源录》卷二。
② 《河南程氏遗书》卷第一。(以下简称《遗书》)。
③ 《遗书》卷第二上。

> 凡人说性,只是说:继之者善也。孟子言人性善是也。夫所谓继之者善也者,犹水流而就下也。皆水也。有流而至海,终无所污,此何烦人力之为也;有流而未远,固已渐浊;有出而甚远,方有所浊;有浊之多者,有浊之少者;清浊虽不同,然不可以浊者不为水也。①

程颢不主性善,而主继之者为善。故强调性的延续的后天过程。然就此立论言之,水流而就下时的清浊喻为善或不善,关键在于主观上是否继善。

假若从本体之性而言,所谓"道即性也,若道外寻性,性外寻道,便不是"②,以及"天理云者,百理具备,元无少欠;故反身而诚,只是言得;已上更不可道甚道"③。论本然之性,因含气病,则知善恶具于性。但性善指继善,就像水向下流一样。其说与程颐有别。所谓"仁义礼智信,五者,性也"。与前面引文合观,其言修养功夫倾向继善的可能性,必定与重视功夫上的自然成性相关。

如此,继善在于得其本性之善,自然而成。程颢在修养论上主张"成性存存"便是"道义之门"。他讨论人生境界甚至包含万物:"圣人致公,心尽天地万物之理,各当其分。"④欲致此境界,修养方法上以敬、诚、仁为本。他说:"学要在敬也诚也,中间便有个仁。博学而笃志,切问而近思,仁在其中矣之意。"⑤

所谓敬,乃与"义"合举而言。敬以直内,义以方外。从内外合一之道言修养:"敬以直内是涵养意。言不庄不敬,则鄙诈之心生矣,貌不庄不敬。则怠慢之心生矣。"⑥此是一般常识上的庄敬感。他更从反身而诚来加以解释,他说:

> 学者不必远求,近取诸身,只明人理,敬而已矣,便是约处。易之乾卦言圣人之学,坤卦言贤人之学惟言敬以直内,义以方外,敬义立而德不孤。至于圣人亦止如是,更无别途。穿凿系累,自非道理。故有道有理,天人一也,更不分别。⑦

---

① 《遗书》卷第一。
② 同上。
③ 《遗书》卷第十一。
④ 《遗书》卷第十五。
⑤ 《遗书》卷第十四。
⑥ 《遗书》卷第一。
⑦ 《二程全书》卷第二上。

由此，他以存心继性为善，强调自然约束心性而使其向善，但是也强调，反对刻意致敬：

> 学者须敬守此心，不可急迫，当栽培深厚，涵泳于其间，然后可以自得。但急迫求之，只是私己，终不足以达道。①

他感叹道：

> 今志于义理，而心不安乐者何也？此则正是剩一个助之长。虽则心操之则存，舍之则亡；然而持之太甚，便是必有事焉而正之也，亦须且恁去。如此者，只是德孤。德不孤必有邻。到德盛后，自无窒碍，左右逢其原也。②

此处表明，虽然必立意向善，然而也必须安乐以体善（本然之性所有），才不会陷于迫急于某一善而德孤，采取自然乐善的方法才是好的路径。

因此，敬以直内，义以方外，也就是要诚。诚者，合内外之道；不诚无物。"伯淳先生曰：修辞立其诚，不可不仔细理会，言能修省言辞，便是要立诚。若只是修饰言辞为心，只是为伪也。若修其言辞，正为立己之诚意，却是体当自家敬以直内，义以方外之实事，道之浩浩，何处下手，惟立诚才有可居之处，有可居之处，则可以修业也。终日乾乾，大小之事，却只是忠信。所以进德为实下手处，修辞立其诚为实修业处"③。此诚与敬本质相通而为一。

因此敬与诚皆强调不应该心存私意而致公。此又契合于仁的功夫。他说：

> 孟子曰："仁也者人也，合而言之道也。"《中庸》所谓"率性之谓道"是也。仁者，人此者也。"敬以直内，义以方外"，仁也。若以敬直内，则便不直矣。行仁义岂有直乎？"必有事焉而勿正"，则直也，夫能"敬以直内，义以方外"，则与物同矣，故曰："敬义立而德不孤。"是以仁者无对，放之东海而准，放之西海而准，放之南海而准，放之北海而准。医家言四体不仁，最能体仁之名也。④

又进而论之曰：

---

① 《遗书》卷第二上。
② 同上。
③ 《遗书》卷第一。
④ 《遗书》卷第十一。

学者须先识仁。仁者，浑然与物同体。义、礼、知、信皆仁也。识得此理，以诚敬存之而已；不须防检，不须穷索。若心懈，则有防；心苟不懈，何防之有？理有未得，故须穷索；存久自明，安待穷索？此道与物无对，大不足以名之。天地之用，皆我之用。孟子言万物皆备于我，须反身而诚，乃为大乐；若反身未诚，则犹是二物有对；以己合彼，终未有之，又安得乐？订顽①意思，乃备言此体。以此意存之，更有何事？必有事焉而勿正，心勿忘，勿助长；未尝致纤毫之力。此其存之之道。若存得，便合有得。盖良知良能元不丧失；以昔日习心未除，却须存习此心，久则可夺旧习。此理至约，唯患不能守，既能体之而乐，亦不患不能守也。"②

此处说理，大约有几个要点。其一，仁即为本体，又为功夫，由功夫以通致本体。他处又曰：

　　以己及物，仁也。推己及物，恕也。忠恕一以贯之。忠者天理，恕者人道，忠者无妄，恕者所以行乎忠也。忠者体，恕者用，大本达道也。③

其二，所谓仁之功夫，即与万物同体，致公而体物。也就是视德为己的要务，不以我一物为有对而穷之，这样才是反身而诚，天地之用，皆我之用。所以，诚敬为仁之实质。敬而无失，随时随地存敬，涵养而直。然敬须自然且乐以微知，非刻意求索而致敬，因此，如果以敬直内，那便不直矣。所谓反身而诚，须识万物皆备于我，义礼智信皆非有外于我；我通过诚敬而使其存留，则我与义、礼、智、信无对，即相容，此即是人的功夫。其三，所谓与万物浑然一体，强调其博施济众。他所反复强调的直内即是要求与道德一体。先契合之、无我强勉自己，此即仁体；而方外强调推己及人。故他处又说道：

　　仁者，以天地万物为一体，莫非己也。认得为己，何所不至？若不有诸己，自不与己相干。……故博施济众，乃圣之功用。仁至难言，故止曰"己欲立而立人，己欲达而达人，能近取譬，可谓仁之方也已"。欲令如是观仁，可以得仁之体。④

---

① 即张载的《西铭》。
② 《遗书》卷第二上。
③ 《遗书》卷第十一。
④ 《遗书》卷第二上。

所谓莫非己也,即是本体如一而境界不离体极。其四,所谓与万物浑然一体,即在于以普遍的道德心冥会天理(公),不立私心(亦不矜德)。他批评佛教说:

> 人能放这一个身,公共放在天地万物中一般看,则有甚妨碍?虽万身曾何伤?乃知释氏苦根尘者,皆是自私者也。①

此即所谓自然以循理也。

> 今学者敬而不见得又不安者,只是心生,亦是太以敬来做事得重。此恭而无礼则劳也。恭者,私为恭之恭也。礼者,非体之礼,是自然的道理也。只恭而不为自然的道理,故不自在也,须是恭而安。今容貌必端,言语必正者,非是道,独善其身,要人道如何?只是天理,只如此,本无私意,只是个循理而已。②

即是说,公,若在人体则体现为人道。若求自善或自主之德,则为私。

由此,则可说天人本无二,不必言合。以公心沿顺自然之德,成性存存,便是(天的)生生不已的仁。仁也即是道心普照万物而无私心的道德境界,故不能拒物修身。

程颢虽赞同张载仁者与天地万物为一体的境界论,却不同意他拒物修养的功夫论(拒物修养则仁者与万物非一体也)。仁者之境界,自是以本体的体验为功夫,自然成其生生的自然之德,而后成就天人无间的境界。程颢正是以张载的"无成心"之说来判定其有成心的不当。显然,功夫即在于随顺本体天德。这与其他理学家言功夫不从本体下手,专在克情慎动上尽性比照起来,更多地体现出对于智慧境界与伦理合一境界的追求。如此,则体物不遗之乐固已显然,而安贫乐道亦是此境界中事。故他极赞颜回的境界。《遗书》卷第十一中赞叙曰:"颜子默识,曾子笃信,得圣人之道者,二人也";"颜子不动声气,孟子则动生气矣";"圣人之动以天,贤人之动以人。若颜子之有不善,岂如众人哉?惟只在于此间尔,盖犹有己焉。至于无我则圣人也。颜子切于圣人,未达一息尔。'不迁怒,不贰过,无伐善,无施劳','三月不违仁'者,此意也";"子曰:'语之而不惰者,其回也与!'颜子之不惰者,敬也";"人须学颜子。有颜子之德,则孟子之事功自有";"孔子谓颜渊曰:'用之则行,舍之则藏,惟我与尔有是夫!'君子所性,虽大行不加焉,虽穷居

---

① 《遗书》卷第二上。
② 《宋元学案·明道学案》。

不损焉,不为尧存、不为桀亡者也。用之则行,舍之则藏,皆不累于己尔";"颜子屡空,空中受道"。卷第十二又言,"颜子在陋巷,'人不堪其忧,回也不改其乐'。箪瓢陋巷非可乐,盖自有其乐耳。'其'字当玩味,自有深意";"颜子曰:'仰之弥高,钻之弥坚',则是深知道之无穷也;'瞻之在前,忽焉在后',他人见孔子甚远,颜子瞻之,只在前后,但只未在中间耳。"

此处赞叹颜回境界,充满了极高的崇敬之情。而且又赋诗咏叹:"寥寥天气已高秋,更倚凌虚百尺楼。世上利名群蠛蠓,古来兴废几浮沤。退居陋巷颜回乐,不见长安李白愁。两事到头须有得,我心处处自优游";"闲来无事不从容,睡觉东窗日已红。万物静观皆自得,四时佳兴与人同。道通天地有形外,思入风云变态中。富贵不淫贫贱乐,男儿到此是豪雄"①。可知其十分仰慕颜回境界。

程颢所主自然之德,无疑受到道家(包括玄学)很深的影响,比如他慕求颜回境界,也多以道家人生观来陈述,强调脱俗的意趣。从其所赋诗中可以得到论证。如《马上偶成》咏道:"身劳无补公家事,心冗空令学业衰。世路艰险功业远,未能归去不男儿。"《游重云》诗中咏:"久厌尘笼万虑昏,喜寻泉石暂清神。目劳足倦深山里,犹胜低眉对俗人。"以及:

> 中春时节百花明,何必繁弦列管声。借问近郊行乐地,潆溪山水照人清。心闲不为管弦乐,道胜岂因名利荣?莫谓冗官难自适,暇时还得肆游行。功名不是关心事,富贵由来自有天。任是榷酤亏课利,不过抽得俸中钱。有生得遇唐虞圣,为政仍逢守令贤。纵得无能闲主薄,嬉游不负艳阳天。狱讼已闻冤滞雪,田农还喜土膏匀。只应野叟犹相笑,不与溪山作主人。②

体道而无内外,是程颢的思想与人生观的显著特征。

二、理一分殊与防闲

《宋史·道学列传》传载,程颐"字正叔,年十八,上书阙下,欲天子黜世俗之论,以王道为心。游太学,见胡瑗问诸生以颜子所好何学?颐因答曰:学以至圣人之道也";"吕希哲首以师礼事颐。治平、元丰间,大臣屡荐,皆不起。哲宗初,司马光、吕公著共疏其行义……诏以为西京国子监教授,力

---

① 《秋日偶成二首》。
② 《戏作五绝·呈邑令张寺丞》。

辞。寻召为秘书省校书郎；既入见，擢崇政殿说书"；"苏轼不悦于颐；颐门人贾易、朱光庭不能平，合攻轼。胡宗愈顾临诋颐不宜用，孔文仲极论之，遂出管勾西京国子监。久之，加直秘阁，再上表辞。董敦逸复摭其有怨望语，去官。绍圣中，削籍，窜涪州"；"徽宗即位，徙峡州，俄复其官，又夺于崇宁。卒年七十五。……平生诲人不倦，故学者出其门最多，渊源所渐，皆为名士"。程颐言性端肃，甚至于严厉。人以春日喻颢，以秋气比颐，此仅非性情之别。由二人修养不同，亦能明其世界观人生观之差异。

程颐言性即理：

> 性即理也，所谓理，性是也。天下之理，原其所自，未有不善。①

又曰：

> 孟子言人性善，是也。虽荀扬亦不知性，孟子所以独出诸儒者，以能明性也。性无不善，而有不善者，才也。性即是理，理则自尧舜至于途人，一也。②

性即理，故性善。而所谓性善，即"仁义礼智信，于性上要言此五事"。那么，理为何？理是道的别名，道是形而上者。道也可说是循理之规则，即"天有是理，圣人循而行之，所谓道也"③。因此，性即理，也可说性即道："称性之善，谓之道；道与性，一也。"④理亦称天理。"万物皆只是一个天理，己何与焉！至如言天讨有罪、五刑五用哉！天命有德，五服五章哉！此都只是天理自然当如此，人几时与"⑤。此处记载难以分辨为程氏兄弟二人中为谁所说，其中直言性善，可以推断为程颐所言。

程颐又认为心即性。"孟子曰：尽其心，知其性。心即性也。在天为命，在人为性，论其所主为心。其实只是一个道"⑥。道、理、性、善本一，即客观的先验存在者。那么，既然性主于心为善，人的行为又为何有不善？程颐不同于程颢所言的生之谓性，他主性即理，即天命之谓性，理无不善，不善源自气禀之才，故曰：

---

① 《遗书》卷第二十二上。
② 《遗书》卷第十八。
③ 《遗书》卷第二十一下。
④ 《遗书》卷第二十五。
⑤ 《遗书》卷第二上。
⑥ 《遗书》卷第十八。

> 问:人性本明,因何有蔽?曰:此须索理会也。孟子言人性善,是也。……才禀于气,气有清浊。禀其清者为贤,禀其浊者为愚。又问:愚可变否?曰:可。孔子谓"上智与下愚不移",然亦有可移之理,惟自暴自弃者,则不移也。曰:下愚所以自暴弃者,才乎?曰:固是也,然却道佗不可移不得。性只一般,岂不可移?却被他自暴自弃,不肯去学,故移不得。使肯学时,亦有可移之理。①

观其旨意为,天命所受之理存于性,故性本善。然人之生也是秉气而成,故有才质(其实亦是外在之性)的不同。此才质从善恶角度而言,则根于气所禀受的清浊。这一观点与张载甚近。程颐又以性情对举:

> 问:心有善恶否?曰:在天为命,在义为理,在人为性,主于身为心,其实一也。心本善,发于思虑,则有善有不善。若既发,则可谓之情,不可谓之心。譬如水,只谓之水,至于流而为派,或行于东,或行于西,却谓之流也。②

至此,其论说的缺陷已十分明显。盖程颐主张,性为生之本体,性无不善。至于发于外,便是情。情有善恶,如水流而至于东西。但他在言实然之性时,显然已分割了性情。心本善,发于思虑有善不善,则心与思虑不相应。如果持性情一体,那么,情有善恶之别,以此溯源(本)则性本不该以善名之。揣其意思,乃在于其人既已设定先验至善的理,以解命义,故曰理命于人自善。但从实然之性的实践来看,则性善而情有善恶。

进而,在谈修养论时,程颐也与张载一样主张变化气质。程颐弱冠时曾闻胡瑗之试问弟子"颜回所好何学"的问题,著有《颜子所好何学论》回应。从文中的思想,可知他受到周敦颐的影响,是日后修养纲领的理论前述。今略引述该文,以观其所向:

> 圣人之门,其徒三千,独称颜子为好学。夫诗、书、六艺,三千子非不习而通也;然则颜子所独好者,何学也?学以至圣人之道也。圣人可学而致欤?曰:然。学之道如何?曰:天地储精,得五行之秀者为人。其本也真而静;其未发也,五性具焉,曰仁义礼智信。形既生矣,外物触其形而动于中矣。其中动而七情出焉,曰喜怒哀乐爱恶欲;情既炽而益荡,其性凿矣。是故觉者约其情始合于中,正其心,养其性,故曰性其

---

① 《遗书》卷第十八。
② 同上。

情。愚者则不知制之,纵其情而至于邪僻,梏其性而亡之,故曰情其性。凡学之道,正其心,养其性而已。中正而诚,则圣矣。君子之学,必先明诸心,知所养,然后力行以求至,所谓自明而诚也。故学必尽其心。尽其心,则知其性;知其性,反而诚之,圣人也。故《洪范》曰:思曰睿,睿作圣。诚之之道,在乎信道笃。信道笃则行之果,行之果则守之固:仁义忠信不离乎心,造次必于是,颠沛必于是,出处语默必于是。久而弗失,则居之安,动容周旋中礼,而邪僻之心无自生矣……

此处论性本,得于周氏之学,然其言学,已近于张载。学在自明而诚,具体言之,在正心养性:仁义忠信不离乎心,造次必于是,颠沛必于是,出处语默必于是。此与信道相契合,日后发展为主敬功夫。至于性其情,即正情克欲,使情善统一于性,日后发展为存天理灭人欲。

然文中尚有值得注意的,即圣可学而至一的问题。程颐认为,孔子与尧、舜皆生而知之的"性",孟子学而致圣。但此不合孔子自言非生而知之,也不合孟子言尧舜之历练而圣。考察理学之设定理气为人性本源(即性情来源)、主善恶分殊而理一,实已存漏洞;至于圣人观,则视圣人为先验道德之体现,固又自己否定了功夫论的普遍性。圣人不学而圣的观点,显露出极大的疏漏。

程颐强调主敬为修养方法的根本。所谓主敬,笼统而言,即视听言动,非礼不为:

> 视听言动,非理不为,即是礼。礼即是理也,不是天理,便是私欲。人虽有意于为善,亦是非礼。无人欲,即皆天理。①

所谓不是天理便是人欲,即把一切价值判断皆以善恶加之,此固为古代伦理学的基本特征。道德至上主义必以泛道德观为基础。天理人欲截然对立之说,表现出鲜明的二元论的思维方法。既如此,则人不可不主敬而克欲存理。这样,确立意志向善的主观意志已无任何价值,即由此否定了自由意志。实际上,程颐也认为有我(成就一己之善)的善良意志是不善的。不可存有我所求之心,即须以公为心,不可为了自己希望体现礼的要求而行礼,不能存有任何私意。此已落入极端化。此种从普遍道德心而达到公的天理是周敦颐、张载以来的普遍修养方法要求。程颐命之甚详:

---

① 《遗书》卷第十五。

> 公则一，私则万殊。至当归一，精义无二。人心不同如面，只是私心。①

为何公与有意为善相互对立？一方面，他认为，有意为善蕴含着自己求其所是的德；另一方面，公之为准则本质上与自由意志是冲突的。

程颐的主张与张载定性相近：

> 学者先务，固在心志。有谓欲屏去闻见知思，则是绝圣弃智。有欲屏去思虑，患其纷乱，则是须坐禅入定。如明鉴在此，万物毕照，是鉴之常，难为使之不照。人心不能不交感万物，亦难为使之不思虑。若欲免此，唯是心有主。如何为主？敬而已矣。有主则虚，虚谓邪不能入。无主则实，实谓物来夺之。今夫瓶罂，有水实内，则虽江海之浸，无所能入，安得不虚？无水于内，则停注之水，不可胜注，安得不实？大凡人心，不可二用。用于一事，则他事更不能入者，事为之主也。事为之主，尚无思虑纷扰之患；若主于敬，所谓一者，无适之谓一。且欲涵泳主一之义，一则无二三矣。言敬，无如圣人之言。《易》所谓敬以直内，义以方外，须是直内，乃是主一之义。至于不敢欺，不敢慢，尚不愧于屋漏，皆是敬之事也。但存此涵养，久之自然天理明。②

因此，所谓无适，即不为外物所夺而失其专注德性涵养，此固以敬为敬。故又说：

> "敬以直内"，有主于内则虚，自然无非僻之心，如是，则安得不虚？"必有事焉"，须把敬来做件事著。此道最是简，最是易，又省功夫。③

如此，敬即以德实心，主内而拒物诱，同时须常以敬为事，也就是勉勉不已。此说与程颢强调敬而不累系于敬，有大差别。

基于防物诱之义，程颐又主闲邪。闲邪即防邪之意：

> 闲邪存诚。闲邪则诚自存。如人有室，垣墙不修，不能防寇。寇从东来，逐之则复有自西入；逐得一人，一人复至。不如修其垣墙，则寇自不至，故欲闲邪也。④

---

① 《遗书》卷第十五。
② 同上。
③ 同上。
④ 同上。

此亦定性于内,拒物而涵养。与张载的功夫论相同,与程颢之理存在差异。

程颐主敬,强调节灭人欲的修养功夫。但这一层面的连贯性,除了战战兢兢、内有所主外有所拒一层次外,尚须辨明天理与人欲、是与非,固又因强调所有行为之正当性而引出格物致知。程颐与程颢一样,皆重视《礼记·大学》,惟程颐特别强调致知在格物。此明理一分殊,并求知行合一。所谓理,虽偶及于寒热之理等等,然大体上皆伦常而言。既然理一,则于物上体贴本体即能明天理:

> 格物穷理,非是要尽穷天下之物,但于一事上穷尽,其他可以类推。至如言孝,其所以为孝者如何?穷理如一事上穷不得,且别穷一事;或先其易者,或先其难者,各随人深浅。如千蹊万径,皆可适国,但得一道入得便可。所以能穷者,只为万物皆是一理,至如一物一事,虽小,皆有是理。①

既然万物一理,则万物之理与心之理为同一,因此又说,"致知在格物,格物之理,不若察之于身,其得尤切。"②因为己身具万物之一理,格物还不如穷己。然而倡导格物之说,则必重践履。具体行为的正当,要在分殊。故须穷通众物之理:"人要明理,若止一物上明之,亦未济事。须是集众理然后脱然自有悟处,然于物上理会也得,不理会也得。"因此,格物和致知是二而一、一而二的关系。格物在道德认识,而致知在知先行后与知行合一,所重略有不同而已。格物在于明分殊之理,致知是行具体之礼。程颐思想的独特处,在强调伦理修养的自觉与道德实践的统一,而倡导知行合一。他说:

> 知至则当至之,知终则当终之,须以知为本。知之深,则行之必至,无有知之而不能行者。知而不能行,只是知得浅。饥而不食乌喙,人不蹈水火,只是知。人为不善,只为不知。知至而至之,知几之事,故可与几。知终而终之,故可与存义。知至是致知,博学、明辨、审问、慎思,皆致知。知至之事,笃行便是终之。如始条理,终条理。因其始条理,故能终条理,犹知至即能终之。③

此其注重内外、知行、体用等等的最终依据。但知而能行,则知之深的含义必须含有很深的动机倾向。然而程颐此说尚未明朗,至王阳明才揭示出意蕴。

---

① 《遗书》卷第十五。
② 《遗书》卷第十七。
③ 《遗书》卷第十五。

第四节　朱熹的学说

朱熹思想,是综合周、张、二程学说且加以贯通而成,为理学之集大成者。尤其是他的力作《四书集注》,不仅体现出继孔子以来对儒家基本思想予以系统化的整合功夫,并对元明清几代的学术思想与社会伦理实践产生了巨大的影响力。

朱熹(1130—1200),字元晦,一字仲晦,号晦庵,晚号晦翁、遁翁、沧州病叟,徽州婺源人,生于建州龙溪。《宋史·道学列传》传载,"熹幼颖悟,甫能言,父指天示之曰:天也。熹问曰:天之上何物? 松(父)异之。就傅,授以《孝经》,一阅,题其上曰:不若是,非人也。尝从群儿戏沙上,独端坐以指画沙;视之,八卦也";"其为学,大抵穷理以致其知,反躬以践其实,而以居敬为主。尝谓圣贤道统之传散在方册,圣经之旨不明,而道统之传始晦。于是,竭其精力,以研穷圣贤之经训"。公元1196年,时韩侂胄专政,有人攻击道学欺君罔世,举朱熹以为魁。昭霆并置伪学逆党之籍,朱熹褫职罢祠。时学于朱子者大多避而远之。朱熹虽感不安,但仍不辍于立著。朱熹平生为文凡一百卷,生徒问答凡八十卷,别录十卷等,后人编有《朱文公文集》。另外,讲言录有《朱子语类》。

朱熹通过编集四子语录并解述其著作,而把理学思想树立为一统。尤其自39岁至46岁间,编成《河南程氏遗书》、《程氏外书》,编有《伊洛渊源录》、《近思录》(与吕祖谦合作),解《西铭》、《太极图·易说》与《易通》①,故其思想渊源较为丰厚。朱熹又曾与人讲论圣学,与陆氏兄弟辨于鹅湖,与叶适书信往复。他以正统自居,曾言海内学术之本,莫过江西(陆氏)顿悟,永远康(叶氏)事功;欲辨正之而明道统。又力为风化世教之文。如编著《八朝名臣言行录》,自记曰:"予读近代文集及记事之书,观其所载国朝名臣言行之迹,多有补于世教。"编著《小学》,题记曰:"古者小学教人以洒扫应对进退之节、爱亲、敬长、隆师、亲友之道,皆所以为修身、齐家、治国、平天下之本,而必使其讲而习之于幼稚之时,欲其习与知长,化与心成,而无扞格不胜之患也";"今颇搜辑以为此书,受之童蒙,资其讲习,庶几有补于风化之万一云尔。"他历几十年而撰有《四书集注》,融通《论语》、《孟子》及《礼记》中之《大学》、《中庸》,取道、佛二家之理为框架,在形而上探讨本源,成

---

① 朱熹定为《太极图说解》、《通书解》。

一大体系。其著述活动领域极广,影响到学术史的各个方面。元代以后历朝历代取其著作作为科举纲本,持续到近代,影响了几百年的伦理风貌。

朱熹的性情观近于程颐,亦喜其人,思想受他影响最深。曾批评程颢修养论,论其非穷索主张之不当曰:

> 诚敬为力,乃是无著力处。盖把持之存,终是人为;诚敬之存,乃为天理,只是存得好,便是诚敬。诚敬就是存也。存正是防检,克己是也;存正是穷索,择善是也。若泥不须防检穷索,则诚敬存之,当在何处,未免滋高明之惑。①

故似更为契合余三子之说。

在本体论上,朱熹遍取周、张、程(颐)之说而综合。其论本体,以太极天理为先验存在:

> 未有天地之先,毕竟也只是理,有此理,便有此天地。若无此理,便亦无天地,无人无物,都无该载了。有理便有气,流行发育万物。②

> 或问:必有是理,然后有是气。如何? 曰:此本无先后之可言。然必欲推其所以来,则须说先有是理。然理又非别为一物,即存乎是气之中。无是气,则是理亦无挂搭处。③

> 天地之间,有理有气。理也者,形而上之道也,生物之本也;气也者,形而下之器也,生物之具也。是以人物之生,必禀此理,然后有性;必禀此气,然后有形。④

由此而引出性善论。

然欲明性论,必先明理一分殊。朱熹以为,太极即理:

> 太极非是别为一物,即阴阳而在阴阳,即五行而在五行,即万物而在万物,只是一个理而已……太极只是个极好至善底道理。人人有一太极,物物有一太极。⑤

> 伊川说得好,曰:理一分殊。合天地万物而言,只是一个理;及在

---

① 《宋元学案·明道学案》。
② 《语类》卷一。
③ 同上。
④ 《文集》卷五十八《答黄道夫(一)》。
⑤ 《语类》卷九十四。

人,则又各自有一个理。①

> 本只是一太极,而万物各有禀受,又各自全其一太极尔。如月在天,只一而已;及散在江湖,则随处而见。②

此处须辨明几点。其一,所谓理一分殊,刚开始时,其理据取自佛教华严宗:"释氏云,一月普现一切水,一切水月一月摄。这是那释氏也窥见得这些道理"③。其二,此处物物各具一太极与共具一太极;从强调人与物本质各殊、规律有别来说,言各具本一太极之部分。从强调本体的道德属性而言,也有极明确的指陈。如云:

> 天覆地载,万物并育于其间而不相害;四时日月,错行代明而不相悖。所以不害不悖者,小德之川流;所以并育并行者,大德之敦化。小德者全体之分,大德者万殊之本。④

如此,则知所谓理或太极既指本体源,又指本体并容万物本质之全部内容(故又有万理之说)。然以理分二层次来说则可,而以太极分二层次来说则不可,可能是如下原因:太极概念的限定意义极明,朱子昧于此而不知。

朱熹以为理一分殊既是周敦颐的见解,也是张载和程颐的见解,然其形上学之理既持理一分殊,且混宇宙本体与道德本体之理为一,进入修养论便含有根本的困难,此容后述。先就其混同宇宙本体与道德本体的人性论加以分析。

朱熹在人性论上欲继四子而有所发挥,人性本于至善之理:

> 性者,人之所得于天之理也;生者,人之所得于天之气也。性,形而上者也;气,形而下者也。人、物之生,莫不有是性,亦莫不有是气。然以气言之,则知觉运动,人与物若不异也;以理言之,则仁义礼智之禀,岂物之所得而全哉?此人之性所以无不善,而为万物之灵也。告子不知性之为理,而以所谓气者当之……徒知知觉运动之蠢然者,人与物同,而不知仁义礼智之粹然者,人与物异也。⑤

> 人、物之生,同得天地之理以为性,同得天地之气以为形。其不同

---

① 《语类》卷一。
② 《语类》卷九十四。
③ 《语类》卷十八。
④ 《中庸章句》第三十章注。
⑤ 《孟子集注》《告子·生之谓性章注》。

者,独人于其间得形气之正,而能有以全其性,为少异耳。虽曰少异,然人、物之所以分,实在于此。①

此两处言人物之别,固已有矛盾存其中:前言气禀同而理异,后言气禀异而理同。此固朱熹浑然不觉者。

朱熹的性论同于张载、程颐等分理气二端而主性善。《语类》卷四论之甚详:

> 人之性皆善,然而有生下来善底,有生下来便恶底,此是气禀不同。
> 性只是理,然无那天气地质,则此理没安顿处。但得气之清明,则不蔽锢此理,顺发出来。蔽锢少者,发出来天理胜;蔽锢多者,则私欲胜。便见得本原之性,无有不善。……只被气质有昏浊,则隔了;
> 禀得精英之气,便为圣为贤,便得理之全,得理之正。禀得清明者,便英爽;禀得敦厚者,便温和;禀得清高者,便贵;禀得丰厚者,便富;禀得久长者,便寿;禀得衰颓薄浊者,便为愚、不肖、为贫、为贱、为夭。

如此等等。此处既不十分区别于张载、程颐的人性论,原无议论之必要。然朱熹似欲加以精密化,却增益了前二者论性之困难。首先,朱熹的精密化,仅是进一步强调了后天的道德行为在很大程度上取决于先天所禀之气而已。从而又更深地陷入了先验命定论。其次,朱熹和张、程欲定圣凡之别,然其别不在于刻苦自励而至德性境界,而在先天气禀有异化,此则与其主修学成圣之说之间存有不可克服的矛盾。再次,朱熹理一分殊之说盖涵三层面之义。其一,就宇宙论言之,人与物同源于一理(太极);其二,同样就宇宙论言之,因气禀不同,太极一理所赋有全不全之异;其三,就本体论言之,又分二端:一理摄众理(人、物之共同之理)及一理涵众理。此理(太极)既指至善的道理,又指本质特性之理(非太极)。但朱子论性时,因三层面之理互用,致使性论与理气说不能一贯。既然理在气先,而万物又共具一太极(共分一理),如一谷而出百谷,则为何有人因气禀赋不同而善性有差异?如若因气禀而使一理(涵众理)禁锢,则理非气之理,而人之行为亦不能循理矣。此说通过修养论的深入而更加增扩裂隙。由万理不同,则穷致万理显示出有限活动之不可能;由一理摄众理,则求至善又何须言今日格一物明日格一物?最后,朱熹在论气禀时说:

---

① 《孟子集注》《离娄·人之所以异于禽兽者几希章注》。

> 人性虽同,禀气不能无偏重。有得木气重者,则恻隐之心常多,而羞恶、辞逊、是非之心为其所塞而不发。有得金气重者,则羞恶之心常多,而恻隐、辞逊、是非之心为其所塞而不发。水火亦然。惟阴阳合德,五性全备,然后道正而为圣贤也。①

此固杂取阴阳五行之说,然而以经验比附和神秘化来推解善恶源头,与汉儒之粗陋相近。

由性而情而心,心统性情。朱子言:

> 横渠说得最好:言心统性情者也。
>
> 性无不善。心所发为情,或有不善。说不善非是心,亦不得;却是心之本体本无不善。其流为不善者,情之迁于物而然也。②

又曰:

> 心之虚灵知觉,一而已矣。而以为有人心道心之异者,则以其或生于形气之私,或原于性命之正,而所以为知觉者不同。是以或危殆而不安,或微妙而难见耳。然人莫不有是形,故虽上智,不能无人心;亦莫不有是性,故虽下愚,不能无道心。③

此所谓心的概念,大概是想统性、情、知觉而设。但"统"之概念,恰如心具理之"具"一样。盖朱熹以为,性本于理(道)而具于心,故有道心,情本于气禀,而有人心,故心不同等于性。"心有善恶,性无不善。"心也不同于情:

> 人生而静,天之性,未尝不善。感物而动,性之欲,此亦未是不善。至于物至知知,然后好恶形焉。好恶无节于内,知诱于外,不能反躬,天理灭矣。方是恶。故圣贤说得恶字煞迟。④

此处所谓好恶无节于内,乃秉气之故。故情有正不正,亦有善恶之别。此处之统也就没有落脚处了。心、性、情的关系,朱子以水的性质状态来比喻:

> 心,譬水也。性,水之理也。性所以立乎水之静,情所以行乎水之动,欲则水之流而至于滥也。⑤

---

① 《语类》卷四。
② 《语类》卷五。
③ 《中庸章句序》。
④ 《语类》卷八十七。
⑤ 《语类》卷五。

显然,以动静明性情,本甚牵强,盖受到周敦颐主静之说影响。盖朱熹以心统性情,又言心有善不善,其中多有理未达意者。朱熹讲理气之别,引出性情(欲)对立的观念,又从情欲中规定了善恶之属性,由此而引出修养论来。他说:

> 人性本明,如宝珠沉溷水中,明不可见。去了溷水,则宝珠依旧自明。自家若得知是人欲蔽了,便是明处。①
>
> 有是理而后有是气,有是气则必有是理。但禀气之清者为圣为贤,如宝珠在清冷水中;禀气之浊者为愚为不肖,如珠在浊水中。所谓明明德者,是就浊水中揩拭此珠也。②

因此,善恶乃先天所赋,非后天的结果(此与前引以水之动静为喻同)。然这层意义,本存与修养论相矛盾之处,盖心内自有善恶;所谓道心与人心的区别即在此。然此修养自可满足心内之事,本不需待于外,而朱熹却由格物致知之大学而求之,这样便自设赘疣了。

朱熹的修养论,近于程颐,以格物致知和持敬为主。朱熹重《大学》,与程颐同。他自揣《大学》中第五章阙略,自补之云:

> 右传之五章,盖释格物致知之义,而今亡矣。间尝窃取程子之意以补之,曰:所谓致知在格物者,言欲致吾之知,在即物而穷其理也。盖人心之灵,莫不有知;而天下之物,莫不有理,惟于理有未穷,故其知有不尽也。是以大学始教,必使学者即凡天下之物,莫不因其已知之理而益穷之,以求至乎其极。至于用力之久,而一旦豁然贯通焉,则众物之表里精粗无不到,而吾心之全体大用无不明矣。此谓格物,此谓知之至也。

此为达到格物致知说的纲要。

朱熹这里所说的理,乃指万事万物之本质、规律、状态而言,并不限于人伦日用;但其所强调,又不外乎人伦日用:如读书以讲明道义,论古今人物以别其是非邪正,应接事物而处其正等等。因此,所谓穷理或格物致知,乃是穷天理、明人伦、讲圣言、求世故之类。

> 杞云,莫致知在格物否?曰:固是。《大学》论治国平天下许多事,

---

① 《语类》卷二十。
② 《语类》卷四。

却归在格物上。凡事事物物各有一个道理。若能穷得道理,则施之事物莫不各当其位;如人君止于仁,人臣止于敬之类,各有一至极道理。又云:凡万物莫不各有一道理;若穷理,则万物之理皆不出此。曰:此是万物皆备于我?曰:极是。①

此段既明所谓物乃指伦理而言,又明其功夫乃在求外以明内。故又曰:

> 推极我所知,须要就那事物上理会。致知是自我而言,格物是就物而言。若不格物,何缘得知?②

然朱熹又言:

> 心之全体,湛然虚明,万理具足;心具万理,能存心而后可以穷理;心包万理,万理具于一心。不能存得心,不能穷得理;不能穷得理,不能尽得心。③

"心具众理"之说,恰是问题所在。朱熹从心统性情知觉立论,以心为理的落实处,此已设定了万物皆备于我这一前提,即性善而为心之本体。然此一设定,必减弱了明天理的后天自觉性,故他又另设一层格外理以明心之义。但既然万理具在心中,尽心明理应为内在功夫,不需格物之外再穷索;且穷万物之理并不能有大小精粗无不到之一日,则吾心全体大用亦无明之一日。陆九渊讥其支离,是十分中肯的。然而朱熹明示由外推求仅在明此心本有之理。故他说,"格物所以明此心"④,并强调不假外求之意:

> 若圣门所谓心,则天序、天秩、天命、天讨、恻隐、羞恶、是非、辞让莫不该备,而无心外之法。故孟子曰:尽其心者,知其性也,知其性则知天矣……而今之为此道者,反谓此心之外,别有大本……⑤

如此,从心之本体万理具足而言,虽可引出心(知觉之主于意志)对心(性心)的认识价值,而无心对外的认识意义。使得朱熹在这一环节上陷于支离。

此外,朱熹修养的境界乃在悟求本体之理。本体理一,或谓太极,理一

---

① 《语类》卷一一九。
② 《语类》卷十五。
③ 《语类》卷九。
④ 《语类》卷一一八。
⑤ 《文集》卷三十《答张钦夫》。

非渐修所达,此佛教义理已清晰地表明,而朱熹却未能撷之以为己用。因为太极与万理之理不同,乃是极一的天理(非合小德的大德之理),此已非能由渐而明,即非能由认知万物各自本质规律之理以把握。朱熹理一分殊之歧解,而又混物理与伦理为一,则必等同大的认知与一般认知。且朱子将修养的体极功夫与学行的规范功夫并列,在贯通上即渐悟与顿悟并重,则区分功夫方法为二,必致其一是而另一非。加上朱熹更侧重规范行为,欲渐修而至极,终至于远离本体。

盖格物即在致知,致知是存天理灭人欲的前提,即知所止,然灭人欲尚需诚于修身(立志向善)与践履之,故此,朱熹又引出持敬的修养论。朱熹分情之动为已发未发,故敬也是立体以致用:

> 敬字通贯动静,但未发时浑然是敬之体。非是知其未发,方下敬底功夫也。既发则随事省察,而敬之用行焉。然非其体素立,则省察之功亦无自而施也。故敬义非两截事。必有事焉而勿正、心勿忘、勿助长,则此心卓然贯通动静。敬立义行,无适而非天理之正矣。①

但朱熹又与张载、程颐的主张立场一致,认为无以义行,久则内不能自持,故他主敬以直内、义以方外为内外之合,所谓"敬主乎中,义防于外,二者相夹持,要放下霎时也不得"②即是。他以义之方外是敬的直接结果,即动静、已发未发,皆须居敬。因此,敬是格物致知的前提与完成,显示其重要性:"大抵敬字是彻上彻下之意,格物致知,乃其间节次进步处耳。"③因此,如果说致知有涉及道德知识探求的话,那么,德性涵养则全由敬来完成。

朱熹说:"'敬'字功夫,乃圣门第一义,彻头彻尾,不可顷刻间断";"敬是立脚去处";"'敬'之一字,真圣门之纲领,存养之要法"④。所谓敬,明而言,即心常惺惺。"人心常炯炯在此,则四体不待羁束,而自入规矩";"心既常惺惺,又以规矩绳检之,此内外交相养之道也"。"心常惺惺,自无客虑";"大抵学问须是警省。且如瑞岩和尚每日间常自问:主人翁惺惺否?又自答曰:惺惺";"心,只是一个心,非是以一个心治一个心。所谓'存',所谓'收',只是唤醒"。此是明以知觉活动唤醒道德心,焕发引起向善的能动性,并时常系牵,使之合于善的自觉。进而明之,则敬与畏相似。恐行有所

---

① 《晦庵先生朱文公文集》卷四十三《答林择之》。
② 《语类》卷九十五。
③ 《文集》卷四十三《答林择之》。
④ 《语类》卷十二。

失,必时时处处庄肃诚意,即出门如见大宾,使民如承大祭之类:"收敛身心,整齐纯一不恁得放纵","内无妄想,外无妄动"①;更进而明之,则是:"但熟味整齐严肃,严威俨恪,动容貌,整思虑,正衣冠,尊瞻视此等数语,而实加工焉,则所谓直内,所谓主一,自然不费安排,而身心肃然,表里如一矣";"坐如尸,立如齐,头容直,目容端,足容重,手容恭,口容止,气容肃,皆敬之目也"②。一言以蔽之,敬之本质在内是无妄想(无妄于非道德不道德之想求),外是无妄动(无妄于非道德不道德的行为)。朱熹尝读张栻《主一箴》中居敬说,赏赞之余,自作《敬宅箴》,书斋壁以自警云:

> 正其衣冠,尊其瞻视,潜心以居,对越上帝。足容必重,手容必恭,择地而蹈,折旋蚁封。出门如宾,承事如祭,战战兢兢,罔敢或易。守口如瓶,防意如城,洞洞属属,罔敢或轻。不东以西,不南以北,当事而存,靡他其适。弗贰以二,弗参以三,惟精惟一,万变是监。从事于斯,是曰持敬,动静无违,表里交正。须臾有间,私欲万端,不火而热,不冰而寒。毫厘有差,天壤易处,三纲既沦,九法亦斁,于乎小子,念哉敬哉!墨卿司戒,敢告灵台。

由此可见敬论在其心中的地位。或可说,这是吾日三省吾身的极端化。朱子强调主敬的态度,已带准宗教色彩。

作为道德价值至上信念的提倡者,朱熹极力弘扬"存天理灭人欲"之说。他在对伪《古文尚书》的《大禹谟》所言"人心惟危,道心惟微,惟精惟一,允执厥中"十六字,即所谓圣人十六字心传发挥甚深。前论中已指出,司马光已重视人心道心之区别,曾解这十六字意为:

> 危则难安,微则难明,精之所以明其微也,一之所以安其危也,要在执中而已。③

程颢进而言,

> 人心惟危,人欲也;道心惟微,天理也;惟精惟一,所以至之;允执厥中,所以行之。④

---

① 《语类》卷十二。
② 同上。
③ 《温国文正公文集》卷七十一《中和论》。
④ 《二程遗书》卷第十一。

此处之"中",非无过不及,乃"正"之谓。朱熹以为十六字精训,乃道统精传,故进而解之曰:

> 心之虚灵知觉,一而已矣。而以为有人心、道心之异者,则以其或生于形气之私,或原于性命之正,而所以为知觉者不同,是以或危殆而不安,或微妙而难见耳。然人莫不有是形,故虽上智不能无人心;亦莫不有是性,故虽下愚不能无道心。二者杂于方寸之间,而不知所以治之,则危者愈危,微者愈微,而天理之公卒无以胜夫人欲之私矣……必使道心常为一身之主,而人心每听命焉,则危者安,微者著,而动静云为自无过不及之差矣。①

因此,修养功夫乃重未发之自明阶段,即自明诚,也就是在动静之间先在静处存留道心。这是他在格物致知与敬二者之间尤重后者的依据所在。然由此本应引出纯然治心的要求,而朱熹则并非如此,仍强调穷理以明性。

朱熹既然把天理人欲的区分视为在价值上的知本功夫,也就据此把道德力量作为社会进步的根本力量。例如,他在淳熙十五年上皇帝书中说:

> 臣之辄以陛下之心为天下之大本者,何也?天下之事千变万化,其端无穷,而无一不本于人主之心者,此自然之理也。故人主之心正,则天下之事无一不出于正;人主之心不正,则天下之事,无一得由于正。②

此处所言人主之心可以代表天下之心的是非,纯属自我谬误,如此则天下事非功过皆归于君主,而人之行为无合乎朱熹所说之客观伦理。则人都是禽兽一样?就其心正而事正而言,实际上是纯以道德为治化之本,已陷入道德极端决定论。

朱熹的德治观中有一论点特别值得注意,即朱熹主张儒学道传的治世作用。《四书章句集注》最后一段话用程颐颂其兄继千五百年不传绝学时所说的"周公没,圣人之道不行;孟轲死,圣人之学不传。道不行,百世无善治;学不传,千载无真儒……则天下贸贸焉莫知所之,人欲肆而天理灭矣"来论儒学的价值。伦理范世的至极使命感,在其身上十分明显。其对于道德功业价值的推崇和自我肯定的态度,已涣然若现。

综上所论,朱熹思想确为理学体系的集大成。从这一角度而言,其贡献

---

① 《中庸章句序》。
② 《文集》卷十一《戊申封事》。

自有不可非薄处。然在他的庞大思想体系中,处处存在不可解答的困难,此又与集大成有关。自其创发而言,实不可高估。朱熹与论敌争辩之时,处处出现难以应付之困窘,此可见其体系之大而不精密也(此点在下两章中补叙)。自其影响而言,因其集大成而有广博精微之称,精微之称虽不符合实际,然广博之学实为其影响力量所在。朱熹对于儒学的传播甚大有功焉。他的思想的历史地位,在很大程度上也有赖于《四书集注》成为官定教科书和科举纲本,使士人必知朱熹其人及其思想的一般内容,从而又影响到世俗社会。

第五节　陆九渊及朱陆之争

程朱之学虽然继承了孟子的性善说,但在方法论上还是引入了《礼记·大学》中的格物致知之说,因而无法完全本体自证地实现本体与方法一元论化。而陆九渊则在本体与方法上皆宗孟子,提倡心之发明、道德主体的自我确认和把握,从而开创了理学中的心学一派。

陆九渊(1139—1193),字子静,江西抚州金溪人。《宋史·儒林列传》传载其生平事迹:"生三四岁,问其父天地何所穷际,父笑而不答。遂深思至忘寝食。及总角,举止异凡,儿见者敬之。谓人曰:闻人诵伊川语,自觉若伤我者。又曰:伊川之言,奚为与孔子孟子之言不类?近见其间多有不是处";"他日读古书,至宇宙二字,解者曰:四方上下曰宇,往古来今曰宙;忽大省曰:宇宙内事乃己分内事,己分内事乃宇宙内事。又尝曰:东海有圣人出焉,此心同也,此理同也;至西海南海北海有圣人出,亦莫不然。千百世之上有圣人出焉,此心同也,此理同也;至于千百世之下有圣人出,此心此理亦无不同也";"后登乾道八年进士第。至行在,士争从之游。言论感发,闻而兴起者甚众";"还乡,学者辐凑,每开讲席,户外屦满,耆老扶杖观听。自号象山翁,学者称象山先生";"或劝九渊著书,曰:六经注我,我注六经。又曰:学苟知道,六经皆我注脚"。陆九渊家族曾以整著闻州里,孝宗皇帝后来称赞"陆九渊满门孝弟者也",家法渊源,实为其致力于道德哲学潜思的重要基础。陆九渊34岁中进士,开始仕途生涯。53岁出知荆门军,一面积极筹措抗金,筑城整军;一面善化政务,修郡学贡院,颇有成效。自谓此期间"不少朝夕,潜究密考,略无少暇,外人盖不知也,真所谓心独苦耳"[①]。又称

[①]《陆象山全集·与罗春伯》。下引书名略。

其事迹经验为:"大抵天下事,须是无场屋之累,无富贵之念,而实是平居要研覈天下治乱、古今得失底人,方说得来有筋力。"①就其专注为治及实际上的功效而言,却有别于程朱。

陆九渊以孟子为宗而学:

> 颜子问仁之后,夫子许多事业,皆分咐颜子了。故曰"用之则行,舍之则藏,惟我与尔有是"。颜子没,夫子哭之曰:"天丧予。"盖夫子事业自是无传矣。曾子虽能传其脉,然参也鲁,岂能望颜子之素蓄。幸曾子传之子思,子思传之孟子。夫子之道,至孟子而一光。②

于是私淑孟子,曰"窃不自揆,区区之学,自谓孟子之后,至是而始一明也"③。其思想自宗述孟子,且据理学成果以进一步拓展和光大。其脉络约略如此:

> 孟子曰:心之官则思……又曰:至于心,独无所同然乎?又曰:君子之所以异于人者,以其存心也。又曰:非独贤哲有是心也;人皆有之,贤者能勿丧耳。又曰:人之所以异于禽兽者,几希,庶民去之,君子存之。去之者,去此心也;故曰:此之谓失其本心。存之者,存此心也;故曰:大人者不失其赤子之心。四端者,即此心也。天之所以与我者,即此心也。人皆有是心,心皆具是理。心,即理也。又曰:理义之悦我心,犹刍豢之悦我口。所贵乎学者,为其欲穷此理,尽此心也。④

所谓心,非指差异的个体之心,乃是普遍超验之心:

> 心只是一个心。某之心,吾友之心,上而千百载圣贤之心,下而千百载复有一圣贤,其心亦只如此。⑤

所谓理,是指本体之存在:

> 此理充塞宇宙,天地鬼神且不能违异,况于人乎。⑥

心即理的依据在于,一方面是从超验本体而言,"心,一心也!理,一理也。

---

① 《与吴仲诗》。
② 《语录》(上)》。
③ 《与路彦彬》。
④ 《与李宰(二)》。
⑤ 《语录(下)》。
⑥ 《与吴子嗣》。

至当归一,精义无二。此心此理,实不容有二"①;另一方面是人存本体之心与宇宙之理相互印证的结果,此即,"万物森然于方寸之间,满心而发,充塞宇宙,无非此理"②。由此可知,心即理,实为据理学的基本成就而欲重新开启的一条新的路径而言,以解决人之道德主体理论问题。

很显然,此心即道德心。所谓"仁义者,人之本心也,天之所以与我者,即此心也"③,即由此证明善性和人先验的道德本质。就其超验道德心的由来,是就人与禽兽之别而论;就其夺得本体论而言,则根据伦理道德判断力的普遍性而发义。此皆非有新意,且难以弥合作为宇宙规律性的客观之理与作为道德价值普遍性之理之间的裂痕。心与理同一成为道德伦理超时空存在这一神秘主义道德起源论的观念依据。而所谓古今圣贤与凡人皆同具此心,乃合取以上两层面的观念立论,意欲说明道德伦理乃先验性的不变之道。

他认为,不仅心(性)禀承此道而同,即千世万载之间,道德伦理亦不外于仁义,无有变与区别。所谓六经皆我注脚,实是此观念的自然延伸。陆九渊和程朱不同之处,在于他主张圣凡同具此心,本体与本然并无气禀所隔。如能使意志顺此道德心而行,自然成圣成贤。此乃肯定道德主体的道德能力先验存在,由这种存在能统一贯通成为圣人所必达到的同一修养方法。而张载、程朱虽主性善,天地之性外却又有气质之性,先验性地规定了圣凡的区别;虽然凡皆能致圣,然因凡人求致道德完满性的路途迢遥,不如圣人生而合于道德,由此否定了致圣境界与道德修养的联结。因此,其修养论仅对凡人说法而已,圣人毋需孜孜之求;然而其立论不能证明通过性同而修养方法亦同的实际结论。陆九渊的理论,明显地具有矫正这种偏失的自觉。

陆九渊主张本心之善,因此没有人心道心之区别。程朱从理气二元论和气的二元论引出心的二元论,故区别了天理人欲在未发之心中的对立。陆九渊反对这种烦琐、且不能实际证明性善论的划分。他说:

> 天理人欲之言,亦自不是至论。若天是理,人是欲,则是天人不同矣。此其原盖出于老氏。《乐记》曰:"人生而静,天之性也;感于物而动,性之欲也。物至知知,而后好恶形焉,不能反躬,天理灭矣,"天理人欲之言盖出于此。《乐记》之言亦根于老氏。且如专言静是天性,则

---

① 《与曾宅之》。
② 《语录(上)》。
③ 《与李宰(二)》。

动独不是天性耶?《书云》:"人心惟危,道心惟微。"解者多指人心为人欲,道心为天理,此说非是。心一也,人安有二心?自人而言,则曰惟危;自道而言,则曰惟微。罔念作狂,克念作圣,非危乎?无声无臭,无形无体,非微乎?因言庄子云:眇乎小哉!以属诸人;謷乎大哉!独游于天。又曰:天道之与人道也,相远矣。是分明裂天人而为二也。①

程朱之学也是本于天人合一,然其结论则惟圣人天生而仁、尽性知天,凡人乃须克服气质之性的恶,且须穷于格物致知。陆九渊揭其弊在分裂天人,以动静为枢,盖亦明指。其意在指出天人本无二,不必言合;又明示不能裂天人为二,以求合一。

陆九渊反对性、情、才的划分,且以心为基本命题。他以为,心只一心,又是天之所赋,其内容已先验地涵括宇宙之理,而宇宙之理又带有伦理属性,因而修养之事,非求外以致内,即所谓孟子所说的"非由外铄我"。因此,把握这已然先验地善的宇宙之理,就在于明其心已明了的伦理:

> 思则得之,得此者也;先立乎其大者,立此者也;积善者,积此者也;集义者,集此者也;知德者,知此者也;进德者,进此者也。②

一言以蔽之:

> 心之体甚大,若能尽我之心,便与天同,与学只是理会此。③

所谓理的恢复,即明性善,即心而行,非有所谓扩充之必要。故曰:

> 近来论学者言扩而充之,须于四端上逐一充,焉有此理!孟子当来只是发出人有是四端,以明人性之善,不可自暴自弃。苟此心之存,则此理自明,当恻隐处自恻隐,当羞恶,当辞逊,是非在前,自能辨之。④

就是说,修养的根本在于一种简易功夫,即明善心存在于我,非有别求他善之事;唯有保此心之良,使之不流失而已。换言之,修养过程既不在求外以充内,也不在于就内以充内,而仅在于顺随本心,使本心通过人确立意志之善,在人生的过程中体现出来。于此,陆九渊论之甚详:

> 人孰无心,道不外索,患在戕贼之耳,放失之耳。古人教人,不过存

---

① 《语录(上)》。
② 《与邵叔谊》。
③ 《语录(下)》。
④ 《语录(上)》。

心、养心、求放心。此心之良,人所固有,人惟不知保养而反戕贼放失之耳。苟知其如此而防闲其戕贼放失之端,日夕保养灌溉,使之畅茂条达,如手足之捍头面,则岂有艰难支离之事!①

因此,修养之要在于立其大者,即知道明了我本有善(立信心),以及确立顺从本心达善为标的(立志)。如若不先立此大者,不能立意志之善,故不能尽心成圣;纵使孜孜以求规范的约束,也不能成就人生的根本价值。他说:

《大学》言明明德之序,先于致知;孟子言诚身之道,在于明善。今善之未明,知之未至,而循诵习传,阴储密积,廑身以从事,喻诸登山而陷谷,愈入而愈深。适越而北辕,愈骛而愈远。②

学有本末,颜子闻夫子三转语。其纲既明,然后请问其目。夫子对以非礼勿视、勿听、勿言、勿动。颜子于此洞然无疑,故曰:回虽不敏,请事斯语矣。本末之序盖如此。今世论学者,本末先后,一时颠倒错乱,曾不知详细处未可遽责于人。如非礼勿视、听、言、动,颜子已知道,夫子乃语之以此。今先以此责人,正是躐等。③

此处表明先立其大者的方法论,与程颐、朱熹不同。其根据在于:

正人之本难,正其末则易。今有人在此,与之言汝适某言未是,某处坐立举动未是,其人必乐从。若去动他根本所在,他便不肯。④

此言有较深的现实理据,却难以反证其论说的力量。

先立其大者不仅为修养功夫之关键,而且也为人物评价的标准。如果人能立志于善,则其小过非能绝对防范;然据其本而言之,却不失其为君子之称。如果仅以小过责于人,则圣贤亦非无过,盖难分别道德境界的高下。因此,陆九渊以为:

铢铢而称之,至石必缪;寸寸而度之,至丈必差;石称丈量,径而寡失,此可为论人之法。且如其人,大概论之,在于为国、为民、为道义,此则君子人矣。大概论之,在于为私己、为权势,而非忠于国、徇于义者,则是小人矣。若铢称寸量,校其一二节目而违其大纲,则小人或得为

---

① 《与舒西美》。
② 《与胡季随书一》。
③ 《语录(上)》。
④ 同上。

欺,君子反被猜疑,邪正贤否,未免倒置矣。①

显然,程朱的天理人欲之分,盖取绝对标准,把相对事实绝对化,以此说明无一丝毫人欲的圣人与人欲横流的恶人之别,善恶之分不从其大者论之,取一小善而言客观,常多流变为主观。与此相比较,陆九渊思想的宽容性是很明显的。其论善恶取其大处,非苟意求全,以此论人,显然有很大的价值。

修德之纲要,立其大者为第一步。此大者即是立善良之志。立志在明善并自觉于善,有所谓觉悟的意蕴,然此亦并非觉悟所能涵盖。陆九渊论本末之分,言之甚明:"吾之教人,大概使其本常重,不为末所累。"大本既立,始能专意于为善,则邪恶不能侵入其心。但专意于为善则须持续不止。然就实践言之,亦有所谓恶者,即实然过程中本心或不明照意志、或放失其心,此并非仅仅由悟所能解决,而须由整个人生过程的德性修养而自觉。因此,人皆谓陆氏几近于禅,大概是因为不明立其大者并非一悟而尽于善,乃须明大且持续的永久功夫。《语录上》记:

> 有学者听言有省,以书来云:自听先生之言,越千里如历块。因云:吾所发明为学端绪,乃是第一步,所谓升高自下,陟遐自迩。却不知指何处为千里?若以为今日舍私小而就广大为千里,非也,此只可谓之第一步,不可遽谓千里。

此处强调并非一悟永逸,述之详切。所谓舍私小而扩其大,即立志于义(循本有之善),而非喻于利,实有明指。陆九渊在受朱熹之邀讲学于白鹿洞书院时,专就《论语》中"君子喻于义,小人喻于利"述说立志与辨志的精义所在:

> 此章以义利判君子小人,辞旨晓白。然读之者苟不切己观省,亦恐未能有益也。某平日读此,不无所感。窃谓学者于此,当辨其志。人之所喻由其所习,所习由其所志。志乎义,则所习者必在于义;所习在义,斯喻于义矣。志乎利,则所习者必在于利;所习在利,斯喻于利矣。故学者之志,不可不辨也。科举取士久矣。名儒钜公,皆由此出。今为士者固不能免此。然场屋之得失,顾其技与有司好恶如何耳,非所以为君子小人之辨也。而今世以此相尚,使汩没于此而不能自拔,则终日从事者虽曰圣贤之书,而要其志之所相,则有与圣贤背而驰者矣。推而上

---

① 《语录(上)》。

之,则又惟官资崇卑禄廪厚薄是计,岂能悉心力于国事民隐,以无负于任使之者哉?从事其间,更历之多,讲习之熟,安得不有所喻?顾恐不在于义耳。①

因此,他又进而明晓于人,

> 人精神在外,至死也劳攘,须收拾作主宰。收得精神在内时,当恻隐即恻隐,当羞恶即羞恶。②

> 收拾精神,自作主宰,万物皆备于我,有何欠阙。当恻隐时自然恻隐,当羞恶时自然羞恶,当宽裕温柔时自然宽裕温柔,当发强刚毅时自然发强刚毅。③

此强调切己自反,立志明善在己,非人所能强。一旦从善之心挚切,顺普遍而又依善心而行,自然不悖于德。这是关于确认本心自善而后确立善良意志的陈述。

然已放失本心之人,则必复明本心。此功夫在于剥落。盖邪恶在不知持续不断地反省而求善心,不能于立志之后专意持续于行所确立之正当性(即善),而蔽于意见与物欲。贤智者蔽于意见,愚不肖者蔽于物欲。蔽于意见者舍本逐末,劳攘而不知道,此盖指程颐、朱熹等学者之病,而必于物欲者则又多矣。因此修养功夫所指,特重在剥落物欲。他说:

> 夫所以害吾心者何也?欲也。欲之多,则心之存者必寡;欲之寡,则心之存者必多。故君子不患夫心之不存,而患夫欲之不寡,欲去则心自存矣。④

> 人心有病,须是剥落。剥落得一番,即一番清明。后随起来,又剥落又清明,须是剥落得净尽方是。⑤

由是而言,所谓物欲是害吾良心的私意和私心。非有后天之利即存先天之义,这是他直截了当的见解。如果单就非利即义的非此即彼这一层面加以认识而言,则不喻于利实际并不能得出即喻于义的结论。然他有一先验的假设,人心是先天善的,本心自足,"此心之良,本非外铄,但无斧斤之伐,牛

---

① 《白鹿洞书院论语讲义》。
② 《语录(下)》。
③ 同上。
④ 《养心莫善于寡欲》。
⑤ 《语录(下)》。

羊之牧,则当日以畅茂"①,故可弥缝此漏隙。不流失本心而逐于物欲,自作主宰,此心便不存有病之患。他的先验的普遍善心,乃据人所共循之伦理规范、并以此规范为先验存在。

很显然,在陆九渊的学说中,关于经验的道德知识并不重要,但在经验的道德实践中能否始终保持善良意志则至关重要。如以善良意志行之,则自然符合伦理规范。但陆九渊根据经验中求利而不顾义之事实而主张重义贬利,极其突出。他屡屡强调,"常俗汨没于贫富、贵贱、利害、得丧、声色、嗜欲之间,丧失其良心,不顾义理,极为可哀"②。他尤其突出人生价值的道德至上主义,所谓"人生天地间,为人当尽人道,学者所以为学,学为人而已,非有为也"③,以及"主于道则欲消而艺亦可进,主于艺则欲炽而道亡,艺亦不进"④即可证明。然在何以证明人生之价值必须体现为道德价值,即在强调道德修养时的说服力方面,强调先验的所谓人兽区别的依据对于一般人来说显然是不够的。于是,他又进而以善恶报应论证明。所谓积善积恶余庆余殃之说,或在劝善上有其意义,然非驯雅之文,也并非必然之理,否则积善者为何不得福报而仍处贫贱(如圣贤)?若说人至圣贤者自甘贫贱,然而一般之人情仍在求富贵,道德不予以利,那么,积善又何能富贵,又怎么详述人之称福呢。因此,陆九渊引善恶报应之说以劝世,既非不得已,亦非很好的证明。

修德的第三层次,有所谓读书涵咏功夫。俗世皆以为陆九渊不重读书进学以修德,并非如此。陆九渊强调:"人之不可以不学,犹鱼之不可以无水。"⑤他认为,本心受物欲或意见所限:

> 有所蒙蔽,有所移夺,有所陷溺,则此心为之不灵,此理为之不明,是谓不得其正,其见乃邪见,其说乃邪说。一溺于此,不由讲学,无自而复。⑥

不过,他以为,读书不在遽而多读,当以精熟为贵。此可能优游涵咏,久自得力,非使之流于虚说。他以为读书可以变化气质(他称杜甫之诗乃其旗帜

---

① 《与舒元宾》。
② 《与符复仲》。
③ 《语录(下)》。
④ 《杂说》。
⑤ 《与黄循中》。
⑥ 《与李宰(二)》。

而有),且与日用相得。

陆九渊的修养功夫,不同于程颐、朱熹,而和程颢较为接近。他也强调并非敬执于琐碎的事理,而强调德的自然发露:

> 防闲,古人亦有之,但他底防闲,与吾友别。吾友是硬把捉,告子硬把捉,直到不动心处,岂非难事,只是依旧不是。某平日与兄说话,从天而下,从肝肺中流出,是自家有底物事,何尝硬把捉!①

然陆九渊与程颢之间的方法论也有区别。前者强调体认本心,自作主宰,亦非求事事得正;后者则重生生之仁,以为随事而正,以人之性质为根基。一重在起始功夫,一重在不断的境界(过程的境界)。虽然他们都比较排斥动静人我之别的划分。陆九渊与程颐、朱熹的功夫方法论的区别已很明朗,故他和朱熹争论的发生,实在是必不可免的。

陆九渊在言谈议论中,多次指出朱熹学术的缺陷。试举《语录》中二三例为证。其一,"一学者自晦翁处来,其拜跪语言颇怪。每日出斋,此学者必有陈论,应之亦无他语。至四日,此学者所言已罄,力请诲语。答曰:'吾亦未暇详论。然此间大纲有一个规模说与人。今世人浅之为声色臭味,进之为富贵利达,又进之为文章技艺。又有一般人都不理会,却谈学问。吾总以一言断之曰:胜心'"。其二,"一夕步月,喟然而叹。包敏道侍,问曰:先生何叹!曰:朱元晦泰山乔岳,可惜学而不见道,枉费精神,遂自担阁,奈何?包曰:势既如此,莫若各自著书,以待天下后世之自择。忽正色厉声曰:敏道!敏道!恁地没长进,乃作这般见解。且道天地间有个朱元晦、陆子静,便添得些子?无了后,便减得些子?"其三,"或谓先生之学,是道德、性命,形而上者;晦翁之学,是名物、度数,形而下者。学者当兼二先生之学。先生云:足下如此说晦翁,晦翁未伏。晦翁之学,自谓一贯,但其见道不明,终不足以一贯耳。吾尝与晦翁书云,揣量模写之工,依放假借之似,其条画足以自信,其节目足以自安。此言切中晦翁之膏肓"。朱熹亦多攻评陆九渊,认为其学与禅学相类似,"其病却在尽废讲学而专务践履,于践履中要人提撕省察,悟得本心,此为病之大者"②。

此种相忤,根于方法论之不同。淳熙二年(公元1175年),由吕祖谦出面邀约,陆九龄陆九渊兄弟与朱熹论学于信州铅山鹅湖寺。陆九渊主张约

---

① 《语录(下)》。
② 《答张钦夫》。

于心而辅于讲学,朱熹主张讲学而后归约,意见不合,陆氏因作诗:

> 墟墓兴哀宗庙钦,斯人千古不磨心。涓流积至沧溟水,拳石崇成泰华岑。易简功夫终久大,支离事业竟浮沉。欲知自下升高处,真伪先须辩只今。①

以此讥讽朱氏,朱氏大为不快。三年后陆访朱,朱仍耿耿于怀,附和前诗而作一首反讥陆九渊:

> 德义风流夙所钦,别离三载更关心。偶扶藜杖出寒谷,又枉篮舆度远岑。旧学商量加邃密,新知培养转深沉。却愁说到无言处,不信人间有古今。②

二人所主,因其侧重点不同而生歧异。朱熹欲以讲学使人对外在规约的处处合乎众议,最终确立主体自觉;而陆九渊主张人须先有向善之志,则在践履中大体上能够合乎规约。如果人仅服从外在规范而孜孜从守,则不能判道德境界的高低,因为小人亦求名求利而互相众议。且陆九渊以为,书载师友之言也各持一端,如不先确立主体的道德意识,则在师友书籍之间无所适从:

> 读书亲师友是学,思则在己。问与辨,皆须即人。自古圣人亦因往哲之言,师友之言,乃能有进,况非圣人,岂有任私智而能尽学者?然往哲之言,因时乘理,其指不一。方册所载,又有正伪、纯疵,若不能择,则是泛观。欲取决于师友,师友之言亦不一;又有是非,当否,若不能择,则是泛从。泛观泛从,何所至止。③

此语甚当。盖朱熹虽主张先验之理为道德本体,而其关注处却在人伦日用的经验世界。在经验世界的道德实践之中,才显示出既悟道又完美合乎伦理规范践履要求的内外合一。虽然这从伦理的现实性格的角度可以肯定其思想的合理性,但这样一来,对于善的具体内容践履的无限性努力能否最终完成对本体之善(理一)的把握呢?如若本体是一种具体化于事事物物之中的统一原则,则又何须在人伦日用无不明之处获得豁然贯通呢?这一先验世界与经验世界之间无法和谐的困窘,在较为一贯以先验世界解释经验

---

① 《鹅湖和教授兄韵》。
② 《鹅湖寺和陆子寿》。
③ 《语录(上)》。

世界的陆九渊看来,无疑是支离的了。当朱熹站在经验世界来强调伦理的现实性格时,他确乎又可以指责陆九渊的主观主义。这是二者难以调谐的,因为他们都撇开了逻辑的统一性问题。

　　从方法论出发,他们对于人物与道德境界的评价标准也相去甚远。在关于王安石人品评价方面的对立,可谓典型案例。陆九渊对王安石变法持否定态度,以为过于倚重法度。但他不像司马光、程朱之徒那样以为祖宗之法不可变,而认为王安石变政仍合乎追寻尧禹理想的儒家典范,为民请命。因此,尽管新法失败、王安石之措举失误,然此不影响王安石之人格境界。受抚州郡守钱伯同之请,陆九渊为重修的王安石祠堂撰写了《荆国王文公祠堂记》,称其人品为,"英特迈往,不屑于流俗声色利达之习,介然无毫毛得以入其心,洁白之操寒于冰霜,公之质也;扫俗学之凡陋,振弊法之因循,道术必为孔孟,勋绩必为伊周,公之志也"。"或谓变其所守,或谓乖其所学,是尚得为知公者乎?气之相迕而不相悦,则必有相訾之言,此人之私也";此言司马、程朱之徒之党从伐异,尤其是"熙宁排公者,大抵极诋訾之言,而不折之以至理",如此等等,皆足以引起随尚程颐之朱熹的不快。朱熹在书信中称陆九渊的祠堂所记的诸议论皆学问偏枯、见识昏昧之故,而私意又从而激之①。朱门弟子攻击更甚,致引陆九渊反示轻蔑。他记中所述议,褒贬参半,分析入理,显从己学问出发而断之,实较程朱为公允。盖陆九渊从立其大者来论人,所言有主次轻重之别。而朱熹求全责备,因其不全而断之为恶,则不利于评价人格。当然,对于道德评价方法的歧异,也与处世态度和人之性情有关。可以说,朱陆二人之争大概是由学术与现实的复杂性关系所决定的。

---

　　① 参见《答刘公度》之二。

第七章
明清诸子的新学说

在程朱特别是朱熹的理学体系中,无论是理一分殊还是格物致知,都具有某种描述性的结构,对于伦理秩序和道德心理学的分析较多,对于主体能动性的分析较少。相比较,在王阳明的学说中,他更多地突出了"心"的自我意识和实践意识。此外,基于对程朱学说的基础性地位和他们学说的特质,出现了许多相关的批评和讨论。二者构成明清时期的主要伦理思想的学术脉络。

第一节 王阳明的心学

王阳明的"无善无恶"观点曾引起过许多争论。我认为,他的学说实际上包含着两种理论上的解释方法,一种是修身而悟道,一种是悟道而践行。无论哪一种,都是强调了"知行合一"的心学本质,即真知是力行的开端。

王守仁(1472—1529),字伯安,浙江余姚人。因曾慕行道教之术筑室阳明洞,人称阳明先生。据门人所编年谱,王阳明 15 岁游居庸关时,便心生经略四方之志。先进于词章,后与人(娄谅)论程朱格物之学,并信诚之。年 23,就朱子格物之说而行,静坐对竹求理,不得,而获疾。因无所得于朱子学,转而追慕养生之术。31 岁时筑室阳明,行导引之术;后悟非其所志,乃回溯求道。34 岁时开始讲学,交于湛若水。次年因反宦官刘瑾获罪,贬为贵州龙场驿丞。在身处绝域、情躁于心、势限于外之际,仍思索圣人处此境之情状,因悟一身非己、何复有外之理,并觉醒于块然而生、块然而死之生命过程中的良知之本。不久,刘瑾伏诛,王阳明开始其一生重要的仕宦顺境与艰苦的平寇、平乱、平盗的戎马生涯。此期间一直讲学不辍。然自龙场悟道后,王阳明虽持良知之说与知行合一之说,于方法上及理论环节上未有精当处,始终徘徊于陈说之间。至 50 岁时才揭明致良知功夫,并开始阐明万物同体之理。最后明确良知自能知善知恶。

王阳明去世前一年,向门人解说了"四句教"及四无之说,影响后来王学的分歧。他的著作被辑为《王文成公全书》留世。王阳明的学说集心学之大成,且典型地体现了对于道德旨义的全身心关注这一特征。尽管他的一生学凡六变(龙场悟道前三变,悟道后三变),但体系化的定论则在知天命之年完成。也就是说,他在晚年才较融贯自如地表达了他的成自家之言的心学。今据其理论诸环节,顺序论述。

王阳明学说的主旨是主体成德功夫与道德境界的一贯之道,然其理论的出发点仍是道德本体论。他以良知为天地万物的主宰,又说,吾心之良知,即是天理,良知就是心的一点灵明。因为良知与心这种二而一的关系,人心即成为天地万物之主。可见,这是从存在的意义依于主体而完成的唯心论。但这仅是其中一个环节而已。他又从本体的天人合一来强调人的超越自我与万物同体的本体性存在。他说:"天命之性,具于吾心,其浑然全体之中,而条理节目森然毕具,是故谓之天理。"①心、性、命乃为一,由天而人而赋天理。这是从先验道德论上的唯心论。这样,由先验道德论(假定性质地)确立了主体的道德行。所谓万物与天理是不做区分的,因为物即事(知或行),而实即理(有其实必有其理),理即礼(道德规范的全部内容)。这样,心外无物、心外无事、心外无理、心外无义、心外无善的本体之心也就确立起来了。此心即是千古之人心,也是能够赋予个体的普遍之心。

但是,这并不是说,心外无物无理否定了主体之外的客观性内容。他所强调的是,这些客观性内容必须对于人(心)具有意义,即感知之后才具有物理的存在意义。感知之灵明在心,感知而明理识物先于物理对于自己的存在意义。因此,他一方面强调外心而求物理,悟物理;另一方面也强调,"遗物理而求吾心,吾心又何物耶"②。这样,可以说,道德原则(天理)与心的这种心即理的关系,乃指明了随着主体(心)与天理的同步提升关系,理也就由抽象存在转为具体显在。

因此,心即理的命题,强调了道德本体在性、心(天命)。这一本体不仅具足天理的全部内容,而且具足体认天理的能力。于此,他言之甚详:

> 所谓汝心,却是那能视、听、言、动的,这个便是性,便是天理。有这个性,才能生。这性之生理便谓之仁,这性之生理,发在目,便会视;

---

① 《阳明全书》《博约说》。下引书名略。
② 《传习录》中,《答顾东桥书》。

发在耳,便会听;发在口,便会言;发在四肢,便会动;都只是那天理发生。以其主宰一身,故谓之心。这心之本体,原只是个天理,原无非礼。这个便是汝之真己,这个真己是躯壳的主宰。①

又说:

> 心之体,性也;性即理也。故有孝亲之心,即有孝之理;无孝亲之心,即无孝之理矣。有忠君之心,即有忠之理;无忠君之心,即无忠之理矣。理岂外于吾心耶。②

显然,这里所论证的理不外于吾心,实际上是两个层次的命题。其一,由性是天理引出心即天理,指出了心的活动过程中指导行为的依据乃是心具含天理。易言之,先验的心之理是实践规范的前提,否则,实践之理便不能把握。关于这一点,他再三致意。他认为:

> 且如事父,不成去父上求个孝的理事君,不成去君上求个忠的理?交友治民,不成去友上民上求个信与仁的理?都只在此心,心即理也。此心无私欲之蔽,即是天理,不须外面添一分。以此纯乎天理之心,发之事父便是孝,发之事君便是忠,发之交友治民便是信与仁。③

其二,但是,从有孝亲之心即有孝之理,无孝亲之心即无孝之理来说,似乎理又不完全成为主观意向活动的支配者。这里的关键在于主体的能动性,只有主体体认了天理之后(有孝之心),才有行为合乎规范要求的问题。因此,内在规范(理)是在能动性之后才有效地成为实践中的指导性的心之理。由是便明确心外无理的实际意涵,这与他所认定的心外无物无事的理论是一致的。即是说,理依于心(主体能动性),且在心之体认(主宰)之后才成为每一个人(个体)现实指导之理。心外无事无物无理,指先验道德范畴及每一个体体认本体之理(本然)并且依从本体之理而说的。

由第二个层次,王阳明引出了善恶二元性的问题。既然理依于心(不是主宰其心),那么,主体之心在未经体认,则此理便不能成为主体者行为的指导。这种未经体认存在的原因,他认为是由于有所未知(体认天理并确立善良意志)、为私欲障蔽使心不能纯是天理。由此引向修养论。他在回答徐爱关于致孝的许多具体节目是否讲求之问时,强调需要讲求,就在

---

① 《传习录》上。
② 《传习录》中,《答顾东桥书》。
③ 《传习录》上。

"此心去人欲存天理上讲求"。即是说,在主体去尽人欲、纯是天理的主观能动性完全显发之后,此心是个诚于孝亲的心,自然会尽孝(包括具体节目)。因此,所谓此心纯乎天理不是一种豁然贯通或本体具足的先验能力(这就区别于他先前所说的心即理),而是指主体之心体认并爱好着天理(只能说理依于心)的状态。因此,主体之心一刻不能放松、随时体认天理且培养爱好天理。他说,天理是具体而微的,此心纯乎天理,即是此心自觉于(体认)践行那具体而微的天理。他举例说,尽孝上的许多细节,须靠学问思辨之功而把握:"且如事亲,如何而为温清之节,如何而为奉养之宜,须求个是当,方是至善,所以有学问思辨之功。"①所谓求个是当,就是此心体认(知)天理并因好之而成纯乎天理(自觉能动性发挥之结果)的状态。因此,此心纯乎天理是一种过程,而不是一二日而尽(了悟)的境界。他举例说,(尽孝)于温情时,只要此心纯乎天理之极,于奉养时,只要此心纯乎天理之极。而这就需要学问思辨之功与愿意为之的意向。

那么,学问思辨的功夫又如何与道德主体相联结的呢?王阳明认为,学问思辨的功夫正是存天理去人欲的功夫,而存天理去人欲是使主体完全成为道德主体的体现。他在本体论上确定了天理具于心,此即是心之灵明,即良知。良知源于性命之天理,但它仅是一种知善的能力。他强调良知为人所共具的"恒照"状态与能力。他说:

> 良知即是未发之中,即是廓然大公、寂然不动之本体;人人之所同具者也。但不能不昏蔽于物欲,故须学以去其昏蔽。然于良知之本体,初不能有加损于毫末也。②

> 良知者,心之本体,即前所谓恒照者也。心之本体,无起无不起。虽妄念之发,而良知未尝不在,但人不知存,则有时而或放耳;虽昏塞之极,而良知未尝不明,但人不知察,则有时而或蔽耳。③

这样,良知是真正的道德本体,因是本体而具普遍性,由本体之善(如孟子之四端)而成就先验的道德判断能力。但它不是自觉自主的一种能力,它与主观意志、态度、愿望等不同,是一种知的能力而非乐之好之的意向,因而有被物欲蒙蔽的状态。但蒙蔽并不等于本体消失,正是这种特性,便给予人扩充与培养的希望和信心。这种希望和信心基于,只要人能够致良知,则无

---

① 《传习录》上。
② 《传习录》中。
③ 同上。

贤愚之别。因此,他的最根本的修养功夫(以及实践方法)是致良知。

在述引他的致良知学说之前,我们先应该了解他有名的四句教。这四句教是:"无善无恶是心之体,有善有恶是意之动,知善知恶是良知,为善去恶是格物。"关于这四句教,后人(包括其门人)理解各自不同。按照王阳明思想的脉络,这四句教本来是讲一种很平实的道理,就是强调"意"之能动性和"知"与"为善"结合的知行合一功夫的统一。

当然,它似乎也可以做更复杂的理解。心之体即是天理,此是人之性善的根源。但性善并不能决定行为的善性,因为心之体是静的,不能表现为主体动而有善和有意,从而也就不能用善恶来评价主体之本体性。但意念动时,则有善意念和不善意念。意与良知有区别,它是情绪性、情感性的。而良知虽能知善知恶,但良知仅仅是一种认识善的判断能力,本身不具向善的意向(主观意志上向善的自觉性),因此,只有在意志上自觉于向善之后,心之主体才能真正体现出知行合一上的纯然天理之善。正因为如此,他把修养的重点放在一念发动处(致良知),通过为善去恶而达到主体与本体合一的无思无虑、无善无恶而又纯然天理的境界。

尽管阳明强调"见父自然知孝,见兄自然知悌,见孺子入井自然知恻隐,此便是良知不假外求"①,但良知这种知善的能力在没有理性确立主观意志的自觉性下不能体现为自致的向善能力。因此,关键处即在主体确立向善的主观自觉性,以及去除物欲与习污染。致良知之"致"字,正说明良知缺乏自然主导行为的好善的意向性。关于这一点,他实际上反复强调了。他说,"身之主宰便是心,心之所发便是意,意之本体便是知,意之所在便是物"②;"故格物者,格其心之物也,格其意之物也,格其知之物也"③。格物即是致知,即是致良知。关于致良知,他训解道,"致者,至也。……致知云者,非若后儒所谓充广其知识之谓也;致吾心之良知焉耳"④。因此,前面所引的学问思辨笃行之功,"虽其困勉至于人一己百,而扩充之极,至于尽性知天,亦不过致吾心之良知而已"⑤。他把格物致知训解为致良知。而致良知实际上是使意向服从于良知,使良知之所善成为意向之所善,使意向之动时去其不正而止于正。如此,则指导意者另有他物。此是王阳明哲学之最

---

① 《传习录》上。
② 同上。
③ 《传习录》中,《答罗整庵少宰书》。
④ 《大学问》。
⑤ 《传习录》中,《答顾东桥书》。

尴尬者。

而且,既然性善,心之本体(性)本无不正,何须格物(去不正)而至于正? 王阳明解释说:

> 性无不善,则心之本体本无不正也。何从而用其正之之功乎? 盖心之本体本无不正,自其意念发动而后有不正;故欲正其心者,必就其意念之所发而正之。凡其发一念而善也,好之真如好好色;发一念而恶也,恶之真如恶恶臭,则意无不诚而心可正矣。①

这就是他在四句教中所说的"有善有恶是意之动"。意向与良知不同,意向即观念活动、愿望、好恶等等,此中有善恶之念(念为善为恶,或念本身具有善恶属性意味)。因此,只有主体意志在理性指导下沿着良知所确立的准则而活动并完全定为向善(即意无不诚)时,才真正使主体之心归止于正。尽管他在意与念的使用上常常不精确,以意代念,但他的意思还是明显的,即主体的精神活动有善恶属性之别,因此,必须立定向善的意志并不断克除不善之念(意),良知才能与主体的道德自觉性结合而使主体的心纯乎天理(明天理与自觉于行天理)。因此,致良知的关键环节实际上是正心:

> 何谓身? 心之形体运用之谓也。何谓心? 身之灵明主宰之谓也。何谓修身? 为善而去恶之谓也。吾身自能为善而去恶乎? 必其灵明主宰者欲为善而去恶,然后其形体运用者始能为善而去恶也。故欲修其身者,必在于先正其心也。②

此处的"必其灵明主宰者欲为善去恶"正是要求主体的道德自觉性。他反复强调此点,"故致此良知之真诚恻怛以事亲便是孝;致此良知之真诚恻怛以从兄便是弟;致此良知之真诚恻怛以事君便是忠。只是一个良知,一个真诚恻怛"③。这里的恻怛真诚,即是主体向善的意向与自觉。所谓致此良知之真诚等等致良知,实际是向善意志与知善良、知合一而成主体的状态。

因此,圣凡之别即在于能不能树立道德的主体性自觉心(正心)。人虽皆有良知,但关键在于能不能致良知。致良知就是在去人欲之私上用功。这种用功不外"防于未萌之先,而克于方萌之际";"静时念念去人欲存天理,动时念念去人欲存天理"。他说:

---

① 《大学问》。
② 同上。
③ 《传习录》中,《答聂文蔚(二)》。

> 君子之学,以明其心。其心本无昧也,而欲为之蔽,习为之害,故去蔽与害而明复,非自外得也。心犹水也,污入之而流浊;犹鉴也,垢积之而光昧。孔子告颜渊克己复礼为仁,孟轲氏谓万物皆备于我,反身而诚。夫己克而诚,固无待乎其外也。世儒既叛孔、孟之说,昧于《大学》格致之训,而徒务博乎其外,以求益乎其内,皆入污以求清,积垢以求明者也,弗可得已。①

克己而诚,是内在功夫。自觉去恶,去恶的前提依据是良知能知善知恶,而去不善之念即是致良知。良知是善之条例。王阳明认为这种条例是本体,它又转化为人先天具有的明天理的能力,从而把天理视为心所本有。当然,他更强调的是心正与不正,能不能致良知。

致良知就是主体的道德自觉,从而使主体内在的知善知恶的灵明(良知)转为兼融了向善意志的灵明并指导其行为,使其行为无处不善。他说:

> 若鄙人所谓致知格物者,致吾心之良知于事事物物也。吾心之良知,即所谓天理也。致吾心良知之天理于事事物物,则事事物物皆得其理矣。致吾心之良知者,致知也;事事物物皆得其理者,格物也。是合心与理而为一者也。②

这里所说的事事物物,乃指行为而言,而不是指外在客体。事事物物皆得其理,即是具体的行为合乎天理。由主观自觉指导行为合乎规范,即所谓合心与理为一。

王阳明把致良知的过程分为阶段性进阶,贯穿着主体为善的自觉与修养方法的具体运用。他说:

> 初学时心猿意马,拴缚不定,其所思虑多是人欲一边,故且教之静坐、息思虑。久之,俟其心意稍定,只悬空静守,如槁木死灰,亦无用,须教他省察克治。省察克治之功,则无时而可间。如去盗贼,须有个扫除廓清之意。无事时将好色、好货、好名等私,逐一追究搜寻出来,定要拔去病根,永不复起,方始为快。常如猫之捕鼠,一眼看着,一耳听着,才有一念萌动,即与克去。斩钉截铁,不可姑容,与他方便,不可窝藏,不可放他出路,方是真实用功,方能扫除廓清。到得无私可克,自有端拱时在。虽曰何思何虑,非初学时事。初学必须省察克治即是思诚,只思

---

① 《别黄宗贤归天台序》。
② 《传习录》中,《答顾东桥书》。

一个天理。到得天理纯全,便是何思何虑矣。①

因此,致良知实是一个过程。虽然天理具于心,但此是本体之心,不是纯然天理的主体心,由意志服从先验的天理、且乐以行之的状态始成自觉的心理合一。人欲虽是意念与愿望之事,但人欲之辨明以及树立主体意志而加以排斥并非朝夕之事。他说:

> 人若真实切己,用功不已,则于此心天理之精微日见一日,私欲之细微亦日见一日。若不用克己功夫,终日只是说话而已,天理终不自见,私欲亦终不自见。如人走路一般,走得一段,方认得一段;走到歧路处,有疑便问,问了又走,方渐能到得欲到之处。今人于已知之天理不肯存,已知之人欲不肯去,且只管愁不能尽知,只管闲讲,何益之有?且待克得自己无私可克,方愁不能尽知,亦未迟在。②

此处以走路譬喻过程,以有疑便问示明学问思辨功夫,以真实切己之功强调应有之态度(主体自觉),其重点即在于确立善良意志。

由于王阳明认为物、事之行为依于理性的指导,因而强调致良知的正心侧重点,并由此引出他的知行合一说。无疑,知行合一是从道德修养与实践立论的,而不是一般认识论上的知与行。这样,他虽强调道德的知识与道德实践不可分,但道德知识具有先验的意义,需要通过确立善良意志才能使二者结合起来。这种结合通过"知"的概念内涵的扩充而完成。即,"知"是强调意志之自觉于善。他不仅要求意志之向善,并且要求克除心中不善之念。克除不善之念,即行,故知行合一。他说:

> 今人学问,只因知行分作两件,故有一念发动,虽是不善,然却未曾行,便不去禁止。我今说个知行合一,正要人晓得,一念发动处,便即是行了;发动处有不善,就将这不善的念克倒了,须要彻根彻底,不使那一念不善潜伏在胸中。此是我立言宗旨。③

一念发动处有不善便加以克除,这就是他所说的真实切己功夫。向恶之念与不好善之念皆为不善之念,应当克除。然而,既然一念上的不善并没有成为行,那么他又为什么那么斤斤计较呢?显然,在他看来,知行合一的知与行都是要达到知善与欲行善的结合,这样才真正统一起来,成为知即是行。

---

① 《传习录》上。
② 同上。
③ 《传习录》下。

因为,他说,知即能行,而这种知是真知,是由理性指导意志努力、自觉至于培养出喜好善的自然感情来才完成的。如果一恶念存于心,不加克除,那么所知之善也不能自然而然要求加以践履。因此,他的所谓"知",不仅具有明善(而非明恶)的道德判断之意义,而且是由明善而欲行之的强烈意向(否则,能知便能行便很容易引向知以代行了)。关于这种知的限定,以及知行合一的解说,他在回答有人知当孝悌却不能行的质疑时清楚地表述出来。他说:

> 未有知而不行者。知而不行,只是未知。圣贤教人知行,正是要复那本体,不是着你只恁的便罢。故《大学》指个真知行与人看,说:如好好色,如恶恶臭。见好色属知,好好色属行;只见那好色时已自好了,不是见了后又立个心去好。闻恶臭属知,恶恶臭属行;只闻那恶臭时已自恶了,不是闻了后别立个心去恶。如鼻塞人,虽见恶臭在前,鼻中不曾闻得,便亦不甚恶,亦只是不曾知臭。就如称某人知孝、某人知弟,必是其人已曾行孝行弟,方可称他知孝知弟,不成只是晓得说些孝弟的话,便可称为知孝弟?又如知痛,必已自痛了,方知痛;知寒,必已自寒了;知饥,必已自饥了。知行如何分得开?此便是知行的本体,不曾有私意隔断的。①

这里所谓的没有私意隔断的真知,是指通过体验而感知、且乐于为之(心向往之)的道德自觉,而不是一般的判断能力。因此,知行合一的真知本来既是已行之知,且是乐于践履之。但他的比喻却甚有不当处。如果仅以体验为依据,则知痛知寒与知好色是不一样,不能并列而成为他所谓的带有倾向性感情的知;只有知好色才是他所说的知。而且,虽然有人体验过孝悌,但他并不乐于践履,又如何会知而行之呢?因此,尽管他的立意能够使人明了,而比喻殊乏精当处。此固容易引起误解。但"知"其实便是善良意志的确立及其实践的冲动,这并无疑义。他的知行合一理论中关于知的前提设定,实在是太重要了。

知行合一是指为善的过程,知行是其前后环节。即知是行的主意,行是知的功夫;知是行之始,行是知之成。他所强调的是一种极彻底的功夫,一种观念与行为的真正统一,一种观念意志之绝对向善与行为之绝对不为非的合一。他说:

---

① 《传习录》上。

> 行之明觉精察处便是知,知之真切笃实处便是行。若行而不能明觉精察,便是冥行,便是"学而不思则罔",所以必须说个知;知而不能真切笃实,便是妄想,便是"思而不学则殆",所以必须说个行。原来只是一个工夫。①

知之真切笃实,即一念发动处即克尽人欲;行之明觉精察,是行之合乎天理。因此,学问思辨是真知的基本功夫,即由体验要求落到实处,即是行。因此,知行合一又称知行并进:

> 以求能其事而言谓之学,……以求精其察而言谓之辨,以求履其实而言谓之行。盖析其功而言则有五,合其事而言则一而已。此区区心理合一之体、知行并进之功,所以异于后世之说者,正在于是。②

他之所以在此处强调心理合一而不是心即理,是强调了主体性的道德自觉通过知行并进而完成,从而在心中达致主体与本体的合一。换言之,主体的道德自觉(理性与感性纯然天理)及其切实的怀善而行之的道德实践,即是他的致良知原旨。

尽管王阳明认为主体功夫(致良知)在一定境界上不再需要省察克治之正心努力,但他始终不把这种没有前提限制的致良知教示于人(即心自然会知)。只有在他遇到聋哑人时才向他说:"但在里面行你那是的心,莫行你那非的心,纵使外面人说你是,也不须听;说你不是,也不须听。"③因此,他的学说重在功夫论而不是境界论。他关于道德主体性确立以及道德价值本位自觉的命义,都是在正心的功夫与心理合一的规定中完成的。而且,他的功夫既细密而方便。随处体认天理与勿忘勿助的湛甘泉学说似乎架空了功夫的具体方法,因此,王阳明深加讥贬。他认为,忘什么助什么皆不得其实;终日悬空去做个勿忘,又悬空去做个勿助,济济荡荡,全无着落下手处,究竟悬空只做个沉守儿,学成一个痴呆汉。于是,他强调了必有事焉者,只是时时去集义。若时时去用必有事的功夫,而或有间断,此便是忘了,即须勿忘。时时去用必有事的功夫,而或有时欲速求效,便是助了,即须勿助。其功夫全在必有事上④。但是,从中可以看出,阳明不同于程朱功夫的

---

① 《明儒学案》卷十,《姚江一》。
② 《传习录》中,《答顾东桥书》。
③ 《谕泰和杨茂》。
④ 见《传习录》中,《答聂文蔚(二)》。

区别在于,一敬于内一敬以内外而已。唯其功夫是一种通俗易行之理,撇开了成圣的智慧限定,较符合孔子性相近习相远之旨,也较易为社会所接受而已。

王阳明还把自己两个不同阐述的方面统一并具体化在教人的原则上,这就是所谓的"天泉证道"。《阳明夫子年谱》卷三记阳明临终前一年发征越中前事载之如下。

> 是月初八日,德洪与畿访张元冲舟中,因论为学宗旨。畿曰:先生说,知善知恶是良知,为善去恶是格物,此恐未是究竟话头。德洪曰:何如?畿曰:心体既是无善无恶,意亦是无善无恶,毕竟心亦未是无善无恶。德洪曰:心体原来无善无恶,今习染既久,觉心体上见有善恶在;为善去恶,正是复那本体功夫;若见得本体如此,只说无功夫可用,恐只是见耳。畿曰:明日先生启行,晚可同进请问。是日夜分,客始散,先生将入内,闻洪与畿候立庭下,先生复出,使移席天泉桥上。德洪与畿论辩请问。先生喜曰:正要二君有此一问。我今将行,朋友中更无有论证及此者。二君之见,正好相取,不可相病;汝中(畿)须用德洪功夫,德洪须透汝中本体,二君相取为益,吾学更无遗念矣。德洪请问。先生曰:有,只是你自有,良知本体,原来无有。本体只是太虚,太虚之中,日、月、星、辰、风、露、雷、电、阴霾、噎气,何物不有?而又何一物为太虚之障?人心本体亦复如是。太虚无形,一过而化,亦何费纤毫气力?德洪功夫须要如此,便是合得本体功夫。畿请问。先生曰:汝中见得此意,只好默默自修,不可执以接人。上根之人,世亦难遇;一悟本体,即见功夫,物我内外,一齐尽透,此颜子、明道不敢承当,岂可轻易望人?二君已后与学者言,务要依我四句宗旨:无善无恶是心之体,有善有恶是意之动,知善知恶是良知,为善去恶是格物。以此自修,直跻圣位;以此接人,更无差失。畿曰:本体透后,于此四句宗旨何如?先生曰:此是彻上彻下语,自初学以至圣人,只此功夫……先生又重嘱咐曰:二君以后再不可更此四句宗旨。此四句,中人上下无不接着,我年来立教,亦更几番,今始立此四句。人心自有知识以来,已为习俗所染,今不教他在良知上实用为善去恶功夫,只去悬空想个本体,一切事为俱不着实,此病痛不是小小,不可不早说破。是日,洪、畿俱有省。

正是彻上彻下宗旨不能没有含糊处,因此,他的弟子王畿与钱德洪从四句教中各悟出"四无"与"四有",而创立王学的不同门派。王阳明关于心、本体、良知、意、念与功夫的辨析与立论常有不清楚甚至前后矛盾处。这种矛盾,恰好是王学走向分裂的根源。但其晚年自得处乃在于良知自然无碍的境界,此必引起后学关于功夫论的深切省思。既然本体能转化为知善知恶的主体,为什么不能转化为善良意志的主体,从而进一步在悟及本体时设定主体与本体的合一,从而由于良知之纯然天理而能自致?王阳明的无思无虑便是即本体即功夫的,虽然他的说教为致良知。心学本在智慧化的追求与德性自觉的统一,且追求着境界与自主性,那么,士人随其约指而舍其繁复冗长的功夫过程,自是其魅力所在。且抽掉道德先验论而置智慧境界(天泉证道中王阳明即明显暗示),则必成四无之教矣。这就又规定了王学发展的基本大势。

第二节　黄宗羲的民本说

黄宗羲与顾炎武、王夫之并称清初三大儒。一方面,他们的思想承续明末士人重人格德操与经世致用之风,并加以弘大,精于历史、名物,关切世情,注重民生问题的解决;另一方面,他们的学术在许多方面各具特色,如黄宗羲长于史学,顾炎武精于治学,王夫之长于思辨。由此可以展示出思想并进及相互呼应的清初思想面貌。

黄宗羲(1610—1695),字太冲,晚号梨州,人称南雷先生,浙江余姚人。他的父亲黄尊素是东林党的名士,为魏忠贤所害。因此,他从小就负家仇,为图雪恨,历尽坎坷。其后,师学于刘宗周。在明末士人关心世事的潮流中,这位忠烈之后与夏社同仁一起,为阻止阉党余孽阮大铖夺权,几遭杀害。清兵入关后,追随残明鲁王,组织抗清。在光复无望后,四处隐匿,并专意于著述。

黄宗羲博学强记,见多识广,著作亦甚繁富,其中以《明夷待访录》和《明儒学案》最能反映他的思想特色。黄宗羲受心学的影响较深,先撰就了《明儒学案》,然后才写作《宋元学案》(未完稿,为其子黄百家和私淑全祖望补续完成)。《明儒学案》主要叙述王学流变,其中颇推重王阳明。但他受心学影响较深者,则为其师刘宗周。

今本《明儒学案》载有黄宗羲晚年所作序,序中一开头便云,

> 盈天地皆心也;变化不测,不能不万殊。心无本体,功夫所至,即其本体。故穷理者,穷此心之万殊,非穷万物之万殊也。

尽管此处所说的盈天地皆心与其师刘宗周所持的"盈天地间皆道"的观点颇相一致,但刘宗周主要强调道气关系,而黄宗羲则强调心理关系,以理依于心,比较契合于王阳明之说。因此,他说,

> 夫自来儒者,未有不以理归之天地万物,以明觉归之一己,歧而二之,由是不胜其支离之病。阳明谓良知即天理,则天性明觉,只是一事,故为有功于圣学。①

心既能明觉,心也是先验之理;理是心所明觉之立,此即赞同王阳明之说。易言之,黄宗羲和王阳明一样,主张心是一融先验道德概念与道德判断力的范畴。就其先验性而言,道心即是人心。因此,他认为,人只有一心,即只有人心,而无所谓道心与人心之区别。他以十六字心传为谬误之极。当阎若璩考证伪古文《尚书》后请黄宗羲作序时,他在指出了"惟危惟微"出于荀子、"允执厥中"出于《论语》之后说:

> 人心道心,正是荀子性恶宗旨。惟危者以言乎性之恶。惟微者,此理散殊;无有形象;必择之至精,而后始与我一,故矫饰之论生焉。后之儒者于是以心之所有,唯此知觉,理则在于天地万物;穷天地万物之理,以合于我心之知觉,而后谓之道。皆为人心道心之说所误也。
>
> 夫人只有人心,当恻隐自能恻隐,当羞恶自能羞恶,辞让是非,莫不皆然。不失此本心,无有移换,便是允执厥中。故孟子言求放心,不言求道心;言失其本心,不言失其道心。夫子之从心所欲不逾矩,只是不失人心而已。然则此十六字者,其为理学之蠹甚矣。②

道心人心,又与性情之辨相依存,黄宗羲也加以否定,主张性情不能分已发未发;已发未发都为情,其中和则为性,中和即心之本然先验之义。而从经验而言,则意志顺从本心而自觉于理之后,仍处中和。他明显地认为心具有主体性的自觉意义。若此心不失、不放而自觉于德性,则主体自由的境界将不因外在之理尚有未穷而不能至。尽管刘宗周也言人心道心区别是不当的,认为人心道心只是一心。但他又强调道心即人心之本心。

因此,黄宗羲否定了人心之外别有道心的本心。尽管他仍强调以善言行,先验状态与经验状态的性善,但他实际上已在王阳明学说的基础上确立了超越先验道德性的道德主体性,由心无本体,功夫所至即其本体可以加以

---

① 《南雷文定前集》卷四,《答万充宗论格物书》。
② 《南雷文定三集》卷四,《尚书古文疏证序》。

极确切的佐证。即是说,本心有待于善良意志的确立才将超验与经验相统一,即始能作为主宰之"本体"。因此他在解释其师"慎独"论时说:

> 学者但证得性体分明,而以时保之,即是慎矣。慎之功夫,只在主宰上。觉有主,是曰意;离意根一步,便是妄,便非独矣。故愈收敛,是愈推致。①

愈收敛,使意志坚定而顺心向善,心的道德判断力能够发挥,知善而择之,是故愈使心向外推致。此"收敛"即其功夫。这与其说是其师说,毋宁说是他的基本观点,由此更可明其主体自由之性的中和关系。

心无本体,功夫所至,这样其本体不仅否定了本心(道心)天理具足而求悟本心之以空对空的疏陋,而且舍却了人性论上对于先验道德性的依赖,而强调在修养、为学、践履、经世过程中确立本体之后,才使道德感与道德知识达于完善,即能够尽性。因而,主体性的确立及其道德进境展示为一个生动而实在的过程。

显然,他所说的功夫,即是尊德性就学与躬行实践的结合。他承其师刘宗周关于尊德性与道问学不可分的观点,尤其强调即事即史而明理的观点。他认为,王阳明致良知说的"致"字即是行的意思。他说:

> 先生之格物,谓致吾心良知之天理于事事物物,则事事物物皆得其理。以圣人教人,只是一个行,如博学、审问、慎思、明辩皆是行也。笃行之者,行此数者不已是也,先生致之于事物,致字即是行字,以救空空穷理,只在知上讨个分晓之非。乃后之学者测度想像,求见本体,只在知识上立家当,以为良知,则先生何不仍穷理格物之训,先知后行,而必欲自为一说邪。②

此处之意为,本体依于功夫,而功夫之精义即行其所是之善。如此,始能使本心从先验而发于经验,而本体即是通贯二者之谓。如此,则知本心亦因功夫而成过程性的发展。由行而知,即知即行,由知而行。穷理不在知客观之"理",而是知而乐意为之,从而使行为符合先验普遍之理。不是在无形中索空空之理,黄宗羲强调学知躬行,自有挽救明末心学走向求证本体空疏学风的意向。全祖望述其事曰:

---

① 《明儒学案·蕺山学案》。
② 《明儒学案·姚江学案》。

  自明中叶以后,讲学之风,已为极敝。高谈性命,直入禅障,束书不观。其稍平者则为学究。皆无根之徒耳!先生始谓学必原本于经术,而后不为蹈虚;必证明于史籍,而后足以应务。元元本本,可据可依。前此讲堂锢疾,为之一变。①

当然,黄宗羲所强调的学知躬行,与王阳明主张的道德修身之事不同。他不仅强调修身明理,同时强调经世应务。他批评空谈务虚、贱乎务实者之弊道:

  儒者之学,经纬天地,而后世乃以语录为究竟,仅附答问一二条于伊洛门下,便厕儒者之列,假其名以欺世。治财赋者,则目为聚敛;开阃扞边者,则目为粗材;读书作文者,则目为玩物丧志;留心政事者,则目为俗吏。徒以生民立极,天地立心,万世开太平之阔论铃束天下,一旦有大夫之忧,当报国之日,则蒙然张口,如坐云雾,世道以是潦倒泥腐。②

此论对于宋儒以来的游谈无济于世的人生社会怪状的痛揭,大有凌厉中弊之气象。它在某种程度上相通于李贽之揭道学家(然李贽非实践者,也并未因史实而揭出病源),更与时人所感喟的"愧无半策匡时难,惟余一死报君恩"相呼应。士人们本以善己济世为志意,然而一旦误入专以心性之谈为高为好,以道德至上价值为本,在排斥了事功的必要之后,就把个人的社会职责完全抛却了,其为生民立极开太平的论断,则是迂阔可笑而已。

黄宗羲曾经批评玄学清谈误国。他在阅历了明末士人学风空疏之后,在追踪了宋儒以来热衷于本体性论之谈而无致功经世的任何能力的士人生活史之后,他视两者为空疏误国之类。此与颜元亦相一致。然正如前论述,尽管玄学家们并不承认自己对于社会的责任,但他们也并不像宋明大多儒士那样自我标榜救世救人,因此,宋明儒士既无以济世,而又自矜自尚,在人格上的不平实,反而更突出。尤其在国难之际,他们在拒斥了经世之业以后,唯留下空洞洞的热忱,对其批评实属可行。且在提倡静坐悟道之后,士人从之如靡,国有失才之患,对国家的灾难更深。因之,黄宗羲对于宋明以来儒士空谈之批判,远较批评玄学家实在而深刻。

黄宗羲也是一位理学家,他在两套《学案》中无疑弘扬了理学的道德文

---

① 《鲒琦亭集外编·甬上证人书院记》。
② 《南雷文定后集·赠编修弁玉吴君墓志铭》。

化追求。但他同时也是一位理学的总结者、批判者以及救弊者,由此完成了理学的出路这一理论探索。他在认定了士人对于社会责任(理学家所提出的责任)之后,明确了这种责任的达成既不是道德上的空谈,也不是由弘扬纯粹道德价值所能实现,而是在社会进步过程中克己修行实践与致用努力结合所提供的力量。因此,他不像宋明大多数儒士那样贬低功利事业,而把功利事业位为仁义之实现依据。正因为如此,他明确指陈:

  道无定体,学贵适用。奈何今之人执一以为道,使学道与事功判为两途。①

  自仁义与事功分途,于是言仁义者陆沉泥腐。……岂知古今无无事功之仁义,亦无不本仁义之事功。②

此所谓事功,当本于仁义;然事功既是仁义所出处,则一切有利于事功之正者,皆为本,并非是另外有一自得于心的仁义。这样,他重新解释了传统的所谓崇本抑末之道,认为崇本即重事功、利民生,抑末即非此而费糜:

  今夫通都之市肆,十室而九,有为佛而货者,有为巫而货者,有为优倡而货者,有为奇技淫巧而货者,皆不切于民用。一概痛绝之,亦庶乎救弊之一端也,此古圣王崇本抑末之道。世儒不察,以工商为末,妄议抑之。夫工固圣王之所欲来,商又使其愿出于途者,盖皆本也。③

他在评判历史人物时,也并不如宋明儒士那样大多以是否纯粹之理而判定小人或君子。例如,他十分崇仰朱熹,但他在分析朱熹与陈亮关于事功与义理的争辩时,仍较倾向于以陈亮之说为正确的,"止斋(宗羲)谓:功到成处便是有德,事到济处便是有理。此同甫之说也。如此则三代圣贤枉作功夫。功有适成,何必有德?事有偶济,何必有理?此晦庵之说也。如此则汉祖、唐宗贤于仆区不远。盖谓二家之说,皆未得当。然止斋之意毕竟主张龙川一边过多"④。尽管黄宗羲赞同朱熹关于汉祖、唐宗贤于仆区不远之说,但是他又明确指出,功之成与事之济,并非偶成与偶济,而是成济之中见理。如不积极为之,不乘理而立功,则偶济盖寡而功少矣。因为三代也是以事功明盛才见其理盛,只不过行三代之事功与行汉唐之事功表现不同而已。

---

 ① 《南雷文定五集·姜定庵先生小传》。
 ② 《南雷文定四集·国勋倪君墓志铭》。
 ③ 《明夷待访录·财计(三)》。
 ④ 《宋元学案·龙川学案》。

若以偶济言汉、唐,又可以偶济论三代。汉祖、唐宗不远于仆区的原因,并不在于其讲究事功,而在于其心未专意于善,故事功并未成济于天下。正因为如此,他在《宋元学案·艮斋学案》的按语中肯定了永嘉学派的事功一说:"永嘉之学,教人就事上理会,步步著实,言之必使可行,足以开物成务。盖亦鉴一种闭眉合眼,矇瞳精神,自附道学者,于古今事物之变不知为何等也。"

当然,黄宗羲的功夫所至即其本体一说,重点仍在于解决尊德性与道问学的对峙(自由附道学之徒所引起),而关于道问学一事,则可以引向践履德性与经世致用。道问学排除了单纯的道德至上价值论,人生不仅此一端。由尊德性与道问学的相关性,尊德性也必然不脱离人伦日用与明理的过程,此一过程即为功夫的切实意义所在。他反复强调了这一点。他说:

> 仁义礼智乐,俱是虚名。人生坠地,只有父母兄弟,此一段不可解之情,与生俱来,此之谓实,于是而始有仁义之名。"知斯二者而弗去",所谓知及仁守实有诸己,于是而始有智之名。当其事亲从兄之际,自有条理委曲,见之行事之实,于是而始有礼之名。不待于勉强作为,如此而安,不如此则不安,于是而始有乐之名。①

这样,黄宗羲实已将先验之理置于经验过程而得到体证。经验不离伦常日用,不离立功利民,实践功夫即此而重要,这便与穷理尽性之儒相区别了。

很显然,黄宗羲这种现实功夫原则,与明末罗钦顺与王廷相对于先验道德的质疑、批判与否弃有某种因缘衔接。例如,王廷相举证驳论先验之心说:"赤子生而幽闭之,不接习于人间,壮而出之,不辩牛马矣,而况君臣、父子、夫妇、长幼、朋友之节度乎?"②黄宗羲也明确意识到一点。他批判王阳明的纯乎天理之心说道:"阳明言以此纯乎天理之心,发之事父便是孝,不知天理从父母而发,便是仁也。"③此与罗钦顺批评王阳明"乃欲致吾心之良知于事事物物,则是道理全在人安排,出事物无复本然之则矣"④相同契。黄宗羲所说的无功夫而言本体只是想象卜度而已,正是救弊之论,尽管他在强调心学的道德主体性上十分赞赏王阳明之说。

概而言之,黄宗羲在承接理学余绪的前提下,以总结批判者自觉,努力

---

① 《师说》卷四。
② 《王氏家藏集·石龙书院学辩》。
③ 《南雷文定五集·万公择墓志铭》。
④ 《答欧阳少习成》,引自《明儒学案》卷四上。

将道德形上学引向道德实践。可以说,他是真正的理学的批判继承者,尽管这并不意味着前后理论上的完全继承包容关系。关于这一点,可以从几个方面来认识。其一,他始终坚持尊德性与道问学统一,在承其师刘宗周学理的前提下,以理学的历史发展来揭示这种关系。在《宋元学案》中,他强调陆九渊与朱熹尽管在尊德性与道问学上有各自的侧重点,但二人并未有所偏废,俗儒陋儒的相互排诋攻击诚不足信。他认为,朱陆两人的晚年都悔其偏重而改前失,因此更加一致。此点与王阳明论定朱子晚年重心学的见解影响有关,但他更加侧重他们的道德范世使命感与道德实践意识在两人心目中的根本地位,并指出了他们并未有任何废学或失于反身之事实。朱陆两人晚年是否观点一致颇有难以缝合之处,但两人实际上并未在价值取向上对立则是客观之事。尤其两人在同植纲常、同扶名教、同宗孔孟方面的传统,正是黄宗羲本人所深契的。此是他为学致用的宗旨。可以说,最终和会朱陆恰好反映了理学总结者的身份特征。其二,然而,这种总结又与批判继承相联结。他不仅在王学走向衰微之际揭露其束手游根浮淡、自矜自夸之偏弊,由王学之本体与功夫走向纯然先验道德性证求或静止处世不当,发掘出王学中内在蕴含着的功夫过程论以使道德主体性和先验道德性区辨开来,而且由此引出否定整个宋明一代无视事功经世的德性价值和社会价值。这样,他是一个心学的继承者,也是心学的发展者,同时是理学极端化的批判者。其三,从批判的立场上出发,他又为理学在保证对人的德性价值肯定之基本宗旨的前提下,为理学的发展设计了一条可能的出路,这就是人生观和价值观的转变之后实现理学的士人德性自足与社会价值的统一。这种人生观是,明理与事功相结合的全面有为活泼常新的人生,而不是以德性的义理求证自足的人生。他在批评儒家传统的演变时指出:

> 尝谓学问之事,析之者愈精,而逃之者愈巧。……夫一儒也,裂而为文苑,为儒林,为理学,为心学,岂非析之欲其极精乎?奈何今之言心学者,则无事乎读书穷理;言理学者,其所读之书不过经生之章句,其所穷之理不过字义之从违。薄文苑为词章,惜儒林于皓首,封己守残,摘索不出一卷之内;其规为措注,与纤儿细士不见长短。天崩地解,落然无与吾事;犹且说同道异,自附于所谓道学者,岂非逃之者之愈巧乎?[①]

这种价值观是在确证道德价值为人生基本价值的前提下,否定道德至上,由

---

① 《南雷文定前集·别海昌同学序》。

人生价值与社会价值结合而使善己与济世真正统一起来。

> 古之君子,有死天下之心,而后能成天下之事;有成天下之心,而后能死天下之事。事功节义,理无二致。……夫事功必本于道德,节义必原于性命,离事功以言道德,考亭终无以折永康之论;贱守节而言中庸,孟坚究不能逃蔚宗之讥。①

由此便不再否定外于直接德性求证而实际上是德性所依的事功活动价值。尽管他并没有得出求私利的合理性,却明确指证了为社会进步与民生事业求公利的迫切性与必要性的统一。因此,他又成为明末清初这一即德性而求致用思潮的典型代表。

秉持仁民情怀并诉之于社会批判方法的运用,黄宗羲在政治伦理的解释方面有极为引人注目之处。黄宗羲政治思想的重点在于他认定民本的基本价值,重新确认了君臣关系,将政治意义上的伦理和前后轻重关系,上升为道德上的尽职责与否(政治信义与道义)的善恶判断依据。他的理论支柱是,为民的就是有德的,君臣关系依存于这种君主之德,否则,则所谓正统世俗的君臣伦理便没有存在的合理性条件。为民是有德的判断,是从原始空想与复古主义的儒家传统而来的。他说,有生之初,人各自私,人各自利,天下之公利不得而兴,天下之公害不得而除,由是而有博爱利民之贤人出而为天下,不以己利为利,不以己害为害。因此,此原君之勤劳,必千万倍于天下之人,此正其有德而服天下之所在,也是君之为君的道义依据。但后世的君主则不然,以为天下利害之权皆出于我,以天下之利尽归于己,以天下之害尽归于人;使天下之人不敢自私,不敢自利,以我之大私为天下之公。

> 是以其未得之也,屠毒天下之肝脑,离散天下之子女,以博我一人之产业,曾不惨然,曰:我固为子孙创业也。其既得之也,敲剥天下之骨髓,离散天下之子女,以奉我一人之淫乐,视为当然,曰:此我产业之花息也。然则为天下之大害者,君而已矣。②

这是通过描摹原始乌托邦时期"君主"的政治道义来衬托专制君主的无德,其意恰恰在于表达对于现实政治伦理的否定意识。

专制之不德,来自于不以民为本,从而重在一家之法,弃先王为民之法而行自私的无法之法。他说:

---

① 《南雷文定后集·明名臣言行录序》。
② 《明夷待访录·原君》。

> 三代以上有法,三代以下无法。何以言之?二帝三王知天下之不可无养也,为之授由以耕之;知天下之不可无衣也,为之授地以桑麻之;知天下之不可无教也,为之学校以兴之;为之婚姻之礼以防其淫;为之卒乘之赋以防其乱;此三代以上之法也,固未尝为一己而立也。后之人主,既得天下,唯恐其祚命之不长也,子孙之不能保有也,思患于未然以为之法。然则其所谓法者,一家之家,而非天下之法也。是故秦变封建而为郡县,以郡县得私于我也。汉建庶孽,以其可以藩屏于我也。宋解方镇之兵,以方镇之不利于我也。此其法何曾有一毫为天下之心哉?而亦可谓之法乎?①

专制时代,自然权利与伦理遭到破坏,所确立的独家占有伦理并不具有正当性。而且,此一家的专制之法,桎梏天下手足,即使有能知之人才出,终不胜用其受到牵挽的嫌疑。

因此,君臣之关系,其正当性并非如常识所言的臣为君设,以绝对忠君事君为伦理。人之出仕,非为君,乃为天下民人百姓计。君主忠于为民人百姓生活利益计,才为有德。君主当兴立学校,广开言路,举荐任用贤能,才是有德。如若自私自利且专制其用,食天下之利、害天下之养,此君主人人可弃背之而不顾。易言之,君臣伦理的核心是君主负有利民保护民众的义务。如果君主不履行其义务,则君臣伦理便不具应然性。因此,他炽言烈烈地说:

> 古者,天下之人爱戴其君,比之如父,拟之如天,诚不为过也;今也,天下之人怨恶其君,视之如寇仇,名之为独夫,固其所也。而小儒规规焉以君臣之义无所逃于天地之间,至桀纣之暴,犹谓汤武不当诛之;而妄传伯夷叔齐无稽之事,乃兆人万姓崩溃之血肉,曾不异夫腐鼠。岂天地之大,于兆人万姓之中,独私其一人一姓乎?是故,武王圣人也,孟子之言圣人之言也。后世之君,欲以如父如天之空名禁人之窥伺者,皆不便于其言,至废孟子而不立,非导源于小儒乎?②

君主之不德已破坏了伦理的正当性基础。陋儒尚主专制的君臣伦理而失先儒政治道义,其说足以祸世。

因此,尽管黄宗羲并未否弃君臣伦理,尤其他仍推崇东林士人"勇者燔

---

① 《明夷待访录·原法》。
② 《明夷待访录·原君》。

妻子,弱者埋土室,忠义之盛,度越前代"的风韵,但他关于忠义的解释已具有民主性内容。道义责任、人格与君臣关系并不具同一本质,相反,伦理的合理性依从于相关者的责任、人格的道德性。天下百姓之生活如何恰好体现出君主尽德与否的尺度,不可用愚忠作为士人百姓的道德义务,也不可通过君臣百姓从属关系的绝对原理为伦理的大义。在这里,人文精神在关心民生的热情上再度焕发出来。在明末清初之士人觉醒与道义自觉的思潮中,黄宗羲实际上是有大功之士。

黄宗羲继承理学传统时在价值观上提出的新见解,以及关于德性培训、义理证求与事功统一的主张,已在很大程度上否定了理学单纯依靠伦理范世和以人生道德至上价值实现为归宿的传统。此一方向,在于否定理学专意心行探求并蔑视现实责任的流派。值理学发展的起承转合之际,黄宗羲在思想气度和思想个性方面表现的特色,以及他思想的震世之功,是他在伦理学史上的地位所在。

第三节　顾炎武论经世致用

顾炎武(1613—1682),字宁人,初名绛,明亡改名炎武,江苏昆山人。时人因其故乡有亭林湖,尊称亭林先生。炎武世家业儒。明亡后,他致力于反清复明,终其一生不曾间歇。他勤学博记,于学问甚能通贯,而成为当时学术的导师。弟子潘次耕在《日知录》序中推赞先师道:"昆山顾宁人先生,生长世族,负绝异之资,潜心古学,九经诸史,略能背诵。尤留心当世之故,实录奏报,手自抄节;经世要务,一一讲求。当明末年,奋欲有所自树,而迄不得试,穷约以老。然忧天悯人之志,未尝少衰。事关民生国命者,必穷源溯本,讨论其所以然。足迹半天下,所至,交其贤豪长者,考其山川风俗,疾苦利病,如指诸掌。精力绝人,无它嗜好;自少至老,未尝一日废书。出必载书,数鹿自随;旅店少休,披寻搜讨,曾无倦色。有一疑义,反复参考,必归于至当。有一独见,援古证今,必畅其说而后止。当代文人才士甚多,然语学问,必敛衽推顾先生。凡制度典礼,有不能明者,必质诸先生;坠文轶事,有不知者,必征诸先生;先生手画口诵,探源竟委,人人各得其意去。天下无贤不肖,皆知先生为通儒也。"顾炎武一生七谒明孝陵,足迹遍及大江南北。其著作颇丰,以历史、考据、音韵为最精。有著作《日知录》、《天下郡国利病书》、《亭林诗文集》和《音学五书》存世。

顾炎武与黄宗羲一样秉持着关怀民生的人道主义情怀,并倡导其学说。

他言行己有耻,不耻恶衣恶食,耻匹夫匹妇之不被其泽;他讲博学于文,文不在词章,而在明道、纪政事、察民隐;他倡通经致用,其意在忧国忧民。因此,他关于君德的主张,与黄宗羲的公利天下百姓为准可以相通互证:

> 享天下之大福者,必先天下之大劳;宅天下之至贵者,必执天下之至贱。……古先王之教,能事人而后能使人,其心不敢失于一物之细,而后可以胜天下之大。舜之圣也而饮糗茹草,禹之圣也而手足胼胝,面目黎黑。此其所以道济天下而为万世帝王之祖也。①

他在重证孟子民本思想时的思路也与黄宗羲相似,

> 圣人南面而治天下,必自人道始矣。……不仁而得天下,未之有也,此百世可知者也。保民而王,莫之能御也,此百世可知者也。②

因此,顾炎武的经世致用思想,是以利民伸张民本这种价值观和人文精神为基本指导的。而经世致用恰好是可能实现这一价值目标的途径。

经世致用本质上与士人所设定的学术路线相同,也是他关于人生价值实现的方法依据。他本着关怀民生的精神,强调指出,个人必须为天下兴亡尽职责义务。此天下不是一家一姓之天下,改名号和易姓是肉食者的事,而天下是民人百姓的天下。要能够为天下尽责,则必须在人格修养之外别有才学。否则,虽仁义之言充塞天下,然假仁假义者率兽食人,人与人相食,则亡天下矣。因此,博学于文而能贡献于社会的繁荣与进步,才是古圣贤哲的仁义之道。在他看来,文人学士们昧于此很久了,因此,强调典章制度、经、史等知识的真正把握,以实际致用于世而尽责,这便是他所认定的士人应当有的自我觉识。

由此出发,他对理学予以明确的否定性批判。他认为理学重明心见性,乃为空谈,不仅无别于清谈,比之尤甚,此为误国之道。他说:

> 刘、石乱华,本于清谈之流祸,人人知之。熟知今日之清谈,有甚于前代者!昔之清谈谈老庄,今之清谈谈孔孟。未得其精而已遗其粗,未究其本而先辞其末。不习六艺之文,不考百王之典,不综当代之务,举夫子论学论政之大端一切不问,而曰一贯,曰无言。以明心见性之空言,代修己治人之实学。股肱惰而万事荒,爪牙亡而四国乱;神州荡复,

---

① 《日知录》卷七。
② 同上。

宗社丘墟！①

显然，在他看来，明朝的亡覆，与心学流弊和士人不能尽责息息相关。虽然他并不以改易朝姓为宗极，但异姓入侵所引起的生民涂炭与神州陆沉，实属可哀。无视于此，则心性义理讨论又有何用。

他并非反对谈心性，而是强调德性的依存，不在心性之辩，即不在道德的形上学探究。他认为，理学甚有别于孔子的立学宗旨。他说：

> 窃叹夫百余年以来之为学者，往往言心言性，而茫乎不得其解也。命与仁，夫子之所罕言也。性与天道，子贡之所未得闻也。性命之理著之《易传》，未尝数以语人。其答问士也，则曰：行己有耻；其为学，则曰：好古敏求；其与门弟之言，举尧舜相传所谓危微精一之说，一切不道，而但曰允执其中，四海困穷，天禄永终。呜呼，圣人之所以为学者，何其平易而可循也。②

由上则知他明确道德修养或成德并不在于心性之辩。恰恰相反，平易可循的实学反为那些所谓谈孔子之性道者们所遗，而流于虚幻之途。

理学流弊，在于言学必求诸语录；由语录必淫于禅。他认为，理学浸染语录，盖出于二程，而由二程子弟始由语录而入于禅。陆九渊自立一说，其所谓收拾精神，扫去阶梯，亦无非禅之宗旨。他认为，即使以语录为究竟，《论语》是为语录，为何竟舍圣人之语录而从事于后儒，此为不知本。在他看来，理学非传统正学，传统正学是经学。他说：

> 理学之传，自是君家躬冶。然愚独以为理学之名自宋人始有之。古之所谓理学，经学也，非数十年不能通也。故曰：君子之于《春秋》，没身而已矣。今之所谓理学，禅学也，不取之五经，而但资之语录，校诸帖括之文而尤易也。③

这里，顾炎武言理学之名始于宋儒，显然不当。但这并不妨碍他所意指的专言理之学始于宋儒。理学为舍经学而言理，而入于禅。他的所谓经学，主要是指通经而明了历史、典章制度而经世应务。而理学则赖空理而无实学，故流于禅学。

他对心学的批评尤多着力气。他引《黄氏日抄》解伪古文《尚书》"人心

---

① 《日知录》卷七。
② 《亭林文集·与友人论学书》。
③ 《亭林文集·与施愚山书》。

惟危,道心惟微,惟精惟一,允执厥中"时所说的:

> 近世喜言心学,舍全章本旨,而独论人心道心,甚者单撷道心二字,而直谓即心是道,盖陷于禅学而不自知,其去尧、舜、禹授受天下之本旨远矣。……其后进此书传于朝者,乃因以三圣传心为说,世之学者遂指此书十六字为传心之要,而禅学者借以为据依矣。

之后,强调了心并非具有先验的道德行为,认为,

> 心不待传也,流行天地间,贯彻古今,而无不同者理也。理具于吾心而验于事始。心者所以统综此理,而别白其是非。人之贤否,事之得失,天下之治乱,皆于此乎判。此圣人之所以致察于危微精一之间,而相传以执中之道,使无一事之不合于理①。

此处所强调的理具于吾心和所否定的即心是道不同,不仅在于理具吾心是一个过程,而且此理是在验之于事物之后由理性判断其当否而具于心的。因此,他认为,心学证学求心治心皆是禅学;用心于内的心学,为六经、孔孟所不道。孟子所谓求放心,不是心学的求先验之心,也不是纯然主体的道德自觉,而是一种过程性功夫。他说:

> 孟子之意,盖曰能求放心,然后可以学问。使奕秋诲二人奕,其一人专心致志,惟奕秋之为听;一人虽听之,一心以为有鸿鹄将至,思援弓缴而射之,虽与之俱学,弗若之矣。此放心而不知求者也。然但知求放心,而未尝穷中罫之方,悉雁行之势,亦必不能从事于奕。②

这里的解说很重要,他强调了求放心在专意于为善。然专意于为善并不能达至善。至善之方,须本于学问、修德。他对心学批评所得出的与之相反的结论,与黄宗羲的功夫所至即其本体有极相近之处。

顾炎武对理学批评甚力,唯对朱熹表示钦敬。他说,朱子一生效法孔子,进学必在致知,涵养必在至敬,德性在是,问学在是。然此专指朱熹格物致知与修养功夫所在而言,非包括朱熹言理、言性、言心之形而上学探讨。他对于理学的态度,与黄宗羲有较明显的不同,即否定倾向十分明显。因为在他看来,道德是经验之事,道德判断力的提高,善良意志的确立,行为的正当性皆本于问学、行事而所得。

---

① 《日知录》卷十八。
② 《日知录》卷七。

然而,尽管他反对空谈心性,但他却不是讳言心性,而只是否定内向用心的道德先验性主张。他认为,性本无实体之善,唯性之功夫所至,而后有性之实体。他说:

> 性之一字,始见于《商书》,曰:惟皇上帝,降衷于下民,若有恒性。恒即相近之义。相近,近于善也;相远,远于善也。故夫子曰:"人之生也直;罔之生也,幸而免。""动容周旋中礼者,盛德之至也。"孟子以为尧舜性之之事。夫子之文章莫大乎《春秋》,《春秋》之义尊天王,攘戎翟,诛乱臣贼子,皆性也,皆天道也。①

又说,

> 然则子之孝,臣之忠,夫之贞,妇之信,此天之所命,而人受之为性者也。故曰:天命之谓性。求命于冥冥之表,则离而二之矣。②

此处所谓天之命,应理解为普遍法则,而不是先验的在天的定性。因此,前引文中所谓"性之"及后引文中所谓"受之",皆表主体自为功夫而择善使性之的原理。因此,他说:"是以天下之言性也,则故而已矣。"③所谓则故,乃指相沿成系之说,并无实体可据。他显然欣赏着孔子的性相近之旨,故引恒近之意释近于善与近于恶这两种方向的可能。正因为如此重视自为功夫,他在论心时反对即道是心,反对求心与治心,在接受道德主体自觉常识之后,强调了操心的不可或缺:

> 《论语》一书,言心者三:曰七十而从心所欲不逾矩;曰回也其心三月不违仁;曰饱食终日无所用心。乃操则存,舍则亡之训,门人未之记,而独见于《孟子》。④

他虽取孟子求放心且专心致志于进境的主观努力,但认为无后天行为的正当性,则性与命之不在我。他批评心学的重点为,言心者流于静坐禅悟,摄心于空寂之境,以及外仁、外礼、外事而言心。

自是而言,顾炎武并不泛论心性,而是强调了修养之事为在世立身之本。此即行己有耻的主张。他引《管子》书说,礼义廉耻四维是人的德行大

---

① 《日知录》卷七。
② 《日知录》卷六。
③ 《日知录》卷一。
④ 徐世昌:《清儒学案·亭林上》引。

本,礼义乃治人之大法,廉耻乃立人之大节;不廉则无所不取,不耻则无所不为。礼、义、廉、耻四端,有耻是本中之本:

> 然而四者之中,耻尤为要。故夫于之论士曰:行己有耻。孟子曰:人不可以无耻……人之不廉,而至于悖礼犯义,其原皆生于无耻也。故士大夫之无耻,是谓国耻!①

有耻虽处之也低,实则是行仁义的基础。有耻即道德感的培养,自觉于克己正行。如是,则知他十分注重道德人格的塑造。然其理则与理学家的繁富辨析各种情感并使之从属于道德感的制约不同,仅是强调道德感的重要性而已,故甚为平实。他在强调有耻之时,实际上把廉耻并称,从而由道德感与行为出处的操行来命定所谓士人修养的功夫。他说:

> 愚所谓圣人之道者如之何?曰,博学于文;曰,形己有耻。自一身以至于天下国家,皆学之事也。自子臣弟友,以至出入往来,辞受取与之间,皆有耻之事也。耻之于人,大矣。不耻恶衣恶食,而耻匹夫匹妇之不被其泽,故曰:万物皆备于我矣,反身而诚。呜呼,士而不先言耻,则为无本之人;非好古而多闻,则为空虚之学。以无本之人,而讲空虚之学,吾见其日从事于圣人,则去之弥远也。②

此处讨论的耻,其所侧重的并不在空泛的、对于有德之义理的穷索上,也不似理学家仅仅注重人生的道德价值实现本身,而是从经世的价值观与人格的基本价值两个层面来立定处世之不可改易的原则和关心民生世事的道德意义。这就与他关注社会风纪,强调解决民生问题的态度完全一致起来。

因此,他重清议的价值,认为此风俗仍可以值得称道。他追仰汉末士人相互砥砺以纯化风俗,

> 光武……尊崇节义,敦厉名实,所举用者,莫非明经行修之人,而风俗为之一变。至其未造,朝政昏浊,国事日非,而党锢之流,独行之辈,依仁蹈义,舍命不渝,风雨如晦,鸡鸣不已。三代以下风俗之美,无尚于东京者。故范晔之论,以为桓灵之间,君道秕僻,朝纲日陵,国隙屡启。自中智以下,靡不审其崩离,而权强之臣息其窥盗之谋,豪俊之夫屈于鄙生之议。所以倾而未颓,决而未溃,皆仁人君子心力之为。可谓

---

① 《日知录》卷十三。
② 《亭林文集·与友人论学书》。

知言者矣。①

他又述其源流道:

> 士大夫忠义之气,至于五季变化殆尽。宋之初……诸贤以直言谠论倡于朝,于是中外荐绅知以名节为高,廉耻相尚尽去五季之陋;故靖康之变,志士投袂,起而勤王,临难不屈,所在有之。及宋之亡,忠节相望。②

此种见解,与黄宗羲所说的"东汉太学三万人危言深论,不隐豪强,公卿避其贬议。宋诸生伏阙搥鼓,请起李纲。三代遗风,惟此犹为相近"③极其相似。在他看来,天下风俗最坏的地方,清议尚存,则足以维持一段时间,然而清议灭亡,则国乱家亡。

很显然,顾炎武的厉节操、正人心风俗与理学家相比,虽有重视层面的相同处,但也有意义上的区别。理学家以道德实现作为人生全部价值的所在,而且以为师而作为天下人的榜样,教育引导游谈之徒而正天下人心,此即是前所论述的范世使命自觉的意识。而顾炎武之人生观显然与此有别。他认为每一士人应尽其人生职责,包括对于自己的道德节操和对于天下国家的博爱之情。博爱并非仅仅言说而已,必定能够以行动辅助,而强调真学问的重要性。士人的职业并不仅仅在实现自己,且在于为天下国家尽力。故他所言的行己有耻,便不仅仅停留在耻恶衣恶食,还在于耻天下人无美衣美食,此是正风俗人心与积极救世相统一,而不像理学家那样致力于克人欲而治心与范世。

因此,顾炎武之行己有耻和博学于文与理学家的尊德性和道问学不完全相同。宋明理学家的道问学,是关于德性本身的问学;所师学,所读书,所穷理,无非为了确立成圣的自信心和证成知心之理与人伦日用处所体现的伦理规范的一致性。因此,尽管狭义的理学家与心学家有所谓重尊德性或道问学的不同侧重的差异,然其离弃知识的广泛性和洞彻世情之学问方面则大同小异。儒者既不能在德性上尽平实之学,执一而不化;又不能博学于文而通于世情,以所学施之于事,有扞格而不如。因此,他说:

> 好古敏求,多见而识,夫子之所自道也。……彼章句之士既不足

---

① 《日知录》卷十三。
② 同上。
③ 《明夷待访录·学校》。

> 以观其会通,而高明之君子又或语德性而遗问学,均失圣人之指矣。①

言"语德性"而不言尊德性,在于表明理学家谈辨心性与尊德性(带着实践及实践性的博爱精神)的不一致性。这里所说的问学,是顾炎武博学于文的问学,非专以析理辨辞的形而上学思辨的问学。

概而言之,顾炎武对于理学的态度,否定其以主观性的道德思考为德性所在的清谈义理,反对宋明理学家致力于主静、治心、向内用心的一套离开具体伦理实践处的努力,认为这是歧途。尽管他也强调道德主体自觉,但否定在确立道德主体性时,离开经世的实践具有达到修身济世(理学家基本信念)的可能性。他也崇尚和顺积中、英华发外的体用之说,但此"体"并非在先验道德行上的心与性,而是在人伦日用与经世活动中明理修身而行己有耻的道德感的培养。

很显然,顾炎武的博学于文,行己有耻的宗旨,与黄宗羲的思想追求颇相通应。而且顾炎武从经世致用的价值观来考察并审度人生的价值,提出士人对于社会尽义务的主张,此点又与黄宗羲的观点相近。尤其从他们对于清谈误国的立场来说,此点至为明朗。不过,在这些方面,顾炎武都表现得激进而热烈一些。宋明理学家大多漠然世情,无视经世致用的价值,虽有博爱的高谈阔论,终不知民生的急切所在,士人眼界仅仅体现在其有平天下之议而不知天下之实。

当然,清谈者未必人格不高尚,然其所关心之事仅在人生的价值实现问题;或虽有关心世道人心之情感,却无使人生价值实现寓于社会价值实现当中的意图,以及努力完成自己对于社会进步(民生所重之进步)的责任自觉。若从黄宗羲与顾炎武的价值判断来看,就可以知道他们评议清谈误国有一贯的立场。它依于儒家的传统,因为道济天下在儒家传统上并非仅仅把道归限于心性,没有事功讲求的过程是不能达到的。理学偏离儒家人文精神的表现便在这里。不过,以这种价值观评断玄学家与理学家的缺陷,其深刻性自是大不相同。理学家既然已经附会儒家孔孟之传,而不知孔孟贬低个人求利非贬低民生求利。玄学家本非儒家传统价值的代言人,其理重在智慧,而不是在人伦日用,故迷误远不如理学家深。从澄清学术史及伦理学史源流的角度而言,批评理学失误的见识便不能不予以肯定。

---

① 《日知录》卷七。

第四节　王夫之的思想

王夫之(1619—1692),字而农,号姜斋,湖南衡阳人。因他晚年在石船山下筑草堂终老,世称船山先生。他的一生,除一度抗清事败而后仕于永历朝中之外,平生多在两湖水一带避隐与著书立说中度过。他的哲学思想与他的民族主义思想极富特色。他与同时代的人接触不多。盖因环境限制,除民族主义思想外,他的思想并没有明显的指导时代思潮之处。但他显然专精于哲学思考。其思想的思辨性极强。可以说,他关于道德哲学的理论,在体系的广博方面为大多先儒所不及,尽管他在继承张载的天道观并由此引向理学方面的漏洞也不能避免。他一生的著述极为宏富,其中以《张子正蒙注》、《周易外传》、《尚书引义》、《读四书大全说》等最具代表性。

王夫之的伦理学,以性为核心概念,以宇宙论、本体论为缘起,以天人相继为主旨。在宇宙论方面,他强调气之流行而化生万物。在本体论方面,在"道者器皿只有道"以及"理者气之理"的命题中,他所谓的道或理并非一种独立的存在实体,而是表示器或气的存在及运动的形式与规律。在这方面,他较明显地接受了张载的学说。在王夫之的思想中,宇宙论与本体论并不截然分立,而是时常基于宇宙论的形式来探讨本体论的本质。

他把宇宙论、本体论直接转化为人性论确立的依据。他从"天命之谓性"之论,以"天以理授气于人,此谓之命"为宇宙论、本体论向人性论的转折理论。在这里,天与命是两个概念。命有两层含义:其一,命为人本于天的决定;其二,命为人的继天自觉,以自由意志体现天的本质(理)。关于天,他有时说,天则道而已;有时说,天人之蕴,一气而已。如是,从他关于"一阴一阳之谓道"的论述中,似乎可以得出他关于天的基本理解。他说:

> 道统天地人物,善性则专就人而言也。一阴一阳之谓道,天地之自为体,人与万物之所受命,莫不然也。而在天者即为理,不必其分剂之宜;在物者乘大化之偶然,而不能遇分剂之适得。则合一阴一阳之美以首出万物而灵焉者,人也。继者,天人相接续之际,命之流行于人者也。①

此处所涉及之问题很多,先从天之观念加以解释。很显然,王夫之取阴阳之

---

① 《周易内传·系辞上传》第五章。

气(一气之两种性质)的传统观念,且引《易传》中"一阴一阳之谓道"的观念为说天依据。如是,则天包括气与道。然道为一阴一阳的气之道,道开始为形而上者,则天可表示道的泛称,他有时也称之为天道。由两种属性的气的存在状态、结合形式及运动规律,都称道,也即是一阴一阳之道。道与理异名同实。因此,既然把天作为道的名称,然而道又不能离理,故道气一元。因人受之于天之命,故有性。这样,他就从理气方面来论性。气是寓道(理)之气,道(理)是气之道(理),故性不离理气。他说:

> 天之所用为化者,气也;其化成乎道者,理也。天以其理授气于人谓之命,人以其气受理于天,谓之性;

> 就气化之成于人身,实有其当然者则曰性。……故以气之理,即于化而为化之理者,正之以性之名。①

由此可知道他是从宇宙论、本体论而构建起人性论的。

然则,他从理气关系引出人的起源,以气为身,以气之理为性,则与理学有极相似的观念特征。不过,在本体论上他并没有确立先于气而能独立的理的存在,而是坚持了气作为本体。因此,他的性论就与分天地之性和气质之性的程朱区别开来。他认为,性是生之理,而生指气及气之定质(凝为体)。他说:

> 程子创说个气质之性,殊觉崚嶒。先儒于此不尽力说与人知,或亦待人之自喻。乃缘此而初学不悟,遂疑人有两性,在今不得已而为显之。所谓气质之性者,犹言气质中之性也。质是人之形质,范围著者生理在内。形质之内,则气充之而盈天地间。人身以内,人身以外,无非气者,故亦无非理者。理行乎气之中,而与气为主持分剂者也。故质以函气,而气以函理。质以函气,故一人有一人之生;气以函理,一人有一人之性也。②

他显然把气论贯彻到底。

在他看来,性与质相关。由于气化而成的质不同,因此性相近而不尽同,因为性是质之性。他说:

> 以愚言之,则性之本一,而究以成乎相近而不尽一者,大端在质而

---

① 《读四书大全说》卷十。
② 《读四书大全说》卷七。

不在气。盖质一成者也,气日生者也。一成则难乎变,日生则乍息而乍消矣。夫气之在天,或有失其和者。当人之始生而为建立,于是而因气之失以成质之不正。乃既已为之质矣,则其不正者,固在质也,在质则不必追其所自建立而归咎夫气矣。……质能为气之累,故气虽得其理,而不能使之善;气不能为质之害,故气虽不得其理,而不能使之不善。又或不然,而谓气亦受于生初,以有一定之清刚浊弱,则是人有陈陈久积之气,藏于身内,而气岂有形而不能聚散之一物哉!故知过在质而不在气也。①

气一旦凝结为质,则气不能改变质而使之变好或变坏。而且,尽管性是质之性,但物虽有质,而无性,"性"专指人而言。这是因为,如前面引文中所言,人乃合一阴一阳之美而首出于天,"成性者,此一阴一阳健顺知能之道,成乎人而为性"②。

这样,性是质之性,既不能以天地之性(天命之性)命之,也不能以气质之性称之。从人受天之命(气化流行)而有别于万物之质(此质量为性之府)而言,则人有性,而物无性。有性即顺受之正,故可以说性善。但因人之质各异,其本一虽同,而性却不一样。因此,不能以天命之性为性,因而也不能一般地说人之性善。他合孔子之性相近与孟子之性善而为言:

> 孟子惟并其相近而不一者,推其所自而见无不一,故曰性善。孔子则就其已分而不一者,于质见异,而于理见同,同以大始而异以殊生,故曰相近。……虽然,孟子之言性,近于命矣。性之善者,命之善也;命无不善。命善,故性善。则因命之善以言性之善,可也。若夫性则随质以分凝矣。一本万殊,而万殊不可复归于一。《易》曰:"继之者善也",言命也。命者,天人之相继者也。"成之者性也",言质也。既成乎质,而性斯凝也。质中之命谓之性,亦不容以言命者言性也。故惟性相近也之言,为大公而至正也。③

这是他论性的重点所在。其中包括几个层面的意思。其一,他言性相近,又言性善。理由是,从天之所命来说,性是天所赋与,其理为善。以天之所命为善,性即天之所命,故从这一本源来说,可以说性善。孟子之"性"即"命"

---

① 《读四书大全说》卷七。
② 《周易内传》卷五。
③ 《读四书大全说》卷七。

之义,故性善也可称之为命善。但他又强调性日生日成。性另外也指由凝质而后所成的具体之性。因每个人有质的不同,故性相近而不一。由质而后有性,如若以善描述性的价值,则必然以善描述质的价值。然而质在人,有清浊刚柔之不同,故不可以善来描述其价值。换言之,从本源来说,则善,即性源于命可以说善;但就本然而言,性不离于具体之质,而质不尽善,故不能说性善。其二,由气与质的不同,性是气凝为质然后而有,可以明确性应指气质内之性。因此,宋儒所谓人因禀气厚薄与清浊刚柔之不同,因而有性善与不善之划分,在这里也并不能成立。同样,天命之性也不能成立。因为性是一过程,命与性并不能等同。其三,命是天人相继之事,由天以理授气而命于人,以及人继受天之命而言,可以说性善。因为从本一而说,大化流行过程中人受气的和顺而成质,且质中寓理,此理即是命,因命是善的,而命成性,则可以说性是善的。不过,他强调说,命(理)虽是善的,但命本身不是性,命是性的内容,然性由质所决定(寓于质中),因此,不可说性即命。其四,尽管先天之性天成之,故性善,然性日生日易,在其过程中,性便随质之生而各不相同;性之日生日长,乃因气之日生日易所决定。气改变着质,而性是质之性,故性之善恶决定于质之正与不正。因为气是流行不已的,而质是相对稳定的。他说:

> 人之清浊刚柔不一者,其过专在质;而于以使愚明而柔疆者,其功则专在气。质,一成者也,故过不复为功;气,日生者也,则不为质分过而能(为)功于质。且质之所建立者固气矣,气可建立之,则亦操其张弛经纬之权矣。气日生,故性亦日生。性本气之理而即存乎气。故言性必言气而始得其所藏。①

此处气与质之辨,是针对程颐言气质之性而引发的。然此处言性之日生源于气之日生,则知质乃是一中介。而气之运动状况恰好决定着质的正与不正。

但这并非说,性日生因而没有固定之性,而只是说,性从其存在特征来说,它依于质,而气之变化又改变着质。它是一过程,然质是相对稳定的,因而性也相对稳定。此点在前引文中已然明晓。因此,性的认识把握必须在过程中完成。而且,此后天之性每个人有所不同。由此只可言性相近而不言性善性恶。

---

① 《读四书大全说》卷七。

然而,既然后天之性每个人有所不同,则气的形受也应该不同,理之命便也有所不同。原因何在呢?既然先天之性通过天所授之命而有,后天之性也是通过天之所命(即他所说的命日受性日生)而有,则为何会有不同呢?他认为,这是因为人有习的缘故。因习气动,因气动而理(命)不同。性即理,则性因以日生。正因为如此,他把性之理称为命,命专指人继天之理而言。因此,习是气动,以气养气。习既是主动者,则又体现出人的能动性。他说:

> 若夫由不善以迁于善者,则亦善养其气,至于久而质且为之改也。故曰:居移气,养移体。气移则体亦移矣。……体移则气得其理。而体之移也以气,乃所以养其气。而使为功者何恃乎?此人之能也,则习是也。是故气随习易,而习且与性成也。质者,性之府也;性者,气之纪也;气者,质之充而习之所能御者也。然则气效于习,以生化乎质,而与性为体。故可言气质中之性,而非本然之性以外,别有一气质之性也。①

基于本体论的原理,本然之性是唯一之性,并非还有气禀之性。本然之性体现于实然的活动过程中。既然习与性成,则"习"便连接了本然之性与(实然)后天之性。然而因习不同,则性的善恶也不同,因此,习便是重要之事。

此处的习,乃指行为活动的自助性。他以得位不得位来解释有性无性与行为(习)的善与不善。他说:

> 先天之动,亦有得位不得位者,化之无心而莫齐也。然得位则秀以灵而为人矣。不得位则禽兽草木,有性无性之类蕃矣。既为人焉,固无不得位而善者也。后天之动,有得位有不得位,亦化之无心而莫齐也。得位则物不害习,而习不害性;不得位则物以移习于恶,而习以成性于不善矣。此非吾形吾色之咎也,亦非物形物色之咎也,咎在吾之形色与物之形色往来相遇之几也。天地无不善之物,而物有不善之几。物亦非必有不善之几,吾之动几有不善于物之几。吾之动几亦非有不善之几,物之来几与吾之往几不相应以其正,而不善之几以成。故唯圣人为能知几,知几则审位,审位则内有以尽吾形吾色之才,而外有以正物形物色之命。因天地自然之化,无不可以得吾心顺受之正。如是而后知天命之性无不善,吾形色之性无不善,即吾取夫物而相习以成后天

---

① 《读四书大全说》卷七。

之性者亦无不善矣。故曰:性善也。呜呼,微矣!①

此处的得位不得位既指先天的决定,也指后天的自由选择。先天决定,人顺受天命之正,故区别于物的天性,故得位而善。后天的自由选择在于判断所处境况,使行为符合规范,即得位,即善,否则,则不善(恶)。善在这里也有两层含义。先天的性善,指存在性的合理性与有价值而言(无不善的物与无不善的几都指与道德行为自主意志发挥无关时的存在合理性)。后天的性善则指美德的完善和行为的正当性。因此,如果能够发挥人的本质,确立善良意志,作出合理的道德判断,则所习尽善,这才是真正意义上的性善。

因此,他又强调知几审位的行为自主的成德价值。"几"显然是指出人们与物相接的状态。他说:

> 先天之性天成之,后天之性习成之也。乃习之所以能成乎不善者,物也。夫物亦何不善之有哉?……然而不善之所从来,必有所自起,则在气禀与物相授受之交也。气禀能往,往非不善也;物能来,来非不善也。而一往一来之间有其地焉,有其时焉;化之相与往来者,不能恒当其时与地,于是而有不当之物,物不当而往来者发不及收,则不善生矣……而不善之习成矣。②

此处应区分"不当之物"与"物",前者指行为与其对象关系状态的不当,后者仅指对象。由此,则明"位"乃明几的"位"。圣人能知几审位,故能知物的来与气禀之往的几,此几决定习。这里无疑把智慧视为确定习之善或不善的基础。仍然令人困惑的是,既然人所习(所行)决定其习(行),则行为的善恶(人与物关系之得位不得位)应由人的兴味所决定,为何又提到某种偶然性的决定?

欲解释此困惑,必须明白他性日生日成的一贯性。既然"天命之谓性,命日受则性日生",那么,"气受以为充,理受以为德"则同样是一过程。一方面理是仁义理智,是性之根,此根在命日受中使性恒有其根。然性又随气动,而气又日生,故时时影响于性,故此能影响到习。另一方面,气虽天之所赋,仍由习养而变,则同时在不断变化的行为决定中影响到性。如此,则得位不得位首先有天之所命,而同时又有人的参与,由此显示主体行为的道德价值。这样,善恶既由天决定,同时也由人的行为决定。由天决定者,通过

---

① 《读四书大全说》卷八。
② 同上。

远离人的主体性而反映出来;由人的主体性反映出来,那么天所决定便完全因人的主体性而失去意义。由此引出主体性的确立与成德功夫。

主体性确立的可能性,据于心的"思"与知觉能力。心为性所生,故以性为体,心为用。然心又非性,心统性而有"思"与知觉,此"思"与知觉即是人的能力的体现,这是主体性确立的基础。他说:

> 盖性,诚也;心,几也。几者诚之几,而迨其为几,诚固藏焉。斯心统性之说也。然在诚则无不善,在几则善恶歧出;故周子曰:几善恶。是以,心也者,不可加以有善无恶之名。张子曰:合性与知觉,则知恶、觉恶亦统此矣。乃心统性,而性未舍心,胡为乎其有恶之几也?盖心之官为思,而其变动之几,则以为耳目口体任知觉之用;故心守其本位以尽其官,则唯以其思与性相应;若以其思为耳目口体任知觉之用为务,则自旷其位,而逐物以著其能,于是而恶以起矣。①

此思相当于理性指导,知觉相当于感性活动。心统性,包含思与知觉;性善乃本源、本体之义,至其本然,则性已藏于后,故几为心的基本状态。由知觉行动有善恶,由思不能守位(性、诚)而任知觉之用,则流于恶。因此,此处之几,指思与感官知觉关系的最初状态。理性指导感性,且确定知觉的最佳之思的几才为正。因此,善恶的关键在于主体之理性确立向善的自觉及其指导。如若心之思能循理而与性相应,则思指导行为而诚,诚即性,因行为之善而实然之性亦善(本体之性固自善矣)。

既然心的活动能力依心的指导与否而趋向善或恶,因此,主体性的确立当在于指导职能的实现。如若能奉性以治心,心乃可尽其才以养性;如若弃性而任心,则愈求尽之(尽心之性)而愈将放荡无涯,以失其当尽之职。因此,尽其才即尽其指导活动的能力而使行为向善,而后能够使性善。他又以性与才来解释心,以情为感性活动。他说,才者性之才,人之体惟性,人之用惟才;吾心之动几,与物相取,物欲之足引者,引吾之动几交,而情以生。性不能无动,动则必效于情才,情才而无必善之势。然才本身与情本身皆有其存在之宜。善恶的关键在于能否尽其才。能尽其才,情得其善而性得其理。不能尽其才,则情荡而行恶,此即弃性而任心失其道德意志指导意。因此,尽才和"思与性应"的主体性确立的关键所在,仍在于常识上所说的意志。

---

① 《读四书大全说》卷十。

所以,他又强调有我:

> 我者,大公之理所凝也。吾为之子,故事父。父子且然,况其他乎?故曰:"万物皆备于我。"有我之非私,审矣……无我者,为功名势位而言也。圣人处物之大用也,于居德之体而言无我,则义不立而道迷。
>
> ……
>
> 性之理者,吾性之理即天地万物之理;论其所自受,因天因物,而仁义理知,浑然大公,不容以我私之也。性之德者,吾既得之于天而人道立,斯以统天而首出万物;论其所既受,既在我矣,惟当体之知能为不妄,而知仁勇之性情功效效乎志以为撰,必实有我以受万物之归;无我,则无所凝矣①。

此处之"万物皆备于我",强调了主体性存在。主体性存在的依据是有我善良意志的确立,而主体性活动的目的则依循大公之理,故有我非私。大公之理不是主体性本身,而道德活动(即实现大公之理)却非主体性不能,否则,则义不立而道迷。此主体性即在善良意志的确立,即确立善良意志对于知觉思虑的指导。

成德功夫也是善良意志的确立,以及由此意志指导行为活动而使行为(习)为善。主体性与成德的功夫环节,在于继善成性。他反复强调:

> 人物有性,天地非有性。阴阳之相继也善,其未相继也不可谓之善。故成之而后性存焉,继之而后善著焉。……性存而后仁义礼知之实章焉。以仁义理知而言天,不可也。成乎其为体,斯成乎其为灵;灵聚于体之中,而体皆含灵。若夫天,则未有体矣。相继者善,善而后习知其善;以善而言道,不服天,则未有体矣。相继者善,善而后习知其善;以善而言道,不可也。道之用……无僭无吝以无偏,而调之有适然之妙。妙相衍而不穷,相安而各得于事,善也;于物善也。若夫道,则多少阴阳无所不可矣。故成之者,人也;继之者,天人之际也,天则道而已矣。道大而善小,善大而性小。道生善,善生性。②

此处强调继善成性,所论辩的内容,层次颇多。择其要点而言,大致有如下几种。其一,他以灵属性,以天人相继为善。人与有灵之物有性,天地(指自然现象)无性。然善性是人之善性,此是继善而后成善性。因此,物无善

---

① 王夫之:《思问录·内篇》,上海古籍出版社,2000年版,第47页。
② 《周易外传·系辞上传》第五章。

性(此点他已强调,时以"性"专指善性)。其二,此处"继"字,有主动与决定的区分。属决定者,则天依理授气于人。人是被动的继于天(受天之命)而成性。此"成"字亦被动意。然天人相继,有主动之一面,此即继善而成性。此"继"字与"成"字皆主动意。他说:

> 甚哉,继之为功于天人乎!天以此显其成能,人以此绍其生理者也。性则因乎成矣,成则因乎继矣。不成未有性,不继不能成。天人相绍之际,存乎天者,莫妙于继;然则,人以达天之几,存乎人者,亦孰有要于继乎!①

此处分开陈述人受于天之继与人达天之几之继,甚明。其三,从道德哲学论而言,则善是"继之"的善,而不可谓道之善,只有继之而后得善。他说:

> 惟其有道,是以继之而得善焉;道者,善之所从出也;惟其有善,是以成之为性焉。善者,性之所资也。方其为善,而后道有善矣;方其为性,而后善凝于性矣。②

继道才成善,有善斯有性("善性",善是性之所资)。因此,先天之性为天之命,人被动而继之于天,故性善(合理性、顺当)。后天之性为人继道(循理),继道而后有善(道德美德及行为正当性),有善斯有善性。同样,"成"之意思也如此。继善而后成性,后天之继与后天之成,皆因主动继天道而善而成性。此天人关系之完成,即成德之境界。其四,人继道而后道才有善,此即继善。但道为博大无边之理,仁义礼智本于道,是道的一部分(道亦包含客观之理),不可谓仁义礼智为道。故道大而善小。仁义礼智的善也不能迅速实现,因为意志之善(几)与行为(习)之善而后才有性善,而行为之善是在过程中不断实现的,因而不能完全实现善,故善大而性小。此性指善性而言。因此,关键之处在于他强调在功夫论上,所谓性不能与习(行为)分开,因而性必须凭借行为之善而后成性,故以善性为性的界限。

继善成性的功夫,具体落实在知几审位。而如此,则主体性的确立也是一种功夫。主体性确立知性尽心,而后意志成为善良意志,能够指导行为活动循理而行。理不离气,气与理皆有其存在价值与合理性(此也称为善,与善恶之善意不同);而只有当行为合乎礼时,那么,此理才是行为正当性所体现之理,才是道德上善的,始成为性之理。这样,知几审位也就是使人与

---

① 《周易外传·系辞上传》第五章。
② 同上。

物接时使其关系合乎伦理而为善。人与物皆不可直接加以善恶之判断,只有人与物关系发生变化时,才有善恶产生。故此,理善人欲恶的判断殊不可通。由此引出他关于理欲的重新考察理论。

他从理气关系(宇宙论本体论)引向人性论,必然要解决人的活动与道德性的关系问题。而理欲之辨的转动,为解决这一命题设定了这两个基本概念,即天理与人欲。从其来源,可以回溯到其与人的形性有关。由理气而命之于人,一阴一阳之道,可以从中体现出来。因此,理欲关系上所体现的当然之则,同于理气关系。由此,他说:

> 理自性生,欲以形开,其或冀夫欲尽而理乃孤行,亦似矣;然而天理人欲同行异情。异情者,异以变化之几;同行者,同于形色之实。①

此处强调了二者的相依关系。理与欲不可分。可分者,仅在人欲是否合于天理而有善恶,并非天理人欲本有对立消长关系。因为理既不是天所命定(性日生日成于习移气),而是由人欲的得位不得位而体现出来。

> 礼虽纯为天理之节文,而必寓于人欲以见,虽居静而为感通之则,然因乎变合以章其用。唯然,故终不离人而别有天,终不离欲而别有理也。离欲而别为理,其唯释氏为然,盖厌弃物则而废人之大伦矣。②

所以,他反对以存天理克人欲为普遍法则而立随时随处惩忿窒欲为修养功夫。他说:

> 君子之用损也。用之于惩忿,而忿非暴发不可得而惩也;用之于窒欲,而欲非已滥不可得而窒也。……性主阳以用壮,大勇浩然,亢王侯而非忿;情宾阴而善感,好乐无荒,思辗转而非欲。而尽用其惩,益摧其壮,竟加以窒,终绝其感。……故未变则泰而必亨,已变则损而有时;既登才情以辅性,抑凝性以存才情。损者衰世之卦也。处其变矣。而后惩窒之事起焉。若夫未变而亿其或变,早自贬损,以防意外之迁流,是惩羹而吹齑,畏金鼓之声而自投车下,不亦愚乎!③

此处立论,仍强调了知几审位的功夫体现于人与物相与交往之际的伦理性,而非取一决定的理而放弃人的形色活动的实际情况。他强调了所行而后有

---

① 《周易外传》卷一。
② 《读四书大全说》卷八。
③ 《周易外传》卷三。

善恶的行,而并非事先消泯情欲活动来体现纯然天理。性情不相对立,由情之正而后能继道,非无情而后道成。

王夫之强调"人欲之各得,即天理之大同",并不是认为一切人欲皆善。从人欲为人之自然欲望(与行为)而言,此有其存在的必然性,因此是善的(非善恶之善),即是有价值的,或合理的。但人欲是否依循道德判断所依据的原则(理)而表现为善的,则是具体的。因此,只有不同人欲的具体实现过程中依循天理而成性,才是善的。此外,应值注意者,人欲中见天理的命题,并不是应和关心民生思潮而得出的价值观,仅仅是他由宇宙论本体论引向人性论后的自然结论。因此,其命题中虽可引出肯定生命活动在合乎道德原则或未违背善(规范)的前提下有其存在的一切合理性及其价值,但他并未引出重视民生生活的结论。相反,他说:

> 庶民者,流俗也;流俗者,禽兽也。明伦、察物、居仁、由义,四者禽兽之所不得与。壁立万仞,止争一线,可弗惧哉。①

此处不仅没有强调道德价值之外的生命价值,而且充满与他基本见解相冲突的谬见。

这是王夫之伦理学的纲要。为了了解他对于伦理学史的贡献,还应该补充他在批评"衣食足而后廉耻兴,财物阜而后礼乐作"这一命题时,关于道德实现的基础及其条件认识上的卓见。他说:

> 衣食足而后廉耻兴,财物阜而后礼乐作,是执末以求其本也。……夫末者以资本之用者也,而非待末而后有本也。待其足而后有廉耻,待其阜而后有礼乐,则先乎此者无有矣。无有之始且置之,可以得利者,无不为也。于是廉耻刓而礼乐之实丧,迫乎财利荡其心,愗淫骄辟,乃欲反之于道……末由得已!且夫廉耻刓而欲知足,礼乐之实丧而欲知阜,天地之大,山海之富,未有能厌鞠人之欲者矣。故有余不足,无一成之准,而其数亦因之。见为余,未有余也,然而用之而果有余矣。……消息之者道也,劝天下以丰者和也,养衣食之源者义也,司财物之生者仁也,仁不至,义不立和不浃,道不备,操足之心而不足,操不足之心而愈不足矣。奚以知其然也?竟天下以渔猎之情,而物无以长也。由此言之,先往以裕民之衣食,必以廉耻之心裕之;以调国之财用,

---

① 《俟解》。

必以礼乐之情调之。其异于管商之末说,亦辨矣。①

此处立论,所驳从道德角度言衣食足而后推及到廉耻兴的不当,十分有力。但他从社会政治立论而以仁义为本,衣食足为末,则带有疏陋的痕迹。此可视为其天理人欲论的补充。

第五节　颜元的学说

颜元(1635—1704),字浑然,号习斋,直隶博野人。颜元从小遭际颇苦。颜元父从小过继于人,因不为养父所喜,颜元小时,其父弃家出走。颜元12岁时,其母又改嫁,他从此依靠养祖父母生活。19岁时,养祖父因涉嫌讼事遁匿,颜元被系入狱半年。因家业开始没落,他便承担起生计之事。他曾学于贾珍。贾珍以"不衫不履,甘愧彬彬君子;必行必果,愿学硁硁小人;内不欺心,外不欺人,学那勿欺君子;说些实话,行些实事,做个老实头儿"的联语启迪颜元。他20岁以后发奋读书,24岁开馆授徒,命馆名为"思古"斋。始也宗陆、王,继又学程、朱。34岁时遭养祖母之丧,遵行朱子丧礼而伤身,由是开始怀疑朱学,遂改其斋为"习斋"。57岁游中州,了解到,学朱学之后,人人禅子,家家虚文,由是立以孔孟破程朱之决心。

颜元34岁时的思想转变极为重要。他自叙这一转变道:

> 第自三十四岁,遭先恩祖母大故,一一式遵《文公家礼》,颇觉有违于性情,而读《周公礼》,始知其删修失当也。及哀杀,检性理。乃知静坐读讲,非孔子学宗;气质之性,非性善本旨也。朱学盖已参杂于佛氏,不止陆王也;陆王亦近于支离,不止朱学也。痛尧舜周孔三事三物之道失,而生民之涂炭至此极也;遂有《存性存学》之作,聊伸前二千年圣人之故道,而微易后二千年空言无用之新学。②

此文是了解他思想脉络的关键所在。其主要著作有《四存编》、《朱子语类评》、《四书正误》、《习斋记余》以及钟錂所辑《颜习斋先生言行录》等。

颜元的思想特色,在于他是在关心民生的引导下,确立了兴事功的价值观,提出了学与习相结合、知"道"以经世的实践方法,并以此为批评程朱之学与陆王之学,以继孔孟正学的依据。

---

① 《诗广传》卷三。
② 《习斋记余·王学质疑跋》。

在人性论方面,颜元认为:

> 天之生物与人也,一理赋之性,一气凝之形。故吾养吾性,尝备万物之理以调剂之;吾养吾形之气,亦尝借万物之气以宣泄之。①

他主张先天性善论。但他又强调,人之向善向恶的可能性,随后天之习而有所差异,即人行为活动可以使行为成善成恶。因此,他认为,孔孟关于性的理论原是一旨,须识得孔孟言性原本不异,才能谈性。他解释孔子"性相近,习相远"之说为:

> 性之相近如真金,轻重多寡虽不同,其为金俱相若也。惟其有等差,故不曰同;惟其同一善,故曰近。将天下圣贤、豪杰、常人不一之质性,皆于性相近一言括之,故曰人皆可以为尧舜。将世人引蔽习染、好色好货以至弑君弑父无穷之罪恶,皆于习相远一句括之……②

人同禀于善,而善之程度却有所不同,故曰性近。他认为,后天行为的发生,受到主观因素的影响,并不是由先天的质性所决定。性是气质之性,此性为善,"人之性,即天之道也"。显然,他把性善视为道德的牵引能力或先验的善的道德性:

> 今即有人偏胜之甚,一身皆是恻隐,非偏于仁之人乎?其人上焉而学以至之,则为圣也,当如伊尹。次焉而学不至,亦不失为屈原一流人。其下顽不知学,则轻者成一姑息好人,重者成一贪溺昧罔之人,然其贪溺昧罔亦必有外物引之,遂为所蔽而僻焉。久之相习而成,遂莫辨其为后起、为本来。此好色好货,大率偏于仁者为之也。若当其未有引蔽,未有习染,而指其一身之恻隐,曰:此是好色,此是好货,岂不诬乎?③

好色好货与性无关,即恶不源于性,因为性是善的。从中可以发现,先天的性善并不决定后天行为必然的向善,因此,此处所言的后天含义在于,主观意志及修养决定行为的善恶。

于是,他强调圣人之为圣人,原因在于习学的结果,而并非如宋儒所言,禀气质之性的清明而为圣。如此,道德境界的到达是由后天的主观努力以

---

① 《习斋记余·与何茂千里书》。
② 《颜氏学记》卷二。
③ 《存性编》卷一。

及习染所决定的,此理甚合于孔子学说之本旨。他批评宋儒的缺陷在于对道德命定论的强调:

> 大约孔孟而前责之习,使人去其所本无;程朱以后责之气,使人憎其所本有。是以人多以气质自诿,竟有"山河易改,本性难移"之谚矣。其误世岂浅哉?①
>
> 程、张于众论无统之时,独出气质之性一论,使荀、扬以来,诸家所言,皆有所依归,而世人无穷之恶,皆有所归咎。是以其徒如空谷闻音,欣然著论垂世。而天下之为善者愈阻,曰:我非无志也,但气质原不如圣贤耳;天下之为恶者愈恣,曰:我非乐为恶也,但气质无如何耳!且从其说者,至出辞悖戾而不之觉。②

强调气质之性者否定人的行为自主性(意志自由),从而使得人对自己行为不予负责。

当然,他的人性论是十分粗糙的。善作为人的质性的本源,而恶源于人的经验习染,他显然分割了善恶源起的同一基础。当然,他已经指出,如果不由习学而至善的本性,则本有之善并不能导致行为之善。他以习学而致事功作为立说的宗旨与价值观,并且持续地排贬高谈性命的理学。要求致事功,必须实学实习,自道德文章至技艺无不能免除。他以此来否定和批评性理之学的空疏:

> 仆妄谓性命之理不可讲也。虽讲,人亦不能听也;虽听,人亦不能醒也;虽醒,人亦不能行也。所可得而共讲之、共醒之、共行之者,性命之作用,如《诗》、《书》六艺而已。即《诗》、《书》六艺,亦非徒列坐讲听,要惟一讲即教习,习至难处来问,方再与讲。讲之功有限,习之功无已。③

讲性命之理的人不能使人醒悟且驱使人行动,显是极端之说,原因在于不知道讲性命之理而后醒行的理论指导行为的可能性所在。当然,讲者未必能行。如果讲而行,行而讲,则其功必完满。此方法运用于道德实践,颇有合理处。其意义正在于,所讲内容必能存有行动的动机,才显示出其真正的价值。他认为程朱与孔门讲学的内容旨趣完全异样。《颜习斋先生年谱》中

---

① 《颜氏学记》卷二。
② 同上。
③ 《四存编·存学编》卷一。

载其喻示程朱与孔子教学不同之实质:

> 请画二堂,子观之:一堂上坐孔子,剑佩觿决杂玉,革带深衣;七十子侍,或习礼,或鼓琴瑟,或羽龠舞文,干戚舞武,或问仁孝,或商兵农政事,服佩皆如之;壁间置弓矢钺戚箫磬算器马策各礼衣冠之属。一堂上坐程子,峨冠博服,垂目坐如泥塑;如游杨朱陆者侍,或返观打坐,或执书吾伊,或对谭静敬,或搁笔著述;壁上置书籍字卷翰砚梨枣。此二堂同否?

孔门立学宗旨异于理学之处,恰是他处处破程朱而入孔孟的依据所在。

此一主张,并非贬低修身养性之事,而是认为如果性理之学不践履,不能有助于修身养性;不是不以德性为讲学内容,而是强调德性之外的艺业同样重要:

> 不特学尧舜之精一执中,而并学其和修六府矣;不特学周孔之洗心操存,而并学其三物四教矣。①

颜元所提倡的习学内容,有三事六府之道与六道六行六艺之学,主要表现为,经世之业与进德之事。其价值观在正德、利用、厚生。实学与实行,才能实现真正有德和利民。

很显然,关心民生的情怀在他那里已上升为利民的道德原则。他既强调民胞物与,强调儒者学为君相百职,为生民造命,更强调实学建经世济民的功勋,成辅世长民的英烈;扶世运,奠生民。他认为汉以后儒者皆因立谋道不谋食而误入歧途,宋儒更甚。他说:

> 孔门六艺,进可以获禄,退可以食力,如委吏之会计,简兮之伶官可见。故耕者犹有馁,学也必无饥。夫子申结不忧贫,以道信之也。若宋儒之学,不谋食,能无饥乎?②

虽不能由此驳倒宋儒讨论品德而求学,然孔子所主张的贫而好学不如富而无骄,大致意义在于不贬利而否定人的全面性的实现。孔子所强调的富民之事,仅仅讲求性命之理是不能达至的。因此,宋儒与孔子的价值观不同,乃在于是否关心民生利益的实现,这或是颜元所认为的不言而喻的结论。

---

① 《习斋记余·与上蔡张仲诚书》。
② 《颜习斋先生言行录》卷下《教及门》第十四。

颜元对于理学的批评,甚为激烈。他既攻程朱,也否定陆王,认为他们都究心于主敬存诚,静坐著书,弃民生病苦而不顾。因此,他认为程朱与陆王皆非圣人之学,其争论也无实质性意义:

> 两派学辩,辩至非处,无用;辩至是处,亦无用。盖闭幕静坐、读讲著述之学,见到处俱同镜花水月;反之身,措之世,俱非尧舜正德、利用、厚生,周孔六德、六行、六艺路径。虽致良知者见吾心真足以统万物,主敬著读者认吾学真足以达万理,终是画饼望梅;画饼倍肖,望梅倍真,无补于身也,况将饮食一世哉!①

就质疑而言,理学皆无习行的功效,也无事功之意向,如朱子主张半日读书、半日静坐最为典型。即使王阳明强调立事功,也并非积极地致力于事功。如是,

> 天下皆读作、著述、静坐,则使人减弃士农工商之业,天下之德不惟不正,且将无德;天下之用不惟不利,且将不用;天下之生不惟不厚,且将无生②。

此处不仅指出了理学不能实现其民胞物与、为生民立命的宗旨,而且还指出了理学家的所谓德乃指不动之德,离弃各行各业之德,即,理学在实质上认为厚民生的事功和意向为不德。

既然强调行为的善恶作为道德判断之依据,颜渊则不把"有德"仅仅视为明圣学、悟心性、谙伦理之事,而是突出了"有德"是指行为与道德感的统一,而不纯然是道德主体的确立之事。这样,他关于德行的理解,与我们今天的认识较为相近。例如,关于基本德行,即广义的孝道,他说:

> 何言乎孝子也?种树稼穑,修筑宫室,灌溉园池,以增润地形,饮食其母也;燔柴焚积,熏香蒸物,酿酒扬汤,使气臭上腾,以宣濡天气,饮食其父也……是谓养口体之孝。天命五德,奉持不失,富贵贫贱,安而受之,夙夜寤寐,时存惕若,灾苦夭殃,劳而不怨,民胞物与,友于得所,五礼以致中,善敬亲也;六乐以导和,善承欢也。是谓养心志之孝。③

由此可知他关于德的观念与理学家不同。不同处的显著特点是,他是把德

---

① 《习斋记余·阅张氏五学质疑评》。
② 《习斋记余·驳朱子分年试经史子集议》。
③ 《习斋记余·人论》。

行与致事功的价值观相联系的,因而不仅肯定了事功的道德价值,而且肯定了各行各业皆有其不同之德,百姓日用处即人伦存在所。同时,它实质上显示了,没有道德实践能力不能培养美德。这样,也就打破了关于德之观念仅限于三纲五常与道德感培养的士人自我标榜之间的空洞纽带,确立起实践性、经验性的美德观。

然颜元显然以事功与学以致用的价值观来看待为学的一切内容,故往往偏狭而不当。且由德的习行来否定理义之辨析与道德形上学之探讨,失之于绝对化。

第六节 戴震对理学的批评

戴震(1724—1777),字慎修,又字东原,安徽休宁人。他从小就对文字训诂、音韵、考证等有近乎天性所成的兴趣,而且很早就有这方面的著作问世。他曾就学于江永,而江永精于三礼,又通音韵、考证。戴震一生参加举业屡试不中,大多数时间里为官宦之家的塾师。52岁起召充四库书馆纂修官,至年55病逝于任上。他以考证方面的成果为世人所重,然他的兴趣却在建立一套旨在否定程朱之学的理论。此方面不为时人所肯定。他在这方面的代表作有《原善》、《孟子字义疏证》等。《原善》为戴震40岁前后的著作,而《孟子字义疏证》则为晚年之作。不过,二者的旨趣虽略有别,大体仍相近。

戴震的伦理学,是根据人性论而确立起生命发展观和推己及人的价值观。他的人性论,一开始便以区别于程朱的人性论为特征。他关于性的解释,不是把性视为本体之性和气质之性的两截,而是视为万物与人所据以分别的本质。人的本质是人与万物区别的根据。他论性曰:

> 性,言乎本天地之化,分而为品物者也。限于所分,曰命;成其气类,曰性。各如其性以有形质,而秀发于心,征于貌色声,曰材。①
>
> 性者,分于阴阳五行以为血气心知,品物区以别焉。举凡既生以后所有之事,所具之能,所全之德,咸以是为其本。故《易》曰:成之者性也。②

---

① 《原善》卷上。
② 《孟子字义疏证》卷中。

> 性者,血气心知本乎阴阳五行,人物莫不区以别焉,是也。①

此处言性,其意大致如下。性是气化过程中人与万物分有阴阳五行之气而后有性。性是人的存在特质及人的活动的基础。人的活动包括血气之欲的活动及心思的智的活动。因性本不同而区别出人与万物的不同。人之区别于动物,在于其有思的能力。此思的能力包括理性思维能力及其对于感性活动指导的能力。此即是心之能,也是才质。此才质表现为知觉判断明辨能力,这种能力虽因人之不同而有所不同,然而它是使人能够区辨是非善恶的依据。

> 故孟子曰:耳目之官不思,心之官则思。是思者,心之能也。精爽有蔽隔而不能通之时;及其无蔽隔,无弗通,乃以神明称之。凡血气之属,皆有精爽;其心之精爽,钜细不同。如火光之照物,光小者,其照也近,所照者,不谬也。所不照,所疑谬承之。不谬之谓得理。其光大者,其照也远,得理多而失理少。且不特远近也,光之及又有明暗,故于物有察有不察。察者,尽其实;不察,斯疑谬承之。疑谬之谓失理,失理者,限于质之昧,所谓愚也。惟学可以增益其不足而进于智。益之不已,至乎其极,如日月有明,容光必照,则圣人矣②。

此才又称之为智,此智具有烛照明察判断的能力。唯人之智(才质)不同,故此能力又有区别。此能力本身的运用与否自然影响到行为之善恶。此能力本身是可以指导人作出善的行为,故它的存在是善的。因此,他主张性善论。

他以为,孟子的性善论是据才质而为言,非谓性即理而立性善义。他说:

> 耳能辨天下之声,目能辨天下之色,鼻能辨天下之臭,口能辨天下之味,心能通天下之理义;人之材质得于天,若是其全也!孟子曰:非天之降材尔殊;曰:乃若其情,则可以为善矣。乃所谓善也。若夫为不善,非才之罪也。惟不离材质以为言,始确然可以断人之性善。③

> 孟子曰:心之所同然者,谓理也,义也。圣人先得我心之所同然耳。

---

① 《孟子字义疏证》卷中。
② 《孟子字义疏证》卷上。
③ 《原善》卷中。

于义外之说必致其辨,言理义之为性,非言性之为理①。

此处论述,又有几点需注意者。其一,材质因为包括理性能力(当然也包括感性知觉活动能力),故能明辨善恶。由此言之,则性善。因为性是由材质的能力而决定的。其二,这种能力的运用肯定理义之为善,这是它的内在的功能。明辨善恶的理性能力,则此能力的发挥与否关乎为学是否益智,以及主观意志对于这种能力的发挥。而理性能力的发挥必然会判断何种选择、活动为善。人成德的程度,在其根本上是由其材质能力的发挥而决定的。人是否志于成德,在于人是否确立运用其材质能力增进材质能力的主观意志而决定。其三,材质能力的发挥不仅能明理义,且能明客观之理(规律与知识)。因此,材质能力的发挥与提高,能达到不私不蔽的仁智境界。由此引出其功夫论,不私不蔽的关键在于克己。所谓克己,在于不使材质能力无由地发挥与提高。此即是由意志确立所主宰的功夫。他说:

> 乐循理者,不私不蔽者也。得乎生生者仁,反乎是而害仁之谓私;得乎条理者智,隔于是而病智之谓蔽。②

> 故君子克己之为贵也,独而不咸之谓己;以己蔽之者隔于善,隔于善,隔于天下矣。无隔于善者,仁至,义尽,知天。是故一物有其条理,一行有其至当。征之古训,协于时中,充然明诸心而后得所止③。

克己,是让自然的行为合乎必然之理(礼、仁义)。其四,性不是理。理是指客观知识而言,因此理无一理,而是分理,是具体事物之理。就伦理而言,情欲和行为,各有其正当性,此正当性即理。道德的正当性的判断能力虽然取决于性的本质,但是此能力的发挥即美德的培养,皆是经验具体的事务。

由理之具体依存于实在事物而言,则天理是指自然的分理。情之不爽失,则不爽失为情之理。他说:

> 由血气之自然而审察之,以知其必然,是之谓理义。自然之与必然,非二事也。就其自然,明之尽而无几微之失焉。是其必然也。如是而后无憾,如是而后安,是乃自然之极则。④

---

① 《孟子字义疏证》卷中。
② 《原善》卷下。
③ 同上。
④ 《孟子字义疏证》卷上。

所谓自然,指事物而言;所谓必然,指其存在状态或规律性的理。理在人身上的表现则是,通过明理而后才有理义之性,并非主张理即性。道德准则即有客观性、普遍性,也即是人心所共同的东西。但人心所同然并非先验具有心性之理的自然发露,也不是血气活动之自然,而是基于人的心知的把握判断能力。性是随人之经验活动而展开的,而理之正,即是性之合于天德,它离不开人的道德判断与道德选择的能动性。

戴震依此人性论来批评程朱的人性论。首先,他认为程朱的人性论是一种道德先验设定的人性论。他以为,程颐所言的"有自幼而善,有自幼而恶,是气禀有然也"及朱熹所说的"人之气质相近之中,又有善恶一定,而非习之所能移也",是由气质之性界定道德的先验性,此点与经验事实不合。他认为,人的道德性是后天逐渐培养的,而不是先天所决定的。他论证说:

> 试以人之形体与人之德性比而论之。形体始乎幼小,终乎长大;德性始乎蒙昧,终乎圣智。其形体之长大也,资于饮食之养乃长,日加益,非复其初。德性资于学问,进而圣智,非复其初,明矣。人物以类区分,而人所禀受,其气清明,异于禽兽之不可开通。然人与人较,其材质等差几几?古圣贤知人之材质有等差,是以重问学,贵扩充。①

程朱认为人为学的目的在于复其初始的天性,抹杀了德性培养的过程,也因此和圣贤强调的修养功夫相违背。因为如果从他们所说的人性禀赋先验本体的天地之理(分气质之性之有善有恶)而言,则至少圣人是不学而圣的,然此与事实相悖。其次,他认为程朱的人性论是一种人为的二元论设定。按照程朱性即理之论,则人皆有本然的善性,然而却因此不能解决不善的源头问题,因此又设定气质之性,判定气质之性有善有恶,善者唯禀气清明的圣人唯受,凡人皆不能有。这种人性论,与荀子所主张的唯圣人神明而善、凡人皆性恶相同。他说:

> 宋儒立说,似同于孟子而实异,似异于荀子而实同也……故截气质为一性,言君子不谓之性;截理义为一性,别而归之天,以附合孟子。其归之天不归之圣人者,以理为人与我,是理者我之本无也;以理为天与我,庶几凑泊附著,可融为一,是借天为说,闻者不复疑于本无,遂信天与之得为本有耳!彼荀子见学之不可以已,非本无,何待于学?而程子朱子亦见学之不可以已,其本有者,何以又待于学?故谓为气质所污

---

① 《孟子字义疏证》卷上。

坏,以便于言本有者之转而如本无也①。

再次,他认为程朱的人性论,是援道释入儒的结果。他说:

  陆子静王文成诸人推本老庄释氏之所谓真宰真空者,以为即全乎圣智仁义,即全乎理;

  程子朱子就老庄释氏所指者,转其说以言夫理,非援儒而入释,误以释氏之言杂入于儒耳②。

其论据在于,前者入于道释的真宰真空者完全自足,后者则以常惺惺而复其人生而静以上(而静以上即道释之超善恶而名之曰理)。援道释入儒必别于孔、孟,其说割裂人性一元论的倾向,与经验论相悖。

由人性论出发,戴震否定了程朱的天理人欲的区别。程朱的人欲并非否定了血气的生理本能,而是强调了生理本能之外的情欲追求活动是恶的。认为情欲活动与成德乃对立而不能并存。戴震则认为,情欲活动与生理本能活动不可分,天理也与情欲活动、生理本能不可分。情欲活动与生理本能是生民的内容,有其必然之理,此理不可全部依据善恶而评论。只有情欲活动中的不正之私才是应该克除的,而不能以情欲活动为不善而任意加以舍弃。他认为,血气心知与性不可分,不能以先天之理为性而不知就血气心知的活动中见理义。他说:

  人生而后有欲,有情,有知。三者,血气心知之自然也。给于欲者,声色臭味也;而因有爱畏。发乎情者,喜怒哀乐也;而因有惨舒。辨于知者,美丑是非也;而因有好恶。声色臭味之欲,资以养其生;喜怒哀乐之情,感而接于物;美丑是非之知,极而通于天地鬼神。声色臭味之爱畏以分,五行生克为之也;喜怒哀乐之惨舒以分,时遇顺逆为之也;美丑是非之好恶以分,志虑从违为之也。是皆成性然也。有是身,故有声色臭味之欲;有是身,而君臣父子夫妇昆弟朋友之伦具,故有喜怒哀乐之情。惟有欲有情,而又有知,然后欲得遂也,情得达也。天下之事,使欲之得遂,情之得达,斯已矣。惟人之知,小之能尽美丑之极致,大之能尽是非之极致,然后遂己之欲者,广之能遂人之欲;达己之情者,广之能达人之情。道德之盛,使人之欲无不遂,人之情无不达,斯已矣。欲之失为私,私则贪邪随之矣;情之失为偏,偏则乖戾随之矣;知之失为蔽,蔽

---

① 《孟子字义疏证》卷中。
② 《孟子字义疏证》卷上。

则差谬随之矣。不私,则其欲皆仁也,皆礼义也;不偏,则其情必和易而平恕也;不蔽,则其知乃所谓聪明圣智也。①

这是他的人性论的自然结论。他并不主张情欲无节度也是善的,而是强调指出,情欲不流于偏失即是合于理义,也可以是善的。而宋儒强调存天理去人欲,从泛道德主义立场妄断人欲为不善,因而天理与人欲是对立的。然人欲本有其存在之理,有其生命价值实现的正当性与必然性,故人欲并不必然背于天理。相反,情欲与性相依靠,情欲之合理的满足,恰是德性的要件。且因为人的心知始终与情欲活动相随,并通过确立向善意志而使之受到指导,故情欲不是完全自发的,而是能够中节合度。宋儒否定人欲,其理欲之辨则使君子无完行,因此,人不能有为而实现生命价值。

因此,他提出后儒以理杀人的命题。一方面,宋儒以为理如有其物,理本于天而具于心,则所主之理即为"我"之意见。此意见性的所谓理,不仅让在上者责备在下者有了口实和依据,且在下者因受专制伦理约束而不能违,故常成为牺牲品。就其理所传达的否定人欲的倾向,使人不能满足其欲与畅达其情。另一方面,宋儒否定人欲的价值,推之于政治活动(这是宋儒理学之特色),则必不能明晓君子小人之分不在于求遂达情欲,而在于情欲是否契乎得正。因此,君主持主观意见而推君子的德来治人,必失去对于生命价值的尊重和肯定,失却对于百姓生活的关心。因此,他激烈地指责理学:

> 古之言理也,就人之情欲求之,使之无疵之为理;今之言理也,离人之情欲求之,使之忍而不顾之为理。此理欲之辨,适以穷天下之人尽转移为欺伪之人,为祸何可胜言也哉。②

> 尊者以理责卑,长者以理责幼,贵者以理责贱,虽失,谓之顺;卑者,幼者,贱者以理争之,虽得,谓之逆。于是下之人不能以天下之同情,天下所同欲达之于上;上以理责其下,而在下之罪,人人不胜指数。人死于法,犹有怜之者;死于理,其谁怜之③。

由于天理符合专制社会的本质,使专断意见的在上者持意见责下而陷于伦理的偏枯;由于理欲之辨舍人情、人的自然本性而不顾,则必不能有仁民之

---

① 《孟子字义疏证》卷下。
② 同上。
③ 《孟子字义疏证》卷上。

举,仅存压抑之实。他由此而判定后儒之理已成为专制主义的工具而具有以理杀人的后果:

> 后儒不知情之至于纤微无憾是谓理。而其所谓理者,同于酷吏之所谓法。酷吏以法杀人,后儒以理杀人,浸浸乎舍法而论理,死矣!更无可救矣!……后儒冥心求理,其绳以理,严于商韩之法,故学成而民情不知。天下自此多迂儒。及其责民也,民莫能辨,彼方自以为理得,而天下受其害者众也①。

很显然,戴震对于宋儒的批评指责,其重点在于理欲之辨。宋儒持有道德至上价值论,以天理为公、人欲为私,强调人欲与道德价值的实现之间的冲突,由此贬斥人欲有其合理处,主张人人不应在生活的实际过程中求其情欲在契乎合度中积极实现而增善,而应该以追求天理为务,尽可能克除情欲活动;当他们把君子的个人追求用来规范社会时,其祸害至大。戴震认为,追求道德价值的实现确实为人的价值实现的中心,但人的价值实现尚有其情欲遂达的必要性,它是人的本质内容之一,也是人是否有德的真实依据。而且,君子所求,不能脱离情欲满足的过程,更不能以人的道德实现为唯一价值而推行于社会。他说:

> 《论语》曰:君子怀德,小人怀土;君子怀刑,小人怀惠。其君子,喻其道德,嘉其典刑;其小人,戒安其土,被其惠泽。②

如果像君子一样否定情欲之遂达,则小人必不能被其泽惠。

因此,戴震关心民众生活的实际解决的意向,是十分清楚的。他认为,生养之道,存乎欲者,而圣人之事业,就是百姓生养之事。他说:

> 夫尧舜之忧四海困穷,文王之视民如伤,何一非为民谋其人欲之事。③

> 圣人顺其血气之欲,则为相生养之道,于是视人犹己,则忠;以己推之,则恕;忧乐于人,则仁;出于正,不出于邪,则义;恭敬不侮慢,则礼;无差谬之失,则智。曰忠恕,曰仁义礼智,岂有他哉?④

---

① 《戴东原集·与某书》。
② 《原善》卷下。
③ 《孟子字义疏证》卷下。
④ 《孟子字义疏证》卷上。

他主张,所谓博爱天下,其要旨在于,既遂己之欲也遂人之欲,达己之情亦达人之情,这也是政治伦理的正当性原则。相反,暴政正体现在剥夺民人之情欲满足的条件而自恣,贪暴无极。因此,他认为民众百姓不德,本来就有其情欲不能实现的原因。而权力者侵凌无辜、不顾民众生活的要求以图自私自利,恰是其根本性的原因。他说:

> 在位者多凉德而善欺背,以为民害,则民亦相欺而罔极矣;在位者行暴虐而竟强用力,则民巧为避而回遹矣;在位者肆其贪,不异寇取,则民愁苦而动摇不定矣。凡此,非民性然也,职由于贪暴以贼其民所致。乱本,成于上,民受转移于下,莫之或觉也,乃曰:民之所为不善。用是而仇民,亦大惑矣。①

而为政者欺民之惑,也是理学家(尤其宋儒程朱)义理之惑,因为不知重视民之生活而求致民之向善而不息,是没有依据的。

诚然,从政治生活的立场看,戴震的主张与"衣食足则知礼节"的观念有相通之处。但他并没有得出衣食足自然能够知礼节的结论。他认为,情欲的实现是人生实现的重要方面,其实现虽与道德价值的实现有其矛盾的一面,但如果否定人的情欲实现,无异于否定人性。情欲的实现不必然否定道德价值的实现,因为情欲在理性的指导下合其节度的规范,则恰恰是有德之人道德实现的具体内容。要求人知礼节,如果无视其衣食足的本性要求,那么在社会生活重视方面足以造成在上者贪竟而责在下者无德,如此,则在下者或失性而虚伪,或无告而愁苦。这是他从道德主张不顾现实生活的必然后果中所得出的结论。

概而述之,戴震站在人道主义立场上,从经验论的方法来批判考察理学,提出了他的伦理学说。这一学说的要旨有三:其一,人性是一发展完善的过程,其追求并不具有先验的道德性;其二,人欲是生命存在和延续发展的实质,具有存在的合理性,它并非在任何条件下都与道德价值相对立,因而人欲与天理对立之说不仅在理论上失于泛道德主义,而且其实际后果也是有害无益;其三,理并非即是道德性之理,有客观规律之理与道德之理,它是通过情感意志和行为活动才与人性相联结。

戴震从人性论引出新的价值观,由此分析了程朱理学不相容于人性本质的失误,强调了从人性出发的政治活动必然注重民生实际问题的解决。

---

① 《原善》卷下。

其伦理学的前后一贯性为清初大儒所不及,尽管他关于后儒以理杀人的命题忽视了现实的社会环境的根本影响,而且从程朱的理欲之辨直接与在上者责在下者相联结而有其牵强的地方,但他的如下结论却是中肯的:程朱以价值信念代替道德规范,从而流于意见,使道德成为主观的东西;而理之流为意见之后被利用以为责人工具,从而产生严重的后果。他的批判结论,有其极深刻精辟的独到之处。他从关怀民众生活问题的解决出发,重新确立了利民及满足民众合理的幸福要求的政治正当性原则,在这一方面他的思想已开启近代社会政治伦理之先声。

第七节　文学领域中的道德观与衰世儒林

这里所谓的道德观,是指明清文学作品中所表现的对于传统伦理尤其理学天理人欲之辨的反应态度,以及文学家的"合理"道德主张。这种态度主张与伦理学史(道德思潮史)的联结点是很显然的,清晰地透显出明清士人生活的面貌、道德思潮的特征及其思想意识形态诸种现象发生的现实基础及其趋势。很显然,明清思想意识形态领域是由理学支配的。在这种支配中,理学通过开书院授徒而影响到广大的士林儒林,权力者奠定以精研理学为科举取士的标准,二者乃相辅相应,缺一不可。当然,理学的这种支配,与汉民族秉持儒家忠义仁孝为生活合理性标准的伦理文化传统息息相关。

尽管如此,对于理学的批评同时也构成明末以来思想领域与文学领域的一种重要特色。虽然对于理学的批评,并非走向反道德的极端(这种极端一般由享乐主义所引起,与文化虚伪主义有不可解的联结),但由此而引起的思想个性化和情欲合理化的自觉,则自从明中叶便呈现为一种极强的社会冲击力量。王学后学从思想的个性化与情欲合理化的两个方面使理学极端主义发展遭遇一定的挫折,从而,理学的道德至上主义开始在受到批判性继承或对立立场上的批判而不能再张扩其势力。这种批判性继承和来自对立面的批判两股力量持续了从清初到中叶的近百年。对于理学正统思想的批判、个性生活主张的反映以及社会道德思潮的复杂性面貌等等,都通过文学思想主题中价值观与道德选择的矛盾、冲突、悲剧的刻画而真实生动地体现出来。

伦理范世以及正人心、纯风俗确乎是明清描写社会现象的小说与言情小说的基调。从明初的《三国演义》、《水浒传》到明中后期的《三言》、《二拍》,清初的《长生殿》《桃花扇》《聊斋志异》《说岳全传》,清中叶《儒林外史》等等。其中关于忠孝节义的宣传及其价值主张,恰好反映了士人阶层对于传统道德观念的普遍认同。尤其在理学伦理范世观念强有力的影响下,小说中人人皆言名教、天理、良心的现实精神面貌得到反映。文学作者之标榜以纯化人心为务,比比皆是。如上这些小说的作者,他们的主张皆强调了提倡士德或正人心广道德的立言宗旨,有些小说更是撇开了作品的现实基础而以伦理范世为务。例如,约与《红楼梦》同时,《歧路灯》作者李绿园谓其创作宗旨道:

> 偶阅阙里孔云亭《桃花扇》,丰润董恒岩《芝龛记》,以及近今周韵亭之《悯烈记》,喟然曰:吾故谓填词家当有是也。借科诨排场间,写出忠孝节烈,而善者自卓千古,丑者难保一身,使人读之为轩然笑,为潸然泪,即樵夫、牧子、厨姬、爨婢皆感动于不容己。以视王实甫《西厢》、阮圆海《燕子笺》等出,皆桑濮也,讵可暂注目哉!因仿此意为撰《歧路灯》一册,田父所乐观,闺阁所愿闻。子朱子曰:善者可以感发人之善心,恶者可以惩创人之逸志。友人常谓,于纲常彝伦间,煞有发明。①

通过文学(小说)作品,可以看出,尽管理学道德至上主义态度的支配并非一帆风顺,但理学的基本价值观念的影响却是十分深重的。

然而,理学因过份强调人的道德实现价值而忽视人情,忽视了天理人欲之辨不能推及到社会的现实生活以及王政的活动,此点在思想领域的活动中已为许多思想家所注意,因而展开了对于理学极端主义的批判思潮。理学观念的这一偏弊,在文学领域中反响尤其强烈。通过那些既强调人的道德实现价值同时又肯定世俗情感生活的基本价值的作品,我们能够深深感触到价值冲突的悲剧性。由于作家对于现实的道德伦理与市民生活中情欲的追求与满足冲动之间的冲突有着深刻的理解,他们经常感受到以绝对的名教、以道德至上主义价值观来匡正人情、来主宰支配人生,势必造成严重后果。如是,在文学领域,一方面更深刻地反映出道德的虚伪性。例如,文学作品中常常出现标榜以纯道德立言,但却津津有味地欣赏那些被理学家视为人欲的人情,如男女欢爱、市井俗事等等。另一方面,文学家与思想家一样,展开了对于理学灭人欲说的批判。例如对于理学天理人欲之辨的诘质,至20世纪初仍是文学作品与思想界同相呼应的重要主题。例如,刘鹗

---

① 《歧路灯·自序》。

的《老残游记》第九回记申子平与一姑娘相遇引起辩争。申子平语曰,宋儒提出理欲、主敬、存诚诸多范畴,后世着实受惠不少。姑娘反驳说:

> 圣人说的:"所谓诚其意者,毋自欺也。如恶恶臭,如好好色。"孔子说:"好德如好色。"孟子说:"食色,性也。"子夏说:"贤贤易色。"这好色乃人之本性。宋儒要说好德不好色,非自欺而何? 自欺欺人,不诚极矣! 他偏要说"存诚",岂不可恨! 圣人言情言礼,不言理欲。删《诗》以《关雎》为首,试问"窈窕淑女,君子好逑","求之不得",至于"辗转反侧",难道可以说这是天理,不是人欲吗? 举此可见圣人绝不欺人处。《关雎》序上说道:"发乎情,止乎礼义。"发乎情,是不期然而然的境界。即如今夕,嘉宾惠临,我不能不喜,发乎情也。先生来时,甚为困惫,又历多时,宜更惫矣。乃精神焕发,可见是很喜欢。如此,亦发乎情也。以少女中男,深夜对坐,不及乱言,止乎礼义矣。此正合圣人之道。若宋儒之种种欺人,口难罄述。

儒家伦理和道德,以及道德规范之间的矛盾冲突在理论上难以解决,在实践上更常常造成悲剧。这种道德生活的悲剧性常常通过文学作品得到最真实的再现。在清代中叶的几部杰作中,对于道德悲剧性的表现常常寓含着作者对于虚伪现象的嘲讽和对于专制伦理的愤怒。戴震曾就天理人欲之辨及理为意见以使在上者随意责在下者,因而不顾现实民众的生活反为专制提供口实而责后儒以理杀人。与他同时的吴敬梓的《儒林外史》和曹雪芹的《红楼梦》,则通过刻画作为"意见"的绝对道德所酿造的悲剧性来表达其道德观,即专制名教与道德至上主义的实践必造成杀人的实际社会后果。

《儒林外史》中人所熟知的一个情景描写极富代表性。王玉辉的女儿在丈夫病逝后,因念及家贫,居家增累,再嫁有悖伦理,决心自杀殉夫。王玉辉知道后,因向女儿说道:"我儿,你既如此,这是青史上留名的事,我难道反拦阻你? 你竟这样做罢。我今日就回家去叫你母亲来和你作别。"女儿绝食期间,王玉辉在家,依旧看书写字,候女儿信息。女儿死去的消息报告后,"老孺人听见,哭死了过去,灌醒回来,大哭不止。王玉辉走到床面前说道:'你这老人家真正是个呆子,三女儿他而今已是成仙了,你哭他怎么的? 他这死的好,只怕我将来不能像他这样一个好题目死哩!'因仰天大笑道:'死的好! 死的好!'大笑着,走出房门去了。"不久以后,王玉辉往苏州,"一路看着水色山光,悲悼女儿,凄凄惶惶"。《儒林外史》第四十八回所描写的这一场景,即是以现实原型为据的。王玉辉的女儿,因持守节观念,在家又怕牵累贫穷之父母而致不孝,正好实践了程颐所说的"饿死事极小,失节事极大"的道德主张。这一道德主张与以理杀人命题之间的联结无疑是复杂的。作者通过受名教影响至深的王玉辉的"悲悼女儿,凄凄惶惶"一语所揭示的主人公的悲剧生活,表达了理学伦理与人性相背离的道德观。作者不是从审美的角度来欣赏这种道德高于生命造成的悲剧性,而是以批判的眼光来再现这种悲剧性。在由理学家支配的社会生活中,名教之杀人现象,已为许多敏锐思想家所察知,吴敬梓予以揭出,则是从现实生活来审度理学失误之症结,其深刻性,又自非道德思想家所能比拟。

《红楼梦》从另一角度来反映名教杀人。如王夫人听到丫环金钏与贾宝玉戏笑,不责备儿子行为不检,认定金钏儿坏礼教家风,一巴掌打得她含辱自杀。她不顾丫环晴雯重病在身,怀疑她勾引儿子,逐其出大观园,逼上绝路。如此等等,皆见以礼教之名杀人的现实。此与戴震所说的在上者责在下者虽不尽相同,但理(礼)成为意见而杀人于无形,却显而易见。"更无救矣"的愤怒,并非否定德行的价值本身,而是指证了虚伪、工具之于道德、理学之实践引致的严重社会后果。

由《儒林外史》与《红楼梦》、戴震《孟子字义疏证》合读,则"以理杀人"命题并非表达个人对于理学之态度,这是显而易见的。通过文学的形象塑造、刻画甚至真实展现的伦理生活的悲剧性,从理学道德观的实践结果亦可直接得出这一结论。这样,可以说,思想领域与文学领域的观念回应,表达了共同的道德认识结论,即儒家伦理学在进入绝对主义的理学伦理学以后,其思想的宽容亦逐渐消失,人文精神也阙而弗存。而这正是引起普遍批判理学的原因。

在文学作品与伦理学史的相关性上,《儒林外史》的地位尤其引人注目。

《儒林外史》的作者吴敬梓(1701—1754),字敏轩,安徽全椒人。他的祖辈在科举中曾经成绩显赫,因而家道很繁荣。至其父辈始因科业不很称意,家道由是而衰。吴敬梓早年也热衷举业,后因不顺,且朋友多落第,始厌弃举业功名。晚年生活潦倒穷困。他向往着儒家的文行出处,尊崇圣贤,在40岁时曾卖弃老屋以倡修泰伯祠。但从作者经历科场的黑暗及洞察到儒林的灵性逐渐泯失之后,感受到圣人之训已失之于科场,儒林皆进于求利禄而失自性与才能。作者正是从清初以来重人格修养与实学经事的角度来审度儒林之弊的。

作者笔下的儒林形象，生动地体现了明清一代士人的生活形态及其自我意识的基本特征。在他的眼中，士人皆趋骛于功名富贵，只有少数清高之士才不合流俗。而此清高之士，就是他的理想形象。《儒林外史》在第一说回"楔子敷陈大义，借名流隐括全文"中刻画了王冕这一理想人物。王冕乃元末之历史人物，其人并非深有影响，且品行也仅一般。然在作者笔下，王冕则为儒林中的俊杰。其人天文地理经史无不精通，安贫乐贱，不与权贵相与；在举世崇尚功名富贵之时，独不屑于附会。其人性格放浪不羁，而品行却又无可厚非处。因避官府征召，而竟隐居会稽山。王冕其人形象，似兼取陶渊明、王艮及清儒性格糅合而成，其理想色彩已灿然昭著。

作者贬斥结纳朋友、交结权贵、毕力于举业以求功名富贵。因此，《儒林外史序》中，作者假托"闲斋老人"的话说："其出以功名富贵为一篇之骨头有心艳功名富贵而媚人下人者；有倚仗功名富贵而骄人傲人者；有假托无意功名富贵、自以为高，被人看破耻笑者；终乃以辞却功名富贵，品地最上一层为中流砥柱。"功名富贵，指由科举而致禄仕。作者极力反对科举之业，通过王冕的口说"这个法定的不好，将来读书人既有此一条荣身之路，把那文行出处都看轻了"。

自从科举制兴起，士人与科举便休戚与共。明清科举以八股取士，首先使人穷经（程朱所注经）而终，所穷之理有限，且不能通经致用，因此，科举既无助于促进士人修身自觉，也不能培养选拔经世之才。黄宗羲曾力斥科举之害：

> 举业盛而圣学亡。举业之士亦知其非圣学也，第以仕宦之途寄迹焉尔！而世之庸妄者遂执其成说以裁量古今之学术，有一语不与之相合者，愕眙而视曰：此离经也，此背训也。于是《六经》之传注，历代之治乱，人物之臧否，莫不各有一定之说。此一定之说者皆肤论瞽言，未尝深求其故，取证于心。其书数卷可尽也，其学终朝可毕也。①

顾炎武斥八股曰：

> 八股之害，等于焚书，而败坏人材，有甚于咸阳之郊所坑者但四百八十余人也。②

吴敬梓既然主张实学经世，则八股举业皆执一定见以为标准，不仅失经义原

---

① 《南雷文案·仲升文集序》。
② 《日知录》卷十六。

旨,而所学又无关大旨宏义,不能通天文地理经史。同时,科举制开禄利之途,使人不以品格砥砺为事,固使人心萎靡不振矣。由是而言,《儒林外史》实承继清初学风而贬思想专制一极,斥责理学成为官学而专制其用,遂驱群士人于无操无学。

《儒林外史》还再现了科举制度下士人们的辛酸苦楚。这一主题,自明中叶以来在大量的文学作品中有或深或浅不同程度的挖掘。科举制度驱使大批士人在追求升进富贵中耗尽青春,性格变态、思想贫薄,而所有这些,都与这一社会制度息息相关。官场科场的黑暗不德,又使士人陷于欺伪巧作而不能自拔。总之,这是一幅衰世图景,儒林的性灵已在书斋科场失却。举贤选能之路既绝,则那些贤能之士又只能以穷困潦倒而终。在此一社会命运笼罩下,某些高洁之士尽管自清脱俗,然既已不能经世,处浊世又难以全美道德人格,如此,则贤能之士最后只有归隐一途了。《儒林外史》最后消极终其尾声道:"词曰:记得当时,我爱秦淮,偶离故乡。向梅根冶后,几番啸傲;杏花村里,几度徜徉。风止高梧,虫吟小榭,也共时人较短长。今已矣!把衣冠蝉蜕,濯足沧浪。无聊且酌霞觞,唤几个新知醉一场。共百年易过,底须愁闷?千秋事大,也费商量。江左烟霞,淮南耆旧,写入残编总断肠!从今后,伴药炉经卷,自礼空王。"

因此,《儒林外史》实际上揭出了清代儒士们的困惑与矛盾:既然古代圣贤的理想是修身、博学与治世,然在社会黑暗不德的现实历史条件下,有德之可贵虽可知,而实学经世之途辙则莫能展示。如是,大多数儒士们或交权贵,或赴科场,以在媚世的形式下寻求功业实现的机会;而他们中的清醒之士则为此而羞愧,既不满而又无可如何。此种困惑与矛盾,深藏在现实的儒林生活中,虽然在龚自珍曾发为愤懑、为燥切、为无奈。然最后他也终于在"伴药炉经卷,自礼空王"的归处中,以蝉蜕于浊世,以浮游尘埃之外。如是,则一方面,考证学为士人所重,益发显示其积极有为的价值。然而,另一方面儒林整体的精神品格自觉既已不复存在,则求真的努力便显示出逃避的面貌。

就这样,自清代中叶起,因社会专制和腐败,因儒林中人才凋敝而缺乏思想创造力,伦理思想已趋于衰竭。古代思想的生成依于士,一旦他们中的大多数已陷于八股式的思维,一旦他们已接受了四书所赋予的教条,一旦他们缺乏怀疑精神和对于自己的自信心,那么,他们的思想创造力便完全泯灭了。虽然学术活动仍在持续进行着,但对于曾经有其思想辉煌的大帝国来说,活力的消失无疑反映出社会的沉滞状态和士人的沉沦。在衰世的氛围中,像龚自珍这样的敏感之士最易于感受到时代即将转折的气息和自身不尽的怅惘了。苍凉之音,发自这位衰世大儒的诗文,竟如此缥缈空旷:

  少年击剑更吹箫,剑气箫心一例消。谁分苍凉归棹后,万千哀乐集今朝。①
  不似怀人不似禅,梦回清泪一潸然。瓶花帖妥炉香定,觅我童心廿六年。②

于是,他既感"日之将夕,悲风骤至",便已成昭示"有大音声起","天地为之钟鼓,神人为之波涛"(《尊隐》)的预言家了。

"大音声"如预言般忽至!但遗憾的是,神人并未能为之波涛。当处社会大变局之际,儒者仍然寄望于复兴传统的精神至上观念和振奋道德力来抵御外侮。虽有像曾国藩等儒者提倡自立自强、"临难有不可屈挠之节"来"立威于外域"③,但在专制压迫之下,身份性的伦理束缚与人格不平等无疑扼杀了真正的道德力。何况单凭正人心、提高道德力并不能有效地自强自立。直到变革社会政治而强大起来的邻近新帝国参与侵略中国,直到外来的思想刺激向他们展示了富于魅力而又能救中国之弊的价值观时,儒者们才意识到社会变革运动与思想启蒙的紧迫性。

这样,在那个世纪末,一场打破传统伦理政治一体化结构的社会政治运动与思想启蒙运动拉开了近代伦理学诞生的序幕。

---

① 《龚自珍集·己亥杂记》。
② 同上。
③ 《曾文正公书札》卷三十《复应敏斋观察》。

第八章
近现代的价值观与思想运动

　　从改良派到早期的共产主义学说的追随者们,都希望通过思想与价值观的变革促进社会改革与发展,建立以民生为本的主权国家。他们在伦理价值观与政治哲学互动的理论架构下,在西学东渐的影响中,提出了一系列公民伦理价值观,并结合学术上对西方的借鉴,尝试建立现代伦理学学科体系。

第一节　近代思想与价值观的演进

　　当社会严重沉滞、思想衰竭之际,敏锐的思想家龚自珍曾预言大变局即将降临。然而,包括龚自珍以及他身后的文人士子们都没有预料到,这种变局竟如此迅速、严峻而富于冲击力和震撼力。因此,当大变局一旦骤临,积极关怀社会进步的文人士子们身处其中时,仍然经历了思想与价值观念变革的严重挫折。

　　以英国为首的列强发动的毒品侵凌和殖民侵略战争吹响了"大变局"的"号角",无论是它的形式还是内容,对当时进步的士大夫来说都是严苛而屈辱的。鸦片流毒的蔓延和接之而来的占地索赔,既表明了帝国主义列强的虎视眈眈,暴露了封建王朝专制的软弱无能,也促使社会危机清晰地呈现出来。因此,"梦里吹角连营"直接的新外患,在客观上唤起士人们对社会的重新关注和反省,同时也激发他们从思想疲惫中振作与奋发。尽管承受着夷敌所带来的强烈耻辱感,内心焦灼忧惧,但他们却在此状态下打开了视野,将学问视点投向救国救民的事业,开始了新的经世热忱。

　　大变局骤临,一些有志之士便开始针对时局筹思对策。这些对策基本上是围绕国力衰竭的主因即官僚腐败、鸦片泛滥、人才凋敝、国防薄弱等敝端而提出来的。随后,又因外来军事力量以强凌弱和世界格局的展示而使他们打开了视野,不再闭目于既有大帝国中心意识,并通过比较性的分析,开始认识到富国强民与科技之间存在密切的关系。强烈的危机感和新观念的萌生,催动政治思想的活跃与价值观的微妙变化。一方面,思想敏锐的士人们集中关注了国富民强的策略,因此在思想上逐渐倾向于经世致用。新的经世致用思想与救国救民意识相互激荡,经世致用的首要目标是救国。当然,尽管目标非常明确,但他们仍然需要把握造成这种局面的原因。即,要解决救国问题,首先必须找到国力衰落的根源。一经省察检讨,他们发现,国力之衰的原因在于民力之衰,而民力之衰的关键乃在于官僚腐败、鸦片泛滥以及道德不振、生活无依。易言之,振民才能救国。在新的形势下,思想敏锐的士人们逐渐改变了理学家式的纲常振民,而走向政治改良的制度变革和解救民困的人道救民。另一方面,随着由海路而来的列强力量显示,国家并存的世界意识逐渐替代大中华核心的传统国家观念。士人们及时了解"夷国"状况和世界形势,开始运用认识论的武器和地理、文化知识,如魏源描绘出《海国图志》。在中西制度及国力强弱比较中逐渐开阔视野,士人们清楚地看到科技振兴和选拔人才的迫切性。急切地反省整个社会制度,进而提出变法改革之策,走向政治上的革新立场。

社会发展的动力来源于变革,这一意识逐渐深化,成为近代思想的最根本契机。从整备国防、改革内弊开始的思想形态,通过嫁接方式将所谓的中式的道德精神与西式的精兵强炮相结合。在这一逐渐重视洋务的借鉴之时,中体西用的思想特征极为显著。中体西用的思想方法是传统的,观念则具有近代性的意义。尽管其中反映出传统哲学方法的模糊性和随意性,但它却成为洋务派坚强的哲学基础。它一方面体现了传统观念向近代思想转变的契机,另一方面,保守派也借此捍卫传统思想价值观的"本体"地位,构成抗拒近代思想的最稳固力量。中体西用的明确思想最初是由冯桂芬提出的。在他主张采撷西学所长时,提出了"如以中国之伦常、名教为原本,辅以诸国富强之术,不更善之善者哉"。① 虽然冯氏并未仔细考察体用关系的哲学结构,但他在因应时局变动之际,确实找到了初步的对应措施。中体西用的方法,无疑是变革初期必然的选择。对于克服改革阻力和稳定思想发挥了重要作用。然而,这一尚未具体化的中体西用口号,在改良运动兴起之后被保守派张之洞等人加以总结利用,成为他们的精神指南,以此对抗近代的价值理想。正因为中体西用思想在方法上包含任意性解释环节,再加之

---

① 《采西学议》,郑振铎编:《晚清文选》,第 105—106 页,生活书店,1937 年 7 月版。

理想上有利于保存中体(文化传延),因此,它在近代发挥了双重作用,在现代也依然为一些哲学家所倚重,成为近现代思想价值观的基本方法原理指导之一。

当思想开始转折之际,体现保守派最积极的富国强兵政治纲领是曾国藩等人的经世思想。从传统的标准看,曾国藩是一文武兼精的封建社会最实际的经世之才。一方面,他秉持着传统的以忠孝为大本的伦理思想,以及以比法家更严苛的手法,不仅体现在他训练湘军、通过纲常宗法封建伦理的强化和军事才能的结合,成为正统封建社会弥留之际的回光返照力量,体现为真正的国力保证,并且成功地镇压了太平天国的反抗运动,推迟了清帝国的灭亡;而且,他是一位有效地运用传统价值观以及实际的谋略而颇有作为的封建干才。另一方面,在他继承理学思想的同时,赋予了它某些新的时代适应性。首先,他指出,经世致用在于才能发挥和人才之涌现,文章、学问义理、军事作为专门才能,容许各有所重,从而矫正了许多理学家完全以纯然天理判定人才的迂腐观念。其次,他并非单纯将理学作为学问,作为正统社会的象征,而是强调通过经世的实践加以贯通。在当时的社会背景下,他强调识时务达时用,即经济、军事、外交等兴国活动必须与伦理的复兴相统一,即以大义和具体才能的结合为新的价值核心。他自身也在实际的家庭社会活动中体现出纲常伦理、日常美德和管理经济的实践特点。易言之,他是中体西用真正加以实际运用和完善传统的代表人物。再次,无论他的思想还是社会活动,都体现了传统的道德榜样特征。他自身总是勤恳精忠、以身作则、隐忍中庸,从不露才扬己。当然,曾国藩既没有针对时局的迫切需要提出改革官僚、军事、外交等制度方面的整体设想,也不可能找到力量实现改革的愿望。他的政治思想活动似乎明白地告诉时人:随着内忧外患的加剧,任何试图在旧有伦理和政治制度下精忠报国的努力,都显示出其知不可而为之的悲剧性。

中体西用思想在其他洋务派和早期改良派那里得到总结与贯彻。当器物革新的意识高涨之际,随之出现具体的对应措施。如,如何改革科举制度,培养精通技术专门能力之才,办洋务,通商办厂等方面。它逐渐推动政治制度改革的思路之展开,尤其是那些接触西学较多、能够亲自感受西方制度的优越性之士,开始逐渐议论如何改革制度。其中有理解西方长处而以传统文化加以配合解说者。如李凤苞指出,西国制治之要,有五大端,即通民气、保民生权利、育民智、养民耻废毒刑谨法制以及富民。他认为此有效制度可通过发挥传统文化的精华而实现:

其治国齐家,持躬接物,动与尽己推己之旨相符,直合王霸为一,而骎骎三代大同之治矣。此孔孟之道也。其政治规制,既合《周官》八法八柄九两九职,以至邦交之合行人,制器之合考工,无不缕析条分,整齐画一。制法者既公而无私,奉法者即久而无弊。此官礼之道也。本百折不回之志以立坚强不拔之操,无嚣竞,无浮躁,遇事则以静制动,行权则欲取故与,实有大智若愚、大巧若拙之概,迥非补苴张皇之治,所得希其万一。此黄老之道也。至于穷事物之理,则无论格致等学,必抉其疑。即政治律例,公法理财治狱之书,莫不元箸超超,辩才无碍,绝无影响附会,臆度悬揣等病。有内典之精深,而无内典之隐晦。皆其深造自得,贯通了悟之证。此佛氏之道也。①

尽管这种中体西用思想在形式上很迂腐,但在政治改革的仪式上已经比较明朗。此外,集中思考制度而又明切指陈现存制度的弊端者则如郑观应提出了改革学校教育与开设议院、君民共主之论。薛福成也提出了比较积极的变化论。但是仍然保留西学之精华与传统文化同一根基之论,如他说:

> 自学者骛虚而避实,遂以浮华无实之八股与小楷试帖之专工,汩没性灵,虚费时日,率天下而入于无用之地,而中学日见其荒,西学遂莫窥其蕴矣。不知我所固有者,西人持踵而行之,运以精心,持以定力,造诣精深,渊乎莫测。所谓礼失而求诸野者,此其时也。②

薛氏的主张则更显示变革的卓识,他指出:

> 我国家集百王之成法,其行之而无弊者,虽万世不变可也。至如官俸之俭也,部例之繁也,绿营之窳也,取士之未尽得实学也,此皆积数百年末流之弊,而久失立法之初意。稍变则弊去而法存,不变则弊存而法亡……世变无穷,则圣人御变之道,亦与之无穷。生今之世,泥古之法,是犹居神农氏之世,而茹毛饮血,居黄帝之世,御蚩尤之暴而徒手博之,曰我守上古圣人法也,其不惫且蹶者几何也!③

这种明确的政治变革思想逐渐蔚为强大的冲击力。变法思想风气一开,为近代价值观的确立铺垫了几个方面的契机。

其一,富国强兵,王霸兼备。欲富国,则必富民,以民生为大事。富贵为人之所望,则人性之新观念由是诞生。易言之,人人求私,"私"并非就是大

---

① 《巴黎答友人书》,郑振铎编:《晚清文选》,第163页,生活书店,1937年7月版。
② 《西学》,同上书,第175页。
③ 《变法》,同上书,第218—219页。

恶,关键乃在如何集私为公。此通过变法改革制度可以实现。许象枢在反驳保守派认为中国民风土俗不善、自私而必坏制度时指出:

> 泰西之设议院,亦合众小私成一大公也。知一事也,而民欲之,必其利己者也。然一人欲之则为私,人人欲之即为公矣。一政也而民恶之,必其害己者也。然一人恶之则为私,众人恶之即为公矣。即有时众议意见不合,各执一是,亦可互相辩驳,使曲不胜直,非不敌是,复可虑其有弊乎?中国诚能行之,将见君民联为一气,家国合为一体。古所云:民惟邦本,本固邦宁者。不难再见于今日。①

在这里对理学以来价值观的冲击,既体现为对人生与利害关系的新认识,同时,也突出了以民为邦本的政治理想之复活,成为新的人道主义思想之基础。

其二,由此开辟借古变今的改革模式。关于变革制度的种种主张,时常与传统的与时推移、日变成新的观念相佐证,逐渐确立了社会发展的意识,打破了循环论以及不变论的模式,为进化论的引入奠定了坚实的思想基础。以古说今的思想解释方式之出现,为将传统文化阐释为与近代价值观相统一的内容铺平了道路。同时,从经济、技术、管理、政治、教育、言论自由等各个方面提出了一系列切实可行的变法的具体措施。这些措施与观念的相互促动,直接推动了戊戌维新运动的实践。当变法观念冲击政治制度之际,伦理变革已然包含其中。

因此,其三,则为伦理变革之先导。在比较的视野中即在世界意识背景下开展的变法运动,其向西洋学习借鉴之措施的提出,必然考虑到人性基础、伦理风俗基础;欲证明那些措施适合中国情势,则必论证人同此心,心同此理。在这里,传统文化中的普遍性意识发挥了重要作用。例如,李元度曾经提出,既然以仁者与万物一体为教,则夷人何得不在所立范围:

> ……惟天下至诚能尽其性,则能尽人之性,能尽物之性。物之性且当尽,况彼固人也,同在并生并育中,听其自外伦纪,而终失其性,其何以赞天地之化育,而与天地参乎?天心仁爱,圣人有教无类,必不忍出此也。②

风俗之好坏系于人心,而人心之善力量的凝聚在于安民、利民而使民众自觉

---

① 《议院利害若何论》,郑振铎编:《晚清文选》,第314页,生活书店,1937年7月版。
② 《答友人论异教书》,同上书,第129页。

于善。如此,只要打破弊法,重新振奋精神,上下通信,必能实现和谐的伦理,也就能够造就善美之风俗。当然,这种意识中仍然包含着保守派的道不变论,即以中华伦理为人性之普遍化原理,如王韬强调天心变于上,则人事变于下,泰西既变,则我国亦当变:

> 夫孔之道,人道也。人类不尽,其道不变。三纲五伦,生人之初已具,能尽乎人之分所当为,乃可无憾。圣贤之学,需自此基……吾向者曾谓数百年之后,道必大同。盖天既合地球之南朔东西而归于一天,亦必化天下诸教之异同,而归于一源。①

因此,打破既有伦理普遍性而审思其合理性的思想,虽然基于同样的普遍性原理,却与道不变论不同,故其普遍性也标识为"公理"概念,如康有为、唐才常等所主张的政教制度的普遍价值。而此与伦常方面全面捍卫传统的保守派产生了尖锐的冲突,这种冲突构成了近代文化政治运动的焦点问题。当然,在追求大同社会的价值理想中,无论是继承传统还是吸收外来思想,都是沿着社会的普遍性原理展开的,并且在其中容纳了不同的浪漫的理想主义。

承接着深厚的伦理制度文化基础的近代变革,在伦理思想上的革新运动,昭示着传统思想向近代思想的转折,成为人道主义价值观确立的重要环节。伦理变革的核心是君民关系与男女关系,而要点在打破君主独尊与解除束缚女性的压迫力量。从传统民本思想开始动摇君主专制制度,从而动摇独尊观念。至于在发挥人才充实国力的口号下借鉴西方君民共主的议院制度,逐渐产生了独立的人格观念和平等伦理。它无疑基于如上所论的普遍性原理,也通过阐释经学来强化其说服力。如唐才常之论曰:

> 今夫春秋,上本天道,为性法出于上帝之源;中用王法,为例法出于条约之源;下理人情,为民权伸于国会之源。故内圣外王之学,不过治国平天下。平之一义,为亿兆年有国不易之经。即西人之深于公法者,罔弗以平一国权力平万国权力,为公法登峰造极之境。②

当然,由于它直接的等级秩序的变革和制度的革新相一致,所受到的阻力也比开女禁方面更强烈。在打破女性压迫樊篱方面,俞理初的《贞女说》、《节妇说》中已经对女性身份伦理的酷毒提出了批评,其揭示的现实催人泪下,

---

① 《变法上》,郑振铎编:《晚清文选》,第400页,生活书店,1937年7月版。
② 《公法通议》,同上书,第509页。

且警戒之言发人深思。经由郑观应、康有为等人积极提倡兴女学、废裹足的思想以及实践活动,对女性受压迫伦理的抗议逐步深化,使女权运动成为改良运动以及其后的伦理政治思想焦点之一。对于片面伦理义务的否定和平等道德的追求之结合,体现出改良派思想家对传统思想的继承与发挥特色。

太平天国在反抗清政府统治的理论指导方面,运用了伦理变革的思想力量。太平天国的领袖洪秀全明确地将平等伦理之实现解释为革命反抗运动的目标,并且在实际的军队组织中落实了这一基本纲领。它甚至吸收了传统乌托邦的道德社会理想和基督教的平等观念来攻击其内外的敌人。例如,太平天国在伦理上宣传道:

> 退想唐、虞三代之世,有无相恤,患难相救,门不闭户,道不拾遗,男女别涂,举选尚德。尧舜病博施,何分此土彼土;禹稷夏饥溺,何分此民彼民;汤武伐暴除残,何分此国彼国;孔孟殆车烦马,何分此邦彼邦。盖实见乎天下凡间,分言之则有万国,统言之则实一家。皇上帝,天下凡间大共之父也,近而中国是皇上帝主宰理化,远而番国亦然。天下多男人,尽是兄弟之辈;天下多女子,尽是姊妹之群。何得存此疆彼界之私,何可起尔吞我并之念?①

然而,其伦理的变革与传统道德社会乃至享乐要求的实现要求交织在一起,反映出过渡时期的思想复杂与混乱状态。太平天国在理论和实践上的平等愿望与组织结构、管理形式中平等与专制之间的严重冲突,导致了自身的危机,终未能在思想发展的方向上产生富于创造性的影响力。

不断深化的民族危机和社会忧患推动了思想的变革行程。甲午战争成为引发新的思想凝聚力量的导火线。在家国危亡以及民生艰困的现实面前,在创深痛巨的情感激发下,在日本由后进而至于征服中华帝国的改革成功示范下,思想家们终于在解救邦国危亡和关心民生苦痛方面倾注了激荡的情感,自觉于殉义。逐渐深入的思想运动,提升了人道主义的价值观,总结并阐释了自由、平等、博爱的思想纲领。通过配合进化论的历史以及社会发展观,确立了近代的思想体系。基于人道主义自觉,基于民族独立的强烈愿望,思想家们终于摆脱犹豫与守成,向阻碍这一目标的社会势力挑战。严复说:

> 今吾国之所最患者,非愚乎?非贫乎?非弱乎?则径而言之,凡

---

① 《原道醒世训》。

事之可以愈此愚、疗此贫、起此弱者,皆可为。而三者之中,尤以愈愚为最急。何则?所以使吾由贫弱之道而不自知者,徒以愚尔。继自今,凡可以愈愚者,将竭力尽气,鞠手茧足以求之。惟求之能得,不暇问其中若西也,不必订其新若故也。有一道于此,致吾于愚矣,且由愚而得贫弱,虽出于父祖之亲、君师之严,犹将弃之,等而下焉者无论已;有一道于此,足以愈愚矣,且由而疗贫起弱焉,虽出于夷狄禽兽,犹将师之,等而上焉者无论已。何则?神州之陆沉诚可哀,而四万万之沦胥甚可痛也!①

这一激情奋发的思想宣言,并非说明手段就是一切,而是强调面临救国救民大义如何选择的问题,当不可踌躇观望,理应排除陈腐观念,勇猛直前。同时,它也宣告了变法的正当性。

近代思想与价值观的酝酿在19世纪末期达于高潮,并且指导着政治制度和社会风俗的改良,形成了一次声势浩大的士大夫救国救民的改良运动。改良运动具有重要的伦理思想史意义。一方面,变法本身是试图调节伦理关系的重要活动,而它的价值追求极大地震撼了当时的社会价值意识。维新志士的爱国热忱和献身精神,既集成了传统的道德实践精神,同时通过他们对打破专制政治及其伦理而献身的行动,促使以后的思想家们对专制制度及其伦理的现实和发展方向进行深入思考,也激发了民族精神的凝聚和献身精神的弘扬。另一方面,改良运动自身也促进了思想队伍的分裂,既促发了改良派自身对伦理改革运动成败得失的反思,也促进革命派思想家积极的革命意识和民族主义精神。而作为改良运动指导纲领的思想目标及其思想方法,尤其是平等思想以及通过自由实现平等和道德进化的思想,产生了经久不息的深远影响。改良运动中所提出的初步的民主政治理想、积极的人权观念和反复古的进化史观,开辟了思想的新时代,奠定了启蒙主义的思想基础。

改良派思想家除了在救国救民的热情激励下勇于吸收和宣传新的价值观之外,也积极地重建历史哲学、社会政治哲学,提出了新的人性论。不过,尽管他们敏锐于新思想的吸收,洞察到传统观念的陈腐,但他们并没有完成新思想的布局,也没有确立起平等伦理的价值哲学基础。在不中不西的思想观念中,既满溢着激情,也荡动着冲突。当思想的内在矛盾因实践的激化

---

① 《与外交报主人论教育书》,《严复集》第一册,第108页,中华书局,1986年版。

而使他们自己不能驾驭时,他们只能退而抱残守缺。但他们的思想纲领,却几乎都已经被年轻的革命家所信仰。这样,当他们冲锋陷阵时,他们是孤立的;而当他们痛定思痛时,他们发现自己已经远离自己曾经高扬的旗帜队伍了。

试图通过道德力量推动社会完善的深厚意识,使改良派思想家对传统伦理道德有着强烈的依赖情绪,使他们面对新的伦理关系和道德观念犹豫、彷徨与悲怆。当他们回顾改良运动中自身思想的弱点时,几乎无一不认为自己对传统伦理的把握不足。可以说,他们所总结的经验教训就在于,偏离了以伦理维护社会秩序和道德教育这一传统行之有效的经世之道,不仅将失去经世之本,也将失去处世之根。康有为之坚持孔教,是基于这一主张;严复之转为守旧,也是基于这一主张;而梁启超的思想历程之波折,也常常与此相关联。时代转折时期的痛楚,直接的流血牺牲所带来的刺激似乎尚不如伦理运动造成的震撼之大。当他们因同情民众受传统政治伦理压迫束缚以及邦国沉沦而痛苦时,他们曾因人道主义的情怀而呐喊;当他们意识到伦理变革以及新的道德观念的出现反而导致人各为说、不能凝聚社会力量时,他们便毫不犹豫地反省自己的所思所行,重新开展起他们认为真正的事业,即救民于伦理道德的水火之中。于是,曾经是新思潮的内部产生了严重的反抗新思潮的阻力,充满着斗争气息的思想运动重新开幕了。

第二节 改良派的新思想

改良派诸子的思想是中国思想现代化的标志之一。虽然他们一直没有突破传统与现代纠结的情境,但是,他们的启蒙性质的思想和所倡导的价值观,在影响思想转变的进程中发挥了十分重要的作用。

一、康有为的大同说

康有为是近代思想史意义上的第一位思想先驱和领袖。在民族危机最严峻的时刻,他毅然担负起思想上启蒙和政治上变革的组织任务。他一生在思想方面的不懈追求和曲折发展,既反映了传统向近代过渡时期知识分子在自我思想蜕变过程中的自觉与积极态度,也体现出由于传统素养在他们血液中的作用,使他们不能轻易溶化思想跃进和价值观转折的近代性内容。他的思想性格中所体现出来的近代中国进步士大夫和知识分子的矛盾是难以克服的:既有强烈的发展愿望和与时俱变的觉醒、追求和突破;而面对强大的黑暗势力和复杂的时代选择,又常常感到力弱、茫然和孤独。

康有为(1858—1927),字广厦,号长素,广东南海人。他生当家国贫弱之时,学逢传统思想衰微没落之际。前者激发他的救国拯民热情,后者促使他独思而广学。他是积极向西方寻找真理的思想代表之一。不过,更为深刻影响他思想人生的,还是传统教养中赋予士大夫以最富于人道情怀的救世济民思想。他常陷于苦闷恼恨、痴想和遐思中:

> 静坐时,忽见天地万物皆我一体,大放光明,自以为圣人,则欣喜而笑;忽思苍生困苦,则闷然而哭……此楞严所谓飞魔入心,求道迫切,未有归依之时多如此。①

他在很早便开始有一种朦胧的世界概念,但当时,"既念民生艰难,人与我聪明才力拯救之,乃哀物悼世,以经营天下为志",故常重"经国经世"之类的书;后遇西学,"乃始知西人治国有法度,不得以古旧夷狄观之","于是尽弃故见"②,而更欲学西人之长处。可以说,中学使他在人生立志上充满人道主义的救世救民的强烈意愿和坚定信心,而西学使他在迷惘中见到方向,启迪他找到救国救民方法和觅寻到重要的思想养分。康有为由于这一中西思想的兼容和自己的人生追求,终于在人道主义的基本信念上凝聚为一种坚强的力量,在价值观念上发生了重要的转变。自此而后,他认定自己的奋斗方向是"日日以救世为心,时刻以救事为事,舍身命而为之"。而在他思想独立运作开始时,他受廖平学说的启发,终于找到向封建主义挑战的突破口:通过批判作为传统文化道德主要依据的古文经学《新学伪经考》把孔子打扮成一个改革者的形象,以《孔子改制考》来开始他的思想宣传和政治变革运动。

《新学伪经考》和《孔子改制考》可以称为启蒙主义的重要著作,故保守派和统治者称之为惑世诬民的妖书,但他们却极大地影响了一大群先进的士大夫和志在救国救民的知识青年。此外,康有为还通过上书皇帝并直接参与政治变革来实践他的救国救民思想。值得一提的是,康有为在百日维新前所进行的理论宣传和社会活动,具有重要的启蒙意义。他聚徒讲学,创办报刊(《万国公报》,后改名《中外纪闻》),让士大夫与思想开明的西人传教士接触、增进思想交流等,进行了广泛的思想启蒙。其注重思想力量于此

---

① 《与外交报主人论教育书》,《严复集》第一册,第8页,中华书局,1986年版。
② 同上书,第9—10页。

可见一斑。康有为是百日维新的领导者。他积极主张并推动变法,在当时对封建顽固派冲击甚巨。维新期间的政治与社会活动,对于最终废八股、改变妇女裹足之俗、促进向西方学习等方面,产生了极为重要的影响。百日维新失败后,康有为逃亡海外。在革命浪潮面前,他的思想却逐渐趋于保守。他先是鼓吹保皇,继而又高呼护卫孔教,转变成辛亥革命时期和新文化运动时期民主思想的对立面①。从历史价值来分析,他的思想发展经历了激进与保守的两个阶段。

康有为的早期思想中贯穿着浓烈的人道情感,这无疑是集成了传统的忧民济世思想。在1886年,他已深刻洞察社会现实而痛惜民生处境之艰危。他叙述自己的忧戚时写道:

> 予出而偶有见焉,父子而不相养也,兄弟而不相恤也,穷民终岁勤动而无以为衣食也,僻乡之中,老翁无衣,孺子无裳,牛宫马磨,蓬首垢面,服勤至死……彼岂非与我为天生之人哉?而观其生平,曾牛马之不若,予哀其同为人而至斯极也。②

其怀疑批判意识已初见明朗化。此外,他还否定了专制主义不平等的所谓义理,而求伸臣民之权利,以达君不专、臣不卑、男女轻重同,良贱齐一的释氏平等境界。他认为,民生问题的解决,固有伦理不变之常,而又必有实际功利以接济之。因此,他重新评价了管、商之道:

> 夫管子之治民,曰:"衣食足而知礼节,仓廪实而知荣辱",是即圣人厚生正德之经,富教之策也。天下为治,未有能外之者也。王霸之辨,辨于其心而已。其心肫肫于为民,而导之以富强者,王道也;其心规规于为私,而导之以富强者,霸术也。吾惟哀生民之多艰,故破常操,坏方隅,孜孜焉起而言治,以不忍人之心,行不忍人之政,虽尧、禹之心不过是也。③

因此,康有为的思想认识中既突出了继承传统仁政思想和仁爱道德意识的特征,同时也反映出解决民生问题的功利论倾向。

在把孔子的形象加以近代改造的过程中,康有为的忧民思想与救世思想进一步得到深化,并由忧民而转向救世。在《孔子改制考·叙》中,他代

---

① 以上参阅陈少峰:《生命的尊严》,第55—57页,上海人民出版社,1994年5月版。
② 《康子内外篇(外六种)》,第16页,中华书局,1988年8月版。
③ 同上书,第2页。

为述达了孔子改制的旨意乃在于解救民困和行义,与较为忽视人道幸福而片面追求道义的朱子之学大不一样。两千年来暴政持续不缀,是孔子之道不行,该是改制行仁的时候了!康有为在伦理思想方面明确区分了"仁"与"义",即主张济人以善而不是责人以善。他由此区分孔子和朱熹思想特质的不同就在于前者重仁而后者训义,即前者为民着想而后者以己意责民。当然,他的主要目的并非批判朱子,而是指出几百年来专制制度所赖以为价值指导的意识形态之无情。于是,他通过撰写《新学伪经考》和《孔子改制考》来为行新的仁政张目。当然,这种仁政不是固有的专制的王道,而是近代需要通过变法来实现的以仁心行富民强国的新政。在重"仁"轻"义"的思想形式下,不仅续接了明清之际思想家关心民生的人文观念,而且寓含了救民与变政合一的思想自觉。不过,随着他将孔子的偶像化及其设教热情的剧增,其思想的独断性也突显了出来。

康有为的救民主张与他的博爱主义道德原则相联系。虽然他少言性善,但很明显,他的博爱主义的理论根据,是传统思想中"不忍人之心"的性善论的复活。他认为,"不忍人之心"即是孔子所说的仁。在《孟子微》一书中,他进一步扩充了"不忍人之心"即仁的力量,以为人道之仁爱,人道之文明,人道之进化,至于太平大同,皆出于人心之仁。因此,梁启超称康有为之哲学为"博爱派哲学",其理由即在于此。康有为把仁爱视为孔子之道而以之教人。其道即是新新、仁民与爱物,而自己的时代就是升平仁民,即"以爱人类为主"的时代。等到大同太平之世,爱亦扩及物兽,也即是大仁。然而实现大同尚为遥远,因此,他重点在强调"爱人为贵","舍仁不得为人"的民生关怀。总之,"仁"学包含着道德情感和社会政治的伦理原则之综合内容。

论康有为的"仁"学,不能不论及孔子,更不能不论及康有为对孔子形象的改造和对"仁"这一概念的深化。孔子的思想中所蕴涵的人道主义情感以及他的人道主义立场,集中地体现在"仁"的概念中。显然,康有为对仁这一概念的重视,正是看中了孔子所代表的古代人道主义传统在近代的意义。对这传统概念加以近代性质的理解和阐明,尤其是对"仁"这一包含丰富人道价值的概念进行积极的再解释,是富于历史洞察力和批判眼光的。也正是因为有了这种解释,才能真正有效地通过"仁"这一概念体现出作者发扬古代优秀人道主义传统的历史自觉,以及超越传统水平来思考人性和爱的问题的深刻性。正因为如此,作者一再把"仁"这一概念与宋明理学家所理解的"仁"截然区别开来,批判封建道德抛弃仁的真实内容这一事实。

而他所作的再解释所体现的精神,融铸了几乎传统与西方的所有博爱主义思想,如仁者爱人,墨子的"兼爱"、佛教的"慈悲"、基督教的"爱人如己"等等内容。同时,康有为把孔子进一步打扮成近代人道主义者,并以他为代言人,正好适合具有复古主义性格的传统思维方式之兴趣,并比较自由地传达了自己的理想主张。当然,康有为与此同时也由于过分地把孔子神圣化而极大地淡化了平等理论,并为自己以后走向保守播下了根深蒂固的思想种子。总之,对于仁的概念的精神改造,可以作为理解康有为博爱主义道德原则和哲学思想的基本视角。

博爱思想的哲学论证是人性论。在伦理学史上,康有为最重要的思想贡献,是他在近代思想史上第一次表述了较为系统的富于新意的人性论。人性论的提出,与他重视人的价值是分不开的。他强调"圣人不以天为主,而以人为主"①。虽然他也认同传统的人是天地之精英的思想,但传统理论中的结论乃在于肯定人的道德行为,而康有为则旨在推导出人的全面实现具有至高价值的结论。他的人性理论的出发点是孔子的"性相近,习相远",这种人性论极为朴素,却提供了人的基本价值实现的合理性论据。作为一位近代的思想家,他并没有停留在这个基点上,而是以此为历史依据和哲学前提,开始形成自己的一整套理论。首先,他认为人性未有善恶,人性是指人的自然本质。他的人性论和封建主义的道德人性论不同,后者以孟子的性善论和理学家的理欲之辨的人性论为代表。康有为强调指出,"不忍人之心"是人的本质,但它不是和人的自然本性相对立的;相反,关心人的基本生活需要、同情人的基本欲望的实现,才是体现了性善本质。因此,他不仅主张告子论性为是,孟子谈性为非,动摇了封建主义人性论的基础性善论,而且还直接以理学的禁欲主义人性论为批判对象。他认为,理学以理为性为善,以情为欲为恶,是一种禁欲的理论。他说,宋儒言理最深,然深之至,则入于佛,绝欲而远人。相反,他继承传统人性论中的"气质为性"说,并引向乐利主义。根据人性出于自然之性的原理,康有为直接导出人的情欲合理的主张,以为人生而有欲乃人的天性。人欲并非理学家们所说的恶德,而是体现人的本性的合理要求。因此,人的欲望"只有顺之,而不绝之"②。欲望是人性的最基本层次,我们在前面的分析中已经指出了理学家是从道德至上的角度来谈人欲的,即把人欲视为超出等级身份、地位以及维

---

① 《南海康先生口说》。
② 《礼运注》,《孟子微·中庸注·礼运注》,第 265 页,中华书局 1987 年 9 月版。

持、表现这种身份、地位和饮食男女之外的要求是邪恶的,应该弃置的,并以礼来约束人的情欲的满足。康有为所说的欲望,是人的本性中表现出来的要求,因而是善的合理的。他认为应该加以实现和发展,这是他对于人的发展的肯定思想中的最重要内容,也是人性的更高层次的实现主张。他认为应予人的情欲以保障和实现。而人性的最高层次的实现,也就是《大同书》中追求的目标:使人去苦获乐。他所观察到的人的本质是:

> 普天之下,有生之徒,皆以求乐免苦而已,无他道矣。其在迂其途、假其道,曲折以赴,行苦而不厌者,亦以求乐而已矣。①

这种归结的意义在于揭示了人性的实质内容,即人性虽无善恶的先天规定,但人性并非无内容。人性的实质性内容便是人的求乐免苦的特性。求乐免苦表现为欲望的存在、合理发展到幸福的最高实现。因此,人性是发展的,这种发展只要是合理的,也就是善的。这是他对人性重新考察得出的重要结论。当然,他的思想兴趣不仅仅在于揭示人性的趋向,更重要的还在于如何实现人性的理想。

正是从这种积极的人性论出发,康有为导引出他的道德学说和社会理想目标。他的道德学说是功利主义性质的,个人行为和社会政治行为的善恶是通过判断是否体现了人性的本质要求来确定。因此,其要义首先是去苦求乐的幸福观。《大同书》共分十部,第一部的题头是"入世界观众苦",最后一部的题头是"去苦界至极乐"。这种编排次序中可以看出作者明显的用意与追求。在"入世界观众苦"那一部中,康氏列举人类的各种苦痛,虽然列在其中第五、第六种由客观手段是很难解决的,但前面更突出的四种苦痛基本上都是人道上或通过人道的方式能够加以解决的。而"去苦界至极乐"的极乐,是人类通过博爱相互关怀,在一种新的人道的社会实现以后的幸福境地。同时,它又与单纯追求享乐的市民思潮相异。尽管最初反封建禁欲主义的运动,把目光从重视仁义道德教条的外在力量转向人自身和追求去苦求乐时具有市民实地的人道主义的意义,但这思想和价值观因缺乏人性论和人的价值的哲学论证,不能指导社会改革和展开新的价值观的革命。去苦求乐包括解除造成人的痛苦的一切束缚和障碍,而且把人的快乐的实现看成人的实现,并在大同社会的实现中予以确实的保障。康有为把这一要求规定为道德原则。他认为,从人道的角度理解人的幸福观,不仅应给人

---

① 《大同书》,第6—7页,北京古籍出版社,1959年版。

的免苦求乐予以积极的肯定,而且一切的政策和社会活动的目的,都出于人去苦求乐欲望的满足。免苦求乐之追求,已经区别了近代以前的关于自然人性在道德判断上为恶的价值认识,达到了人道主义哲学伦理学的新高度。《大同书》中还提出了关于人生而平等的思想。康有为并不满足于"广开言路"式的民主,他表达了伦理平等的激进思想。这一观念的成立,使免苦求乐的具体实现增添了根本的内容,并具有重大的社会政治意义。换言之,这一思想使人道主义不仅仅停留在道德哲学上,而且深入到社会理想及政治实践。这一思想的重要哲学根据,就是体认人的本质问题的人性论,其思想的原动力是基于以人为中心的价值观,其目的是批判封建专制主义及其非人道主义压迫,以及指向理想的社会伦理关系即大同社会的最终理想的。不过,由于近代资产阶级改良派的阶级立场并不十分鲜明,而其理论水平相对来说也比较幼稚和不成熟,故其人性论也更多地显得单纯和素朴,有时甚至陷于自相矛盾而不自知。例如,他一方面批评传统的道德人性论,同时又强调人性中先验的爱心是人道社会实现的依据。这样,由人性论引向平等观念也就在思想理论水平上显得稚嫩和纯朴。

  当然,人性论在这里的意义是十分显然的,它是平等思想的基础。性乃受天命之自然,而"人人既是天生,则直隶于天,人人皆独立而平等"。大同之世,也就是平等之世。此是古圣先哲之命义。从这里可以看出康有为在论证平等的必然性和必要性时所择取的传统思想材料以及素朴直观的认识论。但是,这里所说的所谓天生而平等之说,很强烈地表达了天赋平等权利的近代启蒙主义与人道主义的普遍认识。同时,在复兴传统的人道主义方面和以化了装的古圣贤形象来传达近代平等思想,引人瞩目,反映了康有为的眼光见识。康有为所亟欲成就的,不是理论上的精细析缕条陈,而是努力把它作为重要的武器来批判封建道德和社会关系的不平等。社会关系的不平等实际上导致了极端非人道主义的社会后果,是造成人的痛苦和不幸的最深刻、最直接的根源。因此,康有为站在人道主义的立场上来倡导平等并批判封建道德,显示了极大的冲击力量和社会意义。康有为的大同思想集中反映在《大同书》中。他所设想的大同乌托邦的基本内容,本质上是中国古代乌托邦幻想、宗教信仰和近代空想社会主义的糅合。

  无论是救民的"康圣人"的自我意识还是言论上的特色,都显示出康有为思想中具有强烈的主观主义色彩。但这种主观主义与他针对时代问题而提出的解决方策相结合,则具有对现实的深刻洞察力。他在改良运动之前就十分明确地要求义理与制度的配合:

> 凡天下之大,不外义理制度两端。义理者何？曰实理,曰公理,曰私理是也。制度者何？曰公法,曰比例之公法私法是也。实理明则公法定,间有不能定者,则以有益于人道者为断,然二者均合众人之见定之。①

这就体现出一定的民主意识。《大同书》中的民主思想,虽然在反映形式上显得幼稚和粗糙,但仍有极其深刻的内涵,表达了站在传统民本和人道立场上对封建君主专制进行猛烈抨击的道义力量。其民本的批判思想在其早期检讨省察伦理的合理性时已经开始提出。即,尽管伦理的规范是具有普遍意义的,但伦理的具体内容则有必要判断其正当与否。就中国的伦理实践所导致的结果来看,已经偏离了正当性的范围：

> ……习俗既定以为义理,至于今日,臣下跪服畏威而不敢言,妇人卑抑不学而无所识,臣妇之道,抑之极矣,此恐非义理之至也,亦风气使然耳。物理抑之甚者必伸,吾谓百年之后必变三者：君不专,臣不卑,男女轻重同,良贱齐一。②

此"百年之后"所当变的伦理政治制度的主张,其实正是从《实理公法全书》到《大同书》之间的一贯的主题思想。

而《大同书》中民主思想最有力度的,还在于要求打破旧式家庭的不平等伦理关系,以及其女权思想的表达。《大同书》把到达大同之道的出发点规定为打破家界一事,其深意亦隐于此。打破家界也就是除却封建纲常所造成的苦痛,即解除强制性的伦理对于女性的压迫。在强调不平等关系的不合理性质,即礼法的非人道性质方面,其目的昭然若揭："其礼法愈严者,其困苦愈深。"受礼法毒害最深者,是由于夫妇关系的不平等,即男尊女卑的道德压迫欺凌的广大女性。这是不符合天赋平等权利的人道主义道德原则的。它所造成的后果,在于"女子为奴不为人"的结局。因此他说,"故全世界人,欲去家界之系乎,在明男女平等,各有独立之权始矣,此天予人之权也"。故此,平等理论具体地体现在家庭伦理中的男女关系上,这也是近代女权思想的理论根据。康有为站在人道主义立场上洞察女性的真实状态,同情她们的苦痛,决意要拯救她们的沉溺。因此,他的诉求都是"可惊可骇、可叹可泣"之实。康有为很早就注意到女性被压迫受欺凌的问题,并对

---

① 《康子内外篇(外六种)》(《实理公法全书》),第33页。
② 同上书,第23页。

封建礼俗加以反抗。他在 25 岁时,即坚决反对让其长女裹足,26 岁时即与同仁组织"不裹足会",参加者甚众。虽然此会因官方压迫而解散,但此后康有为一直为妇女不裹足而奋斗。把男女的社会地位及伦理关系上的不平等视为攻击对象,他以此为武器批判封建社会的专制伦理及扭曲人性的社会等级制度。这显然并非无的放矢,而是平等理论与中国现实的结合。由女权解放理论的提倡进而参加推动解放女性的实际活动,体现出康有为人道主义思想与实践相统一的重要特色。

平等是与自由相依存的。关于这一点,康有为初步提出了重新理解礼教价值并赋予其新意的主张。他在《礼运注》中说:

> 夫圣人岂不欲人类平等哉? 然而时位不同,各有其情,各有其危。礼者,各因其宜,而拱持其情,合安其危,而人己各得矣。夫天生人必有情欲,圣人只有顺之,而不绝之。然纵欲太过,则争夺无厌,故立礼以持之,许其近尽,而禁其逾越。尽圣人之制作,不过为众人持情而已。夫与人必生危险,常人日求自安,不知所以合之。然自保太过,侵人太甚,故立礼以合之,令有公益,而各得自卫。故尽圣人之经营,不过为众人保险而已……圣人之礼,无往非顺乎天地,顺乎人情,顺乎时宜。①

这里的礼仍然是基于人性论的保障要求,而其人性论不仅突出了"人情",包含自由的意味,与传统复性之说大异,而且突出了时宜的特征。所谓时宜,即因社会变迁而因损,尤其要求逐渐富于人道的自主自由。在《礼运注》一书的最后,他总结为,小康得其顺,大同则因其时。

那么,这种因其时的具体内容又是什么呢? 这就是他自己附加解释的大同之博爱伦理。其实,在此之前的《礼运注》中他已经说得很清楚:

> 夫天下国家者,为天下国家之人公共同有之器,非人一家所得私有,当合大众公选贤能以任其职,不得世传其子孙兄弟也,此君臣之公理也。讲信修睦者,国之与国际,人之与人交,皆平等自立,不相侵犯,但互立和约而信守之,于时立义,和亲康睦只有无诈无虞,戒争戒杀而已,不必立万法矣,此朋友有信之公理也……惟天为生人之本,人人皆天所生而直隶焉,凡隶天之下者皆公之,故不独不得立国界,以至强弱相争,并不得有家界,以至亲爱不广,且不得有身界,以至货力自为。故只有天下为公,一切皆本公理而已。公者,人人如一之谓,无贵贱之分,

---

① 《孟子微·中庸注·礼运注》,第 265—266 页。

无贫富之等,无人种之殊,无男女之异。分等殊异,此狭隘之小道也;平等公同,此广大之道也。①

这种主张实际上是传统儒、道、释的糅合,尤其是他认为无身无货之私的主张,反映了道家的深刻影响。那么,由大顺到完全的因时或者说无限之爱,其根据又何在呢?显然是传统的物我一体思想,只不过康有为加以大推扩而已。在《中庸注》中,他说:物我一体,无彼此之界;天人同气,无内外之分。康有为提出了实现大同社会的个人的道德境界和社会政治的伦理要求,总结为"天下为公"。而"天下为公"又曾经是改良运动、三民主义革命和新民主主义革命思想指导者的共同信念,康有为思想之时代性由此可见。如上所述,我们可以说,《大同书》中的思想无疑成为康有为道德理想的表述。

维护孔教是康有为的一贯信念。但在不同的时期,其思想价值又不相同。在他早期的上书中,他已经明确提出了以孔教对抗夷教的鲜明立场。孔教既是孔子以及儒家经典中的积极思想,同时也贯彻了预示剧变所需要的具体时代文化的内涵——他自己的总结和改制主张。"教"的实质不是某种宗教的定义,而是人道所需要的人情、义理、制度,是关心民生之教,

> 天地之理,惟有阴阳之义,无不尽也,治教亦然。今天下之教多矣,于中国有孔教,二帝三皇所传之教也。于印度有佛教,自创之教也;于欧洲有耶稣,于回部有玛哈麻;自余旁通异教,不可悉数。然余谓教有二而已。其立国家、治人民,皆有君臣父子夫妇兄弟之伦,士农工商之业,鬼神巫祝之俗,《诗》、《书》、《礼》、《乐》之教,蔬果鱼肉之食,皆孔氏之教也,伏羲、神农、黄帝、尧、舜所传也,凡地球内之国,靡能外之。其戒肉不食,戒妻不娶,朝夕膜拜其教祖,绝四民之业,拒四术之学,去鬼神之治,出乎人情者,皆佛氏之教也。耶稣、玛哈麻一切杂教,皆从此出也。圣人之教,顺人之情,阳教也;佛氏之教,逆人之情,阴教也。故曰理惟有阴阳而已。②

他曾经在年谱中自述思想自 30 年后不变,孔教信念确乎不变,但以孔教解说民生的思想却已大变。由人道民生出发而变制度到其保守时期之一味卫护孔教,实质上有大变。以新公羊学的时变思想来维护"天不变,道亦不

---

① 《孟子微·中庸注·礼运注》,第 239—240 页。
② 《康子内外篇(外六种)》,第 13 页。

变"的孔教,和他所批判的朱子以人欲天理来维护孔教,在思路上其实并无大差别;其差别主要是康有为秉持的人道精神的现实价值。当他抛弃了这一热烈盼其制度化的重视民生的人道主义而皈依礼教时,"康圣人"的形象自然缺乏生命力了。而这在理论上的进展,则是从他热烈追求的因乎时宜的大同礼制的实现退回"大顺"的现实,即他"回到"了小康的伦理思想之完成。

改良运动前后,康有为的思想和行为都是惊世骇俗的,其思想表达形式也具有开创性。这种开创性主要体现为通过强调人类普遍的价值标准来为改革制度和新的价值观作论证。为了倡导仁民,他认为仁爱、兼爱、平等、慈悲等等都具有相同的伦理意味;为了表达检证制度与伦理的正当性、合理性,他曾经试图用"实理公法"来衡定一切价值。这种普遍性的形式使他避免了"中体西用"的刚愎自用格局,从而曾经受到保守派的攻击。而人性论是他具体的理论设定和论证力量之核心,这种思想表达形式在新文化运动时期达于顶点。当然,这一思想表达形式寓含着绝对化的思想倾向。他性格中的固执成分无疑强化了其思想的绝对化倾向。而当他以孔教为普遍标准时,这一绝对化的思想特征保留了下来,从而突出了他的主观性的价值取向。易言之,普遍价值的内涵是可以随时找到旁证的。当他的《新学伪经考》出版后受到朱一新的攻击时,他答复道:

> 若夫义理之公,因乎人心之自然,推之四海而皆准,则又何能变之哉?钦明文思,允恭克让之德,元亨利贞,刚健中正之义,及夫《皋陶》之九德、《洪范》之三德,敬义直方,忠信笃敬,仁义智勇,凡在人道,莫不由之,岂有中外之殊乎?至于三纲五常,以为中国之大教,足下谓西夷无之矣,然以考之则不然。东西律制,以法为宗。今按法国律例,民律第三百七十一条云:"凡一切子女,无论其何等年岁,须其父母有恭敬孝顺之心……"①

由此可见,他的思想表达形式或者说思想方法是一把双面利刃,既足以打破否定价值普遍准则的观念,也足以导向主观主义。

以上所叙述的只是康有为思想中具有代表意义的部分。他的人道主义思想在中国近代人道主义思潮中形成了第一个高峰,因此具有划时代的意义;他指导确立了启蒙主义的价值目标并努力推动政治变革以实现这一目

---

① 《康子内外篇(外六种)》(《南海先生与朱一新论学书牍》),第 169—170 页。

标。但是,康有为思想中残留着的传统道德意识和人道观,仍然与其新的人道理想交织在一起,且不乏矛盾。康有为是中国近代价值观的奠基者之一,而他所受的传统教育,因崇敬孔子所塑造起来的思想性格,决定他根深蒂固的"救世救民"观念和圣人一是,却是不平等观念的主要基础,也是打破其价值标准的千钧之力。另一方面,思想转换期社会阶级力量的不足、理论发展的不足,造成康有为在为解决民生苦难呼号时所尽心竭力架构起来的人道主义的整个理论本身就因具体的实践过程的缺乏和对自由的回避而不牢固。譬如,他在宣扬免苦求乐时所掺杂的神仙享乐思想;在宣扬平等思想时,又大讲佛教的众生平等,并相信两千多年前打倒齐国贵族以来即封建大一统形成时就已实现平等;在讲博爱时,又再三强调父子之伦的极爱极私的重要性。正是这种根深蒂固的扎刺在自己价值观中的否定因素,最后起到了瓦解这一价值观的作用。总之,康有为身上的传统文化教养的障碍影响,复古主义思维方式的作用,救世思想和圣人观念的存在,以及支持他的社会阶级力量的缺乏,都促使他最后走向保守护教而舍夙志。

康有为的思想悲剧典型地反映了半封建半殖民地化社会中进步士大夫的孤独与挣扎历程。社会变革时期的激烈动荡和道德力量的薄弱使他越来越感到中国的落后,他把据乱、升平、太平的三世说又各划一世分为小三世,以表明渐进而不可躐等;他强调人心公理未明,旧俗俱在,所以绝不能革命;他写了《大同书》后,确认为大同理想非今日所能实现,怕引起争乱,"故秘其稿不肯以示人"。由此,他不仅走向伦理观察上的保守路线,最后甚至主张连立宪制也不适合在中国实现。当然,他的选择也是在痛定之后作出的,并且是在"仁心不变"的心境中提出的。由此,他的选择又具有思想史意味——确立近代新价值观的任务并不是思想的主观愿望所能完成的。主观主义者在其失败之后,很容易走向保守。总之,近代化的理论基础和价值观的感召力仍是十分贫薄,因而思想界依然面临着继承和发展的课题。

二、谭嗣同的仁学

谭嗣同(1875—1898),字复生,号壮飞,湖南浏阳人。从他的自叙中,我们能够了解到他比较早熟,而且从小性格倔强。因父亲职处变动颇多,他亦随之足迹甚广。这不仅让他看到了专制制度的极端腐朽,也使他强烈感受到了下层民众的悲苦和哀痛。这一方面促进了他的成熟,另一方面也影响了他立志解除民生苦痛的信念。他对封建专制制度及其腐朽现象的憎恨,使他对于前人的思想人格有一种极分明的判别标准。他在阅读先人的著作中,特别喜欢那些揭露社会黑暗和批判理学的名篇,特别钦佩被视为俊杰的王夫之、龚自珍和魏源等人。与此同时,他思索并寻找着能够解决社会实际问题的方法,并以自己的行动来达到救济天下的目的。这种精神从多少已被遗忘的墨子的"摩顶放踵"的兼爱德操中寻觅到了力量和鼓励。

在对自己所经历到的伦理桎梏和对现实的了解中,谭嗣同看到了封建伦理道德的虚伪性及其压迫民众的事实,使他对封建伦理道德产生了极大的仇恨和挣脱的欲望。他在《仁学自叙》中如此描述自己的身世:"吾自少及壮,遍遭纲伦之厄,涵泳其苦,殆非生人所能忍受,濒死累矣,而卒不死;由是益轻其生命,以为块然躯壳,除利人之外,复何足惜!深念高望,私怀墨子摩顶放踵之志矣。"从自身的受苦转引为愿为他人舍命,由批判纲常的罪恶走向平等和爱的祈求,这是他最初的思想基础。甲午战争及半殖民地化加深的巨大冲击,对谭嗣同产生了很大的震动。以前"山河顿异"的强烈刺激,不甘沦为奴隶的精神性格和关心民瘼的态度促使他反省社会落后根源,于专精致思之后,他感悟到"大化之所趋",于是立意寻找救国于艰危的方策。此后(1896年),他在北京结识了梁启超,了解到康有为演春秋之义、穷大同太平之说的思想,很受影响,尤其接受了"仁"爱观念。同时,他又遍访教士,觅寻教书,从他们那里得到了关于爱人利他(兼爱)的思想印证,并通过杨文会的劝导学佛,从佛教中领悟到了与兼爱相通的慈悲,找到了舍身求法的精神支柱,获得了圆融无碍的观念和以"通"来融各家思想于一炉的方法。这样,他最终把从佛教那里领悟的"平等"和从西方那里接受的平等观念融贯起来,以平等作为博爱的基础和实质内容。

谭嗣同的思想集中反映在《仁学》一书中。但是他前期思想中注重经世致用的态度以及深刻洞察并同情民生苦痛的思想,其实已构成他后来批判理学,讲究平等、博爱的基础。可以说,在他最初的追求中,体现了传统进步士大夫对民生疾苦的关怀以及为民请命的志向。所不同的是,在传统之进步士大夫身上,大都有圣人救世思想,他则怀墨子摩顶放踵利天下之志,而这恰好构成他讲求彻底平等的基础。近代进步士大夫和思想家都受亡国危机的深刻影响,谭嗣同是一位爱国志士,受这种影响更为深切。在他身上,救国与解救民生苦难是不可分开的两个主题。实际上对他而言,救国除了包含强烈的民族感情之外,也包含深厚的人道主义感情。他自叙受甲午战争以及割地赔款的刺激是如何创巨痛深。这一巨大刺激不仅使他忧虑民族危亡,也使他看到封建专制主义的本质,以及割地赔款所加重的民族苦难和民生灾祸,故他指责统治者"竟忍以四百兆人民之身家性命,一举而弃之"。因此"既忧性分中之民物,复念灾患来于切肤"①。这是他《仁学》的思想基础。

谭嗣同的思想构成有几个方面的来源。首先是传统思想中人道情怀的汲取,包括关心民生苦痛和墨子兼爱利他思想的自觉吸收,以及受康有为影响而对于孔子仁爱思想的继承。其次是外来思想尤其是平等观念和基督教的博爱思想。他在与西方传教士的接触(如1896年访问傅兰雅)和阅读西学方面的书籍中,确立了人道平等的观念。再者,在此基础上受佛教思想的深刻影响,并对佛教的慈悲和平等观念加以进一步的融合、条例化和哲学体系化而成为仁学的思想体系。这里有两个问题应该加以澄清,一方面是他受康有为的思想影响问题,另一方面则是他对佛教的认识态度,这是容易招致误解的两个问题。人们常常强调谭嗣同受康有为影响之深广,而很少辨析他们之间思想性格上的差异。诚然,谭嗣同非常钦佩康有为,受其影响也很显著,尤其是孔子观与仁的观念(包括大同思想意识)。但同时,谭嗣同在了解康有为思想时已私服于墨子的兼爱,这就有了领受仁爱的思想自觉性。且谭嗣同把孔子的仁更多地释为平等,因此在平等思想方面,显然要比康有为彻底得多。此外,谭嗣同与康有为最重要的区别是康有为存有严重的圣人救世思想,而谭嗣同则受墨子的"汲汲利天下"态度的影响。正是在这思想不同的基础上,谭嗣同对于个性解放的要求是非常热切的,而康有为则常常忽视这一点。此外,人们常常强调谭嗣同受佛教影响的消极方面,或者批判他陷入唯心主义。但是谭嗣同受佛教影响最深者,并不仅仅限于在宗教中找力量(这种力量只限于增进勇气),而是改造伦理的启蒙主义思想力量。虽然他在苦闷的时候开始学佛,虽然他谈佛教时明显有许多迷信思想,但他并没有陷于幻境,而是更加奋进和坚定。例如,在研习佛学的同时,他与杨文会等人倡设金陵测量会并大讲西方科学技术。此外,他特别突出佛教伦理的借鉴价值。总之,谭嗣同思想中对佛教的态度和吸收特征,从侧面体现了近代中国知识分子在思想贫乏的土地上构建思想屋宇的艰辛历程。他接受了宗教的舍身精神,尤其是人道主义的博爱精神与平等意识,即所谓"三教公理,仁民之所为仁也"。这一特征在《仁学》中非常显著。

谭嗣同在论证仁爱的重要性时,突出了人之本性的同一原理。这里包含着他的世界意识和本体思想,同时蕴含着反对夷夏之辨的伦理观。在《报贝元徵》中,他说:

---

① 《报贝元徵》,《谭嗣同文选注》,第57页,中华书局,1981年3月版。

尝笑儒生妄意尊圣人，秘其道为中国所独有，外此皆不容窥吾之藩篱，一若圣人之道仅足行于中国者。尊圣人乎，小圣人也。盖圣人之道，莫不顺天之阴骘，率人之自然，初非有意增损其间，强万物以所本无而涂附之也。则凡同生覆载之中，能别味辨声被色……其形气同，其性情固不容少异……若自天视之，则固皆其子也，皆俱秉彝而全畀之者也，所谓理一也。夫岂天独别予一性，别立一道，与中国悬绝，而能自理其国者哉？而又何以处乎数万里之海外，隔绝不相往来，初未尝互为谋而迭为教，及证以相见，莫不从同，同如所云云也？惟性无不同，即性无不善，故性善之说，最为至精而无可疑。而圣人之道，果为尽性知命，贯彻天人，真可弥纶罔外，放之四海而准。乃论者犹曰："彼禽兽耳，乌足与计是非较得失？"呜呼！安所得此大不仁之言而称之也哉！其自小而小圣人也，抑又甚矣。故中国所以不振者，士大夫徒抱虚憍无当之愤激，而不察乎至极之理也。苟明此理，则彼既同乎我，我又何不可酌取乎彼？酌取乎同乎我者，是不啻自取乎我。由此而法之当变不当变，始可进言之矣。①

此处所表达的观念，又指向变法，以人性论本源相同而彼此取证，其思路颇尽曲折。

人性论，包括哲学本体概念"以太"的设定，都试图佐证建立人我一体观的伦理学说。同时，谭嗣同在仁的观念的概念内蕴中，还注进了超越等级伦理和反对道德压迫等爱的内容。他的人性便是以博爱的原则建立起来的，把孔子的仁直接置于人性中。他借用了物质本体概念"以太"，并强调以太和人性的同一关系。与此同时，他又在"以太"中注进了精神性的爱力。这样，"以太"在人性中的显现就是爱力，即仁。因为"性一以太之用，以太有相成相爱之能力，故曰性善"。这是他关于性善的解释。由此出发，引出爱人利他的必然性以及道德主张。谭嗣同始而求中外通、男女通、人我通，继而糅合孔子之仁、墨子之兼爱、佛教之慈悲、基督之"爱人如己"于其中，终于其天下一家之理想，并实践于其为苦难民众的献身行动上。其爱心可知，其爱理可感，其爱意泛然矣。他的所谓"破对待"，"无人相，无我相"，"仁为天地万物之缘"等等宗教色彩浓厚的玄虚说法，其实就是强调着人性的实现，即平等与爱的实现的。他的"无国则畛域化，战争息，猜忌绝，权谋

---

① 《报贝元徵》，《谭嗣同文选注》，第29—30页，中华书局，1981年3月版。

弃,彼我亡,平等出"的"千里万里,一家一人"的大同思想,就是从博爱主义出发的自然结论。

《仁学》中思想的两个核心主题就是平等与博爱。然而,更贴切地说,这是一个核心主题的两个方面,因为从作者的立场来理解,平等即是"通之象",通则仁,而仁即是爱。作者反复申言的仁的概念,其实就是由此而引出平等,由平等再伸叙"破对待"、"通",并站在启蒙主义立场上倡说仁,赋予仁以极新的近代观念和人道主义内容;但也正因为如此,他把"仁"拔高为"天地万物之源"而陷入唯心论。在这一点上,颇与康有为一致。其实,从他所掌握的科学知识来说,并非不知万物生成的物质第一性原理,而是在强求仁的普遍性时,把"以太"作用本体,认为"以太"的显现具有"爱力"功能,即"以太"的"吸力"也就是仁、兼爱、慈悲、爱人如己。然后,他将"以太"的物理性质等同于爱的精神活动,从"以太"发用的功能和爱力相通的角度论"以太"本体即是爱力的源泉"仁",从而构成仁之本体论与伦理学的统一。这一路径,在力说仁的至上价值方面兴许可以理解,但在混淆物质与精神,社会存在因素与道德精神的关系上,则是幼稚可笑的。他以为灵魂不死观念有助于振奋道德精神,反映出他试图通过精神、心力以改变世界的强烈愿望。过分依赖精神力量就难免陷于迷乱,这在《仁学》中几乎随处可见。

谭嗣同之阐释仁,首先训为平等。谭氏的"仁学"之名,自称受墨家影响的结果。此即是仁与学两个不同侧重点的结合,这种说法颇有趣。但也可疑。因为更为可信的是,仁与学是受孔子学说影响和他自己启蒙主义追求的结果。不过,仁而学,学而仁,这确乎是谭氏思想的两个互补内容。关于学,并非指他之注重实学,他之看重西学,而是以学仁为本之义,他的仁观,当是以"摩顶放踵利天下"为基础的。既取孔、耶,又合佛法之博爱观,平等的根本意义不能轻视。因此,他以为只有平等才能通,只有通才能达到爱,即人我一如。

然而,无论谭嗣同对仁的解释有多么玄虚和抽象,但其通过上下通、人我通,即去除封建主义的纲常名教而达到新的人道平等则是其目的。谭嗣同通过批判封建主义来阐扬平等思想。尤其是人们"敬若天命而不敢逾,畏若国宪而不敢议"的三纲及其"惨祸烈毒"的非人道性质。总之,封建道德,即三纲五常、名教的专制性格及其压迫生命的特征,集中地体现在"上以制其下"的不平等关系中。作者不仅很早就"遍遭纲伦之厄",因而对封建道德的压迫有深切体会,且于封建道德蒙骗桎梏人心的本质有深刻认识,他以近代平等理论来加以驳斥和批判,从中引发出冲决封建道德禁制的结论。这结论就是,应该提倡新的道德关系,就是"于人生最无弊而有益,无纤毫之苦,有淡水之乐"的朋友关系。只有在朋友关系中,才能体现出他追求的"平等"、"自由"、"节宣惟意"。总之,平等的理想植根于否定封建道德,否定这一道德的不合理性,进而重建新的平贵贱的民主社会上。在这里,我们看到谭嗣同讲平等,评判封建道德要比康有为激烈和彻底得多。他对于个性解放的要求也通过平等观念,通过否定封建纲常道德而宣泄传达出来,这就是无纤毫伦常桎梏之苦的独立主张。他的"心力最大者,无不可为"的灵魂自由术,也反映了个性解放的隐晦要求和自我觉悟的启蒙诉求。因此,谭嗣同批判封建道德在人道主义思想史上的意义,在这里最突出地体现出来了。

但是,谭嗣同的民主思想不仅仅体现在对封建道德的批判上,而且体现在他把批判锋芒直指封建专制制度本身。他清醒地看到,纲常名教不过是专制制度的工具和权威保障而已。专制统治者为了积威刑,钳制天下,就广立压迫之名,以为专制之器。他又指责道:二千年来的王政,都是秦政,也就是大盗。他在托古的形式下要求废弃等级制度,即与康有为一样,假托孔子改制,主张废君统,倡民主,变不平等为平等,为自己的理论寻找力量。他在秉续黄宗羲等人的民本思想的基础上,得出了否定君主专制的结论。他以浅显之理举证了非君择民、由民择君的历史传说的现实意义。他集成了民本君末的传统思想,强调君主之公仆地位,以及人民推翻君主专制的合理性。他通过法兰西革命中对于君主的态度来说明君主制度的不合理性,并进而引西人贬讥中国人昧于三纲,亟劝中国称天而治的话,来强调以天纲人、世法平等、人人不失自主权的价值。可以说,谭嗣同对封建专制制度的批判表明他是改良派中最激进的人物,他的思想直接成为近代民主思想的先锋。

此外,他还将伦理与政治理想和实践相统一,论证义利并非是对立关系。尤其在政治伦理的实践中,利民应为执政者之第一义:

> 今日又有一种议论,谓圣贤不当计利害。此为自己一身言之,或万无可如何,为一往自靖之计,则可云尔。若关四百兆生灵之身家性命,壮于趾而直情径遂,不屑少计利害,是视天下如华山桃林之牛马,听其自生自死,漠然不回其志。开辟以来,无此忍心之圣贤,即圣人言季氏忧在萧墙之内,何尝不动之以利害乎?孟子一不可敌八之说,小固不可以敌大,寡不可以敌众,弱不可以敌强,又何尝不计利害?虽藤文公之

艰窘，不过告以强为善以听天，若使孟子不计利害，便当告藤文公兴兵伐齐楚矣。尧舜相授受，犹以四海困穷，与十六字并传，而阜财之歌，不忘于游宴，是小民之一利一害，无日不往来于圣贤寝兴瘖瘵之中。若今之所谓士，则诚不计利害矣。养民不如农，利农不如工，便民不如商贾，而又不一讲求维持挽救农工商贾之道，而安坐饱食，以高谈空虚无证之文与道。夫坐而论道，三公而已。今之士止骛坐言，不思起行，是人人为三公矣。吾孔子且下学而上达，今之士只贪上达，不勤下学，是人人过孔子矣。及至生民涂炭万众水火，夺残生于虎口，招余魂于刀俎，则智不足以研几，勇不足以任事，惟抱无益之愤激，而哓哓以取憎。其上焉者，充其才力所至，不过发愤自经已耳，于天下大局何补于毫毛！其平日虚度光阴，益可知矣。①

于此，他既批判了传统政治思想之向专制过渡所形成的空虚化，同时批判了其社会基础即士大夫人道精神的失落和实践性格的无实。

谭嗣同应用多种理论武器，来批判封建禁欲主义的虚伪道德。他首先集成了封建社会后期否定天理人欲之辨的伦理思想来阐发人性论，阐发情欲合理论。他主张情欲为善，并引证前人的"天理即在人欲之中"来否定封建禁欲主义。在这里，不是把道德至上性作为价值判断标准，从而首先强调人的存在因素的各个部分，即以正视人的存在为前提，而揭露了封建道德禁欲主义的虚伪性和不合理性。其次，谭嗣同援引欧美按先进文明中人道关系的突出表现——男女平等以及情欲自然等证据来讽刺、嘲笑和否定把人的自然实现视为羞耻，加以隐讳，甚至予以抹杀的封建主义道德及风俗制度。在这里，体现了近代人道主义思想构筑自身体系中所涉及的以人的幸福为核心的价值认识特征，包括自然人性论，人的幸福要求，发展财富等增进人类幸福、情欲的自然实现，平等关系的诉求，等等。他指出，传统伦理中的合理性经由政治制度的专制改造，已失其民主精神，正如原始宗教的平等伦理精神也在专制占有之教会统治下丧失。近代民主政治与伦理精神的统一，必在复归孔、耶的精神指归中再现。

谭嗣同在比较中西文化的视野中，开始出现了西化的倾向。他举证比较视野中中国传统伦理文化之鄙说：

> 今中国之人心风俗政治法度，无一可比数于夷狄，何尝有一毫所

---

① 《报贝元徵》，《谭嗣同文选注》，第56页，中华书局，1981年3月版。

谓夏者！即求并列于夷狄犹不可得,遑言变夷耶？即如万国公法,为西人仁至义尽之书,亦即《公羊春秋》之律。惜中国自己求亡,为外洋所不齿,曾不足列于公法,非法不足恃也……中国不自变法,以求列于公法,使外人代为变之,则养生送死之利权一操之外人,可使四百兆黄种之民胥为白种之奴役……"皇天无亲,惟德是辅",奈何一不知惧乎？无怪西人谓中国不虚心,不自反,不自愧,不好学,"不耻不若人",至目为不痛不痒顽钝无耻之国。自军兴后,其讥评中国尤不堪入耳。①

谭嗣同突出中国文化伦理之弊端,并非以欣慕洋人为归,而是以自反为要。他认为,欲求在竞争时代自振自兴,则西方列强之先进必为借鉴；如自耽于堕落而自我封闭,而不仅无助于免耻,且将亡国灭种。他看到帝国主义入我堂奥,夺我利权,割我土地,占我江山,奴我同胞,是与封建专制的不人道表现不一而罪恶相同的东西。因此,谭嗣同思想借鉴西方先进文明而主张向西方学习,但这无疑是在他推思强烈憎恨西方帝国主义侵略中国的心理背景下提出的,因此,他的心思之伤痛也约略可感。

在此"国破山河在"之际,谭嗣同不仅以传统攻传统,尚且以现实攻守旧。以现实攻守旧,即是大义变风俗,

> 乃今之策士又曰：中国醇俗庞风为不可及也；工价之廉,用度之俭,足以制胜于欧美,转若重为欧美忧者。嗟乎,此何足异！中国守此不变,不数十年,其醇其庞,其廉其俭,将有食槁壤,饮黄泉,人皆饿莩而人类死亡之一日。何则？生计绝则势必至于此也。惟静故惰,惰则愚；惟俭故陋,陋又愚。兼此两愚,固将杀尽含生之类而无不足。故静与俭,皆愚黔首之惨术而挤之于死也。夫以欧美治化之隆,犹有均贫富之党,轻身命以与富室为难,毋亦坐拥厚赀者时有褊之心以召之欤？则俭之为祸,视静弥酷矣。②

这里之指责旧风俗,固有不尽当处,则其立场则十分鲜明。

谭嗣同认为,传统所崇尚的美德,如果与其他美德相冲突,则不必然是美德；而当它与民生问题相联系时,则有些美德观念当变而不守,如上面所举例的"俭德"。当然,在变革风俗的思考中,既体现了谭嗣同积极的批判精神,也呈现出他思考问题的相对主义特点。他揭示了传统伦理绝对化观

---

① 《报贝元徵》,《谭嗣同文选注》,第55—56页,中华书局,1981年3月版。
② 同上书,第136页。

念和专制政治相结合造成的社会钳制弊端,强调道德观念绝对化带来的严重后果。而同时,他也使自己陷入思想矛盾的僵局。一方面,他突出了风俗与时退役的必要性,指出观念与风俗的相对性固有其价值;而另一方面,他又试图证明人性的同一性和价值的统一标准,在此标准指导下提出向西方学习。那么,在究竟从哪一角度取得价值标准的统一性方面,他的思想就显得十分模糊了。因为如果按照相对化的原理,则中国陋俗弊风在某些人的眼中也固有其相对的价值。但这显然不是他的本意。而且,按照谭嗣同的思路,将风俗凝成的道德规范绝对化是错误的,因为它们只有相对的价值。以此观念向他眼中的保守派宣战,则保守派也可以否认自己将这些本来是相对的价值绝对化,认为它们是基于人性本质的普遍原理,从而反驳谭嗣同说,是谭嗣同自己将风俗变化的相对原理绝对化。因此,谭嗣同在打破绝对化的同时也陷入了将相对绝对化的思想危机之中。

因此,谭嗣同思想的重大价值在于他的批判性而不是条理性,这也是他超过康有为之所在。如他批判借美德名义行不德之实时指出:

> 家累巨万,无异穷人,坐视羸瘠盈沟壑,饿殍蔽道路,一无所动于中,而独室家子孙之为计。天下且翕然归之曰,俭者美德也。是以奸猾桀黠之资,凭藉高位,尊齿重望,阴行豪强兼并之术,以之欺世盗名焉,此乡愿之所以贼德,而允为金人之尤矣。①

他的批判锋芒所向,揭露出专制社会的种种弊端和伦理的僵化特征。而在这一激进的思想活动中,他所讨论的现实社会政治问题和伦理问题,都不是学理的系统表述,而是对于不合理现象的说明和谴责。因此,他的思想之矛盾也时有出现。他在竭心尽力汲取传统思想成果、借鉴西方进步思想和批判传统与现实的专制时,体现了一位先进思想家的认识高度并作出了重要的理论贡献。但同时,他似乎还无法完整和准确地表达系统化的人道民主思想,因而常常陷入思想混乱和迷惑当中,如他不得不一再分佛、孔、耶的高下(尽管在阐释平等博爱思想时他们是互通和一致的),这不能不弱化他的思想统一性力量。他所思极多,而缺乏集中论证主题的力量,使他所欲抒发的见解迷漫散失在浮泛之论中。同时,他过多地在思想上诉诸宗教的力量,而对于宗教的消极影响缺乏辨析能力。这一点尤其突出。他融合各家各派思想来弘扬自己的平等思想和爱的理念,主观上企图加强自己理论的说服

---

① 《报贝元徵》,《谭嗣同文选注》,第133页,中华书局,1981年3月版。

力;但由于他把佛教、基督教关于平等、爱的道德命令和精神寄托一起塞进自己的思想体系,这些带有虚幻色的、相互矛盾的东西实际上削弱了他自己思想的表现力。

然而,尽管他有如此的思想弱点,这些弱点很鲜明地反映了时代特征,尤其是思想的复杂性和受宗教影响方面,是近代进步知识分子当中比较普遍的现象,但是人们读《仁学》,透过其中的层层雾障,仍然能够强烈地感受到他关于人道主义的基本思想系统的力量。谭嗣同从平等自由价值观出发对封建道德的批判,成为20世纪启蒙思想家十分珍视的精神遗产;至于他为民众献身的英雄人格,更为后来无数志士仁人所继承。

三、严复的西学译介

严复是改良派当中最典型的启蒙思想家之一。他思想的成熟,与民族危机的深化和对于民生愚、贫、弱现实的感受有着最直接的联结。在思想上,他受英国自由主义的影响极深。他在吸收消化西方思想(主要是英国自由主义理论)的同时,提出了独立的思想见解。其中,他在自由观念和进化伦理相结合方面的学说,对近代思想启蒙所作的贡献尤为显著。

严复(1854—1921),字又陵,又字几道,福建侯官人。他14岁时考上洋务派创办的福州船厂附设的船政学堂。学业五年结束后,在军舰上实习了一段时间。1877年,25岁的严复被派往英国海军军校学习。留学期间,他比较广泛地了解了西方近代思想。三年后回国,先在母校任教一年,然后调往天津北洋水师学堂任教,直至1895年被任命为该校的校长。甲午战争爆发后,他积极参与变法运动的启蒙。1895年,严复在天津《直报》上发表了《论世变之亟》、《救亡决论》、《原强》和《辟韩》等文,标志着他的民主思想的基本成熟。在《原强》中,严复提出了"鼓民力、开民智、兴民德"的启蒙主义口号,并表达了他对于这一关涉现实社会政治问题的基本哲学态度。约在同年,严复翻译了赫胥黎的《进化论与伦理学》一书,取名《天演论》(1898年出版)。维新变法运动失败后,严复继续翻译西方近代思想民主,同时对自己在改良运动时期的思想进行补充和修正。辛亥革命以后,他的思想活动明显转向保守,其影响力也逐渐消失。

改良运动期间,社会政治变革理论是严复思想活动的焦点,而且是针对国富民强的现实问题提出来的。在《原强》一文中,他说:

> 由是而观之,则及今而图自强,非标本并治焉,固不可也……至于其本,则亦于民智、民力、民德三者加之意而已。果使民智日开,民力日

> 奋,民德日和,则上虽不知其标,而标将自立……是故富强者,不外利民之政也。①

在这里,他把被认为是近代中国发展的目标即富强的实现与利民的实际结果联结起来。我们必须特别注意到,"民"这个表示群体意味的概念显然又具个体的意味。实际上他所注意的是由个体的提高发展到群体的利益实现过程。他认为个体的提高发展和自强的实现是由自治、自由和自利的渐次完成:

> 是故富强者,不外利民之政也,而必自民之能自利始;能自利自能自由始;能自由自能自治始;能自治者,必能其恕,能用絜矩之道者也②。

自治包含智识的发展水平、道德自律观念的成熟和对于自由的运用能力。这是鼓民力、开民智和兴民德的最基本层次。只有民能自治,才有运用自由之可能。具体地说,他于鼓民力一端,批判了中国礼俗中贻害民力而坐令民种衰弱的种种现象,由法制学问之大,至饮食居处之微,几乎指不胜指。而沿习至深,害效显著的,莫若吸鸦片、女子缠足二事。于开民智一端,他斥词章诵背,训诂注疏以至经义八股,主张广教育植人才。于兴民德一端,他认为,统治者既以奴虏待民,则民亦以奴虏自待。然而,根据平等法则,人无论王侯君主,降至穷民无告,自教而观之,则皆为天下赤子。若平等义明,民众知自重而有所劝为善。此德、智、力的发展,在严复看来是讲求自由的前提。这里当然是把民众的愚贫弱衰之原因与封建专制及其腐朽统治的社会后果联系起来,且在发展的观念中展开了民主的课题,这是非常重要的。但这里也伏下了他思想保守的根芽:他之轻视民众——即后来指斥民智之下民德之卑的认识,便由来于此;同时他把民力民智民德的提高视为外在力量的推促,而不是直接唤醒民众之自觉,这其实也是他后来迷恋君主制的根本原因。因此,他在《原强》的修订稿中进一步提出,顾彼民之能自治而自由者,皆其力、其智、其德诚优者也。他的启蒙思想在个性解放的意义上远不如谭嗣同激进和明朗。

但是,严复的自由思想仍有极新的创获。自由的本义为何?综观严复关于自由的论述,可以归纳为民众的发展条件及其发展本身。前一意蕴,与

---

① 《严复集》第一册,《原强篇》,第14页,中华书局,1986年1月版。
② 同上。

求自治相当。因此,他把矛头指向专制压迫与体制的禁锢,求诸人人自治而实现自由之权。他指出,中国历代圣贤皆畏于自由之实现,从未言及,更不用说立以为教了。然而,自由乃天赋之权,不可剥夺,不可侵凌。否则,便是逆天理贼人道之举。他还强调了自由为西方民主精神之实质,是近代中国面临选择的崭新课题。中国古代所谓恕与挈矩之道,貌似自由,本质大异。因为前者强调待人及物中的认同价值,而后者强调了认同价值之内的自主与个性意义。也就是说,在追求普遍与共同原则之中,自由之本质体现为"存我"。而所谓"存我",也就是"权在我者",即自由发展中的自主前提。因此,严复阐述天赋人权观念的新意,在于针对中国几千年专制主义压迫的历史、伦理精神上的为公与舍己的严重社会后果,强调并肯定了个性存在是发展兴邦振国的前提这一真理。因此,自由的意义也就是去除封建专制之"束缚驰骤"、"形劫势禁",而达到平等:

> 彼西洋者,无法与法并用而皆有以胜我者也。自其自由平等观之,则捐忌讳,去烦苛,决壅敝,人人得以行其意,申其言,上下之势不相悬,君不甚尊,民不甚贱,而联若一体者,是无法之胜也。①

他又指出:

> 自由者,各尽其天赋之能事,而自承之功过者也。虽然彼设等差而以隶相尊者,其自由必不全。故言自由,则不可以不明平等,平等而后有自主之权;合自主之权,于以治一群之事者,谓之民主。②

他所说的"以自由为体,以民主为用"即是此意。易言之,自由与民主是不可分割的,民主的本质就是自治与自致。这一民主自由的进程,是近代中国在自强不息的民族精神力量凝聚时所必须实现的。

同时,严复对于自由的理解,另有一点极独特之处,这就是把自由与发展,自由观念与进化论联结起来,从而提出了关于个体的发展以及群体共同发展的主题。按照严复的理解,物竞天择、适者生存的理论,绝非仅存于国家之间的事,而是可以内入到群体发展观念中的。即,在发展条件保障的前提下,进化意味着人的素质与竞争共进而不是使人与人之间的关系违背伦理的协和精神。这是他的创见,也是他的调和论。

严复的进化论思想受到过赫胥黎和斯宾塞的影响。他翻译的《天演

---

① 《严复集》第一册,《原强篇》,第11页,中华书局,1986年1月版。
② 《严复集》第一册,《主客平议篇》,第118页,中华书局,1986年1月版。

论》,取自赫胥黎《进化论与伦理学》(*Evolution and Ethics*)一书的前两章节。但事实上,严复却没有研究《进化论与伦理学》中所主张的"社会伦理进步并不依赖于对宇宙进程的模仿,更谈不上脱离宇宙进程,而是与宇宙进程相竞争"的观点,毋宁乐于相信斯宾塞的社会有机体论(但他在变法中的结论却变得与赫胥黎相一致)。因此,在主张进化伦理方面,他并未从该书中受到太大的益处。严复更欣赏斯宾塞的任天为治说。在《原强》中他就介绍了前者的学说之一部分:

> 又有锡彭塞者,亦英产也,宗其理而大阐人伦之事,帜其学曰:"群学"。"群学"者何?荀卿子有言:"人之所以异于禽兽者,以其能群也。"凡民之相生相养,易事通功,推以至于兵刑礼乐之事,皆自能群之性以生,故锡彭塞氏取以名其学焉。约其所论,其节目支条,与吾《大学》所谓诚正修齐治平之事有不期而合者,第《大学》引而未发,语而不详。至锡彭塞之书,则精深微妙,繁富奥衍。其持一理论一事也,必根柢物理,征引人事,推其端于至真之原,究其极于不遁之效而后已。于一国盛衰强弱之故,民德醇漓翕散之由,尤为三致意焉。①

于是,他便取天演之原则和斯宾塞群体依赖于个体的原理,加以他自己的自由与合群一致性观念,形成了其基本思想观点。

先谈他如何把自由与天演联结起来,他说:

> 斯宾塞《伦理学·说公》(*Justice in Principle Ethics*)一篇,言人道所有必得自由者,盖不自由则善恶功罪,皆非己出,而仅有幸不幸可言,而民德亦无由演进。故惟与以自由,而天择为用,斯郅治有必成之一日。②

这里的意思十分明朗。自由与天择,是发展的两个环节。自由是发展的条件,而天择是发展过程本身。如若自由归之于民(民主),恪守竞存的自然法则,则因个体之强必达群体之盛。而且,他进一步指出,自由是今日治化的唯一出路,有了自由的保障前提,人人才"各得其所自致"这样才能实现有效的竞争和发展,即"天择之用存其最宜"。这一原理的核心与实质,依然在于否定现实的专制主义。他举证说,西方人可以在自由的土壤上,通过竞争原则的自然调节,"争雄并长,以相磨淬"。始于相忌,终致其天择之用

---

① 《严复集》第一册,《原强篇》,第6页,中华书局,1986年1月版。
② 《群己权界论·译凡例》,商务印书馆,1981年10月版。

之宜而强盛。因此,严复天演学说所要说明的是,要获得自由,关键是要变法。

由此可见,严复明确陈述了去除封建专制性东西的束缚与繁苛的重要性。这种重要性不仅从民主制度的确立来说必不可少,而且,它是实现富强的唯一通道。因此,自由的意义在于去除对于民众的种种束缚,突现个体存在发展的价值。随着潜能的发掘与提高,个体之强将凝聚为强大的群体。因为单位个体的提高不是走向力量相互耗损的死胡同,而是"终于相成"之完善。值得强调的是,严复所说的"相成",并不单纯是道义化理的和洽,而是包含着功利的最大限度的获得,即智力、才力的提高与民生的幸福。他提出,传统的竞进观念因存在观念上的严重弊端而不能实现其应有的价值。这种偏失体现在两方面。其一是义利之分割。严复指出,中国民众几千年来之所以为仁若登,为不仁若崩,治化之所以不得其效,关键在自孟子与董仲舒以来的兴义不谋利价值观所致。这种现象在中西传统中皆严重存在,其用意虽佳,但其理浅薄。因为简单地斥利,则民人并无动力于求义。自天演之学兴起后,道义与功利不可分,民乐从善,故有兴邦致平之效。因此,竞进中的义利合致是不言而喻的。尽管严复极力强调了非义不利,非道无功之理,然其侧重点乃在批评传统的道德至上教条。其二是混淆自利与损人观念就违背了竞争原则。他指出,中国人与人相与之际,仅知损人利己,而不知双双无所损而共利,并因之而存大利之理则。因此,上下都因相互牵制对峙而不能自由,既无以自利,也无由共利。所以,天演之事关键在于价值观的改变和制度的变革。

当然,严复"于自强保种之事"反复致意的婉曲心思,绝不是停留在自利不损人上,而是寄意于两无所损而共利上。也就是说,利益仅是制衡的杠杆,在协调利害关系之上的合群,才表现出共利的重要内容。严复的出发点和目标是富强之政,而不是民之自由,这是他反复强调的。也就是说,通过审度中国所处的严峻局势,严复指出,小己自由尚非所急,只有祛异族之侵横,求有立于天地之间,才是刻不容缓之事。这与他所强调的鼓民力、开民智、兴民德的旨在是完全一致的。这里的"民",由代表个体之形象拔高为群体之表征。

然而,严复毕竟强调了自由在其真实意义上的作用。而且,他还强调了人性的趋利本质。那么,自利与公立,自由与合群之间的矛盾又是如何解决的呢?在严复看来,天演之事是其关键因素。天演竞争包括内部的与对外的两个方面。内部的过程已如上述,将由自由而磨淬而相成。对外的过程则表现为盲目的自利冲动过程中发现合群可以安利，因为群与群争，能群者存，不能群者灭，不善群者灭。由是而生心之感通，而以依群合群为自觉之原则。这样，所谓两不相损而共利，乃是通过外在的压力的刺激而使内部竞争始终以不相损为准的，以合群强群为目标，以争存天地之间和中华之强大为出于自己的内在信念，最终达成这一理想。这是严复的复杂而又清晰的思想道路。在这里，严复的社会有机体论又获得了中国近代的特征。

严复的合群思想，当然是中国社会历史环境的特殊产物。因而其影响也尤著。这里还要强调的是，严复关于群体以及个体发展条件及其发展的必要性和可能性的论述，是相当深刻的，在批判封建专制主义及传播民主思想方面，贡献很大。但同时，严复在思考自由和合群的同时，存在着畸轻畸重的明显倾向，或者说，这两者的矛盾是解决不了的。因为自由所关涉的个体的发展才是本质性的东西，而他的结论则是善群的达成。那么，在解决这一矛盾的过程中，严复无疑是逐渐失去对于个体自由的兴趣的：

> 害之所由兴者，以一方之事，国下听其民之自为，夺其权而代其事也。不知处今物竞之世，国之能事，终视其民之能事为等差……已乃积其民小己之自由，以为其国全体之自由，此其国权之尊，所以无上也。①

这样，严复对于个体发展的重视也就在合群之点上戛然而止。虽然他对于自强保种有着深刻认识，在关心民主问题和救国宣传方面，其人道主义思想是很突出的。但他在解决个体与群体利益关系上，思想的偏差也是明显的：个体的发展进一步体现为善群的利益结合，这一思想是合理的，此即是"人得自由，而必以他人之自由为界"。但由于他把当时的封建国家看成是群体利益的代表，并因强调群体利益而否定个体独立发展的意义，从而走向消极。他在1903年出版的《论自由》(*On Liberty*)一书时，把书名译为《群己权界论》，多少可以看出他的良苦用心。因此，他的"以自由为体，以民主为用"，只限在个体发展为合群的过程这一阶段方面，而不是视为个体最后的实现目标。因此，他反对封建的绝对专制，但不否定等级关系及其伦理：

> 然则及今而弃吾君臣，可乎？曰：是大不可。何则？其时未至，其

---

① 《群己权界论·译凡例》，商务印书馆，1981年10月版，第133—134页。

> 俗未成，其民不足以自治也。彼西洋之善国且不能,而况中国乎！①

这是严复站在利民即自上而下的自由授受和自强促成立场上思想的根本局限性。严复不懂得要从推翻专制来谈群体利益，而且没有处理好群体与个人的关系，因此，他就沿着忽视个体发展的方向倾斜地走下去。1914年他所说的一句话最能代表他倾斜了的思想：

> 今之所急者，非自由也，而在人人减损自由，而以利国善群为职志。②

尽管有种种偏失不足,严复关于自由的表述,仍然是他人道主义思想中最精彩的部分。与自由问题紧密相连的,是他对于民主的阐述。严复认为,"以自由为体,以民主为用",这就在本质上否定了封建顽固派的"中学为体,西学为用"的教义。他强调了体用的一致性,即,体用乃即一物而言之,不有分割为一物之体与他物之用。因此,中学有中学之体用。因中学之体与西学之体不同,而群异丛然以生。他主张向西方学习,必须摄取其体用的一致性(即自由与民主的结合)。自由实质是民主的精神及其基本表征。尤其在与竞争发展原则的连接上,自由是为反对专制压迫与束缚,乃是民主的同义语。《辟韩》一文比较集中地表述了严复的民主思想。他公然宣称,自秦以来之君,都是欺夺者。韩愈为专制君主辩护,倡言天下民人应该苦筋力劳神虑供君主之欲,不如是则诛。这种理论完全违背平等原则,违逆道义,殊不可取。他通过中西社会制度和伦理关系的异同比较,指出了西方以王侯相为国人之仆隶,而中国民众为专制帝王奴虏的鲜明对比,强调了专制制度的不合理性。后来蔡元培称《辟韩》"其大旨在'尊民叛君'",是深解之评。严复通过比较西方资本主义制度与中国封建制度之根本差异,所得出的对于民主精神的肯定,已远远高于传统的民本思想。

然严复的民主之义,与自由和合群有着内在的联系,并引学理和现实相证,由是而生折中之说：

> 故言自由,则不可以不明平等,平等而后有自主之权;合自主之权,于以治一群之事者,谓之民主。天之生蒸民,无生而贵者也,使一人而可以受亿兆之奉也,则必如班彪王命之论而后可。顾如王命论者,近世文明之国所指为大逆不道之言也。且以少数从多数者,泰西为治之

---

① 《辟韩》,《严复集》第一册,第34—35页。
② 《〈民约〉平议》,《严复集》第二册,第337页。

通义也。乃吾国之旧说不然,必使林总之众,劳筋力、出赋税,俯首听命于一二人之绳辄。而后是一二人者,乃得恣其无等之欲,以刻剥天下,屈至多之数以从其至少,是则旧者所谓礼、所谓秩序与纲纪也,则吾侪小人又安用此礼经为!且吾子向所谓强富者,富强此一二人至少之数也;而西国所谓强富者,举通国言之,至多之数也。法与美之总统不数年而皆死于非命,固也。然吾子之所谓乱者,正吾之所谓治也。何以言之,向使其事见于中国,则全局之危殆,将不知几人称帝、几人称王,以遂此已失之鹿,民生涂炭,又当何如。乃在欧美之间,则等于牧令之出缺已耳,此非其治欤?嗟乎!二十世纪之风潮,不特非足下辈旧者所能挽,且非吾辈新者所能推。循天演之自然,而其效自有所必至。①

其结论是,惟新旧各无得以相强,则自由精义之所存也。而当其翻译孟德斯鸠《论法的精神》(严译为《法意》)时,已在按语中表达了对中国君主制的重新信赖。

在政治哲学的表达方面,严复经历了曲折的过程。那么,在伦理思想的发展方面又当做何评价呢?他运用了自由的概念于道德行为义务之形成,向传统单纯命令的义务论提出了挑战。在《群己权界论·译凡例》中,他说:

> 总之,自由云者,乃自由于为善,非自由于为恶。特争自由界域之时,必谓为恶亦可自由,其自由分量,乃为圆足。必善恶由我主张,而后为善有其可赏,为恶有其可诛。又以一己独知之地,善恶之辨,至为难明,往往人所谓恶,乃实吾善,人所谓善,反为吾恶。此干涉所以必不可行,非任其自由不可也。②

此处议论,明确了道德或者价值的相对性,为行为的价值选择自主进行辩护。当然,这种辩护是微弱的,他同时发现,自由于为恶的可能对于素质低下的民众而言,是不具有积极的道德价值的。因此,他总是遮遮掩掩地说明自由仅仅在其积极的意义上是可借鉴的。从这一角度而论,严复并没有深刻地领会西方自由主义者将自由作为法律和道德核心问题时所面临的真正困难。

很显然,严复的伦理学说的基本思路并不清晰。在《法意》的按语中,

---

① 《主客平议》,《严复集》第一册,第118页。
② 《群己权界论·译凡例》。

这种不清晰交杂着呈现出来。一方面,他主张,民主社会的道德基础是十分重要的,专制制度之弊端,并非在于君主不德,而在于上下之不能同一于必要的道德水准。就平等而言,非强制划平能够代替其必要的社会文化和道德基础:

> 民主者,治制之极盛也。使五洲而有郅治之一日,其民主乎?虽然,其制有至难用者。何则?斯民之智、德、力常不逮此制也。夫民主之所以为民主者,以平等,故班丹(亦译边沁——译者注)之言曰:"人人得一,亦不过一。"此平等之的义也。顾平等必有所以为平者,非可强而平之也,必其力平,必其智平,必其德平。使是三者平,则郅治之民主至矣。不然,使未至而强平之,是不肖者不服乎贤,愚者不令于智,而弱者不役于强也。夫有道之君主,其富者非徒富也,以勤业而富,以知趋时而富,以节欲而富。其贵者亦非徒贵也,以有德而贵,以有功劳而贵,以多才能而贵。乃强为平者曰"是皆不道,吾必划之以与吾平。"夫如是,则无富贵矣,而并亡其所以为富贵者矣。夫国无富贵者可也,无所以为富贵者不可也。①

此处对于平均主义的批评甚有见地。但另一方面,严复在探讨民主制度基础的同时,过于强调民众素质的保障,而忽略了对于制度建立所呈现的道德价值之肯定。也就是说,民主制度需要道德基础,但反之,民主制度实现的过程本身就是其基础之一,而且具有重大的道德价值。而严复正是以极端来否定极端,即以平均主义来为现存制度的合理性辩护。在这一何者为先为后的问题上,严复得出了维护现状的结论。

在整个思想启蒙运动时期,关于自由与平等的介绍和讨论总是模糊不清的。严复的"自由为体,民主为用"的口号之提出,潜在地留下了关于平等的定位的理解问题。平等作为保证自由的基础,以及平等自身的两个基础即制度和素质的共同性问题,在严复的思想中并没有获得解答。也正因为如此,他所提出的民众德、智、力三者之"平"作为实现民主制度之基础的说法是荒谬的。这一构成近代价值观基础的基本价值要素之间的复杂关系没有澄清,这就使近代的人权观念十分含糊,其思想基础也就十分脆薄。研究近代思想的这一问题,就可以看清严复思想的意义。

---

① 孟德斯鸠:《法意》上册,第158页,商务印书馆,1981年11月版。

四、梁启超的新民说

梁启超(1873—1929),字卓如,号任公,又号饮冰室主人,广东新会人,是改良派当中影响最大的理论家和启蒙思想家。他17岁时师从康有为,从此走上救国之路。甲午战争爆发后,他慨然悲歌出他为民献身之情:"愿替众生病,稽手礼维摩。"他积极参与康有为主导的请愿和思想宣传活动。梁启超受康有为的影响极大,对康称赞备至,而且在变法思想、人道主义和历史观方面都接受了康有为的观点。当然,康有为是改良派的思想领袖,其影响在当时是最盛的。然而,梁启超在强调个体由道德观念而进于政治觉悟方面,并不停留在康有为的仁人上,而是有较大的创见。在《新民说》之《论权利思想》一节中,他区分了仁义概念的不同意味,以为仁的实现非为当务之急,因为所谓互利于爱人,虽非侵人自由,却为放弃自由的表现,其极端者则使人格日趋卑下。尤其是中国人对于仁政的幻求,更是依附人格的表现。同时,他也积极参与反对女子缠足和要求女性解放的人道主义实践活动。1897年10月,梁启超应湖南巡抚陈宝箴之邀,就任湖南时务学堂总教习一职。利用这一良机,进一步鼓吹变法,宣扬民主思想。梁启超在这一时期的人道主义思想以发表在《时务报》上的《论君政民相嬗之理》为代表。文中主要阐述了封建割据和战争造成民众的无限苦痛,君主独裁的不合理,以及兴民权的必要性。他以春秋三世进化历史观为核心,讲求变法的急迫性,认识到提高民众的素质的重要性,以及民权发展的必然性。而改良运动时期梁启超的思想主要表现在他为改良派所共同主张的反对封建道德,反对封建专制主义,要求实现自由、平等、人权的呼喊;以及提倡提高国民的整体素质和实现民众幸福的人道主义观点。从变法失败到改良派与革命派的论战开始,他的成就主要是创办了《清议报》和《新民丛报》。虽然他也守护着改良主义,但同时也进一步介绍西方进步思想,并撰写了《十种德性相反相成义》、《乐利主义泰斗边沁之学说》、《新民说》(1902—1903)等。这一时期是他思想成熟的时期,他从许多方面提出了新的价值观。

在中国近代启蒙思想史上,梁启超通过大量介绍西方近代资产阶级的学说思想而对那个时代的思想界乃至广大爱国青年产生了巨大影响。作为一个爱国者,梁启超祈祷古老中华重新焕发青春,希望少年中国傲力于近代世界的民族之林。而中国的新生,或者说少年中国形象的表现,是通过新民的自我改道的设定来完成的。尽管梁启超接受了严复"鼓民力、开民智、兴民德"的理论见解,但其侧重点乃是道德革命之完成。他在《新民说》中所陈述的自我改造的原则,即是"淬厉其所本有而新之"以及"采补其所本无而新之"。窥其意蕴,则在于去除愚陋、怯弱、涣散、混浊而积极进取,刚强奋发。

梁启超对于文明之成就总是深加思慕,而又敏感于学问知识,并就所见而取撷,融汇综合为己意,迅速传达于精神知识贫渴之时代,而为启蒙之大家。他时而慷慨激昂,予人自信;时而沉抑冷静,教导自强之。如论变法,论合群,论善群之方法,论政治之更新之亟,以至于论法律、财政和教育制度、教育原理以及学术态度等等,无不包含着社会变革的强烈意识。

针对中国积弱之根源,梁启超深有洞见,以为其中有出于理想观念、风俗之一面。他一方面展开对国民性的批判,指出风俗之种种不良现象,另一方面指出理想观念的混淆,尤其是不能区分国家与天下、国家与朝廷以及国家与国民的真正合理的关系。由此,进于政治理想的改造和德性,包括伦理学的探讨。和严复的思路颇相一致,梁启超强调道德上的人格独立为第一义。针对传统道德观念的混乱和绝对化,他在《十种德性相反相成义》一文中提出德性之完善的基本原理。首先,他强调独立并不与合群对立,而是与依赖对立;而合群则与自私对立。其次,他特别指明利己与爱他的一致性。站在独立自保和进化论的立场上,他明确了追求利己的伦理前提,而在此基础上强调爱他必然是利己的自然结果,因为社会基础是道德的根源,且是自我实现的根源力量;而正因为不能脱离社会而独立存在,故必须以爱他为利己的手段和过程。反而言之,则自立也同时是真正有活力的社会之基础。易言之,必须有道德上和政治上的自我实现意识和能力,才能保持和完成道德上和政治上的真正责任,同时,因为这种能力的实现依赖社会和他人,故自由与制裁并不对立,自由的权利恰好是社会存在的有益前提。政治上之伸民权,是养成独立性的根本问题之一,此也和自由相关联。道德人格的独立和自由,构成伦理学的基础;而自由涉及政治上即社会关系的真正完善,故道德完善要求政治变革,并因促动道德责任的真正实现。他进而引用契约论来强调自由与责任的统一。他说:

> 卢梭曰,保持己之自由权,是人生一大责任也。凡号称为人,则不可不尽此责任。盖自由权之为物,非仅如铠胄之属,藉以蔽身,可以任意自披之而自脱之也。若脱自由权而弃之,则是我弃我而不自有云尔。何也?自由者凡百权理之本也,凡百责任之原也。责任固不可弃,权理亦不可捐,而况其本原之自由权哉。
>
> 且自由权又道德之本也。人若无此权,则善恶皆非己出,是人而非

> 人也。如霍氏(指霍布斯——引者注)等之说,殆反于道德之原矣。卢梭言曰,譬如甲乙同立一约,甲则有无限之权,乙则受无限之屈,如此者可谓之真约乎? 如霍氏等说,则君主向于臣庶,无一不可命令,是君主无一责任也。凡契约云者,彼此各有应尽之责任云也。①

也就是说,他认为政治上的契约论必须以道德上的自由和责任为基础,反对霍布斯以政治权利决定规约道德,认为卢梭的主张是铁论。

显然,梁启超与严复一样,也接受了社会有机体论。在他看来,每个人的权利实现及其聚合,就成为全体的权利;自我权利追求的结果,表现为国家权利的达成。他强调争自由的本质,也即在于由个体争获自由而达成民族自由。这样,新民形象塑造的目标是他所盼望的中国新生,即少年青春时代的到来。这样,我们看到,梁启超与严复在追求民族强大目标时所提出的主张有很大的相似性,这就是,在爱国主义情感促动下对于兴邦振国的向往与诉求,经由道德和观念甚或力智的提高而实现民族的强大。在关于个体与群体的关系上,他们都倾向于利他与献身,或者说,以群体的和谐和强大为最终理想。在这一点上,他们与传统价值观的区别很明显。因为他们一致强调个体强大和全面发展对群体利益的价值。然而,梁启超与严复观念的区别也是相当突出的。严复把群体强大的希望寄托在上者的变法自强,予民自由,使其发展,而梁启超则强调了个体觉悟的根本重要性,即在自由、自主、独立的觉悟和争求权利的过程中达到自我改造、自我发展与自我实现之理想。此外,严复在强调牺牲小己自由以为国家自由的理路上,比梁启超走得更远一些。从这一意义上来说,梁启超思想的启蒙主义性格比严复要突出得多。

而政治上自由,必然基于平等的权利,或者以平等制约自由。梁氏在戊戌变法之前的变法理论中,就已强调确立法律制度之根据:

> 泰西自希腊罗马间,治法家之学者,继轨并作,庚续不衰。百年以来,斯义益畅。乃至于十数布衣,主持天下之是非,使数十百暴主,戢戢受绳墨,不敢恣所欲,而举国君民上下,权限划然,部寺省署,议事办事,章程日讲日密,使世界渐进于文明大同之域,斯岂非仁人君子心力之为乎?②

---

① 《饮冰室合集·文集》第三册(文集之六),第101页,上海中华书局,1932年8月版。
② 《饮冰室合集·文集》第一册(文集之一),第93页。

基于对卢梭理论的认同,他引用后者的学说来论证道德基础上经由法律所实际确立的社会公正主张:

> 卢梭又曰,凡法律之目的,在于为公众谋最大利益。而所谓公众最大利益者非他,在自由与平等二者之中而已。何也?一国之中,有一人丧自由权之时,则其国灭一人之力。此自由所以为最大利益也。然无平等,则不能得自由。此平等所以为最大利益也;
>
> 又曰,吾所谓平等者,非谓欲使一国之人,其势力财产,皆全相均而无一差异也。若是者盖决不可行之事也。但使其有势力者,不至涉于暴虐,以背法律制之趣,越官职之权限,则于平等之义斯足焉矣。至财产一事,但使富者不至藉金钱之力以凌压他人,贫窭者不至自鬻为奴,则于平等之义斯足焉矣。①

另外,梁启超在批判封建专制和主张民权方面,有许多独到的见解。在这方面,他是比较早受到西方社会主义思想影响的一位。他把对于人民的认识与确保民权联系起来,把政府的权力机构职能限定为人民力量的延伸、实现公益和保障人民自由的权利。在《论政府与人民之权限》一文中,他说道:

> 政府之义务虽千端万绪,要可括以两言:一曰助人民自营力所不逮;一曰防人民自由权之被侵而已。率由是而纲维是,此政府之所以可贵也。苟不尔尔,则有政府如无政府,又有甚者,非惟不能助民自营力而反窒之,非惟不能保民自由权而又自侵之,而有政府或不如其无政府。数十年来,民生之所以多艰,而政府所以不能与天地长久者,皆此之由。

他以为中国几千年的封建专制是"侵越其民"的野蛮政治。他对于民权的确保要求,已经比单纯解释自由民权的思想前进了一大步。与此同时,比起他之前的思想家来,他在对群体的理解中包含较丰富的民主性思想。

梁启超极力统一政治上的自由和道德上的自由,因为这是他的所谓目标与手段统一的原理。基于对自由在道德实现以及共同生活中的自主原理之肯定,他十分欣赏康德的自由学说。在《近世第一哲康德之学说》一文中,他在介绍了康德关于自由的基本原理之后说:

> 案康德所说自由界说甚精严。其梗概已略具前节,即以自由之发

---

① 《饮冰室合集·文集》第三册(文集之六),第107页。

源全归于良心(即真我)是也。大抵康氏良心说与国家论者之主权说绝相类。主权者,绝对者也,无上者也,命令的而非受命的者也。凡人民之自由,皆以是为原泉。人民皆自由于国家主权所赋与之自由范围内,而不可不服从主权。良心亦然,为绝对的,为无上的,为命令的。吾人自由之权理所以能成立者,恃良心故,恃真我故,故不可不服从良心,服从真我。服从主权,则个人对于国家之责任所从出也;服从良心,则躯壳之我对于真我之责任所从出也,故字之曰道德之责任。由是言之,则自由必与服从为缘。国民不服从主权,必将丧失夫主权所赋与我之自由。(若人人如是,则并有主权的国家而消灭之,而自由更无著矣)人而不服从良心,则是我所固有之绝对无上的命令,不能行于我,此正我丧我之自由也。故真尊重自由者,不可不尊重良心之自由。若小人无忌惮之自由,良心为人欲所制,真我为躯壳之我所制,则是天囚也。与康德所谓自由,正立于反对的地位也。①

梁启超在这里事实上将自由地履行道德责任视为康德所揭示的重要而不可抹去或忽视的东西。但显然,以人欲为与自由相对立的存在,则如何调和他所习尚的功利主义呢?

显然,梁氏在对西方以至日本近代的伦理学说有所理解的情况下,认识到中国传统伦理学的局限性:

> 中国自诩为礼义之邦,宜若伦理之学无所求于外。其实不然。中国之所谓伦理者,其范围甚狭,未足以尽此学之蕴也……今者中国旧有之道德,既不足以范围天下之人心,将有决而去之之势,苟无新道德以辅佐之,则将并旧此之善美者亦不能自存,而横流之祸,不忍言矣。故今日有志救世者,正不可不研究此学。斟酌中外,发明出一完全之伦理学以为国民倡也。②

同时,他介绍了当时日本的伦理学著作和日文翻译解说的西方主要伦理学家的著作。他从当时的日本哲学馆所崇祀的孔子、佛陀、苏格拉底以及康德四哲人那里明确康德伦理学说的重要性;但同时,他又对以最大多数之最大幸福原理的功利主义非常倾心,以至于没有弄清楚他们之间的对立和方法的极大差异。当然,功利主义和康德的学说都体现了积极的理论创造,但动

---

① 《饮冰室合集·文集》第五册(文集之十三),第62—63页。
② 《饮冰室合集·文集》第二册(文集之四),第85—86页。

机论和结果论的差别,如何能够引导当时的学界呢? 显然,梁氏强调重新研究发明公理之重要性:

> 天下固有绝好之义理,绝好之名目,而提倡之者不得其法,遂以成绝大之流弊者。流弊犹可言也,而因此流弊之故,遂使流俗人口实之,以此义理此名目为诟病;即热诚达识之士,亦或疑其害多利少而不敢复道,则其于公理之流行,反生阻力,而闻名进化之机,为之大室。①

易言之,他认识到,并非提倡义理本身即有助于伦理德义的公正和利于实践。那么,他的自由又怎样调和这两种异质性的理论呢?

在《十种德性相反相成义》中,梁启超提出了一些非常重要的观点。他论独立之义为,不依赖他力,而常昂然独往来于世界者;当先言个人之独立,乃能言全体之独立。他论自由的本质,举之为权利之表征。他说,"凡人所以为人者有二大要件:一曰生命,二曰权利,二者缺一,时乃非人"。同时,他还强调了利己心是个人发展的必要条件,以此来矫正传统伦理中大公绝私的弊端,否定利己为恶的封建教义。当然,他并没有引出完全个人主义的理论,而是提倡自我发展之上的协调,利己与利他的统一。在介绍边沁幸福论的文章《乐利主义泰斗边沁之学说》中,梁启超介绍了边沁"使人增长其幸福者谓之善,使人减障其幸福者谓之恶"的伦理原则之后,引发出其利他主义的理论:

> 盖因人人求自乐,而不得不生出感情的爱他心,因人人求自利,则不得不生出智略的爱他心……而有此两种爱他心,遂足以链结公利私利两者而不至相离。且教育日进,则人之感情愈扩其范围,昔之以同室之夺之乐为苦乐者,浸假而以同国同类之苦乐为苦乐,其最高者乃至以一切有情众生之苦乐为苦乐。故康南海常言,"救国救天下,皆以纵欲也,纵其不忍人之心则然也。"而谭浏阳之《仁学》,更发之无余蕴矣。若是乎则感情的爱他心,其能使私益直接于公益者一也。

因此,求得大幸福,在他看来,即以私益和公益的结合,即在自利的同时,爱他利他心更重要。因为只有增进公益的同时,才能达到乐大于苦和最大幸福。梁启超对于群体发展的重视,成为他的幸福观的基础,在这方面他的思想与康、谭的博爱说及严复的合群观念相近。正因为如此,梁启超在塑造

---

① 《饮冰室合集·文集》第二册(文集之五),第43页。

新民的形象时,把公德和善群视为新民的价值信念归宿。在《新民说》的《论公德》一节中,他明确指出,道德乃因利群而立,道德水准虽因民族群体而异,而其要在因群善群为指归。他强调说,有益于群者为善,无益于群者为恶,无害亦无益也是小恶。

当然,梁启超的功利论并非像一些批评者所指责的那样浅薄,他的思想应该引起重视。一方面,他主张动机与效果、目的与手段的统一,而这种统一的出发点是动机,而动机又是以某种结果为前提的。他试图吸收康德学说来弥缝功利主义。正如许多研究者所指出的,康德的学说并非纯动机论,因为其中绝对命令是以某种既成结果为前提,而这与功利主义作为手段的最大多数者的最大幸福有显然的一致性。当然,康德的动机义务论是理性自在的绝对命令,是非经验性自立的;而功利主义的动机学说则基于本性自立,二者之间有严格的界限。而这种对立,在梁启超看来,是因为功利主义自身的理论有自相矛盾之处,即自利与最大多数人之最大幸福之间的矛盾,故他说:

> 按边沁常言人道最善之动机,在于自利,又常言最大多数之最大幸福,是其意以为公益与私益,常相和合,是一非二者也。而按诸实际,每不能如期所期,公益与私益,非惟不相和合而已,而往往相冲突者,十而八九也。果尔,则人人求乐求利之主义,遂不可以为道德之标准,是实对于边沁学说全体之死活问题也。故后此祖述斯学者,不得不稍变其说以弥逢之。①

他认为,对于功利主义的进一步发展,必须走向较合理的群己关系,即私利离不开公益,因而以公益的增加为实现私利的必然手段。更进而言之,他突出地显示功利主义在政治上的价值:

> 要之边氏著书虽数十种,其宗旨无一不归于乐利主义。如项庄舞剑,意在沛公;如常山蛇阵,首尾相应;圆满周遍,盛水不漏。虽谓乐利主义之集大成可也。更以一言概括之,则边氏之意,以为凡举一事、立一法,不论间接直接,苟能使过半之人民得利益者,皆可取之;其使过半之人民蒙损害者,皆可舍之,无论世俗所称,若何大圣,若何鸿哲,若何贤相,苟其所发论所措施,与此正鹄相缪戾者,则昌言排击之,无所顾恋,无所徇避,快刀断乱麻,一拳碎黄鹤。善哉善哉!此所以边沁之论

---

① 《饮冰室合集·文集》第五册(文集之十三),第37页。

一出,而全地球之道学界政治界,划然为一新纪元,盖有由也。①

同时,他认为,康德的学说突出了自我修养的责任自觉,值得重视。因此,梁启超在伦理学说上试图博采众长之举并非无识。当然,手段与目的的冲突方面,他未能深究。另一方面,无论是康德的自由之可能,还是功利主义的目的论之达成,都必须基于教育,以培养道德知识。概言之,通过教育而实现道德判断能力以及权利与责任关系认识水平的提高,以达到新民的目标。

新民的论题,在梁启超那里是在社会有机体理论的视野中加以阐释的。尽管他强调公益与私利的结合,强调伦理与政治的统一,但他并不以固有秩序为基础,而是一直在寻找适合当时社会阶段发展以及带有理想性的制度和社会关系。当然,民族富强的根本目标使他无暇专注于深入的学理探讨,但他始终以宽大的心怀来寻找最佳的方法,即不是一时的、而是长远性的原理。针对当时国民素质的现状所提出的过渡性批判理论,正是他克服过于理想化的切实手段。在这一点上,他不像严复那样因民众的所谓道德上不能自治而迅速放弃自由学说。相反,在批判奴性的方向上,他注重所谓的手段或者方法,将政治制度赋予自由的必要性和道德上自我独立人格自由的学说结合起来,并统一在他关于国家主权独立和富于活力的社会有机体理论中。当然,由于他所面对的是国家相互竞争之下中国落后的社会现实,在这种现实中,既亟待完成民族主义振兴的启蒙任务,同时也需要从比较的视野来探索落后的社会制度完善的可能性及其动力源泉。但这两者所需要的特质不能调和,即前者是激情的、直接施为的,而后者则需要冷静与审慎,由此引生他的思想之躁动和游移。正是在这种状况下,梁启超的伦理学与政治学说的代表作《新民说》显示了那个时代的敏锐和钝见的二重性格。

戊戌变法前后,梁启超积极提倡进化论,并强调自强必须走民权之路,也就是自由为手段而进化。在他撰写的《自由书》中,他赞颂了日本志士(值得注意的是,尽管梁氏对日本仁人志士及近代文明甚为高评,而亦明其中之隐忧。"欧人日本人动曰保全支那,吾生平最不喜闻此言。支那而须藉他人之保全";"言保全人者,是谓侵人自由;望人之保全我者,是谓放弃自由。"②),并经由日本的介绍而对西方思想家的自由理论发生浓厚的兴趣。一方面,他强调文明人之人格自觉,另一方面,他所主张的自由是与进化论相联系的社会权利,否定自然法契约论者的天赋说。在其时,他特别欣

---

① 《饮冰室合集·文集》第五册(文集之十三),第45—46页。
② 《饮冰室合集·专集》第二册(专集之二),第40页。

赏自利引向利他的人性论。但随着他对于民族国家凝聚力量增强的期待，其学说一变，否定自利为人性，而专主公德。《新民说》中最其要义，略为如下几端。

其一，他认为，传统的道德是一种私德，既是私德，则时常流为不道德；而放弃私德或者说将私德置于公德的约束之下，是道德建设的当务之急，他把它称为道德革命。他的立论证明有两端，即从道德起源证明道德的本质在善群利群，并从社会生活共同体以及报恩品德的重要性证明道德原理的大要在维护群体共同利益。新道德一出，才能造就新民；而新道德与旧道德的更替，是由社会进化原理决定。由此，他批评维护旧道德论者说：

> 今世士大夫谈维信者诸事皆敢言新，惟不敢言新道德，此由学界之奴性未去，爱群爱国爱真理之心未诚也。盖以为道德者日月经天、江河行地，自无始以来不增不减，先圣昔贤尽揭其奥义以诏后人，安有所谓新焉旧焉者，殊不知道德之为物，由于天然者半，由于人事者亦半，有发达有进步，一循天演之大例。前哲不生于今日，安能制定悉合今日之道德，使孔孟复起，其不能不有所损益也亦明矣。今日正当过渡时代，青黄不接，前哲深微之义，或湮没而未彰；而流俗相传简单之道德，势不足以范围今后之人心，且将有厌其陈腐而一切吐弃之者。吐弃陈腐犹可言也，若并道德而吐弃，则横流之祸曷其有极？今此祸已见端矣。老师宿儒或忧之劬劬焉，欲持宋元之余论以遏其流，岂知优胜劣败固无可逃，坏土以塞孟津、沃杯水以救薪火，虽竭吾才，岂有当焉？苟不及今急急斟酌古今中外，发明一种新道德者而提倡之，吾恐今后智育愈盛则德育愈衰，泰西物质文明尽输入中国，而四万万人且相率而为禽兽也。呜呼！道德革命之论，吾知必为举国之所诟病，顾吾特恨吾才之不逮耳。若夫与一世之流俗人挑战决斗，吾所不惧，吾所不辞！①

其二，他认为仁不是道德原则，义才是道德原则：

> 大抵中国善言仁，而泰西善言义。仁者人也，我利人，人亦利我，是所重常在人也；义者我也，我不害人，而亦不许人之害我，是所重者常在我也。此二德果孰为至乎？在千万年后大同太平之世界，吾不敢言；若在今日，则义也者，诚救时之至德要道哉。夫出吾仁以仁人者，虽非侵人自由，而待仁于人者，则是放弃自由也。仁焉者多，则待仁于人者

---

① （原文为夹注，无标点——引者注）《饮冰室合集·专集》第三册（专集之四），第15页。

亦必多,其弊可以使人格日趋卑下。①

而义即与权利思想相联结,所谓思想,非徒我对于我应尽之义务而已,实亦一私人对于一公群应尽之义务也。而权利之获取,必发生竞争,由此需要建立法律制度加以保证:

> 权利竞争之不已,而确立之保障之者厥惟法律。故有权利思想者,必以争立法权为第一要义。凡一群之有法律,无论为良为恶,而皆由操立法权之人制定之以自护其权利者也。强于权利思想之国民,其法律必屡屡变更,而日进于善。盖其始由少数之人,出其强权以自利;其后由多数之人,复出其强权相抵制,而亦以自利。权利思想愈发达,则人人务为强者;强与强相遇,权与权相衡,于是平和善美之新法律乃成。②

权利之基础是自由,而自由首先必有人格之自由和社会权利之自由。社会权利与责任在一起,故自由以不侵犯他人自由和遵守社会制定之法律为界限。

其三,强调人格自尊和个人的独立性自助性,以获得平等之人之资格。

其四,最值得注意的是,《新民说》第十八节提出与第五节不同的主张,认为道德实践具有很强的社会性,外来道德学说可借鉴,不可盲目照搬,需要依照固有道德而提高,即不有新旧道德之分,宜公德私德并重。易言之,他在写作该书的的过程中,逐渐区分了伦理与道德:

> 道德与伦理异。道德可以包伦理,伦理不可以尽道德。伦理者或因于时势而稍变其解释,道德则放诸四海而皆准,俟诸百世而不惑者也。如要君之为有罪,多妻之非不德,此伦理之不宜于今者也。若夫忠之德爱之德,则通古今中西而为一者也。诸如此类,不可枚举。故谓中国言伦理有缺点则可,谓中国言道德有缺点则不可。③

此处议论,既有睿见,也一概抹杀道德具体与抽象之差别。可以说,梁氏的思想既是生机勃勃,同时也缺乏前后的一贯性。

他对于道德上的自律亦有所见,曾批评理学说:

---

① (原文为夹注,无标点——引者注)《饮冰室合集·专集》第三册(专集之四),第35页。
② 同上书,第37页。
③ 同上书,第132页。

>宋明诸哲之训,所以教人为圣贤也。尽国人而圣贤之,岂非大善?而无如事实上万不可致,恐未能造就圣贤,先已遗弃庸众。故穷理尽性之谭,正谊明道之旨,君子以之自律,而不以责人也。①

同时,他也注意到道德的社会基础,包括吸收外来伦理学说的困难。但在这里明显陷于矛盾。因为他同时认为,中国道德的大原即道德基本准则的三方面——报恩、明分和虑后——实并非中国独特之道德,而是强调基于社会基本生活原理而形成的,仍然具有普遍性。他还以道德上的自律为意志自由,即与理性相一致的性善之根据:

>自由平等之义,欧哲咸乐诵说。然转输以入中国,若不胜其流弊,忧世者辙引为诟病焉……盖必有意志之自由,然后行为善恶之责任,始有所归,而不然者,吾生若器械然,其为善也有他力使之,其为恶也有他力使之,既非我所为,则我亦何能任其责?夫惟自由之性,与生俱来,故择善去恶,悉我主之,更无丝毫可溶一假借。然吾之理性,本自向善,试观行偶不慊,斯良心立加督责,羞恶应时而发,则性善之义,夫何容疑?其渐习于为恶也,不过为四肢百骸之欲所构煽,而心君忽失其宰制之力,质言之,则心为形役也。夫四肢百骸,物也而非我也,我为之役,宁复得云自由?标自由意志之义以为教者,正所以使我躬超然气拘物蔽之外,而荡荡以返其真也。②

此处他主张反对行为的外在强制,具有重要价值。同时,他借此也回复主张人性因理性而善因习欲而使人向恶,自由与非理性欲望是对立的,为自由学说确立现实基础。其努力值得重视。

梁氏时常将道德和政治作统一的认识。道德上的自由诚重要,而不能获得政治上之自由,则是非功过非由己出,并且不能得真正的幸福。20世纪初梁启超在思考民众与政治的关系时,曾提出革命的思想,即通过革命而实现主权在民,由此每个人才具有责任维护主权。他曾热烈号召政治上的觉悟。在《政治与人民》一文的最后,他冷静地分析学理再回到现实之后,终于慷慨悲愤、热血沸腾的了:

>呜呼!吾国民其安于此政治像以终古耶?其甘心默认此恶政治,而以消极的为之后援耶?其忍见同胞之日日被杀于恶政治,而藐躬亦

---

① 《饮冰室合集·文集》(文集之二十八),第13—14页。
② 《饮冰室合集·文集》(文集之十二),第83页。

危若朝露耶?其忍坐视此恶政治数年以后,断送国家于灰烬耶?其忍见吾仇雠日戕贼吾父母而不思一为援手耶?其将希觊来之良政治,等于博进耶?黄帝子孙神明之胄,而乃如黑奴之俟人扶掖而不能自动耶?呜呼!我国民其犹蘧蘧然梦耶?其闻吾言而若不闻耶?其将掩耳而却走耶?吾力竭而声嘶,吾泪尽而血继,吾庶几我国民之终一寤也,吾尤庶几我国民之及今一寤也!①

他甚至因此违背了其师康有为的教训。但他终于未能在政治动荡的历史关头贯彻这一基于伦理学和政治学原理上的主张,正如他在道德上突出每一社会固有之道德基础而以为外来信念不能铄内一样。由此留下了深深的缺憾。

不过,梁启超在思考道德原理的同时,也思考到道德教育即提高道德水平的现实问题,因此,他明确了道德标准的普遍性之重要。易言之,何者为人与人之间合理的道德规范问题,成为他后来的思想主题之一。在一次题为《教育应用的道德公准》的演说中,他分析了确立道德标准的三个原则,即"道德是要永远的,无所谓适于古者不适于今,合于今者不合于后的"、"道德是要周遍的,能容涵许多道德的条目,并不互相发生冲突"和"道德是对等的,没有长幼贵贱男女之分,只要凡是人类,都要遵守的;照他去做便是道德,不然便不道德。"在此基础上,他总结出基本的道德公准是"同情"、"诚实"、"勤劳"和"刚强"。他在这里初步确立了规范伦理学的基本方法,具有较重要的意义。进一步,他在分析阳明哲学与朱子哲学的不同时,强调了价值判断方法与事实判断方法的不同:

> 科学所研究之自然界物理,其目的只要把那件物的原来样子研究得正确,不发生什么善恶价值问题,所以用不着主观,而且容不得主观。若夫人事上的理——即吾人应事接物的条理,吾人须评判其价值,求得其妥当性——即善亦即理,以为取舍从违之标准。所谓妥当不妥当者,绝不能如自然界事物之含有绝对性而常为相对性。然则离却吾人主观所谓妥当者,而欲求客观的妥当于事物自身,可谓绝对不可能的事。②

既然是价值的主观性因素在其中发挥重要作用,必然产生道德冲突的问题。他说:

---

① 《饮冰室合集·文集》(文集之七),第19页。
② 《饮冰室合集·文集》(文集之十五),第43—44页。

阳明说"良知是我们的明师,他是便知是,非便知非,判断下来绝不会错。"这话靠得住吗?我们常常看见有一件事,甲乙两个人对于他同时下相反的判断,而皆自以为本于自己的良知;或一个人对于某件事前后判断不同,而皆以为本良知。不能两是,必有一非,到底哪个良知是真呢?况且凡是非之辨所由起,必其之性质本介于两可之间也。今若仅恃主观的良知以下判断,能否不陷于武断之弊?后来戴东原说宋儒以"意见"为理,何以见得阳明所谓良知不是各个人的"意见"呢?①

他认为,基于良心的判断,能够确立道德的基本标准之当遵守,而不能纯任直觉;然直觉不可全废,故在平时需如阳明所说的致良知。他接着说:

> 善恶的标准,有一部分是绝对的,有一部分是相对的。相对的那部分,或甲时代或乙时代不同,或甲社会与乙社会不同……这种临时临事的判断,真是不能考诸何典,问诸何人,除却凭主观的一念良知之直觉以权轻重之宜,没有别的办法。然则我们欲对于此等临事无失,除却平日下功夫把良知磨的雪亮,预备用得着直觉时,所直觉者不致错误,此外又更有何法呢?②

梁启超在这里触及了伦理学方法的最尖锐问题,他的结论为,以良心说为基础,在特殊境遇中需诉诸道德直觉;但直觉的基础是道德判断能力,而此能力固需平时培养。尽管他这里的所谓绝对标准尚有许多问题值得探讨,但他的基本思想仍然具有重要价值。

梁启超思想的游移性时常和宽容精神相结合,甚为微妙;而他对思想自由的期许,则富于进步价值。如他强调学理研究的重要性时,留下了睿识,

> 乃或既用自由研究之力,排他人以自立矣;及其既立之后,又怙自己之势力,转以妨害他人之自由,是所不可解也。若耶稣教徒是也。耶氏之所以能立新政,岂不赖此自由力乎哉?迨势既成,又用世俗的权力,以侵来者之自由,何其不思也。虽然,耶教之迂腐虚妄,固终不可抵抗新学问,至于今日势力渐坠,固已不得不坚降幡新学界之辕门矣。夫彼迷信宗教之徒,固执法诫,惟其教祖之忠仆,犹可言也;若乃教门以外之人,犹或设种种口实,以压制思想自由,识见之陋劣,实可惊矣。如伦理道德一科,盖最受其毒者也。俗论者流,动谓古昔相传之伦理道德,

---

① 《饮冰室合集·文集》(文集之十五),第54—55页。
② 同上书,第57页。

必非容后人之拟议其得失,雌黄其是非者也。苟其有此,则害名教也,坏风俗也。设此等种种虚漠之口实,而曾不能依学理以相辩难。呜呼!持论不依于学理,而欲学问之进步,亦难矣。①

尽管梁启超的伦理思想并非体系化,而且新旧杂糅、前后变动,但他对伦理学的整体考察几乎可以拈出一个系统,并且构成了近代伦理学的新起点。而其中使他思想性质发生转折的原因几乎是因为他过于被现实状态所牵羁,又因道德教育的现实任务所折中。在新旧交替的基本方向上,他逐渐倾向于展现传统伦理思想的精华,以为奠立真正的社会道德理想基础。在这一方面,他似乎因此对西方思想进行了新的解释,却并未完全保守化。《欧游心影录》几乎是他达到保守的最鲜明标志,但在此之后,他仍然以较折中的态度分析了自由平等的政治和道德价值。因而,梁启超反对革命,其中体现了他的政治社会改革方法,并且反映了他对道德改良的重视。就此而言,梁启超终于因他自己所说的"太没有成见"而成为折中的思想家。

第三节　革命的主张与三民主义

20世纪初的15年中,各种社会思潮的激荡蔚为壮观。暴力革命与博爱伦理的交织、中西伦理思想的调和贯穿其中,成为这一时期伦理学史上最突出的现象。提倡新思想的思想家们都或多或少受到了西方学术观念的影响,中西思想融合的特点日益显著。其中,孙中山的学说最具有代表性。

一、社会思潮的激荡

改良派思想家们在温和的政治改革方面的失败以及激进思想立场上的纷纷倒退,宣告了一个激荡而又短促的历史阶段的结束。在这一历史阶段中,他们的贡献无疑是应予充分肯定的。改良运动开辟了社会政治变革的天地,改良派思想家初步确立了新的人道主义价值观。然而,20本世纪初开始,有的改良派思想家却成为新时代思想发展和政治运动的最顽强对手。新旧思想的交织显得复杂而多端,理想的冲突成为历史舞台的景观。

无疑,由主张改良而进于革命,思想的激进色彩更为浓烈。然而,那些主张革命的思想家们的革命显然是由专制政治的弹压所激发的。那些主张

---

① 《饮冰室合集·专集》第二册(专集之二),第93页。

并积极追求民主建国的进步知识分子们已经共同意识到,用温和恳求式的社会政治变革手段是无法达到救国与保证民众自由平等权利的目的,必须推翻封建专制制度,才能达成自己的理想。而之所以要达成这一理想,乃在于他们具有博爱天下的情怀,即他们秉持传统的人文精神和在新时代抗拒暴政解救民众苦痛的伦理精神。因此,在革命派思想家那里,暴力革命的手段选择与信诚博爱主义之间的复杂性关系,显得十分微妙而突出。考察这一复杂的思想情境的核心点是革命思想的产生以及暴力手段如何与博爱伦理有不可割离的必然联系问题,其中包括两个相互联系、紧密不可分的环节,即革命手段的合理性、现实性、必要性以及革命的目的与实现博爱大同理想之间的内在联结问题。通过考察这些推动思潮和社会政治运动的思想家的言行,可以看出他们在此一问题上并不存在冲突。

选择革命这一途径,其实有不得不为的一面,同时也是大批思想家历史使命感深化和对时代环境更深刻洞察的结果。而作为他们精神力量和内在动力的,是对人道主义在实现过程中的手段选择、价值意义、实现目标有比改良派更深刻的体认和更高的追求。因为对于革命派的思想家来说,封建专制统治是实现民主社会和贯彻博爱伦理的最大障碍力量,仅用恳求请愿的办法不能改变这一现实,这已是改良派付出代价后得到的教训;就他们所追求的人道主义理想来说,也是以平等和民权为基础条件和目的的;绝不能容忍所谓"君民共主"的保皇主义和实际上的不平等关系的存在。当然,更不能容许黑暗现实的续存。因此,尽管革命派思想家们在政治宣言以及思想纲领中,以满清统治者为攻击目标,并主张推翻清王朝统治制度,这其中带有强烈的民族主义感情甚至掺杂着偏激的民族主义因素,但他们所追求的人道主义理想才是根本和重要的。在革命者看来,前者是手段和最初过程,后者是目的与结果。因为既然清朝统治者是黑暗势力的集中体现,残酷镇压了社会改良运动,那就是民主与进步的敌人,那么,只有通过暴力才能消灭他们,实现民主共和。这一思路,在改良运动的失败中,甚至在谭嗣同比较满清统治不如帝国主义侵占的事实中已经揭示出来。

革命也是民族主义思想高涨的结果。民族主义思想的张扬不仅具有伦理大义的激励,同时也是对专制统治尤其是在满清专制统治下丧权辱国结果的严重抗议。当然,辛亥革命时期思想家们之所以具有强烈的民族主义情感,也是来源于其直接的生活感受。作为革命派领袖的思想家们,大都是留日学生。他们当时所就学的日本正是民族主义极端高涨的时候。他们所思所感,无不与此相关。而日本的民族主义与其富强的关系一时也直接在他们身上打下了印痕。但是,把政治革命与民族主义联结在一起的思想观念,依然是现实的认识结果。这种民族主义情感自然有根深蒂固的民族史基础,这是思想家的基本感情,但逼迫他们深化这种感情甚而加以重视的,是清王朝统治中国所留压的血腥史和压迫史,这是引起深刻的满汉之辨的真正根由。故虽然革命派思想家中如章太炎等以汉族的历史发展来辨明满汉之界,但他们更多的是从满兵入关杀人如麻,而后文字狱,专制独裁,直至在外国侵略的情况下,所暴露出来的种种腐败、黑暗、无能与耻辱来呼唤觉悟。总之,民族主义依然是与人道主义相一致的。正因为如此,革命派思想家们在进行启蒙主义宣传和反清运动的时候,总是以人道主义为武器。如邹容在《革命军》中,列举满人入关以后的各种暴行、满含不平等的血泪史、汉民族受奴役数不尽说不清的苦痛后写道:

> 我同胞处今之世,立今之日,内受满洲之压制,外受列国之驱迫,内患外侮,两相刺激,十年灭国,百年灭种,其信然夫!然鞑人有言曰:"欲御外侮,先清内患",如是如是,则贼满人为我同胞之公敌,为我同胞之公仇,二百六十年之奴隶犹能脱,数千年之奴隶勿论已。吾今与同胞约曰:张九世复仇之义,作十年血战之期,磨吾刃,建吾旗,各出其九死一生之魄力,以驱逐凌辱我之贼满人,压制我之贼满人,屠杀我之贼满人,好淫我之贼满人,以恢复我声明文物之祖国,以收回我天赋之权利,以挽回我有生以来之自由,以购取人人平等幸福。[①]

这里既显明了民族主义的本质,又论证了革命的目的仍然是天赋人权的实现。因此,这里的宣言同时也是我们理解革命派的"驱除鞑虏,恢复中华"纲领口号中对于革命与民族主义关系主张的生动解说词。否则,就不能理解革命与民族主义是人道主义的曲折表现形式这一中国近代思想史的特点。

当然,"革命"与"民族主义"其实只是一种手段和过程而已,邹容在《革命军》第三章《革命教育》中如此写道:"文明之革命,有破坏,有建设,为建设而破坏,为国民购自由平等独立自主之一切权利,为国民增幸福。"因此,革命与人道主义的关系,在于革命是推翻暴虐的满清政府、实现人道主义的必要手段与基础。但如果仅限于此,则不足为开端,更不足为目的,故在推翻了旧制度与异族统治之后,更急迫的历史任务是实现人人平等、人人幸福

---

① 《革命军》第二章,中华书局,1958年版。

的理想。于此,邹容进一步提出达到人道幸福的目标所必要的以去除奴隶性为前提的人的提高、自由、平等、人权的实现等等。这实际上非常富于代表性地提出了革命派思想家们的共同见解和主张。从孙中山对革命迫切性的认识,也可以了解革命与人道主义的必然联系。孙中山是力倡博爱道德的思想家,之所以采取暴力革命手段,实在是势不得不然。正因为如此,他反对马克思的阶级斗争学说,主张以互助和博爱为道德原则来增进幸福和促进社会进步。但哪怕如此,他在以暴力推翻满清政府的封建专制上不遗余力,这正说明了革命手段的现实意义。因此,辛亥革命时期的暴力主张,乍看之下与孙中山、朱执信等人信服互助论矛盾极深,但实际上并非如此。因为革命的意义只限于实现共和制度,而互助道德才能达成人道主义的真正实现。这是他们思想中革命与人道主义最密切的逻辑统一关系。

  民族主义情感的深化也使这一时期对于帝国主义侵略亦有更深透的批判认识。陈天华呐喊道,外族入侵的加剧与中华民族危机的深重时刻已然来临,"老的,少的,男的,女的,贵的,贱的,做官的,读书的,做买卖的,做手艺的,各项人等,从今以后,都是那洋人畜圈里的牛羊,锅子里的鱼肉,由他要杀就杀,要煮就煮,不能走动半分"①。章太炎进一步从人道主义的角度来解释侵略之实质,他说:"始创自由、平等于己国之人,即实施最不平等、自由于他国之人。"②朱执信把博爱主义上升为国家民族关系原则,又是救亡与人道主义在中国特殊历史条件下结合的显例。而西方自由民主博爱之利己本质,在这里也暴露无遗。通过民族主义思想的陶冶,章太炎等人识别了普遍人权在实践中尤其在帝国主义的侵略活动中是一纸空文,他们正是在自由、平等、博爱的招牌下实施暴行。因此,革命在这一时期显然比空想的伦理互助更敏锐和富于现实价值。

  政治理想的冲突激起了思潮碰撞的千重浪。首先,政治立场的根本分歧筑就了改良派与革命派之间的厚重界域,但革命派受到改良运动以及改良派思想的影响,必然是不可低估的。改良运动的失败,促使革命派思想家们认识到满清专制统治之本质,进而提出了民族主义口号。从思想上来说,革命派的许多代表人物都曾是改良派的追随者,受其影响很深。另外,更重要的是,经过改良派的启蒙主义宣传,自由、平等、民主观念逐渐深入到知识阶层和革命派的思想当中。这是非常重要的。正因为如此,革命派思想家

---

① 见《警世钟》,中华书局,1958 年版。
② 《五无论》,见《太炎文录初编》,上海书店,1992 年 1 月版。

们能够更深地把握民主精神,在思想宣传与思想论战方面,一开始就具更高的思想境界和坚实的理论基础。如1901年《国民报》上发表的《说国民》一文,标志着受改良派思想深刻影响而又超越改良派的思想高度已焕然可见。文中论自由:

> 何谓自由?曰:粗言之则不受压制,即谓之自由焉耳。压制之道不外二端,一曰君权之压制,一曰外权之压制……且欲脱君权、外权之压制,则必先脱数千年来牢不可破之风俗、思想、教化、学术之压制。盖脱君权、外权之压制者,犹所谓自由之形体;若能跳出于数千年来风俗、思想、教化、学术之外,乃所谓自由之精神也。无自由之精神者,非国民也。①

文中论平等一节,更为精彩。作者分析道,社会不平等表现为主奴的奴役关系,这种奴隶制国(传统社会)中没有国民,因为国民是平等的。要达到人人成为自由之人格,即人人成为平等社会中的国民,必须打破种种主奴关系,必须冲决治人者与被治者之罗网,冲决贵族与平民之罗网,冲决自由民与不自由民之罗网,使律师条文中无奴仆之文字,使海外华工不再成为苦力。必须冲决男女之罗网,使女子不再成为从属者,而成为独立并享受政治上的一切权利的平等之民。这样,人人平等之国也因之屹立,每个人才成为名副其实的国民。作者的批判锋芒直接指向中国的专制制度,指出,在中国,不仅被奴役者非享国民之自由平等之权,即如专制君主也失却国民之人格。从作者的议论看,不仅可以看到受改良派思想影响的深刻印记,更可看出其思想的发展。尤其在强调个性解放人格独立方面的阶段性转折特征,已十分明朗。如果以之和邹容论奴隶性深重之国人的思想加以比较的话,那么,这种思想的继承和发展的思想递进辩证法,也就更具说服力了。

人民的观念在一时突现出来,并且与民主政治权利相联结。共和社会的理想就是人民生活与政治权利的保障,是消灭一切专制压迫而充满博爱精神的国度。蔡元培等人所追求的人权,体现了政治意识的升华;而孙中山等革命家的建国理想及其实践,则极大地推动了政治伦理的发展。同时,辛亥革命时期关于女权运动和妇女解放的思想,超出了改良派的道德解放主张。改良派提出了冲决男尊女卑罗网的呼声,尤其是为女性之不幸鸣冤,提出了禁缠足、兴女学的主张。革命派思想家则在此基础上提出女性应当挣

---

① 《辛亥革命前十年间时论选集》第一卷上册,第73页,三联书店,1978年4月版。

脱家长制的压迫,摆脱父权夫权的束缚,主张争取独立的社会经济地位,提倡婚姻自由等等。秋瑾是在思想上和行动上极大地贡献于革命事业的女权运动的代表。其《对酒诗》所赋"不惜千金买宝刀,貂裘换酒也堪豪。一腔热血勤珍重,洒去犹能化碧涛。"革命豪气、献身精神不让须眉。而在另一首《精卫石》诗中,她慨然咏唱:"扫看胡氛安社稷,由来男女要平权。人权天赋原无别,男女还须一例担。"未完稿诗中表现的女权思想的自觉,更是那一时代之最上境界。当然,关于政治权利保障和民主权利实现问题,仍然是一个薄弱环节。

辛亥革命时期政治的波折,费尽了思想家的大部分精力与时间。从他们的实际环境来说,也很难花更多的时间来在理论上进行思想启蒙和思想建设。但是,这是近代中国尤其是辛亥革命时期的一个重要特征,即是社会政治变革的急迫性使然的思想史上的缺陷,而不是许多人所见的轻视理论的意义。实际上,革命派思想家对于启蒙的重视,是相当引人注目的。尤其是辛亥革命之前,革命派思想家对于创办刊物及其思想宣传的重视、对于兴办学校普及教育的提倡等等都能够看出这一特点。此外,在革命派与改良派论证中,在革命派所热烈宣传的民族主义革命与资产阶级共和国原理以及自由、平等、人权的人道主义理想中,他们所倾注的心血和执著的信念,都说明他们对于思想的钟情和对理论力量的重视。孙中山等的言行,突出地体现了这一特色。他一生为建立中华民国和实现民众幸福所走的奋斗道路,是相当曲折、艰辛和坎坷的,而他呕心沥血,奔走呼号,所剩余暇,其实是微乎其微的。纵使如此,在他逝世的时候依然给后人留下了一笔不小的理论财富。他对心理建设、精神建设、人格塑造所费心力,是相当多的。而且他所调查并加以吸收宣传的科学思想及社会思想,其实是非常广泛的。他试图糅合各种进步思想以构筑具有中国现实意义和追求价值的民生主义,并希冀让民众来接受它。在这过程中他非常重视理论的意义,他身上所表现出来的对于思想理论追求的积极性,应当说有相当的代表性。当然,作为思想领袖之一,孙中山在政治思想的阐述上的一些简单化倾向如自由观念的混乱,也反映了这一时期思想的浅薄之处。而革命派思想家在政治思想上存在严重的分歧和伦理上的幻想性追求,实际上淡化了直接的价值目标。包括民族主义思想在表达方面的许多偏颇,也激化了民族问题,使人权思想与民族主义现实的关系没有得到强有力的理论阐述。

革命派的思想发展,集中表现在博爱主义伦理的深化和献身精神的普遍化上。加上他们对于博爱伦理的实践性格,体现了极高的境界。从理论上看,如果说,改良派的博爱主义因受宗教伦理的深刻影响而张救世救民之义的话,革命派思想家则因倡独立国民人格之间的互助、献身与为同胞谋幸福的伦理觉悟而走向思想的更高境界。改良派的救世献身本质上是先知先觉的悟道者悲观主义的选择,其所拯救的对象明显是富有传统意味的民生。而革命派的人格平等由己及人的献身乃强调了只有其他人的解放与幸福才有自身的真正解放与幸福,以及在局限性明显的历史条件下以自己的献身换取国民大众的幸福。因而它是殉道者的乐观主义化为使命力量以求人的价值实现追求。这种道德观念转变的契机,是人的觉悟、人格独立、平等观念的普及和深入所带来的。前面所引述的关于自由平等及去除奴性之论,正是对于国民观念的崭新理解。在此基础上,孙中山倡为国民谋幸福即博爱说。博爱与献身精神之结合,在革命者的心中植下深根。林觉民在给亲人的信中对自己的信念剖白道:

> 吾至爱汝,即此爱汝一念,使吾勇于就死也。吾自遇汝以来,常愿天下有情人都成眷属;然遍地腥云,满街狼犬,称心快意,几家能够?司马春衫,吾不能学太上之忘情也。语云:仁者"老吾老以及人之老,幼吾幼以及人之幼"。吾充吾爱汝之心,助天下人爱其所爱,所以敢先汝而死,不顾汝也。汝体吾此心,于啼泣之余,亦以天下人为念,当亦乐牺牲吾身与汝身之福利,为天下人谋永福也①。

此悲壮豪快之诀别语,正道出了无数革命者对于博爱的共同体味与感受。事实上,章太炎认为当时社会所缺乏而加以鄙薄的个人勇猛无畏的道德精神在这一时期达到了空前的高涨。此外,从理论上宣扬博爱主义的文章也不少,显示出当时知识界对于新的伦理价值观的热情。总之,博爱主义无疑成为重要的社会思潮。

传统乌托邦和博爱思想的影响在辛亥革命时期是很明显的。哪怕是在列强侵凌加剧,清朝专制统治日益腐败之时,革命派思想家们在高呼革命,抗敌之际,仍然不忘祈尚和平之光明理想。朱执信甚至提出了国际的人道主义,即国家之间的互爱伦理:

> 组织社会这一要紧的事,就是爱人,并使人爱己。这使人爱一节,就是人胜于他种动物的地方。比起使人怕来,差远了……所以人生目的里头,或者单止相爱一件事。或者相爱这一事,总算是人生一件要紧

---

① 《与妻书》。

的事。不特一个人对一个人是如此,就是一个民族对一个民族,也可以用相爱的精神,行互助的手段,免了民族间的恶感。一个国家对一个国家,也可以用相爱的精神,行互助的手段,免了国家间的轧轹。所以拿人与人相处的办法,推行于民族与国家间,尽可以说,一个国家,从前没有觉醒,现在醒了,就把对待朋友的方法,来待友邦。我爱我的国家,也愿意别国的人爱我的国家,我也可以爱他的国家,像他爱我一样。这个相爱的精神,就是国家间的人道主义。①

和平与博爱的理想,成了革命派思想共同突出的主题。它与博爱主义是一致的。

博爱主义既是革命的力量所在和目标,也是无政府主义张目的基本原理。20世纪初开始,各种刊物风起云涌,代表了各种观念思想流派的主张纷纷出笼②。而各种不同特征的社会主义思想的涌现以及引起的思想激荡,是这一时期重要的思想特征。值得注意的是,马克思的思想也第一次被断断续续译介至中国来,并开始对革命派思想家产生重要的影响。当然,与此同时,各种无政府主义的人道学说也随之涌入。克鲁泡特金的互助论风靡一时,成为无政府主义者的"客观"依据。他们抛开了其中竞争互助统一的原理,高举人道的大旗,主张绝对平等和自由,走向极端理想主义:

> 虽曰今日之社会主义,主动之力,在于平民,与中国主动之力在于君主不同,然支配之权,仍操于上,然人人失其平等之权,一切之资财,悉受国家之支配,然人人又失其自由权⋯⋯惟彼等所言无政府,在于恢复人类完全之自由;而吾之言无政府,则兼重实行人类完全之平等。③

无政府主义对于中国的思想家们来说,一方面促进了对于人道主义的具体问题与实现途径的思考,另一方面也带来了一股对于共和建国学说的背逆力量。各种社会主义和无政府主义思想对革命家产生了深远的影响,尤其是互助博爱伦理之说风靡十几年,波荡至知识界各阶层,成为这一时期的思潮主流。许多青年学生正是在这一伦理理想的激励下献身革命。但同时,它也助长了盲目的理想主义,尤其在思想上淡化了解决道德冲突问题的

---

① 《睡的人醒了》,《朱执信集》,中华书局,1979年版。
② 参阅《辛亥革命时期期刊介绍》第一至第三册,人民出版社,1982年7月—1983年11月版。
③ 申叔(刘师培):《无政府主义之平等观》,《无政府主义思想资料选》上册,第85页,北京大学出版社,1984年5月版。

意识。

政治思想的东西交汇和伦理思想的折中相映成趣。从伦理学上说,王国维、蔡元培等人在伦理学方法上的探索和对于西方哲学方法的运用具有重要价值。同时,普遍道德标准即公民道德的确认,也使伦理学摆脱了传统的伦理决定品德的局限。尤其是对道德义务和公民责任的规定与法纪完善相统一,并从哲学方法上探讨至善之可能问题,具有重要意义。它同时对传统的伦理加以检讨,清除其中专制的伦理命令,体现了新的伦理学体系的论证方法和民主的伦理精神。另一方面,革命派思想家们非常突出地注重把传统思想与外来思想相结合。这最明显地反映在章太炎、孙中山及蔡元培的思想中。孙中山在接受西方社会主义思想时,始终不忘把传统的优秀道德思想加以积极吸收和阐发。如他把道德自律加以改造,使之成为近代所必具的人格意识和内容,便是典型的一例。蔡元培在《我在教育界的经验》一文中自叙自己的伦理思想是:

> 揭法国革命时代所标举的自由、平等、博爱三项,用古义证明说自由者,"富贵不能淫,贫贱不能移,威武不能屈"是也……①

这正反映了积极从传统思想中引申出近代人道主义观念,从而不仅使这种思想容易被接受,也是思想家们在构筑近代思想时的一个重要特征。这一特色在形式上非常类近于改革派的思想构造。不过,在本质上两者有很大的区别。改良派思想家们处在近代思想的起点上,体现出一种锐进的精神,但在吸收传统优秀人道主义思想上则更多地受社会条件制约,即外来思想影响尚显薄弱,而思想家们在教养上受传统熏陶极深,更易于直接以此为精神食粮和改造材料。而革命派思想家如孙中山、蔡元培,则更多地表现于冷静的分析和选择。他们既深入外来的精华中,感受其优越性,又看到资本主义社会事实上不人道的一面,并从侧面看到传统思想的优秀部分,试图加以融合和光大,这是他们最大的特色,其实也反映了辛亥革命时期人道主义的思想发展特色。这一时期思想家们对于人道主义思想的理解,比起改良派来,不仅要具体得多,而且所涉及的面要广得多。从概念的使用也可以看出这一特征。人道主义这一概念,作为近代思想概念被理解和使用者,如蔡元培、孙中山和朱执信等人,都直接使用这一概念,他们对这一概念的理解并用来表述自己的思想,标志着近代价值思想发展的新阶段。

---

① 《蔡元培教育论集》,第615页,湖南教育出版社,1987年4月版。

这一时期的一些思想家和教育家还对宗教展开讨论,指出宗教宣传与帝国主义侵略是一致的,从思想自由和独立的立场出发,应该摆脱宗教教育及其束缚。同时,宗教不是道德的基础,宗教生活中的一些道德与公民道德相冲突,宗教教育妨碍正常的德智体美教育,应该加以限制。这一思想在新文化运动时期得到发展,从而使中国伦理学的发展比较单纯而与教育继续保持密切的联结关系。从这一角度加以审视,可以看出较改良派对宗教伦理依赖而言,这一时期所取得的价值观完善方面的努力成果。

二、孙中山的三民主义

孙中山在辛亥革命时期提出一些被认为带有浓厚乌托邦色彩的社会政治主张,在今天仍为我们实践着。然而,他并不是一位预言家,而是一位革命家与博爱主义者。革命宣言与博爱主义信条,在他那里丝毫不表现为冲突的理念,而仅仅表现为现实主义与理想主义两种性格的组合。因为在号召献身的革命启蒙主义中,无疑包含着热烈的理想主义;而在博爱的信念中,又展示了对于民生问题的切实关注以及建立民主共和国的一整套具体而又切实的纲领。因此,孙中山的伦理思想不仅体现在他的道德境界与道德准则的具体设定中,也涵括在他的社会政治纲领的制定与履行中。

孙中山(1866—1925),名文,字明德,号逸仙,广东香山人。青少年时期,他先后到美国檀香山、广州和香港等地学习自然科学和医学。甲午战争爆发后,他曾经上书李鸿章,陈述富国强兵之道。是年冬天,他在檀香山组织革命团体"兴中会",次年在广州发动起义。失败后流亡海外。1903年起,孙中山撰文批判保皇论,宣传革命和民主共和思想。1905年,他在日本联合几个革命团体成立"中国同盟会",并提出三民主义的初步纲领。1911年3月,孙中山在广州发动黄花岗起义,再次失败。同年10月,武昌起义成功,孙中山于翌年初被推举就任中华民国大总统。不久,革命成果被军阀袁世凯篡夺。孙中山继续推动反对军阀的护国运动。在屡次失败的教训和共产国际的指导下,孙中山认识到了"联俄、联共、扶助农工"的重要性,与共产党建立统一战线,并筹备发动北伐战争。同时,在此一期间,他对三民主义理论加以完善改进。1925年,孙中山在北上和谈过程中病逝于北京。在他的遗嘱中,强调唤起民众、联合世界与平等待我之民族共同奋斗。

近代以来,中国思想家在构思思想体系方面的自觉明显让位于社会文化批判、政治宣传和学术研究,因此,蔡元培在他的《五十年来中国之哲学》中指出的当时哲学创造之薄弱。而实际上,孙中山的三民主义就是一种具有独创性的政治哲学,并且产生了深远的影响。这一政治哲学的基础就是心理学和精神品德的健全与完善。

在三民主义思想中,民族主义既是国家独立的宣言,同时也是爱国主义的纲领。为实现民族大义,必须以革命为手段。当然,作为一位首先是典型的人道主义者的革命家,孙中山在强调唤起民众推翻满清专制与军阀独裁的同时,始终明确表示,革命仅仅是手段,绝不是目的。20世纪初,他在《不可思议的神话》一文中解释说,在他看来,以暴力手段推翻专制统治的必要性,在于现政府没有能力进行任何的改造与改革,因此,只有消灭他们,而不能改进他们。1904年,他在美国发表的一次演说,揭露了满清政府统治下人权丧失殆尽与民族压迫深重的历史事实,以此昭告革命真义于天下,追求博爱主义势所必然的现实手段选择。因此,尽管同盟会的"驱除鞑虏"口号中多少容纳了大汉族主义这种传统观念内质,然而,革命领袖的孙中山,从来没有忘记在这一口号的解释中指明并非消灭满族人,而是以民族平等代替民族压迫这一热切愿望。如果以《中国同盟会革命方略》中强调的"我等今日与前代殊,于驱除鞑虏、恢复中华之外,国体民生,尚当与民变革;虽经纬万端,要其一贯之精神,则为自由、平等、博爱"①来谕示,那么,手段的急迫性、现实性与目标崇高价值之间,确实存有十分自然的联结。

因此,在军阀统治代替满清专制之后,孙中山一如既往地扛着革命的大旗,而且更精诚于自己推翻暴政的信念。在他看来,民族压迫虽已不再是人道社会的障碍,然而,去一满清之专制,转生出无数强盗之专制,其毒尤烈,民族愈不聊生,这是更深重的黑暗时代,革命也更势在必行。在他心力交瘁之际,特仍不忘提醒"同志尚需努力",以为国民谋幸福。一位真诚的博爱主义者,一位始终追求人类大同的理想家,一生竟为革命奔走呼号,这种复杂性所提示的,并不完全是他性格中的矛盾与思想中的幼稚,同时也是他的思想深刻性和高尚精神之所在。

孙中山朝思暮想的是为国民谋幸福,自由、平等、博爱……在他领略了西方各种社会主义学说之后,他认同了其中的人道主义理想。尽管传统的乌托邦在他的观念中占据着非常重要的地位,传统士大夫为民请命的热血也在他心中奔流,然而,在革命的世界潮流面前,经历现代科学的洗礼与人权思想的体认,他所追求的乌托邦已不再是幻想性的仁政表达。他所精心

---

① 《孙中山全集》第一卷,第296页,中华书局,1981年版(《孙中山全集》第一卷至第十一卷,中华书局,1981—1986年版,下引该书,只写《全集》)。

构筑的,是近代中国现代化唯一可能的、普遍的幸福、平等的社会主义社会。显然,以民生问题的解决为实际纲领的三民主义,在孙中山看来,是一种社会主义,是他根据中国社会历史条件所提出的社会主义。在他看来,马克思的科学社会主义是历史上前所未有的深刻学说,但是他认为,中国社会问题的独特性,如维护民族的独立与尊严,中国的资产阶级与民众的分化上尚不明显,尤其在贫穷落后的国家首先解决社会发展与生存问题的急迫性,不能不有自己的指导思想和建国方略。因此,三民主义与马克思的社会主义之间的区别是不言而喻的。只有其中的民生主义与之相近,因此,孙中山也把民生主义直接称为社会主义,或者叫共产主义,又叫大同主义。

关于民生主义,孙中山解释道,民生即人民的生活,社会的生存,国民的生计,群众的生命便是。把国民的生计和群众生命作为他所谓的"历史的重心"固然被称为唯心史观,但却反映出孙中山十分注重民众幸福的思想特点。与改良时期的空想道德主义社会相比,孙中山的社会理想已不是如改良派自上而下的对民生的同情,而是注重民众基本生活条件的改善和物质生活的提高,因此,他的博爱主义是应当和民生的思想统一起来对待的。正是基于这一点,他一再强调平等,强调为人民献身的意义所在。同时,他特别注重方法的教导和解说,并通过具体的建国方略加以推动。虽然他的社会理想的实现途径是社会改良主义性质的,但对于大同理想的追求以及重在解决民生问题,都比改良派前进了一大步。孙中山在历史上第一次提出解决民众生存和生活的基本问题,并急切地为实现这一奋斗目标鞠躬尽瘁,其思想贡献和历史业绩,在中国进步事业史上写下了光辉的一页。它与孙中山的为人民谋幸福的基本价值观是完全一致的。孙中山一再强调革命的目的是为大众谋幸福,故此他一再警告革命队伍中出现的皇帝思想和享乐观念。孙中山的政治哲学中的伦理主张和实践,不仅集成了传统的文化精华,同时也是一种重要的思想创造。

民众的生存与幸福问题,自然而然落实在经济行为和政策上,就此,孙中山又辅之以"平均地权"和"节制资本"。这种思想既受空想社会主义的影响,又受亨利·乔治的改良主义思想的影响,更与孙中山看到西方资本主义社会的不公平与不能解决民众的实际问题相关联。孙中山希望民生问题能真正解决,但解决这一问题的阴影一直存在,这就是资本主义国家所走道路中存在的严重贫富分化现象。他认为,欧美的机器发明,而贫富不均之现象随以呈露,横流所激,经济革命之焰,乃较政治革命尤为烈。而这是"平均地权"和"节制资本"失败之弊。如果能做到克服其弊端这一点,民众的生活便能保障。而社会革命也就能顺利进行。孙中山是革命派中提倡社会主义的人,其中尤其把民生问题这一具有人道主义意义的问题加以重视,从侧面反映了他的理想主义性格。问题的关键在于,这一虽具有追求价值的思想却无法真正实践于社会中,因为他不仅没有真正依靠民众,就是他的平均思想也是行不通的。因为既想不消灭资本的存在,又希望资本的发展不引起严重的贫富分化,这是幻想。因此,他的民生主义实际上是空想社会主义的一种表现形式,也是对传统的"天下为公"思想的一种继承和近代尝试。

与民生相联结的,是民权思想的提出。这是针对封建主义的长期统治以及建立真正民主国家而设定的。孙中山说道:

> 民权便是人民去管理政治。详细推究起来,从前的政治是谁人管理呢?中国有两句古语说"不在其位,不谋其政",又说"庶人不议",可见从前的政权,完全在皇帝掌握之中,不关人民的事,今日我们主张民权,是要把政权放在人民的掌握之中;凡事都应该由人民作主的,所以现在的政治又可以叫做民主政治。①

这里的两个要点是非常重要的,其一是人民的掌权,其二是人民作主。这与民生主义相统一,即不仅谋人民的生存保障和生活的富足,而且真正实现民主的社会,由人民作主,这是近代社会的基础。孙中山极推崇卢梭的民权论,把民主视为人道社会的象征。他引法国封建专制的例子为证来批判封建专制:

> 路易十四总揽政权,厉行专制,人民受非常的痛苦,他的子孙继位,更是暴虐无道,人民忍无可忍,于是发生革命,把路易十六杀了。②

他认为卢梭所说的"人民权利是生而平等的"是一种世界潮流,"由神权流到君权,由君权流到民权,现在流到了民权,便没有方法可以反抗"③。因此,要中国强盛,实行革命,便非提倡民权不可,这是他的结论。

民权就是民有、民治、民享,即是民主社会的建立所实现的政治权利,也是推翻专制政治的必要目标。自由与平等是民权的核心要素,是民众政治生活保障的关键。为了实现民权,需要革命者具有献身精神,首先"牺牲"

---

① 《全集》第九卷,第 325 页。
② 同上书,第 264 页。
③ 同上书,第 267 页。

自己的自由来实现。这就需要革命者进行心理建设和道德提高,需要以大无畏的精神去推动实行。总之,政治哲学经由伦理的实践和革命手段来完成。

在伦理学上,孙中山已倾向东西方思想的融合贯通,而且突出对传统品德的改造吸收。他认为,民族道德是民族振兴的基础:

> 因为我们民族的道德高尚,故国家虽亡,民族还能够存在;不但是自己的民族能够存在,并且有力量能够同化外来的民族。所以,穷本极源,我们现在要恢复民族的地位,除了大家联合起来做成一个国族团体以外,就要把固有的旧道德先恢复起来。有了固有的道德,然后固有的民族地位才可以图恢复。①

他还批评新文化运动:

> 讲到中国固有的道德,中国人至今不能忘记的,首是忠孝,次是仁爱,其次是信义,其次是和平。这些旧道德,中国人至今还是常讲的。但是,现在受外来民族的压迫,侵入了新文化,那些新文化的势力此刻横行中国。一般醉心新文化的人,便排斥旧道德,以为有了新文化,便可以不要旧道德。不知道我们固有的东西,如果是好的,当然是要保存,不好的才可以放弃。②

他在政治哲学上对传统学说更为钟情。他认为,民权思想在传统中十分丰富。他说道:

> 根据中国人的聪明才智来讲,如果应用民权,比较上还是适宜得多。所以,两千年前的孔子、孟子,便主张民权。孔子说,"大道之行也,天下为公",便是主张民权的大同世界。又"言必称尧舜",就是因为尧舜不是家天下,尧舜的统治,名义上虽然是用君权,实际上是行民权。所以孔子总是宗仰他们。孟子说,"民为贵,社稷次之,君为轻";又说"天视自我民视,天听自我民听";又说,"闻诛一夫纣矣,未闻弑君也"……由此可见中国人对于民权的见解,两千年以前已经早想到了③。

---

① 《全集》第九卷,第 243 页。
② 同上书,第 243 页。
③ 同上书,第 262 页。

他又说:

> 我辈之三民主义首渊源于孟子,更基于程伊川之说。孟子实为我等民主主义之鼻祖。社会改造本导于程伊川,乃民生主义之先觉。其说民主,尊民生之议论,见之于二程语丝。仅民族主义,我辈于孟子得一暗示,复鉴于近世知识界情势而提倡之也。要之……不过演绎中华三千年来汉民族所保有之治国平天下之理想而成之者也。①

从传统思想中吸收民主要素来使自己的思想成熟和完善,这不仅是积极的思想活动过程,也光大了民族主义。

当然,孙中山把传统的民本主义与近代民权混为一谈,显然是错误的。但他一方面称颂西方近代民主主义思想家及其民主思想的意义,同时又弘扬传统中的民主道德因素,以此来批判封建专制主义的暴行,这是有积极意义的。他指责西方实践民主的失败,揭露当时中国的"猪仔议员"政治,并主张结合中西的制度实践与思想精神实行真正的民主,以达到其完美的境地。这不仅体现了他对民主思想的继承性与积极吸收精神,同时反映了他追求中的理想主义性格。

总之,孙中山的三民主义,也就是他所理解的"社会主义"。这种社会主义不是马克思主义的社会主义,而是他糅合了西方各种社会主义、社会改良主义,甚至空想社会主义,并结合中国传统思想而来的一种思想体系,这种思想本质上是中国社会历史环境的独特产物。他试图避开西方资本主义社会的严重弊端;而在中国社会经济发展落后、劳资对立尚未大规模出现的历史条件下,来实现他说的社会主义。同时,他亦未能认识阶级斗争的实质表现,这样,他所寄希望于实现的三民主义,又反映了空想社会主义的社会历史观和道德理想。恩格斯在《社会主义从空想到科学的发展》中,曾经指出过空想社会主义理论反映了早期无产阶级的某种利益和愿望,这对我们认识孙中山思想的阶级本质具有指导作用。另外,孙中山的三民主义实际上是结合传统以及向西方学习的一种探索结果,毛泽东称赞他是"中国革命的先行者"之意,亦可以从这当中加以理解。正是这种探索及其在实践上的失败,使后来的革命者和思想家能够在吸取经验教训的基础上最终找寻到解决中国问题的道路。先行者的探索之功正在于此。

和平是孙中山思想的精髓,也是他继承传统道德的核心要素之一。孙

---

① 《全集》第九卷,第532页。

中山对于和平的强烈祈愿和不懈追求,集中地体现在他的大同理想中。孙中山虽然是一位革命家,但他所做的只是把革命手段作为一种最初过程,他所追求的,是如邹容所讴歌的建设,即自由、平等、博爱的社会制度的确立并由此实现民众真正的幸福。他不喜欢狂暴的斗争和战争,故在民国成立后便欲致力于中国的建设,他痛恨军阀割据和专制政治。他所追求的社会理想,不仅是民族独立,还在于由此走向大同社会的实现。我们在前面叙述朱执信以互助手段来实现世界和平,而孙中山则以博爱为动力来追求这种理想。这是对康有为的大同学说的继承与发展,它标志着受尽了战争与侵略之苦痛的人民不仅仅痛恨这些强加于他们的暴力,他们所强烈追求的毋宁是一种超越民族主义的世界和平与爱的理想社会。孙中山的思想具有很强的时代性,在许多方面反映了广大人民群众的要求。

孙中山对于自由、平等、博爱诚信不已,把它们归结为他所追求的"社会主义"的本质内容。他说,社会主义就是人道主义。而人道主义,主张博爱、平等、自由,社会主义的真髓,就不外此三者。孙中山把社会主义归结为人道主义,又具体落实在自由、平等、博爱道德上,并且从中国传统道德思想和政治理想中寻找证明,其思想性格确实有别于西方的各种社会主义。自由与平等是他的民权思想的基本环节,这里不拟详述。不过,应该指出的是,尽管他对自由有不少精辟的见解,但他在把自由理解为对于团体的抗拒和自由散漫时,则偏离了作为近代价值观的自由的基本规定性。由此,他认为中国人自由太多,要求牺牲个人自由服从国家自由等等①,这在理论上有很大失误,在实践中也产生了许多流弊。

博爱是对传统仁义道德的发展,它成为孙中山国际思想的基础,也是他的道德社会的伦理原则。不过,孙中山道德思想的重点还在于解决普遍幸福的力量源泉的设定上。他说道:

> 社会主义为人类谋幸福,普遍普及,地尽五洲,时历万世,蒸蒸芸芸,莫不被其泽惠,此社会主义之博爱,所以得博爱之精神也。②

作为一个政治实践家,这种博爱主义的理论是极富于理想主义性格的。他的这种思想,既来自西方的空想社会主义互助论、社会改良主义的博爱主张,又吸收了传统的博爱思想,融铸一炉,塑就了他的"天下为公"的博爱主

---

① 参阅《全集》第二卷,第334—335页。
② 同上书,第510页。

义理论。这一理论的本质特征,在于它实际上主张,人性的存在及其提高过程,体现了人与人之间的相互依存本能与共同发展的愿望。他说:

> 人的本源便是动物,所赋的天性,便有多少动物性质。换一句话说,就是人本来是兽,所以带有多少兽性,人性很少。我们要人类进步,是在造就高尚人格。要人类有高尚人格,就在减少兽性,增多人性。没有兽性,自然不至于作恶。完全是人性,自然道德高尚;道德既高尚,所做的事情,当然是向轨道而行,日日求进步,所谓"人为万物之灵"。①

孙中山所认识的人格,是动物性与道德性的结合。随着人类社会的发展,人性成分也就越来越多。他认为"物种以竞争为原则,人类则以互助为原则"。所谓人性发展,一方面就是互助原则的发展,另一方面也是人在道德生活中应该体现的,即"由天演而人为"。而在人为的原则上,他主张以博爱为用,为目的。他认为,今日立国于世界之上,犹如人处社会之中,相资为用,互助以成者也。

> 社会国家者,互助之体也;道德仁义者,互助之用也。因此,人类顺此原则则昌,不顺此原则则死亡。此原则行之于人类当已数十万年矣。然而人类今日犹未能尽守此原则者,则以人类本从物种而来,其入于第三期之进化为时尚浅,而一切物种遗传之性尚未能悉行化除也。然而人类自入文明之后,则天性所趋,已莫之为而为,莫之致而致,向于互助之原则,以求达人类之目的矣……乃至达文氏发明物种进化之物竞天择后,而学者多以仁义道德皆属虚无,而争竞生存为实际,几欲以物种之原则而施之于人类之进化,而不知此为人类已过之阶段,而人类今日之进化已超出物种原则之上矣。②

这是他把互助原则视为人道原则的结论。而互助原则的体现则是博爱,孙中山受西方博爱主义思想的影响极深。他在吸收传统爱的思想的同时,重新加以再解释,把它们发展提升为博爱主义。他指出,中国传统的博爱说,如尧舜禹之博施济众,孔子的仁爱与墨子的兼爱,都是缺乏平等基础和人与人之间自觉自愿原则的狭义的博爱。传统的亲亲原则,更不能与博爱相提并论。所谓博爱,是为公爱而非私爱,即如"天下有饥者,由己饥之;天下有溺者,由己溺之"之意。因此,孙中山实际上以近代的两个重要观念来解释

---

① 《全集》第八卷,第316页。
② 《全集》第六卷,第186页。

博爱。其一,所谓普及于人人,就是由互助而实现的。互助不是一方的施与,而是相互的过程,是人与人之间的爱的显发。其二,所谓"天下有饥者,由己饥之,天下有溺者,由己溺之",是每个人自觉地为他人谋幸福,牺牲自己为他人、为民众。因此,它实际上是一种延伸精神。它不再单纯是一种同情和愿望,而是一种实际的奉献。这样,可以说,传统的仁爱并非近代意义上的博爱。而改良的救世愿望,也别于辛亥革命的者的博爱,虽然在献身精神上是一脉相承的。

因此,国民这一观念在孙中山及其同时代的人道主义者那里,是别于传统的民生概念及其献身精神中所表现出来的没有差等的博爱。因上,博爱之区别于传统,在于为人民谋幸福的道德价值观在实践过程中所体现出来的兄弟、同胞的互助精神。他说:

> 此外还有博爱的口号,这个名词的原文是"兄弟"的意思,和中国"同胞"两个字是一样解法,普遍译成博爱,当中的道理,和我们的民生主义是相通的。因为我们的民生主义,是图四万万人幸福的,为四万万人谋幸福就是博爱。①

这是他对于博爱的最深层次的阐释。

孙中山在融合吸收传统与外来思想来构筑博爱理论方面所表现出来的认识特征,确乎体现了一种新的精神。蔡元培认为三民主义具有中和性,孙中山的思想反映了中庸的特征。他说道:

> ……是以中庸之道为标准……其他保守派反对欧化的输入,进取派又不注意于国粹的保存;孙氏一方面主张恢复固有的道德与智能,一方面主张学外国之所长,是为国粹与欧化的折中。②

这其实正说明孙中山在人道主义思想方面积极地致力于融合外来思想的特点。他曾受西方博爱主义思潮影响很深,而且也接受了互助的道德原则,但也不忘传统人道主义精华。他说道:

> 仁爱也是中国的好道德,古时最讲爱字的莫过于墨子,墨子所讲的"兼爱",与耶稣所讲的"博爱"是一样的。古时政治一方面所讲爱的道德,有所谓"爱民如子",有所谓"仁民爱物",无论对于什么事,都是

---

① 《全集》第九卷,第283页。
② 《蔡元培全集》第五卷,第489页。

> 用爱字去包括……把仁爱恢复起来,再去发扬光大,便是中国固有精神。①

不过,近代博爱主义思想不同于传统,因此他强调发扬光大;从中国现实出发的博爱主义,当然不同于互助论的无政府主义,而是主张为人民献身并追求民主共和国保障普遍幸福的社会理想,这是孙中山博爱主义的典型特色。

显然,孙中山的三民主义是受西方社会主义思潮影响很深的一种学说。他的三民主义的社会主义也就是人道主义。他对马克思的学说评价甚高,但不能理解唯物史观的历史意义。对于马克思阶级斗争学说的排拒更反映了孙中山思想的单纯和幼稚。由于他不懂阶级斗争的意义,只把它当成迫不得已或过渡性的手段,对于和平的钟情,自然反映出他的追求倾向。但他并不了解和平须用暴力来维护的道理。他的妥协以及失败,就是深刻的历史教训。他认为,中国是患贫,而不是患不均,因此不能师马克思之法。尽管从中可以理解他对于中国富强的急迫愿望,但是,他的判断是比较肤浅的。他不懂得当时中国不仅患穷,而且患不均。正是这种不均即剥削压迫与被剥削被压迫的对立存在,不仅是现实的矛盾,而且不断地激化与深刻化。这是他所设想的社会改良方法所解决不了的。因此,排斥用阶级斗争来解决阶级社会的社会问题,也就陷于空想的窘境。他所说的三民主义,就是民有、民享、民治,也就是国家是人民所共有,政治是人民所共管,利益是人民所共享的理想。而"人民"的概念,实际上是泯灭阶级对立和阶级差别的一种主张,这种主张的实质就是让剥削阶级和被剥削阶级具有同样的权利,这正如欧洲空想社会主义者所追求的,通过改良、劝说来达到和谐的社会理想一样,是没有任何力量的。

当然,比起空想社会主义和无政府主义来,孙中山的思想还是要深刻得多。因为他并不一般地排除暴力:

> 我国民族,平和之民族也。吾人初不以黩武善战,策我同胞;然处竞争剧烈之时代,不知求自卫之道,则不适于生存。且吾观近代战争之起,恒以弱国为问题。倘以平和之民族,善于自卫,则斯世初无弱肉强食之说;而自国之问题不待他人之解决,因以促进世界人类之和平,我民族之责任岂不綦大哉?②

---

① 《全集》第九卷,第244—245页。
② 《全集》第五卷,第150页。

他也不否定保障社会秩序的必要性。尤其他始终不放弃以暴力手段来达到建立民主共和国的目的这一点来说，比空想社会主义和无政府主义要积极得多。尽管如此，他们在解决社会问题上的改良主义以及空想特征，是完全一致的。

引孙中山的博爱思想，可以看出道德思想中人道主义立场；研究他的民生主义与民权主义，能够体会到他在社会政治方面对于人道主义的不懈追求。他丰富的人道主义思想反映出他思想性格中鲜明的理想主义色彩，尤其对于一个革命家和政治家来说，对于人道主义的实现手段寄予道德原则，更能体现出理想主义性格的典型性质。也许正是这种理想主义与现实之间的裂痕，导致了他的一系列挫折；但对民众幸福的追求，则是矢志终生的。换言之，他对于人道主义价值观的信念是非常坚定的。但这一价值观是空想社会主义性质的价值观，缺乏使之成为现实的方法和力量。虽然孙中山的这种理想主义思想给予他不折不挠、不断进取的力量，但空想成分的严重存在，也使他遭历了无数次的挫折和打击。也就是在这种境遇中，他从俄国革命的胜利中受到了启迪，并得到了帮助。他在1923年以后重新解释三民主义的思想表述中，提出"扶助农工"的口号并开始认识到民众的真实力量。这是一种极大的思想跃进。

第四节　新文化运动的理念

如何理解"新文化运动"这个概念，至今学术界意见尚未统一。特别是新文化运动与五四运动的关系，以及在时间的划分上，意见相异之处甚多。作者倾向于认为，新文化运动是个总的概念，包括启蒙的思想文化运动和反帝反封建的爱国运动两个方面。而五四运动则是其中重要的组成部分。从时间概念上来说，是指《青年》杂志创刊到科学与人生观论战结束这一历史阶段。从思想文化上来理解，则新文化运动的特征无疑是突出了新的文化运动与启蒙运动的统一关系。

就新文化运动的历史背景加以考察，可以明确现实的刺激对精神活动的转向具有重要影响。显然，未完成的社会历史人物与思想启蒙任务深化了知识分子的深重责任感；而同时他们又能够在改良以来，近代思想发展深化的基础上更深刻地洞察现实和作出选择。直接给新文化运动提供经验教训的，是辛亥革命的失败所带来的种种混乱与黑暗。民国建立后，名存实亡。军阀之间的争战混斗所造成的祸乱比以前更黑暗，社会的沉滞和民生的苦痛比以前更严重;同时,帝国主义将中国殖民地化的危机不仅没有消除,反而越发紧迫。因此,以何种途径实现民族独立和国家富强,这是每位清醒的知识分子焦虑万分的重大历史课题。但是,在回答这个历史课题的过程中,存在着重大的纷争和对立。这种对立集中体现在,是抛弃文化传统的重负并接受近代价值观,还是重新振起中华道德精神。由此形成进步与保守的分野。事实上,这种对立也是历史认识的深度不同引起的。辛亥革命失败的教训所昭示的另一面,是思想启蒙的历史意义:在没有动摇封建文化思想体系和取得民众支持的前提下,任何社会政治变革运动最终都会流于失败。因此,要达至政治理想必须首先完成近代思想价值观的启蒙宣传和普及运动。当时,进步知识分子几乎不约而同地认识到思想启蒙的必要性。新文化运动的方向在这种共同追求中得到确认。有趣的是,启蒙主义的历史自觉不纯粹是向西方学习的结果,而主要是从现实历史需要出发,因而带着某种内在冲突要素。这就是,思想家们从辛亥革命的失败中认清思想道德以至于整个文化上传统的衰朽力量对于建立民主共和国和近代价值观的严重消蚀和阻碍。正是从这一历史及现实——暮气沉沉的封建文化势力的存在——出发而导向并刺激了他们的启蒙主义自觉。因此,他们对于建立近代国家所要求的价值观的体认,有助我们对启蒙运动的理解。

如前所述,思想启蒙的现实性和必要性是近代思想发展的直接进程。尽管改良运动已富于启蒙运动的历史意义,但由于社会历史条件的局限和思想基础的脆弱,改良派思想家们中途放弃了对它的信念。尤其是近代人道主义价值观尚未稳固,更容易产生动摇和怀疑。辛亥革命时期的思想家们虽然没有放弃配合革命活动的启蒙宣传,而且对于人道主义价值观的信念也比较坚定,但一方面思想力量单薄、规模气势不够,另一方面作为启蒙思想领袖的孙中山、蔡元培等人的中庸态度,即以传统思想中的进步因素来阐释这一价值观,虽然有其积极的一面,但同时也造成了认识上一定程度的混乱,而且削弱了它的独立影响力。这样,直到新文化运动开始时,思想道德方面的专制、复古、堕落、停滞等黑暗十分浓厚,更不用说人道主义价值观了。这正如新文化运动领袖陈独秀所揭露的:"盘踞吾人精神界根深蒂固之伦理道德文学艺术诸端,莫不黑幕层张,垢污深积"[①]。这无疑是阻碍人道主义思想发展的力量。因此,也就成为思想发展亟需加以铲除的东西。另外,随着近代思想不断向深层发展,人道主义价值观理论上进一步成熟,

---

① 《文学革命论》,《陈独秀著作选》第一卷,第260页,上海人民出版社,1993年4月版。

开展一场轰轰烈烈的启蒙运动时机已趋于成熟。

新文化运动在形式上表现为西化和反传统,这样的表现形式容易引起对于这次运动的误解。其误解表现在不理解西化和反传统所追求的内在实质;还把其中表现出来的过激做法,例如整个否定传统和全盘西化视为本质的特征。事实上,且不说反传统与西化过程中所表现出来的过激倾向只是末流而不是主流,就反传统与西化本质说:"反传统"与"西化"都只是名,而不是实,其"实"在于否定封建主义社会制度、伦理道德及其本质,追求宣扬民主共和制度和人道主义价值观。因此,二者都不过是启蒙主义表现形式上的外在特征而已。另外,值得注意的是,新文化运动虽然提出了思想文化变革和再建设的口号,但其重点仍在思想价值观而不在泛泛意义上的变化。尽管思想家们否定传统社会延续着的专制制度及其所决定的社会关系、伦理道德、思想精神的一切方面,但他们所否定的专制主义及其伦理道德的不人道本质,而不是传统文化(过激另论),例如,提倡白话文的目的仍在于新思想的自由表达和群众性,而不是单纯的形式。他们所谓西化的目的和实际做法,仍在于肯定以自由、平等、民主为基本内容的价值观,而不是一般地照搬西方文化模式。例如陈独秀所崇仰法国的便是民主制度和自由平等博爱的价值观,而不是其他方面。因此,这是封建文化与资产阶级文化之间的冲突和选择,同时也展现了人道主义价值观的追求过程。

因此,新文化运动的历史侧重点在于思想启蒙,而思想启蒙的主线路宣扬近代价值观。虽然思想启蒙的范围极其广泛,涉及批判封建主义和介绍西方近代民主思想,宣扬科学世界观,以及宣传爱国思想并在其旗帜下聚集了一大批思想家,但启蒙运动的起点是提倡个性解放,反对吃人礼教,其终点是民主社会的实现。这一点,启蒙运动的领袖陈独秀、李大钊、鲁迅等不曾动摇过和犹豫过的。他们从近代思想先辈——更主要的是从西方近代思想家——所介绍的人道主义思想那里,直接接受并认同了人道主义价值观。而这种接受和认同,其实也是一种糅合和改造。因为他们所接受和认同的东西,是从欧洲启蒙时期直到20世纪初整个西方思想进程的成果,而它们又与中国的现实问题的解决相联系。就是说,他们根据当时中国思想发展的需要来吸收西方思想,因此,即使有些在西方思想中已经变得落后的某些思想内容仍然能够作为构成中国近代人道主义价值观的要素而加以吸收。当然,他们对于西方思想的主要兴趣和注意力集中在那些积极的、有活力的、与变革现实有关和有助于人道主义价值观的阐扬的内容上。可以说,他们一开始就自觉接受了资产阶级基本的人道主义价值观,并以此来与封建营垒作战。这样,他们崇仰西方人道主义思想及这一思想的广泛影响。虽然他们也曾在认识上陷入了歧误,即把思想等同于现实,从而美化西方社会。这是西化思潮最典型的特征,也是他们的偏误之处。但是,他们以人道主义价值观来冲击封建思想时则有千军万马之势。所谓反传统和批判传统一方面看到传统思想中进步因素总是与落后消极甚至反动的东西纠扎在一起,难以断然划分;同时顽固派又往往利用这些合理因素来维护那僵死、枯腐和不人道的东西。另一方面,传统思想中进步合理的因素与近代人道主义价值观之间有着本质的区别,这并非那些折中新旧之间的调和派所能辨明。因此,启蒙思想家们无暇也不愿做妥协的择取,而是集注其精神于专制统治下不人道本质的批判。这里固然有不客观、偏激之处,但这并非他们的不宽容,也并非他们的不公允,而是信诚于人道主义而有所不顾,热烈于痛恨而不能无偏。

总之,新文化运动在思想史上的意义在于:以声势浩大的启蒙运动促进了近代思想的成熟并产生了广泛的影响;从思想史来说,则是在反礼教运动和新的价值观的广泛宣传方面推动了近代政治伦理观念的深化和变革。

然而,我们在肯定新文化运动的主流、根本方向和巨大成就的同时,不能不同时指出其重要欠缺,或者说不足之处。但这不足之处不在于许多研究者们所说的因彻底反传统而出现中国文化的断层,也不是许多研究者所认为的消极意义上的全盘西化。恰恰相反,其不足正在于在反传统的同时,没有在价值观上达到彻底否定传统封建价值观而形成新旧价值观之间的断层;在西化的同时,没有深入到欧洲启蒙主义的基本观念——近代社会人的价值实现所需的利益保障及其利益前提。易言之,新文化运动在关于人的全面实现问题方面缺乏一个完整的价值观体系的重构。

很显然,新文化运动的对立面,不管是军阀官僚专制主义的尊孔狂潮,还是像辜鸿铭、林琴南之流的传统士大夫的反动,抑或是曾经有功于启蒙运动而后来转向保守的康有为辈的孔教说,其反对新文化运动的实质内容是一样的,这就是固守着传统的道德精神至上主义。其中实际体现了整个社会传统性的或保守顽固势力的价值信念。他们所赖以抑制思想价值观启蒙的,是强调道德精神在社会生活以及个人生活中的根本价值。因此,他们之所以反对向西方学习,很大程度上是因为资本主义经济发展过程中出现的突出的道德危机。

启蒙思想家们明确指出,传统的思想道德本质上是专制腐朽的,因而根本不能适应现代社会生活及个人生活。这一观点是非常深刻的。但启蒙思想家们并没有能够否定保守派和顽固派的道德精神至上主义的思维性格和价值定向的基本特征,不仅表现在重义轻利,更表现在用道德精神的纯然性来衡量审度人的存在价值和实现价值,甚至以它作为社会完善和进步的唯一动力。道德精神至上主义的基本倾向是完全忽视了人的全面实现问题,其极端倾向是把一般道德价值置于生命价值之上。

从改良派思想家们开始,在批判传统价值观的同时,提出了人的全面实现问题,这是近代价值观确立的基本标志,也是近代人道主义的重要内容。革命派思想家尤其是孙中山对于民众生存问题和生活提高问题的强烈关注,促进了对于人的全面发展的认识。新文化运动时期的启蒙思想家更关注它。陈独秀提出了个人经济本位问题;鲁迅提出了"一要生存,二要温饱,三要发展"的口号;李大钊提出了经济问题的解决是社会思想问题的根本解决的主张;瞿秋白强调了物质文明对于精神生活的决定作用以及社会发展中的重要性;胡适也指出了褊狭的所谓精神生活其实是一种堕落。可以说,对于人的实现及其发展的物质基础,新文化运动给予了肯定。

但是,新文化运动中,启蒙思想家们并没有完全摆脱传统价值观的影响。他们在对传统的批判过程中,比较彻底地否定了传统价值观的具体内容,尤其是封建专制伦理及其道德,但没有明确指出传统道德精神至上主义价值观的本质特征仍在于否定人的全面实现和普遍幸福。他们意识到了,并且深沉地感受到了传统价值观与重义轻利的一致性及其严重的社会后果和影响,因而呐喊出了重实利反虚文的呼声。他们阐明了传统道德与现代生活的对立性。这是他们痛击保守派和顽固派倒退行为的重炮。但是,超越这一层次的地方,他们就建树不多了。

与此相联结,启蒙思想家们在向西方学习的过程中,于民主、自由、平等、人权可谓信矣诚矣,且吸摄为近代价值观的重要内容。然于人的物质利益满足及其经济观念则兴味淡然。他们不仅在一定程度上忽略了欧洲的重要内容——法国唯物主义哲学家的合理满足论以及英国自由主义经济思想,即使对近邻日本的启蒙主义运动经验,也殊乏重视。虽然许多启蒙思想家曾留学日本,然对于福泽谕吉的人的物质利益的满足同于精神满足的认识,并没有多少关注的热情。

这样,启蒙运动无论在其批判方面,还是在其比较的价值导向方面,都显示了它之注重道德思想观念革命的偏向性。此处并非指责启蒙思想家们忽略了人的全面实现,恰恰相反,这里所强调的是,启蒙思想家们在认识到并提出人的全面实现的同时,对于经受了几千年来封建正统论重义轻利观念支配的传统价值观所予以的批判,是远为不足的。他们没有明确提出人的物质满足与精神满足同样重要的口号,更没有声势浩大地提倡人的物质满足方面所进行的思想道德观念的革命是同样重要的,甚至是更为急迫的思想解放的历史课题。新文化运动时期启蒙主义的不足,其影响是极其深远的。物质利益满足的合理性、必要性以及经济观念的深化方面的启蒙不足,不仅影响到思想家们的思想进程,而且也影响到现代思想文化的许多方面。然而新文化运动时期价值观的改造,无疑是近代思想的一个重要发展环节。

新文化运动作为一次启蒙运动,其核心是在提倡民主、科学与个性主义而反对伦理政治专制和盲从迷信。其中,反礼教和个性主义的倡导最为突出。

新文化运动在承接历史人物进行思想启蒙的同时,显然也看到了利用刊物进行宣传的力量。各种期刊、报章,如春笋破土,蔚为大观。其宗旨虽各不相同,但在思想的争鸣方面却极大地促进了自由氛围的形成。陈独秀创办的《青年》杂志(第二卷起改名为《新青年》)是最重要的新思想园地。《新青年》杂志编辑部从上海移到北京以后,在她的周围,聚集了一大批当时最为活跃的思想家。此外,《新潮》杂志的创刊也受到了《新青年》的很大影响,并且在宗旨上也倾向于启蒙主义。《新潮》在当时也是激进刊物之一,其影响仅次于《新青年》。新文化运动的开端,可以视为《新青年》的创刊及由此展开的思想论战。

陈独秀于1915年9月创办了《青年》杂志,并在创刊号上发表了《敬告青年》一文,提出"自主的而非奴隶的;进步的而非保守的;进取的而非退隐的;世界的而非锁国的;实利的而非虚文的;科学的而非想象的"等对于青年的六个方面的要求。可以看出,其中个性主义的诉求是最强烈的基调。文中指出,每个人都应当以自身为本位,追求个人独立平等之人格。他极力反对以奴隶自居,主张以自由自主的人格处世做人。同时,他还要求个性的不断发展和完善,以青春的锐气进取不已;以开放的心灵来审视自己的处境及前途;摆脱蒙昧并以科学武装自己。其中尤以个性独立一点阐述最精:

> 自人权平等之说兴,奴隶制名,非血气所能忍受。世称近世欧洲历史为"解放历史"——破坏君权,求政治之解放也;否认教权,求宗教之解放也;均产说兴,求经济之解放也;女子参政运动,求男权之解放也。解放云者,脱离夫奴隶制羁绊,以完其自主自由之人格之谓也。

这是他的基本主张。随后不久,他又发表《东西民族根本思想之差异》,提

出个人本位主义。他认为,西洋民族以个人主义为价值本位,而这一价值本位是优越盛美的:

> 举一切伦理道德、政治法律,社会之所向往,国家之所祈求,拥护个人之自由权利与幸福而已。思想言论自由,谋个性发展也。法律之前,个人平等也。个人之自由权利,载诸宪章,国法不得而剥夺之,所谓人权是也。人权者,成人以往,自非努力,悉享此权,无有差别。此纯粹个人主义之大精神也。

这种精神,正是中国所缺乏的。

显而易见,个性主义从一开始就突现出来。随着其思想的展开,扩大了主题的影响。但要进一步把握这一主题,有必要先理解这一时期民主与科学观念的地位。民主是改良派与革命派的思想侧重点,对此,新文化运动显然是予以集成了的。但新文化运动时期的启蒙思想家又扩大了民主观念的应用范围,在更深广的层次上来领悟它。从而使它不仅成为政治上的概念,而且运用到思想、伦理道德以及社会生活各领域。当然,反对专制争取权利则是其本质内容。因而,民主口号的精神,主要体现于反对政治上以及思想道德上的专制。这一点是启蒙思想家们的共识。

科学观念直到辛亥革命时期才受到一定的重视,尤其是孙中山的"知难行易"哲学,显示了这一倾向。但是,新文化运动时期的科学观念,与孙中山之重视科学指导有极大的区别,它把理性、怀疑精神与客观认识结合起来,强调它的观念意义和真理追求。陈独秀说,所谓科学,是与想象对立的认知方法。科学乃理性的结果,而想象则排斥客观法则,凭空臆造。蒙昧之世与当今浅化之民,有想象而无科学。然自近代欧洲科学之兴,理性代替玄想之后,宗教迷信与无知妄作都失其存在根基。在媚俗、盲从、武断、主观的文化氛围中,只有运用科学的力量,才能改造国民,使人人成为理性的自主者。

这样,民主与科学的口号,德赛二先生的登场,奠立了个性主义的理论基石。民主之观念意义,强调了政治上专制的社会基础是伦理专制。因此,对于专制制度的批判,是从伦理专制的批判开始的。陈独秀说,伦理思想影响于政治的现象,乃各国所同然,唯中国最著。儒者三纲之说,是中国传统伦理政治的根本,伦理与政治由此相互依存。而三纲、名教、礼教所体现的,是等级制度的本质,是拥护并维系尊卑贵贱之具。民主性的道德政治,必须以自由、平等、独立为原则。如果说,近代以来中国追求实现的共和理想最终能够成为现实的话,则绝不能保存纲常等级制,否则,虽在政治上否定了专制,而家族社会仍保守旧有的特权,那法律上权利平等,与经济上努力的原则,将因伦理专制而破坏。因此,他指出,伦理的觉悟,是国民最后觉悟之最后觉悟。这不是伦理至上主义的复活,而是来自启蒙思想家对民主观念在中国近代文化发展中的作用的洞悉与深解。

从封建政治伦理的精神中概括出阶级专制并加以攻击,显示了启蒙思想家深刻的洞察力。吴虞指出:

> 孔氏主尊卑贵贱之阶级制度,由天尊地卑演而为君尊臣卑,父尊子卑,夫尊妇卑,官尊民卑。尊卑既严,贵贱遂别;所谓"礼不下庶人,刑不上大夫";所谓"王臣公,公臣大夫,大夫臣士,士臣皂,皂臣舆,舆臣隶,隶臣僚,僚臣仆,仆臣台",几无一事不含阶级之精神意味。故二千年来,不能铲除阶级制度,至于有良贱为婚之律,斯可谓至酷已!守孔教之义,故专制之威愈衍愈烈。①

他甚至举了历史上许多事例来证明礼教吃人。而一些思想家则认为,孔子之道在政治伦理学方面受到了专制时代的限制,其所主张的基本伦理完全不适应于现代生活,尤其在强调专制政治与等级伦理所带来的严重社会后果和非人道方面,体现了启蒙思想家共同的主张。

在对新文化运动的文化背景分析中,应该重视尊孔政治活动和孔教运动的社会影响,这种影响主要体现在继续专制政治和维护礼教所造成的政治上的反对和道德上的保守。启蒙思想家并不否认孔子个人品德的高尚、所处时代的地位对中国道德的深远影响。然而,进行孔教宣传以强化偶像崇拜,尊孔祭孔以维护封建专制的活动都借助于圣人和中华道德文章的名义进行,在这一旗帜下所建立的"孔家店",笼罩着强烈的封建复古色彩。正因为如此,启蒙思想家们提出了打倒"孔家店"的口号,旨在清除封建精神势力。同时,在礼教与民众生活的关系上,许多思想家指出礼教的非人道特征,包括在一些文学作品如巴金后来所写的《家》中也继续了从人道主义立场上的反礼教运动。

由此,对封建伦理进行道德批判的实际目标,在于否定一方依附一方的专制主义,弘扬倡导个性主义价值观念三纲之说所规定的民附于君、妇依于夫、子赖于父之对于独立人格的遏制,是人所共知的。而宗法制度之恶果,

---

① 《儒家主张阶级制度之害》,《吴虞集》,第95页,四川人民出版社,1985年版。

更是彰明昭著。它不仅损害个人独立自尊的人格,压迫思想观念自由,而且剥夺了个人在法律上的平等权利,使人养成依赖性,从而戕害了个人智能的发挥。因此,李大钊在比较了东西文明的根本差异之后,得出结论说,东方民族以牺牲自己为人生的本务,西方民族以满足自己为人生的本务。从而表现在道德上,前者在个性失却之维持,后者在个性解放之运动。这样,启蒙思想家们的道德批判与民主追求,二者就统一并体现在个性主义价值观的倡导中了。

在启蒙思想家们看来,个性独立不仅求诸道德革命,还在于经济地位的保障,即个人经济上的独立。陈独秀说:

> 现代生活,以经济为命脉,而个人独立主义,乃为经济学生产之大则,其影响遂及于伦理学。故现代人伦理学上之个人人格独立,与经济学上之个人财产独立,互相证明,其说遂不可摇动……西洋个人独立主义,乃兼伦理经济二者而言,尤以经济上个人独立主义为之根本也。①

鲁迅在《娜拉走后怎样》一文中,也强调了社会经济地位对于个人独立的实际意义。可以说,伦理上与经济上之独立,是个性主义的解放要求,或者说是其外在之条件的确立要求。在其内在性上,即自我解放方面,则重点在于奴性的去除以及内在观念的自我发展两个方面。

对于国民性中深潜存在的奴性特征的批判认识,是启蒙主义的一项重要内容。它经历了从关心民生,痛感其素质低下,到认清其衰弱之根由在于封建专制之奴化的过程。20世纪初,许多思想家们认识到奴隶根性深植于每个国民的道德观念、行为过程以及生活的每一个方面,并提出了革除奴隶根性的口号。但自从革命派思想家们全身心投入到革命宣传和革命活动以后,去除奴性的启蒙宣传反而被忽视了。新文化运动重新确立了批判奴性之价值。陈独秀在《青年》杂志的创刊号上就提出了脱离奴隶羁绊,以完其自主自由人格的口号。他说,在确认了独立自主人格之后,一切操作,一切权利,一切信仰,唯有听命各自固有的智能,绝无盲从隶属他人之理由。若以其是非荣辱,听命他人,不以自身为本位,那么,个人独立平等的人格,将消灭无存,而一切善恶行为,也将不能诉之自身意志而课以功过,因此,去除奴隶根性的自我解放,是获得新生的前提与实际内容。这同时也是从内心深处舍去外在权威,实行其自行判断的要求,是科学精神之体达。新文化运

---

① 《孔子之道与现代生活》,《陈独秀著作选》第一卷,第232—233页。

动提倡怀疑精神的意义,不仅在于科学方法的确立,而且在个性解放方面强调理性判断,主张自我观念,摆脱盲从、迷信、臆想;在科学的世界观的背景下,人生与科学的关系的积极结论,成为个性主义的重要趋向。

总之,对奴性的批判已由一般否定上升为对封建文化的批判和内在精神价值的改造的完整理论。鲁迅的过敏性批判突出地体现了这一性格。鲁迅在这一方面的思想发展特点是:从辛亥革命时期忽视个性价值的指责,上升为对于国民性质真实面目的揭露及其过敏性本质的抨击。《阿Q正传》标志着他对于个性改造与国民的整体提高两者的统一性有深刻的认识。阿Q的形象,是全体国民的影子。他既是封建社会制度及其文化的直接凝聚,又是每个个体精神上的麻木和沉沦的表征。乍看之下,鲁迅的结论是悲观的。然而,这种悲观仅仅提示了问题的严重性。阿Q的死,没有给他周围的民众哪怕是轻微的刺激。因此,鲁迅对于国民的悲哀,并不是具体的某个人了。然而,国民的弱性,又恰恰存在于每个个体身上。

这样,鲁迅所深深体味到的"哀其不幸,怒其不争"的感情,直接引向对国民惰性的批评。而这恰恰又是启蒙思想家们同样深深关注的课题。保守派们所津津乐道的所谓中国文化的长处,亦在这里。杜亚泉说:

> 吾国人之观念,则以为社会之存在,乃各自相安之结果,凡社会中之各个人,皆为自然存在者,非扰乱社会,决不失其存在之资格;
>
> 西洋社会,一切皆注重于人为;我国则反之,而一切皆注重于自然;
>
> 我国人之生活为向内的,社会内之各个人,皆向自己求生活,常对于自己求其勤俭克已,安心守分……①

曾被严复指斥为中国文化落后根源的所谓安顺自然,竟在新文化运动时期成为保守派的家珍。

不过,启蒙思想家们在提出个性主义价值观之际,已经看到这种强大惰性的腐蚀作用。因此,他们向同胞拉响了警钟。陈独秀在《敬告青年》一文中指出,我国颓靡之俗,屡见不鲜。苟取利禄者自不用说,就是那些所谓自好之士,世人虽以雅人名士目之,实则无益于世。他们的行为,与游惰无异,且无补于人心的增善。相反,在这种风气下,国民勤勉尚进的精神,由之大受挫折。他进而倡导,人生应战胜恶社会,超出恶社会,冒险苦斗,不可逃遁

---

① 《静的文明与动的文明》,《五四前后东西文化问题论战文选》,第18页,中国社会科学出版社,1985年2月版。

退缩,"排万难而前行,乃人生之天职!"这是自严复、梁启超不发个性进取之声以来的更强有力的呐喊。

李大钊曾从东西文化比较的角度,指责中国传统文化中自然的、安息的、消极的、依赖的、苟安的、因袭的、保守的、直觉的、空想的惰性之严重存在;在这种退守因循的文化环境中所产生的厌世主义的人生观不适于宇宙进化之理法。于是,他以缺乏青春锐气引喻中华民族的现状,并警告道,考诸历史,陈腐的国族必败于新兴的国族,白首的国民必败于青春的国民,死灰沉滞的生命必败于朝气横溢的生命,此乃天演公例,不可违抗。因此,他与陈独秀一样,寄希望于青年,寄希望于从青年的自觉开始中华民族的新生与朝气青春的人生。他热情洋溢地说,青年们应当冲决过去的历史罗网,破坏陈腐学说之囹圄,不让僵尸枯骨阻碍活泼泼的自我,从而完成以青春之我扑杀历史之我,获得再生;应当脱绝浮世虚伪的机械生活,特立独行,立于行健不息的大机轴中,从而以青春追杀今日白首之我,并预杀来日白首之我。总之,这是人生唯一的方向,青年唯一的责任。概言之:

> 青年循蹈乎此,本其理性,加以努力,进前而勿顾后,背黑暗而向光明,为世界文明,为人类造幸福,以青春之我,创建青春之家庭,青春之国家,青春之民族,青春之人类,青春之地球,青春之宇宙,资以乐其无涯之生。①

提倡进取乐观奋进之人格精神,以为个性主义之内质,此为陈独秀、李大钊和鲁迅所共同主张。他们之信仰进化公理,批判传统文化之陈腐,国民性之惰怠、厌世退隐的人生观,盲从、迷信、麻木、因袭种种病根弱性,其追求亦在于此。而胡适则积极提倡奋斗的生活,强调对社会完善的责任。他说,我们的方针是:奋斗的结果,要使社会的旧势力不能不让我们;切不可先就偃旗息鼓退出社会去,把这个社会双手让给旧势力。他还反对"避世的独善主义",也符合发展健康人格和实现积极的人生观这一共同目标。

个性主义思想,在妇女解放的问题上达到另一高潮。启蒙思想家们不约而同地对女权问题倾注了热情。在这方面,辛亥革命胜利的影响十分清晰地投射到现实中——即妇女的社会地位以及生活状态并没有丝毫改观。推究起来,当然是价值观念的沉滞有着决定性的影响。对于启蒙思想家们来说,革命派思想家们对于女性问题并没有得出根本性的结论——因为他

---

① 《青春》,《李大钊选集》,第76页,人民出版社,1978年5月版。

们尚未深入到批判消除传统社会伦理的续存影响力以及个性主义的人格观念的重要认识。因此,思想家们在女性问题上展开了前所未有的启蒙主义宣传,在这主题上面汇聚了强大的理论力量。探讨有关妇女问题的文字之多,所涉内容之广,成一时之伟观。其中以民主观念的阐解和自我解放的号召最具代表性。

在民主观念的阐解方面,主要是从女权主义的提倡,即追求女性真正的平等地位以及权利的达成。在这方面,思想家们共同认识到,封建的三纲伦理、名教道德是妇女受压迫受歧视遭凌辱的根源,女性摆脱封建专制的束缚,包括社会伦理、道德观念、行为方式等方面的禁制和屈服于父权夫权专制的解脱,是最迫切的。在他们看来,人权的实现,如果没有女权主义的发达,那就成了偏枯的片面的现象。李大钊说:

> 现代民主主义的精神,就是令凡在一个共同生活组织中的人,无论他是什么种族、什么属性、什么阶级、什么地域,都能在政治上、社会上、经济上、教育上得一均等的机会,去发展他们的个性,享有他们的权利。①

因此,女权主义之范围,涉及男女平等、女子参政、享受教育、经济地位保障、婚姻自主等等方面。而女性的人格独立和个性发展是更为内在的自我解放。

如果说,在民主主义旗帜下的妇女解放运动必然向封建文化公开宣战的话,那么,妇女的自我解放观念则以事实和形象的力量激动了广大的妇女。胡适的《李超传》、杨振声的《贞女》、叶圣陶的《她也是人》等文章中再现了妇女的诸多不幸的现实,它们的控诉,自有其深刻的感伤力。妇女自我解放的形象,通过易卜生笔下的娜拉的生活过程及其最后觉悟,即明确"我对于我自己的责任"而得到清晰的解说,并感动了千万青年。女性问题成为人道主义的重要组成部分,肯定了妇女的全部价值——首先是人的存在与幸福的价值,人的权利,以及个性与人格独立的价值。

因此,思想家家们不满足于泛谈妇女的外在条件的解放,或者说由人们去解放他们,而要求着她们的自我解放。罗家伦在一篇题为《妇女解放》的文章中写道:

> 什么叫做"妇女解放"?就是因为世界上可怜的妇女,受了历史上

---

① 《战后之妇人问题》,《李大钊文集》(上),第635页,人民出版社,1984年10月版。

社会上种种的束缚,变成了男子的附属品——奴隶——现在要打开这种束缚,使他们从"附属品"的地位,变成"人"的地位;使他们做人,做他们自己的……我以为解放的意思就是打开束缚,人家可以为他打开束缚,他自己也可以为自己打开束缚。换一句话说,解放不仅是被动的,也是自动的,因为自己解放自己,也是解放。

他的口号是具有代表性的:"妇女固然应当解放,而妇女解放尤赖妇女自己解放起!"而叶圣陶的妇女人格论,则认识到女性的现实状态是,她们没有真实、确定的人生观,她们的作为,不出一家之外,她们的生活,都靠着也许,既不健全,又不独立,不仅可以说人格不全,甚至可以说没有人格。这不仅仅是妇女的自我解放问题,同时也是男子自我解放的一部分。因为男子不尊重妇女的人格,就是缺损了自己的人格。他提倡,男女都应该有个共同的概念,这就是每个人都是"人",个个是进化历程中的一个队员,人人都负自我独立于健全的责任,人人又应当享受光明、高洁与自由的幸福生活。

这样,新文化运动的民主观念,从反对专制、权威到追求平等独立;新文化运动的科学精神,从打破偶像、去除迷信到崇尚理性自主的人生观;个性主义(个人主义)始终是贯彻其中的价值信念与理想目标。因此,周作人直接把个性主义与人道主义相合一。人道主义也就是个人主义的人类本位主义,是个人自我认识、自我实现之上的平等的博爱的个人主义。这种个人主义是乐观进取的,因为它并没有走向极端的个人主义,也并非驻足于自我实现本身,而是引向普遍幸福的目标。

启蒙思想家们的人生观是个性主义与博爱主义交织的一种普遍适用的理想的人生观。陈独秀说,人生的真义应当是,个人生存的时候,当努力造成幸福,享受幸福;并且留在社会上,后来的人也能够享受。如此递相授受,公至无穷。《新潮》杂志的领袖傅斯年在《人生问题发端》一文中强调,人生的观念应当是,为公众的福利自由发展个人。鲁迅在指出了贞操道德压迫牺牲女性的实质之后说道,我们在追悼了过去的不幸之后,还要发愿,要除去于人生毫无意义的苦痛,要除去制造并赏玩别人苦痛的愚迷与强暴;要自己和别人都纯洁聪明勇猛向上,要除去虚伪,除去害己害人的一切东西;同时要人类都受正当的幸福。这就是新文化运动时期人道主义思想的基调,它在价值观上已克服了以博爱主义为实质追求的理想主义,而在社会主义思潮影响下对于制度保障的现实追求,进一步完成了个性主义与博爱主义和谐互进的理想结合。

当然,新文化运动并没有因此获得新道德观的统一和完善,尤其没有确立伦理学原理的指导来推动社会秩序和道德观念建设。这是另一方面的任务,似乎时机尚未成熟。新文化运动仅仅是激发思想力量的一次挑战而已。

第五节　启蒙思想家

在新文化运动的主旋律中,思想价值观的启蒙运动是其核心主题之一。以陈独秀、李大钊、鲁迅为代表的思想家,一方面推动伦理价值观的变革,另一方面结合介绍共产主义理论,以《新青年》为阵地,开展新的伦理与政治哲学的理论和实践运动。

一、陈独秀的思想

陈独秀是新文化运动时期影响最大的启蒙思想家,而且,也是一位积极的革命家。他的一生经历了曲折的思想发展和政治活动历程。

陈独秀(1879—1942),字仲甫,安徽怀宁人。他很早就参与反清活动。1902年他赴日留学,后因参与留学生政治活动而被遣送回国。回国后继续进行反清政治活动,编辑报纸,进行启蒙宣传,同时也在学校教书。1913年参加反对袁世凯的活动一度遭到逮捕。翌年再次赴日,进行思想政治活动。在此期间,因不赞成民族主义纲领而拒绝加入同盟会。1915年9月,陈独秀在上海创办《青年》杂志,倡导思想道德革命。1917年初,陈独秀被蔡元培聘为北京大学文科学长,《新青年》杂志编辑部随之迁往北京。由于当时一批激进的思想家相继受聘教授于北大,北大成为新文化运动的大本营。次年,陈独秀又与李大钊创办政治评论刊物《每周评论》。1919年五四运动爆发后,陈独秀积极参与反帝反军阀活动,一度遭到逮捕。被救出后,避往上海,继续编辑《新青年》,同时开始政治组织活动。1920年,陈独秀在上海组建"中国劳动组合书记部",它是中国共产党的前身。1921年7月,中国共产党创立,陈独秀被选为总书记。国共合作期间,陈独秀在政策上比较被动,过于妥协,在他领导下的共产党在国民党反动政变时遭受严重损失。他于1927年大革命失败后被解除共产党总书记职务,并于1929年被开除党籍。1932年,陈独秀在上海被国民党逮捕并判刑入狱,至1937年抗战爆发后获释。翌年定居四川江津,专意著述,同时也根据他自己的理解对中国社会发展进行理论总结。晚年穷困而不改气节。

一般认为,《青年》杂志的创刊标志着陈独秀思想的成熟。不过,在这之前,陈独秀初步的民主观念与爱国主义的自觉仍是相当重要的。1904

年,他在一篇题为《恶俗篇》的文章中,斥责了婚姻关系中种种残虐的道德习俗。1914年,他在《爱国心与自觉心》一文中,运用自如地以民主观念劝导所谓爱国志士,并把爱国与人道主义追求结合起来。他说,所谓爱国,乃爱其为我们保障权利与谋求幸福的团体(国家)。如若爱德、奥、日本这样帝国主义的狭隘民族主义,决计谈不上爱国。他说,日本为了对外侵略扩张,竭内以饰外,赋重而民疲,强国之民,难享福利。这是日本国民误视帝国主义为爱国主义,成为当局耀武扬威的牺牲品的悲剧。陈独秀归结说,帝国主义是人权自由主义的仇敌,是吞没人道的洪水猛兽。只要帝国主义存在,民主便被专制取代,而实际平等梦想也没有实现之日。他号召,我们应当要求政府和国家向着民主与为人民谋幸福的目标迈进,这才是真正的爱国的自觉。

1915年9月,陈独秀在上海发表的檄文《敬告青年》中,他热烈呼唤着国民的觉醒和青年的觉悟,寄希望于青年的自觉奋斗:

> 自觉者何?自觉其新鲜活泼之价值与责任,而自视不可卑也。奋斗者何?奋其智能,力排陈腐朽败者以去,视之若仇敌,若洪水猛兽,而不可与为邻,而不为其菌毒所传染也。①

所谓的陈腐朽败者,指封建文化,或者是传统文化中失去活力的东西。而自视不可卑与奋其智能,要求坚持民主、个性主义,以及在科学世界观指导下完成振兴中华之伟业。围绕这两个方面陈独秀表述了他的完整的见解。

个性解放和个性独立的思想,是陈独秀思想的基本出发点。他研究中国封建主义的根本文化力量在于造就奴性人格的存在,而相反,近代欧洲的民主自由思想的大义在于独立平等之人格的觉醒。他在敬告青年时所陈献的"六义"中便首先提出"自主的而非奴隶的"主张:"第一人也,各有自主之权,绝无奴隶他人之权利,亦绝无以奴自处之义务"。他揭露封建主义使人丧失独立性,并自卑自贱耽溺于奴隶地位:

> 轻刑薄赋,奴隶之幸福也;称颂功德,奴隶之文章也;拜爵赐第,奴隶之光荣也;丰碑高墓,奴隶之纪念物也。以其是非荣辱,听命他人,不以自身为本位,则个人独立平等之人格,消灭无存,其一切善恶行为,势不能诉之自身意志而课以功过……

---

① 《陈独秀著作选》第一卷,第129页,上海人民出版社,1993年4月版,(下引该书,只写《著作选》)。

总之,他把奴性称之为"昏弱对于强暴之横夺,而失其自由权利者之称也"。他鼓励青年争求个性的解放与奴性的铲除。他说道:

> 解放云者,脱离夫奴隶之羁绊,以完其自主自由之人格之谓也。我有手足,自谋温饱;我有口舌,自陈好恶;我有心思,自崇所信;绝不认他人之越俎,亦不应主我而奴他人;盖自认为独立自主之人格以上,一切操行,一切权利,一切信仰,唯有听命各自固有之智能,断无盲从隶属他人之理。①

抛弃旧的价值观而获得新生的力量在于确认旧伦理的戕害而否定之,在近代个人主义那里重新找到人生和社会价值目标。他所追求的理想,是法国资产阶级革命时期标示的人道主义价值理想。他以为法兰西思想家们所提示的自由、平等、博爱是近代思想中最富于人道的理想,这种思想观念已深入人心而普遍为人们所接受。陈独秀最强烈向往的是民主与个人独立的成果。他认为是法兰西革命中第一次实现了人类史上的平等理想,尤其是拉法耶特(Lafayette)所著《人权宣言》的刊布,标志着人权的胜利。他在《法兰西人与近世文明》中热烈颂扬了法国资产阶级革命所主张的思想。他所景仰和介绍的主要还在于人权、独立、平等的个人主义。他在《东西民族根本思想之差异》中,进一步通过推崇启蒙时期的个人主义表明自己对于个性解放、平等关系、自助性的立场和见解。他说道:

> 西洋民族、自古迄今,彻头彻尾,个人主义之民族也。英美如此,法、德亦何独不然?尼采如此,康德亦何独不然?举一切伦理、道德政治、法律、社会之所向往,国家之所祈求,拥护个人之自由权利与幸福而已。思想言论之自由,谋个性发展也。法律之前,个人平等也。个人之自由权利,载诸宪章,国法不得而剥夺之,所谓人权是也。人权者,成人以王,自非奴隶,悉享此权,无有差别。此纯粹个人主义大精神也。②

他对西方个人主义的赞美,虽然不无过褒之处,而且把尼采的个人主义与康德的个人主义视为同一精神,也属失当,但他看到个人主义在近代价值观中的根本地位,看到封建主义肆虐的中国,提倡个人主义的价值和意义,这是非常深刻的。这在新文化运动时期向西方学习的过程中起了良好的导引

---

① 《陈独秀著作选》第一卷,第 130—131 页,上海人民出版社,1993 年 4 月版,(下引该书,只写《著作选》)。

② 同上书,第 166 页。

作用。

在陈独秀看来,中国传统封建文化的内核,正是与这种个人主义相对立的家族本位主义以及专制主义。儒家三纲之说,使民为君的附属品,子为父的附属品,妻为夫的附属品。从而使被压迫者完全丧失其人格,因从也使天下无独立自主之人。所以,三纲五常都不是推己及人的主人道德,而是使人隶属的奴隶道德。陈独秀认为,人间百行都应以自我为中心,丧失自我,实为非人。但是,受奴隶道德支配的中国人,都丧失了这种自我中心观念及其现实的可能性,从而使一切操行,都非出于己意,而行为也委人以为功过。换言之,丧失了意志自由这一道德前提,根本上摧毁着中国人的道德心。他同时指出,封建道德一方面造成了大部分人的奴性,一方面却存着残酷的压迫与摧残。陈独秀在一封信中谈到封建伦理的特征是课一方以片面义务,在这畸形与偏枯的社会、家庭及专制制度下,君虐臣,父虐子,姑虐媳,夫虐妻,主虐奴,长虐幼,屡见不鲜。于是:

> 社会上种种之不道德,种种罪恶,施之者以为当然之权利,受之者皆服从于奴隶道德下而莫之能违,弱者多衔衔怨以殁世,强者则激而倒行逆施矣。①

从学理上言之,

> 自于吾国旧日三纲五伦之道德,则既非利己,又非利人。既非个人,又非社会,乃封建时代以家族主义为根据之奴隶道德也。此种道德之在今天日,已无讨论之价值。其或有恋恋不舍者,奴性未除,不敢以国民自居者耳。②

其矛头所指在于伦理的外在强制,这种伦理的外在强制体现了尊卑关系和压迫关系,并没有个体真正的道德义务自觉和功过自律。总之,封建主义固有之伦理、法律、学术、礼俗无一不是泯灭个性扼杀个人之发展,剥夺个人之权利的。在封建宗法伦理下,有种种严重的社会后果,它包括,损坏个人独立自尊之人格;窒碍个人意志之自由;剥夺个人法律上平等之权利;养成依赖性,戕贼个人之生产力。总之,宗法伦理带来种种卑劣不法残酷衰微的征向。陈独秀通过批判封建文化的不人道实质,提出向西方学习接受个人主义价值观的主张。陈独秀人道主义思想是与他的民主思想紧紧联结在一起

---

① 《陈独秀书信集》,第105页,新华出版社,1987年11月版。
② 《陈独秀著作选》第一卷,第300页。

的。他不仅有力地批判了封建专制制度,批判了袁世凯的复辟活动,而且着意揭示了政治上专制主义的思想道德基础。因此,他把对于三纲五常和孔教的批判视为政治上实现民主的基础。他认为,民主共和制度的实现,要以价值观的新陈代谢为基础:

> 如今要巩固共和,非先将国民脑子里所有反对共和的旧思想,一一洗刷干净不可。因为民主共和的国家组织社会制度伦理观念,和君主专制的国家组织社会制度伦理观念全然相反——一个是重在平等精神,一个是重在尊卑阶级——万万不能调和的。①

他对传统政治伦理一体化专制深恶痛绝。他说"伦理思想影响于政治,各国皆然,吾华尤甚。儒者三纲之说,为吾伦理政治之大原,共贯同条,莫可偏废。三纲之根本义,阶级制度是也。……近世西洋之道德政治,乃以自由平等独立之说为大原,阶级制度极端相反";"自西洋文明输入吾国,最初促吾人之觉悟者为学术,相形见绌,举国所知矣;其次为政治,年来政象所证明,已有不克守缺抱残之势。继今以往,国人所怀疑莫决者,当为伦理问题。此而不能觉悟,则前之所谓觉悟者,非彻底之觉悟,盖犹在惝恍迷离之境。吾敢断言曰:伦理的觉悟,为吾人最后觉悟之最后觉悟"。② 即是说,政治上的民主理想已经逐渐深入人心,而伦理上与之相应的进步则未见;之所以需要伦理上根本的觉悟,这是因为中国社会文化的特点所决定的伦理政治阶级制度的存在事实。要打破这一状况而求社会文化的进步,关键在于新一代的觉醒,在于人们伦理上破旧立新的勇气和决心。

但是,陈独秀明确指出,道德是调节人类生活的利器,不可取消。因此,反对旧伦理,并不是不要讲道德,不是不需要传统以来的美德。他认为美德是可以接受而且应该接受和发展的:

> 我们不满意于旧道德,是因为孝弟底范围太狭了。说什么爱有等差,施及亲始,未免太滑头了。就是达到他们人人亲其亲长其长的理想世界,那时的社会纷争恐怕更加厉害;所以现代道德底理想,是要把家庭的孝弟扩充到全社会的友爱。现在有一班青年却误解了这个意思,他并没有将爱情扩充到社会上,他却打着新思想新家庭的旗帜,抛弃了他的慈爱的、可怜的老母;这种人岂不是误解了新文化运动的意思?因

---

① 《陈独秀著作选》第一卷,第296页。
② 同上书,第179页。

为新文化运动是主张教人把爱情扩张,不主张教人把爱情缩小。①
这实际上是对误解道德改造和实践理想的严厉批评。伦理的觉悟是政治觉悟的一环,也是由提升品德来体现的。

显然,陈独秀视政治与伦理不可分,认为接受了民主政治,就不能再保守传统专制伦理,否则将自相矛盾而失去在共和政治追求中的实际效果。易言之,如果在价值观上没有完全统一的健康的变革,则社会政治生活必不健全。那么,陈独秀在伦理观上的立场如此鲜明,而他所持的道德观究竟怎样呢?他在一次演讲中说:

> 原夫道德观念之成立,由于人类有探索真理之心,道德之于真理,犹木之于本,水之于源也。宗教、法律与道德,三者皆出于真理。宗教以信仰为基础,法律以权力为运用,而有信仰所不能范,权力所不能及,则道德尚焉。由是观之,道德与宗教、法律,三者在真理之下……吾人往往以为道德不能变易,吾人今日所遵之道德,即有生民以来所共认之道德,此大误也……又一派人以为科学发达之结果,道德二字,将不复存于人类社会中,此亦误也。夫道德之所由起,起于二人以上相互之际,与宗教、法律,同为维持群治之具。自非绝世独生,未有不需道德者;
>
> 天下无论何人,未有不以爱己为目的者。其有昌言不爱己而爱他人者,欺人之谈耳……故自利主义者,至坚确不易动摇之主义也。惟持极端自利主义者,不达群己相维之理,往往只知有己不知有人。极其至将破坏社会之组织……故言自利主义,而限于个人,不图扩而充之,至于国家自利,社会自利,人类自利,则人类思想生活之冲突无有已时。②

此处包含他的两个重要思想,其一是,他认为,道德是进化的,随时代变迁和文化发展而进化,但他后来补充说,道德是人类本能和情感上的作用,不能像知识那样容易进步。而之所以主张新道德,正是要彻底发达人类本能上的光明方面,彻底消灭本能上的黑暗方面。其二,他认为,道德是社会所必须。人性是自爱利己的,但人处于社会中,不能发展极端利己主义,而应保持对社会的义务。由此更深言之,文明时代道德的发展所要求的是更高的道德境界和公共心,即抛弃利己的旧道德,追求互助,富于同情心、利他心的新道德。

---

① 《著作选》第二卷,第 125—126 页。
② 《著作选》第一卷,第 299—301 页。

陈独秀批判孔教,不是因为孔教是宗教,而是因为孔教是封建伦理的依附。当然,如果从人类精神生活健康发展和伦理的问题来认识宗教的话,他对宗教也是否定的:

> 宗教之为物,无论其若何与高尚文化之生活有关,若何有社会的较高之价值,但其根本精神,则属于依他的信仰,以神意为最高命令;伦理道德则属于自依的觉悟,以良心为最高命令;此过去文明与将来文明,即新旧理想之分歧要点。①

此与其重视独立自由平等思想相贯通。不过,他后来对宗教的认识有所转变,即他区分了内在道德情感和外在伦理约束(外铄)的不同,主张宗教中高尚的情感有助于改善道德生活:"美与宗教的情感,纯洁而深入普遍我们生命源泉底里面。我主张把耶稣崇高的,伟大的人格,和热烈的,深厚的情感,培养在我们的血里,就是因为这个理由。"②

民主与科学是陈独秀所确定的救国之道。民主的真义,在保证国民权利。陈独秀比其他同时期的启蒙思想家都更早地提出了民主政治的原则。他在《今日之教育方针》一文中指出,近代国家的基本精神是,国家是人民集合的团体,统内御外,以确保人民利益的机关,而不是执政者的私产。易言之,是民主的国家,不是民奴的国家。民主的国家,以执政者为公仆,以人民为主人。民奴的国家是执政者的私产,牺牲全体国民的利益以满足个人(或少数)的私欲。陈独秀明确指出,民主而非国家,不切实际;国家而非民主,不仅背于近代民主之说,甚至违逆传统民为邦本之义。因此,只有"惟民主义"的国家才是我们的理想。他强调了"惟民主义"与中国传统民本思想的区别,指出西方的民主主义(Democracy)是以人民为主体的政治制度,是林肯所说的"由民"(by People)而不是传统的"为民"(for People)制度。传统所谓民视民听、民贵君轻的观念,强调一定程度上的为民,但民众不是国家的真正主人,实际上仍然是强调君主与社稷为本位的价值,因此,这种所谓仁民爱民的"民本主义",仍然从根本上抹杀了国民的人格,与以人民为主体的"惟民主义"绝难相容。而且,他补充说,这种民主政治的实现,首先必须在否定传统文化糟粕之后才有可能,因为封建文化,包括封建时代的基本伦理、生活、政治,所心营注的,不出少数君主贵族的权利范围。其次,

---

① 《著作选》第一卷,第279页。
② 《著作选》第二卷,第88页。

这种民主政治的实现,必须依靠多数国民的运动才有可能。这不仅是"惟民主义"的力量源泉,也是国民思想进步的唯一途径。总之,在《一九一六年》这一篇文章中,陈独秀关于民主政治的设想已初步议定了他后来关于社会主义革命及其制度建设的一些具体纲领。而在他后来的思想发展中,他认为功利主义与民主政治是完全相通的,并加以赞赏:"功利主义之所谓权利主张,所谓最大多数之最大幸福等,乃民权自由立宪共和中重要条件。"①总之,陈独秀站在民主主义立场上倡导个人主义价值观的同时,还着力地提倡功利主义的人生观。他一再强调:个人生存的时候,当努力造成幸福,享受幸福;并且留在社会上,后来的个人也能够享受。以至无缺。他一方面指出:不以个人幸福损害国家社会;另一方面,他的"惟民主义"思想所主张的,则是通过政治上的民主制度来实现国民全体的幸福。

陈独秀的这种"惟民主义",即为大多数人谋幸福和人民当家作主思想,使他在歌颂西方近代民主思想的同时,一直警惕着西方社会中的实际不平等,故他对空想社会主义评价甚高。也正是他社会理想中的这种功利主义和国民至上理想,使他较容易接受马克思主义的社会主义。他早在1915年的《法兰西人与近世文明》中便认为马克思的学说是继承并发扬光大了空想社会主义思想而来的,虽然这时他对马克思的了解尚不多,但他敏锐地看到马克思站在民众的立场主张消灭不平等的社会制度。俄国十月革命的胜利,向中国的思想家们展示了新社会的理想。从1919年起,陈独秀逐渐转向马克思主义思想的研究。《新青年》1919年5月号和1919年11月号发表《马克思主义研究专号》,开始成为介绍马克思主义的思想阵地。陈独秀在1920年到1921年所写的《谈政治》、《关于社会主义的讨论》、《社会主义批评》、《讨论无政府主义》等文章中,体现着他在政治上的转变,即倾心于社会主义。陈独秀的民主主义与社会主义的为民众谋幸福的思想之间有着内在联结。不过,作为一个社会主义者,陈独秀不再抽象地谈大多数人的幸福,而是看到了民主与功利主义的资本主义社会在理论宣传上的矛盾,并主张被压迫阶级的解放和幸福的理想。他在《谈政治》中向德谟克拉西(Democracy 的音译)告别,并批判民主主义的修正主义者道:

> 他们只有眼睛看见劳动阶级的特权不合乎德谟克拉西,他们却没眼睛看见戴着德谟克拉西假面的资产阶级的特权是怎样。他们天天跪

---

① 《著作选》第一卷,第480页。

在资产阶级特权专政脚下歌功颂德,一听说劳动阶级专政,马上就抬出德谟克拉西来抵制,德谟克拉西倒成了资产阶级的护身符了。我敢说:若不经过阶级战争,若不经过劳动阶级占领权力阶级地位的时代,德谟克拉西必然永远是资产阶级的专有物,也就是资产阶级永远把持政权抵制劳动阶级底利器。

虽然他对于国民幸福的主张未曾动摇,但他已经分辨出拿着德谟克拉西武器的主人及其用途的各不相同的阶级社会的思想发展实质,因此毫不迟疑地把劳动阶级的解放和幸福作为思想目标和政治变革的理想。他通过对于一般民主政治的彻底反思而接受了社会主义,并使之体现为政治活动的理想追求。

科学与民主是不可分的。民主除了政治权利的获得之外,还体现在独立精神。而这一精神与科学是一致的。陈独秀的科学观主要体现在理性的态度和科学方法方面。实际上,科学也是反迷信的一面旗帜。从学术上言之,包括道德学、心理学在内的所有学术都要经过科学的洗礼。当然,在他看来,科学永远代替不了道德,但科学精神则是道德研究的应有态度,同时,它也能够清除人生观中的种种无知愚昧和盲从。因此,科学对人生而言是必要的内容。在他逐渐看清楚道德进步比知识进步更缓慢更艰巨时,他明智地提出了情感在道德上的价值:

> 道义的行为,是知道为什么应该如此,是偏向后天的知识;情感的行为,不问为什么只是情愿如此,是偏于先天的本能。道义的本源,自然也出于情感,逆人天性(即先天的本能)的道义,自然算不得是道义;但是一经落到伦理的轨范,便是偏于知识、理性的冲动,不是自然的、纯情感的冲动。同一忠、孝、节的行为,也有伦理的、情感的两种区别。情感的忠、孝、节,都是内省的、自然而然的、真纯的;伦理的忠、孝、节,有时是外铄的、不自然的、虚伪的。知识、理性的冲动,我们固然不可看轻;自然情感的冲动,我们更当看重。①

于是,他提出了教育上情感上纯化与升华的重要性。

新文化运动的领袖人物在思想上其实并非单纯一律,而且一些人在短时间里经历了许多转变。陈独秀是其中的一个代表。当然,他所主张的破旧立新的态度似乎没有改变。不过,在他的"新""旧"对比中,实际上包含

---

① 《著作选》第二卷,第87页。

着对文化理想的追求和改造传统文化的态度,而不是形式上的趋新。反礼教、张扬个性和民主是他启蒙活动的旗帜,他在这一思想批判的过程中体现了激进的色彩和理想主义的特征,这就使他的思想影响不仅因其洞察力而成为思想领袖,同时也因他的这些思想特征而撼人心魄。他对儒家伦理的批判不仅推动了德性伦理学的诞生,而且促发了新一代学者对儒家文化的再认识。而他关于政治民主化应与道德理想化过程同步的认识方式,具有较重要的伦理学史意义。

二、李大钊的政治哲学

李大钊(1889—1927),字守常,河北乐亭人。1907年到天津,考入北洋法政专门学校。辛亥革命爆发后,他曾加入京津革命同盟会。1913年,承朋友资助赴日本早稻田大学留学,此期间,参与了留学生的革命活动,同时也接触到日本介绍的马克思主义理论。1916年回国后,先后担任《晨钟报》和《甲寅》日刊的编辑。1918年,受聘担任北京大学图书馆主任。此后参与《新青年》杂志的编辑和宣传,同时与陈独秀创办《每周评论》政治刊物。1920年起,与邓中夏等人发起组织"马克思学说研究会",并在共产国际的帮助下开始筹备建党活动。是年,在北京建立了共产主义小组。中国共产党建立后,他是重要领导者之一。1924年国共合作时,在国民党第一次全国代表大会上被选为执行委员。1927年,李大钊被反动军阀杀害。时人挽悼曰:为革命而奋斗,为革命而牺牲,死固无恨;在压迫下生活,在压迫下呻吟,生者何堪!

李大钊是中国早期马克思主义者的著名代表之一。他与陈独秀同处社会主义运动的领袖地位,时人曾有"南陈北李"之说。同时,李大钊始终是一位启蒙思想家。从青年时期开始,他就热心于启蒙主义宣传。当时他受严复、梁启超等人的影响较大。辛亥革命失败后,他把辛亥革命的失败与民主启蒙的不足联系起来,以为此乃民众素质低下不能抗争奋进所致。因此,他倡导说,志士仁人应该"奋其奔走革命之精神,出其争夺政权之魄力,以从事于国民教育"。这样,十年之后,其效将至为可观。因为"民力既厚,权自归焉,不劳尔辈先觉君子,拔剑击柱,为吾民争权于今日"。① 在另一篇文章中,他既讴歌了为民请命、为社会造福的文杰们,又大声疾呼中士不造,民德沦丧之际,有识之士应该竭力唤醒众生于罪恶迷梦之中,而不能自逞英

---

① 《论民权的旁落》,《李大钊选集》,第62页,人民出版社,1978年5月版。

雄,必须通过联合群庶而展示民主的力量:

> 夫圣智之与凡民,期间知能相去不远。彼其超群轶类者,非由时会之因缘,即在众庶之信仰。秉彝之本,无甚悬殊也。就令英雄负有大力,圣智展其宏材,足以沛泽斯民,而一方承其惠恩,一方即损其自性;一方蒙其福利,一方即丧厥天能。所承者有限,所损者无穷;所蒙者易去,所丧者难返。寖微寖弱,失却独立自主之人格,堕于奴隶服从之地位。若而民族,若而国家,即无外侵亦将自腐,奚能与世争存。即苟存焉,安有价值之可言?①

可以说,这种理论还是比较接近谭嗣同、邹容以来的启蒙传统的。这就是,一面积极阐介自由平等的理旨,一面致力于过敏性的批判。所不同的是,李大钊从共和理想在辛亥革命中的流产教训中觉悟到一条真理:没有能行自由民主的民众的支持,一切形式的理想制度都将流于失败。

作为新文化运动的领袖之一,李大钊强调了他的自由梦想。他明确指出:国存于法,人生于理,国之法在于威权,人之理在于尊严。因此,共和国民的责任,不仅在于保持国家的权威,还应当尊重人的价值:

> 前者政治法律治所期,后者学说思想之所为。前者重服从,尚保守,法之所禁,不敢犯也,法之所命,不敢违也。后者重自由,尚进取……彝性之所背,虽以法律迫之,非所从也。②

因此,自由的真正保障,不仅取决于法律精神,还取决于舆论的制约及其思想自由,取决于运用思想以维护自由的能力。而自由即是民主政治的基础。他强调了天赋自由的重要性:

> 然代议政治之施行,又非可徒揭橥其名,而涣汗大号于国人之前,遂以收厥成功者。必于其群之精神植一坚固不拔之基,俾群己之权界,确有绝明之域限,不容或紊,测性渝知,习以常轨,初无俟法制之力以守其藩也。厥基维何?简而举之,自由是已。而"意念自由之重,不必于思想大家乃为不可阙之心德也,其事实生民之秉彝,天既予人人以心矣,虽在常伦,而欲尽其心量者,尤非自由不可。"此穆勒氏之所诏谕吾人者也。此类意念自由,既为生民之秉彝,则其活动之范围,不至轶越

---

① 《论民权的旁落》,《李大钊选集》,第488—489页,人民出版社,1978年5月版。
② 同上书,第55页。

乎本分,而加妨害于他人之自由以上。苟不故为人为之矫制,俾民庶之临事御物,本其夙所秉赋涵修各自殊异之知能,判其曲直,辨其诚伪,校其得失,衡其是非,必可修一中庸之道,而轨纳于正理,决无荡检逾闲之虞也。①

此处强调了自然天赋自由的价值,同时强调伦理在自由的竞争中获得自然的调节,尤其是相信每个人的判断自由是必要的,其运用必不至于有失正当。与上所论相应,则其早期思想的结论是:自由是民主政治的基石,自由是天赋之权利,其实现是一切价值可能之根据。

与此同时,李大钊为国民的民主觉悟大声疾呼。他悲叹专制主义暴虐中国几千年:暴秦以后,民贼迭起,虚焰日腾。陵轧黔首,残毁学术,抑塞士气,摧哲人权,君主制祸,不堪卒言。他与陈独秀一样,逐渐认识到封建伦理是专制主义的伦理基础与精神力量。因此,他发表了一系列文章,抨击礼教专制主义。他说,那支配中国人精神两千年的孔门伦理,所谓纲常,所谓名教,以及仁义道德,都是损卑以奉尊大,都是强制子弟对于亲长的从服的工具。以孔子为代表的修身理论,道德学说,都是以牺牲人的个性为前提的专制理论。而三纲的偏魁专制,更是遗害至深。而封建伦理与儒家学说相联系,孔子则成为两千年来的"至圣先师",成为历代帝王专制的护符,成为保护君主政治的偶像。这样,李大钊说,他之抨击孔子,乃抨击孔子为历代敌王所雕塑的偶像权威,抨击专制政治的灵魂。

李大钊对于封建伦理的批判,集中在两个方面:其一为,分析了封建伦理道德与专制政治的表里关系。从而透视了道德导师与圣人孔子如何成为专制君主的护符与权威,揭示了历代统治者崇孔祀孔、提倡礼教的本质。其二是,李大钊以进化论为世界观,认识到社会生活决定道德,指出随着社会生活的变动,什么圣道、王法、纲常、名教必然会发生变革。由是,家族主义的道德不但应该废弃,而且必然废弃。这样,李大钊就相当雄辩地证明了,个性时代到来之际,家族主义伦理、封建礼教必然消亡。他的伦理观是进化论的,他认为道德的进化发展,大半由于自然淘汰,几分由于人为。而由此可以认定孔子之道在自然发展中必然不能适应现代生活。其说再后来有所改变,他强调互助博爱的道德是改造经济同步的一种重要活动,不能完全通过社会经济的自然过程而拥有好的道德,必须进行人道主义教育和改造。

---

① 《论民权的旁落》,《李大钊选集》,第40—41页,人民出版社,1978年5月版。

与同时代的许多启蒙思想家一样,李大钊也主张并积极进行个性主义价值观的宣传。他常常从东西文明比较的角度来突出在封建主义伦理政治支配下的中国传统文化的种种弊端。他认为,从文化精神气质来说,东方常自贬以奉人,而西方则自存以相安。西方在近代价值观转变之后所体现的民主进取精神,是目前中国所缺乏的。东方文明尤其是中国文明中厌世的人生观、惰性、个性丧失、等级制、神权、专制主义等等弊端,不仅应该改进,而且必须改进,只有舍弃那些泯灭个性和专制主义的制度与伦理,广大民众有了自我觉悟,发扬青春朝气,才能完成兴邦的历史使命。显然,在比较东西方文化特点的时候,他与陈独秀等人都突出了伦理生活的特征,尤其突出了中国伦理文化生活的弱点而加以抨击。这种不对等比较所得出的结论,远较他对个性主义与民主生活关系的直接阐述逊色。

　　李大钊热烈地讴歌了新的生活态度和价值理想,他称之为青春进取;在他的"青春"中体现出他对改造国民或者说国民之自我改造衰弱性的态度,同时也焕发出对积极人生观的追求和对民众生活的关心之情。概言之,李大钊与鲁迅、陈独秀一样,以个性主义价值观的启蒙来改造过敏性,寻找使中华民族恢复青春的力量源泉。当然,李大钊思想的特殊性也是十分引人注目的。他是新文化运动时期比较突出的否定无政府主义的博爱主义者。他以个性主义为出发点,寻找着实现国民普遍幸福的道路。尽管他以为第一次世界大战中军国主义的失败,预示着世界主义的到来,这一点表现出他思想中幼稚的一面;但是另一方面,我们也可以说,他确实看见了他所期待的人道的曙光。正是基于这种博爱主义伦理态度,李大钊一方面讴歌为人民与暴政激战的英烈们,另一方面猛烈抨击当权者以为民造共和幸福作假面具的狡诈与无赖。他深切地同情人民生活于暴政压迫下的苦痛,并祈愿国民以自身的进步来实现真正的幸福。因此,他逐渐抛弃单纯救世的观念,而致力于介绍民主政治的知识,启迪民众认清专制主义的本质。更重要的是,他逐渐认清了民众的力量。在批判日本的有贺长雄的理论时李大钊说道:

　　　　(有贺)氏论最奇者,莫如"人民生计至艰,无参究政治之能力",及"其人民既不习代表之政治,而又有服从命令与夫反抗苛虐之积习,一旦改数千年专制之政体,一变而为共和,欲其晏然无事,苟非其政府有维持秩序之能力,盖必不可得之数矣"!吾之国民生计,日瀕艰窘,无可掩讳,然遽谓其至于无参政能力之度,吾未之敢信。盖所谓生计艰者,比较之辞,非绝对之语,较之欧美,诚得云然;较之日本,尚称富裕,胡以日人有参政能力,而我得无也?此则大惑不解者矣。共和国民之精神,不外服从法令与反抗苛虐二者……今(有贺)氏指斯二者为吾之国情民性,虞其不然晏然于共和之下者,抑又何也?①

在《民彝与政治》一文中,他关于国民的思想发挥具有很深的洞察力:

> 盖惟民主义乃立宪之本,英雄主义乃专制之原。而立宪之所以衅夫专制者,一则置重众庶,一则侧重一人;一则使知自重其秉彝,一则多方束制其异性;一则与以自见其我于政治之机,一则绝其自见其我于政治之路。凡为立宪国民,道在导民自治而脱他治。民以是求,政以是相应,斯其民之智能,必能共跻于一水平线而同芘并育。

以"惟民主义"为标准,"今后取人之准,宜取自用以效于民之人,无取用民以自见之;宜取自用其才而能适法之人,无取为之制法始能展才之人"。李大钊思想中为民众奋斗的信念,是他人道主义思想的坚实基础。在这基础上,经过社会主义学说的研究和思想发展,他进一步认识到革命力量的真正源泉。十月革命胜利后,他进一步认识到与民众打成一片的重要,从而号召青年到农村去帮助老百姓改善生活和为他们奋斗。四五运动前后,他接受了马克思主义学说,认识到被压迫、被剥削的劳苦大众的幸福就是自己的幸福,要求推翻剥削制度,实现人民当家做主人的理想。换言之,十月革命使得李大钊的思想发生了深刻的变化。

俄国十月革命胜利后,李大钊很快写了很多歌颂这一历史性胜利的文章。《法俄革命之比较观》、《庶民的胜利》、《Bolshevism 的胜利》(即《布尔什维主义的胜利》)是其代表作。其中对于庶民社会(即社会主义社会)的歌颂以及人道主义的欢呼,几乎随处可见。他在比较法国资产阶级革命与俄国社会主义革命不同的历史意义时指出,法国革命表现了革命者们的爱国热情,而俄国革命是 20 世纪初期的革命,是社会主义革命,具有世界革命的色彩。俄国革命胜利的根源之一,是俄罗斯人弥足珍贵的人道主义传统。它是如此之深入人心,可以说是举世无匹。他进而指出,几十年来,文豪辈出,各以其人道的社会的文学,与专制主义的政治宗教制度相对抗。迄今西伯利亚之域,随处可见牺牲的人道主义者的坟墓。因此,可以说,法国革命时期的精神,是爱国的精神,俄国革命的精神,是爱人的精神。"前者根于国家主义,后者倾于世界主义;前者恒为战争之泉源,后者足为和

---

① 《论民权的旁落》,《李大钊选集》,第 6 页,人民出版社,1978 年 5 月版。

平之曙光"。① 由此,不仅可以看出他对于民主主义、个性主义的超越和对于社会主义的热烈向往,还可以看出他对于人道主义与世界未来文明的内在联结的信念。显然,他认为俄国革命之胜利,根植于人道主义普及于国民,且是忠诚人道主义的革命者献身奋斗之结果。这一理解虽不十分确切,但它的思想史意义在于,李大钊强调了俄罗斯革命之世界意义以及它与人道主义的联结。他说:

> 俄罗斯之革命,非独俄罗斯人心变动之显兆,实二十世纪全世界人类普遍心理变动之显兆。桐叶落而天下惊秋,听鹃声而知气运,历史中常有无数惊秋之桐叶、知运之鹃声,唤醒读者之心。此非历史家故为惊人之笔,遂足以耸世听闻,为历史材料之事件本身实足以报此消息也。吾人对于俄罗斯今日之事变,惟有翘首以迎其世界新文明之曙光,倾耳以迎其建于自由人道上之新俄罗斯之消息,而求所以适应此世界的新潮流,勿徒以其目前一时之乱象遂遽为之抱悲观也。②

总之,他视俄国革命为世界范围的社会主义革命的预兆,且是人道主义时代到来之先声。故此,他热烈地歌呼道:"人道的警钟响了!自由的曙光现了!试看将来的环球,必是赤旗的世界。"③这以后,李大钊撰写了许多宣传介绍马克思主义和以马克思主义观点阐释问题的文章,其中以《我的马克思主义观》《物质变动与道德变动》《由经济上解释中国近代思想变动的原因》《唯物史观在现代史学上的价值》《马克思的经济学说》等较为著名。这表明唯物史观是他的思想方法和认识基础。在这些文章中,他开始运用马克思的唯物史观来分析社会发展的必然进程。他认定社会经济条件的变迁决定道德的发展,因而经济发展必然消除和淘汰封建主义的伦理道德。他还强调,由于资本主义发展所带来的思想进步必然否定封建主义,因而实现民主主义是势所必至。同理,由于新时代人道主义经济学和人道主义社会理想的展现,国家主义的社会制度和个人主义经济时代的文化也将为社会主义所取代。

这一时期李大钊思想中最引人注目的是,他在宣传社会主义时,强调社会主义与人道主义的联结,从而形成他所理解的社会主义理想的特点。他指出个人主义经济(即资本主义经济)时代即告结束,社会主义经济将代之

---

① 《论民权的旁落》,《李大钊选集》,第102页,人民出版社,1978年5月版。
② 同上书,第104页。
③ 同上书,第117页。

而兴,从而论证了社会主义时代与人道主义时代的同一性。他说,人道主义经济学者以为,不管经济组织如何加以改造,只要人心不改造,仍如现状般贪私无厌,则社会仍没有改造的希望。因此,他们提倡以爱他利他的道德替代逐利与自私。而社会主义经济学者则以为,社会之弊害从根本上来源于经济组织之不良,如果从根本上改造了经济组织,精神上的一切现象便会发生转变。也就是说,社会主义者持组织改造论,其目的在社会革命;人道主义者持人心改造论,其目的在道德革命。他们都反对个人主义。不过,李大钊认为社会主义并不注定与人道主义相对立;实际上,社会主义者同时又是人道主义者的现象并不是罕见的。因为,改造社会与改造人心是并进互动的。在李大钊看来,改造世界的运动已经从俄罗斯、德国等方面透闪出曙光,社会主义与人道主义将取代以往的个人主义。这是一个新时代,这个时代之所以为社会主义与人道主义的时代,在于它与劳动者自身解放、道德革命与世界改造运动已经联结在一起了。

他自己明确主张社会主义与人道主义结合的理想。一方面,他肯定科学社会主义的划时代意义:

> 本来社会主义的历史并非自马氏始的,马氏以前也很有些有名的社会主义者,不过他们的主张,不是偏于感情,就是涉于空想,未能造成一个科学的理论与系统。至于马氏才用科学的论式,把社会主义的经济组织的可能性与必然性,证明与从来的个人主义经济学截然分立……①

他认为,经济构造是社会的基础构造,全社会的表面构造,都依着他迁移变化。另一方面,他又主张,一切形式的社会主义的根萌,都纯粹是伦理的。协合与友谊,就是人类社会生活的普遍法则。我们要晓得人间社会永远受这个普遍法则的支配,就可以发现社会主义者共同的主义认定的基础,何时何处,都有他存在。不论他是梦想的,或是科学的,都随着他的知识与能力,把他的概念建立在这个基础上。"这基础就是协合、友谊、互助、博爱的精神,就是把家族的精神推及于四海,推及于人类全体的生活精神。"②这是他的基本政治理想,也体现了伦理的政治理想。

那么,如何理解他把社会主义与人道主义结合的思路呢?显然,他一方

---

① 《论民权的旁落》,《李大钊选集》,第176页,人民出版社,1978年5月版。
② 同上书,第222页。

面强调变革资本主义经济关系,包括提倡以阶级斗争为手段来建立社会主义经济基础和社会关系。另一方面又指出,资本主义时代的道德关系和价值观念本质上不能适应这种新的经济社会关系。而必须提倡协合、互助的道德来加以改造,使之与此相适应。他说:

> 我们主张以人道主义改造人类精神,同时以社会主义改造经济组织。不改造经济组织,单求改造人类精神,必致没有效果。不改造人类精神,单求改造经济组织,也怕不能成功。我们主张物心两面的改造,灵肉一致的改造。①

由此可以解释为,李大钊所理解的社会主义,是一种完满和谐的社会制度,它不仅在经济上是协作生产,社会关系上协助协调,而且在道德上和精神上有高度的思想境界和博爱观念。那么,又如何理解他所说的"一切形式的社会主义的根萌,都纯粹是伦理的。协合与友谊,就是人类社会生活的普遍法则"呢?他解释道,即使在建立于阶级对立基础之上的社会里,那社会主义伦理的观念,就是互助、博爱的理想,实在一天也没有消灭。只是因为阶级斗争的社会经济现象,天天在那里破坏,所以不能实现那体现人类本质的博爱关系。

> 但这一段历史,马氏已把他划入人类历史的前史,断定他将与这最后的敌对形式的生产方法,并那最后的阶级竞争一齐告终。而马氏所理想的人类真正历史,也就从此开始。马氏所谓真正历史,就是互助的历史,没有阶级竞争的历史……我们于此可以断定,在这经济构造建立于阶级对立的时期,这互助的理想,伦理的观念,也未曾有过一日消灭,不过因他常为经济构造所毁灭,终至不能实现。这是马氏学说中所含的真理。到了经济构造建立于人类互助的时期,这伦理的观念可以不至如从前为经济构造所毁灭。可是当这过渡时代,伦理的感化,人道的运动,应该倍加努力,以图划除人类在前史中所受的恶习染,所养的恶性质,不可单靠物质的变更。②

如此,可以看出李大钊所强调的是,互助博爱的理想,并非在阶级对立、阶级斗争存在的人类原始时期不存在,而是在人类原始时期没有它的社会经济条件,因而没有成为人们的普遍道德准则。而共产主义时期却是以互助博

---

① 《论民权的旁落》,《李大钊选集》,第194页,人民出版社,1978年5月版。
② 同上。

爱的伦理支配道德生活的。在其中的过渡时期，除了以阶级斗争变革社会经济制度以外，尚需同步的价值观、道德的提倡宣传运动，以配合其发展的进程。

有的马克思主义研究者把强调互助博爱伦理视为李大钊思想中的糟粕。这种论断显然过于简单化了。虽李大钊的理想主义和马克思的历史现实主义之间有微妙的差距，但在理想社会的设定上所体现出的精神应是一致的。他的这种主张，是在坚持唯物史观的前提下强调了人道主义在社会主义制度确立过程中的重要意义，并指出了社会主义道德生活和社会关系应当是符合人道主义原则的。其中虽有不够精当之处，仍应视为他对社会主义思想的探索努力。这种努力乃是在当时开始强调阶级斗争的条件下试图加强伦理的改造运动，以实现政治与伦理理想的同步，因而有明显的针对性。李大钊之积极提倡博爱主义与人道主义，与他把社会主义理解为必然在全世界实现，而且主张劳动阶级的世界团结密切相关。他强调博爱主义与人道主义应为劳工阶级的精神，在劳工阶级之间应提倡发挥互助的精神与平等自由的理想，而只有社会主义才为人道主义理想的实现开辟了广阔的前景。

总之，李大钊这位中国早期的马克思主义者认定，社会主义制度建立后的伦理准则和道德基础应当是符合人道主义理想的。他强调推翻资本剥削制度的必要性，但这不仅要通过阶级斗争改造社会组织和以社会主义生产方式改造经济组织，同时也要通过宣传社会主义的人道主义来改造思想精神才能实现。当然，他的文章中一些激烈的言论应仍有讨论的余地。不过，他的思想核心在于，互助伦理既是革命进程中的精神力量，同时也是剥削阶级消灭之后，在社会主义建设中应该加以提倡的人道主义之本质。只有经济发展与伦理精神提高的同步进程，这样才能实现一个富强、完善、理想和人民真正幸福的社会主义社会，也就是过一种好的精神和物质生活的社会。与那种把社会主义与人道主义对立起来的理论相比，李大钊的思想更符合马克思主义创始人的理想，即：

> 真正合理的个人主义，没有不顾社会秩序的；真正合理的社会主义，没有不顾个人自由的。个人是群合的原素，社会是众异的组织。真实的自由，不是扫除一切的关系，是在种种不同的安排整列中保有宽裕的选择机会；不是完成的终极境界，是进展的向上行程。真实的秩序，不是压服一切个性的活动，是包蓄种种不同的机会使其中的各个分子

可以自由选择的安排;不是死的状态,是活的机体。①

因此,他的价值理想体现了将马克思主义与当时启蒙运动中个性主义、人道主义的结合。

李大钊开创了关于知识分子通过改造自身而与民众取得沟通,通过这种沟通和自身的表率而带动社会革命的理论。他要求知识分子的人生观进行彻底的改造。这种改造是在认识了与劳动者打成一片,真实地了解他们,帮助他们的意义以后,而且是在实践中不断完成的。李大钊在1919年初就号召青年到农村去,与民众打成一片,这样,才能真正替老百姓说话,而老百姓也能成为他们的后援。只有进行人生观的改造才能真正认识到使命是什么,只有懂得使命是什么才能具有无穷的力量。他第一个指出,"五四运动"所昭示的,就是必须使知识分子与社会民主运动的开展相结合,使知识分子进一步认识到自己的力量的民众源泉,并且深化了他们的人生观改造。这样,只有于社会活动中找到真正民主力量的源泉,才能不轻信、不动摇,真正地为大众谋幸福。李大钊指出,"到了现在,知识阶级的胜利已经渐渐证实了。我们很盼望知识阶级作民众的先驱,民众作知识阶级的后盾。知识阶级的意义,就是一部分忠于民众作民众运动的先驱者。"②在这种思想中,仍然贯穿着他民本政治的哲学。他的"铁肩担道义"的精神境界和实践性格,在青年知识分子中产生了深远的影响。

早期马克思主义者所理解的马克思的社会主义,突出了孙中山先生所说的其中的科学性。李大钊则无疑还通过自己的人道主义伦理学的解释而增强了对道德精神要素的吸收。因而,这也是马克思政治哲学方法在中国的实际运用和发展。其学说的根本价值即在于此。

三、鲁迅的呐喊

鲁迅(1881—1936),原姓周,1898年在南京求学时取名树人,浙江绍兴人。17岁时开始学习自然科学,曾深受改良派思想和进化论的影响。1902年他到日本求学,先学日语,后来希望学习医学以治病救人,就投考仙台专门学校。可在医学校毕业后,经过思想的转变,他立志弃医从文。他自己说,凡是愚弱的国民,即使体格如何健全,如何茁壮,也只能是做毫无意义的示众的材料和看客,病死多少是不必以为不幸的。所以我们的第一要著,是

---

① 《李大钊文集》下册,第437—438页,人民出版社,1984年版。
② 同上书,第308页。

在改变他们的精神,而善于改变精神的活动首先要数文艺运动。在日本期间,他曾加入光复会。1909年鲁迅回国后,先当中学教师,后来在辛亥革命期间任过各种小职,也进行学术研究工作。1918年初,鲁迅应邀参加《新青年》的活动,4月发表新文化运动时期尝试的第一部白话小说《狂人日记》。在小说中,他提出了"礼教吃人"的观点,成为新文化运动的口号。这以后,他发表了许多小说和杂文,贯穿了批判封建精神的基本主题。他的杂文以锐利和锋芒,显示了文艺启蒙方法的思想力量。从1920年起,鲁迅开始大学教授生涯,同时继续撰写文学作品,也进行翻译工作。当国内政治黑暗时期,他将笔锋对准了军阀政客和御用文人,开展社会批判的文学和思想活动。从1930年起,除了文学活动以外,他推动了文艺左翼联盟的成立和活动,还发起组织"中国自由运动大同盟",与蔡元培等人发起"中国民权保障同盟"的组织活动,病逝于1936年10月。

鲁迅的思想活动主要体现在个性主义和社会精神批判活动方面。他在《两地书》中提到自己的思想倾向时曾经说:

> 其实,我的意见原也一时不容易了然,因为其中本含有许多矛盾,教我自己说,或者是人道主义与个人主义这两种思想的消长起伏罢。①

这里所说的人道主义与个人主义的思想主线,恰好是鲁迅在新文化运动中呐喊的主要思想内容。具体地说,也就是国民性和社会精神批判中贯穿的"爱"的思想和个体独立强大的个性主义。其中包含着他对各种社会政治思潮的批判。

显然,鲁迅的所谓个人主义,除了他对自身思想性格的意识外,也就是个性主义。这种个性主义主张,源自他对现实的认识与启蒙主义自觉。鲁迅以极敏锐的洞察力,审视了旧俗固锁、社会黑暗的现实;到处可见的愚昧、麻木与迷信,使他哀痛于国民精神的不健康和人格的不完善,并由此发为启蒙主义自觉。他在弃医从文时立志唤起民众、改变国民性,所强调的就是个性主义。1907年,鲁迅在《文化偏至论》中写道,个人一语,入中国未久,时皆讳称而病诟之,以为害人利己主义。此诚可笑。在他看来,自自由平等之说兴,社会平等倾于走向平均主义,使个性尊严虽存而个性泯失。他以为,这是一种文化偏至现象。鲁迅受到章太炎较深的影响,以为应该"掊物质而张灵明,任个人而排众数"。他认为,在内困外患的艰危之际,中国应该

---

① 《鲁迅全集》第十一卷,第79页,人民文学出版社,1987年版(下引该书,只注《全集》)。

从根本上改弦更张,洞察世界大势,去其偏颇,得其神明,中国文化既不落后于世界思潮,也不失固有的血脉。其方法是,使人生意义致之深邃,则国人自觉至、个性张。由是,沙聚之邦,转为人国,"乃始雄厉无前,屹然独立于天下"。尽管他的"掊物质而张灵明"的见解似乎袭自章太炎,但他所说的"个性张大"与"沙聚之邦转为人国"的联结,则是十分有见地的。当然,这其中也体现了他早期的社会有机体论思想。

鲁迅与陈独秀、李大钊一样,曾经受到尼采哲学较深的影响,他引尼采个性形象的话来表示自己的信念:"怀抱不平,突突上发,则据傲纵逸,不恤人言。破坏复仇,无所顾忌。"①这种个人主义价值信念,成为他启蒙思想的核心内容,并在他的思想进程中不断得到深化。一方面,他继续强调个性解放的文化意义,另一方面,他积极地向封建文化发起进攻,深刻而尖锐地揭露了保守主义者以爱国、合群等名义压迫个性、敌视个性,揭露他们利用群体、国粹、爱国等名义来遮掩自己的软弱、衰败、保守、自私的本质特征。而这恰恰是中国社会进步的根本障碍。鲁迅嘲讽说,中国人向来总是自大,虽然没有个人的自大,都是合群的爱国的自大。而这种虚夸的自大,正是文化竞争失败后没有振发改进的原因。因为,合群的爱国的自大党同伐异,是对那些思想见识超出庸众之上、能够出新思想、敢于在政治上宗教上道德上进行改革的少数天才宣战。但他们自己又毫无特别才能,无可示于人,便以国家为影子,把国里的习惯制度抬得很高,赞美有加,以国粹为荣光,映及自己。这种看似雄壮其实卑怯的举动,如复古、尊王等等,都是与个性为敌的。

在这样的文化环境中,鲁迅主张个人必须不断增强。他从屈原《离骚》中引摘"路漫漫其修远兮,吾将上下而求索"来表示自己对精神力量和目标的追想,他从屈原的人格中觅见了一种自励自勉自奋自强的力量,从孤独中走向"希望、希望,用这希望的盾,抗拒那空虚中的暗夜的袭来"②,从"其实地上本没有路,走的人多了,也便成了路"③中走入彷徨,再走向"他屹立着,洞见一切已改和现有的废墟和荒坟,记得一切深广和久远的苦痛,正视一切重叠淤积的凝血,深知一切已死、方生、将生和未生"。④ 总之,鲁迅是一个洞察黑暗的人,他时常面对黑暗而自我悲伤,也时常因自负社会的责任而自

---

① 参阅《全集》第一卷,第44—57页。
② 《全集》第二卷,第177页。
③ 《全集》第一卷,第485页。
④ 《全集》第二卷,第221—222页。

觉其悲伤。

应该看到,鲁迅的个性主义,一开始便是与人道主义联结交织在一起的。他对于丰富人性的主张,便是其中的思考:

> 故人群,所以希冀要求者,不惟奈端(牛顿)已也,亦希视人如狭斯丕尔(莎士比亚);不惟波尔,亦希画师如洛菲罗(拉菲尔);既有康德,亦必有如乐人培得诃芬(贝多芬);既有达尔文,亦必有文人如嘉来勒(卡莱尔)。凡此者,皆所以致人性于全,不使之偏倚,因以见今日之文明者也。①

虽然他对人性论没有许多理论上的探讨,但把人性看成丰实而不是单一,这其实是个性主张的出发点。在他的文学追求上,也暗含了以文艺来丰富人性的思想认识。

在社会发展方面,鲁迅主张进化论。他将进化论思想进一步做了具体的切实发挥,而不是仅仅停留于历史观和社会进步的拥护上。他相信后代一定会比前辈进步、幸福,且要求通过自己的奋斗来为来者铺路,奉献自己的爱。他猛烈抨击了守旧者:

> 明明是现代人,吸着现在的空气,却偏要勒派腐朽的名教,僵死的语言,侮蔑尽现在,这都是"现在的屠杀者"。杀了"现在"也便杀了将来。将来是子孙的时代。②

在礼教的压迫下,不仅牺牲了过去及现在精神生命,而且牺牲着孩子们的精神健康。他发出了"救救孩子"的呼声。他要求父辈们觉醒并竭力奉献给孩子们以幸福。在《我们现在怎样做父亲》一文中,他说道:"所以觉醒的人,此后应将这天性的爱,更加扩张,更加醇化;用无我的爱,自己牺牲于后起新人。开宗第一,便是理解……第二,便是指导。时势既有改变,生活也必须进化;所以后起的人物,一定尤异于前,决不能用同一模型,无理嵌定。长者须是指导者协商者,却不该是命令者。不但不该责幼者供奉自己;而且还须用全副精神,专为他们自己,养成他们有耐劳作的体力,纯洁高尚的道德,广播自由能容纳新潮流的精神,也就是能在世界新潮流中游泳,不被淹没的力量。第三,便是解放。子女即是非我的人,但既已分立,也便是人类中的人。因为即我,所以更应该尽教育的义务,交给他们自立的能力;因为

---

① 《全集》第一卷,第35页。
② 同上书,第350页。

非我,所以也应同时解放,全部为他们自己所有,成一个独立的人。"总而言之,觉醒的父母,完全应该是义务的,利他的,牺牲的。中国觉醒的人,为想随顺长者解放幼者,便须一面清洁旧账,一面开辟新路。也就是前面所说的"自己背着因袭的重担,肩住了黑暗的闸门,放他们到宽阔光明的地方去,此后幸福的度日,合理的做人"。① 这是一件极伟大要紧的事,也是一件极困苦艰难的事。

这里可以看出,鲁迅将自我改造和社会变革联结在一起,这就是,他主张现代的人应该在礼教的受害中觉醒,而不要将"吃人"的一切黑暗沿袭地传延下去。所谓的爱或者责任,主要是自律的,是自我牺牲的。鲁迅曾经通过自身的家庭感受到专制压迫的存在,又因其所见所闻而明确改造之痛苦。尤其是克服自己占有的自私和利己,就是道德进化的关键。然而,他认为,这种进化的趋势是明显的,阻挡的活动只有增加人生的痛苦,而减少这种痛苦,就是需要牺牲自己以求进化的顺畅。当然,也不仅仅是进化,而是改造精神的深刻活动。这种改造是不可能自觉的,于是就必须进行批判促动。

虽然鲁迅对社会的谴责是无情的,可在他的思想中,流动着自身作为一个进化过程的自觉的"爱"。因此,鲁迅极为欣赏日本近代人道主义文学团体"白桦派"代表作家有岛武郎所提倡的爱——牺牲自己造出孩子们光明的未来。他引有岛氏《对于幼者的爱》中的话说道,"人间很寂寞。我单能这样说了就算么?你们和我,像尝过血的兽一样,尝过爱了。去罢,为要将我周围从寂寞中救出,竭力做事罢。我爱过你们,而且永远爱着。这并不是说,要从你们受父亲的报酬,我对于'教我学会了爱你们的你们'的要求,只是受取我的感谢罢了……像吃尽双亲的死尸,贮着力量的小狮子一样,刚强勇猛,舍了我,踏到人生上去就是了。我的一生就令怎样失败,怎样胜不了诱惑;但无论如何,使你们从我的足迹上寻不出不纯的东西的事,是要做的,是一定做的。你们该从我的倒毙的所在,跨出新的脚步去。但那里走,怎么走的事,你们也可以从我的足迹上探索出来。"②鲁迅自己这样解释道:"有岛氏是白桦派,是一个觉醒的,所以有这等话;但里面免不了带些眷恋凄怆的气息。""这也是时代的关系。将来便不特没有解放的话,并且不起解放的心,更没有什么眷恋和凄怆;只有爱依然存在。——但是对于一切幼者的爱。"这是鲁迅的心境,他的牺牲自己的决心,他的真纯的爱,也就是他所说

---

① 《全集》第一卷,第129—140页。
② 同上书,第362—363页。

的"甘为孺子牛"的意愿情怀。

这是新文化运动时期鲁迅思想活动的基本内容。但从新文化运动以后,鲁迅的个人主义思想和人道主义的结合,更多地转移到国民性的批判和生命尊严的维护上。鲁迅所谓的国民性,是被扭曲和压抑了的不健康、愚昧、愚笨的每一个灵魂。他早已看到这个社会中根深蒂固死死纠缠住每一个生命的精神病伤。在日本留学时便欲以文艺为手段来改变那些麻木的躯壳,使中国的每一位国民先具个性与觉悟,才有致强的希望和其他可追求的理想。他看到,反映在每个个体身上和整个国民精神上的萎靡、迷信和屈从,则不仅仅是封建制度、封建伦理道德几千年来的压迫所致,同时也是借助各种思潮、打着各种旗号的伪君子所为。因此,他把批判的矛头对准了封建主义及其官僚、买办、政客等等的恶势力。

对于社会精神和社会组织交织的病态,鲁迅在书信中有着他自己对现实的分析结论:

> 民元的时候,顽固的尽管顽固,改革的尽管改革,这两派相反,只要一派占优势,自然就成功起来。而当时改革的人,个个似乎有匈奴未灭何以家为的一种国尔忘家,公尔忘私的气概,身家且不要,遑说权利思想。所以那时人心容易号召,旗帜比较的鲜明。现在呢?革命分子与顽固派打成一片,处处不离"作用",损人利己之风一起,恶劣分子也就多起来了。目前中国人为家庭经济所迫压,不得不谋升官发财,而卖国贼以出。卖国贼是不忠于社会,不忠于国,而忠于家的。国与家的利害,互相矛盾,所以人们不是牺牲了国,就是牺牲了家。然而国的关系,总不如家之直接,于是国民性的堕落,就愈甚而愈难处理了。这种人物,如何能有存在的价值,亡国就是最终的一步。虽然有些人们,正在大唱最新的无国界主义,然而欧美先进之国,是否能以大同的眼光来待遇这种人民呢?这是没有了国界也还是不能解决的问题。[①]

在这里,似乎由于社会的世俗化而出现了自私自利而显得越来越积弊深重,他也逐渐感到光靠批判是难于完全奏效的。但他仍坚决地作出勉励的战斗。

阿 Q 的形象塑造可以说是鲁迅批判国民性的成功代表作。关于阿 Q 的性格,鲁迅再后来曾概括为:阿 Q 该是三十岁左右,样子平平常常,有农

---

① 《全集》第十一卷,第 35—36 页。

民式的质朴、愚蠢,但也沾了些游手之徒的狡猾。也许平平常常反映在这一形象上可以概括出鲁迅所理解的生存于国民精神上的愚昧、无知、麻木、自私、欺软怕硬……等等的恶习和堕落。他笔下的其他形象,如孔乙己、祥林嫂等等,都是他笔下显然是良善的然而又是那么"不会感到别人肉体上的痛苦","并且使人不再感到别人的精神的苦痛"。鲁迅自己感伤地说:

> 我虽然竭力想摸索人们的魂灵,但时时总有自憾有些隔膜。在将来,围在高墙里面的一切大众,该会自己觉醒,走出去,都来开口的罢,而现在的还少见,所以,我也只得依了自己的觉察,孤寂地姑且将这些写出,作为在我的眼里经过的中国的人生。①

鲁迅在自己作品的主人公身上感受到一种屈辱和悲哀,感受到中国社会沉积的黑暗。而这种黑暗在他的笔下,在他愤怒的笔锋中显示出呐喊和期待。可见,其国民性批判的目的仍在于唤醒民众的自觉。他认为:

> 最要紧的是改革国民性,否则无论是专制,是共和,是什么什么,招牌虽换,货色照旧,全不行的。②

只有国民的整体觉悟提高了,中国才有发展、富强的希望。但这种觉悟其实也并不能完全由呐喊就能解决的,是需要社会的改革以保障生存的权利和正常的生活。

因此,鲁迅对国民性的批判具有双重意义。一方面,鲁迅承接了邹容以来对于奴性的批判,并且把这种批判大大拓宽与深化了。因为在鲁迅眼中,个性解放和个性独立的达成绝非仅仅去除奴性所能的。人的本质整个被扭曲,包括封建伦理道德、礼俗、法规、封建制度、等级关系等封建主义的专制和压迫所造成的人的全部价值的丧失,使人成了非人。这种非人的人在麻木中也就溶化为封建势力的新的力量,转过来吞噬健康的灵魂,压迫独立的人格,使人在其中浸染其毒质而麻木,而精神变态,意志沦落,即被"吃"掉。但反过来,这些被"吃"了的人又转过来"吃"其他的人,尤其是年轻的一代。因此,鲁迅的《狂人日记》中的"救救孩子"的呼声,正在于对整个封建制度及其伦理道德的抗议。也正是这样,鲁迅笔下许多被压迫、被凌辱的形象,又是压迫和凌辱其他更弱者的力量。阿 Q 便是其中的典型。另一方面,鲁迅在批判封建主义的同时,把个性解放和人格独立等等的主张与推翻封建

---

① 《俄译本〈阿 Q 正传〉序》。
② 《全集》第十一卷,第 31 页。

制度结合起来。在封建制度的重重压迫下,人的尊严根本就不存在,屠杀、战争、暴政直接杀人不消说,礼教杀人更是屡见不鲜。这样,即使有些觉悟的人、反抗的性格,但最终也逃不出封建黑暗之手。他笔下的许多有上进心的青年或叛逆者的悲剧,都是封建制度造成的。这样,鲁迅的思想发展为要求推翻封建制度,并希望通过文学的力量唤醒人的理性与良知,来保护那些正直和不幸的弱者。因此,鲁迅的思想在注重改造国民性的同时,逐渐同情起那些被压迫尤其是受压迫而不自知的民众。他自己所说的人道主义,就是在批判的同时以更多的力量来保护那些受压迫、被愚弄、精神孱弱、无力抗争的人民。这就是通过批判社会和揭露丑恶,来使人认清暴虐的社会的本质,以催人留心,引起设法加以疗治的希望;同时也是他自己竭心尽力地肩住黑暗,以使青年们能够不被恶势力吞噬而去。

就这样,鲁迅一面继续撕去旧社会的假面,一面努力振奋国民精神。虽然他自己常常品尝着辛酸的孤独,但却毫不犹豫地给人以热情与温暖,展示其亮丽的光彩:"我于是删消些黑暗,装点些欢容,使作品比较的显出若干亮色,那就是后来结集起来的《呐喊》。"①而"至于自己,却也并不愿将自以为苦的寂寞,再来传染给也如我那样年轻时候似的正做着好梦的青年"②。他其实始终没有忘记同胞身上的高贵品格,因为他从中懂得人民的善良,懂得相互关爱的需要。因此,在看到一个车夫帮助一个老太婆的"一件小事"中便引起许多感慨:"我这时突然感到一种异样的感觉,觉得他满身灰尘的后影,刹那高大了,而且愈走愈大,须仰视才见……独有这一件小事,却总是浮在我眼前,有时反更分明,教我惭愧,催我自新,并且增长我的勇气和希望。"③他对来自别人的关爱是那么感激。如他写到藤野先生:"只有他的照相至今还挂在我北京寓居的东墙上,书桌对面,每当夜晚疲倦,正想偷懒时,仰面在灯光中瞥见他黑瘦的面貌,似乎正要说出抑扬顿挫的话来,便使我忽又良心发现,而且增加勇气了。于是点上一支烟,再继续写些'正人君子'之流所深恶痛绝的文字。"④因之,从温情,从他人对于自己的关爱,从温厚的情谊中获得勇气和希望,是他与黑暗战斗,为民众呐喊的泉源所在。

---

① 《全集》第四卷,第455—456页。
② 《全集》第一卷,第419—420页。
③ 同上书,第459—460页。
④ 同上书,第307—308页。

他自己经验中所展示的温情,其实也是对黑暗的反衬。通过这些生活颠沛而常怀良善之民众的温情的感受,成为解救自己的一剂良药——希望,哪怕是十分微茫的希望。在他的伦理观念中,他对纯朴是最欣赏的,也是他试图净化社会精神的指标。当他从批判礼教的角度来强调伦理的进化时,他所强调的是通过自我牺牲获得破墙而出;当他意识到世俗化社会的狡猾和欺骗时,他所期待的就是建立保护纯朴的社会制度。尽管他的社会批判意识一直没有减弱,但他的政治思想却逐步突出而丰厚了。

总之,鲁迅是一个坚定的启蒙主义者,文学仅仅是他思想的武器。鲁迅思想中由于笼罩着周围的愚昧和懦弱气息而使他沉郁,然而又因使命的力量在他的身上也特别巨大,因此,他在进行国民性改造时,实际上自身进行着解剖和自励,同时也冷静地分析国民的精神文化生活。所以他能理解他们的悲愤、哀痛、怯懦、麻木等等全部的性格和感情。他愤恨同胞的软弱,同时也常常自责于只能呐喊,而不能真正保护自己的同胞。他揭露批判了自己同胞生活、道德、观念、性格中的种种缺点,但他始终是带着希望、同情、关爱来审视他们的。可以说,和其他思想家相比,鲁迅是从另一角度来反封建和进行启蒙的。比起思想家来,鲁迅的思想魅力更多地表现为韧性的批判力量。

第九章
现代伦理学与现代新儒学

在价值观变革的同时,近现代学者们开始重视伦理学的学术译介、研究和独立的学说创设活动,包括开展对伦理学基础理论的系统化和自主学说性质的新儒学的发展。其中,有些新儒家学者如贺麟等既是新儒学的建设者,也是研究伦理学专门问题的学者。

第一节 王国维的学术译介

鸦片战争以后短时期内,中国学术曾对日本发生了一定程度的影响,如魏源、黄遵宪的著作以及在华传教士编辑的各种英华辞典曾经极大地刺激了日本的思想活动。然而,日本学者从江户末期起开始接触洋学,并在明治维新后出现西化的强烈倾向。在这一过程中,他们翻译介绍了大量的西方近代以及古代哲学思想,而且尝试运用西方哲学的方法来分析东洋思想。这两方面对当时的中国留学生而言都是新鲜而深刻的。由是,这样的一种倾向和方法也开始在中国留学生的思想中呈现出来。自20世纪初开始,日本的思想通过大批留日学生的接受和传播而在中国得到了广泛的响应。当然,其中包含着经由日本学者的翻译和介绍而富于魅力的西方思想。这在伦理学和教育学方面尤其显著。

王国维(1877—1927),字静安,号观堂,浙江海宁人。自1898年起,他参加了《时务报》工作,较广泛地接受了新的知识,不久,在罗振玉创办的东方文学社学习日语,开始接触、学习西方哲学尤其是康德和叔本华的哲学。1901年,他受罗振玉的资助到日本留学。半年之后,因病回国,并先后在几所学校当教师。1904年至1906年期间,他参与编辑《教育世界》,成为该刊物的主要撰稿人之一。在此期间,他翻译并撰写了大量介绍西方哲学和教育、美学方面的文章,同时他也是比较系统介绍德国哲学的学者。以后,他在文学研究方面花费了大量精力。辛亥革命后,他和罗振玉一起赴日本从事研究,他的历史和甲骨文研究对日本学界产生了一定影响。1916年回国后主要继续从事学术研究。1923年曾一度孝忠清室。1925年起任清华国学园导师。1927年自杀于京郊昆明湖。

今所见王国维哲学方面的思想资料,除了在《王观堂先生全集》第五册中数篇文章外,尚有一些未署名的文章,主要是见于《教育世界》杂志。《教育世界》未发表文章见佛雏辑《王国维哲学美学论文辑佚》①。

王国维的积极思想活动代表了深思审慎的方向。光绪三十一年(1905)秋,他自叙治学的历程如次:"余之研究哲学,始于辛壬之间。癸卯春,始读汗德之纯理批评,苦其不可解读,几半而辍。嗣读叔本华之书而大好之,自癸卯之夏以至甲辰之冬,皆与叔本华之书为伴侣之时代也。其所尤惬心者,则在叔本华之知识论、汗德之说得因之以上窥。然于其人生哲学,观其观察之精锐与议论之犀利,亦未尝不心怡神释也。后渐觉其有矛盾之处。去夏所作《红楼梦评论》,其立论虽全在叔氏之立脚地,然于第四章内以提出绝大之疑问。旋悟叔氏之说,半出于其主观的气质而无关于客观的知识。此意于《叔本华及尼采》一文中始畅发之。今岁之春,复返而读汗德之书,嗣今以后,将以数年之力研究汗德,他日稍有所进,取前说而读之,亦一快也。"1907年在其《自序》中补充说:"……至二十九岁更返而读汗德之书,则非复前日之窒碍矣。嗣是于汗德之《纯理批评》外,兼及其伦理学及美学。至今年从事第四次之研究,则窒碍更少……此外如洛克、休蒙之书亦时涉猎及之。近年来之为学大略如此。"

文中所说的发现思想之矛盾,表明王氏哲学之重视证明方法,这在其所著之《论性》一文中明显地体现出来。"人性"为传统伦理学中的重要概念之一,而在运用中时常混先验与经验为一。于此,王国维清楚地看出其中所寓含之矛盾。他首先论证道,人性之内容,超乎吾人的知识之外。进此而言之:

> 人性之超乎吾人之知识外,既如斯矣,于是欲论人性者,非驰于空想之域,势不得不从经验上推论之。夫经验上之所谓性,固非性之本然,苟执经验上之性以为性,则必先有善恶二元论起焉。何则?善恶之相对立,吾人经验上之事实也,反对之事实而非相对之事实也。相对之

---

① 华东师范大学出版社,1993年版。

事实，如寒热厚薄等是，大热曰热，小热曰寒；大厚曰厚，稍厚曰薄。善恶则不然，大善曰善，小善非恶；大恶曰恶，小恶亦非善。又积极之事实而非消极之事实也，有光曰明，无光曰暗；有有曰有，无有曰无。善恶则不然，有善曰善，无善犹非恶；有恶曰恶，无恶犹非善。惟其为反对之事实，故不能举其一而遗其他。故从经验上立论，不得不盘旋于善恶二元论之胯下。然吾人之知识，必求其说明之统一，而决不以此善恶之二元论为满足也。于是性善论，性恶论，及超绝的一元论（即性无善无不善说，及可以为善可以为不善说）接武而起。夫立于经验之上以言性，虽所论者非真性，然尚不至于矛盾也。至超乎经验之外而求其说明之统一，则虽反对之说，吾人得持其一，然不至自相矛盾不止。何则？超乎经验之外，吾人固有言论之自由，然至欲说明经验上之事实时，则又不得不自圆其说而复反于二元论，故古今之言性者之自相矛盾，必然之理也。①

运用这种推论方法，不仅在融汇东西方哲学思想方面有一基本的方法，而且这一方法的运用，大有助于分析中国传统伦理学。他在翻译时的选择，无疑包含着自己的相近主张。例如，在他所翻译的研究中国儒家诸子的哲学论文中，实际上贯彻了新的哲学方法的运用，并经此而对中国哲学有一种新的把握认识形式。易言之，吸收西方哲学的方法来治中国哲学是他哲学活动的重要内容，同时也体现了他对哲学的敏锐性。根据他自己的哲学研究所得，他曾经对当时的一些哲学论文和学者的活动提出了批评。

就具体哲学方法的运用而获得对传统伦理学规范化分析的方面，在他分析孟子学说时表现得淋漓尽致。他在分析了孟子所说的"义"和要求通变之后说：

> 由此观之，是孟子于伦理上，实立一种系统观，而谓个人之义务，皆各有相当之位置阶级，遇有不得已之时，亦可为其重者大者，而破灭其轻者小者也。从此思想，则与所谓"非礼之礼，非义之义，大人弗为"之言，明明相异。然则孟子于实际上，殆未尝不以一种"非礼之礼，非义之义"即所谓"权"者，认为正当之行为也。吾人欲解孟子之真意，不得不设为一言，以解决此问题，曰：人得以比较种种义务而通融于其间者，就特殊义务之自身言之，即被统摄于"仁义礼智"或"孝弟忠信"等

---

① 《王观堂先生全集》册五，《静安文集》，第1551—1552页，台湾文华出版社出版。

通则之下之个个的义务耳;谓义务有大小轻重者,惟同在一通则内之种种义务间,乃有大小轻重耳。如孝,一通则也,而其中有以口腹之养为孝者,有以心志之养为孝者,前者重(按,当为"轻")而后者轻(按,当为"重"),故若二者相冲突,则当舍前者而取后者。若夫忠孝仁义等通则之自身,则皆有个个独立之绝对的权威,其间不应有大小轻重之别,故不能以其一为其他之手段。孟子所谓不枉己、不破义,毕竟指此等通则言,非指个个之特殊义务言也。解此则孟子之真意,其庶乎得之矣;

虽然,自他方面观之,则夫谓一切义务间有轻重之关系,而有一最终之标准者,孟子于此说,似未尝不承认之。究令如前之说,孟子乃以仁义忠孝等为个个独立之直觉原理,然遇有相互冲突之际,即如欲忠则不能孝,欲孝则不能忠之际,彼将若何判断之乎?当是之时,取其一而舍其他乎?抑诉诸更高之标准,而两者兼全乎?此等问题非超出乎直觉说之立脚地外,决无解释之道。而孟子于此,究取何种见解,则吾人莫由知之,惟由次举一例以略窥其意见耳。桃应问曰:"舜为天子,皋陶为士,瞽瞍杀人则如之何?"孟子曰:"执之而已矣。""然则舜不禁与?"曰:"夫舜恶得而禁之?夫有所爱也。""然则舜如之何"曰:"舜视弃天下犹弃敝屣也。窃负而逃,尊海滨而处,终身欣然,乐而忘天下。"是即假设"义"与"孝"相冲突之例,欲进而解决之者也。大体上以直觉说为立脚地之孟子,于此似于(已)穷于为答。法者受之于古,虽天子不得私之,然行法于其亲,如孝道何?曰:"窃负而逃",此不既属遁辞耶?且孟子之意,或以为如是者,义与孝可两全,然吾人不得不谓之曰:彼实舍义而取孝者也。何则?负有罪之父而逃,是仍破法蔑义之为也。设有以是语孟子者,彼必应之曰:"是非蔑义,惟不得已而出于权耳。"参诸"嫂溺"之例,则孟子或有此思想欤?然如此持论,则又越于直觉说之立脚地,不以义与孝为相并而立之绝对的标准,而既于二者之间,与以轻重之别矣。由舜之大孝推之,则为亲而弃天下,宁有其事;然若舜弃天下,而天下大乱,生民涂炭,则舜如之何?孟子苟设想及此,而与以明答,则吾人于孟子说之立脚地当更明了,而惜其未有之也"。①

这一分析,显示了他在接受道德义务论和直觉论后根据自己的哲学方法作出积极的考察,从而在伦理学研究和伦理学史研究方面开辟了一个崭新的

---

① 《王国维哲学美学论文辑佚》,第85—86页。

方向。

事实上,王国维在中国历史以及文学方面的研究中也贯穿了他独到的哲学方法,正因为如此,他的著作视野开阔,论证清晰,极富于思辨性。例如,在王国维著名的《人间词话》中,他提出了文学创作中作品价值高低在于其中所蕴含的作者的境界。此一主张,实际上包含了他对美学、伦理学的深刻体会及其在学术中运用之独特性。而在他分析《红楼梦》时,深刻地揭示出其中重要的美学与伦理学价值,而这种价值之重要性在于其融合了情与意。

无疑,介绍康德和叔本华等德国哲学到中国来是他的哲学活动具有重要价值的方面之一,但他并不仅仅限于单纯的翻译,而是在解读中包含了自己的阐释和哲学理解形式。例如,在介绍康德设定灵魂来加强道德自律说时,他分析道:

> 如人之灵魂即其睿智的品性而不存在于空间及时间中乎?如灵魂而非现象乎?则因果之范畴自不能于此应用之。何则?范畴之为物但应用于现象而不能应用之于本体故也。如是,灵魂既非一原因(凡原因必更有他原因以为其原因),必为一自由之原因,无疑也。单一之范畴亦然。何则?以不存于空间时间故,则已非个物,而不得与他个物相区别,故普通的也,永远的也,无限的也。斐希台(按,费希特,1762—1814,德国哲学家)绝对的"自我"之说实自汗德之前提出,然汗德自己却不视此为其说之正当之结论。彼于实践理性中往往预想个人之灵魂不死,而视为道德之条件,又说与我相离之上帝之存在,而视为道德之秩序及善人之胜利之保证。然汗德之神学不过其伦理之附录,不甚重视之,即非复如中世之视为诸学之女王,而但为伦理学之仆隶而已。此人格的上帝实理性批评中之所假定者。吾人得因之以回想约各皮(按,雅科比,1743—1819,德国哲学家)之说,曰:"如宇宙而无上帝,吾人亦当进而发明之",其意相似。要之,汗德意中真正之上帝乃实现理想之自由力,即善意是也……自他方面言之,则纯粹理性及实践理性之二元,于吾人颇有便利之处。如上帝、自由及灵魂不死等为自明之真理,而得由理论上证明之,则吾人之为善不过缴将来之福耳。如此,则吾人之意志不由于"自律",而其行为即不得谓之道德。盖除良心之命令外,一切动机皆使意志不由自律而由"他律",而夺去其行为之道德上之价值。故真正之宗教必与道德合一。存于理性中之宗教,但由道德构成之。基督教之真髓乃永久之道德。宗教之目的乃人类正行之胜

利也。如宗教而于此外有他目的,则已失宗教之本义矣。①

此一哲学活动在他那里转化为教育学说,而进一步提出了教育哲学的原理;通过此一原理来重新检讨康德哲学,则发现康德伦理学难以与道德实践和教育相一致之处。他说:

> 汗德之视理性也,一以为理论的能力,一以为实地的能力。前者虽限于现象界,而后者则向他世界,而决定人之意志行动。官能的人类,由愉快或不快之情,而导之于动物的冲动与偏性等,因而倾于利己,使己与他生物不能相容。如斯状态,与本为理性的本体之人类之运命,至相冲突。故人于意志行动,必有一必然的且具普遍的价值之要素,以保持人类之一致。要素何?实地的理性是也。此理性,与官能的冲动反对,由无上之命令,使人排自爱及幸福之动机,而纯然欲善。故吾人之意志,不由经验的事物决之,乃超越自然界之法则,而脱离其制限者也。如是思想,虽使道德益进于尊严,然欲由是解决德育问题,则不免甚难。谓为道德之基础之意志,有超绝的自由之性,而不从经验之法则,不受外界之影响者,则品性果如何陶冶乎?所谓教育势力,能使道德的性格以次发展云云,不几成无意义之言乎?汗德屡以德育为至难解决之一问题,又谓人之改善,以其心情之突然变动,而生更新之状态故。由是观之,汗德实自觉其哲学的心理的思想之结果之困难者也。然氏于他方面,亦深信德育之可能,以为道德的陶冶,当使之从道德的规范而行。不从道德的规范而出于习惯,经年渐失。然道德的规范,足以规定其心性。若吾人之行为,从其所信为正当者而进,则是既有坚确之品性者也。故教育者,于教授道德的规范,最宜致力焉。②

由此,他认为,教育实际上是心理学、伦理学和美学的实际运用。他说,

> 夫既言教育,则不得不言教育学;教育学者实不过心理学、伦理学、美学之应用。心理学之为自然科学而与哲学分离,仅曩日之事耳;若伦理学与美学则尚俨然为哲学中之二大部。今夫人之心意,有知力,有意志,有感情。此三者之理想,曰真曰善曰美。哲学实综合此三者而论其原理者也。教育之宗旨亦不外造就真善美之人物,故谓教育学上

---

① 《王国维哲学美学论文辑佚》,第169—170页。
② 同上书,第17—18页。

之理想即哲学上之理想，无不可也。①

通过这一哲学的考察，他确定了近代哲学与教育之间的深刻关联，并在教育宗旨方面提出了哲学的指南，此即他在较早时期影响至深的《论教育制宗旨》的表达。由精通伦理学而通过教育来实践，也吸收了中国传统的思想与教育相统一的思想。

然而，王国维看到了真善美之不可统一，得出可爱而不可信、可信而不可爱的结论，并最终放弃了哲学研究，令人惋惜。但他在此问题上的认识，尤其是真善美不可统一的重要结论，竟然被后来的大多数哲学研究者所忽略，令人扼腕。

第二节 蔡元培的伦理学

蔡元培（1868—1940）原字鹤卿，又字子民，籍贯浙江绍兴。他26岁进士及第，在甲午战争失败的刺激下投身革命与教育。他曾游历日本。1904年他与陶成章等人创立光复会，并于第二年加入同盟会。从1907年起留学德国，其间除一度出任中华民国教育总长外，渡过了近十年的光阴研究哲学、美学和心理学。1917年，他担任北京大学校长并在哲学门给学生授课。任北大校长期间，蔡元培积极扶持新文化运动并推动道德建设。从1928年起，他任国民党中央研究院院长一职直至逝世。1932年，他与宋庆龄、鲁迅、杨杏佛等人发起成立中国民权保障同盟。抗战爆发后的1939年曾担任国际反侵略大会中国分会主席，翌年病逝于香港。

改良运动期间，蔡元培在思想上已经倾向于社会有机体论。例如他在给友人的信中引用严复翻译的斯宾塞等人所谓群己并重而舍己为群，此赖所有人之共同发愿。在读《天演论》时，他强调不能但凭任天为治：

> 阅侯官严氏所译赫胥黎《天演论》二卷。大意谓物莫不始于物竞，而存于天择，而人则能以保群之术争胜天行。惟是人之所以竞物而胜者，在自营。而自营于群为用德，故群术既进，自营必减，而竞物之力亦减。且群术既进，生齿日繁，而人择之术验于植、动者，必不能施之于人，而物竞之烈即乘过庶而起。是故天行、人治，终古相消长也。然而今日名数质力之学已精，而身心性命道德治平之业，尚不过略窥大意，

---

① 《王国维哲学美学论文辑佚》，第5页。

则推暨之程,不容且阻,而胜天为治之说,终无以易也。①

他在20世纪初几年中受到日本介绍西方伦理学说的影响较深,并倾向于调和东西伦理学原理。与此同时,他开始注重哲学方法并介绍各种学说给当时的思想界,其活动大体与王国维相当,但他更注重认识论方面的方法。

如上所述,在20世纪末期,蔡元培曾经在手稿中指出近代科学发展显著而性命之学未精。其后逐渐从日本学者那里接触到西方哲学尤其是伦理学思想。自1908年至1911年留德期间,蔡元培在研究哲学、心理学、美学的同时,关注国内哲学与教育的问题,尤其对伦理学和道德教育着力颇重,先后完成了《中学修身教科书》、《中国伦理学史》的撰著,以及翻译了包尔生的名著《伦理学》,其中无论哪一方面都在当时具有开创意义,并产生了深远的影响。他刚留学不久,就边听课边摘译包尔生的《伦理学原理》(以蟹江义丸的日文节译为主要底本),通过此一活动把握了新康德主义伦理学的基本方法,同时比较了义务论和功利论的得失。通过他的译介,为当时伦理学的发展提供了规范论证的样板。《伦理学原理》曾经作为教科书广泛流传,对思想界、教育界产生了极大的影响。在蔡元培1924年发表的主要根据文德尔班著作编译的《简易哲学纲要》中,他介绍并重新强调考察道德原理的不同方法侧重点和基本内容。这就将伦理学的基本问题和研究方法重点作出了说明。这在帮助中国伦理学的规范研究方面显然是重要的。

从《中国伦理学史》之绪论可知,他对西方规范伦理学方法深有自觉,提出规范伦理学的特点是研究学理和辨明伦理知识,也就是探明原理,而修身之提倡主要是以行为之标准要求修养,前者为知识求取,后者为教育制一环;以后者衡定前者,则常忽略知识之辨明,亦即忽视方法之重要性。翻译包尔生之书,体现出他自己对建立规范伦理学形成基本态度。当然,他同时注重说明了伦理学原理中的主观性问题,即学派观点和方法存在之时,而此正是研究伦理学史应该加以限定的因素。而他在修身教科书中,不仅保留了传统重视人伦之特点,同时基于对伦理学基本原理的考察,能够对修身之要素加以综合论列,并且注重修身方面有关道德品性之可能的探讨,避免了传统德训的严苛和以伦理规定品德的弊端。易言之,他明显地注意到了现代民主社会转折时期继承传统文化和确立公民社会道德准则的统一,因而同时也具有新时代德育的学理价值。

---

① 《蔡元培全集》第一卷,第84页,中华书局,1984年版。(《蔡元培全集》第一卷至第七卷,中华书局,1984—1989年版,下引该书,只写《全集》)。

尽管他的《中国伦理学史》以日本学者木村鹰太郎所著《东西洋伦理学史》中相关部分和久保得二《东洋伦理史要》为参照底本,即肯定以现代西方伦理学方法研究之开拓性,同时注意中国伦理学史的特点,既讲求方法论之价值,同时又尽量避免武断以及史料之误用。正因为如此,他强烈感受到,传统上习惯于将社会行为和一般价值问题泛道德化,从这种伦理文化中提升伦理学方法、研究伦理学史存在很大的困难。不过,即使如此,在他简略的篇幅中,仍然较好地勾勒出中国伦理学史的概要。如评述孟子之独特贡献及其嬗转为二元论之问题,甚得其要。又如,对宋明理学,强调动机论之整体特征,评论其局限性说:

> 宋儒理学,虽无不旁采佛老,而终能立凝成儒教之功者,以其真能以信从教主之仪式对于孔子也。彼等于孔门诸子,以至孟子,皆不能无微词,而于孔子之言,则不特不敢稍违,而亦不敢稍加以拟议,如有子所谓夫子有为而言之者,又其所是非,则一以孔子之言为准。故其互相排斥也,初未尝持名学之例以相绳,曰知[如]是则不可通也,如是则自相矛盾也,惟以宗教之律相绳,曰:如是则与孔子之说相背也,如是则近禅也,其笃信也如此;故其思想皆有制限。其理论界,则以性善性恶之界而止,至于善恶之界说若标准,则皆若无庸置喙,故往往以无善无恶与善为同一,而初不自觉其牴牾。其于实践方面,则以为家族及各种社会之组织,自昔已然,惟其间互相交际之道,如何而能无背于孔子。是为研究之对象,初未尝有稍萌改革之思想者也。①

按照他的自叙,他特别强调自己在分析六朝人生观、黄宗羲、戴震以及俞理初等人思想方面的独特性②。如第六章论清谈家之人生观,开始说:

> 自汉以后,儒学既为伦理学界之律贯,虽不能人人实践,而无敢昌言以反对之者。不特政府保持之力,抑亦吾民族由习惯而为遗传性,又由遗传性而演为习惯,往复于儒教范围中,迭为因果,其根柢深固而不可摇也。其间偶有一反动之时代,显然以理论抗之者,为魏晋以后之清谈家。其时虽无成一家之言者,而于伦理学界,实为特别之波动。③

其把握问题的方式甚为敏锐。在蔡元培之后很长时间,关于中国伦理学史

---

① 《全集》第二卷,第74—75页。
② 《全集》第七卷,第318页。
③ 《全集》第二卷,第63页。

方面的著述比较鲜见,其中的原因之一或许就是因为难于超越他的研究。

蔡元培在哲学思考方面体现出包容广大的气相。其一,他是从终极性和一体化的角度来思考,即总是从世界观、宇宙观来思考人生观,进而思考伦理与人性问题,从而提出追求终极性的价值目标,并得出人之教养的全面性之主张。在这方面,他无疑具有兼综德国哲学与中国哲学之气质。其二,他对中外各种学说都加以研究,并确定各种学说运用范围之局限性。大概也因为如此,他并没有提出自己系统的哲学思想,而是重点在检讨已有理论之普遍性,并提出了关于价值论的信念性质之结论。根据他对哲学研究知识治学的定义,他发现,价值论在性质上难于在实质上具有普遍化的结果,仅具有形式上的普遍性。这种结论虽然消极,对于当时的伦理学研究来说具有方法论的重要价值。总之,根据他的考察结果,价值论中的道德论,在方法上并不具有普遍价值,而何以确定这样那样的价值理想也是不可证明的。他在《哲学大纲》中说:

> 价值论之实现者为道德论。夫道德界中所谓最高之价值者果何在乎?自昔治道德哲学者,不外二法:一演绎法。假定一最后之鹄的,为最高之价值,乃据以标准各种之行为,以其有无关系于最高鹄的,为有无价值之判断。又以其关系于最高鹄的之远近,为价值高卑之差,是也;一曰归纳法。先由普通人对于各种行为之判断,而求其理由,以为各各之鹄的,乃由此等各各鹄的,而求其最后之理由,以为最大之鹄的,是也。夫归纳法之视演绎法为切实,所不待言。然吾人之经验,既有制限,则所归纳者无自而完全,而其最后之结论,亦仍不外乎假定,然则道德哲学所证明为最后之鹄的者,皆假定义也。①

蔡元培的政治和伦理思想以自由、平等、博爱为核心,以融贯中西思想中的民主、人道精神为特征。他把这一特征称为中庸。他认为孙中山结合东西道德文化思想的努力是一种中庸崇尚,而他自己则更积极地致力于融合贯通,这同时也是他深谙中西思想的优点。在他关于公民道德的思想中,提出了具体的兼容并包的价值观。而这一价值观,是以法国大革命时期提出的自由、平等、博爱为主旨,以传统的思想道德为证和解释内容,以此体现启蒙主义的批判与发展原则。他说,自由、平等与亲爱(博爱)是道德之要旨,公民的道德原则。古代的所谓人格之"义",如孔子所说的"匹夫不可夺

---

① 《全集》第二卷,第374—375页。

志",孟子所倡的"富贵不能淫,贫贱不能移,威武不能屈"等等,合于自由命义。而己所不欲,勿施于人的原则,即所谓恕,是为平等的本质。自由乃就主观而言,然自由者当以他人的自由为界域,由此及人,通于客观。平等乃就客观关系而言,然我既不以不平等待人,也不容人之以不平等遇我,故平等亦为主观自觉之结果。然在自由、平等之权利的实现过程中,弱者必遇障碍,如境遇所迫或生禀不齐等因素,不能享受真正的自由与平等,这必然影响到自由平等的真正实现。因此,哀矜无告,以之为同胞兄弟;天下有溺者,由己溺之;己欲立而立人,己欲达而达人,这就是亲爱(博爱)之德。而公民的道德教育,应以之为准。

这里所论虽是关于公民道德规范问题,但实际上包含了他对于自由平等权利要通过博爱道德加以实现的思想。他以传统思想中的人道主义内容,来论证西方基本人道主义价值观,正在于强调这一价值观的普遍意义。在这方面,他比任何一位思想家都阐述得完整。而且,他把自由平等的实现建立在博爱道德的基础上,使道德原则之间具有重要的和谐关系。正因为他对于这些原则的重视,他对于各种博爱思想也就容易包容,如他自己所说的"兼容并包"。他对互助论的欣赏,便是一例。但他在融会贯通古今中外伦理思想的过程中,并非一概合取,而是取舍改造兼重。如他十分欣赏孔子的仁爱和律己伦理,但他坚决反对提倡儒教。而在他针对道德情境的发言议论中,可以看出他是根据伦理学的原理来进行道德教育和提出道德选择的,而不是传统的圣贤之言。总之,在伦理学和教育的探索方面,他的兼容并包的主要特点和贡献是,通过哲学方法的具体运用,从古今中外各种思想中概括出人道主义的价值论和合群博爱的伦理说,作为现代中国新道德建设的纲领。

正是以这种博爱主义道德观为基础,使他肯定积极的功利主义。这一思想同时建立在政治过程是实现人与人关系最高理想之关键这一仪式上。他说:

> 教育而至于公民道德,宜若可为最终之鹄的矣。曰未也。公民道德之教育,犹未能超轶乎政治者也。世所谓最良政治者,不外乎以最大多数之最大幸福为鹄的。最大多数者,积最少数之一人而成者。一人之幸福,丰衣足食也,无灾无害也,不外乎现世之幸福。积一人幸福而为最大多数,其鹄的犹是……即进而达礼运之所谓大道为公,社会主义家所谓未来之黄金时代,人各尽所能,而各得其所需要,要亦不外乎现

世之幸福。盖政治之鹄的,如是而已矣。①

虽然蔡元培主张现世幸福的存在,在政治目标与理想社会实现的联结上,是与博爱主张一致的。但另一方面,这也同时使他陷入思想的窘境,即只能倚靠着思想的道德来解决实际为多数人谋幸福的社会问题,其思想倾向比较过于理想主义。正因为此,他赞成互助论而反对马克思的阶级斗争学说。他说,共产主义是本人素所服膺的,生活平等寓教于平等的实现,将创造出一个最愉快最太平的世界。但欲达致此一理想目的,则在手段上殊有研究讨论的余地。也就是说,在他看来,克鲁鲍特金的互助论是最完好的一种手段。因为互助论者主张在增进劳工的知识与地位的同时,促使资本家自我反省与觉悟,从而加入劳动者的行列。这样,劳资双方实现互助,使社会不至于发生急剧的变化,蒙受暴烈振荡与损失。而马克思的阶级斗争方法因求效过速,为害无穷。显然,他对增进社会进步的手段的认识,是一种温和的改良主义。而且,他对于互助论的理解,也有极端偏颇之处,曾受到周作人的批评。不过,从中也可以看出他把博爱道德视为社会进步的实践力量的更典型的理想主义。事实上,蔡元培在某种程度上是一个无政府主义者,尽管他曾积极参加革命,追随孙中山的民主共和方略,但他对工学互助的热心,以为通过小团体的互助最终可以感动全国进至解决全世界最重大问题的认识,都显明了这一思想性格。他甚至以家庭和国家的伦理实现之冲突类比国家和国际的冲突性质,这无疑淡化了道德的民族性和文化特殊性问题,同时对当时的反帝运动也有不利的影响。

　　蔡元培的所谓公民道德教育中的理想设定与博爱信念,还仅仅是他人道主义的一个方面。在关于"人道主义"的直接解释中,他还从世界观的高度提倡舍己为人、追求人的崇高价值实现的世界主义和泛生主义。在《哲学大纲(二)·道德》中,他强调,人们总是追求超越以自我为目的的信念达成,以为小己之意识步入社会存在久远。因而在道德行为上以社会为目的,行为的意义才不至于淹没。然而,社会亦有其界域,因而行为的效果也会发生最终消灭之结局。于是,人们不能满意于此,而追求人道主义,以人道主义的实现为目的。狭义的人道主义,是为人类全体;广义的人道主义,以为有生无生的存在皆与自己休戚相关,因而以之为目的。这样,以无涯无穷之久远较之小己之得失,如大海与滴水,以滴水为目的,自无价值可言。当然,

---

① 《全集》第二卷,第132页。

确定了最大目的而躬行道德以求进的,都是个别的小己。但是,小己在主观的幸福不具备什么价值,然从他追求最大目的应负的责任来说,则具有相当的价值。以历史唯证,古代的贤人,其本人的幸福与其同时代人的幸福已成陈迹,但他致力于世界进步的事业本身,则与世长存。可以这样说,自存与自利的价值,都随历史而亡失;只有以人道主义为目的而尽己之责任,才具有不朽的价值与意义。显然,他明确提出人道主义为假定之可能的价值目标,此即大同世界之实现。他强调这是一个过程,正是在这一过程中,人之个体获得永恒不朽之价值,即融入最终极之价值方向的实现。总之,在伦理学和教育方面,义务高于权利。他指出:

> 至于人之恒言,辄曰权利、义务。而鄙人所言责任,似偏于义务一方面,则以鄙人对于权利、义务之观念,并非相对的。盖人类上有究竟之义务,所以克尽义务者,是谓权利;或受外界之阻力,而使不克尽其义务,是谓权利之丧失。是权利由义务而生,并非对待关系。而人类所最需要者,即在克尽其种种责任之能力,盖无可疑。由是教育家之任务,即在为受教育者养成此种能力,使能尽完全责任,亦无可疑也。①

于此,他批判了自利竞争的进化伦理。总之,功利论是他的假定前提,而在道德实践过程中,他突出了义务的当然性。正是通过每一个人的义务之实现而完成权利之实现,并且体现出人道主义的魅力。这样,他的人道主义实际上既包含了人权的要素,同时也保持了对社会有机体论的义务论和博爱的品德要求。

易言之,人道主义是人格健康的问题。在蔡元培的教育思想中,人格教育是最主要的环节。他强调要在哲学世界观教育基础上讲求道德自律和美的熏陶。关于道德自律和人格完善的思想,在他与唐绍仪、宋教仁等组织的"改良会"的宣言中,非常清楚地描述着这一境界:

> 尚公德,尊人权,贵贱平等,而无所谓骄谄;意志自由,而无所谓徼幸,不以法律所不及而自恣,不以势力所能达而妄行,是皆共和思想之要素……故风俗之厚,轶于殊域。而数千年君权、神权之影响,迄今未沫,其与共和思想抵触者颇多。同人以此建设兹会,以人道主义去君权之专制,以科学知识去神权之迷信。条举若干事,互相策励,期以保持

---

① 《全集》第二卷,第263页。

共和国民之人格,而力求进步,以渐达于大道为公之盛,则斯会其嚆矢矣。①

他在总结道德规范性质的过程中提出消极道德和积极道德,实际上明确了道德的基本标准和理想标准,并在修养实践上强调以遵守基本的社会道德规范向理想标准努力的主张。这一主张具有一定的价值。尤其是他将人格教育中的人格发展视为道德理想实现的具体化,从而进一步完善了他所接受的人格主义伦理学。在人格教育过程中,他具体提出了各种品德的要求。尤其是针对中学学生的品德修养问题,他作了许多阐述和解说。他强调了公民义务的各种品德以及遵纪守法和日常生活中完善自己品德的各个方面。同时,他对传统的教育缺乏重视人格健康和尊重人格的现象提出了批评,弘扬了女权并提出具体的德育方法和修养特点,指出新的教育方向在德智体美四育的统一。

当然,他也强调道德的利用变迁,以及强调道德行为与道德情境之关系的重要性:"至于德育,并不是照前人预定的格言做去就算数。有些人心目中,以为孔子或孟子所讲的总是不差,照他们圣人的话实行去,便是有道德了;其实这种见解,是不对的。什么叫道德,并不是由前人已造成的路走去的意义,乃是在不论何时何地照此做法,大家都能适宜的一种举措标准。是以万事的条件不同,原理则一。譬如人不可只爱自己,于是有些人讲要爱家,这便偏于家庭,或有些人提倡爱群,又偏于群的方面了;可是他的原理,只是爱人一语罢了。故我们要一方考察现时的风俗情形,一方推求出旧道德所以酿成的缘故,拿来比较一下。若是某种旧道德成立的缘故,现在已经没有了,也不妨把他改去,不必去死守他……去批评人家时,也要考察他人所处的环境怎样而下断语才是。"②总之,在道德选择和实践上,情境判断具有重要意义;而在道德评价中则必须贯彻宽容精神。

在蔡元培看来,自由民主是统一的,而且必须体现在价值理想的追求上。他的教育思想中体现了明确的民主观念。在他最著名的教育宣言《对于教育方针之意见》中,他指出:"忠君与共和政体不合,遵孔与信教自由相违。"他主张以美育代替宗教,对宗教中之弊端所见甚敏:"盖无论何等宗教,无不有扩张己教、攻击异教之条件。回教之谟罕默德,左手持《可兰经》,而右手持剑,不从其教者杀之。基督教与回教冲突,而有十字军之战,

---

① 《全集》第二卷,第137页。
② 《全集》第三卷,第475—476页。

几及百年。基督教中又有新旧教之战,亦亘数十年之久。至佛教之圆通,非他教所能及。而学佛者苟有拘牵教义之成见,则崇拜舍利受持经忏之陋习,虽通人亦肯为之。甚至为护法期间,不惜于共和时代,附和帝制。宗教之为累,一至于此……。"①也就是说,在他看来,宗教是不宽容的,且在历史上已反复证明了,因此,从健康的教育来说,美育的价值及其影响,应该取代宗教,才符合人道主义目的。因此,他主张信仰自由,但对于向未成年学生灌输宗教思想表示强烈反对:

> 我曾经把复杂的宗教分析过,求得他最后的元素,不过一种信仰心,就是各人对于一种哲学主义的信仰心。各人的哲学程度不同,信仰当然不一样,一人的哲学思想有进步,信仰当然可以改变,这全是个人精神上的自由,断不容受外界的干涉。我愿意称他为哲学的信仰,不愿意叫着宗教的信仰。因为先进各种宗教,都是拘泥着陈腐主义,用诡诞的仪式,夸张的宣传,引起无知识人盲从的信仰,来维持传教人的生活。这完全是用外力侵入个人的精神界,可算是侵犯人权的。我所尤反对的,是那些教会的学校同青年会,用种种暗示,来诱惑未成年的学生,去信仰他们的基督教。②

虽然他在 1900 年所撰写的《佛教护国论》中曾经对佛教伦理表示赞赏③,在其后三年撰写的《哲学要领》中,他甚至说:"……故宗教者,神、人相契之义也,而宗教实与道德有密切之关系。欲道德哲学之完成,不能不继之以宗教哲学。"④经过哲学上的提高后,他断定宗教不是道德完善所必需;就行为的关系而论,则宗教所主张的,是他律说,本不如自律说的有力。就德育上而论,宗教也发挥不了作用:"……历史学、社会学、民族学等发达以后,知道人类行为是非善恶的标准,随地不同,随时不同,所以现代人的道德,须合于现代的社会,决非数百年或数千年以前之圣贤所能预为规定,而宗教上所悬的戒律,往往出自数千年以前,不特挂漏太多,而且与事实相冲突的,一定很多,所以德育方面,也与宗教无关。"⑤而宗教之存在,全在于其与美术的关联,就此而言,美术可以代宗教。道德情感的提升方面,美育胜于宗教。这

---

① 《全集》第三卷,第 32—33 页。
② 《全集》第四卷,第 179 页。
③ 《全集》第一卷,第 104—108 页。
④ 同上书,第 183—184 页。
⑤ 《全集》第五卷,第 501 页。

也显示出他对人格主义教育所持的立场。

第三节 伦理学观念与方法的变革

自启蒙运动开始,道德观念发生了深刻的变化。这一变化最初主要体现为两个方面:其一是对传统伦理纲常的批判,突出了平等关系的伦理和人格尊严;其二是对人性和人生观的新解说,将功利与幸福引入了价值理想。与此相联系,在伦理学方法上将人格独立和自由意志作为道德选择的基础,在道德历史观方面吸收了进化论并加以改造。

思想家的人格独立意识是新的道德观启蒙的基础。人格独立后所需要的不是三纲伦理,而是公德,是履行每一公民社会责任的公共道德——公民道德。从辛亥革命前后开始编著的各种修养教科书中,都明确提出每一个人平等的社会责任和义务。公民道德不仅是伦理学的基本概念,同时也成为教育的核心内容。在人格独立、尊重人格的基本人权观念方面,伦理学与教育学获得了相互呼应的价值主题。

就西方各种价值学说对中国近现代的影响而论,社会有机体论的影响最著。斯宾塞的社会有机体论成为启蒙思想家普遍的伦理学方法论指导。它与进化的道德史观相联系。在传统的修身、齐家、治国、平天下的修养论中,其实蕴含着与社会有机体论相通的要素,每个人的修身活动构成社会道德水平提高的保障;而这样的道德努力方向,最终能够实现人人不独亲其亲,不独子其子的大同道德社会理想。这正是构成大批知识分子自觉不自觉欣赏社会有机体论的基础。

当然,作为近代价值观的方法学说之一,社会有机体论与传统修身论有三个根本的区别:一是在方法上没有传统的榜样诱导的理想主义假定;二是突出了自由的价值;三是贯穿了进化的道德史观。由自由竞争而意识到自由必以尊重他人的自由为界,于是通过竞进的痛苦过程而自然地形成既自由又平等的社会关系。西方有的研究者在分析严复的进化论介绍时,认为严复忽略了赫胥黎《进化论与伦理学》中所强调的社会自然竞争进化与道德进化并不具有同步历程。[①] 其实大不然。严复在强调自由必以他人之自由为界域时,所得出的并不是进化结果的客观结论,而是主观的限制和期待。尽管他描述西方"彼西洋者,无法与法并用而皆有以胜我者也。自其

---

① 参阅《寻求富强——严复与西方》,江苏人民出版社,1995年2月版。

自由平等观之,则捐忌讳,去烦苛,决壅蔽;人人得以行其意,申其言,上下之势不相悬,君不甚尊,民不甚贱,而联若一体者,是无法之胜也"①。无法之胜,就是自由竞争所展示的道德力量:争雄并长,以相磨淬;始于相忌,终致其天择之用之宜而强盛。但他同时强调对自由的限定,通过有法而加以约束。这就是他继续翻译孟德斯鸠《法意》的动机。其他接受社会有机体论影响的思想家如梁启超等人亦如是。就此而论,则受传统和谐论更深熏陶的思想家,实际上排除了"任天为治"的自然主义,而采取了一种道德教育加以补充的独特的社会有机体论。当然,新文化运动时期的资本主义者们也是既接受了社会有机体论式的进化论,又增加了共同体完善的主观意识。这就不仅在自由方面加了折中,而且引向政治共和的理想。以资本主义的个人主义为基础,通过互助和传统博爱伦理加以删削,就成为独特的人道主义价值观。

  通过严复的翻译和梁启超的介绍,从19世纪初开始,人们对西方哲学发生了一定的兴趣。随着19世纪以来大批留学生的赴日,其中思想敏锐的学者在大量翻译西方哲学著作的日本找到了哲学宝库,其中,伦理学就是一个重要部分。尽管他们阅读西方哲学原著的水平很低,但通过日语翻译著作和阅读日本人所撰写的哲学著作,已经能够领会其精神奥义,并且还积极译介到中国来。其中,伦理学占了很大部分。据统计,从1905年到抗战爆发前,共翻译了日文伦理学著作40余种。② 由于日本维新以后对德国文化的热情很高,对德国哲学的介绍和借鉴尤多。这一趋向也影响了当时中国留学生的哲学兴趣对象。而从20世纪20年代起,尤其在杜威和罗素的影响下,对英美哲学和伦理学的介绍研究也逐渐深入。新文化运动以后,到1930年左右,几乎将西方伦理学的主要著作都介绍和翻译了进来。

  当然,随着各种伦理学方法论的翻译介绍、亲赴日本和西方留学研究,以及大哲学家杜威和罗素在中国讲学讨论,西方伦理学方法逐渐为国人所熟悉,甚至能够加以鉴别。然而,在这些启蒙思想家那里,道德观念变革远远较伦理学的构造为先,伦理学的许多点滴方法改进仅仅是在价值观领域对传统专制政治伦理一体化进行批判的一个自然环节。只有另一些非启蒙主义者的学者和哲学家才自觉地吸收西方道德哲学的研究方法来重新探讨伦理学原理,并试图建立一种新的体系来既吸收传统人伦和谐的优点,同时

---

① 《严复集》第一册,第65页。
② 参阅《民国时期总书目》(哲学·心理学卷),书目文献出版社,1991年版。

去除不平等伦理的伦理学。这一哲学活动,一方面受到启蒙主义的促动,同时也与西方哲学影响的加深密切相关。

20世纪前十年开始,通过介绍西方规范伦理学、康德主义伦理学和功利主义伦理学,对中国伦理学的影响甚巨。当时在伦理学方法上的主要突破是通过借鉴西方伦理学而带来的。王国维在熟悉德国哲学后,大胆尝试运用新的方法来突出伦理学的基本问题和分析传统伦理思想。蔡元培在这方面也作出了同样的努力,但他在伦理学原理方面以翻译为突出,在伦理学的研究活动中以德育为主。当时在推动伦理学方法研究方面的尝试还有刘师培、杨昌济等人。同时,在伦理学研究方面继续努力形成自己的思想,其突出者又有张东荪等人。以后,除了继续翻译、编著各种伦理学(包括修身教课书)著作外,又继续完善自己的伦理学体系和思想。本章在介绍伦理学方法时,除了张东荪另辟专章介绍外,在这里介绍上面提到的几位在伦理学研究方面进行推动的哲学家的努力特色。

刘师培(1884—1919),曾经是国粹派民族主义思想的代表者,同时也是影响一时的无政府主义运动的领袖人物之一,甚至在政治上也经过革命到反革命的历程。他在中国学术史的研究方面颇受时人重视,而在伦理学的研究方面则一直被忽视。尽管他的伦理学说尚不完善,但在改造传统伦理以完善社会伦理方面所作出的尝试,较以西方伦理学原理为框架来研究伦理学者为重要。

今所见刘师培的《伦理教科书》分为第一、第二两册,此书究竟是1905年还是1909年所著不详。《伦理教科书》为教学需要而著,故第一、第二册各分三十六课(讲),要求两年使用。在内容上,包括论各种伦理道德义务,权利与义务的关系和修养论等方面。该书有几个特点值得注意。其一,试图系统总结传统伦理学说和修养论,借鉴西方伦理学的观念和方法加以整理评判。该书《序列》中首揭:

> 昔《宋史》特立《道学传》。道也者,所以悬一定之准则,以使人人共由者也。则宋儒之言道学,殆即伦理专门之学乎?然宋儒之学,兼言心理,旁及政治教育,非专属于伦理学也。故学无范围,有学而无律,且详实践之伦理,而伦理起原言之颇简,不适于教科。夫伦理虽以实行为主,然必先知而后行。若昧于伦理之原理,徒以克己断私之说,强人民以必从,殆《大学》所谓拂人之性者矣。今东西各国学校中,伦理一科,视为至要,盖欲人人先知而后行也。中国人民,当总发之时,即诵《孝经》及四子书;然躬行实践之人,曾不一睹,则以教育制失其法也……

尽管该书对传统伦理学说提出了矫弊的各种批评，但其主干还是强调重伦理。他在第一册第四课中说，"彼粗暴之人轻视伦理，或斥中国伦理为迂谈，皆昧于伦理之作用者也"。其二，吸收了西方伦理学原理来完善中国伦理学。例如重视心理学的吸收和突出社会义务论，就是明显的例子。他说，"中国古昔之思想，咸分权利与义务为二途……夫日为他人尽义务而不取权利以为酬，此中人以上（应为下——引者）之所难，可谓迂阔之说矣"。但在这方面，他也仍然是体现为改造传统伦理的建设努力。他认为应该打破家族伦理核心的思想，进一步体现出公益道德的重要性。其三，以传统的体用方法和现代的知先行后来代替社会有机体论，既突出修身为根本的观念，又强调社会改造是公德完善的基础。他认为，体用在伦理学上的表现是为理论与实践的关系，应当先知而后行。当然，伦理学的重点仍在实践，因此修身为大要。修身而明确公共道德，而后义务权利各自通过互利而实现。与社会有机体论不同的是，他认为，组织改造社会是道德发展的基础。而要组织完全的社会，必须先为党，因为有爱心才有党。他对传统的士人结党十分欣赏，以为党存的风气正。此外，他和当时许多思想家不同的是，他没有接受进化论的影响。

刘师培精通传统伦理思想，在国粹主义基本框架下，提出从伦理学原理的讨论出发改造传统伦理和指导实践的学说，这是一次借鉴西方伦理学来发展中国伦理学的重要尝试。

在同一思路方面，杨昌济也作出了积极的努力。

杨昌济（1871—1920），从小受儒家和宋明理学的熏陶，青年时代先后在日本留学六年，在英国留学两年，专攻教育、哲学和伦理学。回国后在师范学校和专科学校任教，1918年起受聘为北京大学伦理学教授直至逝世。

杨昌济的著述不多，尤其是伦理学的著述更少。他曾经翻译过德国利普斯（T. Lipps）的《伦理学之根本问题》。他对西方规范伦理学原理和教育学说研究很深，结合他对理学的研究，形成了自己重视人格情感的伦理思想。他在论个人人格与社会关系时批评个人为社会之奴隶之说时指出：

> 然此妄论也，何则……个人非有独立的人格之自己目的，则道德全归于无。社会有是非善恶之别，个人对于自己之行为而不得不感责任者，乃因个人有独立之人格，得立自己之目的，向之而进之。故若个人无独立之人格，不能立自己之目的，则无论为如何之善事，不能赞之为善，无论为如何之恶事，不能对之而问其责任。道德之事实既已存在，

则不得不承认个人有为独立的人格之自己目的。自此点观之,则以个人为社会之奴隶之说,其为不正可知。①

而他批评康德绝对理性义务论忽视情感时说:

>照康德之思想,则以感情为动机而遂行之行为,无道德之价值;惟服从理性之命令为本务而遂行本务,则其行为始有价值,是不达于实际之论也。如彼之所言,则见人陷意外之灾,忽生怜悯之心,趋而救之,不足以为道德;惟思救之为己之本务,因往救之始为道德。此盖误也。果然,则自友爱之情而发之亲交,自爱情而起家庭之和乐,自恻隐之心而生之慈善,自羞恶之心而生之自制,皆为不道德矣。惟己所不欲,因其为本务而勉强行之,独为纯粹之道德,苟有好恶爱憎之情加之,即为不道德,世岂有如斯背理之事耶? 有诗人西黎尔(Schiller)者,笃信康德之哲学者也,至其伦理学说则全反之,彼曰:"吾人平日以友爱之情交友,然从康德之言,则此为不合于道德,吾又奈之何哉!吾人之所得为者唯有一事而已,即必嫌恶此友。但因其为本务而交之是也,此乃所以合道德也。"康德果有答之之辞否耶?②

他更强调道德为人格完善,必基于各种善美情感的培育,而非自然完成也。此盖社会改造原理相统一。因此,他反对进化伦理之说。其反对理由,并不是与理想主义的主张之不合,而是基于方法分析的结果:

>既言进化,则不可不预想为进化者之生存。有生存斯有竞争。所谓生存竞争者,乃生物因欲保存自己,发展自己,而拒斥他生物之谓也(其中亦有无意识者)。此际惟力有绝对的价值,引起优胜劣败之悲剧,致生弱肉强食之惨事。其间进化者,惟优强者而已;至弱劣者,则不免于退步绝灭,故不可言道德自生存竞争而生,却因欲自此悲剧之中救济人类而道德以起,法律以兴。曰正义,曰真实,曰仁爱,一切对他之本务,无非所以防止生存竞争之乱发。吾人若全生存于生存竞争之原理之下,则不得不谓为人类之一大耻辱。由是观之,此主义若欲说明道德的事实,则当变更生存竞争之意义。不然,则不得不自白道德之终不能由生存竞争而导出。然由前之说,则生存竞争之概念前后互相矛盾;由后之说,则此主义之本领遂终归于破灭,于是此主义遂陷于进退维谷之

---

① 《杨昌济文集》,第135页,湖南教育出版社,1983年10月版。
② 同上书,第250—251页。

境矣。①

在进行伦理学一些问题的探讨时,杨昌济无疑运用了新的规范方法,而不是他十分钟情的理学形式。但他在评断西方伦理学说时,自然地贯穿了他的"人格惟心论"学说。当然,这种学说中还包含着义务论教育的思想。他认为,道德中义务论是根本的,义务的完成来自人格独立自觉;而人格教育中,义务并不是纯理性的灌输,他需要情感兴趣等方面教育的同步。

在人格方面,杨昌济对传统品德学说中强调人格内在性力量予以高度肯定。但他同时批判将社会一般置于个人至上的学说之不当。他认为,为了社会的维持和发达,个人不可不为社会牺牲自己之利益,然其所缺陷之主义,则不可以之供牺牲;若个人枉自己之确信,则失其人格,无个人之价值,

> 且凡不能守自己之确信者,对于社会之维持发达不能为大贡献,以如此之人而成立之社会,其势力极为微弱,生存力、发达力甚少。盖必社会之成员,有确信不枉自己之主张始能有强社会,故教育当养成于必要之时牺牲自己利益之精神,又不可不养成有确信、有主张之人,不可不养成有公共心之个人主义之人。②

同时,他明确区分了个人主义和利己主义的不同。其学说,在当时有重要的观念意义和价值导向意义。

当东西方伦理学说在中国思想界相互促动,甚至显示出相通之处时,哲学家对此作出比较研究,并据其主线而提出自己的学说。黄建中是此一领域的代表。贺麟在总结现代哲学发展的成绩时,曾经肯定了黄建中在伦理学研究中的地位。

黄建中著《比较伦理学》一书,初稿完成于1921年,成书于1944年,前后凡二十几年。中间经留学英国多年,研究伦理学各种学说,加以改进和完善。该书以比较研究方法为据:

> 比较研究法(The Method of Comparative Study)简称比较法(The Comparative Method),哈蒲浩(L. T. Hobhouse)、华尔登(Charles Walston)曾发其凡。哈氏以为:伦理学所探讨者,善之概念,异时异地之人各有所谓善,论定此概念之普通性质,特殊变迁,而穷其进展之迹,则比

---

① 《杨昌济文集》,第266页,湖南教育出版社,1983年10月版。
② 同上书,第124页。

较伦理学所有事也。道德有习俗,有义理,二者恒交互影响。宜并在比较研究之中。顾取各时各地所遵守之道德条目,予以持平之比较,已属甚难;若更欲估其人实行之程度,则社会无此量尺,文明社会虽有犯罪统计可供检核,而求诸初民,实不可得。伦理上诸概念,即行为之规律,但示其演进之历史,于愿斯足,不必问其行为合于规律之程度如何……要之伦理学之比较研究,始而见夫道德之分歧,终乃觉其趋于齐一焉。华氏以为:伦理学宜用观察试验之科学方法研究之,不当徒据玄学上宗教上独断之原理,施以外籀内省之术,亦不应徒据人种心理而为演绎之推论……合一切差异而加以更深之研究,终可求得每一时代之普通道德标准。今世流行之标准既经认定,则进而建立现时最需要之标准,企及将来更高尚之标准,且指示生活环境之应如何改造,以达其鹄;斯固治比较伦理学者最后之任务也。统观二氏所言,比较研究法程序颇繁,门径颇多;实兼溯演分析诸法之长,非仅单纯之比较……而其法犹有待于增补者。比较之为用,不唯求同,而亦求异,不唯异中求同,而亦同中求异,本书先为道德事象之研究,后为道德理想之研究,有纵比、有横比、有同比、有异比、有同异交比……而生物学、人类学、社会学,尤为伦理学之四种基础学科,学者首当致力焉。①

这里标榜以实证研究和科学态度为基础,首先考察各种道德风俗和道德现象,既要求在各个学科成果基础上比较伦理观念,找到普遍道德标准,同时强调道德之特殊性,试图究明人类共同的价值理想,确立协同共进的道德生活方式和对道德实践的理想指导。当然,作者也突出了他在比较研究方面的综合性、科学性和灵活性方法之运用,并努力完善已有的比较研究方法。

《比较伦理学》以严谨的学术态度,选择了丰富的资料作为论说的基础。其中积极吸收科学研究成果,通过综合古今中外伦理道德学说和各种理论方法,衡定其得失,可谓是对伦理学研究特点的研究;同时又以比较文化和各种学科为背景,以明确道德发展的规律,并形成自己的突创协和论思想主张。黄建中在该书《自序》中说:

> 本书从生物方面追溯道德行为之由来,从心理方面推求道德觉识之起源,从人类社会方面研索道德法则之演变,从文化历史方面穷究道德理想之发展。诠次众说,中西对勘,较其异同,明其得失;由相对之善

---

① 《比较伦理学》,第 75—80 页,中国文化服务社,1945 年 4 月版。

恶,求绝对之至善,袭太和之旧名,摄突创之新义;以为助与争乃天演所历之途径,和协乃人生所祈之正鹄,而十余年来思想上之矛盾,始得一综合。

此所谓绝对之至善,即理想目标;而所谓突创,即人人尽力而为、代代奋发之义。其所谓和协,实际上是以传统人己相爱调和互助论而出,通过将竞争或者冲突转化为限制性的竞争即互利而实现中和或者太和的秩序,从而发展出人与人、人与社会、民族与民族以及国际上的和平互助,最终实现大同理想。因此,其所说中虽然重视探索人类普遍的道德准则与协和因素,但对于道德冲突自身则予以简单处理,故其结论是理想性的自白而已。就此而言,其比较研究的方法更着重地体现在道德现象和学说的比较,而非伦理学结构与方法的完善;突出价值理想的推论,而不在道德实践之指导。总之,其结论回归到伦理态度和伦理关系的完善目标,与刘师培有相通之处。

从以上几位思想家的伦理学主张中,可以看出与文化教育思潮相一致的价值追求。这种价值追求的重点在于人格独立和平等伦理之建立。这一价值观内容无疑奠定了新的规范伦理学的基础。然而,也正是由于伦理思想自身是文化价值观的一个环节,或者说为了证明某种价值观的合理性,就忽略了伦理学自身学科构成和独立方法的探讨。当然,一些伦理学家对各种伦理学说都进行了仔细的考察和研究,他们发现各种方法中都存在不足和缺点,但他们很少针对"如何可能"这一基本方法问题和提高道德判断力以及解决道德冲突的具体方法问题来作为自己伦理学的根本。由是,在克服了独断论的同时,在明确了传统伦理学说的局限和西方各种学派伦理学方法的得失之后,尚未能提供他们自己新的有效方法。

从辛亥革命前后开始的伦理学观念和方法的变革,受到西方思想深刻的影响,并经由理论与实践的转化过程,深刻地影响了教育学的发展,确立了现代规范伦理学的基本结构。当然,在这一过程中,由于侧重点仍然围绕着人生观和人格完善展开,从中可以感受到传统伦理文化的深重影响力和中国式的重视个人责任以成就社会和谐的理想主义。而这是伦理学研究之外的重要精神的内化。例如,当国难未消之际,黄建中在《比较伦理学》的《自序》中说:

……虽然,伦理学者,实践科学也;拨乱世之反正,必自正己始。自惟诵说撰述之功多,践履体验之功少……区区忧患余生,未克佐明良,图行复;坐视世变之剧,寇氛之炽,人民之惨罹浩劫,鸟鱼之乱乎上下,而莫能一尽己责。徒侈然载诸空言,果何补于亲亲仁民之爱物之实事?仲尼有言:"文莫吾犹人也,躬行君子、则吾未之有得。"呜乎!今以此敬献于先父先母先哲先师亡弟亡友暨中华民族世界人类之前,心滋恫悢矣!敢云立言乎哉?

这一精神品格,又非规范伦理学所能激荡而出,自是体现出别一种真正的学说魅力了。

第四节 张东荪与张君劢

张东荪与张君劢在政治思想主张方面曾经有相通之处,在政治上也曾经进行过密切的合作,不过,他们的伦理思想则在性质和方法上有极大差异。

一、张东荪的伦理思想

张东荪(1886—1973),字圣心,浙江杭州人。他早年留学日本,回国后历任中国公学大学、国立政治大学和北京大学等校教授。新文化运动时期,他是个人主义自由思想和基尔特社会主义的宣传者。1927年,他与瞿菊农、黄子通等人共同创办中国第一份专门性哲学刊物《哲学评论》。经过哲学翻译活动,他由主编《时事新报》转向更专门的哲学研究。同时,他对政治问题发表了许多主张。1934年,他和张君劢等人创立了国家社会党,1946年退党。1973年去世。

张东荪在哲学上是一个略微倾向于新康德主义的折中论者,他的调和性质随处可见。例如,他一直在调和直觉情感论与理性论,认为自己所主张的理性主义不是与经验主义对立的理性主义;在关于良心方面,他说:

> 有许多人把良心即等于道德判断。道德判断的起源有许多的学说。我的意思以为直觉论的主张亦有理由。例如一个农夫,他看见一个人落水,他当时会奋不顾身地去救他。而一个上等社会的人反是踌躇不前。这其中的缘故就是当其时的道德判断不由于计较利害。他只是得非如此做去,则心不安。并没有想到有是非利害的关系。这种道德判断究竟从哪里来呢?我以为最可取的学说当然还是进化说。就是我们可以主张"良心"是一个心理进化上的突创品。这个意思是说道德的判断可以遗传的……我们的祖先对于道德行为的决断必亦是在那

里乱试。他们碰试的结果知道说谎的总是吃亏；忠实的总是得益；利己害公的总是反害自己；拿人当人来看总是无损。诸如此类，所以我敢说凡现在人类社会所存的道德规律无一不是由经验而得来的。这些经验，历了五千年，而代代遗传，以迄于今天的我们，直是在我们的机体上铸了深刻不磨的痕迹。平时我们对于道德好像一呼一吸，一点儿亦不觉得有什么异样。所以良心亦就不乏先……惟有于所谓"天人交战"时方把良心唤出来。在那时无论是人欲战胜天理，抑或是天理征服人欲，而总之这时的良知作用决不是情意的判断，而依然是知的判断。所以有人把良心认为是情意上的东西，而不涉于理智，这乃是大错。①

这里还提出了他的哲学学说即层创的进化论。层创的进化论之说取自过登（R. G. Gordon），而用意在于突出道德是进化的，同时又是展现不同进化不同层级的。譬如人格就是进化的突创品，"在全宇宙的进化阶梯上可是比较的最高一级。因为他的统一最强，他的摄括最广，他的交倚最密，他的支配最活；换言之，即从囫囵与自由来看，是他是最进化的"。② 总之，综合的特点和优势的追求，反映了张东荪哲学的特色。这种特色在他的《道德哲学》中有明显的表现。例如，针对他的伦理学倾向，他自己解释说："吾尝言伦理思想止有自然主义与理性主义之二大潮流，在其始也自然主义之发现为快乐论，理性主义之发现为克己论。以快乐论为本位而调和克己论者为功利论、以克己论为本位而兼收快乐论者为直觉论。以功利论为本位而调和直觉论者为进化论。以克己论为本位而兼收功利论者为完全论。是进化论为完全论已纯为自然主义与理性主义之综合。吾何为而另立综合论耶？须知吾今所谓综合论殆等于进化论与完全论，同为对于此二大思潮之综合尔。特进化论之综合也仍偏于自然主义；完全论之综合也仍偏于理想主义。吾取综合中之较公平而不甚偏颇者名之曰综合论。是综合论者固非第三种，不过进化论完全论中之较公允平均者而已。学者如以多立名目为不足，则归之于进化论可也，归之于完全论中亦可也。"③

这种综合论在思想体系方面的最大问题在于无法找到自己真正的立场和方法。正因为如此，张东荪的《道德哲学》一书发表后，即受到许多批评。这种批评最重要的是两方面，一方面即是他关于各种学说的分类和自己的

---

① 《宇宙观与人生观》，《东方杂志》二五卷七、八号（1928年4月）。
② 同上。
③ 《道德哲学》，第530页，中华书局，1921年1月版。

立场;另一方面即是他在一般价值论和导致价值论糅合方面遇到的基本困难。之所以造成这样的问题,是由于两个原因:其一是张东荪将西方这两方面的伦理思想作统一的对象和方法讨论;其二则是张东荪试图从各种学说中总结出各种优点并加以综合。然而,事实上,由于各种伦理学说的立场和方法不同,因而常常将一般价值论和道德价值论做同一批评对象,虽然肯定了各自的学说优点,但这些优点不可简单结合在一起。不仅张东荪在这方面遇到了困难,即使是在西方,也已经留下了失败的教训。而张东荪后来始终将价值论的心理基础和道德理性的必然要求两方面作统一考虑,虽然在体现新的学说方面作出了积极的尝试,在实际的学说结构方面却留下了根本的困难。

《道德哲学》一书中的缺点是无可讳疑的,然而,该书的优点也非常明显,甚至通过缺点而突现出来。该书系统地介绍了各种比较有影响的伦理学说,并且取自于自己的阅读和思考判断,显得非常充实。[①] 在对各家学说进行分析的同时,他基本上都能指出各家学说的特点。在方法上,他也看到各种学说的基础和不同特色,希望结合各种方法的长处而形成自己学说的严谨性。他提出了综合方法的主张:以自然科学态度,研究道德现象;以哲学的批评态度,分析道德问题;以玄学的揣测态度,说明道德基础;以实用的技术态度,指示人生做人之抽象普遍原则。就是说,综合实然和当然研究,即"科学"(science)与"艺术"(art)的两方面。在一些基本问题上,张东荪的辨析也是很仔细的,如动作与行为,道德、不道德和非道德问题的解释。《道德哲学》是作者通过自己阅读原著来介绍各种伦理学学说的,这使得每一种学说的评断都能明其得失。例如,他批评直觉论说,直觉论的最大缺点是不能实行。以直觉论主张人凭直觉辨认善恶,此仅为一种解释说明,非指导方案。因为纵使人人有此直觉,而直觉能力和内容无疑有差别。因此,直觉论要么存留差别,要么强调后天的教育;而强调后天教育所重者则不能是直接的直觉。在这一方面,天赋直觉说尤其不可行。另外,最关键的是在他的讨论中时常包含着自己的思想。例如,在该书第七章《综合论与结论》中探讨自由意志的假设前提时,他说:

> 吾以为对于自由所以有争论者实因未曾置一明切定义之故。今欲确定自由之义必先将左右分为二种。一曰名学上之自由;二曰实际

[①] 参阅贺麟《五十年来的中国哲学》,第28页,辽宁教育出版社,1989年3月版。

上之自由。学者往往混而为一，致生误会。前者亦可称绝对自由；后者亦可称相对自由。盖发于实际上者止有相对自由；吾人绝不能觅得绝对自由存于现世界也。特学者往往谓相对自由必以绝对自由为根据。换言之，即在事实上虽先有相对自由，而在名学上则必先有绝对自由。著者以为未免太胶柱鼓瑟。故著者之意不妨先专就相对自由由而言。所谓相对自由即为"选择"。盖在此世界无论何事皆有若干"交替"（alternatives），断无止限于甲因产生乙果者……吾人行为虽有种种，然亦未尝无界限。在此界限有所变化与更替，即可谓为自由。

盖此事可就客观方面与主观方面分别言之。在客观方面为更替；在主观方面为选择。不有客观上之变替可能性则主观上之选择亦必无从而施。是以选择以更替之存在为前提，且视更替之多寡而定。更替愈多则选择必亦愈多。就选择言，谓之曰自由，就更替言，谓之曰可能性；二者实一也……

根据上述之义，则吾人可主张不妨暂以实际上自由为限。至于预先设立绝对自由而为此实际自由之名学上根基，则纯为理论上问题而与实际无关。以吾人所需者止此实际自由；而事实所示皆亦止相对自由。康德以意志之自律必先假设有意志之自由，实不免于太求名学上之整齐①。

这一学说，包含着他两方面的主张。其一，他强调道德与意志自由关系的探讨并不需要直接建立在绝对自由的逻辑基础（假设）上，而是可以将行为选择作为意志相对自由的起点；其二，他在此贯穿了他的进化论的主张，即绝对自由可以通过进化过程之指向而说明，尽管现象界没有绝对自由，但已经从相对的自由逐渐扩展选择的机会而向绝对自由方向进化。

他的"进化论"的侧重点在于道德现象界的分析。换言之，他接受康德对于道德之现象与超越两个层次的划分，同时补充了他自己接受其他注重现象的思想——实际进化原理的必要性观念。他说：

论道德之进化首先宜注意者即为风俗习惯之为实际道德而尚不足为道德之本身。谓道德因风俗习惯而见则可；谓道德即为风俗习惯则不可……

故此种基本道德为一切经济政治学术等所必需挟以相俱者。而决

---

① 《道德哲学》，第 610—613 页。

非经济政治学术等之所产。且自"诚"而进化者如爱名誉,爱真理,等等;自"恕"而进化者如爱群与牺牲等等;皆为后来发展之道德。吾人谓爱真理出于爱群,不可也;谓牺牲出于爱名誉亦不可也。可见此种后来发展之道德必各有其胚子。休谟一流认一切道德皆由社会成立而始发生,第其胚胎则远在社会以前。其说著者以为极是。于是吾人对于道德当分别观之。即道德之基础与道德可分为二是已。所谓道德之基础即道德之本源亦即道德之胚胞也。以道德之来源而言,著者深赞成康德之说。以为求之于自然界(即现象界即经验界)决不可见。故可谓道德之来源在于超越界(即本体界)。然须知此非谓各个道德事项。以各个道德事项言,斯为实际道德,即风俗是已。每一风俗得于环境人情上求其所以然之故。不得谓其出于超越界也。然而道德非即为风俗,前已畅言之。故专就道德言,何以必须有道德,证以经验实无法说明。盖道德即为文化之中心,而文化即所以谋超越现实生活。至于何以必须超越现实,求于经验无由索解。止能谓吾人之生活其本性即为超脱此生活。此其故止能存于生活以外,而不能即在生活中求之……即人类之何以必有文化,何以必有道德,决不能在自然界求得证明。诚以生活之必求有腾越其自身及正其理想也。此理想之根据不在自然界现象界,而必在于自然现象界以外。康德以实践理性而明此理,其说实为正当。

至于道德之人于此世界也则自有其进化,而与其超越界之基础无涉。康德之说止能明道德之基础而不能即据而推论道德之进化。论道德之进化又必兼采自然主义。关于此点,以翁德之态度为最宜。①

此即张东荪所谓的进化之原理。易言之,先验概念在确立道德基础方面是必要的,但道德概念不是纯粹抽象的,而是与现实道德有涵盖关系;风俗之受迁改变实际道德,而道德概念即非先验之概念,必以确定其范围和含义变化。以此而言,他所主张的学说更倾向于翁德(W. M. Wundt,今又译冯特)。概言之,其学说的核心是,道德之起源是先天的,而道德之过程是进化的。所谓进化,他认为,道德的基础只是建立在道德的基本标准值上的,而其理想标准则是进化而衍生的。既反对绝对不变的原则,也反对绝对论和唯物论。但他之所以反对纯自然主义,是因为他认为,个人与社会文化之大精神

---

① 《道德哲学》,第601—609页。

趋于同一方向,此大精神的核心是道德,此固自然的进化;然并非其中不包含人对于理想之自觉。但他毕竟更倾向于进化论,以为如翁德所说,文化大精神具有内在之趋向之故。"故道德的性格即为由文化而造成之天性。吾前谓文化足以改造人性,即谓此耳……个人沐化于文化中自铸成其道德的性格。此即道德之所以有确实性(validity)之故也"。① 此外,在理想的倾向主张方面,他又吸收了生命意志论的某些内容。

显然,他的《道德哲学》中所展示的方法是"历史"的,因此,他对马克思的唯物论提出了批评。其根据已包含在如上关于他伦理思想的讨论中。那么,尽管他说明了"进化"群体道德性展开的原理,这里依然存在着个人的道德提高问题。在此书之前,他曾就此问题参与当时的讨论。就当是出现的所谓利己的现实问题,他认为是理智转化为道德自觉,而不是道德救国论的口号所能济。而就当是所谓人欲横流,许多人提倡绝欲而言,他说:"我主张以理智利导感情,就是使感情跟着理智走。情感而能为力之所导引,则情感同时亦得满足。所以,我这种主张既不是纵欲主义,又不是绝欲主义,亦不是节欲主义,乃是化欲主义。所谓化欲主义就是把下等本能升移到高尚方面,使其亦得满足。"②也说明他对道德现象界的主张并不是认为道德是自然进化的。在此一问题上,20世纪40年代后半期,他强调说,旧式讲道德,讲修养,只注重情绪,想由情绪而得一个意志的锻炼。这虽很好,却并不够用。倘能再加上科学的伦理学,则两全其美了。因此他主张以士阶级来负担这个维持道德之责任。因为士人本身的道德就是由于自愿的,即所谓的"自得"的。

综合论的学说体现了唯心论和自然主义糅合的特征,而且也忽略了行为选择可能性中存在的冲突问题。因此,其综合论的伦理学说并不构成一完整的体系。张东荪后来又发表了《现代伦理学》和《伦理学纲要》③,内容基本上侧重于介绍学派伦理思想,而且不离《道德哲学》之看法,此处就不赘论了。

由于方法上有根据政治哲学、心理学、逻辑学来探讨,故张东荪在20世纪40年代起将原来的道德为文化中心说扩展为社会科学一体化的文化主张,由此他找到他所谓的政治与哲学之相通特点。并且,他的伦理学说实际

---

① 《道德哲学》,第588—589页。
② 《兽性问题》,《东方杂志》,二三卷十五号(1926年8月)。
③ 《现代伦理学》,新月书店,1932年版。《伦理学纲要》,中华书局,1936年版。

上掩盖在文化论中。他始终在综合论中徘徊。尽管他曾经极力批评唯物论,而在20世纪40年代,他已提出境况决定思想的主张,又作出了新的调和①。当然,他保持了自由主义的追求,并且认为文化上的自由主义是政治自由主义的基础。而文化上的自由主义的要求,在于养成良好的自由传统,充分培养个人主义的良好方面。这样,他的后期思想又体现出对自己在新文化运动时期关于社会文化主张的继承。

从以上对于"自由"概念在伦理学和文化范畴中的运用来看,张东荪的"自由主义"所论证和追求的是一种现实选择与发展可能性的学说,这与张君劢前期所强调的生命意志自由之自我实现过程有明显的不同。不过,当张君劢转为彰显中国儒家伦理学与西方尤其是古希腊哲学强调知识与道德一致性时,他似乎多少改变了接受而来的哲学立场,并因之和张东荪的综合方法有相似之处。

二、张君劢的伦理思想

张君劢(1887—1965),原名嘉森,字士林,江苏宝山(今上海宝山)人。他早年曾留学于日本早稻田大学和德国柏林大学。1920年,他又从法国生命派哲学家倭依铿(Rudolf Eucken)专攻哲学,与他合作发表《中国与欧洲的人生问题》一书。他还曾与柏格森探讨过哲学问题。1923年,张君劢在清华学校就人生观问题发表演讲,引起科玄论战。同年,他在上海创办自治学院,自任院长。该学院于次年改为国立政治大学。此后他一方面进行学术活动,同时也积极参与政治讨论和组织政党活动。大约从20世纪30年代开始,张君劢积极提倡民族精神文化,1940年曾在云南创办民族文化书院,高扬儒家文化。1958年,联合唐君毅、徐复观和牟宗三等人发表复兴儒家的文化宣言。此后除继续政治活动外,一直从事文化研究和宣传新儒家,直至去世。

在新文化运动高唱科学之际,张君劢力主人生观不是科学所能解决的,因为人生观的特点是主观的、直觉的、综合的、自由意志的、单一的;他还强调物质与精神的对立,要求侧重内生活之修养。中国为侧重内生活的修养,西方则侧重以人力支配自然界。他在第一次演讲后受到批评。其后继续答复和其他学者的参与而引起的科玄论战。在此论战中,张君劢的思路是二元对立的。例如,他说:"人生者,介于精神与物质之间者也;其所谓善者,

---

① 《思想与社会》,第84页。

皆精神之表现,如法制、宗教、道德、美术学问之类也;其所谓恶者,皆物质之接触,如奸淫掳掠五之类也。"① 此说其实十分幼稚。虽然他强调内在精神之修养的必要,而此并非绝对排除物质不可。大概由于这种思想方式和价值观念,使他很快对儒家克欲论的伦理文化深为钟情。在争论中,他主张,无论从理论还是实际,"宋明理学有昌明之必要二:惟以心为实在也,故勤加拂拭,则努力精进之勇必异乎常人。柏格森云:'人类中人类之至精粹者中,生机的冲动贯彻而无所阻,此生机的冲动所造成之人身中,则有道德的生活之创造流以驱使之。故无论何时,凭藉其既往之全体,使生影响于将来,此人生之大成功也。道德的人者,至高度之创造者也,此人也,其行动沉雄,能使他之行动因之而沉雄,其性慈祥,能焚烧他人慈祥之炉火,故道德的人……形上的真理之启示者也。'(《心能论》二十五页)此言也,与我先圣尽性以赞化育之义相吻合。乃知所谓明明德,吾日三省克己复礼之修省功夫;皆有至理存乎其中,不得以空谭目之。所谓理论上之必要者此也"。② 至于实践的必要,则是由于当时人欲横流,若欲求发聋振聩之药,唯在新宋学之复活。

在复兴新儒家方面,张君劢作出了积极的努力。他后来试图总结出儒家的伦理学,以此说明其适合中国民族文化和个人修养指导。在1961年所写的《儒家伦理学的复兴》的文章中,他认为,道德哲学的基本概念有四个,即善、己、性、心,有之则有伦理学,无之则无伦理学。儒家德性论具之,则其伦理学已立。儒家伦理学之特色如次:

> (一)善恶是非之辨存于一心。(二)所以辨之者为良心之察觉。(三)辨别是非,在乎行其所当为,而免其所不当为,乃有人心道心之分。(四)存养省察,就自己之意、情、知三方面,去其不善以存其善,而尤贵乎就动机之微处克治之。(五)视自己为负责之人,本良心以审判之,且斥责之,乃能收不迁怒不贰过之效果。(六)不独知之,又贵乎力行,故曰君子有诸己而后求诸人,无诸己而后非诸人。③

总之,他认为儒家伦理学是德性伦理学,同时又突出了实践性格。针对时人所主张的道德的时代性问题,张君劢主张,道德确然随社会而有变迁,但良

---

① 《再论人生观与科学并答丁在君》(上篇),《张君劢新儒学论著辑要》,第38页,中国广播电视出版社,1995年8月版。
② 《再论人生观与科学并答丁在君》(下篇),《张君劢新儒学论著辑要》,第77页。
③ 《张君劢新儒学论著辑要》,第266页。

知不变,而基本的美德也不变。因为许多德目虽变,而不害其伦理之为一;此德性条目之多种,无一不出于天地一体之仁的良心。张君劢的方法是义务直觉性质的。但他认为道德哲学的方法研究并不重要,最关键的在于力行。

张君劢的伦理思想曾经受到柏格森和倭依铿学说的重要影响,也接受了个人主义(他认为应该称为个性主义)某些方面的东西。而他正是通过自己的改造将其基本要素融入新儒家伦理学中,即,他强调自由意志和生命冲动的结合,此为内在精神展开、道德基于人性以及良知学说的补充;另外,他认为时代变迁当中,独立精神、自己负责等方面个性主义应为道德的基础,由此加强他所谓的自由主义政治哲学的道德基础:"仍以旧社会的依赖心理表现于应以独立精神实现的民主政治,这怎么可能呢?"①他后来进一步解释说,政治以道德为基础,这是中西思想的共同点。他在这方面的见解与张东荪的主张有相近之处。张君劢认为,政治变革是以道德运动为先导的:

> 我们应得知道一切道德的要求都是根据于社会。不但维持社会必须要有某种道德;即改造社会亦必须要某种道德。威权的实行必须有道德的根据:即从道德上要求人们的服从。如人们在心理上不承认的道德,即威权亦不能长久下去……凡是社会必须建立于"同意"上。这就是所谓的"道德的"。所以社会的维持必是靠人们各自在心理上承认有这样的一回事,且引以为对。至于破坏秩序则更需要有一种另外的理由,为其原动力,然后才能有所活动。可以说是心理的,亦就是道德的。所谓道德的是指当事人觉得这样才"对"而言。凡有"对""不对"的判断都可以说是属于道德范围。且不仅此,对不对的判断必用于人与人之相与。改造社会的人固然否认现状上的道德观念,然而倘欲掀起一个大运动必更需有一种力量以吸引人们来同情于彼。这个力量就是道德的。一个宣教师所以能传教,唤起许多人跟他走,这个力量必须是道德的。所以社会的维持与改变其背后的力量根本上是具有道德性质的。②

他认为,士的道德自觉本身固然重要,同时士也要发挥道德的榜样和指导职

---

① 《我国思想界的寂寞》,《再生》周刊二三七期(1948年10月)。
② 《张君劢新儒学论著辑要》,第257页。

责,以提高民族道德。由是,他认为对理学的弘扬并不过时。当然,要删去其中的一切迂腐之谈,使其适合现代道德建设需要。

随着张君劢新儒家思想的自觉,他对伦理学说中的西方原理逐渐解说为已经体现在儒家学说中。例如,他在比较中西方思想时,认为中国虽是位于亚洲的国家,但中国的思想方法却近于西方而远于东方。中国不属于东方国家之创造宗教者,而是重视人伦道德问题。他举例说,孔子与苏格拉底同,同为道德哲学家;就方法而言,则孟子性善说和荀子性恶说之争,其论辩方式,类于欧洲知识论中之理性主义与经验主义。中国的道德哲学注重道德与知识的结合,此为中西道德哲学相近之原:"……诺斯罗魄教授以为东方哲学家好着色于有声有色处。上文孟子所谓味声色三项,可以造成诺氏立论之根据。然不知此段文章之要点,在乎'心之所同然'之义、理,此非耳目之官所能发见,惟由于理性以察见之。心之所同然之义理,不独孟子如是言之,英国道德派学者(Britishmoralists)亦有此类意见。勃脱雷(J. Butler)有言曰:'其所以使人类以道德制裁自己者,出于人之有道德行与其感觉,行动中之道德能力,其最根本处在乎人类对于行为与品行,时加以反省而成为体验对象,其以为是为善者则自然的必然的赞许而可之,其以为非为恶者则自然的必然的而否之。'勃氏所谓自然的必然的可与否,即孟子所谓的是非善恶之共同标准。孟子所谓义理,其属于彼也、此也、黑也、白也,是为知识之所由成立。其属于善也恶也是也非也,是为道德之所由成立。东方人认为知识之基本与道德之基本,关系极密切,故义理二字常联结而为一,为文化全部机构之基础。世界人类无一不承认此项知识与道德之基本者,此关于哲学之基本性质,东西所以相同之大原因之所在也。"①而此一知识与道德结合的方向,促使他离开了原来的哲学信奉。在《我之哲学思想》中,他说:"倭氏柏氏提倡自由意志,行动,与变之哲学,为我之所喜,然知有变而不知有常,知有流而不知有潜藏,知行动而不知辨别是非之智慧,不免为一幅奇峰突起之山水,而平坦之康庄大道,摈之于视野之外矣。倭氏虽念念不忘精神生活,柏氏晚年亦有道德来源之著作,然其不视知识与道德为文化中之静定要素则一也。"②

张东荪和张君劢的伦理学方法是很不相同的。前者注重实证研究基础和理智的指导道德自律,后者更突出不变内在修养的本体冲动和意志性坚

---

① 《中西印哲学文集》(上),第418页,台湾学生书局,1981年6月版。
② 同上书,第44—45页。

持。张东荪试图吸收西方伦理学的主要成果来体现自己学说的完整性,而张君劢则极力高扬传统伦理文化的民族精神和现代价值。当然,张君劢在其逐渐修正的伦理学说中,已经出现明显近于张东荪的特征。张君劢也试图借鉴西方的个人主义道德自觉中所反映的道德责任感和人格独立要素来丰厚中国伦理的基础,以及强调道德与知识联结的主张,突出了发扬儒家民主政治思想要素和道德作为现代化基础的意识。在发展方向上,体现了随之而来的新儒家文化运动的基本精神。

第五节　梁漱溟与熊十力

在力行儒家文化精神的意义上被视为新儒家的梁漱溟、熊十力,曾经是新文化运动时期的思想家代表,并且在现代思想史、教育史上产生了重要影响。

一、梁漱溟的伦理思想

梁漱溟(1893—1988),原名焕鼎,字寿铭,1893年生于北京。他从小接受过新旧两种教育,在中学毕业后曾一度从事革命活动。由于个人对人生思考难于获得解答,乃苦恼不禁,从而对佛学发生兴趣。1916年被蔡元培聘请为北京大学讲师,讲授佛学。1921年发表《东西文化及其哲学》提出与启蒙主义对立的文化立场,在文化论战中产生了很大的反响。1924年,梁漱溟辞去北大教职,开始乡村建设的实践活动。抗战爆发后参加民盟组织,宣传抗日。建国后曾经受到批判。梁漱溟始终秉持了强烈的民族精神和爱国热情,当中国在联合国取得合法席位时,喜不自禁①。"文革"以后重新修改原来撰写的《人心与人生》。1988年逝世于北京。

梁漱溟于1921年将他在山东济南所作的关于文化和人生问题的演讲结集发表,题为《东西文化及其哲学》。在书中,他提出了自己忠实于孔子的人道主义,以此与启蒙主义抗争。虽然梁漱溟对于危亡之秋的民族出路和民族文化延续问题表现出真诚的忧虑与关心,但因为传统的深刻影响,视野的严重局限性,以及性格上的因素,他并非从当时思想发展的可能趋向来审度自己思想活动的客观要求,而是把民族主义与国人对于孔子的崇仰结合起来,以保守主义去抗阻近代价值观在中国的传播。他的著作发表后,受

---

① 参阅《冯友兰先生年谱初编》,第517页,河南人民出版社,1994年11月版。

到启蒙主义者强烈的攻击。他通过所谓的文化比较来突出中国文化的独特性,而这种独特性中包含着中国人的基本价值态度;他认为这种价值态度是值得继承的,应该通过体认而使之成为现代人生观的核心。

无疑,梁漱溟的价值理论是借文化观来表述的。他把世界文化分为三种形态,或者三条发展路向:意欲向前要求为根本精神的西方文化;意欲自为调和持中为根本精神的中国文化;意欲反身向后要求为其根本精神的印度文化。梁漱溟把中国文化归结为人生哲学发达的文化,而西方文化则相反,尚功利理智,竞于物欲,略于人事。他强调重人生的中国哲学也就使中国人能够领略到人生真趣,而西方人则"风驰电掣的向前追求,以至精神沦丧苦闷"。这种主观的判断,与其他保守派突出西方文明弊端来抬高自己颇为相似。而他受到的攻击,也最集中地在这一方面表现出来。尽管梁漱溟毕竟作出了比较客观的研究姿态,比起顽固派来,多少能够看到传统文化中的一些弊端和西方文化的长处。但是他的结论是不客观的。如他说:

> 孔子的伦理,实寓有他所谓絜矩之道在内,父慈、子孝、兄友、弟恭,总使两方面调和而相济,并不是专压迫一方面的——若偏敧一方就与他从形而上学来的根本道德不合,却是结果必不能如孔子之意,全成了一方面的压迫。这一半由于古代相传的礼法,自然难免此种倾向。而此种立法因孔家承受古代文明之故,与孔家融混而不能分。儒家地位既常藉此种礼法以为维持,而此种礼法亦藉儒家而得维系长久不倒;一半由中国人总是持容让的态度,对自然如此,对人亦然,绝无西洋对待抗争的态度;所以使古代的制度始终没有改革。似乎宋以前这种束缚压迫还十分利害,宋以后所谓礼教名教者又变本加厉,此亦不能为之曲讳。数千年来使吾人不能从种种在上的威权解放出来而得自由;个性不得申展,社会性亦不得发达,这是我们人生上一个最大的不及西洋之处。然虽在这一面有如此之失败不利,即是自他一面看去又很有胜利。我们前曾说过西洋人是先有我的观念,才要求本性权利,才得到个性申展的。但从此各个人间的彼此界限要划的很清,开口就是权利义务、法律关系,谁同谁都是要算帐,甚至于父子夫妇之间也都如此;这样生活实在不合理,实在太苦。中国人态度恰好与此相反:西洋人是要用理智的,中国人是要用直觉的——情感的;西洋人是有我的,中国人是不要我的。在母亲之于儿子,则其情若有儿子而无自己;在儿子之于母亲,则其情若有母亲而无自己;兄之于弟,弟之于兄,朋友之相与,都是为人可以不计自己的,屈己以从人的。他不分什么人我界限,不讲什么

权利义务,所谓孝悌礼让之训,处处尚情而无我。虽因孔子的精神理想没有实现,而只是些古代礼法,呆板教条以致偏敧一方,黑暗冤抑,苦痛不少,然而家庭里,社会上,处处都能得到一种情趣,不是冷漠、敌对、算帐的样子,于人生的活气有不少的培养,不能不算一种优长与胜利。①

此处议论,乍看公允,其实处处矛盾。这里分几个层次来分析。首先,既然中国人为人持容让的态度,可以不计自己,屈己以从人,则何以有专压迫一方的现象?其次,既然礼教名教的压迫的一半原因是中国人持容让的态度引起的,而梁漱溟自己又肯定这种容让,那么这种压迫是否将因容让这一优长而允其持续下去?而且,难道受礼教名教压迫比西方之虽然对立抗争然而个性自由的态度更好?再次,既然主张"中国人是不要我的",那么又为什么却为个性不能伸展而鸣不平呢?还有,既然呆板教条、黑暗冤抑不少,那么这种古代礼法难道不是体现于家庭社会里,又反而乐趣融融?他在肯定积极的一面时抛开了另一黑暗面。总之,梁漱溟在肯定中国人生的优越性时,显然抛开了"如此之失败不利"方面来谈的;同样,在指责西方人的种种弊端时,也抛开了它的优越性。这种方法,其动机目的和倾向性的主观性,可谓一目了然。

梁漱溟反对新文化运动,反对以完善法律和增进个人权利义务的价值观来发展中国文化。他认为,"只有提高了人格,靠着人类之社会的本能,靠着情感,靠着不分别人我,不计较算帐的心理,去做如彼的生活,而后如彼的生活才有可能。"他的结论是,应该像宋明学者那样再创讲学之风,以孔、颜的人生态度来为现在的所有青年人解决人生的烦恼,从而替他们每个人开出一条路来。他认为,只有昭苏了中国人的人生态度,才能把生机展示出来,使死气沉沉的中国人复活过来。这样,也就从里面发出了活的自主的动作,这才是真动!中国不复活则已,只要中国复活,这是唯一无二的路。他自信地说,有人以五四以来的新文化运动为中国的文艺复兴;其实这新运动只是西洋化在中国的兴起,怎能算得上中国的文艺复兴?真正的中国的文艺复兴,应该是中国传统的人生态度的复兴。而这种出路乃是梁漱溟从真孔子那里再现出来的,充满人道又富于宽容精神的自为人生!

这种孔、颜人生与宋明克欲制情的教义,显然是传统的再现。所以,这种人生态度的复活并非梁漱溟的独创,而为大多数文化保守主义者所津津

---

① 《梁漱溟全集》第一卷,第478—479页,山东人民出版社,1989年5月至1993年6月版。(下引该书,只写《全集》)

乐道。宋明人既创讲学之风,且乐道孔、颜的人生观,为何不能解决人生的问题、反而礼法名教越来越专制？他既已在前面指出了宋以后礼教名教者变本加厉的事实,为何还要提倡宋明人的做法？新文化运动时期,梁漱溟在民族危机日益深重,民生问题日益尖锐突出的历史时刻,把这些问题淡化在所谓的人生烦闷上,从而把民族文化发展问题简单化为生活态度与生活方式。很显然,他的所谓人生烦闷是个模糊的概念,而对于孔颜生活态度与生活方式的爱好,既不能抹去传统文化的弊端,更不能解决民族危亡。也就是说,他的传统人生复活的主张,实际上撇开了文化的时代性,这就根本上限制了他的理论的思想史意义。总之,梁漱溟宣传儒学传统的人生观、价值观,尽管他并不一般地反对人道主义,但是儒家的压制个性的价值,在梁漱溟那里反而成了应该取法的榜样,由此,他的反个性解放的倾向就相当明显了。

尽管他在1949年发表的《中国文化要义》中仍然坚持文化的不可分之说,认为中国文化的缺点和优点是不可分的。然而,梁漱溟再后来似乎也发现了自己这一时期思想的独断性,因此,他对思想从几个方面来作出了修正。首先,是他强调应该补充儒家人生伦理学的心理基础的研究。在《东西文化及其哲学》第八版序言中,他说:

> 大凡是一个伦理学派或一个伦理思想家都必有他所据为基础的一种心理学。所有他在伦理学上的思想主张无非从他对于人类心理抱如是见解而来。而我在此书中谈到的儒家思想,尤其是喜用现在心理学的话为之解释。自今看去,却大半都错了。盖当时于儒家的人类心理观实未曾认得清,便杂取滥引现在一般的心理学作依据,而不以为非；殊不知其适为根本不相容的两样东西。至于所引各派心理学,彼此脉络各异,亦殊不可并为一谈；则又错误中的错误了。十二年以后始于此有悟,知非批评现在的心理学,而阐明儒家的人类心理观,不能谈儒家的人生思想。①

由此可见其伦理学的方法是建立在心理学观念上面。其次,在《中国文化要义》一书中,他强调中国文化的精神是重理性的,而改变了他原来的直觉的主张。他说:

> 中国的伟大非他,原只是人类理性的伟大。中国的欠缺,却非理

---

① 《全集》第一卷,第324页。

性的欠缺(理性无欠缺),而是理性早启,文化早熟的欠缺。①

在他的带浓厚感情的文化比较过程中,他也逐渐发现中国道德问题所在,即所谓公德心的缺乏。当然,他认为这是文化的自然结果,不能说中国人比西方人更自私。相反,西方由于团体组织的排他性和个人主义,其实是比中国人自私的。不过,他认为,中国伦理本位和强调个人修养,组织比较薄弱,因此公德心确实比较缺乏。而这就需要通过实践道德和理性引导来提高。事实上,他认为,应该是通过改造社会组织和提高道德水平的相互补充来完成。这就体现为他的乡村改造运动。乡村改造自然是通过组织的关系改善来完成的,而组织中最重要的精神力量即在于义务观念。其义务观念不是西方的人与人之间的,也不是传统君臣父子的人与人之间的,而是中国传统伦理的新体现:

> 现在我们对于这种义务观念,得要改了,得要救正了,应该把他改成:个人对团体,团体对个人的义务观念……总之,是要发达这个观念:个人对公家(小之一乡,大之一国)要有义务,公家对个人亦要有义务;彼此休戚相关,患难与共,这样就对了,就是我们所要发挥的义务观念了。我们也可以这样说:中国原来就有所谓:父子、君臣、夫妇、长幼、朋友等五伦,现在我们是要再给他加上一伦,或者说是替换上一伦:替换哪一伦呢?即拿团体对份子份子对团体这一伦,代替君臣一伦。所以现在我们仍然可以说是五伦,仍是要发挥伦理关系,发挥义务观念,才能让中国有团体;不然,你越发挥权利观念,越让中国人走入纷争的路;走入纷争的路,就更不能有团体了。②

而团体中需要自觉的道德上的改过迁善和道德互励。道德互励的方法仿照传统理学家所开辟的乡社规约方式。乡村运动的思想中虽然强调吸收了民主的要义和输送科学知识,而实际仍是其价值信念的具体实践。

梁漱溟在"文革"期间终于完成了他在1924年提到的《人心与人生》的写作。但此时,他的一些思想观念已经发生了明显的变化。因此,此书并不完全是他的《东西文化及其哲学》的继进。不过,他对于生命内在自然德性的主张似乎并没有明显的变化。他强调了无私的感情之升扬,说,"求真恶伪是人心天然所自有的,纯粹独立的,不杂有生活上利害得失的关系在

---

① 《全集》第三卷,第304页。
② 《全集》第一卷,第664—665页。

内";"当人类从动物式本能解放出来,便得豁然开朗,通向宇宙大生命的浑全无对去;其生命活动主于不断地向上争取灵活、争取自由,非必出于更有所为而活动……原初伴随本能恒必因依乎利害得失的感情,恰以发展理智必造乎无所为的冷静而后得尽其用,乃廓然转化而现为此无私的感情";"具此无私的感情,是人类之所以伟大;而人心之有自觉,则为此无私的感情之所寄焉"。① 其结论性的主张依然是:"《东西文化及其哲学》之所为作,即在论证古东方文化如印度佛家、中国儒家,均是人类未来文化之一种早熟品;因为不合时宜就耽误(阻滞)了其应有的(社会)历史发展,以致印度和中国在近代世界上都陷于失败之境。但从世界史的发展而时势变化,昨天不合时宜者今天则机运到来";"最近未来共产社会之建设成功,无疑地应属人类自觉地创造其历史时代。然而恰好此意识明强的伟大事业运动,却必在其全力照顾人们意识背后的本能及其相应的感情冲动——大兴礼乐教化陶养涵育天机活泼而和乐恬谧的心理——乃得完成"②。其思想的坚持如此。

在他的心理主义的价值取向中,明显可以看出人类高尚精神自觉的不懈追求。他所主张的学说,明显地是自己体验和向往的,而又因其自身的坚持而特别引人注目。因此,梁漱溟思想的价值,在他的唤起关注和实践内在道德情感方面表现的最为完全。

二、熊十力的伦理思想

和梁漱溟相比,熊十力在价值取向上虽然相近,而在思想特征上无疑更突出哲学方法的提炼。正如一些哲学史家已经指出的那样,自梁漱溟之后,儒学与儒家分途分流的趋势比较突出。追溯其原由,既有学术专业化和形式化的影响因素,也包括了儒家本身的高度要求难于实现的历史特性。易言之,一些从事专业哲学研究的学者不再积极地以道德实践来辅证其学说,而是极大地突出了理论演释的趣味和成就哲学创造性的自觉,他们的品性自觉也就相对地不那么突出了。或者简单地说,在以继承发展儒家哲学为己任的新儒学学者中,一方面是哲学创造意识的高扬,以此作为继承传统和文化继往开来的责任;另一方面,他们在为学时也会流露出某些盲目的自大心理。就是说,尽管他们对传统的认同表现出一定的有时甚至是相当虚怀

---

① 《全集》第三卷,第579—581页。
② 同上书,第597页。

若谷的美德。相形之下,在一些同样认同传统的历史学家和哲学史家那里,传统儒家的精神特质和实践性格保存得更加明朗。这样,尽管这些新儒家哲学家代表了现代最主要的文化活动成果之一,但在学术领域的说儒尊儒方面,实际上也常常表现出武断的特征。

总之,熊十力及其差不多同时开始的现代中国哲学家中的所谓新儒学这一派,以上分析的特征朗然昭著。当然,在熊十力以及后来的牟宗三那里,又另有一番独特的个人气质和性格的影响因素。他在思想气质上尊崇或者合于孟子、陆王一路,以贤智自视,表现出藐视一般民众的特色。这与孟子的"藐大人焉"不同,颇似陆九渊的"举头天外望,无我这般人"之喻。同时,这种孤高的性格,也体现在哲学方法上,这就是对历史理解的六经注我和判断学术问题的武断性。同时,在这种个人的精神气质中,还体现出对俗世或者目之为俗世的批判意识,而这种意识与他们同时代的譬如借助阶级斗争以批判社会的思潮有极为吻合的一面。当然,一种是贵族批判平民,一种是平民批判贵族。在这里,熊十力的学术活动起点和社会活动的主要价值追求是忧民仁民,是公天下以去压迫的目标,但同时又突出了俯视众生的鹤立鸡群似的自我意识。总之,在他的性格和思想表现形式中具有文化精神传承和道德实践史的考察意义。

熊十力(1885—1968),原名继智、升恒、定中,号子真、漆园、逸翁,湖北黄冈人。他从小家贫,性格放浪。曾自读书,自得于己。十六七岁时读陈献章书,"忽起无限兴奋,恍如身跃虚空,神游八极,其惊喜若狂,无可言喻,顿悟血肉之躯非我也,只此心此理方是真我"。① 时政治危机深重,民生苦楚,熊氏感奋,积极图谋,并曾入伍。1906年参加同盟会,联络举事,泄密出逃,不久以后归乡授徒。民国后曾参与抗击北伐;因目睹形势险恶,道德颓败,深悟革政不如革心,乃专研佛儒,以导人群以正见为目标。1919年前任教于南开中学。因笔墨之争而与梁漱溟相识,并得梁氏介绍而于次年秋到南京内学院从欧阳竟无研究佛学两年,最后受聘于北京大学,任特约讲师。约在1925年,熊氏更名十力,自取智慧广大之意。1930年出版《唯识论》,确立信儒旨趣。1932年出版《新唯识论》。"七·七事变"以后,他积极宣传抗日,高扬创造文化之心跃如,于哲学更突力奋发。抗战期间,他除讲学之外,出版了《十力语要》和《读书示要》等著作。1949年以后,熊氏任北大教授,主要致力于著作,并于1956年出版了《原儒》,1958年出版了《体用论》。

---

① 《十力语要初续》,第202—203页,台北乐天出版社,1971年版。

1968年,熊氏于上海逝世。

熊十力以阐扬提升传统哲学精华自觉,他对于中国学术精神的洞察比较透彻。他指出,中国哲学的根本精神是注重体认。这同时也是他自己的主张。他在与张东荪争论中西科学与哲学比较观念时,分述了中国哲学其实是他自己的总结的特点:

> 哲学所求之真,乃即日常经验的宇宙所以形成的原理或实相之真。(实相犹言实体。)此所谓真是绝待的,是无垢的,是从本已来。自性清净,故即真即善。儒者或言诚,诚即真善双彰之词。或但言善(孟子专言性善。)而真在其中矣。绝对的真实故,无有不善;绝对的纯善故,无有不真。真善如何分得开?真正见到宇宙人生底实相的哲学家,必不同科学家一般见地把真和善分作两片说去。吾兄谓中人求善、而不求真,弟甚有所未安……总之,中国人在哲学上,是真能证见实相,所以他总在人伦日用间致力,即由实践以得到真理的实现。如此,则理性、知能、真理、实相、生命,直是同一物事而异其名,(此中"理性"、"知能"二词与时俗所用不必同义,盖指固有底而又经过修养之明智而言。①)

他强调不可完全排斥科学,甚至于说科学与哲学相需为用,眼光高于一般的道统论者;而约其要,仍重以修养涵容知识。虽然许多知识是道德的必要前提,但并非所有知识都与修养相关,而在这一点上,熊氏的统合努力是不能完全的;而正是他力求将一切指示之作用归入道德本体,使体用关系之说分散而杂。当然,就振兴道德的立场出发,甚至就科学与道德的关系立论,熊氏批评迷信科学,自有重要意义。他说,

> 自科学发达,物理大明,而人事得失亦辨之极精。不道德之行为改正者多,如男女平等及民主政治与社会平均财富,此等大改革皆科学有补于人类道德行为之大端者。然此但就道德发现之形式上说,固赖科学知识进步,而见后胜于前。若夫道德之根荄,终非科学所能培养,唯有反求诸己,而自识其所固有之真源,保仁勿失,扩充不已,然后其发现于日用云为之地,乃有本而不匮耳。②

此论甚精当。但当他将科学道德纳入本体论时,在哲学上便衍生许多困难。

---

① 《十力语要》卷一《答张东荪》,上海书店出版社,第58页,2007年8月版。
② 同上书,第303—304页。

在哲学上,熊十力虽以仁心(仁体)的显现来构想形上学的通融特征,并且以传统的体用关系为主线来体现本体与现象的圆融无碍境界,但在这里,本体与体用之间的联结问题成为一个难于捉摸的问题点。易言之,熊氏不是考察本体与现象的逻辑蕴含关系,而是考察本体与现象的生成蕴含关系。试略赘引其文如此:

> 物之生也,道生之;(物不能从无生有,若无道则物何由生。故曰道生之。此本老子语,老学出于《易》也。)其成也,道成之。(准上可知。)故万物皆以道为其本命。分之一词,自是就一切物各各禀受大道以生成而言,遂强名之分耳。其实,天道是浑然大全。每一物皆禀受浑全之道以生成,易言之,每一物皆以浑全之道为其实体。譬如大海水现作众沤,自沤相言,(相者相状、下同。)宛尔各各都有自相。(宛尔者,沤相本不实,而现似如是相耳。)其实,每一沤皆揽大海水为其体。由此譬喻,可悟每一物皆以浑全之道为实体,非揽取性海流出之一分,以为其本命也。(性海,即道之别名。)是故庄生曰"道在瓦砾,道在屎尿",宗门达者有云"一华一世界,一叶一如来。"(宗门,谓禅宗。中土禅学虽云吸收印度佛家,而其植基于《大易》及《老子》者确甚深。世界一词,本世俗习用。今此云世界不可随俗解,实则指法界而言。佛云法界,其义即谓万物之本体,如来虽佛号亦是本体之名。如是而来,无所从来,故曰如来。)深味乎此。吾人何可拘小己而迷自性,妄自减其生命,等于沧海之一粟哉?(自性谓道。吾人如识得自性即是道,即自家生命本来至大,无有穷尽。今拘小己而迷其本来,便自减损其大生命,而不免于短促,细小之悲也。)夫惟万物自性即是道,道不离一一物而独在。易言之,道即一一物也,一一物即道也,是故人生不须遗世而别求道,惟当即于现实世界而发扬此道。孔子曰"人能弘道,非道弘人",义深远哉!①

由上可证,熊氏立论方法的特点,受到道家明显的影响。但与道家不同的是,他又增加了佛教的体用一如之义。也就是说,道家的抽象之道在这里被赋予了实体生成式蕴含关系。大海在这里即是抽象之本体,也是实有之实体,故大海与众沤不可隔离分绝。然一物虽是宇宙不可分离,却不能证明道与一物之不可分离。在其实有之实体上有可分离的部分。因此,在熊十力

---

① 《原儒》下卷《原内圣第四》,上海书店出版社,2009年7月版,第183—184页。

这里,逻辑蕴含和实体关联一起转化为生成关联,由此进入与生命一体化;并在体当中设定了人性道德性的内涵。在《明心》篇中,他说,仁心即是生命力的发现,此不唯在吾身,亦遍在天地万物。此仁心即是体。根据这一本体的设定,进而将事实的原理转化为当然义务,提出道德义务论原理。

熊十力进而言之:

> 物皆有理,而德与理全备者,惟人则然。德理皆原于天。物以理成,不可诘理之所由;(即物穷理之事,总是由分殊的理,会归于普遍的理,更由普遍的理会归于至极无外之普遍的理,到了至极无外之普遍的理,便不可诘其所由。《庄子》云"恶乎然?然于然",是也。)人以德立,不可诘德之所由。(道德轨范如众星之灿烂于太空,人皆仰之矣。贤者不忍违反道德,不肖者纵小己之私而违之,初亦内惭,习久便无惭。然机诈险阻如魏武其迹至今犹不无惭也。古今穷凶极恶、灵性梏亡殆尽者,当无几辈。其不忍或不敢违反道德,或违之而内惭者,则人类之常情也……若夫以功利之见而论道德,必以为人各欲遂其谋利计功之私,而以己私莫可独遂,必于己外,顾及他人,甚至以利诱人而便己之私。久之,因社会关系形成清议种种制裁,逐渐养成道德感。此等肤论不足为辨。人之不畏清议者从来多有。若谓利人纯出于为己之一种手段,人性本无善根,此说果然,则人与人之间,真无一毫血脉贯通处,而谓人可相与为群断无此理。孟子性善之论可谓知天,惜乎能喻此者少耳。人之道德感无所诘其所由。如以事亲之孝论,为何而要孝乎?倘以报恩为理由,则将问为何要报恩?子玄《庄注》曰:万物之生也,自然耳,而万物不谢生于自然。此论亦有趣。然《诗》不云乎?"孝思不匮",本于性情之不容已。余见世间每有不孝之子,时或良心动,深自惭惶。不敢且不忍以诡辩自解免,可见人情未有以不孝为可安于心者。举孝为例,其他道德莫不皆然。尝谓道德之本质恒无变易,道德表现之形式则随社会发展而有变,如孝德本质无可变而父母或干涉子女正当之自由,子女可不从,此则形式之变也……要之,道德为何不可违反?此无可诘问理由。问而有答,其答亦等于不答。当知一切道德只是应该的,不可问其何以故。此理说来甚平常,而至理并不是说得好听,惟其是应该的,则不谓为天之使命不得耳。)故知德与理皆原于天也。前文有云,上天德理咸备之丰富宝藏,惟人全承之,故欲知天者,不

可不知人,天人本不二,舍人而求天,天其可知乎?①

熊氏在这里表达了他关于道德的自然义务原理之根据在于不可致诘的"应该"之本质,即人性之根源本质。若仔细考察,便会发现所谓的道德理想主义的非论证性设定特征。无疑,他对利己主义的批评包含着对人之本质复杂性的揭示以及对人之利他现象之本质洞察;但同时,他却不能够提出一种可行的学说以支撑自然义务论。易言之,他所说的"应该"之根据,仍是由本体的设定转换而来,缺乏理论的力量。更重要的是,由此如何解决现实的道德准则之确定以及道德统一性的基点?

诚然,熊十力不像理学家那样直接以二元对立解释善恶起源,但仍然保持对形气之私造成恶之说法,因此他也实际上放弃了对于这一关系到社会改进原理基础的理论探求,尽管他对内圣外王之道倾意颇重。根据他的哲学,实际上他在内圣说方面着力最深,并且接受了阳明学关于智慧与道德相互转化的修养说。但习染或私欲之根源何在?从体用关系来说,善之体用关系在这里既然不是绝对有效的,那就必须将恶之体用关系也放在体用关系之中来考察。不过,对于智慧与德性背离的方面,熊十力并没有积极地加以考察。实际上,经由本体论探讨的熊氏哲学,受到道家和阳明学的深重影响,将智慧直接导入道德性的内涵。《乾坤衍》的夹注中,他写道,

> 智慧是超过知能的一种明睿作用。此义难为不知者言。智慧常与道德合一。忘我的道德,即有明睿作用存乎其间,非明睿不能公私分明,是非昭析,何从忘我乎?②

这一主张实际上是对力学德性论的总结,突出了直觉的道德修养意义,对牟宗三产生了较大的影响。正因为体悟天人本不二的智慧具有道德价值,故必须化导愚痴,并以此为己任,也因此颇自负。

熊十力强调大我是实现内圣与外王联结的依据。这一点上无异前儒。不过,一方面他摄取现代科学的某些概念来表达对实体与本体联结的觉悟,以此为契机追寻宇宙人生的本原;另一方面进一步改造佛学的执著说,以去执小我为德性转折之修养,从而确立觉悟与德性统一的体用论。就大我体现大生命力而言,本身具有贯通内外一体相通的内圣外王之义。同时,与传统理学家不同,他既反对禁欲性的说教,也十分关注社会发展问题。在《读

---

① 《原儒》下卷《原内圣第四》,上海书店出版社,2009年7月版,第192—193页。
② 《体用论》,中华书局,1994年2月版,第407页。

经示要》第三讲附说四中,他特别强调率性说,

> 生生之本然,健动,而涵万理,备万善,是《易》所谓太极,宇宙之本体也。其在人则曰性。吾人率性而行,则饮食男女,皆有则而不乱。推之一切所欲,莫不当理。如此,则欲即性也,何待绝欲而后复其性乎……备物致用,大通而无不正,一切畅其真性。

易言之,仁与生生是一事,而生生被规定为随顺良知的生生。这里不是结果的问题,而是态度和方法的问题。当然,在方法上,还是传统的无私自觉:

> 有《礼运经》归本天下一家,规模广大,无所不包含。人道之大,极乎位天地、育万物。人之德量,应该与太空同其广大,不宜狭隘自私。孔子言人道,是就人性上立基,勖勉人以忘小我而合于大体,(即以小我而去其私,以通天地万物为一体,是谓大体。)乃道德智慧合一的境界,非有功利之私也。问:"功利"一本于公,不杂乎小己之私,此可反对否?答:功利一本于公,则功利即是道德智慧的发用,何可反对?孔子不是要把功利别出于道义之外,只要辨公私耳。①

他进而考察社会组织之可能,以及道德之特征,即公私之德的统一。大概是因出于当时社会的缘故,熊氏在 1961 年撰写的《乾坤衍》中,批评了传统的独善其身的局限性,强调共进于善。此外,他还指出了法治的重要性,以及实现社会理想所必要的政治基础。尤其是他强调至善作为追求目标的价值以及实现该目标的过程性原理。在他的学说中,仍然洋溢着道德社会的热情。

以道德本体(融摄真与美)为最高概念的熊氏哲学,自然地以道德的社会实现为其终点。故此,必然同时标榜大公。然而,有趣的是,在他的理论设定中,他可以任意地保留与此相冲突的部分。谨摘抄《读经示要》中的两段以见一斑:

> 夫人类之所蕲向,则在至真至善至美之境。此盖本于其性分,而有所不容已之最高愿欲。然而人生限于形气,毕竟处于相对之域。绝对之真善美,常为其愿欲所寄耳。而人生之精进不已,改造无息者,正赖有此难偿之愿欲。使其可偿,则获偿之日,即为人生愿欲断绝之时,

---

① 《体用论》,中华书局,1994 年 2 月版,第 548 页。

而人类亦几乎熄矣。①

或曰:"何不将小家庭与私有制,根本铲绝之乎?"曰:"此恐未易行,而亦不必然也。人类之道德,发源于亲子之爱,若废小家庭制,则婴儿初生,即归公育。亲不可过问。而亲子之爱绝矣。父母老而公养,子可不过问。而亲子之爱又绝矣。天属之地,已绝爱源。而高谈博爱,恐人情日益浇薄,无以复其性也。儒家言道德,必由亲亲而扩充之为仁民爱物。此其根本大义,不容变革者也……其他可虑之处,兹不及详。故小家庭制,未可全废。小家庭既许存在,则极小限度之私有财力制,亦当予以并有。为维持其小家庭生活之便利,则保留相当之私有权,乃事势之必然者。且人类若绝无私有观念,亦不宜竞奋于事业。此又不可忽也。然则,利用小家庭与小限度之私有制,而导之于社会公同生活之中。使之化私为公。渐破除其种界国界之恶习。则全人类相亲如一体。而天下为公之治,可以期必。非臆想已。②

此处正见熊氏思想的特殊性。一方面,其中有深刻的社会发展动力意识和现实社会发展理论,另一方面则昭示了他继承大同乌托邦与其哲学方法的矛盾。大公无我的本性冲动最终通过种种限制而以保私的动力来实现,并且以留私而化公,其设定理论转折的主观性十分显著。

他对肯定性处境的表达归于其本体论,而对于否定性现象缺乏明确的辨析。例如,即使是形气之私造成了恶之根源,但恶之根源实际上并非如此单纯。他在《明心》篇中曾提及恶之根源的困难,即本心与恶的起源关系,可惜仅只承认其中有矛盾,未予诠明。然此一问题不解决,体用学说在伦理学上便不能通贯。他虽然提出良心仁心判断的依据,并且针对个人道德感与实际追求之间的冲突进行了分析,但这种分析实际上是以仁心涵万理且能够有效地解决道德冲突为前提的。然而人们对什么是善的意见常常不一,即使怎样天真,仍然不能解决伦理学的基本问题,即具体的原理和解决道德冲突的关系问题。而在这一点上,仁心说是传统性的。另一方面,尽管他指出了道德的"形式"的演变,批评了面对正义时独善逃避的实际状况,但在道德的所谓"形式"演变当中,人们社会生活冲突之根源性的焦点恰恰在哪一种"形式"是好的意见之冲突。对于这一尖锐问题,他仍然沿用传统的良心说,终未能有大突破。易言之,在关于怎样修养的传统性方法之外,

---

① 《熊十力集》,第202页。
② 同上书,第203—204页。

未能再予深入和发展。

熊十力对传统德性论修养论的总结最具批判力,尤其在去除其中蓄积的极端化倾向和反健康生活的内容的同时,兼摄现代社会基本公德意识以调剂之,形成了积极进取的人生观和生命观,真正体现了哲学的创造精神。同时,在20世纪50年代末60年代初,当举国学者过于偏执以阶级斗争规定道德属性时,熊氏独力倡导修身与正义,不愧为道德理想主义的旗手,具有重要的意义。当然,熊氏虽然道德理想主义的立场十分明确,而在伦理学的方法上并没有进行深刻探讨。他过多地将修养的关键问题交付智慧而不能明晰地表达道德情境判断的可能问题;同时在社会道德目标和个人的人生体验之间不能围绕本体学而贯通。这虽然不会减损他的哲学之价值,但实际上却可以明确他未能实现以独到的哲学方法推动自身体系化的道德理论建设之原因。

第六节 冯友兰的新理学

冯友兰在哲学上作出了积极的融通中西的努力。基于"接着理学讲"的儒学发展自觉,在其学养趣味的基础上,构成了别具特色的新理学。尽管冯氏试图通过寻求建立客观的方法论基础,然毕竟保持了传统的形而上学的浓厚兴趣,从而在整体上体现了对于境界的玄思特征。正是其在玄思中,实现了人生观的价值探索和道德社会的理想设定。

冯友兰(1895—1990),字芝生,生于河南省唐河县,从小就熟读儒家经典著作。1911年到上海中国公学学习,开始接触逻辑方面的知识,并因此对哲学发生兴趣。1915年考入北京大学哲学门学习。他对西方哲学更感兴趣,因缺乏师资,专攻中国哲学,并受到胡适的研究方法的启发,同时受到梁漱溟中西文化异同比较观念的冲击。大学毕业后,曾回开封任教一年,第二年赴美国哥伦比亚大学学习,此一期间曾听过杜威等著名哲学家的课,并对新实在主义发生兴趣。他在杜威的指导下完成题为《人生理想之比较研究》的博士论文。1923年回国后任河南中州大学教授兼文学院院长,两年后转受聘为广东大学任教,不久又转往燕京大学,讲授中国哲学史。他在讲义的基础上,于1931年和1934年分别发表了《中国哲学史》上下卷,反响很大。抗日战争爆发后,冯友兰受到强烈的冲击,进一步增强了民族文化复兴的使命自觉。于1937年起至1946年内发表了《新理学》、《新知言》、《新原人》、《新事论》、《新世训》等所谓"贞元六书",构造了自己的哲学体系。在

主要为伦理学著作的《新原人》自序中,他写道:

> "为天地立心,为生民立命,为往圣继绝学,为万世开太平。"此哲学家所应自期许者也。况我国家民族,值贞元之会,当绝续之交,通天人之际、达古今之变,明内圣外王之道者,岂可不尽所欲言,以为我国家致太平,我亿兆安心立命之用乎?虽不能至,心向往之。非曰能之,愿学焉。①

他于1937年任清华大学教授兼文学院院长,随后学校合并后成为西南联合大学教授。抗战胜利后,仍任清华大学教授。建国后的第三年高校专业合并时转任北京大学教授。也就在建国后不久,冯氏多次进行自我批判。他曾是文化批判中的核心人物,在批判传统文化的思潮中提出影响深远的对传统道德的所谓"抽象继承法",似乎有继承传统的深意在。"文化大革命"中他成为意识形态的批判对象,受到迫害。"文革"结束后,他试图在《新编中国哲学史》第七卷中对当代思想作出自己的批判总结。此外,他在自传中对自己的一生做了较为客观的总结。

冯友兰的"理世界"包括指称实际事物的本体和道德原则。但他以太极来称呼"理",认为太极即是万理的总汇;在这里,太极的用法无疑是不当的。因为"太极"这一概念是指极一,而不能指总汇,只能说是"万理之理",而不能是含众理之大立。不过,他的新理学的基本分析方法使他成为当代新儒学的重要代表人物之一,尤其从借鉴西方哲学方法来分析中国哲学方面作出了积极的尝试。例如,他批评朱子所说的"理"混淆了逻辑与伦理,具有重要的方法意义。

在人性论上,冯友兰基本上坚持了旧理学的解释内容,通过他自己的新理学的逻辑方法加以论证和说明。他认为,道德上的行为根据就是人之所以为人的标准,此即是人之性;性以理为逻辑上的根据,性即是理。他说,我们普通所谓性,有两种意义。照其一种意义,性是逻辑上的性;照其另一种意义,性是生物学上的性。性是一类事物所以成此类的物,而又区别于他物者,因此,他认为,所谓人性者即人之所以为人,而以别于禽兽者。动物性虽然人亦有之,但只能称为人所有之性,而不能称为人性。从这个意义上说,人与禽兽之间是一种类逻辑上意义的区别。他说:

> "性即理也"。理是一类事物的标准。宇宙间无论什么事物,都有

---

① 《新原人·自序》,中国哲学研究会出版,香港万象书店发行,1961年3月版。

其标准,道学家所谓"有物必有则",人的生活,亦有其标准。此标准并不是什么人随意建立,以强迫人从之者,而是本然有底。此标准亦并不是什么外力加于人者,而是事实上所本来依照底。此即是人之理,亦即道学家所谓天理……某种事物,事实上都依照其理,但事实上都不能完全合乎此理。此即是说,在事实上他都是不完全底,无觉解底物,不能超过事实,不知有所谓标准,则亦只安于事实上底不完全。人是万物之灵,他不但知事实,并且知事实所依照的标准。知有标准,他即知有一应该。此应该使他求完全合乎标准。人之所以为人者,就其本身说,是人之理,对于具体底人说,是人之性。理是标准,能完全合乎此标准,即是穷理,亦即是尽性。①

这是他解释道德问题即"应该"由来的重要文字。但其中也是他的方法不适合于分析道德上"应该"之所在。按照他的解释,理是逻辑意义上的,因此是物类据以区分的标准,此标准构成各自的本质。问题在于,构成人的本质之类的要素,并不是完全区别于动物的,就构成类与类的本质差别而言,一定不是纯粹的。例如,他认为,动物性是人与动物相同或相近的,因此,他不是人之所以然或者人之为人的标准。但人除了与动物相区别的能力与道德行为即所谓标准外,实际上是一种混合的存在。因此,其所以然也不是单纯的。譬如说,以能够觉解"肆意然"的这一本质用以追求动物性的享受,那么这也是人区别于禽兽的类的标准。如果说是知其应该,那么,此种应该符合的标准并不是冯友兰所指示的尽性的内容。这是其一。那么,其二,既然人都不能完全符合理的标准,那么人能够称之为人吗?譬如说,人所画的圆不能符合"圆之理"的标准,那么这在逻辑上可以称之为"圆"吗?如是而言,任何人都不能称为"人",但人已经是他所使用的逻辑主词了。这显然是有矛盾的。再者,虽然物类各有其标准,但一方面,这种标准并不能引出人有觉解就知道应该,既然逻辑根据是自然地决定的,则有觉解的人并不能自然地知道应该;或者说,由逻辑上标准值的存在并不能引出逻辑上知道标准,更不能得出知道有标准就知道应该的结论。此另一方面即是,即使人知道"有标准",他也不能确定这标准是什么,因为不同的人对这"标准"内容的理解是不同的。

由此,冯友兰必须解决这一假定知道"应该"而后的标准性质问题。在

---

① 《新原人》,《三松堂全集》第 4 卷,河南人民出版社,2001 年 1 月第 2 版,第 491—492 页。

他的最有名的著作《新理学》的第五章中,运用普遍与特殊的"理"论来探讨道德的性质,这是近代以来最重要的分析道德普遍性与特殊性问题,即形式主义方法的代表。他认为,道德行为是某种行为合乎行为者所在的社会之理,由是言之,合乎理之行为是抽象的,而合乎社会的规律之行为是具体的:

> 一种社会之理,有其所规定之基本底规律。有某种规律,即有某种社会制度。一种社会之内,有一种社会制度。一种社会之内之人,在其社会之制度下,其行为合乎其社会之理所规定之基本规律者,是道德底;反之则是不道德底。但另一种社会之理所规定之基本底规律,及由之所发生之制度,可以与此种社会不同,而其社会中之人,在其制度之下,其行为之合乎其规律者,亦是道德底;反之亦是不道德底。两种规律不同,制度不同,而与之相合之行为,俱是道德底;似乎道德底标准,可以是多底,相对底,变底。其实照我们的看法,所谓道德底者,并不是一行为合乎某特定的规律,而是一社会之分子之行为合乎其所属于之社会之理所规定之规律。所以,无论在何种社会之内,其分子之行为,合乎其社会之理所规定之规律者,其行为是道德底,反乎此者是不道德底。诸种社会之规律,或不相同,或正向反,但俱没有关系。①

以此分析方法对传统良知说加以评断,甚有新意。针对王阳明在《大学问》中所说的至善之发见乃明德本体之良知,是而是,非而非,不容少有拟议增损于其间等说,特指出,对于所谓的至当之不可拟议是对的,但不是说我们关于至当之知识不可拟议。"阳明一派的主张,以为我们对于所谓至当或'天然之中'之知识,若是良知所知,亦是不可拟议增损底。假如我们承认,我们有如阳明所说之良知,我们当然亦如阳明所主张。不过我们只说,我们有知,可以知所谓正当或'天然之中'之知识,……但此知可有错误,而且事实上常有错误。我们有知,此知亦可说是相当地'良',但不是如阳明所说的那样地'良'。"②但这种解释中,依然存在一根本的困难点,因为至当或天然之中之难知,恰在于,即使我们知道了一社会"有"一社会之"理"所规定的基本规律,但我们仍然不能知道具体的善恶是什么,因为善恶都是一社会所规定的理;而如果是人为构成规定的理,则虽有"理",但这理并不指示一个具体的理,而是多个的理,且可能是相互冲突的理。这里的困难之发生的

---

① 《新理学》,《三松堂全集》第4卷,河南人民出版社,2001年1月第2版,第107页。
② 同上书,第118页。

原因在于,虽然我们可以同意冯友兰认为"也理之存在"之理是客观意义上的,但这里客观的存在只能说明"道德之理"是客观的,而不能说明客观的道德之理是什么内容,怎样才能符合这客观之理,也不能说明为什么践行何种道德才能算是符合这客观之理。既然不能回答理的具体内容是什么,也就在实际上不能回答具体地说什么是正当和非正当的。

关于新理学或者说形而上学,冯友兰限定了它的地位,即它既在实际知识的获得方面无用,而在提供人生的观照方面却有大用。由此出发,他尝试总结传统理学的得失,同时运用新的示教来提供一种新的人生觉悟方法。易言之,由人生的性质即觉解的可能来把握人生,通过智慧的觉解和道德的修养来提高人生的境界,其所目指之问题与其他新儒家并无不同。而冯氏提出的人生境界说,本质上是一种常识的归纳,并无深刻的哲学分析价值。他认为,人生境界依照其觉解之不同程度而可划分为自然境界、功利境界、道德境界和天地境界。从他作出区分的标准来看,他似乎将佛教的判教说和黑格尔的正反合三段论糅合起来标界人生价值实现的等次。所谓自然的境界,在他看来"自然境界的特征是:在此种境界中底人,其行为是顺才或顺习底。此所谓顺,其意义即是普通所谓率性"。他认为:

> 有此种境地底人,并不限于在所谓原始社会中底人……有此种境界的人,亦不限于只能作价值甚低底事底人。在学问艺术方面,能创作底人,在道德事功方面,能作"惊天地,泣鬼神"底事底人,往往亦是"行乎其所不得不行,止乎其所不得不止","莫知其然而然"。此等人的境界,亦是自然境界。①

这种境界约略相当于道家的自然德性阶段和谭嗣同、章太炎所说的独立人格形象。

> 功利境界的特征是:在此种境界中底人,其行为是"为利"底。所谓"为利",是为他自己的利底……他于有此种种行为时,他了解这种行为是怎样一回事,并且自觉他是有此种行为。②

在此种境界之上的是道德境界。他说,在功利境界中,人的行为都是以占有为目的;在道德境界中,人的行为,都是以贡献为目的。易言之,道德境界中的人,其行为是行义性质的。同时,他开始对人之性已有些觉解,认识到人

---

① 《新原人》,《三松堂全集》第 4 卷,河南人民出版社,2001 年 1 月第 2 版,第 498—499 页。
② 同上书,第 499 页。

与社会之相互依存。在道德境界中,人即在"取"时,其目的亦是在"与"。而天地境界又回到道家的境界:

> 我们所谓天地境界,用道家的话,应称为道德境界。《庄子·山木》篇说:"乘道德而浮游"。"浮游乎万物之祖,物物而不物于物。"此是"道德之乡"。此所谓道德之乡,正是我们所谓天地境界。不过道德二字联用,其现在底意义,已与道家所谓道德不同。为避免混乱,我们用道德一词的现在底意义,以称我们所谓道德境界。①

这里天地境界又超越了道德境界,类似于"无善无恶即是至善"的阳明学及其弟子尤其王龙溪之所谓境界。

> 所以在道德境界中及天地境界中底人,才可以说是真正地有我。不过这种"有我"……必先无"假我",而后可有"真我"。我们可以说,在道德境界中底人,"无我"而"有我"。在天地境界中底人,"大无我"而"有大我"。我们可以套老子的一句话说:"夫惟有我耶,故能成其我。"②

如果比较一下冯友兰和熊十力受道家哲学影响的特征,就可以明白他们将传统的智慧加以继承并试图突显其在道德完善以及超越道德完善的意向。但他在将智慧转化为道德的关键方面提出觉解,即理性的意志,而理性的意志在与道德动机相统一的时候始发生真正的道德行为,即为道德而道德的意志与行为。即,道德行为的道德价值,在其行为本身,即对道德价值有觉解的行为。若是出于天然的倾向,而不得不然者,则其行为虽可以是不错的,但只可称之为合法的行为,而不能称之为道德的行为。由是,他对孟子一派将情感之流露而合法视为伦理的先天根据提出了批评。他举例说,例如一个人见孺子将入于井,而有自然发的恻隐之心,随循此感,而去救之。另有一人,则因有仇于孺子之父母,坐视不救。从二人的行为的外表看,前一人的行为是不错的,后一人的行为是错的。但就二人的行为的动机说,后一人的动机固是不道德的,但前一人的动机,亦不是道德的。所以前一人的行为,虽是不错的,但只能说是合法的,而不能说是道德的。他的理论,在两方面有重要的价值。其一是他以现代伦理学的方法对传统所谓意有善恶进行检正,尤其认为自然的意或者情感并不具有道德的内在价值,此学说虽是

---

① 《新原人》,《三松堂全集》第 4 卷,河南人民出版社,2001 年 1 月第 2 版,第 501 页。
② 同上书,第 505 页。

借鉴了康德的理论,却对中国传统以来的泛道德主义倾向具有矫弊意义。其二是他分析了自发地合乎道德的行为具有明显的不足,即往往失于偏颇,往往是出于一时的冲动以及往往很简单等等。易言之,自发地依照良心或者情感的行为并不是出于伦理学要求的依照理性命令的道德自觉,因此不宜信赖这种行为的道德价值。

然而,正如本书中所分析的那样,觉解之概念虽然试图融道德与智慧于一体,但,这里已经设定了人对道德实践的意愿乃基于他对道德价值的真诚追求,这种追求促使他根据道德的理性判断而实践道德标准所要求的行为。这无疑却与功利的追求相冲突。因此,觉解必须还要相信道德价值高于功利价值,才能使功利境界的人上升到道德境界。实际上,对追求功利价值的人而言,道德价值不可能高于功利价值。因此,这一基于理性判断的觉解虽然在强调道德判断力的提高方面有意义,但不能完善它自身在方法上的过渡之连贯性。例如,他说:

> 圣人是在天地境界中底人,其道德行为不是出于特别有意底选择,此所谓不思而得;亦不待努力,此所谓不勉而中。说圣人不勉而中,不思而得;这是不错底。但如所谓贤人是指在道德境界中底人,则说贤人与圣人的不同,在于生熟的不同,则是大错底。贤人思而后得,勉而后中。圣人不思而得,不勉而中。这是由于他们觉解的深浅不同,而不是由于他们练习的生熟不同。出于习惯底行为,可有练习的生熟不同。但在道德境界及在天地境界底人的道德行为,都不是出于习惯。出于习惯底行为,只可以是合乎道德底行为。有此等行为者的境界,亦只是自然境界。①

冯友兰在这里将觉解视为关键是有道理的,但觉解不应当排斥行为习惯之培养。不思而得和不勉而中必然是先思先勉,否则如何达到道德境界?境界必须与德性的涵养相关联,否则,必无价值。冯友兰在这里或者混淆了自觉养成的习惯和自然的习惯;或者以智代德。理学中所谓的"自然"方法在德性上的运用,是从培养习惯开始的;一心以道德为念,即念念不忘存天理克人欲的人,如何过渡到豁然无我的天地境界?当一人一心认为家族是道德实践的出发点时,他如何能够仁爱无私;或者,当爱亲与爱大众冲突时,他如何无私无我。事实上,由于义利对立关系并不像他所说的成为伦理学的

---

① 《冯友兰新儒学论著辑要》,中国广播电视出版社,1995年8月版,第428页。

焦点(而是更复杂得多的关系),试图用道德动机与信念来代替解决道德冲突的方法努力,其学说必然不能自圆。正是在这一点上,冯友兰又重新回到宋儒理学的虚幻的天人合一,即以信念掩盖方法。他在《三松堂自序》中说:

> 张载的《西铭》说"乾称父,坤称母;于兹藐焉,乃浑然中处。故天地之塞,吾其体;天地之帅,吾其性。民,吾同胞;物,吾与也。大君者,吾父母宗子;其大臣,宗子之家相也。尊高年所以长其长,慈孤弱所以幼其幼。圣,合其德;贤,其秀也……富贵福泽,将厚吾之生也;贫贱忧戚,庸玉女于成也。存,吾顺事;没,吾宁也。"这篇的具有关键性的字眼是两个代名词,"吾"和"其"。"吾"是张载作为人类之一员,说他自己;"其"指乾坤,天地。这篇文章的头几句是全文的前提,代表一种对于宇宙的了解。从这个了解出发,就可见,作为人类的一员的"吾"所作的道德或不道德的事,都与"其"有关,因此就有一种超社会的意义。从这个了解出发,也可见,作为人类一员的"吾"的遭遇的顺逆,幸不幸,也都有一种超社会的意义。①

问题是,这种超社会的意义之追求,既不是根据逻辑的原理,也不是根据道德的原理,而是个人之信念,它并不具有普遍意义。同时,如果不能实现社会的意义,而是以某种信念来掩盖道德信念的冲突和方法讲求的必要性,则最终仍然是信念的附和或共鸣而已。传统以来的儒家都欣赏随心所欲不逾矩,而所谓不逾矩,是指他自然地无做作地随顺道德,或者说无意于为道德而自然地符合道德的要求。但这种境界只是信念的寄托,它是在排除道德冲突之实际表现和道德情境判断的复杂性而得出的圣人理想。实际上,圣人确实是一种德智一体无间的境界,这种境界只能在动机上具有纯粹性,而不可能是实际行为都符合道德。因为道德上之绝对至善是可求而不可至的。且天地境界何以高于道德境界,只能由个人喜欢与否来衡量。因为如果以道德为标准,则道德境界即是至善境界;如果以非道德行为的觉解来衡量,则天地境界与道德境界是非同类比较。因此,所谓的境界高下之分,是难于得到标准的个人信念的。

当然,冯氏试图综合吸收传统各家的优长于其最高境界之心是昭然的。例如,他说:"超脱而严肃,使人虽有'满不在乎'的态度,而却并不是对于任

---

① 《冯友兰集》,群言出版社,1993年12月版,第79页。

何事都'满不在乎'。严肃而超脱,使人于尽道德底责任时,对于有些事,可以'满不在乎'。有儒家墨家的严肃,又有道家的超脱,才真正是从中国的国风养出来底人,才真正是'中国人'。"①问题就在于,这种对道德在乎而对其他可以不在乎的范围根本上是不可统一和规定的,更何况,其他方面的不在乎自然会影响到道德的不在乎。总之,理想在他的哲学体系中之存在,并不能从形而上学中得到方法的论证。

冯友兰从1949年后起就不断进行自我批判,同时也在不断地阐述新时代中所应有的哲学态度和方法。在一些人眼中,其行为未免失于道学的要求。不过,如果撇开他的复杂的个人行为表现的话,则可以清楚地看出,他的思想活动有相当的预见性,自己的哲学观念必然要被迫改变,而且即使如此,自我批判和放弃许多观念的改变,冯友兰仍然积极地且是曲折地表达了维护传统文化尊严、客观肯定其历史价值的愿望,这一点又是超乎时人之上的。深有影响的抽象继承法的提出,就是最有力的证明。

了解他以前的这种分析方法对领会他所提出的抽象继承法是有帮助的。他的分析方法的特点在于从历史的具体道德现象之变迁来考察道德评价标准。例如,他在《新理学》中说:

> 在中国数十年前所行之社会制度中,就男人说,作忠臣是一最大底道德行为;就女人说,作节妇是一最大底道德行为。但在民国初年,许多人以为作忠臣为一姓作奴隶,作节妇是为一人作牺牲,皆是不道德底,至少亦是非道德底。用这种看法,遂以为以前之忠臣节妇之忠节,亦是不道德底或非道德底。这一班人对于忠节之看法,是否不错,我们现在不论,不过他们用一种社会之理所规定之规律为标准,以批评另一种社会的分子之行为;这种看法,是不对底。一种社会的分子之行为,只可以其社会之理所规定之规律为标准而批评之。②

当然,他并不是认为一个社会的道德是绝对的,而是认为道德标准与具体社会制度习惯之不可分,即使是敌对时期,敌人按照其社会所规定的道德标准行为,也是道德的行为。不过,在他把握其所认为普遍形式的道德时,则可能将可变的视为不变。例如,将五常视为不变的③。而实际上,五常中至少有"礼"是可变的。或许他认为这里的礼是形式的标准。但如此一来,它就

---

① 《三松堂全集》第四卷,河南人民出版社,1994年1月版,第363页。
② 《新理学》,《三松堂全集》第四卷,河南人民出版社,1994年1月版,第107—108页。
③ 《三松堂全集》第四卷,第359页。

不是五常中的"礼"了。

在抽象继承法的讨论中,从理论上来分析,冯友兰的思想并不连贯。例如,他说:

> 其实,我所谓一般意义和特殊意义的关系,并不是,至少并不完全是,形式和内容的关系。从一个意义上说,我所谓一般意义是形式,特殊意义是内容,但从另一意义说,我所谓一般意义是内容,特殊意义是形式。①

这在方法上是无法教给人的,因为我们无法找到特殊意义和一般意义的标准。其实,冯友兰的论点依我理解应该是,人之所以为人,应该有其共同标准,此是逻辑上的理。在特殊的背景下,当然无法清楚地说明这一观点。但即使如此,其中仍然存在着不连贯的解释。因为既然人之所以为人是不变的,因此,冯友兰同时认为有不变的道德在。既然不变的道德是人类共同的,比如爱人,那么爱人的内容不同所引发的问题便不仅仅是历史的,而是人类的,以此来评价思想,则理学可以不必是历史的,而是一种道德实践和思想者,即以人之所以为人的标准来判断其是否是道德的。由此则可以以今天的理解来争论,来批评其错误或者不当。而冯友兰可以从另一角度来反驳,即上面所说的人之所以为人的标准和具体的社会规定的基本规律之关系来说明的社会的道德都是具体的。但如此一来,同样的困难仍然存在,即,既然传统道德是具体的,为何需要继承其抽象命题或者一般意义方面呢?因为既然理是自然地成为标准,只要指出今天仍然需要坚持认知所以为人的标准,而这种标准是今天社会所规定的规律,也就无须继承的了。因为这里的道德的行为就在于,我们必须按照今天社会所规定的规律来行为,同时对人之所以为人之事明白应该做的事情,而不需要继承抽象的命题。

因此,抽象继承法虽然针对道德问题而发,但它仅仅具有历史观的表达意义和对于道德问题的态度表示,并无伦理学方法的意义。因为,伦理学原理虽然要求了解道德传统,并不考虑怎样对待传统,即使是为了道德建设的现实需要,也只是要求针对现实的标准进行检讨,而过去伦理的好坏并不影响现在标准的性质要求。即使是区分共相和殊相用以强调道德的普遍性,也是不当的。人类道德行为的普遍标准与人的行为的具体标准并非共相与殊相的关系,而是人性、社会性和文化复杂性的关系。例如,以公私之分、义

---

① 《中国哲学史问题讨论专辑》,科学出版社,1957年7月版,第281页。

利之辨来说,与他自己在《新理学》中所说的具体社会制度的具体道德观念不一致,而且不是自己思想更深刻而产生的不一致。因为公私之分、义利之辨作为道德的理想标准是具体的社会的信念,它仍然存在普遍形式不一致的问题。如果从公私之分、义利之辨所包含的普遍形式而言,则它只能是至善或至当,它已经是纯形式的了。当然,冯友兰的抽象继承法在当时具有具体纠正绝对化方法和态度观念的一般指导意义,即一方面是强调文化史观和历史观思考与人性、人的行为具体化的联结,同时也是突破阶级斗争绝对化模式,从哲学立场思考道德问题的重要观点。

总之,冯友兰的新理学在批判考察旧理学的哲学方法方面具有重要的突破,但在伦理学的运用方面并无大的价值。因为,冯友兰并没有针对以伦理和修养问题为核心的理学在道德问题上的不足加以发展,反而在形式哲学和信念境界追求的交织状态下忽略了理学所隐含的伦理学方法之不完善。因此,冯友兰确实"接着讲"了,但仍然需要接着讲。

第七节 贺麟的学术

贺麟(1902—1992),字自昭,四川金堂人。1919年考入清华学校,毕业后,从1926年至1931年先后在美国的几所大学和德国柏林大学留学,专攻西方哲学,尤其精于德国哲学。回国后开始在北京大学任教,中经西南联大,前后凡25年。20世纪40年代末曾担任北京大学哲学系代系主任。1956年起在中国社会科学院哲学研究所从事研究直至去世。贺麟在介绍西方哲学方面作出了重要贡献,并且是现当代积极吸收西方哲学方法研究中国哲学的重要代表人物之一。

在哲学上,贺麟倾向于客观唯心论。在伦理学方面,贺麟侧重于从知识论、精神的理想活动方式和分析方法相结合的角度来清除伦理学和价值论中一些不当的理解和学说,同时希望借助对儒家思想的改造来建立新的文化价值体系。

在颇能代表贺麟思想方法的《知行合一新论》一文中,他认为,知行合一是哲学的核心问题之一,因此,必须加以新的研究,以打破常识的局限和学说的模糊:

> 知行合一说虽因表面上与常识抵触,而易招误解,但若加正当理解,实为有事实根据,有理论基础,且亦于学术上求知,道德上履践,均可应用有效的学说。而知行问题,无论在中国的新理学或新心学中,在

西洋的心理学或知识论中，均有重新提出讨论，重新加以批评研究的必要。我甚且以为，不批评地研究思有问题，而直谈本体，所得必为武断的玄学（dogmatic metaphysics）；不批评地研究知行问题，而直谈道德，所得必为武断的伦理学（dogmatic ethics）。因为道德学研究行为的准则，善的概念，若不研究与行为相关的知识，与善相关的真，当然会陷于无本的独断。至于不理会知行的根本关系，一味只知下"汝应如此"、"汝应如彼"，使由不使知的道德命令的人，当然就是狭义的、武断的道德家。而那不审问他人行为背后的知识基础，只知从表面去判断别人行为的是非善恶的人，则他们所下的道德判断也就是武断的道德判断。因为反对道德判断、道德命令和道德学说的武断主义，所以我们要提出知行问题。因为要超出常识的浅薄与矛盾，所以，我们要重新提出表面上好像与常识违反的知行合一说。①

他根据自己的哲学理解，将知行合一做两种性质不同的分类，即自然的知行合一和价值的知行合一；又从方法上区分价值的知行合一为理想的价值的知行合一和直觉的或率真的价值的知行合一观两种，分别以朱子和阳明的知行说为代表。他分析王阳明知行合一说的内容和性质，非常细致缜密。又，他认为，朱熹关于知先行后、知主行从之说，是符合知行关系的学理考察的。他由指出伊川论知行，除包含朱子之意外，又突出了"知有不同种类，知有深浅程度"以及"知难行易"两个方面。因此，他进而论说道：

> 苏格拉底提出"道德即是知识"之说，使知与行统一，使道德与学术携手并进。程朱关于知行的见解，其深切著明，实不亚于苏格拉底。只是后人不能把握程朱的真精神，只知从风俗习惯的义节，从制度礼教的权威，从独断冷酷的命令中去求束缚个性的道德，从知识学问中去求学养开明的道德。于此愈足以见得程朱见解的高明，和对于知行问题的透彻识见。②

他在道德上所引出的结论是：

> 认识了知行的真关系，对道德生活可得一较正确的理解。理解离开知外无行，离开学问外无涵养，离开真理的指导外无道德。由于指出行为的理智基础，可以帮助我们打破那不探究道德的知识基础的武断

---

① 《五十年来的中国哲学》，辽宁教育出版社，1989年3月版，第130—131页。
② 同上书，第154页。

的道德学……并打破那只就表面指责人,不追溯行为的知识背境的武断的道德判断。①

可以说,贺麟对于知行合一的新讨论,在方法上有价值而不完善,在观念上同样有价值而不完善。他认为,在道德判断和道德评价方面,未经审查的道德不能算是真正的道德,因此,道德必须经过知识判断的过程;同时,审察的行为还包括意志自由,即自觉自愿的行为。关于这一点,他另外谈及反对物质决定道德时有更直接的说明,

> 就思想与道德的本质言,思想为理性的规范所决定而不受物质条件的决定。为物质条件所决定的也许是感觉、意见、情欲,而不是理性的思想。真正的道德行为乃为自由的意志和思想的考虑所决定,而非受物质条件的决定。为物质条件所决定的行为,只是被动的、茫昧的、奴役的行为,非真正的足以发展个性、扩充人格的道德行为。②

贺麟针对当时的武断道德家忽视道德知识判断的态度的批评是切中其弊的。但在方法的运用过程中,则出现了另一种武断性的方式,即他过于提高理智判断在道德中的价值而忽视行为的情感判断价值。在他的另一篇文章中,他通过介绍西方哲学而接受理性与情感融合的主张:

> 情感不是盲目的,其中实包含有理性。爱情中即包含有知识,因爱情的力量尤可使知识发达;知识中亦包含更深的爱情,因智识亦可引起爱情。真情就是真理,真理亦就是真情。无情就是无理,无理亦必无情。黑格尔谓哲学若无情感,不是真哲学,信仰若无理智亦不是真信仰。若不知哲学中有情感,是不了解哲学,不知信仰中有理智,亦不能了解宗教。情感理智是合一的,唯以理智为其主导。③

此处以理想的方式来看待实际的过程,也就模糊了应该辨别的界限。而知行合一在实际的考察方面,他忽视了程朱的所谓"知"中对知之内容的命令前提。在一般的考察方面,他忽视了知的困难(道德知识与情感判断性质之间所造成的)、行的困难(如道德冲突中)以及知行合一中所交织的困难。总之,他分析了既有命题的性质,体现了重要的方法价值,同时突出了"知"在伦理学中的重要性。但同时,他的分析和观念尚且有许多模糊之处。

---

① 《五十年来的中国哲学》,辽宁教育出版社,1989年3月版,第156页。
② 《贺麟新儒学论著辑要》,中国广播电视出版社,1995年8月版,第421页。
③ 同上书,第49页。

在知行合一问题上,意志自由的重视是贺麟重"知"的根据之一。而实际上,他也从知行合一的角度来解释意志自由。《论意志自由》是他另一篇非常重要的文章,他所欲解决的问题就在于根据自己的思想来重新解说这一范畴。他认为,争自由不是容易的事,自由既不是抄袭模仿可得,亦非徒虚骄咆哮所能收功;尤其须注意的就是政治自由须有道德自由的基础,而道德自由又须有形而上学的基础。他分析了在意志自由方面的幻想的或者决定论之说的不当。针对科学定律与意志自由的关系,他说:"所以有许多的道德家认科学的机械定律为意志自由的障碍,好像科学愈不发达,人的意志愈是自由似的,固然是一种错误。但又有许多时髦的科学家,引用新物理学上的'不决定原则'。或故意张大科学方法之欠精密,科学假定之临时性等以为意志自由张目,也是不明意志自由的真意的说法。因为科学定律欠精确,科学方法欠周密,只能证明科学尚未臻圆满之境,决不能反证道德上意志的自由。此外以绝对没有原因,莫名其妙,不可理解的行为为自由,也是神话。换言之,偶然,反常,失性,发疯,绝对不可知,只足以证知识之有缺陷,不足以证意志的自由。愚昧,偶然,无理性不是意志自由所从出的根据。因为道德上的意志自由,乃是出发于内心的深处,及性格的发展,是自觉的,理性的,自主的努力争得的成绩,而不是盲目的,偶然的外界赐与的恩惠。"①他总结说,胜利的能择,被限制诱迫而不能不择,择不道德的有损人格的事而做,均不足以证明意志的自由。

> 必须能择与所择合一,能择者良心,而所择者不背良心,能择者真我,而所择者足以实现真我,扩充人格,才可以算做意志自由。换言之,必能择者为不失其本心的"道德我",而所择者又足以实现此道德我的道德理想或道德律,方能满足意志自由的条件。意志自由建筑在能择的道德我及其所具之道德理想或道德律上。②

实际上,他关于意志自由的解释,不是从必须作出绝对自由假定的道德行为前提出发,而是基于传统道德理想实现基础的道德人格之发展方向。他指出,意志自由随人格以俱来是一个普遍的事实,但它同时又是一超经验的理想,因此需要保护和扩充这一本性。中国传统所论求放心、知几、尽性等方面,是中国关于意志自由思想与西方哲学可以相互发明的内容。而在其理

---

① 《贺麟新儒学论著辑要》,第427—428页,中国广播电视出版社,1995年8月版。
② 同上书,第429—430页。

想性上,仍然体现为极富本体意味的人格目标。

> 行乎其不得不行,止乎其不得不止,纯出于本性之必然,依天理之当然,就是自由。这样由尽性,由自我实现而达到与天理相合与宇宙意志为一的境界,就可以说是绝对的意志自由……只要我们个人的意志,外而能顺天地生生不息之机,中而能代表时代精神、社会理想,内而能纯发诸本性合于道德律,那么,我们的意志就能与宇宙意志合一,我们的意志就是绝对自由。①

由此,他的意志自由的意义包含着类近于王阳明的真"知",即不仅能够知善,而且包含知善而欲加诸实践的强烈意向。因此,在实际上,尽管他的方法中包含康德与黑格尔许多东西的综合,而在一些基本的梳理方面则时常自觉地整理儒家伦理学中所蕴含的深刻思想并加以发挥,在知行问题上是如此,在意志自由方面也同样不忘传统的深切处。

贺麟对现代儒家的伦理精神发展有个整体的构想,这在他的论文集《文化与人生》中得到较全面的表述。文化与人生之结合,自是需要重新探讨的问题,而儒家在这方面面临新开展所必须的思想和价值观的完善。在这方面存在许多根本问题如体用关系等等需要加以辨明。因此,贺麟辨别了体用关系这一由来已久的范畴,通过细密的分析,提出体用不可分、体用不可颠倒的原则以及各部分文化皆有其有机统一性的原则。由此,他提出文化新开展的积极的方法指向:

> 根据精神(聚众理而应万事的自主的心)为文化之体的原则,我愿意提出精神或理性为体,而以古今中外的文化为用的说法。以自由自主的精神或理性为主体,去吸收融化,超出扬弃那外来的文化和已往的文化。尽量取精用宏,含英咀华,不仅要承受中国文化的遗产,且须承受西洋文化的遗产,使之内在化,变成自己的活动的产业。特别对于西洋文化,不要视之为外来的异族文化,而须视之为发挥自己的精神,扩充自己的理性的材料。②

那么,他所设想的儒家思想的新开展的方向在哪里呢?贺麟认为,吸收西方文化的长处充实儒家精神是个主要的方向。第一是必须以西洋之哲学发挥儒家之理学,将东西方主要哲学会合融贯,使儒家的哲学内容更为丰富,系

---

① 《贺麟新儒学论著辑要》,第435—436页,中国广播电视出版社,1995年8月版。
② 《文化与人生》,第36页,商务印书馆,1947年11月版。

统更为谨严,条理更为清楚,不仅可作道德可能之理论基础,且可奠定科学可能之理论基础。第二则是接受基督教中精诚信仰、坚贞不二、博爱慈悲、服务人类、襟怀旷大、超脱现世的宗教精神而去其糟粕,以充实儒家之礼教。第三则是领略西方之艺术以发扬儒家之诗教。因此,应使儒家思想之开展循艺术化、宗教化和哲学化之途径迈进。在态度上,他说:"在我们看来,只要能对儒家思想加以善意同情的理解,得其真精神与真意义所在,许多现代生活化,政治上,文化上的重要问题,均不难得合理合情合时的解答。所谓'言孔孟所未言,而默契孔孟所欲言之意;行孔孟所未行,而吻合孔孟必为之事。'(明吕新吾《呻吟语》)将儒家思想认作不断生长发展的有机体,而非呆板机械化的死信条。如是,我们可以相信,中国许多问题,必达到契合儒家精神的解决,方算得达到至中至正最合理而无流弊的解决。无论政治社会,文化学术上各项问题的解决,都能契合儒家精神,都能代表典型的中国人的真意思真态度,这就是'儒家思想的新开展',也就是民族文化复兴的新机运。"①在方法上对儒家思想的内在改造和观念上将儒家人生中积极的态度和精神活动指向二者相结合,乃是真正的儒家信奉者所应注意的。

儒家文化以伦理道德为核心,处现代文化观念冲突以及儒家伦理面临挑战时期,如何看待儒家伦理呢?例如,五伦是儒家伦理的核心,是新文化运动以来反礼教的焦点。贺麟经过学理的考察,指出五伦的发展体现为三纲说,而"最奇怪的,而且使我自己都感觉惊异的,就是我在这中国特有的最陈腐最为世界所诟病的旧礼教核心三纲说中,发现了与西洋正宗的高深的伦理思想和与西洋向前进展向外扩充的近代精神相符合的地方。就三纲说之注重尽忠于永恒的理念或常德,而不是奴役于无常的个人言,包含有柏拉图的思想。就三纲说之注重实践个人的片面的纯道德义务,不顾经验中的偶然情境言,包含有康德的道德思想……"②经过哲学分析,其对于五伦的结论是这样的:

> 以上所批评阐明的四点:(一)注重人和人与人的关系,(二)维系人与人间的正常永久关系;(三)以等差之爱为本而善推之,(四)以常德为准而竭尽片面之爱或片面的义务,就是我用披沙拣金的方法所考察出来的构成五伦观念的基本要素。要想根本上推翻或校正五伦观念,须从推翻或正此四要素着手,要想根本上发挥补充五伦观念,也须

---

① 《文化与人生》,第12页,商务印书馆,1947年11月版。
② 同上书,第21页。

从发挥补充此四要素着手。此外都是些浮泛不相干的议论。为方便起见，综括起来，我们可试与五伦观念下一界说如下：五伦观念是儒家所倡导的以等差之爱，片面之爱去维系人与人间的常久关系的伦理思想，这个思想自汉以后，加以权威化制度化而成为中国的传统的礼教核心。这个传统礼教在权威制度方面的束缚性，自海通以来，已因时代的大变革，新思想新文化的介绍，一切事业近代化的推行，而逐渐减削其势力。现在的问题是如何从旧礼教的破瓦颓垣里，去寻找出不可毁坏的永恒的基石。在这基石上，重新建立起新人生新社会的行为的规范和准则。①

由此可以看出他的态度在于积极的伦理准则和精神生活的探寻。而儒家之所以需要继承和开展，关键在于儒家伦理是我们的出发点，而且其中包含许多合理的价值态度。

从这一基点出发，他肯定了新文化运动对摧毁礼教的僵化束缚个性部分方面具有重要的贡献，但新文化运动自身所提出的新道德不是建设性的，即未经思想的发展和系统化。同时，保守派的许多观念是不适宜于道德发展的。虽然儒家的核心是伦理道德，但旧道德有许多偏枯的内容。同时，旧道德的提倡者在观念上有许多错误或者不当，因此必须朝向新道德发展。他说："那过去抱狭隘道德观念的人，太把道德当做孤立自给了，他们认为道德与知识是冲突的，知识进步，道德反而退步。他们认为道德与艺术是冲突的，欣赏自然，寄意文艺，都是玩物丧志。他们认为道德与经济是冲突的，经济繁荣的都市就是罪恶的渊薮，士愈穷困，则道德愈高尚。此外道德与法律，道德与宗教，举莫不是冲突的。中国重德治，故反对法治，中国有礼教，故反对宗教。简言之：只要有了道德，则其他文化部门皆在排斥反对之列。这种道德一尊的看法，推其极则将认为道德本位的文化，根本与西洋整个文化，与西洋近代的物质文明，与希腊的科学的求知精神，与希伯来的宗教精神，与罗马的法治精神，皆是根本不相容的。道德观念如果狭隘到这种地步，当然不打自倒，不虫自腐，只有走上'穷则变'的路子了。而这变动的方向，显然只能往博大精深厚之途：即是从学术知识中去求开明的道德，从艺术陶养中去求具体美化的道德，从经济富裕的物质建设中去求征服自然，利用厚生的道德，从法治中去为德治建立健全的组织和机构，从道德中去为法

---

① 《文化与人生》，第 22 页，商务印书馆，1947 年 11 月版。

治培植人格的精神的基础,从宗教的精诚信仰去充实道德实践的勇气与力量,从道德的知人功夫进而为宗教阶段的知天功夫,由道德的'希贤'进而为宗教的'希天'。如是庶道德不惟不排斥其他各文化部门,而自陷于孤立单薄,且可分工互相,各得其所,取精用宏,充实自身。而西洋文化的介绍与接受,亦足以促进道德的进步。"①这样,贺麟所指出的儒家道德与文化精神新的理想方向,实已充分地证明了新开展的内涵。

显然,贺麟的新儒家思想的新开展无疑已经超出了道德的范围。正是在这一试图总结儒家发展的思想图景设定中,包含着一个对道德生活重新考察的方法论原则,这就是,丰富的道德生活必然是超越道德生活自身的,同样,要丰富和提高道德生活,也不是念念不忘道德所能达到的。假使从这个角度来探讨它的价值态度,那么,他是理想主义者,即以个人自律为出发点,而追求人我共同完善与幸福的社会价值理想;如果从这一价值态度来深入他的伦理学方法,则他是一个实证的理念论者。由此也可以说,他的方法是综合性质的。但他并没有提出一个综合的伦理学体系,而是在对伦理学基本问题研究中展示他的客观研究的态度和价值追求的热情。

贺麟对伦理学的原理体察入微,因此,在他介绍伦理思想和评价伦理思想时,往往能够得其精要。例如,他在讨论利己主义问题时首先指明利己主义并不是自私自利的主义,利己主义与利他主义思想相对立而各有所偏,但重点在于方法的区别,而在态度上则并非完全对立。他进而说:

> 但两派学说尽管武断偏执,却亦各有方便有用之处,及其所以成立的理由。盖两说皆针对损人利己的自私态度而发,而思有以补救之、校正之。盖道德上最大之恶莫过于损人利己,尤莫大于假利国福民之名以谋小己私利(所谓假公济私)。"利己"即所以满足人之自然愿望,不取伪善,不唱高调,"不损人以利己"即所以救治损人利己者之私之恶。"不拔一毛以利天下"即极言其既不损己以利人以示与损己利人的利他主义相反,亦不损人以利己,以示与损人利己之恶人相反,而取其两极端的中道。至于抱损己利人之利他主义者则痛感损人利己的恶人太多,悲悯为怀,抱我不入地狱谁入地狱之旨,以期感化损人利己者,并思多为贫苦无告者及受压迫剥削者谋福利,以期抵消或减轻损人利己的恶人所造成的罪恶,这确有为恶人赎罪的宗教精神。不过无论如

---

① 《新道德动向》,载《儒家思想的新开展——贺麟新儒学论著辑要》,中国广播电视出版社,1995年版,第336页。

何,利己主义与利他主义都是针对损人利己的恶人而发,似无问题。而两派最后的目的皆在达到人己两利的理想,似亦不可否认。似亦寓有不得中行,而取狂(利他主义)狷(利己主义)之意。所以依我们用现代的眼光看来,对于为我的杨朱和兼爱的墨翟,我们似乎都应予以相当的谅解和嘉许,而团结起来,集中力量,以对损人利己的恶人发起总攻击。孟子辟杨墨,朱子辟永嘉的事功和金豁的顿悟,都似乎失之狭隘,反而放松了共同的敌人——损人利己的恶人。自道其"一宗宋儒不废汉学"的曾涤生于覆郭筠仙书中曾说过,"性理之学,愈推愈密。苛责君子愈无容身之地,纵容小人,愈得宽然无忌。如虎飞而鲸漏,谈性理者熟视莫敢谁何,独于一二朴讷之君子攻击惨毒耳。"足见曾氏虽尊程朱,而于宋儒太苛太狭,攻击君子排斥异己之说,反而纵容了恶人的地方,亦洞见其弊。①

在他看来,利己主义在理论上和精神上都不是追求自私自利的简单学说,而是一种包含合理论据的理论,与常识的理解相去甚远。这种利己主义,也是近代价值观的核心要素。他说,

> 中国儒家几千年来聚讼纷纭的性善性恶问题,到了近代,亦有了一新的看法。旧时持性善论者,只肯定仁义礼智是人性。而否认自私是人性。旧时持性恶论者,只肯定自私是人性,而否认仁义礼智是人性。但两派的人,都从不同的立场,承认自私是恶,是须得根本克制铲除的恶。但近代的伦理思想自霍布士以来,即已坦白承认人性是自私的,自私的意义是自保、自为、自爱。这种自保自为自爱的生性,人与动物并非两样的。那时许多革命理论家皆提倡天赋人权说。所谓争天赋人权说,说的露骨一点,就是争人人皆有自私的权利,就是争人人与禽兽共同的自保自为自爱的自然权利……所以近代的伦理思想家大都不过欲教人自私得坦白一点,自私得开明一点,自私得合理一点罢了。自私得坦白开明合理,便是"利己主义"。利己到了愚蠢,不合理不坦白的程度,便叫做"自私"。利己是主义,是理想。自私是罪恶,是缺陷。②

以宽容精神为批评指导,确实使贺麟的思想能够客观地洞察各种学说之特点,也使其分析细密入微。在这里,既体现了他对伦理学史独到的理解,同

---

① 《文化与人生》,第52页。
② 同上书,第132页。

时也包含着他对于道德评价的新精神。例如,在如上的关于利己主义的讨论中,他说:

> 我们发现利己主义的好处:第一,在于有自我意识,承认自我有利己的权利,得免于浑沌漂浮、漫无自我意识,沦为奴隶而不自知觉的危险。第二,利己主义否定了中古时代空洞的绝对无私的高压,确认个人应有的权利与幸福。但利己主义者所谓"自己",意义欠清楚,来源不明白。一方面好似甚尊严,一方面又似很渺小。自己与他人老是陷于对立、竞争、冲突之中。终会感觉到冲突的痛苦、隔阂的悲哀,换言之,利己主义者终会感受到利己主义之于己不利,而有忘怀物我,超出人己的要求。他愿从事于合内外超人我的工作,而不愿拘屈于作利己的琐事了。国家,社会,理性,大我就是合内外超人我的对象。假如他努力于遵循理性,实现大我,服务社会,忠爱国家,那么,他就在从事于合内外超人我的公共事业。假如他能达到合内外超人我的精神境界,因而能创出合内外超人我有永久价值的学术文化,那就是发展理性实现真我的伟业了。①

在融合中国传统与西方伦理思想的过程中,贺麟的伦理学突出地强调了价值理想的丰富性以及实现这一价值理想的人格理性完善的意义。例如,在探讨自由意志时,他指出了自由与人格并生的事实,实际上也就在道德判断和道德评价问题上,形成了自己独立的学说。按照西方义务论伦理学的基本原理,自由意志是道德评价的基础,而贺麟则别辟蹊径加以探讨。他说:"不管意志自由不自由,我们自己要对自己的行为负道德的责任,同时也要别人对于他们自己的行为也负道德责任,总是显明普遍的事实。换言之,不管人意志自由不自由,只要他作了不道德的事,社会总要责任他,法律总要制裁他,同时他自己也难免不忏悔职责。但是我们试追问要人负道德责任的道理,那么我们可以得种种不同的答案:第一,因为他有道德意识,知善、知恶,并且知善好恶坏。'是非之心,人亦有之'。换言之,不管他意志自由不自由,只要他有道德意识、有良心,我们就要他对于他的行为负道德责任,同时他自己也愿意对他的行为负道德责任。第二,因为他自己承认他是他的一切行为的主动者。即使有些出于他的下意识或一时糊涂的行为,他也承认是他事前所默许放任,而事后他也愿意加以追认。除非在极反常的情

---

① 《文化与人生》,第134页。

形下,他总不否认他是他自己的行为的主动者,即使事实上他的行为是被人操纵指使。这就无异于说,他的意志是自由的。第三,我们还可以简单直切地说,因为他是人,他是有个性有人格的人,我们尊重他的人格,故要他对于他的行为负道德责任,而他自己尊重他的人格,故亦自愿对于他的所言所行负道德责任。大凡人格愈伟大的人愈对于他自己的言行负完全道德责任……换言之,只要他是人,有人格,他的意志就是自由的。意志的自由就是人之所以取得人格的基本条件。"[1]此一学说,无疑将传统儒家的人性论和人格主张与西方理性主义伦理学加以融会贯通,而形成自己对于伦理学基本理论的新解释。

贺麟将西方伦理学的基本原理的某些内容加以吸收消化,以之完善儒家伦理学的基础建设,同时将民族精神建设的价值目标追求和理性人格自觉的努力过程统一起来,提出了富于活力的文化价值学说。他的思想代表了现代新儒家甚至中国伦理学思想发展的一个重要方向。

第八节 牟宗三的道德哲学

从阅读著作所感受到的唐君毅和牟宗三两人的思想和性情的气质来说,颇得近于大程和小程。然而有趣的是,牟宗三却不欣赏程颐的"他律"的道德说,而对吸摄了道家和佛教于自身、突出智慧自然呈现的程颢哲学则欣赏有加,这似乎可以看出牟宗三对性灵诗化的形上学的向往,从中亦可窥察其哲学的基本性质。

牟宗三(1909—1995),山东栖霞人。1933 年北京大学哲学系毕业后,先后在几所中学任教。1937 年曾在北京主编《再生》杂志。从 1942 年起,他开始在大学任教,前后就职于成都华西大学、中央大学、金陵大学、江南大学和浙江大学。1949 年往台湾,翌年起教于台湾师范大学。几年后,转教授于东海大学。1960 年起,先后任教于香港大学、香港中文大学。1969 年起任新亚书院哲学系主任。1974 年退休后仍然在港台各大学教授和演讲直至去逝。牟宗三对港台儒家学说的继承和新释活动影响很大。

道德形上学是牟宗三哲学的核心。不过,在他的探讨中,道德形上学不是"建立的",而是"可能的"。从思想渊源上看,其道德形上学的基本思路是体认一本体即仁体,通过接受即体即用的传统观念与物无对的精神意识

---

[1] 《贺麟新儒学论著辑要》,第 430—431 页。

形态的描述,来实现本体即功夫,即理性又流动的道德形上学之可能。同时,牟宗三对西方道德哲学的研究较深,尤其对于理性伦理学所遇到的困难有明晰的洞察。但他并不是试图加以吸收和改造,而是突出地表现为在中体西用的指导下高扬传统新性学说的努力。由此可见他对熊十力哲学和传统性理学的继承与发挥。

在几个新儒家于1958年发表的《宣言》中有这样一段话:

> 西方一般之形上学,乃先以求了解此客观宇宙之究极的实在,与一般的构造组织为目标的。而中国由孔孟至宋明儒之心性之学,则是人之道德实践的基础,同时是随人之道德实践生活之深度,而加深此学之深度的。这不是先固定的安置一心理行为或灵魂实体作对象,在外加以研究思索,亦不是为说明知识如何可能,而有此心性之学。此心性之学中,自包含一形上学,然此形上学乃近乎康德所谓道德的形上学,是为道德时间之基础,亦由道德实践而证实的形上学。而非一般先假定一究竟实在存于客观宇宙,而据经验理性去推证之形上学。

这一段话的最后部分似乎更突出了牟宗三的主张。而据此,所决定之思考方向应是与康德不一致的。

那么,牟宗三对研究和批评康德的道德哲学并不仅止于观点和方法相异,而是以"判教"的形式来突显儒家道德形上学的地位。牟宗三道德形上学的起点是肯定传统心性论中包含完整的道德形上学体系。他认为,宋明儒学,

> 由"成德之教"而来的"道德底哲学"既必含本体与功夫之两面,而且在实践中有限即通无限,故其在本体一面所反省澈至之本体,即本心性体,必须是绝对的普遍者,是所谓"体物而不可遗"之无外者,顿时即须普而为"妙万物而为言"者,不但只是吾人道德实践之本体(根据),且亦须是宇宙生化之本体,一切存在之本体(根据)。此是由仁心之无外而说者,因而亦是"仁心无外"所必然函其是如此者。不但只是"仁心无外"之理上如此,而且由"肫肫其仁,渊渊其渊,浩浩其天"之圣证之示范亦可验其如此。由此一步澈至与验证明,此一"道德底哲学"即函一"道德的形上学"。此与"道德之(底)形上学"并不相同。此后者重点在道德,即重在说明道德之先验本性;而前者重点则在形上学,乃涉及一切存在而为言者。故应含一些"本体论的陈述"与"宇宙论的陈述"或综曰"本体宇宙论的陈述"(onto-cosmological statements)。此

是由道德实践中之澈至与圣证而成者,非如西方希腊传统所传的空头的或纯知解的形上学之纯为外在者然。故此曰"道德的形上学",意即由道德的进路来接近形上学,或形上学之由道德的进路而证成者。此是相应"道德的宗教"而成者。①

他指出康德因道路的形上学和道德的神学之间未能打通,因此并未能完成道德的形上学,进而说:

> 而宋明儒者却正是将此"道德的形上学"充分地作得出者。故在宋明儒,此"道德的形上学"即是其"成德之教"下相应其"道德的宗教"之"道德的神学"。此两者是一,除此"道德的形上学"外,并无另一套"道德的神学"之可言。在此,宋明儒者依据先秦儒家"成德之教"之弘规所弘扬之心性之学实超过康德而比康德为圆熟。但吾人亦同样可依据康德之自由意志、物自体、以及道德界与自然界之合一,而规定出一个"道德的形上学",而说宋明儒之"心性之学"若用今语言之,其为道德哲学正函"道德的形上学"之充分完成,使宋明儒六百年所讲者有一今语学术上更为清楚而确定之定位。②

在这些议论中,包含牟宗三之最基本的观点。据此而展开,就是其学说的全部。

与上文所引内容相联系,牟宗三在(据英国 Thomas Kingsmill Abbott 和美国 Lewis White Beck 两人英译本)翻译了康德道德哲学的著作之后曾在"译者之言"中说:

> ……吾人如不能由中文理解康德,将其与儒学相比观,相会通,观其不足者何在,观其足以补充吾人者何在,最后依"判教"之方式处理之,吾人即不能言消化了康德。吾之所作者只是初步,期来者继续发展,继续直接由德文译出,继续依中文来理解,来消化。此后一工作必须先精熟于儒学,乃至真切于道家佛家之学,总之,必须先通彻于中国之传统,而后始可能。③

于此,他对于康德哲学的考察与其说是贯通性的,毋宁说是否定性的。首先,在这种"判教"的思路中,已经事先假定了传统宋明心性之学在学说上

---

① 《心体与性体》(一),第8—9页,台湾正中书局,1987年5月版。
② 同上书,第10页。
③ 《康德的道德哲学》(译者之言)之 VIII,台湾学生书局,1983年10月版。

是高超的,并且说明康德哲学是可以增加许多因素而成立为贯通全能的。在他对康德道德哲学的考察中,他明确指出了康德道德哲学中不能融贯的种种困难。牟宗三认为,康德道德上的形上学之所以不能成立,关键在于:

(一)是因为他那步步分解建构的思考方式限制住了他,他缺乏那原始而通透的具体智慧;(二)他无一个具体清澈、精诚恻怛的浑沦表现之圆而神的圣人生命为其先在之矩矱。所以他只有停在步步分解建构的强力探索之境。①

然而,康德道德哲学的困难最根本处在于形式主义绝对普遍性之可能追求上的不能证明之困难,而不是他不承认"直觉"之一般能力。关于牟宗三对康德哲学的批判,在两个方面的随意性特别明显。其一,他将道德形上学改称为"道德'的'形上学",将意志自由的绝对性预设改为自由本体意义的无限可能性。就第一点而言,康德所探讨的不是道德标准的绝对普遍性问题,而牟宗三的解释则是道德实践之依据(本体论的根源)。就第二点而言,康德的意思是绝对自由仅存于本体界,而欲意志为自身立法,按此是道德标准可靠性之依据,必须预设其绝对自由。然牟宗三基本上侧重于抓住自由这个概念展开自己所拟想的智的直觉的无限能力。由此反过来逆证第一点之本体的即是道德的,由道德实践显明本体,由直觉能力之指向根源反证物自体之可领悟。由此而来,牟宗三实际上忽略了康德作出预设的目的以及此预设之逻辑的一贯性。其二,由此,其所展开的对于康德的批评同样存在两个缺点,第一点忽视了康德由纯粹理性和实践理性的分疏所建立的道德哲学的逻辑进程,第二点是忽视了康德几个基本概念的特定应用。就前一点而言,牟宗三忽视了康德由纯粹理性到实践理性的逻辑进程内涵上不是连贯的,之所以不能连贯,是因为康德考虑到"类"概念和先验范畴的有限性,它不能将实践理性与纯粹理性随便搭糅在一起,而必须考虑"意志"的特殊概念,因而不能将物自体与意志的直觉能力相联结。易言之,他由于坚守实践理性制定标准的原则而与先天范畴相区别,因而,道德概念不能与物自体概念对应。如果按照牟宗三对他的批评,则康德理性主义哲学的逻辑将不复存在。就后一点而言,牟宗三对康德的批评更为牵强。例如,康德设定了上帝存在的概念,正是为了解决道德实践之动力问题。在理性的范围内,意志固然是自我指向的,因而无须报酬,但在实践领域,则何以我必须是有道

---

① 《心体与性体》(一),第139页。

德的,或者说,如何保证对有德者公正的奖赏,是无法实现的。也就是说,道德绝对命令的自律原则无法提出善行结果的分配要求,然而如果没有这种分配的目的性考虑,则既不能完成个人行为的当然目的性,也说明不了道德评价问题。因此,康德之设定来世和上帝存在,所考虑的是一般的个体权利保障问题。虽然他的逻辑结果是不能令人满意的,但牟宗三批评的前提则是人们都倾于成为圣人,成为相互自然调节关系的圣人。在此基础上,他的所谓比康德更自律的学说实际上是以和康德逻辑推论不相干的人性非功利性的存在为归结点的。这就是他之所以一再用"澈"字来解释本性、人性、圣人境界以及直觉能力本身所具有的道德性格的原因。正因为如此,我们可以看出,牟宗三对康德道德哲学的批评是主观的解构性。他之所以认为自己的哲学比康德更融贯,是因为他已经将逻辑的各种精神事先预设地融贯在即体即用的方法中。或者说,他反对康德之"理之当然"的形式化,而直接点名理想就是现实的,现实就是理想的。因为通过圣人存在及其感受可以反证本体之包容性和显示之自然过程。

这样,可以看出,牟宗三的"道德的形上学"是建立在道德理想主义之上的新的道德形上学,而不是妖化了康德的道德哲学。他说:

> "理想"的原意根于"道德的心"。一切言论与行动,个人的,或社会的,如要成为有价值的或具有理想意义的,皆必须依据此原意的理想而成为有价值的,成为具有理想意义的;
>
> 道德的心,浅显言之,就是一种"道德感"。经典地言之,就是一种生动活泼怵惕恻隐的仁心。生动活泼,是言其生命之不滞,随时随处感通而沛然莫之能御;
>
> 觉与健是怵惕恻隐之心的两个基本特征。我们也可以说,人由觉悟而恢复其怵惕恻隐之心,则自能健行不息。从行为方面说,健行不息是恻隐之心之后果。然从恻隐之心本身说,则健就是其常德之一。此心"于穆不已"就是它的健。心健,行为上始能不息。在此,心健与行健是一回事。亦即本体与功夫是一回事;
>
> 此怵惕恻隐之仁心何以又是理性的……吾人此处所谓理性是指道德实践的理性言:一方简别理智主义而非理想主义的逻辑性,一方简别只讲生命冲动不讲实践理性的直觉主义,浪漫的理想主义,而非理性的理想主义……这个仁心之所以为理性的,当从其抒发理想指导吾人之现实生活处看。仁心所抒发之每一理想皆表示一种"应当"之命令。此应当之命令只是对已现实化了的习气(或行为)之需要克服或扭转

言。此应当之命令所表示之理想,一方根于怵惕恻隐之心来,一方跨越其所须克服或扭转之习气。依是,它显然必是"公而无私"的……自其为公而无私的,正义的,客观的而言,它是一个有普遍性之理,即它是一个普遍的律则……但在此,须有一个鉴别。道德的实现不能离开现实的生活,尤其不能离开历史发展中的集团生活。如是,在随特殊环境的屈曲婉转而实现或表现理想时,就不能不有特殊性。譬如当战争时,不能不杀敌。勇士杀敌是他那个时候的最高道德。此俨若违背"爱人"一理想。然在历史发展中实现理想,此亦可说是"易地则皆然"。如是,在那个阶段中,此理想仍有普遍性,客观性;

> 绝对地善,是称"怵惕恻隐之心"而发的。由此所见的理性是理想的,由此所见的理想是理性的。由此吾人极成理性主义的理想主义,或者理想主义的理性主义。怵惕恻隐之心,同时是心,同时也就是理。①

从此处可见牟宗三是如何通过对一概念的解释"布置"起道德理想主义的。仁心是一绝对完满性概念,它既是本体,又是功夫;它既是绝对普遍的,而又能够兼容完全的直觉能力。它既是客观的,又是能动的。这种玄学的诗意,正是牟宗三形而上之所由来。

在此假定的这种形态中,潜在地安排了人格神的存在。当然,这种人格神与西方的上帝观念是不同的,因为它通过自身的体验能够证成,因此不需要安排来世。圣人即是这种绝对完满性的体现,其具体化为"良知"之不假安排。也即是他从熊十力那里所受启发的良知呈现说。他说:"依原始儒家的开发及宋、明儒者大宗的发展,性体心体乃至康德所说的自由、意志之因果性,自始即不是对于我们为不可理解的一个隔绝的预定,乃是在实践的体证中的一个呈现。这是自孔子起直到今日的熊先生止,凡真以生命渗透此学者所共契,并无一人能有异辞。是以三十年前,当吾在北大时,一日熊先生与冯友兰氏谈,冯氏谓王阳明所讲的良知是一个假设,熊先生听之,即大为惊讶说:'良知是呈现,你怎么说是假设'!吾当时在旁静听,知冯氏之语底根据是康德。(冯氏终生不解康德,亦只是这样学着说而已。至对于良知,则更茫然)。而闻熊先生言,则大为震动,耳目一新……阳明的良知、后来刘蕺山的意,乃至康德的自由、意志之因果性,都是这性体心体之异名,各从一面说而已。性体心体不只是在实践的体证中呈现,亦不只是在此体

---

① 《道德的理想主义》,第13—19页,台湾学生书局,1980年4月版。

证中而可被理解,而且其本身即在此体证的呈现与被理解中起作用,起革故生新的创造的作用,此即是道德的性体心体之创造。"①此中包含两个环节值得讨论。其一是关于良知之性质问题。冯友兰认为理是不可拟议的,而良知不见得如此地良;这并不是说冯友兰就是根据康德所说的来理解它,而是他对这样的完满性之可能性表示怀疑,或者说,由于不能证明而存疑。牟宗三的嘲讽未免过于情绪化。实际上,牟宗三所说的生命渗入的呈现,无疑等于说,不能领悟它的呈现者乃生命渗入不足;进而言之,只要是神人,就知道神是怎么呈现的。虽然我们不否定牟宗三所说的体证之争,当呈现的内容难道是一致的,或者说,它是绝对性地一致的吗?如果这样,就只能说明人是物,是没有个性、没有生命体验独到性的物;如果不是这样,则良知所呈现是不一样的,则良知不能反证性体心体。其二,牟宗三在此处强调康德的概念与儒家性体心体之相通,其实是在肢解了康德哲学整体结构而实现的。就此而言,牟宗三自己正是借康德而说,甚至解构了康德而后说。

牟宗三继续用即体即用的方法在本心仁体上推导出智的直觉能力和超越的道德感之自我实现。他的思路有两层。其一,他通过康德的"自由"概念来推导心体性体之无限性。他说:"自由的意志就是无限心,否则不可说'自由'。智的直觉就是无限心的明觉作用"②;"本心仁体既绝对而无限,则由本心之明觉所发的知觉自必然是智的直觉。只有在本心仁体在其自身即自体挺立而为绝对而无限时,智的直觉始可能。如是,吾人由发布无条件的定然命令之本心仁体或性体之为绝对而无限,即可肯定智的直觉之可能"③。智的直觉之重要,在于它是实现性之理而使之既存有又活动的关键。然而,这种论证是无效的。因为无限的意志自由并没有证明,在康德那里也因为无法证明而作为假设出现。即使能够证明,也不能由此成为既存有又活动的心体之义。如此,必须在想定的方面找根据。他从传统学说中发现了一套合拍的思路:

> ……吾人说明道所说之易体是理亦是神。因其是神,故可云"寂然不动,感而遂通,天下之故"。此即是寂感真几,亦即是诚体、心体也。是故"于穆不已"之易体……之自发、自律、自定方向、自作主宰处。由此言之,即曰"动理",亦曰"天理实体"。理使其诚、神、心之活

---

① 《心体与性体》(一),第178页。
② 《现象与物自身》,第61页,台湾学生书局,1975年8月版。
③ 《智的直觉与中国哲学》,第193页,台湾商务印书馆,1987年版。

动义成为客观的,成为"动而无动"者,此即是存有义。是故诚神心之客观义即是理,理之主观义即是诚神心——诚神心使理成为主观的,成为具体而真实的,此即理之活动义,因此曰动理,而动亦是"动而无动"者。是故此实体是即活动即存有,即主观即客观。①

然此"即"是如何完成的呢?从赋予理之主观性来说明存有和活动的统一,自然是在心的概念内完成的。但这样一来,类的区分也就消失了。而类的区分之消失,正是牟宗三将良知再次设定的原因。因为此良知在心体的呈现过程中是通过道德的体证而入的,即是主观体证客观;而其他物理是无法自我体证的,因此必须将之设定为认识对象。然而这样一来,就失去了连贯的性质。其二,牟宗三同时还必须回答道德理性与道德感的连贯性即直贯系统之成立问题。为此,他强调道德感的超越之义。他说:

> 本心仁体之悦其自给之理义即是感兴趣于理义,此即是发自本心仁体之道德感,道德之情,道德兴趣,此不是来自感性的纯属于气性的兴趣。②

此意思是说,感性和理性都包含在本心仁体之中。上帝存在的设定是无价值的,因为本心仁体就是上帝,而此正是智的直觉之根源。而所谓智的直觉,所表现的活动方式是逆觉体证。然而所谓逆觉,也就是内部的直觉,等于本心性体之明觉能力的活动自身。直觉逆觉呈现,即是不容己的命令之被直觉而转化的道德行为之自觉。明觉所包含既是理性能力,也是道德理性的能力。此是互证:本心仁体既然被想定为无限的,则其所证成的明觉必是同样无限的。而本心仁体不但特显于道德行为支承节,同时也遍润一切存在而为其体。因此,本心是无限创造性的,而明觉能够体证其创造性。如此一来,物自体概念就被取消了。然而,如此之完满设定,良知也就与物无对、浑然一体了;由体证说明呈现,由此进入本体,也就只能从道德的路径透入,虽然能够与宇宙生化本体融为一体,但本体不是外在的对象,同样面临着取消现象界的危险。虽然牟宗三的哲学中贯穿着即体即用的方法,即使如此,现象界的认识也只能依靠直觉,而不能从经验和逻辑取得认知。

在此点上,牟宗三不得不采取消极的补救解释。他主张从良知的自我坎陷来开出认识对象,即是开出新学,否则仍然并不能证明他的本体哲学较

---

① 《心体与性体》(一),第72—73页。
② 《智的直觉与中国哲学》,第195页。

康德高明,也仍然回避不了传统儒学的局限性。他说:

> 由动态的成德之道德理性转为静态的成知识之观解理性。这一步转,我们可以说是道德理性之自我坎陷(自我否定)。经此坎陷,从动态转为静态,从无对转为有对,从践履上的直贯转为理解上的横列。在此一转中,观解理性之自性是与道德不相干的,它的架构表现以及其成果(即知识)亦是与道德不相干的。在此我们可以说,观解理性之活动及成果都是"非道德的"(不是反道德的,亦不是超道德)。①

同样,在他消极地主张内圣外王方面,也仍然是随机性的。关于牟宗三的这一转向,傅伟勋评论说:

> 牟先生使用"自我坎陷"、"有执"等等负面字眼来重建儒家知识论,仍有泛道德主义偏向之嫌,仍令人感到,"自我坎陷"说的形成,还是由于当代新儒家为了应付尊重知性探求独立自主性的西方科学与哲学的强烈挑激,而被迫谋求儒家思想的自我转折,与充实(决非所谓"自我缺陷")的思维结果,仍不过是张之洞以来带有华夏优越感的"中学为体,西学为用"这老论调的一种现代式翻版而已,仍突破不了泛道德主义的知识论框架,而创造地发展合乎新时代需要的儒家知识论出来。②

其实,牟宗三既然重点在建设道德的形上学,又同时是通过圣人体验来逆推和设定本体世界的无限性,则其学说所采取的方法当然是直觉的,此一方向在开出科学方面所必然遇到的问题已在想象当中,本应规定自己哲学方法的运用限度,但由于其过于以理想代替方法,因此有将人文领域甚至科学领域一网打尽的无限伸张。

牟宗三的体验解释的道德的形上学与康德理性主义道德哲学之间,由于方法完全不同,即使在前者理解了后者的全部得失之后,仍然难于消化之。而且在态度上,牟宗三也似乎并不在于改进康德的道德哲学,而是希望突显康德哲学的弱点,以此反衬儒家思想传统的优越性。从这一点上看,与他个人的性情和思想气质有着莫大的关联。当然,也并不是说牟宗三没有看出康德道德哲学的弱点。问题在于,在牟宗三主观性极强的道德的形上学的映衬和对康德哲学的析解中,康德道德哲学的弱点被张大了。因此,比

---

① 《政道与治道》,台湾学生书局,1983年版,第59页。
② 《批判的继承与创造的发展》,台湾东大图书公司1986年版,第32页。

较伦理学的意义也不能因之而获得。

考察批评牟宗三的道德形上学,自然也涉及对直觉主义的批评。但牟宗三的道德形上学则较一般直觉论伦理学远为复杂而多端,在作为对象加以讨论时感觉到莫大的困难。不过,如果找到他在体用方法上即体即用的特点,则其思想脉络也随之显露。牟宗三在体用观上承继了传统的体用一源与显微无间之说来帮助说明仁体的圆融性和圣人之德的浑沦性特征,同时还将此与即本体即功夫相联结。这就面临着两个问题。其一是产生歧义的本体概念之主观设定的必然性。例如,当他强调本体宇宙论和仁体遍润一切存在而为其体时,实际上即是强制地(而不是逻辑地)将道德本体作为体一而函括分殊之体,从而已分解了本体概念。试看他所说:

> 宋、明儒所讲的性体心体,乃至康德自由自律的意志,依宋明儒看来,其真实性(不只是一个理念)自始就是要在践仁尽性的真实实践的功夫中步步呈现的:步步呈现其真实性,即是步步呈现其绝对的必然性;而步步呈现其绝对的必然性,亦就是步步与之觌面相当而澈尽其内蕴,此就是实践意义的理解,因而亦就是实践的德性之知,此当是宋、明儒所说的证悟、澈悟,乃至所谓体会、体认这较一般的词语之确定的意义。这自然不是普通意义的知识,不是宋明儒所谓"闻见之知"、"历物之知",因为它不是感触经验的,它无一特定的经验对象为其内容,因为性体心体不是一个可以感觉去接触的特定对象。从知识方面说,这知是实践意义的体证;从性体心体方面说,这种体证亦就是它的真实性之实践的呈现。步步体证就是步步呈现。但既说步步,则这体证只是分证(部分的渗透悟入),而其真实性的呈现亦只是部分的呈现。但这无碍于它的真实性即绝对的必然性之呈露。如果一旦得到满证,则它的真实性(绝对必然性)即全体朗现,此就实践的成就说,这就是理想人格的圣人了。①

既然是无限,则如何能够达到满证?既然未能满证,则如何规定本体呢?实际上,当他强调由良知呈现证入仁体时,也正是忽略了他自己关于本心仁体无限性的解说,从而使他的方法转为纯主观的论说。当他说"……他们当然也知道这性体心体是无边的大海,虽说步步体证,乃至全体朗现,但亦无

---

① 《心体与性体》(一),第169页。

碍于其存有论上的奥秘或超越的奥秘"①时,不是仍然保留了本体是不可知的吗？其二是即体即用方法中所完成的,就是以本体涵括功夫,所以任何人都可以在主观的体证中切入本体并自我张大,而忽略现实的成德具体功夫之缜密深入。如上所说,体证的"分"即见全,但这种分如何见其本体宇宙论的全呢？其方式只能是,先将本体道德化,同时将本体主观化,所以,除了他所说的即存有即活动外,还必须是即道德的存有和非道德的存有且同时既是道德的活动又是认识的活动,才能逆证本体。而此方面不是道德路径所能入的。正因为如此,智的直觉与明觉意义中的智慧悟入很容易替代成德功夫。这就与他强调成德的重要性产生歧义。由此,可以说,牟宗三道德的形上学系统在理想性的自白方面的特征远甚于直觉方法的完善。在他与唐君毅相呼应的道德自我知建立的学说中,突出了智慧观照的能力描述,而缺少了后者道德反省的热情。

当然,牟宗三仍然明晰地总结并提升了传统伦理学的体系化地位,贯穿了传统德性之知的特征并发掘了其中潜在的直觉方法的特色。他还突显了康德纯形式主义伦理学的困难。遗憾的是,他在融汇的过程中放弃了对融汇方法的检讨,使对肢解了的康德之道德哲学的批评显得任意,而也因之未能在融合中开辟一道德形上学的新路径。

---

① 《心体与性体》(一),第170页。

第十章
当代伦理学的发展

当代的价值观与伦理学的发展主要包含四个方面的主要内容。第一个内容是在共产主义道德框架下对于阶级性问题的讨论。第二个内容是20世纪80年代第二次西学东渐背景下的文化与价值观,尤其围绕人道主义问题所进行的讨论。第三个内容是20世纪最后30年中伦理学科的专业化建设。第四个内容是近15年来专题伦理学研究和应用伦理学研究的深入开展。

第一节 共产主义道德源流

20世纪以来,关于共产主义(包含社会主义)社会政治思想和道德理想的介绍、阐述、评论、实践与发展成为现代思想史的核心主题之一;而在中华人民共和国成立以后至今的伦理学建设中,对共产主义道德体系的论证则更为突出而深入,并且成为政治思想教育和人生观教育的基本原则指导。在今天,如果回顾总结中国共产主义运动史、道德思想史的历史发展进程和当代共产主义道德的理论结构的话,必须具体地考察马克思主义在中国的传播和接受发展的历程、思想史上各种学派对马克思主义的理解形式、1949年以后共产主义道德的深远影响、当代马克思主义伦理学教科书中对共产主义道德的论述特色等方面。

一、共产主义道德思想史

马克思主义在中国的传播源远流长。从改良运动以后不久,一些曾在日本留学的思想家以不同的方式开始向国内介绍马克思主义的学说。当然,这些介绍仅仅是片断的。介绍者本身既没有系统理解这一学说,也并没有自觉的接受意识,从严格的意义上来说,这仅仅是当时思想文化运动自发的一个侧面而已。从内容上看,新文化运动以前,对于马克思主义的理解和阐述,主要集中在社会主义学说方面。而当时有各种社会主义学说派别,各站在不同立场来解释社会主义。各种不同性质的社会主义学说之间也展开了激烈的论战。而在各种社会主义思潮的理解辨别中,社会主义与无政府主义的混淆最为突出,因此,导致一些人将科学社会主义与暗杀或者主张无政府主义相联系。而无政府主义者也积极地利用各种思潮的相互碰撞而扩大思想阵营,将其他学说纳入自己的思想体系。例如,一些无政府主义者将共产主义纳入自己的概念宣言,并主张:"无政府共产主义,乃光明美善之主义,出汝等于地狱,使汝正当愉快之社会者也。"①面对思想界的思想混乱,早期马克思主义者从几个方面来捍卫科学社会主义的学说。一方面是阐释科学社会主义学说的基本主张,另一方面则与无政府主义划清了界限。例如陈独秀批判了国家社会正义和社会修正主义,主张通过阶级斗争实现真正的民主。同时,他认为科学社会主义即真正的马克思主义学说,与修正过的国家社会主义有根本的区别。

俄国十月革命胜利以后,马克思主义在中国的传播成为自觉的思想运动,并且推动了共产主义的政治运动和社会道德教育的开展。新文化运动时期,对马克思主义和科学社会主义的理解主要集中体现在阶级斗争和唯物史观方面。例如,陈独秀说:"古代所讲的社会主义,都是理想的;其学说都建设在伦理上面,他们眼见得穷人底苦恼是由贫富不均……至于用什么方法来平均贫富,都全是理想,不曾建设在社会底经济的事实上面,所以,未能成功……近代所讲的社会主义,便不同了;其宗旨固然也是救济无产阶级的苦恼,但是他的方法却不是理想的简单的均富论,乃是科学的方法证明出来现社会不安底原因,完全是社会经济制度——即生产和分配方法——发生了自然危机,要救济他的危机,先要认明现社会底经济的事实……在这个事实的基础上面,来设法改造生产和分配底方法。因此可以说马格斯以后的社会主义是科学的是客观的是建设在经济上面的,和马格思以前建设在伦理上面的空想的主观的社会主义完全不同。"②

李大钊既运用唯物史观来阐明阶级斗争的迫切性,同时初步提出了共产主义政治理想与道德的基本原则,尤其注重提倡和谐、互助与友谊。恽代

---

① 《无政府共产主义同志社宣言书》,《无政府主义思想资料选》(上册),北京大学出版社1984年5月版,第305页。

② 《陈独秀著作选》第二卷,第241—242页。

英也强调社会主义道德精神的重要性。他认为,人群的幸福,自然是要在每个人的努力。但这种努力,必须以求社会福利为目标。"……所以要图世界的长治久安,必须使每个人看清社会福利的重要,每个人能抱着社会主义的精神,去做社会主义的运动。"①总之,早期马克思主义者认为,只有通过阶级斗争和无产阶级革命,打破旧的生产关系,才能真正建立起自由平等的社会。从道德思想来说,他们相信道德是进化的,注重培养献身精神,强调群体价值目标实现的理想性和社会主义制度建立后个人与群体的和谐。

在理解马克思主义政治理想与道德理想方面,平等是核心要素,也是驱使马克思主义者从伦理启蒙转向科学社会主义的关键。早期马克思主义者思想转变之前,对封建政治伦理专制主义进行了严厉的批判,从政治上和道德上提倡平等。他们突出了人格尊严和道德自律的伦理思想。在思想转变之后,他们从真正实现政治和道德实践的角度来接受历史唯物主义和共产主义道德学说。因此,中国早期共产主义道德运动一开始就重视实践运动,尤其是呼吁到经济上、知识上、道德水平上落后的地方帮助民众改造社会,以身作则改造道德,奠定了共产主义道德社会教育实践运动的方向。当然,从早期共产主义道德思想的特征来看,他们尚未能进行深入地探讨和形成完整的体系,而一些转向马克思主义之前思想家也受到空想社会主义甚至无政府主义道德学说一定程度的影响。

从大革命失败后至新民主主义革命胜利的历史时期中,共产主义道德思想得到发展和系统化。共产党在不断总结政治军事斗争经验的同时,也逐渐加强了共产主义思想道德教育。这一运动集中体现在吸收近代以来救国救民的献身精神和重视公德的思想成果并加以发展,提出团结、互助、友爱和为人民服务的基本道德原则。

从共产主义道德建设和教育运动的发展来说,主要是从三个方面来展开的。其一是马克思主义者自身在理论上的总结和提高。例如,毛泽东和刘少奇等人都十分注重共产主义道德理论建设和共产党员的共产主义道德教育,提出了重要的理论指导。毛泽东在他的一系列著作中所包含的道德思想体现了共产党关于共产主义道德理论和建设的基本纲领。刘少奇在《论共产党员的修养》一书中,系统地总结了革命队伍中加强自我修养,克服各种道德上的弱点的重要性。他强调共产主义道德的具体体现是:"……他有明确坚定的无产阶级立场,所以他能够对一切同志、革命者、劳

---

① 《论社会主义》,《少年中国》第二卷第五期(1920年11月)。

动人民表示他的忠诚热爱,无条件地帮助他们,平等地看待他们,不肯为着自己的利益去损害他们中间的任何人。他能够'将心比心',设身处地为人家着想,体贴人家。另一方面,他对待人类的蟊贼,能够坚决地进行斗争,能够为保卫党的、无产阶级的、民族解放和人类解放的利益而和敌人进行坚决的战斗。他'先天下之忧而忧,后天下之乐而乐'。在党内、在人民中,他吃苦在前,享受在后,不同别人计较享受的优劣,而同别人比较革命工作的多少和艰苦奋斗的精神。他能够在患难时挺身而出,在困难时尽自己最大的责任。他有'富贵不能淫、贫贱不能移、威武不能屈'的革命坚定性和革命气节。"①

其二,一些马克思主义理论家比较系统地阐述了共产主义道德观和人生观的原理。例如,在 20 世纪 30—40 年代,马克思主义理论家根据历史唯物主义原理撰写了大量共产主义道德原理、人生观教育、青年修养方面的著作和文章,并通过各种刊物的宣传,产生了极大的影响。一些理论家在研究中逐渐将共产主义道德理论体系化,并且将它与实际的道德观的变革和道德修养相统一。例如,冯定说:"……新人群既然否定了旧道德的停滞性,所以新人群也就有新人群自己的新道德了。新人群是在人烟稠密的大都会里产生和成长的,所以,新人群的主要德目是自己人群的团结,因为新人群只有团结,才能成为一种不可毁灭的伟大力量,也就是这样,才能负起改革社会的大责任来……所以,新人群的道德标准和旧道德标准有一个大大的区别,这就是旧道德常常从个人出发,而新道德却处处从社会出发。旧道德常常偏重个人的修养,就是个人在为着社会服务,为的也只是为着个人的名誉和地位,也就是为着个人的利益。这本来也不足为怪;因为在无组织的资本主义社会里,资本家在生产,全都为着个人的利润,所以,个人的利益,似乎是一切社会进化的推动力,因此这种个人主义的思想遂深入在各个人的脑际,牢的不可开交。新人群的人生目标,便是要将这样的社会改为有组织的社会,自然不会再从个人出发,而是从社会出发了";"不过从社会出发的道德,并不是完全抹煞个人道德的意思。换句话说,我们并不是把公德和私德对立起来,也不是把社会生活和个人生活完全对立起来。"②一些理论家还在与各种哲学思潮的论战中揭示了唯物论在伦理学中方法的运用原理。

其三,在革命根据地、解放区进行品德修养教育和开展道德实践运动,

---

① 《刘少奇选集》(上卷),人民出版社 1981 年 12 月版,第 131—132 页。
② 《冯定文集》第一卷,人民出版社 1987 年 12 月版,第 109—110 页。

并总结了道德具体实践中的职业道德要素。如对军人进行三大纪律八项注意教育,将革命意识和道德修养结合起来。

总结共产主义道德思潮,应该明确其重要的时代特色。例如,突出道德理想的追求,强调应该为革命事业献身、为人民谋幸福,不断进行自我提高和自我完善。在方法上,强调道德是历史的变化的,应该明确社会利益为核心的价值方向,以社会利益为重。对封建道德进行了猛烈的抨击,也在一定程度上继承了传统和近代以来的一些道德美德和爱国主义精神。同时将爱国主义和国际主义相联结。将共产主义道德教育视为反帝反封建革命的基础,也取得了积极的成果。当然,在新民主主义革命的过程中,一些理论家并没有将革命队伍中的个人服从群体的必要性和个人与群体的伦理关系的具体原理分辨清楚。而阶级教育和道德教育的结合既是必要的,也是复杂的。一些理论家教育家在开展双重思想运动时,比较忽视了新社会中伦理道德关系的研究,尤其忽视了一般伦理学的研究,从而在新民主主义革命胜利后未能通过伦理学的研究来深化共产主义道德体系。

中华人民共和国成立以后,共产主义道德不仅贯穿在社会改造过程中,而且成为人们道德精神生活的支柱。同时,在理论上也逐渐扩展和体系化①。集体主义原则的总结,成为其中最有影响的一个特征。当然,应该指出,苏联哲学思想界对中国共产主义道德体系的论证产生了重要的影响,例如,集体主义原则的总结无疑受到了苏联理论家的影响。这种影响包含积极和消极两个方面。从积极方面说,在共产主义道德的研究方面的借鉴和吸收是必要而主动的,并且在共产主义道德运动方面具有相互促动的意义。从消极方面说,则接受性过亲,没有很好地结合中国道德文化改造过程的具体状况。例如,在革命时代所开展的共产主义道德思想和教育运动,无疑体现了中国传统道德观的批判继承和发展。也就是说,对封建伦理的批判和对传统文化强调人格修养、一些重要品德的继承仍然有着密切的联系。这一重要方面在接受苏联哲学界的影响时逐渐被忽视了。这就削弱了在具有深远文化传统的中国社会中,共产主义道德的普遍原理和道德建设具体结合、探索的理论指导力量。

从马克思主义原理出发来分析共产主义道德,显然应该明确,它不仅需要很高的社会生产力水平基础,同时也是在这种社会发展过程中向其逐渐迈进的。这就是说,共产主义道德是社会主义时期道德的理想标准,而不是

---

① 请参阅李奇、周原冰等人的相关著作。

最低标准。例如,大公无私是道德的极高境界,而不是人们道德行为的基本尺度。因此,对于大公无私的人格榜样的学习,所强调的是人们道德修养的方向性,是学习而不是一般的道德评价标准。正因为如此,大公无私所强调的是个人道德信念的理想性和道德自律的目标,而不是要求人们马上达到的现实的当然义务。在这里,追求这样的道德境界,内在道德动机的纯化和意志自律是非常重要的。即使如此,也并非确立了这样的目标就表明自己在道德境界上实现了大公无私,因为境界的达成必然通过具体的道德人格修养和道德实践来反映,同时在判断时仍然需要一定的直觉。如果忽视了这一点,就非常容易陷入唯意志论。事实上,在共产主义道德思想和道德运动史中,通过阶级斗争手段来建设社会主义社会、确立新的社会关系的思想自然地包含在其中。总之,思想道德观念是先行的,共产主义思想道德指导了革命的胜利。但这并不意味着,只要有思想道德观念,就一定能够取得革命和建设的胜利。因为思想道德也是在革命和建设中培养、锤炼和提高的。也就是说,这是一种互动关系。离开了此一基本原理,很容易陷于唯意志论,以为只要树立了这样的观念和信心,就可以实现革命和建设的大成果。大跃进共产风和阶级斗争扩大化的失误,自然并不完全是道德思想逻辑的误解引起的,但也并非毫无关涉。例如,如果不是道德水平达到了马克思所说的高度自觉,有无私的精神和克己合作的道德水平,如何能够实现共产呢?同样,如果总结阶级斗争的开展和革命者的道德水平之间有着密切的关系这一思想经验,又怎样会出现以阶级斗争代替道德建设而说出越红越革命的"宣言"呢?

在中华人民共和国成立以后的几年中,大家一度对共产主义的追求是热烈而主动的,同时也体现在道德精神上的自觉和行为的自律。在建设社会主义现代化的过程中,追求一个物质和道德都达到完美的社会理想,这一精神的激励,是十分必要的。但在主观的理论指导方面则不应该急于一蹴而就地将理想的未来性抹去,将理想向前拉并转视为现实的结果。这样做,不仅违背了历史唯物论的原理,而且也违背了共产主义道德基础。从共产主义思想史来看,它忽略了早期马克思主义者所揭示的改造社会与改造思想同步以及社会发展辩证进程的原理。在社会革命建立新的政治制度方面是突变,而社会的生产力则不可能突变而短期现代化;依据马克思主义的共产主义学说,共产主义社会之实现当然并不是由道德决定的,但道德水平的提高是个周期的因素之一,这在各尽所能的教导中已经揭示得十分明白。如果没有很高的道德水平,如何能够自觉地尽其所能地为社会奋斗?!当然，这种教训在付出极大的代价后，终于被认清楚了。

1949年10月以后共产主义道德宣传教育的成果和伦理学研究的薄弱似乎同时并存，这在1962年关于道德阶级性问题的讨论中明朗地显示出来。在当时，关于道德阶级性问题的讨论和阶级斗争的人为联系，并不是正确的态度。因为即使在共产主义社会，仍然可以讨论道德是否有阶级性问题，而并不表明其人是在为某一阶级辩护。属于某一阶级的人自然会为某一阶级辩护，但这并不可以反证说，只要探讨道德的阶级性问题，就是属于阶级立场的问题（关于这一点，我们将在另一章中作出更为详细的讨论）。问题在于，将学术问题转为政治问题，并且通过任意的动机说来打击学术争论的另一方，这是完全违背共产主义道德原则的。从历史的角度上看，那些被打击的学者之被平反自然说明了一个方面，而对于道德动机论的误解其实更值得重视。因为共产主义道德强调道德理想教育无疑是重视道德动机的纯洁的，正因为如此，它发展了现代共产主义思想史上重视思想改造的传统。但它并不是以怀疑和唯我为是的态度来评价人们的道德动机，尤其不是人为地怀疑和否定人们动机的纯洁性而将被评价对象纳入恶人（敌人）的范围而极力缩小互相帮助的集体、群体范围。而以为历史唯物主义只讲阶级斗争不讲道德和人性，更是对马克思主义荒唐无稽的刻意曲解。正是在这一意义上，可以得出这样的结论：无知之害人，仍然具有严重的道德恶果。道德行为不是纯粹的，如果认为道德上的行为方面的是非功过只是道德动机造成的，那就完全违背了马克思主义的原理。

任何武断的道德教条都是浅薄的，因此，可以肯定，知识的普及教育与道德建设之间具有密切的联系。如果对共产主义道德教育孤立地进行，则将严重违背马克思主义将道德提高视为人的全面发展一环的要义。这同时也可以总结出：如果不能深入地研究伦理学的基本原理而随意主张这个观点那个观点，那就容易造成人们道德观念的混乱；同样，如果没有将马克思主义哲学方法加以消化、并具体运用于探讨共产主义道德问题的话，其所主张的"应该"，在推动共产主义道德发展方面是没有生命力的。

其中，集体主义在含义上包含两个方面，一是指社会主义制度下政治组织生活的民主集中制，另一方面则是共产主义道德的一个主要内容，也是现阶段的道德原则。在一些关于马克思主义伦理学的论述著作中[①]，对集体主义原则作出了总结和解释。尤其突出地分析了个人利益和集体利益的关

---

① 请参阅罗国杰、魏英敏等人的相关著作。

系问题,强调在原则上个人利益服从集体利益的必要性。随着拨乱反正和精神文明建设的深入,人们明确地认识到,应该以社会主义人道主义的价值态度来理解集体主义原则,强调服从社会群体利益和尊重个人利益的有机结合,强调坚持共产主义道德理想的必要性;同时应该考虑现阶段道德建设的具体问题,加强与损人利己的行为作斗争。① 在伦理学理论水平提高的同时,一些学者主张,应该继续发展中国马克思主义思想家关于社会主义社会中个人与群体伦理关系的思想成果。例如,李大钊指出:"真正合理的个人主义,没有不顾社会秩序的;真正合理的社会主义,没有不顾个人自由的。个人是群合的元素,社会是众异的组织。真实的自由,不是扫除一切的关系,是在种种不同的安排整列中保有宽裕的选择机会;不是完成的终极境界,是进展的向上行程。真实的秩序,不是压服一切个性的活动,是包蓄种种不同的机会使其中的各个分子可以自由选择的安排;不是死的状态,是活的机体。"②从中我们可以意识到,在集体中,个人选择的自由度越大,则个人所负的道德责任也越重。因此,集体主义并不仅仅指导集体和个人的利益关系问题,它同时应该体现个人对群体的责任感以及群体中相互帮助的精神意蕴。

当然,共产主义道德在内容上并不仅仅是集体主义道德原则,它还包括尊重人的价值、改善生存和生活条件等道德人权方面的要求。认识到今天处于社会主义初级阶段,有助于帮助我们明确共产主义道德在现阶段行为中的基本规范要求是相互尊重、遵守社会公德、勤俭节约、互相帮助,通过提倡大公无私的理想和切实有效的精神文明建设,杜绝损人利己的现象,提高整个民族的道德素质,逐步实现在物质上富足、在精神上高尚、在道德上纯洁的社会理想。从共产主义道德教育的原理来说,应以道德的基本标准为指导,在行为方面建立合理的评价标准,增进道德感和荣誉感,确立健全的人生观;与此同时,提倡每个人努力达到大公无私的境界。总之,社会主义精神文明建设是共产主义道德建设的具体环节,也是共产主义道德建设的新起点。

二、毛泽东的道德观

道德建设是革命力量的来源之一,毛泽东具体地针对性地分析了道德

---

① 请参阅魏英敏:《伦理、道德问题再认识》,北京大学出版社,1990年3月版。
② 《李大钊文集》下册,人民出版社1984年版,第437—438页。

品德和献身精神的重要性。一方面,他不断地强调共产党员修养的重要性,强调共产党员应该坚持不懈地克服自己在道德上的弱点,培养为民族为人民大众献身的高贵精神。他说:

> 共产党员无论何时何地都不应以个人利益放在第一位,而应以个人利益服从于民族的和人民群众的利益。因此,自私自利,消极怠工,贪污腐化,风头主义等等,是最鄙的;而大公无私,积极努力,克己奉公,埋头苦干的精神,才是可尊敬的。①

他认为,只要大家都有像白求恩那样毫无自私自利的精神,"就是一个高尚的人,一个纯粹的人,一个有道德的人,一个脱离了低级趣味的人,一个有益于人民的人"。② 总之,共产党员应该忠诚、坦白、积极和正直,而这种修养的要求应该通过道德自律体现出来。另一方面,他强调道德互励,进行互相帮助,开展批评和自我批评。他说,一切革命队伍的人都要互相关心、互相爱护、互相帮助。他从政治经济和社会的整体问题来说明道德问题,说明思想道德教育和道德榜样作用的价值。体现了历史唯物主义在道德问题上的具体运用。

毛泽东对革命干部道德建设的系列论述,具有重要意义。也就是说,他不仅强调革命精神的培养,纪律的完善,也明确民主集中制的政治要求与每个人的道德修养有必然的联系。尤其对于党员干部密切联系群众,关心群众利益的论述,实际上强调了共产主义者应有的崇高的政治品德和作风。也正因为当时的党员干部有着这样的思想和道德境界,他满怀信心地指出抗日战争、新民主主义革命必然取得胜利。作为一个坚定的马克思主义者,他强调枪杆子和思想道德的统一原理。在这一方面,他的完整思想体现了对马克思主义的重要发展成果。

毛泽东非常强调思想立场和道德动机的重要性,同时也强调效果。他说:

> ……效果问题是不是立场问题?一个人做事只凭动机,不问效果,等于一个医生只顾开药方,病人吃死了多少他是不管的。又如一个党,只顾发宣言,实行不实行是不管的。试问这种立场也是正确的吗?

---

① 《中国共产党在民族战争中的地位》,《毛泽东选集》第二卷,人民出版社1991年6月版。
② 《纪念白求恩》,《毛泽东选集》第二卷,人民出版社1991年6月版。(下引该书只注篇名和卷数)

这样的心,也是好的吗?事前顾及事后的效果,当然可能发生错误,但是已经有了事实证明效果坏,还是照老样子做,这样的心也是好的吗?我们判断一个党、一个医生,要看实践,要看效果。①

毛泽东强调实践的意识十分明显,而实践正是使动机和效果相结合的验证方法。当然,道德的效果问题无疑是十分复杂的。尤其体现在道德评价上,怎样结合动机与效果的问题,他并没有展开分析,需要进行具体的探讨和深入的研究。但这无疑体现了他对辩证法的运用。通过实践出真知来提高人们对实践的重视,体现了毛泽东重视道德品德的自励、互励和道德实践的结合。毛泽东注重道德实践的作风,对于建国后开展反贪污、反浪费、反盗窃和反官僚主义运动起到积极的推动作用。

1949年以前,毛泽东对于文化的理解非常鲜明地体现了破旧立新的态度。在他著名的《新民主主义论》中,他提出了建设"民族的科学的大众的文化"的口号,对新文化运动进行了批判总结。他指出,新民主主义的文化是反对帝国主义的一环,在吸收文化时,应该主张中华民族的尊严和独立。民主主义文化要批判继承传统,应该去其糟粕,取其精华。而文化之大众化,即是说,文化是民主的。② 也就是说,在文化观上,毛泽东集成了新文化运动的科学与民主并加以发展,尤其对民族文化与民族尊严的一致性提出了更严格的要求。从根本上说,毛泽东在提出"古为今用,洋为中用"时,贯穿了民族尊严的绝对不可侵犯和反封建的强烈意识。在对待其他民族文化的态度和文化吸收方面,毛泽东指出了当时存在的文化上的奴化态度,并明确地指出了全盘西化是错误的。他也一如既往地批判封建主义文化。当然,这不是说,毛泽东对于传统采取杜绝的态度,他的伦理思想的继承性也是十分突出的。这可以从三个方面来考察。其一,毛泽东集成了近代以来重视思想道德教育的传统,突出地开展马克思主义理论学习的运动,及时地开展整风运动。其二,他经常赞美古代以来至大至刚的人格,例如,在读书时他曾经记下这样的感想:岳飞、文天祥、曾静、戴名世、瞿秋白、方志敏、邓演达、杨虎城、闻一多诸辈,以身殉志,不亦伟乎!③ 其三,他时常提倡传统美德如艰苦朴素、克己奉公、忠诚坦白、大公无私和近代以来的爱国精神和献身精神。与吸收外来思想相比,毛泽东在继承传统方面更为自觉。这与

---

① 《在延安文艺座谈会上的讲话》,《毛泽东选集》第三卷。
② 《毛泽东选集》第二卷。
③ 《毛泽东读文史古籍批语集》,中央文献出版社,1993年11月版,第237页。

他很深的传统文化素养和历史知识是分不开的。他在建国后谈到为人民利益着想的建设是"施仁政"。在读书时谈到历史上的农民理想的问题时，他说：

> ……历代都有大小规模不同的众多的农民革命斗争，其性质当然与现在马克思主义革命运动根本不同。但有相同的一点，就是极端贫苦农民广大阶层梦想平等、自由，摆脱贫困，丰衣足食。在一方面，带有资产阶级急进民主派的性质。另一方面，则带有原始社会主义性质，表现在互助关系上。第三方面，带有封建性质，表现在小农的私有制、上层建筑的封建——从天公将军张角到天王洪秀全……我对我国历史没有研究，只有一些零星感触。对上述性质的分析，可能有错误。但带有不自觉的原始社会主义色彩这一点是就贫苦的群众来说，而不是就他们的领袖们……来说，则是可以确定的。①

尽管这种判断仍值得推敲，但可以肯定，毛泽东既关注农村的道德理想，同时也表现出解决这一历史社会问题的迫切愿望。在他谈到办合作社的设想时，其中包含着重要的互助思想，通过劳动组织和经济上的合作来体现自觉、自愿和互利的伦理要求。同时，在他一贯的农村改造和社会分析中，也体现出他一直希望找到一种新型的全面的自觉互助合作关系，从根本上根绝封建宗法制度的影响的信心。

在毛泽东的道德思想中包含着对美好的社会理想的执著追求，他号召人们通过思想改造和道德修养来激励信心，坚强共产主义信念。这无疑是积极的。不过，晚年的毛泽东，在此方向上出现了严重的主观性倾向。一方面，他过于相信纯粹社会理想实现的可能性，即希望使中国社会主义的未来理想迅速变为现实。在这理想中，他将一些图景拼接在一起了。有人分析道：

> 带空想色彩的社会主义，是毛泽东晚年错误思想的核心……概括地说，毛泽东希望建立一个纯粹公有制成分、实行产品经济、分配上大体平均的，限制"资产阶级权利"的自我封闭式的"社会主义"乐园。在这个社会里，产品并不丰富，但是分配平均；社会分工极为模糊，但是"公正"；所有制成分单一，但是"纯洁"。总之，平等、公正、纯洁，是毛泽东晚年执著追求的人类社会目标，至少是中国社会的目标。这个目标他认为属于马克思的共产主义理想，贯彻了物质和精神两个方面。

---

① 《毛泽东读文史古籍批语集》，中央文献出版社，1993年11月版，第145—147页。

但实际上,是他在1947年批评过的农业社会主义思想。①

另一方面,在他看到思想道德和意志的力量显示时,也存在着忽视一般的信念可能与现实可能之间的差别的倾向,使他发动了大跃进,造成了很大的损失,关于这一点,《中国共产党中央委员会关于建国以来党的若干历史问题的决议》中曾批评当时的毛泽东和其他一些领导同志夸大了主观意志和主观努力的作用。而这实际上也违背了他自己主张的实事求是的作风。总之,在关于道德自觉方面,毛泽东不断鼓励人们应该不断地加强修养,强调应该戒骄戒躁,实际上把修养和道德自觉看作一个持续的过程,体现了他在道德上的严格要求。然而,如果将思想道德意志的力量看作无限的可创造性,则无疑与道德实践的复杂性不符,并且出现了唯意志论倾向。这是他所没有料及的或者说慎思有所不足的。于此,也可以看出,毛泽东不仅将大公无私视为当时社会主义阶段所应具的性质,同时也是人们道德所应遵循的现实标准。将大公无私作为现实的道德标准,希望通过阶级斗争的"斗私批修"来实现纯粹的本为极高境界的道德社会,就体现在作为方法的思想中了。

因此,晚年的毛泽东同时还走到了另一个阶段,将阶级斗争扩大化。他主观地夸大敌对力量的存在,忽视了他在革命斗争和社会主义建设中强调人民内部相互帮助、相互尊重以及不断保持和谐关系的重要性的观点。20世纪60年代中期开始,一方面,他明显夸大了人民内部意见、观点、工作关系等的矛盾性质,以阶级的角度来理解辩证法,即把矛盾和阶级斗争视为是同性质的。在此之前已经埋下错误的根芽。例如他说:

> 人们历来不是讲真善美吗?真善美的反面是假恶丑。没有假恶丑就没有真善美。真理是同谬误对立的……任何时候,总会有错误的东西存在,总会有丑恶的现象存在。任何时候,好同坏,善同恶,美同丑这样对立,总会有的。香花同毒草也是这样。它们之间的关系都是对立的统一,对立的斗争。②

问题是,善恶美丑在具体事情、行为中的对立不是均衡的,尤其是,由对立统一并不能得到这样的结论:有那么多的好人,一定有那么多的坏人存在。更不能得出这样的结论:只要是对立的,我是善的,他就是恶的。因为对立的

---

① 李锐:《毛泽东的早年与晚年》,贵州人民出版社,1992年12月版,第274—275页。
② 《在中国共产党全国宣传工作会议上的讲话》,《毛泽东选集》第二卷。

内容可以不同,而善恶不仅是抽象也是具体的。另一方面,这实际上也是人为地怀疑别人的思想和道德动机,将动机视为唯一决定性的评价因素。总之,晚年的毛泽东在任意性和主观性上的弱点比较突出,并且反映在思想上和领导作风上,造成了对人们道德信念的严重打击,并产生了相当严重的社会后果。以阶级斗争代替道德互助和道德建设,以批判活动代替道德自律,违背了毛泽东长期的道德思想,也给今天提供了深刻的道德教训。

三、道德与阶级意识

建国以后,伦理学的研究显得比较薄弱,甚至几度因种种原因而消失了这一领域的声音。不过,在一些复杂的背景下对道德问题的直接或间接的讨论中,也曾经震撼了许多学者们的思想与价值信念。本章主要介绍道德批判继承问题、道德的阶级性问题和人道主义问题等三次讨论的基本内容和一些方法的运用特色,并加以适当的分析。

由于这三次讨论中都显示出了情绪化的特征,并且涉及历史、政治、逻辑与常识等复合问题,因此,既可以视为伦理学的专题讨论,也可视为价值态度和信念的不同表达。在本章中,主要是从伦理学的角度来分析这几次争论的得失。虽然伦理学与政治哲学、道德生活与政治及社会组织生活之间具有密切的联系,不过,这种联系之间具有类和性质的差别。换言之,这种联系有些是对应的,有些是非对应的;有些是直接对应的,有些是间接对应的。例如,道德是否具有阶级性,阶级斗争是否是道德发展的力量源泉,以及理论分析中的抽象是否表现为超阶级的立场等方面,实际上不是同一类或者同一性质的问题。而在这些方面伦理学所涉及和应该探讨的主要内容,不是从历史的现象分析中表现我们的态度问题,而是通过具体方法来揭示比较客观的历史进程;不是感性的主张之认同与否,而应该是理性地批判考察。也就是说,解释历史与描述现实,不能排斥逻辑分析,否则就成为我认为和他认为的态度之争;逻辑分析不能代替历史与现实的研究,否则就成为形式主义。但即使明白了这些复杂性所在,仍然面临着不同方法运用中所带来的道德理想的冲突和分析过程中具体考察方式不同的困难。总之,对于这种复杂的问题的考察,方法是基本的,但也是困难的。

毛泽东在《新民主主义论》中曾经说:

> 中国的长期封建社会中,创造了灿烂的古代文化。清理古代文化的发展过程,剔除其封建性的糟粕,吸收其民主性的精华,是发展民族新文化提高民族自信心的必要条件;但是绝不能无批判地兼收并蓄。

必须将古代封建统治阶级的一切腐朽的东西和古代优秀的人民文化即多少带有民主性和革命性的东西区别开来。中国现时的新政治新经济是从古代的旧政治旧经济发展而来的,中国现时的新文化也是从古代的旧文化发展而来,因此,我们必须尊重自己的历史,绝不能割断历史。但是这种尊重,是给历史以一定的科学的地位,是尊重历史的辩证法的发展,而不是颂古非今,不是赞扬任何封建的毒素。①

这是古为今用的批判继承的基本态度。然而,这其中并没有说明具体内容如何,以及具体的批判继承方法怎样。并且由于当时出现了逐渐将古代等同于封建的倾向,实际上,对于传统道德的态度问题,也基本上是否定的。毛泽东的"优秀的人民文化"的具体内容,被视为专指剥削阶级的美德。并且加上一条,道德是阶级性的,传统的道德理论都是封建意识形态的体现。总之,道德与阶级意识搅合在一起,使现实道德准则与道德的历史评价未能得到合理的说明。然而,一些学者一直在思考这样一个问题,现实所需要的道德准则应该是什么?难道现实的道德准则必须是新的而与传统不一致吗?这个问题又引出两个相关的问题:古代道德高尚的人所提出的道德主张难道就是封建主义的意识形态?难道道德的阶级性使我们的祖先所遵守的道德标准在今天完全失去了价值?

冯友兰是一直想向人们解释这一问题的代表人物之一。1957年1月,冯友兰在《光明日报》上发表了《中国哲学遗产的继承问题》,提出了区分哲学命题的抽象意义和具体意义,主张应该在抽象意义上进行传统继承。所谓抽象意义和具体意义,他在补充的文章中又认为,应该改为一般意义和特殊意义。但这不是形式和内容的对应关系②。具体地说,譬如何看待孔子所说的"节用而爱人,使民以时",他认为:

> 孔子所说的"爱人"是有范围的。儒家主张亲亲,认为人们因为血缘关系而有亲疏的不同,爱人是有差等的。就当时的贵族说,与他们有血缘关系的,当然也是贵族。孔子跟他们谈"爱人",当然,"爱贵族"的成分居多。这就是孔子的这句话的具体意义说。就其抽象意义说,孔子所谓"人"既然和现在所谓"人"的意义差不多,他所谓"爱人",也不是没有现在所谓"爱人"的意思。从抽象意义看,"节用而爱人",到现

---

① 《新民主主义论·民族的科学的大众的文化》,见《毛泽东选集》第二卷,人民出版社,1969年版。

② 《中国哲学史问题讨论专辑》,科学出版社,1957年7月版,第281页。

在还是正确的,是有用的,可以继承下来。我们现在不是也主张勤俭办社,关心群众吗?孔子所说"为仁之方"即实行"仁"的方法为"忠恕"之道,"己所不欲勿施于人"。过去我们说孔子这样讲有麻痹人们、缓和阶级斗争的意义。从具体看,可能有这样的意义。但从抽象意义方面看,也是一种很好的待人接物的方法。我们现在还是可以用。①

冯友兰的这种主张,实际上是其新理学道德论的延续。从当时一般人对于传统文化的批判态度明显趋于否定传统文化的角度来说,冯友兰所采取的是一种客观的积极的态度。说客观,是因为冯友兰从学术分析入手的;说积极,在当时主张孔子的学说具有现代价值,需要很大的勇气,至少是贯穿自己历来主张的一种态度。但冯友兰因此受到两种批评,这两种批评也是具有针对性。从抽象与具体或特殊与一般关系的角度来分析,冯友兰的主张显然具有分离二者的倾向(虽然在实际分析中有分离有结合);而从实际的运用来说,冯友兰所希望继承的又并非仅仅是抽象或一般的,而是包含具体特殊的。例如运用待人接物的内容。关于他的这一主张,有人认为和毛泽东所提倡的批判继承不符。他后来回忆说:"其实,抽象继承和批判继承并没有冲突,也不相违背,它们说的是两回事。批判继承……说的是继承的对象问题,说的是继承什么的问题。抽象继承说的是怎样继承的问题……它讲的是继承的方法。"②实际上,冯友兰这里确实包含有新理学方法的意识,但在实际运用中则涉及内容;而且正是因为命题的划分方式仍然涉入了他希望继承的具体内容,而不是一般方法的探讨,故削弱了方法的意义。而同时,对他的两个方面的批评都是不足的,然而,对于冯友兰的观点的批评,主要集中在他否定了道德的阶级性——这样说实际上非常模糊,因为冯友兰承认具体道德是有阶级性的,而作为理之道德是没有阶级性的。

关于道德阶级性的主张,大体的思路是这样的:"从奴隶社会以来,一切的社会都是阶级社会。所以,一切道德观念都是有阶级性的。没有阶级性的道德观念是不可能的。如果从社会的阶级性来看道德问题,道德的阶级性本是很容易明白的。如果有人把抽象或普遍的概念推高到第一位,把抽象的概念看作具有'存在性'的东西,那么,他必然会陷入'道德无阶级性'的说法。其实,把'普遍化'或'抽象化'的作用脱离事实的限制而推至极端,势必否定道德的阶级性。但是客观规律的有效性都是有阶段的,有条

---

① 《中国哲学史问题讨论专辑》,科学出版社,1957 年 7 月版,第 275 页。
② 《三松堂全集》,河南人民出版社,1985 年版,第 267 页。

件的,不是漫无限制的。"① 这里的主张是,道德没有普遍性而只有特殊性(阶级性),或者说阶级性就是普遍性,规律是阶段性的,历史价值不能延续为普通的有效性。针对这一主张,学界提出了两种不同的见解。张岱年承认道德具有阶级性,但他同时认为,阶级性不是唯一的。他说:

> 要想解决这个问题,需要分析人类的道德现象的变迁过程,需要考察伦理学说的全部发展道路。然而,可以首先考虑三件简单的事实。第一,道德是起源于原始公社的。在原始公社的社会中,道德本是没有阶级性的。后来到了阶级社会,道德被加上了阶级的性质。阶级社会中的阶级道德是在原始道德的基础上加以改装而成的。固然有一部分道德标准或道德条目是到了阶级社会之后在某一阶段的经济利益之基础上建立起来的。但也有不少的道德标准从原始社会沿袭下来的,不过其实际意义改变了。第二,在某一阶段的阶级社会中,各个不同的阶级,虽然相互矛盾相互斗争,然而究竟也还是存在于同一个社会中,也有不同程度的相互依赖的关系……同一社会的不同阶级之间,实有复杂错综的关系,因而不同阶级的道德之间也有错综的关系。第三,事实上,不同的时代或不同的阶级具有不同的道德,却常常使用相同的或相近的道德概念。人民讲"正义",掌握政权的剥削阶级也在那里谈"正义"。统治阶级鼓励"勇敢",人民更是赞扬"勇敢"的。过去中国的地主讲究"勤俭",现在合作化的农民也努力养成'勤俭'的美德。我们当然必须察觉到,同一名词被不同阶级的人用来表示不同的意义。但在不同的意义之间就完全没有共同的因素码?②

这是主要围绕历史和现实的解释。周辅成则从历史价值的角度来分析。他认为,不能割裂和肢解历史。凡有历史价值的事业,几乎全是我们同类的人在历史上尽其可能地求善而做出来的。我们对于古人进步哲学的评价,如要做到恰如其分,必须彻底明白历史价值的意义,把古今联在一起,站在古人的地位予以同情的了解;否则,我们对古人会变成苛求者,把他们的人格与思想,全看成古董。而所谓历史价值的意义则有三点:

> 第一,历史价值,在当时条件下,其唯一的或特有的价值。譬如说某一思想在某一时代有历史价值,这意思就是说:那种思想可能就是当

---

① 《中国哲学史问题讨论专辑》,第339页。
② 同上书,第295—296页。

时最好的思想,最合于当时进步阶级的要求,是当时人类最高的成就。第二,历史价值,其作用必可传于后世,甚至与社会同不朽。因为我们不能割断历史,历史不断,历史价值总会传留下去。这样,凡有历史价值的思想,也是我们今日思想的先在条件。第三,历史价值,既可能是特定条件下的最高成就,后人就未必一定都能超过它。这一点很重要。因为古人思想,有些部分,至今还有价值。今日我们还须好好的向它学习。①

由于当时特殊的思想氛围,即谁也不敢探讨阶级性的具体表现问题(接受不同阶级的人由某阶级决定思想行为的阶级性质之规定),因此,在探讨道德的历史价值和批评道德唯阶级论时,显得有些暧昧,但也可以看出,他们对道德唯阶级性的批评仍然具有一定的力度。

然而,就在1962年,关于道德阶级性问题,通过另一角度再次燃起争论。吴晗在5月发表《说道德》,8月发表了《再说道德》,引起了道德阶级性与继承性问题的妥协。吴晗提出,按照他所理解的历史唯物主义理论,所谓阶级的道德也就是统治阶级的道德:"……道德是阶级的道德,道德是随着阶级的统治的改变而改变的。但是,也还有另一面,那就是无论是封建道德,还是资产阶级道德,无产阶级都可以吸取其中某些部分,使之起本质的变化,从而为无产阶级的政治、生产服务……在文学艺术领域中,牵涉到古代历史的时候,要求古人具有今天的社会主义道德,无疑是错误的。但另一极端,以今人的道德水准去衡量古人,以为古人一无足取,没有值得批判继承的东西,看来也是不正确的"。② 有人批评说,道德的阶级性并不是光指统治阶级的道德,而是统治阶级和被统治阶级各有自己的道德。批评者并且认为,统治阶级是不具美德的,他们所提倡的道德是具体的、历史的、阶级的,是不能继承的。③ 吴晗在回答批评时进一步解释说:"……历史上某些民族英雄、革命领袖和其他杰出人物不可避免地要受到民族传统的教育,当时广大人民的愿望、要求的影响……在历史上作出了一些对人民有利的事情,对当时起进步作用的事情。就统治阶级的道德论来说,其中有些人百万为忠,为义,为勇敢,为勤劳,为朴素……从我们某些伟大的前人某些道德品质中批判地吸收、继承、发展其精华部分,也是必要的";"……过去历史上

---

① 《中国哲学史问题讨论专辑》,第290页。
② 《关于道德问题的讨论》(第一辑),三联书店,1965年版,第317页。
③ 参阅上,第4—9、16页等。

被统治阶级的某些美德,是由他们的社会经济状况所决定的。这样说也只是一个概括的说法,事实上由于个体生产、分散生产的社会生产状况,无论农民、手工业者都有其自私的一面,保守的一面,只能说绝大部分人具有这些美德,绝不可能是全部,很明显,其中有些人是并不具有这些美德的,有极少部分是坏人。反过来也是一样,历史上的统治阶级绝大部分是坏人,不可能具有这些美德。但是,也必须承认,其中有极少部分人是具有这样那样美德的。例如诚实,宋朝的司马光在政治上是保守的,却是一个诚实的人。例如勤劳,历史上有不少著名的政治家是以勤劳著称的。刻苦耐劳、雄心壮志的人更多的很,一句话,这些被统治阶级的某些美德,不但曾经表现在统治阶级某些个别人物的活动中,而且,概括地说,在理论上也迫使统治阶级不能不接受,作为自己阶级的美德,尽管这种接受是别有用意的,他们要祭起这套法宝,来加强加紧奴役广大人民。被迫接受的证据是史书上有很多这样的记载"。① 吴晗的观点也受到一些赞同的呼应。

从以上关于道德阶级性和继承性问题的讨论中,能够发现在探讨问题的基本方式上的混乱。尤其是强调道德具有阶级性,只有被统治阶级的道德才能继承的观点,在理论上是很幼稚可笑的。因为如果统治阶级与被统治阶级之间只有腐朽与美德之分,那么,实际上等于主张,只要谁成为统治者中的一员,那他一定就失去美德。从理论上说,这是一种阶级决定论的简单说辞而已,这与论者口口声声所说的历史唯物主义根本是相违背的。阶级决定论不仅体现了环境决定论的机械命定论,同时也与常识不符。需要严重警惕这种矛盾对立的二元论的倾向。矛盾的对立并不是绝对的善与绝对的恶的对立,否则就是复归封建主义时代的历史观。而在主张道德唯阶级性论那里,恰恰表现出对小农封建意识的过分欣赏。

但这不是问题的根本所在。在这两次妥协中所表现出来的失误,最关键的部分是对道德的基本性质缺乏理论上甚至常识上的理解。从一般理论上说,道德是风俗习惯的一种义务表现形式,它既离不开风俗习惯,同时也不能违背遵守风俗习惯的义务要求。从这两个方面来讨论,则道德的延续性是必然的,但延续性也不是全部的。从人的社会性来说,阶级性是一部分,道德性也是一部分,当然还包括其他文化内容,因此,所谓道德的阶级性,就是在道德实践中因其经济地位和社会地位的不同所表现的品德实践的差别和身份伦理的差别。所有人都应该爱国,所有人都不能偷盗,这种义

---

① 参阅《关于道德问题的讨论》(第一辑),第 326—328 页。

务要求就不是阶级性所能涵括的。道德是社会的必然要求,而阶级关系则不是必然的要求。其失误在于,谈到"在阶级社会中"时将"阶级"视为社会关系的根本本质,而忽略了道德才是根本本质。同时,一些人自以为懂得辩证法,将矛盾任意套用,随心所欲地将阶级对立转化为善恶对立并且因此由阶级立场直接决定善恶属性。正是由于道德的基本性质,在阶级社会中,为统治阶级辩护或者被统治阶级意识形态化导致的,只是身份性的伦理,而不能决定道德的基本规范。况且,即使是对被统治阶级加以规定的,也不能必然地成为人们自觉的义务形式。例如,暴君昏君以身份性伦理的忠君强迫人们忠于他,而实际上农民起义不断。如果说农民具有自觉的阶级意识,那完全违背了马克思主义的原理。也就是说,在一般情况下,人们的道德意识并不是由阶级意识所造成的。正是因为如此,一些人谈到某些人腐朽堕落时,总是加上封建地主阶级资产阶级的腐朽堕落,这是非常不正确的说法。统治阶级中有腐朽堕落的,被统治阶级中同样会有腐朽堕落的,只是程度和人数的差别,而不会有性质的差别。因为腐朽堕落是具体的品德上不善的行为,而不是指阶级的行为。我们在评价推翻剥削压迫阶级的合理性的时候,所根据的是道德的正义,而不是因为革命者属于与剥削压迫阶级不同的阶级。

关于道德继承性方面的复杂性也在讨论中呈现出来。其一是怎样继承和继承什么的问题。其二是为什么要继承的问题。其三是能否继承的问题。直到今天,有些问题还在争论之中。关于第一个问题,如果把两个方面分开,就直接面临理论空洞形式化的问题。而且,第二个问题是第一个问题的前提。就为什么要继承来说,基本观念也不是一致的,就是为了道德水平的提高,或者为了文化传统的延续性。但在这里,争论者的观点在文化传统的延续性态度上非常不一致。其中包含着历史观及历史价值判断的严重分歧。当讯问继承什么的问题时,虽然大家都同意"优秀遗产",但在历史的描述和历史评价方面分歧则进一步呈现。以阶级斗争史代替文化道德史的主张,自然在理论上是站不住脚的。但在讨论中,有另一方面的问题也被忽视了,这就是,对于历史任务及其思想价值的评价,既可以是历史的评价,也可以表现为学理的评价。在上面周辅成所谈的历史价值的意义中所提到的有些历史任务的思想今天未必能超过,就是学理评价的一个方面。不过,有些人以为,不能以今天的标准来评价历史人物,这就人物的价值评价来说自然说明了历史标准的阶段性,但也并非完全不可用在古代和今天都一致的标准来评价,更不能排除从学理的角度以今天的标准来评价的必要性。即是说，如果我们承认有同一的标准体现在古今的行为中，那就完全有必要以这样的标准来衡量历史任务的行为，否则，就同样割裂了历史的延续性。而在学理上，更必须以此标准来评价，才有可能继承其中深刻的部分。这意思是说，有些人以为，当我们谈到历史人物及其思想的缺点时，就避讳，而时常说到好的一面，认为这是尊重历史。这其实是一种典型的复古态度。这也是一种绝对化的观念。当某些人对历史人物以同情的了解时，其实是针对自己所信奉的对象的，而对于不喜欢的人物，则诬蔑刻薄之词比比皆是。这种人在对现代人的评价也采取了这样的态度和方式。其实，历史评价中一定是与评价者的价值趋向相关的，如果追求客观性的话，最好不能先入为主地投入感情好恶，应以学理考察和评价为基础。当然，历史评价和学理评价应该区别看来，但历史评价如果不与学理评价相联系，就谈不上客观性。

这就进于第三方面问题的探讨，即，继承是否可能的问题。有人认为，"所谓批判地继承用阶级分析法把旧的含有人们道德成分的道德遗产分解成民主性革命性的精华和反动性腐朽性的糟粕两部分，然后才好像吸取食物中的养料一样吸收遗产中的精华。这就是说，优秀的人民道德并不是像纯洁的结晶体一样存在于道德遗产当中，而是错纵复杂地和过去的统治阶级、剥削阶级的道德思想交织在一起，即使是历史上劳动人们的道德也仍然掺杂有统治阶级的道德影响和私有制的观念。必须经过阶级分析才能辨别出哪是优秀的人们道德精华，哪是腐朽的统治阶级道德糟粕；然后排除糟粕吸取精华"。① 作者的乐观和浪漫气息是很显然的。既然不是纯粹的，那就像一堆菜里有许多精致的成分，如何分解呢？

这就必须考察"继承"的几方面的意义。就继承之消极被动接受的意义来说，这种继承并不需要人为的努力。而积极意义的继承表现为两个方面。就积极意义继承的一方面来说，若表现为现实的投射，则不是真正的努力的结果。也就是说，积极意义的继承或者只是赞同现实某些内容的说法，或者是表现为历史评价，而不表现为内容的吸收。打个比喻，我们认为孔子所说的仁者爱人应该继承，这无异于说：我认为像孔子所说的仁者爱人我是赞同的，因为我有同样的价值信念。当我们说应该学习范仲淹忧国忧民的精神时，我或者认为范仲淹是高尚的，他的精神与我所赞赏的高尚品德是一样的，他有高尚的境界；或者就像前面所说的那样主张我们应该忧国忧民。也就是说，只有我们知道什么是糟粕什么是精华才能去吸收传统道德；而既

---

① 参阅《关于道德问题的讨论》（第一辑），三联书店，1965年版，第87页。

然我们已经知道什么是精华了,则所吸收的就是我们认为是精华的东西。就这一方面而言,实际上的继承就是寻找历史的证据来加强我们自己价值信念的说服力和激励现代人。就是说,我们应该高尚,我们的祖先是高尚的,我们应该继承这种高尚的精神。

另一方面,真正积极意义的继承就是我们去了解古代文化的内容,从中总结出新的我们今天或现在所没有的东西加以吸收;或者从学理上以它为出发点,再加之以其中高尚的精神为目标。如果这样,关键的问题是研究和教育,即作为整体资源保存尊重,加以了解,无形中丰富自己。因此,从这个意义上说,所谓继承实际上是将对象作为创造的起点。从区分精华和糟粕的复杂性也说明必须以研究了解和教育为基础。也只有这样,才能避免空洞的历史评价或者各自武断的争执。

总之,强调道德的阶级性必须有所限定:其一,是在阶级社会中由生产关系包括阶级关系所体现在道德上的身份性阶级性伦理;其二,阶级性是阶级社会中影响道德的重要因素,而不是本质和决定因素;其三,道德的阶级性并不妨碍民族文化历史不同阶段有共同的道德标准。从道德继承性而言,则道德的阶级性并不与道德继承性相冲突;同时,道德继承性主要表现为研究了解和作为创造的起点。以此来评价两次的争论,可以发现争论各方得失所在。

20世纪80年代初,学术界开展了一次关于人道主义问题的讨论。而这次讨论仍然围绕人道主义是否是人类共同的价值标准以及人道主义和马克思主义哲学的关系两个方面展开的。从争论的观点来看,由于人道主义的理解不同,因此就出现了立说纷呈的局面。有人认为,从人性论的角度来观察,人道主义应该是价值标准;又有一种看法强调,从道德情感和价值观的理想性来分析,马克思主义哲学中体现了人道主义;另一种观念则从与此明显不同的角度出发,就是从阶级性的角度来分析马克思主义人道主义与其他人道主义的性质完全不同,即认为不讲一般意义的抽象的超阶级的人道主义。[①] 显然,在改革开放解放思想的开始阶段,把人道主义作为探讨对象,无疑具有校正长期思想僵化的积极作用。根据马克思主义原理,无产阶级之间的关系是兄弟的人道主义的。恩格斯在涉及国际民族团结问题时曾经说过,所有的无产者生来就没有民族的偏见,所有他们的修养和举动实质上都是人道主义的和反民族主义的。同时,马克思主义经典作家还指出,在

---

① 参阅《人性、人道主义问题讨论集》,人民出版社,1983年3月版。

阶级社会中的阶级之间,不仅在动机上而且在行为上都不可能真正体现出人道主义,人道主义成为统治阶级的伪装。但在共产主义社会,所有人的关系都是人道主义的;生产关系决定了人道主义的现实可能性。中国早期的马克思主义者也提出了相似的积极的主张。由此,可以得出这样的结论,站在阶级斗争的立场上,人道主义是不必要也是不应该的,正如在战场上,不可能为敌人包扎伤口一样。但从道德人权的角度来看,则人道主义是一个共同的评价标准。例如,当我们谴责种族歧视,反对一国侵略另一国的时候,其依据就是道义,具体地说,也就是道德人权。因此,由于当时许多争论者忽略了这一关系,即忽略了政治人权和道德人权不是对等关系,表现为存在着各种派别和方法,同样在人道主义旗号下,具体道德标准的运用甚至是对立的(如在有关生命价值和幸福等内容的安乐死问题上即是如此),因此,从道德价值基本标准的角度来说,应该以道德人权概念为贴切。

最后,应该回到马克思主义者所说的"人是社会关系的总和"这一基本思想上来。人是社会关系的总和,并不是说我们不能在理论上谈"人"或者"人性",这是我们生活和理论研究的基本概念。至于人性的内容是复杂的多方面的,则牵涉对人性的内容的理解。但这并不等于说,马克思主义者不适用"人"或者"人性"这样的概念。而在道德唯阶级性论中,正是漠视了马克思主义所教导的人是社会关系的总和这一基本人性论思想,将道德关系排斥在社会关系之外,虽然他们不适用"人"或者"人性"这样的概念。而且,实际上,我们只能先有了关于人性的概括,形成人性的概念,才能评判各种人性论的得失。否则,我们如何开始伦理学的基本问题的探讨呢?同时,在这几次讨论中,还明显存在对于辩证法的误用和逻辑的非同类比附的错误,有的学者将阶级对立和善恶对立甚至哲学概念对立等而同之,因此也就将学术问题主要是伦理学的基本问题的主张等同于政治信念的宣言,这无疑是不当的。总之,从以上将基本伦理问题政治化的做法当中也可以发现伦理学基本理论研究的薄弱。

第二节 当代人文思潮

从20世纪80年代初期开始,人生问题、人文价值问题和人道主义问题渐次成为人文社科领域的热点话题,也因为传统意识形态和新的专业思想领域之间的视角不同而导致很多争论。由此开始的当代伦理学也受到了主流意识形态以及西学的不同程度的影响。

一、人生观和人文价值

20世纪七八十年代,先后出现过几种文化思潮,对于伦理学理论都有一定影响。1970年代末,首先出现的是关于人生观的讨论。过去一个时期内只要一谈到人就被批判为抽象的人,谈人性就被批判为抽象的人性,只要谈人生观就被看为小资,所以在很长一段时间里,中国似乎没有"人",没有人性,没有人生观,这是很荒唐的一个时期。改革开放以后,不管是这时候的文学思潮,还是议论文章中,人们就开始去思考人生问题,主要建立在反思的基础上,包括伤痕文学,其中多是讨论人性的问题。其中包括像中国青年1979年左右进行的潘晓的讨论,就是一个化名潘晓的人写了一篇文章《人生的路为什么越走越窄》,即是一种反思。

另外有一种批判性的或者怀疑性的观点。这种观点认为我们现在的社会道德一直在滑坡,人的问题一直没有解决,人生观也没有对路,八〇后,九〇后的问题成堆,这种我们姑且称作吹毛求疵理想型的人,对社会采取一种苛责态度。细致分析来看,有两种理想型的人:一种就是总是希望达到高标准,不去分析解决问题,总拿别人来比较,这种叫做"比较型"的理想型的人。另外一种情况可以称作"吹毛求疵型"的理想型的人,他们认为我们的东西差,因为他们总把自己的差的东西跟别人好的东西去比较,因而今天总是有人会这么讲,觉得一代不如一代了,今天的人生很迷茫了,大家都急功近利了等。很多人都认为只要一个人没有达到某种状态,就等于失去了精神家园。其实,精神家园的提法并不准确。同时这种人生观的讨论一直是结合文化的思潮。在20世纪80年代最典型,搞文化的人非常引人注目,所以那时候最受关注的是中国文化书院。

此阶段大体上一直延续到1995年。1995年以后,人们不再去探讨那种哲学问题了。众所周知在人生观讨论很热烈的时候,文化的潮流也很发达,文学也很发达,诗歌也很发达。现在基本上没有人关心诗了,连小说也不太关心了,有些人散文也不关心了,只是读一些美文或者哲理的心灵鸡汤式的文章。所以人生的问题只是在一段时间内很受关注。

到20世纪90年代后期讨论就转向讨论人文价值问题。各种各样的文学青年,包括一些文学家、艺术家,到了后来变成学者主导了,要求向西方学习法治、人权、民主,讲人文价值、人文理念等。这时候有一个很大的问题就是不去考虑人生观问题,只考虑人文价值的问题。他们所关注的人文价值有两点:一个是民主,把民主变成一个人文价值,其实人权主要是民主;另外一种就是道德。也就是说,他们基本上是谈论民主和道德问题,当然民主和道德根本就是两码事。在人文价值的范围内,人文学科建设真的没有多大进步,因为研究的范围太宽了,最后沉淀下来的成果非常少,可能伦理学史、哲学史在某一些具体的问题有一点研究,比如中国怎么走民主之路,但是过于宽泛,很多人都是讨论我们中国现在到底民主不民主,并没有建立一种理论来解决实践的问题。

二、人道主义和人权问题

在20世纪80年代的时候重点是关于个性自由、个性解放的讨论,但个性解放的讨论往往容易跟个人自由的讨论结合在一块。个性解放跟个人自由之间的关系,本来就很密切,因为在某些领域里个性方面都是要求解除一种被强制的状态,但是实际上这仍然是用一种高标准的价值观来要求,在现实社会中去实现。所以这个阶段关于个性问题和人道主义的讨论,与人权问题的讨论最后就纠结在一块,实际上变成要不要自由的讨论,要不要民主的讨论。实际上,这完全是不同的问题,个性的讨论根本没有必要。因为个性不是一个可以通过社会的层面来解决的问题,个性取决于个人修养,靠社会给个人充分的个性张扬是不可能的,如果把个性等同于自由,那就很容易误解了问题的实质。

而政治上的民主和政治上的自由的表达方式,当时的讨论方式也是不合适的。因为任何拿西方的标准来谈论民主和自由,就容易受到排斥;我们有中国的实际情况,这种讨论的方式激起了对立,被认为所讨论问题会激化矛盾。有些人便进入到人道主义的讨论,讨论异化跟个性的关系,然而因为马克思主义当中有异化概念,自然是代表官方意识形态的理论家占上风。

那时候通过人道主义来讲人权,其实人权并没有讲清楚。这方面反而是政府层面对人权问题有一些理解,比那些人权的理论家讲的要符合中国的特点。因为所谓人权,按照米尔恩①的理解,可以分为理想人权和基本人权。而我们过去一直强调的都是受西方自由思想影响的理想人权,都不是任何社会中必须具备的基本人权,而基本人权伦理比较容易形成一种普世伦理。

因此我们今天关于人权的伦理还需要建设。过去的理论家,大多对伦理学也没有做很深入的研究,对中国社会的实际情况也没有做细致的梳理

---

① 参见米尔恩:《人的权利与人的多样》,中国大百科全书出版社,1995年版。

和分析,要么很保守,要么很激进,所以在人权伦理和人道主义的理论建设上面,目前还是有很多空白,很多问题需要去研究。在过去很长时间中关于个性问题、异化问题、人道主义和人权主义的研究,实际上仅仅变成了一个个思潮,而没有真正的理论积淀。

三、关注社会发展

第三个阶段的思潮可以称之为关注中国的社会发展。这个阶段的思潮不再是舆论热点性的思潮,而是用专业方法去帮助分析和解决问题。就是说,这是前面的跨学科研究和应用伦理学中更进一步的研究,关注点在于应该接受中国古代的传统,坚持学以致用。对此,有两个方面需要我们思考:第一方面是解决专业人士对非专业人进行启蒙的问题,其实这也是符合康德的要求的。不管我们社会追求什么价值,如自由、平等、博爱、公正等,大都跟公民的素质有关。如果公民的分析能力、判断能力、自律素质等不能得到有效提高,就很难形成一种真正有效的共识去解决问题。如果公民素质较差,少数的煽动者煽动大家把票都投给他们了,这种民主实际上跟过去的农民起义就没有什么区别。所以真正的民主是建立在投票者或者说具有选择权的人能够作出理性的高水平的选择的基础上,否则民主毫无实效。这需要我们在伦理学领域里去启迪。

第二方面就是能够帮助实践者在某些方面对问题有更深入的分析。有时候我们一些知识能够帮助解决非常大的问题,一种简单的方法可以解决很多问题。过去的哲学都是生者与亡者在争论,而真正的现实问题却没有人去争论。其实在社会发展当中,那些真正掌握权力在进行实践的人,并不见得有实践领域的专业知识;也就是说,如果有哲学方法再去掌握专业的知识,会比那些仅仅掌握专业知识的人更能作出科学决策。所以应该发展某些领域的应用哲学,这些领域的应用哲学就是用来帮助人们专门解决社会发展中的问题,目的就是把哲学作为一种智慧,也可以仅仅是一种工具。

中国人不能按照西方人的方式做学问,或者说不能站在中国仅仅去研究西方的学问。现在很多人在研究西方哲学史、政治学史,但是这种研究不能跟中国国情结合起来,形成一种对中国发展中的问题的研究系统。例如就和谐社会而言,很多人认为一致才叫和谐。其实不一致才叫和谐,让大家在一起,既不互相冲突又不一致,这才是真正的和谐。如何让大家各自有自己的特点,各自有创造性,这可能更重要。

第三节　伦理学学科的重建

当代伦理学学科,是在马克思主义伦理学旗帜下和对中西方伦理学史研究背景下的重建开始的。如何重建伦理学学科,是一个比较宏大的问题,在这里不可能具体展开分析,仅仅对几个发展走向进行概述。

一、专业意识的复兴

概而言之,当代伦理学学科的重建,走过了三个阶段。第一个问题阶段就是意识形态化的伦理学,刚开始都叫马克思主义伦理学或者马克思主义原理,实际上是用苏联意识形态的原理来做。从内容上看,伦理学基本上都是讲共产主义道德,实际上主要是介绍一种意识形态的价值观。第二个阶段是伦理学学科的建设。伦理学的学科建设主要是借鉴了西方的一些方式,比如西方人讨论道德义务、道德责任、自律、他律,就是用这种问题的方式来探讨伦理学的学科。这个阶段伦理学的学科最大的问题就是专题研究水平不够。

第三个阶段是对伦理学一些专题领域的拓展。这是伦理学学科建设比较正式的阶段,对伦理学史的专题研究也越来越重视了。通过伦理学史的研究和西方一些伦理问题的研究,对于伦理学学科的规范发展起到了比较重要的作用。当然,在发展过程中,还存在两个问题:一个问题是伦理学学科研究中缺乏中国元素,许多伦理学的教材都是西方的,没有结合中国人的伦理问题,也就是说,不是研究中国人的伦理问题的伦理学,没有结合中国人的伦理问题讨论的伦理学;第二个问题就是学科的水平参差不齐,出版的伦理学著作,实际上大都没有新意和学术价值,内容多是相互抄袭的,这是一个比较严重的问题。

另外从专题的拓展来看,也存在着两个问题:第一个问题是研究水平不够深入。比如研究经济伦理,或者企业伦理,或者是研究日本的伦理思想,研究某些领域里的问题,研究平等正义等等;第二问题是专题研究缺乏方法,往往走极端。走极端的突出表现,就是非得要把自己的研究的对象或理论想方设法证明为最好的,如果这样也没必要讨论,因为已经是"最好"了。

总而言之,目前伦理学学科总体建设基本可以告一段落,下一步就是深化专题研究和作出个人的贡献的研究,也就是真正作为哲学家的研究。深化专题研究即问题研究,而高水平的问题研究可能就是个人的哲学的研究。

另外从教学的角度看,也存在着发展的问题。最初的很长时间内,教学内容都是意识形态化的,后来就渐渐有了一些伦理学专题的内容,包括对伦理学史的教学。但是目前就伦理学学科而言,学生还是缺乏专业的信念,特别是在论文写作上非常明显。除了上述极端化思维以外,最主要的就是没有注重伦理学史的研究,伦理学史中的问题的研究,以及把研究通过教学让学生来掌握,然后又能够让学生区分哪一类问题,并寻找哪一种办法来做基础的研究和拓展的研究。

据调查发现,当前大部分人的伦理学研究都是没有积累的研究。因为大多数该领域的硕士博士在做研究的时候,没有找到一个很好的结构和框架一直研究下去,也就是说,现在很多人都是研究一般性的问题,没有自己深入研究的专题。这跟我们的教学引导有关系,比如医学部,去研究那种比较表层的医患关系,没有从人性论、从社会正义、从医疗资源的分配等角度去研究跟社会发展相关的问题,表层的医患关系基本上用一篇文章就谈完了。因此该领域的硕士博士如果想做研究人员或者做一名专业教师,应该专心在一个专题领域里面,在博士毕业的时候可以达到极高的专业水平,即使今后不想当学者的话,也能够具备较强的分析能力。

当然,这其中也有学科建设当中教学质量的问题。对学生应有两个要求,对伦理学学科不仅要把握它的本质,而且还要形成自己对某些专题今后能够长远拓展的方向,并保持兴趣,然后一步步去拓展。如果现在都搞不清楚要研究的方向,随便找一个选题,毕业以后再换到另外一个方向去,这种积累效果最差。建议教师要帮助学生找到一个自己比较感兴趣的方向,然后做长期研究。这样会有收获,而且容易成功,从研究效率的角度上来讲也是必要的。研究伦理学就要找一个地方下手,然后研究。基础知识跟专题研究不一样,专题研究一定要做到在领域里又窄又精,而且要做得非常细致,要用传统的大匠的精神,引导学生重视方法的训练。

二、对西方哲学、伦理学的介绍

对西方哲学、伦理学的介绍是互通有无。从新文化运动开始,我们对西方的前沿学术思想有一点了解。从1980年代开始,出于探讨文化和人生观等问题的需要,当时的一批青年,组织了一些西学翻译工作,不过表达的方式也是慷慨激昂的,因为表达方式很极端,给自己造成了严重的后果,造成了几次的反自由化困厄。其实,他们无非是在介绍西方的思想。所以对西方哲学、伦理学的介绍实际上是一种拨乱反正,本来是一件好事情,但是因为没有研究经验,很多内容讲得不恰当。当然另外一个原因那时的社会环境与今天还有较大差别。

西方哲学、伦理学的介绍,可以分为两个阶段。1980年代做了一些介绍,到了1990年代后,特别是1995年以后只是用具体的概念按学科的角度来介绍,就是说在1995年之后比较多地重视学科本身发展的比较规范的一些翻译。在之前重视的是思想启蒙性的翻译,选择的东西就是很不一样,以前选择的东西都是带有理念性的,带有一些人文价值追求的,到了1995年以后则比较重视学科建设,从科学的角度来弥补学科当中的一些不足来翻译和介绍。

当然翻译和介绍的工作也存在着一个翻译水平的问题。翻译水平包括哲学的研究水平和语言本身的问题,特别是很多方面跟老一辈学者的研究水平还是有较大差距,有些甚至是漏洞多多。当然对于新阶段来说,只要提高就可以,在专业研究引用一些翻译文献的时候,最好查找一下原文原著,免得有的意思被整个弄反了。再者,翻译者的态度也有一个问题,有些翻译者喜欢标新立异,没有先把通盘的东西掌握以后来翻译。

三、应用伦理学的新发展

在学科专业意识树立之后,学者们更加关注应用伦理学的新发展。这是一些专题研究中比较具体的领域。实际上我个人现在比较重视去思考传统的学以致用。在伦理学中真正做到这一点,实际上学以致用一直要求我们把社会问题和人生问题,包括处理复杂学科之间的关系问题,作为我们研究的一部分。今天看到,当前伦理学最重要的方向,要么就是研究纯抽象的基础理论问题,要么就是研究应用的问题,纯抽象的问题在西方可以找到元伦理学工具来研究,但是国内没有,所以我们研究纯抽象的基础理论问题有一定难度。在应用领域我们应该做得更多,把西方前沿领域里面研究的一些成果消化吸收以后,用以研究我国发展的一些应用问题。

我认为,伦理学研究主要可以分为两类的问题:一类是一般性的问题,即中西思想大家都要研究和关注的问题,如生命的内在性、生命的统一性等等。一类就是应用伦理学问题。应用伦理研究的问题很多,比如说自然中心主义、环保问题,里面有些问题是国际上通行的,但是有些问题在国内是不一样的。比如说在研究应用伦理学的时候,我们没有西方基督教的传统,得出来的很多结论就不一样。

再比如中国现有政策的伦理依据问题。如计划生育符合不符合伦理要求?一个是限制人们的生育权,另一个肯定会违背西方的所谓生命价值。可是如果不采取计划生育的话,很多人要死于贫穷和疾病,因为没有那么多资源来解决这么多人的生存问题。照现在的增长速度推算,大概到2030年印度的人口就超过中国,印度自我标榜民主社会,不能实行计划生育,假如人口持续增长的话,印度又能有多少资源可以支撑人口过若干年翻一番的局面,这里面就有很复杂的问题。因此,我们既要从中国国情出发来思考问题,又要满足一般伦理学原理的要求。另外,应用伦理学现在确实在一些领域里做了很多的研究,比如在传媒伦理、企业伦理的研究,都取得了比较好的进展。

不过,应用伦理学研究中也存在着一些问题。第一个问题是应用伦理学本身的学科特点,还是有很大的争议,有人总想把应用伦理学作为一门学科,归纳出学科的原则和方法,这是目前没有解决的一个问题。另外一个问题是应用伦理学中存在着上述的跟伦理学学科同样的问题,就是极端化,研究什么问题就把什么问题过分美化或丑化。比如一些人研究道德资本,但是真正的道德资本仅仅是一种说法而已。道德作为一个资本怎么去体现?根本没有办法界定。即便人力资本都无法解释清楚,因为人力资本中包含着人力里面的道德因素,更不用说道德资本本身了。

第四节 展望与期待

当今,在伦理学领域经过多年的的学术积累之后,以及在诸多学者或关注学术前沿问题,或关注中国当代社会正义问题之后,伦理学的研究呈现出更具多样性的色彩,也出现了更多的专题化的深入研究。

一、问题意识

展望未来,我们应更多关注今后研究的方向和趋势以及加以重视的问题。首先的一个问题就是问题意识。现在关于伦理学的问题意识,大都比较集中于历史上的伦理问题,而历史上的伦理问题的研究,并没有把它当成一个能够既作为历史的问题把握,又作为现代问题来把握的问题,因而有些问题的研究对问题本身的性质、研究的方向的把握都不够。举例来说,在过去的伦理学史研究中,有很多伦理学史研究是在介绍某一个人的思想,其实介绍某一个人的思想不能称为伦理学研究,只能算作历史或者文献学研究或梳理却没有与历史上的人物讨论和交流思想,这只能叫做称作介绍性的归纳。现今研究伦理学的论文当中,这种没有问题意识的归纳的文章偏多。不管是教师还是学生,都存在这样的问题。这是在伦理学历史研究中还没有找到问题意识。

另一个是在个人研究中没有找到问题意识。问题意识不仅要意识到问题,而且要认为它值得研究,还能够找到研究究竟落脚在什么地方。比如研究慈善伦理,就有问题意识,不见得非得把别人研究慈善的问题全都搞透,只要对它有兴趣,可以自己来研究,在研究达到一定高度的时候再去关注与别人冲突的观点;现在中国正在进行社会保障,就专门来研究社会保障,这也是有问题意识;某个人对宗教伦理有兴趣,也是一种问题的研究。这种问题的研究完全来自于思考、兴趣、爱好,但是一旦把它作为问题,就必须按照伦理学的方式来进行研究。

还有一类问题是对别人的问题进行深化的研究。历史上,绝大多数哲学问题都有人做过研究,如自由意志很多人做过研究,这种问题不属于个人的问题,而是属于有积累的问题。如果要研究这一类的问题,首先必须去找到在问题研究当中最权威的人,他们究竟有什么观点,然后再来研究,要超过他们,就是说研究目标要明确,否则就没有意义了。现在如果要研究一般性问题,就必须站在巨人的肩膀上。

今后的伦理学研究和创新都是从问题意识到问题专题的研究。可能这阶段研究这个问题,下一阶段里研究另外一个问题,但是一定是一个具体的研究,有价值的东西一定是一个问题,或者是一类问题,不可能像建立一个体系的研究,因为凡是建立体系的研究基本上都是没有合理的基础,体系又不能满足当代的专业化发展的要求。所以,今天的问题意识要建立在比较扎实的历史的积累上,就是知道别人都讲过哪些问题,他们如何研究,要有积累。研究的问题不管是古代的还是今天的,都要变成一个抽象的问题,研究了抽象的问题再去指导实践,再反过来修整研究者自己对问题的认知。这其实也是一类问题意识。

二、继承、发展与学术争鸣

对于传统和现代,应该放弃把传统作为主要研究任务的做法,而把传统作为背景,作为基础。传统理论有了一定基础后,就做应用研究或者做专题研究。只做传统理论,不知道现在做的传统哪个问题比较有价值,其实意义不大,而且既不能够推动现在的学科建设,也不能丰富我们的智慧。我们可以站在现代的角度来吸收传统。比如在研究"知行合一"问题时,我们可以讨论"知"算不算"行","知行合一"这种命题能不能成立？没有必要把它局限在传统范围之内。

现在有些研究者有一种复古倾向，以为传统理论可以解决我们现代的所有问题，而我们的伦理学研究一定要打破这种复古传统的观点。传统只是一部分资源，一部分我们研究问题的提供者，一部分我们的背景知识，而我们需要研究的东西都跟现代有关，至少跟现代所关注的理论问题有关。所以应该是多去探讨现代的问题，不管是抽象的问题，还是具体的现实问题。

另外，现在还有一种错误的观点，比如说元伦理学的研究走到尽头了，要回归到规范伦理学的研究，叫做超越性的回归。其实，所谓回归是把重点问题重表集中在规范伦理学这一类的问题，而不是回到过去。学术研究的任务总是要立足现在，面向未来。我们既是研究传统的东西也要为今天的人提供智慧，解决实践当中的问题。这在伦理学上体现最明显，因为伦理学必须重视价值的合理性，不能重视那些反对人类核心价值的观念。

为了促进研究的深化，应该促进学术争鸣，没有学术争鸣就没有学术的发展。现在缺乏学术争鸣，最主要有两个原因：第一，有人把学术等同于个人的人格，即所谓学术与人格完全一体化；第二，在学术争鸣的时候，不能按照合理的方式或方法来进行，比如批评别人的文章的时候也应看到其优点，合理的方法很重要。另外一个不当方法是，有一些人在学术争鸣的时候，其做法不符合中道的原则，总是去刺激别人，让别人难以接受其批评。再例如，很多人一谈到别人的论文、文章或者著作的时候，喜欢用"硬伤"一词，说得一无是处。其实，这需要具体分析，如引用的断章取义，或者故意曲解别人的意思，这叫有硬伤，但仅仅是有错别字，或者是漏了一个字，或者没有顾及，这叫有瑕疵。总的来讲，我们伦理学界的学者对于学术的真理探求的精神，还是不够充分，需要在这方面进行思考，如何能够通过建立一种基本的平等讨论方式，通过争鸣的方式能得到真正的学术积累和提高。

三、跨学科的研究与交流

跨学科的研究是一个新的天地，伦理学一定要参与跨学科研究。跨学科研究有两个目的，一个目的是为了应用，另外一个目的是为了让专题研究更深入、更有针对性。比如我们在研究正义论的时候，知识面要比较宽。假如要研究正义本身，特别研究公共政策中的正义，也就是分配当中的正义，就一定要进行跨学科研究，这是一个必然的要求。如果仅仅是在书本里面做研究,而不去研究政策是怎么制定出来的、在实践中碰到哪些问题等等,就容易形成误区或缺陷。我认为罗尔斯的《正义论》是有缺陷的,因为他做的是一种纯理论的研究,在理论与实践跨学科的研究领域里,很难解释和解决实际的问题。

跨学科研究可能是真正地研究应用伦理的需要。比如研究宗教伦理,要对宗教文化有很深的把握,包括宗教界人士的想法一定要有精深的研究;要研究环境伦理,就一定要研究中国的经济社会发展,如果仅仅研究环境本身,仅仅到处提倡搞绿色,把污染的工厂统统赶走,可能环保解决了,却可能会饿死很多人,而中国现在如果没有保证一定的发展速度,很多人将没有办法保证温饱和基本医疗,所以环保究竟是在什么程度上解决,要研究中国目前整个社会的情况,不能很轻易下结论。总之,要研究那种比较复杂的问题,要思考我们应该作出什么样的选择?理由何在?如果是一目了然的问题,根本不需要研究。比如研究传媒客观性问题,我们需要思考:传媒人利用传媒写社论算不算传媒的公正性?大家对新闻有知情权,那么把血淋淋的场面照下来是让人有知情权,可知情权会不会对青少年产生不好的引导,或者对一些人造成伤害,包括对别人的隐私造成了侵犯?所以这是一个很复杂的问题,很值得研究。要研究传媒客观性问题,就必须跨学科,伦理学要精通,媒体要精通,包括不光是新闻角度要很精通,媒体本身的运营管理也要很精通,因为它会影响着同行业人员,媒体的经营方式会极大地影响着媒体人员的公正性。

除了跨学科研究,现在伦理学发展的一个重要方向就是交流与借鉴。在学术上,有两个方面我们要不断交流与借鉴:第一,对问题特别是前沿的问题,要交流和借鉴。比如世界上其他国家的人都在研究哪一类的问题,我们都是在研究什么问题,之后就发现我们需要去了解别人——他们为什么研究那一类问题,他们研究到什么程度?第二,交流必须关注同样的问题,才能有效进行。在这方面我们有必要学习国外的一些做法。比如在日本,如果有人研究王阳明,他一定会找遍世界上研究王阳明水平比较高的人,跟他去讨论问题。总之要尽可能自己把王阳明的研究做到最权威,另外要知道有没有比自己更深的研究。这种态度很值得学习。当然交流和借鉴应该有自己的问题意识,有独立性而不能随波逐流,不能说今天国外流行什么,大家就去跟。也就是说,交流和借鉴要以问题为中心来交流和借鉴。

关注国际学术前沿问题与对话,特别是针对如何结合普世伦理与中国社会发展中出现的新问题开展对话,无疑是伦理学研究交流的新课题之一。

四、经世致用

在近二十年伦理学的学院化的学术研究过程中,我们取得了学科建设的专业化成果,拥有了研究团队和专业能力的新开展。不过,我们还需要进一步思考学术研究的使命,特别是思考如何将中国学者经世致用的传统进行延续和加以弘扬。

回归经世致用的传统,并不是要否定纯学术的研究,而是要把学术研究置于中国学术思想史和文化史的条件下加以考察,在中国当代社会制度建设实践的视野中加以对比研究,等等。例如,可以把西方社会正义理论的研究与不同制度形态的实践结合,提出当代中国社会正义的实践原则,指导政策的制定与社会正义制度的完善。① 又如,研究公民美德与社会正义的对应,和谐社会的伦理基础等,都是我们可以发挥研究专长的领域。

经世致用的本质,包括了理论指导实践和理论与实践之间的良性互动两个方面。在实践领域,我们需要把握专业化的知识。例如,在分析道德风险的时候,可能要考虑金融领域的道德风险和道德风险相关的金融知识。随着对问题的兴趣,必须掌握必要的专业知识,否则就会流于表面。同样的道理,当我们研究商业伦理的时候,要对市场经济和企业经营理论和实践有着专业知识才能胜任这一任务。当然,还需要在理论和实践之间进行持续的互动,以实践为背景来提高理论分析的针对性。

这也意味着,我们不能简单照搬国外的学理,而是必须建立自己的学术框架和形成独特的问题意识。同时,只有在结合中国问题的研究中进行学术的创新,才能实现伦理学教育的观念与方法的变革,引导学生具有传承和创新并重的意识,也才能依靠持续的创新积累,将伦理学以及应用伦理学的学术研究推进到一个新的高度。

---

① 参阅陈少峰:《正义的公平》,人民出版社,2009 年版。

《新伦理学教程(第三版)》教学课件申请表

尊敬的老师:

您好!我们制作了与《中国伦理学史新编》一书配套使用的教学课件光盘,以方便您的教学。在您确认将本书作为指定教材后,请您填好以下表格(可复印),并盖上系办公室的公章,回寄给我们。您也可以通过其他方式联系我们,我们将免费向您提供该书的教学课件光盘。我们愿以真诚的服务回报您对北京大学出版社的关心和支持!

您的姓名	
系	院/校
您所讲授的课程名称	
每学期学生人数	_____人 _____年级 _____学时
课程的类型	□ 全校公选课 /院系专业必修课 □ 其他_____
您目前采用的教材	作者_____ 书名_____ 出版社_____
您准备何时采用此书授课	
您的联系地址	
邮政编码	
您的电话(必填)	
E-mail(必填)	
目前主要教学专业、科研方向(必填)	
您对本书的建议	系办公室 盖　章

我们的联系方式:北京市海淀区成府路205号北京大学出版社文史哲事业部
　　　　　　　　刘祥和

邮编:100871　　　电话:010-62755217　　　传真:010-62556201
邮箱:platoplato@126.com　　pkupupwsz@qq.com　　QQ:674503681